CATIA V5 – Grundkurs für Maschinenbauer

Ronald List

CATIA V5 – Grundkurs für Maschinenbauer

Bauteil- und Baugruppenkonstruktion, Zeichnungsableitung

8., aktualisierte Auflage

Mit 635 Abbildungen

Unter Mitarbeit von Michael Sternberg und Robert List

Springer Vieweg

Ronald List
Weil im Schönbuch, Deutschland

ISBN 978-3-658-17332-6   ISBN 978-3-658-17333-3 (eBook)
DOI 10.1007/978-3-658-17333-3

Die Deutsche Nationalbibliothek verzeichnet diese Publikation in der Deutschen Nationalbibliografie; detaillierte bibliografische Daten sind im Internet über http://dnb.d-nb.de abrufbar.

Springer Vieweg

Lektorat: Thomas Zipsner

Gedruckt auf säurefreiem und chlorfrei gebleichtem Papier.

Springer Vieweg ist Teil von Springer Nature
Die eingetragene Gesellschaft ist Springer Fachmedien Wiesbaden GmbH
Die Anschrift der Gesellschaft ist: Abraham-Lincoln-Strasse 46, 65189 Wiesbaden, Germany

Vorwort

Das vorliegende Lehr- und Arbeitsbuch wurde aus dem Bedürfnis heraus verfasst, Studierenden des Maschinenbaus und Praktikern den Einstieg in das Konstruieren mit CATIA V5 weitgehend im Selbststudium zu ermöglichen. Vorkenntnisse sind nicht erforderlich. Wer aber schon über ein Basiswissen in der Volumenmodellierung mit CATIA V5 verfügt, kann z. B. auch mit den Übungen in Kapitel 9 beginnen.

Die Erfahrung hat gezeigt, es modelliert sich leichter bei einem Grundverständnis für die Konstruktionssystematik. Im Kapitel 2 wurde deshalb eine in dieser 8. Auflage neu gestaltete kurze Einführung in den Konstruktionsprozess vorangestellt. Die Ausführungen richten sich in besonderem Maße an die Studierenden technischer Fachrichtungen am Beginn ihrer Konstruktionsausbildung. Einfach anwendbare Konstruktionsprinzipien werden erläutert. Prinzipkonstruktionen können bereits der Ausgangspunkt der Modellierung sein. Die dazu benötigten Darstellungssymbole wurden zusammengefasst und zur Anwendung empfohlen. In den Konstruktionsübungen wird auf die Ausführungen dieses Kapitels Bezug genommen. Es ist ein besonderer Aspekt dieses Buches, in allen Kapiteln parallel zur Modellierung den praktischen Bezug zur Maschinenbaukonstruktion herzustellen.

Das Einarbeiten in die Volumenmodellierung mit CATIA erfolgt im Wesentlichen an sorgfältig ausgewählten Übungsbeispielen. Die Modellierung der Bauteile und Baugruppen wird ausführlich beschrieben und ist mit vielen didaktischen Hinweisen versehen. Alle wichtigen Zwischenstufen der Modellierung sind in farbigen Bildern festgehalten. Wie an ausgewählten Übungsbeispielen gezeigt wird, lassen sich Körper mit frei gekrümmten Oberflächen inzwischen auch direkt in Volumenmodellen erzeugen. Auf eine aneignungsfreundliche Gestaltung der dafür erforderlichen anspruchsvollen Grundlagen aus der Arbeitsumgebung *Wireframe and Surface Design* (Drahtmodell und Flächenkonstruktion) wird dabei besonderer Wert gelegt.

Die Unterlagen sind weitgehend erprobt. Erfahrungswerte zur Zeitdauer der Übungen wurden unter *Anwenderhinweise* am Schluss des Buches angefügt.

Im Zuge der Weiterentwicklung von CATIA bleibt es nicht aus, dass einige Funktionen umgruppiert, neue Funktionen hinzugefügt und Fenster neugestaltet wurden oder werden. Trotz großer Sorgfalt sind infolgedessen bei der hohen Detaillierung der Modellierungsbeschreibungen Unstimmigkeiten nicht ganz ausgeschlossen. In jedem Fall ist stets die Funktionalität der älteren Version in der neuen enthalten. Dadurch bleiben auch die CAD-spezifischen Aussagen in diesem Buch über einen längeren Zeitraum aktuell. Die Bauteil- und Baugruppenmodellierung sowie die Zeichnungsableitung mit CATIA V5 haben eine große Stabilität erreicht und werden mit veränderter Oberfläche auch in ähnlicher Weise in CATIA V6 weitergeführt.

Mein Dank gilt Herrn Dipl.-Ing. Thomas Zipsner und Frau Imke Zander vom Springer Vieweg Verlag für die freundliche und sachkundige Zusammenarbeit sowie für die gewissenhafte Lektorierung und für die gute Ausstattung des Buches. Mein besonderer Dank gilt Prof. Dr. Michael Sternberg und M.Sc. Robert List für ihre Mitwirkung sowie allen Studierenden, die Fehler und Unverständliches aus den Übungsanleitungen herausgefiltert und mit Rat und Tat zur Gestaltung der Übungen beigetragen haben.

Zum Beschleunigen von Übungen stehen ausgewählte CAD-Modelle (siehe dazu unter *Anwenderhinweise* auf Seite 365) zum *Download* unter der Internetadresse www.springer.com auf der Verlagsseite zum Buch unter *Download CAD-Modelle* zur Verfügung. Die Modelle sind so ausgewählt, dass sie das didaktische Konzept, sich durch eigenes Üben Grundkenntnisse in CATIA V5 anzueignen, nicht gefährden.

Stuttgart, im Januar 2017   *Ronald List*

Wenn Sie mir eine Nachricht zum Buch übermitteln wollen, können Sie das unter der Adresse

grundkursCATIA@web.de   gerne tun.

Inhaltsverzeichnis

1 **Zielsetzung** 1

2 **Konstruktionssystematische Grundlagen** 3

   2.1 Der Konstruktionsprozess im Überblick 3
   2.2 Aufgabenphase 5
   2.3 Konzeptphase 8
   2.4 Gestaltungsphase 15
   2.5 Ausarbeitungsphase 19
   2.6 Allgemeine Konstruktionsprinzipien 20
   2.7 Reihenfolge beim Gestalten einer Baugruppe 25
   2.8 Zusammenfassung 32

3 **Einführung in CATIA V5** 33

   3.1 Allgemeines 33
   3.2 Leistungsumfang 33
   3.3 Umgang mit CATIA V5 35
      3.3.1 Bildschirmaufbau 35
      3.3.2 Starten von CATIA 36
      3.3.3 Cursor 36
      3.3.4 Operationen mit Maus- und Funktionstasten 36
      3.3.5 Standardfunktionen des Dauermenüs 37
      3.3.6 Online-Hilfe 38
      3.3.7 Voreinstellungen 39

4 **Umgang mit Dateien in CATIA V5** 41

   4.1 Allgemeines 41
   4.2 Dateifunktionen 43

5 **Bauteilkonstruktion** 49

   5.1 Grundlagen 49
   5.2 Skizzenerstellung 49
   5.3 Teileerstellung 54
   5.4 Verwendete Symbolik und Einführungsbeispiel 58
      5.4.1 Symbolik 58
      5.4.2 Einführungsbeispiel 58
   5.5 Teilekonstruktionen 64
      5.5.1 Systematisierung und Auswahl der Beispiele 64
      5.5.2 Prismatische und scheibenförmige Teile 65
      5.5.3 Rotationssymmetrische Teile 80
      5.5.4 Mittels boolescher Operationen erzeugte Teile 90
      5.5.5 Mittels einer Führungskurve erzeugte Teile 100
      5.5.6 Aus 1D-Geometrie erzeugte Körper und Teile 105
      5.5.7 Schalen und Hohlkörper 108
   5.6 Materialzuweisung und Analysefunktionen für Bauteile 111
      5.6.1 Material zuordnen und darstellen 111
      5.6.2 Bauteilgeometrie ausmessen 112
      5.6.3 Fliegen und Gehen durch ein Objekt 114
      5.6.4 Trägheitseigenschaften ermitteln 115

5.6.5   Gewinde, Auszugsschrägen Krümmungen, Wandstärken analysieren 116
5.6.6   Skizzenanalysen.. 116
5.7   Neuordnen des Strukturbaumes für Bauteile.................................... 117
5.8   Formeln und Tabellen in Bauteilkonstruktionen................................ 118
5.9   PowerCopy... 122

6   Zusammenbau von Bauteilen zu Baugruppen........................... 125

6.1   Grundlagen der Baugruppenkonstruktion.. 125
6.2   Wichtige Funktionen im Zusammenbau... 127
6.3   Zusammenbau der Baugruppe Spannvorrichtung............................... 128
5.3.1   Vorgehensweise... 128
5.3.2   Erstellen der Montagebaugruppen............................ 131
5.3.3   Erstellen der Unterbaugruppen............................... 138
5.3.4   Erstellen der Oberbaugruppe.................................. 143
5.3.5   Konstruktionskritik.. 144
6.4   Änderungen an Einzelteilen in der Baugruppenumgebung................... 147
6.5   Optisch ansprechende Darstellung der Baugruppe............................ 148
6.6   Kinematiksimulation eines Mechanismus im *Assembly Design*............ 149

7   Zeichnungsableitungen.. 151

7.1   Grundlagen... 151
7.2   Hauptfunktionen... 153
7.3   Einzelteilzeichnungen erstellen.. 154
7.3.1   Zeichnungsblatt zuweisen...................................... 155
7.3.2   Ansichten erstellen.. 156
7.3.3   Bemaßungen hinzufügen.. 160
7.3.4   Maßtoleranzen hinzufügen...................................... 165
7.3.5   Form- und Lagetoleranzen hinzufügen........................ 166
7.3.6   Zeichnungsrahmen einfügen.................................... 167
7.3.7   Texte und Tabellen einfügen................................... 168
7.3.8   Oberflächenangaben einfügen.................................. 169
7.3.9   Bezugslinien erstellen... 170
7.3.10 Schweißsymbole einfügen...................................... 171
7.3.11 Ergänzende Funktionen der Zeichnungsaufbereitung......... 172
7.4   Baugruppenzeichnungen erstellen... 181
7.5   DIN-Standardeinstellungen für Zeichnungen in CATIA....................... 192

8   Verwenden und Konstruieren von Normteilen........................... 193

8.1   Grundlagen... 193
8.2   Benutzen systemeigener Kataloge.. 194
8.3   Benutzen systemfremder Kataloge... 195
8.4   Konstruieren von Normteilen... 195

9   Systematische, objektorientierte Teilekonstruktion..................... 199

9.1   Grundlagen... 199
9.2   Referenzelemente... 201
9.3   Gusskonstruktionen.. 206
9.4   Schweißkonstruktionen.. 227
9.5   Schraubenfedern.. 234
9.6   Übergangskörper.. 243

10   Baugruppenkonstruktion... 271

    10.1   Grundlegende Gesichtspunkte und allgemeine Empfehlungen............... 271

    10.2   Konstruktion einer Abziehvorrichtung.. 276

        10.2.1   Aufgabenstellung.. 276

        10.2.2   Konstruktionssystematische Vorgehensweise....................... 280

        10.2.3   Erstellen der Anschlussbaugruppen..................................... 281

        10.2.4   Grobgestaltung.. 283

        10.2.5   Feingestaltung... 287

        10.2.6   Ableiten des Zeichnungssatzes.. 289

    10.3   Konstruktion von Gehäusen... 295

        10.3.1   Grundlagen.. 295

        10.3.2   Konstruktion von Getriebegehäusen in Schalenbauweise....... 298

    10.4   Konstruktion eines Zahnradgetriebes mit einem Topfgehäuse.............. 310

        10.4.1   Grundlagen.. 310

        10.4.2   Aufgabenstellung... 311

        10.4.3   Erstellen des Radsatzes.. 312

        10.4.4   Erstellen des Gehäuses... 314

        10.4.5   Explosionsdarstellungen... 319

        10.4.6.   Interaktive Gestaltung der Lagerstellen............................... 320

        10.4.7   Zeichnungsschnitt und Schwachstellenanalyse..................... 328

        10.4.8   Feingestaltung... 330

    10.5   Analysefunktionen für Baugruppen.. 331

        10.5.1   Strukturanalysen... 331

        10.5.2   Masse und Schwerpunkt einer Baugruppe........................... 332

        10.5.3   Schnittanalysen... 333

        10.5.4   Kollisionsanalysen... 335

        10.5.5   Analyse der Baugruppenbedingungen.................................. 337

        10.5.6   Anmerkungen am 3D-Modell.. 338

    10.6   Skelettmodellierung in Baugruppen.. 339

11   Konstruieren von Baugruppen mit Abhängigkeiten der Teile............ 345

    11.1   Grundlagen... 345

    11.2   Einfügen mit Verknüpfungen... 346

    11.3   Konstruieren über *Externe Verweise*.. 349

    11.4   Konstruieren mit *Baugruppenkomponenten*...................................... 357

    11.5   Auswertung der Arbeitsweisen... 363

Anwenderhinweise - Erfahrungen und Downloads.................................... 364

Anhang.. 365

Literaturverzeichnis.. 369

Sachwortverzeichnis

    Deutsch.. 370

    Englisch (ausgewählte CATIA-Funktionalitäten)... 375

Verzeichnis der Übungen

Abziehvorrichtung 276

Auflagebolzen 80

Aufmaß 222

Aufnahmebolzen 81

Auszugsschräge 221

Baugruppenkomponenten 357

Benutzermuster 102

Betätigungshebel 93

Bolzen 88

Bundbolzen 87

Distanzplatte 66

Druckbolzen 88

Druckfeder 236

Druckscheibe 88

Druckschraube 84

Einfügen Spezial (mit Verknüpfung) 346

Einführungsbeispiel 58

Explosionsdarstellung 319

Externe Verweise 349

Federn 236

Formeln 118

Gewindebolzen 87

Grundplatte 70

Gusshebel 208

Hebel 77

Hohlkörper 110

Kinematiksimulation 149

Kompass 319

Konstruktionstabelle 120

Kugellager 196

Lagerbock 213

Lasche 78

Laufrad 228

PowerCopy 122

Pratze 76

Profilanschluss 105

Referenzelemente 202

Rotationsteile 106

Schalen 108

Schalengehäuse 298

Scheibe 83

Schenkelfeder 240

Schraubenfeder 236

Schweißkonstruktion 232

Sechskantmuttern 98

Sicherungsring 78

Skelettmodellierung 342

Spannhebel 95

Spannvorrichtung 128

Sprengring 100

Topfgehäuse 310

T-Stück 91

Übergangskörper 243

–, Behälter 248

–, Kranhakenspitze 257

–, Kranhaken 268

–, Luftschacht 259

–, Pfeilspitze 261

–, Rohrverzweigung 258

–, Surfbrett 265

–, Tetraeder 260

Wälzlager 196

Werkstück 79

Winkelelemente 203

Zahnradgetriebe 311

Zeichnungen 151

–, Aufnahmebolzen 178

–, Einspannung (Baugruppe) 182

–, Gewindebolzen 180

–, Grundfunktionen, Grundplatte 154

–, Kugellager 196

–, Lasche 176

–, Laufrad (Schweißbaugruppe) 229

–, Schweißteil 187

–, Wellenlagerung 188

Zusammenbau 128

Zylinderschrauben 89

Zylinderstift 87

1 Zielsetzung

Das Buch vermittelt einen

Es richtet sich besonders an Studierende der Fachrichtung Maschinenbau und artverwandter Fachrichtungen in denen CATIA V5 als CAD-System verwendet wird. Es ermöglicht aber auch allen Umsteigern von anderen CAD-Systemen eine schnelle Einarbeitung in CATIA V5. Praktikern kann es ebenfalls eine wertvolle Hilfe sein.

Die Ausführungen sind so abgefasst, dass sich der Studierende oder der Umsteiger die Inhalte im Selbststudium aneignen kann.

Sie sind Anleitung zum eigenen Handeln. Diesem Aspekt ist auch die Gestaltung untergeordnet. Auf Anschaulichkeit und kurze Texte wird besonderer Wert gelegt, ohne dass auf Verallgemeinerungen verzichtet wird. Voraussetzung für den Erfolg ist, dass die konzipierten Übungen am Computer selbst ausgeführt werden.

Über die Aneignung von Kenntnissen und Fähigkeiten zur Modellierung von Bauteilen und Baugruppen hinausgehend, wird in dem Buch das Ziel verfolgt, parallel grundlegende konstruktionsmethodische Gesichtspunkte in den Übungen zu vermitteln. CAD (*Computer Aided Design*) wird zu recht mit *Rechnergestütztes Konstruieren* und nicht mit *Rechnergestütztes Modellieren* ins Deutsche übersetzt.

Die konstruktionsmethodischen Grundlagen sind deshalb kurz in einem gesonderten Kapitel vorangestellt. Prinzipkonstruktionen, Entwürfe und Gestaltungsregeln sind beispielsweise dann in die Übungen eingebaut, wenn sie über die Funktionalität von CATIA hinaus eine Unterstützung bei der Modellierung darstellen.

Änderungen an Konstruktionen sind in der Praxis die Regel. Deshalb müssen die CAD-Modelle weitgehend anpassungsfähig gestaltet werden.

Um das Problem der Vielfalt und des großen Umfanges auf das für einen Einstieg in CATIA notwendige Maß zu beschränken, wird konsequent das erfolgreiche didaktische Prinzip

angewendet. Das bedeutet, dass es von vornherein kein Ziel ist, alle Funktionen und Auswahlmöglichkeiten von CATIA V5 zu erläutern, sondern nur diejenigen, die für eine Grundausbildung notwendig sind. Die Funktionen werden beim Üben erlernt. Um dennoch verschiedene Vorgehensweisen zu zeigen, werden dazu unterschiedliche Übungen benutzt. Das vermeidet eine allzu große Textfülle. Verallgemeinerungen erfolgen unter der Rubrik *Hinweise* direkt in den Texten zur Übung. Um sich auf das Wesentliche beschränken zu können, wird besonders beim Konstruieren von komplexen Baugruppen vom Prinzip der didaktischen Vereinfachung Gebrauch gemacht.

Bei den Konstruktionsbeispielen und Übungen handelt es sich überwiegend um langjährig erprobte Ausbildungsunterlagen mit typischen Beispielen aus dem

Bereich Maschinenbau.

Die Ausbildungsunterlagen umfassen die Schwerpunkte Volumenmodellierung, Gestalten von Baugruppen und das Ableiten von Zeichnungen aus den Modellen.

Das Vorgehen erfolgt nach dem didaktischen Prinzip:

Vom Einfachen zum Komplizierten

Die Übungen beginnen mit der Modellierung der Bauteile für eine Spannvorrichtung, die als Baugruppe komplett nachkonstruiert wird. Anschließend erfolgt die Konstruktion anspruchsvoller Bauteile bis hin zu Teilen mit räumlich gekrümmten Flächen und komplexer Baugruppen bis hin zu Getriebebaugruppen. Die Anleitungen sind erprobt und so abgefasst, dass auch für den Einsteiger in CATIA V5 der Lernerfolg eintritt. Die Mühen lohnen sich durch laufenden Erkenntnisgewinn, sodass beim Modellieren auch ☺ Arbeitsfreude aufkommen dürfte.

Die Übungen enthalten auch sich wiederholende Elemente. Ein russisches Sprichwort lautet:

Wiederholung ist die Mutter des Lernens

Für den Konstrukteur muss es Ziel sein, sich im Umgang mit dem CAD-System möglichst schnell Fertigkeiten anzueignen, um sich auf das von ihm zu lösende Problem konzentrieren zu können. Fertigkeiten erreicht man bekanntlich aber nur durch wiederholtes Üben.

Keine Ziele in diesem Buch sind:

Das Erstellen von 2D-Zeichnungen in CATIA V5 ohne 3D-Modellierung ist nicht Gegenstand dieses Buches. Alle Darlegungen im Kapitel 7 beschäftigen sich mit der Zeichnungsableitung aus den Modellen der Bauteile und Baugruppen sowie der normgerechten Aufbereitung dieser Zeichnungen.

Wer aber den Einstieg in die Zeichnungsableitung zunächst ohne Modellierung von Bauteilen erreichen möchte, lädt sich z. B. das Bauteil *Werkstueck* aus dem Internet (siehe Seite 365), öffnet das Modell in CATIA V5 mit *Datei Öffnen > Werkstueck > Öffnen* und versucht eine Zeichnung wie in Kapitel 7 beschrieben abzuleiten. Eine Musterzeichnung von diesem Teil ist auf Seite 79 abgebildet. Sehr rasch sind dann die Vorteile gegenüber einer isolierten Zeichnungserstellung zu erkennen. Allerdings können die Abmessungen der Bauteile nur noch im 3D-Modell geändert werden. Für diejenigen, die sich bisher noch nicht mit der 3D-Konstruktion beschäftigt haben, sollte das wiederum Motivation genug sein, sich mit der modernen 3D-Welt zu befassen.

Das Anfertigen von ausgefeilten Flächenmodellen ist kein Schwerpunkt dieses Grundkurses. Flächenmodelle mit hochwertigen, frei gekrümmten Oberflächen haben im Maschinenbau nicht die Bedeutung wie z. B. im Karosseriebau oder in der Luftfahrttechnik. (Bei diesen Flächenmodellen werden zunächst Hüllflächen ohne Materialdicke erzeugt, die anschließend durch eine Füllfunktion zum Volumen ausgedehnt werden können.)

Für Anwendungen im Maschinen- und Apparatebau lassen sich aber auch Volumenmodelle mit räumlich gekrümmten Oberflächen im *Part Design* von CATIA V5 unter Inanspruchnahme von Funktionen der Anwendung *Wireframe and Surface Design* (Drahtmodell und Flächenkonstruktion) vorteilhaft erzeugen, wie an den Beispielen *Behälter*, *Pfeilspitze*, *Surfbrett* und *Kranhaken* im Kapitel 9.6 gezeigt wird, ohne die speziellen Funktionen der Umgebung *Flächen* (*Generative Shape Design und FreeStyle*) zu bemühen.

2 Konstruktionssystematische Grundlagen

Erfolg stellt sich beim Konstruieren vor allen Dingen durch die Fachkompetenz und die Kreativität des Konstrukteurs ein. Das Anwenden konstruktionssystematischer Arbeitsmethoden und das Beherrschen des Umgangs mit dem CAD-System unterstützen dabei. Im Folgenden wird ein kurzer Überblick über konstruktionssystematische Grundlagen gegeben, die das Verständnis für die gewählten Übungsbeispiele der CAD-Ausbildung erhöhen und dort auch angewendet werden. Weiterführende Literatur siehe in /3/, /6/ und /15/.

2.1 Der Konstruktionsprozess im Überblick

Definition *Konstruieren*

Unter *Konstruieren* versteht man allgemein das gedankliche Realisieren von technischen Gebilden. Es handelt sich um eine kreative Tätigkeit zum Schaffen von Abbildern herstellbarer Gebilde in Form von CAD-Modellen und Zeichnungen.

Entwicklungsphasen beim Konstruieren

Die Konstruktion eines technischen Gebildes im Maschinenbau verläuft in mehreren, zeitlich sich zum Teil überlappenden Entwicklungsschritten. Die folgende Übersicht gibt die Schritte und deren Hauptinhalte an.

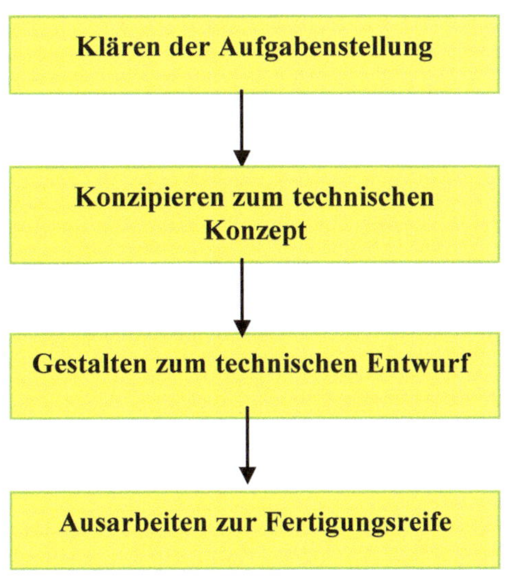

Stand der Technik ermitteln
Aufgabenstellung präzisieren
Anforderungsliste erstellen

Prinzipkonstruktion zur Funktionserfüllung finden

Konzept in einen maßstäblichen technischen Entwurf (Grob- und Feinentwurf) überführen
Auswahl der Werkstoffe
Dimensionierung der Bauteile

Alle zur Fertigung notwendigen Angaben hinzufügen (Maße, Toleranzen, Passungen, Oberflächenangaben, Stücklisten)

Ergebnis des Konstruktionsprozesses

Ergebnis des Konstruktionsprozesses ist eine eindeutige geometrisch-stoffliche Beschreibung zur Herstellung des technischen Gebildes in Form eines 3D-CAD-Modells (virtuelle Realität) und als 2D-Zeichnungssatz.

Arten und Komplexität von technischen Gebilden

Unter dem Sammelbegriff *technisches Gebilde* sind nach dem hauptsächlichen Umsatzmedium drei verschiedene Arten von Gebilden zusammengefasst.

	Maschine	**Apparat**	**Gerät**
Hauptsächlich Umsatz von:	Energie	Stoff	Signal
Beispiele:	Werkzeugmaschine Fördermaschine Strömungsmaschine Kraftfahrzeug	Behälter Armatur Rohrleitung Zentrifuge	Messgerät Regelgerät Laborgerät EDV-Gerät

Nach der Komplexität ihres Aufbaus wird untergliedert in:

Anlagen > Maschinen (Apparate, Geräte) > Baugruppen > Unterbaugruppen > Bauteile

Die Anlage ist das komplexeste Gebilde. Das Bauteil wird auch als Einzelteil bezeichnet und ist der kleinste nicht weiter zerlegbare Baustein eines technischen Gebildes.

Konstruktionsarten

Es kann zwischen Neu-, Varianten- und Anpassungskonstruktionen unterschieden werden. Während bei einer Neukonstruktion alle Entwicklungsschritte von der Idee bis zur eindeutigen Herstellungsbeschreibung zu durchlaufen sind, werden bei Variantenkonstruktionen bei gleicher Prinziplösungen im Wesentlichen nur die Konstruktionsparameter wie z. B. Leistung, Drehmoment oder Abmessungen geändert. Bei Anpassungskonstruktionen erfolgt unter Beibehaltung des Lösungsprinzips in Teilbereichen eine Ausrichtung der Konstruktion auf kundenspezifische Anforderungen.

Unterschieden werden kann ferner zwischen der Erzeugnis- und der Betriebsmittelkonstruktion. Bei der Erzeugniskonstruktion handelt es sich um die Entwicklung verkaufsfähiger Produkte, während die Betriebsmittelkonstruktion in der Regel Konstruktionen für die innerbetriebliche Fertigung (wie Vorrichtungen, Werkzeuge und Prüfmittel) erstellt.

Fertigungsarten

Für die Konstruktion von technischen Gebilden ist die Kenntnis über die anzufertigende Stückzahl von Bedeutung, richten sich doch unter anderem das Fertigungsverfahren und damit auch der verwendete Werkstoff danach. Man unterscheidet zwischen Einzel-, Kleinserien- und (Groß-)Serienfertigung.

2.2 Aufgabenphase

Am Beginn einer Konstruktion steht das Klären und Präzisieren der Aufgabenstellung.

Problemstellung analysieren

Der Konstrukteur muss sich mit der Problemstellung umfassend vertraut machen. Mögliche Gefährdungen und gesetzliche Bestimmungen sind zu ermitteln und zu berücksichtigen. Die Anforderungen des Nutzers sind vor Ort zu erkunden. Die Marktbedürfnisse sind zu analysieren.

Ermitteln des Standes der Technik

Aufgaben sind auf hohem, technischem Niveau zu lösen. Besonders anspruchsvolle Aufgaben entstehen, wenn der gegenwärtige Stand der Technik überboten werden soll. Die Ermittlung des Standes der Technik erfolgt durch Analyse:

Literaturanalyse	**Analyse der Produkte der Konkurrenz**
- Fachbücher	- Firmenprospekte
- Fachzeitschriften	- Gegenständliche Produkte
- Branchenkataloge	- Bestehen Schutzrechte?
- Patente und Gebrauchsmuster	- Wie macht es die Natur?

Erstellen einer Anforderungsliste

Die Aufgabenstellungen sind am Beginn der Entwicklung meist unvollständig und unpräzise und müssen deshalb **vom Konstrukteur** weiter aufbereitet werden. Bei Produktentwicklungen ist eine Anforderungsliste (nahestehende Bezeichnungen sind Lasten- und Pflichtenheft) aufzustellen, die während der Entwicklung laufend vervollständigt und präzisiert werden muss. Darin müssen die technischen und wirtschaftlichen Parameter für das zu entwickelnde technische Gebilde festgelegt werden. Die Anforderungen an das Gebilde können in Forderungen und Wünsche unterteilt werden. Forderungen müssen unbedingt erfüllt werden. Mindestforderungen sind als solche entsprechend zu formulieren (z. B. Wirkungsgrad > 0,98). Wünsche sind nur bei vertretbarem Aufwand zu realisieren.

Abstrahieren der Aufgabenstellung

Die Aufgabenstellung wird auf die Darstellung der Funktion des technischen Gebildes beschränkt. Die Gesamtfunktion wird übersichtlich an einer Black-Box mit Ein- und Ausgängen gegliedert nach Energie-, Stoff- und Signalfluss dargestellt. In der Black-Box wird die Gesamtfunktion in ihrer größten Verallgemeinerung durch Subjekt und Prädikat (z. B. *Drehzahl wandeln*) beschrieben.

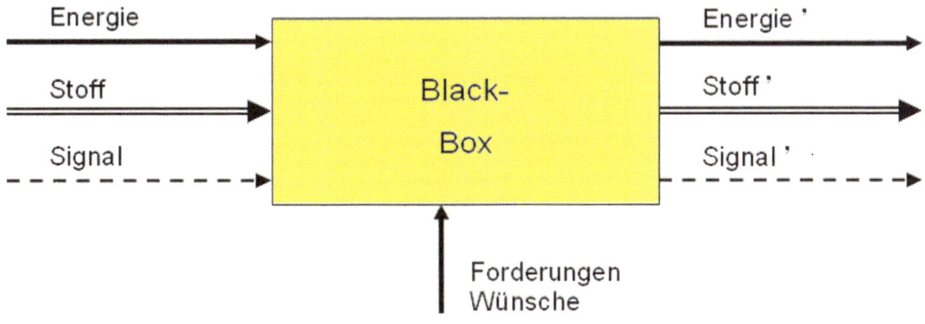

Programmunterstützung

Durch die CAD-Systeme wird für die Aufbereitung einer Aufgabenstellung keine Unterstützung gegeben. Für die Literaturanalyse stehen Recherchesysteme, für die Konkurrenzanalyse das Internet zur Verfügung.

Aufgabe: Konstruktion einer Baureihe von Sicherheitsventilen

Im Folgenden soll an einem Beispiel gezeigt werden, wie eine Aufgabenstellung aufbereitet werden kann. An der Aufgabenstellung soll mehr die Methodik der Aufbereitung als der noch unvollständig beschriebene technische Sachverhalt interessieren.

Problemstellung analysieren

Unzulässige Druckerhöhungen in Druckgefäßen (Behälter, Rohrleitungen) müssen unter allen Umständen rechtzeitig vor Überschreiten der Materialfestigkeiten der Gefäße verhindert werden. Sonst besteht die Gefahr des Berstens (bei Flüssigkeiten) bzw. der Explosion (bei Gasen). Deshalb wird bei Druckgefäßen eine Schutzvorrichtung unabhängig von einer Zufuhrregelung vorgeschrieben.

Stand der Technik

Literaturanalyse:

Stand der Technik ist das Anbringen eines genau auf den Begrenzungsdruck einstellbaren Sicherheitsventils am Druckgefäß. Ein Ventilteller schließt über Federdruck einen Rohrquerschnitt. Wird die gegen den Ventilteller wirkende Druckkraft größer als die eingestellte Federkraft, so wird der Ventilquerschnitt freigegeben und das Medium kann das Ventil gegen den äußeren Umgebungsdruck verlassen.

Konkurrenzanalyse:

Verschiedene Hersteller bieten Sicherheitsventile nach dem beschriebenen Prinzip zu bestimmten Preisen als Kaufteile an.

Abstrahierte Aufgabenstellung

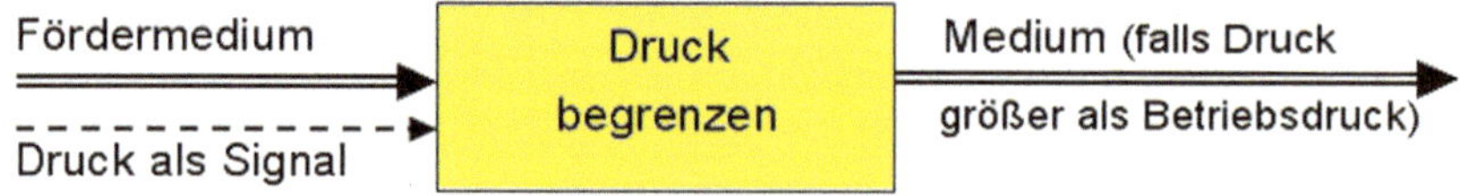

Die Funktion des Sicherheitsventils ist mit *Druck begrenzen* beschrieben. Eingangsgröße ist das Förder- oder Speichermedium. Solange kein Druck oberhalb des Begrenzungsdruckes anliegt, wird am Ausgang kein Medium abgegeben. Wird erhöhter Druck festgestellt, fungiert dieser als Signal zur Abgabe des Fördermediums, wodurch der Duck im Behälter gemindert wird.

An einer Black-Box abstrahierte und auf das Wesentliche beschränkte Aufgabenstellungen regen im besonderen Maße zum Nachdenken über das zu lösende Problem an!

Anforderungsliste (Beispiel)   Auftragsnummer: ....   Stand vom: ....

Forderungen

Technisch:

Zuverlässigkeit:	100 %
Stückzahl:	1000 / Jahr und Baugröße
Rohrnennweite	d = ... mm (Maßreihe)
Betriebsdruck	p_b = ... bar (Maßreihe) Ansprechdruck: p_a = 1,1 p_b
Medium:	.... Temperatur: ....
Werkstoffe:	Gusseisen für das Gehäuse
Lebensdauer:	30 Jahre Ansprechhäufigkeit: 2mal täglich

Feineinstellung der Federkraft über Gewinde

Absolute Dichtheit bei Betriebsdruck

Keine Verletzungsgefahr durch bewegte Bauelemente beim Ansprechen des Ventils

Keine Leckagen beim Ansprechen des Sicherheitsventils

Schutz gegenüber unbefugtem Verstellen der Federvorspannkraft

Einhaltung aller gesetzlichen Vorschriften, speziell der über Druckgefäße.

Technisch-wirtschaftlich:

Masse und Raumbedarf geringer als der des besten Konkurrenzproduktes.

Wirtschaftlich:

Herstellungskosten mindestens 10 % unter denen des besten Konkurrenzproduktes.

Wünsche

Anwender:	Keine Wartung, einfacher Einbau, akzeptabler Preis
	Geringer Raumbedarf, ansprechende äußere Form
	Geringe Lärmentwicklung beim Ansprechen des Ventils (bei Gasen).
Vertrieb:	Preis geringer, Qualität besser als Konkurrenzprodukte
	Kurze Lieferzeiten, schnelles Reagieren auf Kundenwünsche.
Fertigung:	Einfache Fertigung der Einzelteile und einfache Montage der Baugruppe
	Verwendung möglichst vieler Kaufteile (Normteile, Normalien) und Wiederholteile.
Konstruktion:	Modularer Aufbau der Baugruppe
	Weitgehend parametrische Gestaltung der CAD-Modelle.

Mitarbeiter / Termine

Verantwortlicher Konstrukteur: ....   Mitarbeiter: ……......................

Entwicklungsbeginn: ……..................   Entwicklungsende: ….....................

Zwischentermin Grobentwurf: ....   Zwischentermin Feinentwurf: ….........

Datum / Unterschrift: ....

Vorteile

Eine sorgfältig aufbereite Aufgabenstellung ist Vorraussetzung für die erfolgreiche Bearbeitung der nachfolgenden Phasen im Konstruktionsprozess.

2.3 Konzeptphase

Die Konzept- oder Prinzipphase ist die kreativste Phase im Konstruktionsprozess. Die Gesamtfunktion wird in die **Prinziplösung** des technischen Gebildes überführt. Dazu bedarf es in der Regel mehrerer Schritte:

1. Zerlegen der Gesamtfunktion in **Teilfunktionen.**

2. Logisches Anordnen der Teilfunktionen in mindestens einer **Funktionsstruktur.**

3. Finden von mehreren (wirkungsgleichen) **physikalischen Effekten** bzw. **Wirkprinzipien** für die Teilfunktionen. Für eine systematische Lösungssuche ist die Verwendung von Variationstabellen mit zutreffenden Ordnungsmerkmalen im Kopf der Zeile oder Spalte hilfreich. Siehe dazu in /3/, /6/ und /15/.

4. Überführen der physikalischen Effekte oder Wirkprinzipien in ein **technisches Konzept** (Gesamtkonstruktion in Prinzipdarstellung). Dabei werden den Effekten Funktionsträger zugewiesen. Man unterscheidet zwischen Haupt- und Nebenfunktionsträgern. Hauptfunktionsträger sind im Maschinenbau überwiegend die Antriebselemente. Die Kombination der jeweiligen für die Teilfunktionen gefundenen Wirkprinzipien zur Gesamtlösung erfolgt dabei zweckmäßig in einem morphologischen Kasten (Kombinationsmatrix).

Erläuterungen an Beispielen:

Physikalische Effekte beschreiben das zur Lösung führende physikalische Gesetz und sind in der Regel anwendungsneutral. Von einem Wirkprinzip spricht man, wenn der physikalische Effekt auf eine Anwendung bezogen, bildhaft als Skizze vorliegt (siehe Abbildung). Diese Darstellung ist für den Ingenieur besonders vorteilhaft. Von einem technischen Konzept spricht man dann, wenn in der Prinzipkonstruktion bereits Nebenfunktionsträger (z. B. Stütz-, Hüll- und Dichtungselemente) enthalten sind und wenn die Lösung bereits konkreter untersucht wurde (wie z. B. durch orientierende Berechnungen und durch den Bau eines Funktionsmodells). Die Begriffe werden nicht einheitlich verwendet und die Übergänge sind unscharf.

Teilfunktion	Physikalischer Effekt	Wirkprinzip
	Kraftzerlegung	Kniehebel

Auf der folgenden Seite ist ein Beispiel für das Ermitteln einer Gesamtlösung für eine Landmaschine über einen morphologischen Kasten aufgeführt. Das Beispiel ist in Anlehnung an /6/ (Pahl/Beitz: Konstruktionslehre) gestaltet.

Gesamtfunktion einer Kartoffel-Vollerntemaschine

Erkennbare Teilfunktionen (für eine fahrbare maschinelle Vollerntemaschine):

Betrachtet wird zunächst der Hauptumsatz Stoff.

- Roden (Aufnahme der Kartoffelstauden einschließlich des umgebenden Erdreiches)
- Sieben (Entfernen der Erde)
- Steine trennen (Entfernen der nach dem Sieben verbleibenden Steine)
- Kraut trennen (Entfernen des nach dem Sieben verbliebenen Kartoffelkrautes)
- Kartoffeln sortieren (Entfernen der Saatkartoffel, Größentrennung der Kartoffeln)
- Kartoffeln sammeln

Aufstellen einer Funktionsstruktur (in Graphendarstellung)

Die ermittelten Teilfunktionen werden in einer logischen Reihenfolge (die auch Verzweigungen enthalten kann) angeordnet. Ein Ändern der Reihenfolge der Teilfunktionen (z. B. „Steine trennen" vor dem „Kraut trennen") ergibt bereits eine neue Funktionsstruktur und führt zu einer anderen Gesamtlösung.

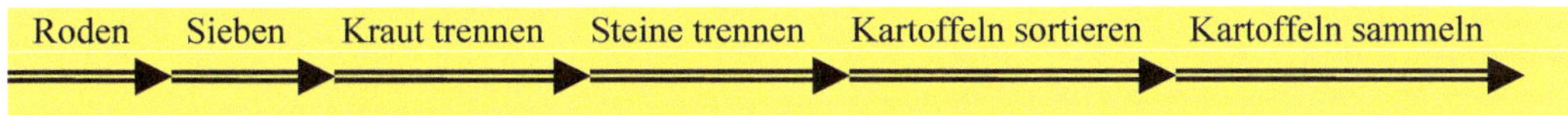

Systematisches Finden einer Gesamtlösung

Hilfreich ist dazu eine die Kreativität fördernde Kombinationsmatrix. Die ermittelten Teilfunktionen werden als Ordnungsmerkmal der Zeilen in dem auch morphologischer Kasten genannten Schema eingetragen. Die gefundenen Wirkprinzipien (1, 2, …) werden in die zugehörigen Spalten der Tabelle gestellt.

Das **Finden der Prinzipien ist ein Prozess!** Zu Beginn der Entwicklung kann man die Prinzipien auch in Worte fassen. Später werden diese durch Skizzen präzisiert. Die ausgewählten, dunkel unterlegten Felder führen in ihrer Kombination zu einer optimalen Gesamtlösung. Die Matrix ist eine ausgezeichnete Grundlage für eine Diskussion unter Fachleuten.

Für jede ausgewählte Teilfunktion müssen noch genauere Untersuchungen der technischen Lösung erfolgen, die zusätzlich auch den Energiefluss (Antriebe) erfassen. Erst dann lässt sich ein fundiertes technisches Konzept für eine Gesamtlösung erstellen.

In der Regel dienen die zum technischen Konzept ausgebauten Prinzipkonstruktionen zum Durchführen von Variantenvergleichen und für erste überschlägige Berechnungen der Bauelemente. Sie stellen die Grundlage für den technischen Entwurf dar und können bereits der Ausgangspunkt der Volumenmodellierung sein.

Teilfunktionen	Lösungen (Kombination der dunkel unterlegten Felder ist die optimale Gesamtlösung)				
	1	2	3	4	5
1 Roden					…
2 Sieben	Siebkette	Siebrost	Siebtrommel	Siebrad	…
3 Kraut trennen			Zupfwalze	…	…
4 Steine trennen				…	…
5 Kartoffeln sortieren	Von Hand	Durch Reibung (schiefe Ebene)	Stärke prüfen (Lochblech)	Masse prüfen (Wiegen)	…
6 Kartoffeln sammeln	Kippbunker	Rollbodenbunker	Absackvorrichtung	…	…

Morphologisches Schema zum Finden einer Prinziplösung für eine Kartoffel-Vollerntemaschine nach /6/

Darstellungsregeln für Prinzipkonstruktionen

Prinzipkonstruktionen bzw. technische Konzepte werden im Allgemeinen als unmaßstäbliche **Strichbild-Konstruktionen** von Hand ausgeführt. Es haben sich dafür Darstellungsregeln herausgebildet. Die wichtigsten Grundsymbole (Sinnbilder) zur Darstellung von mechanischen Konstruktionen in der Antriebstechnik wurden vom Autor auf den folgenden Seiten zusammengestellt. Sie sind bisher nicht in einem einheitlichen, verbindlichen Standard zusammengefasst. Ihre Anwendung wird empfohlen.

Zum Verständnis der Funktion trägt bei Mechanismen das Eintragen der Bewegungsrichtungen bei. Da erfahrungsgemäß die Grundsymbole oft nicht vollständig zur Darstellung der Gebilde ausreichen bzw. die Darstellung missverständlich interpretiert werden kann, sind Textanmerkungen sinnvoll (siehe dazu das folgende Beispiel *Hubtisch*). Prinzipkonstruktionen sind nur ein Zwischenschritt auf dem Weg zu einer herstellbaren Beschreibung des technischen Gebildes, deshalb kann die Detaillierung nach eigenem Ermessen erfolgen. Anders verhält es sich, wenn das Entwicklerteam für die nachfolgende Konstruktionsphase wechselt.

Konstruktionssymbole für die mechanische Konstruktion   Blatt 1

Bedeutung	Symbol	Bedeutung	Symbol
Unlösbar verbundene Teile		Welle, Achse, Gestänge, Stab	
Lösbare oder benachbarte Teile		Führung oder Lagerstelle allgemein	
Unterlage, unbeweglich		Radiallager	Gleitlager Wälzlager
Bewegungsrichtungen	Stetig Unstetig	Axiallager, ein- und zweiseitig wirkend	
Eine Richtung/ Zwei Richtungen	Geradlinig Kreisförmig	Lager für die Aufnahme von Radial- **und** Axialkräften	
Drehgelenk	Gestellfest Verschiebbar	Dichtung allgemein	
Drehgelenk, frei im Raum		Radialwellendichtring	
Kugel-/Kreuzgelenk		Scheibe, auf der Welle oder Achse fest	
Koppelglieder mit mehreren Gelenken	Frei Mit Gestellpunkt	Scheibe auf der welle oder Achse drehbar	Verschieb-/nicht verschiebbar
Kurvenscheibe mit Bewegungsrichtung		Scheibe, nicht drehbar aber verschiebbar	

Konstruktionssymbole für die mechanische Konstruktion   Blatt2

Bedeutung	Symbol	Bedeutung	Symbol
Gewindespindel mit Spindelmutter	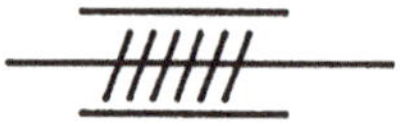	Stirnzahnrad/ Kegelrad/ Schneckenrad	
Kupplung (Scheiben-)/ (Schalen-)	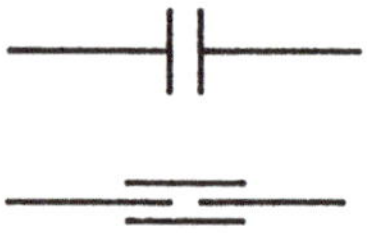	Außengetriebe	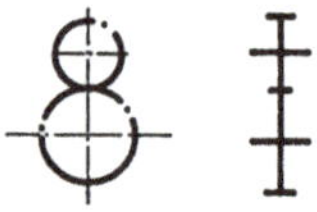
Kupplung Schaltbar/ Selbstschaltend	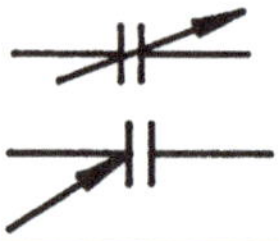	Innengetriebe	
Elastische Kupplung		Stirnrad mit Zahnstange	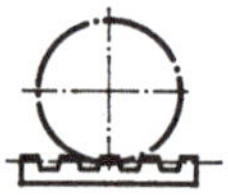
Bremse/ Kupplung mit Bremse	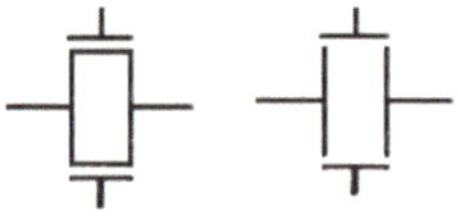	Schnecken- getriebe	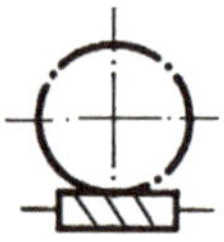
Handrad/ Handkurbel		Kegelrad- getriebe	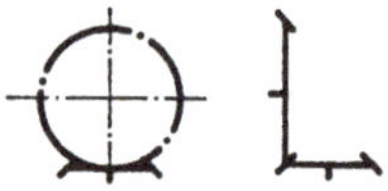
Geschraubte Ver- bindung (Ansicht und Draufsicht)	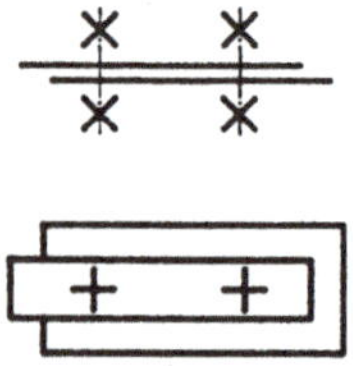	Zugmittel- getriebe allgemein	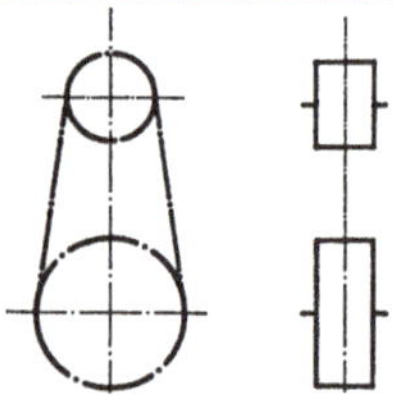
Druckfeder Zugfeder	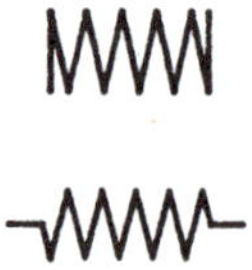	Keilriemen- scheibe, Seilrolle	
Spiral- /Gummifeder		Kettenrad/ Seiltrommel	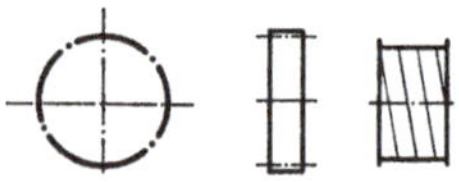

Weitere hier nicht aufgeführte Symbole existieren für Wärmekraftanlagen, Rohrleitungsanlagen, fluidtechnische Systeme und Geräte sowie für Elektroanlagen (siehe z. B. Hoischen /1/).

Die beiden folgenden Bilder zeigen **Anwendungen der Konstruktionssymbole** zum Erstellen von Prinzipkonstruktionen.

Beispiel 1: Dargestellt ist ein Konzept für einen Hubtisch mit einem Handantrieb über eine Kurbel. Es wurde aus mehreren Lösungen ausgewählt. Die Verwendung einer Spindel mit selbsthemmendem Gewinde erspart das Anordnen einer Bremse oder einer Arretierung. Das Konzept lässt sich weiter detaillieren (z. B. Lagerungen mit Wälzlagern, Gelenk- und Gestellausbildung, Hauptabmessungen, ...) und bildet die Grundlage für einen maßstäblichen Entwurf.

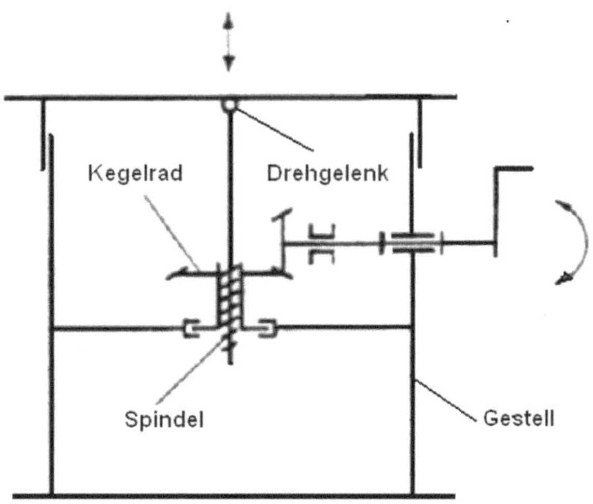

Konzeptvariante für einen Hubtisch

Beispiel 2: Das dargestellte Getriebekonzept gibt bereits Anlass zum Nachdenken. Kann z. B. die Kupplung samt dem konischen Anschlussflansch eingespart und der Raumbedarf verringert werden, indem das Ritzel der ersten Zahnradstufe direkt auf die Motorwelle aufgesetzt wird? Erfolgen solche Betrachtungen bereits in der Konzept- und nicht erst in der Entwurfsphase, kann erheblicher Konstruktionsaufwand eingespart werden.

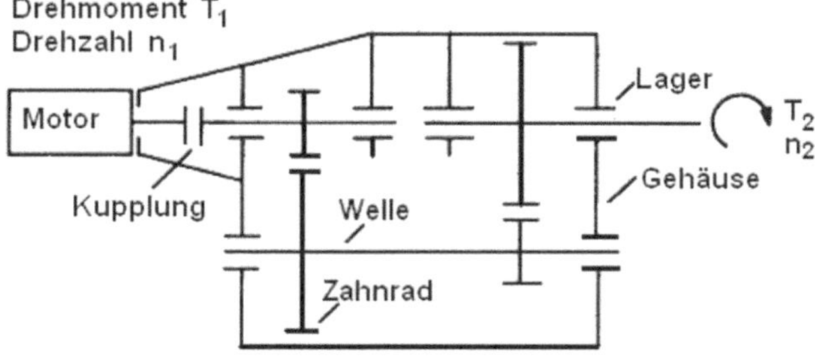

Getriebekonzept

Weiter detaillierte Prinzipkonstruktionen sind in den Konstruktionsbeispielen Abziehvorrichtung (Kap. 10.2, Seite 276) und Zahnradgetriebe (Kap. 10.4, Seite 311) dargestellt.

Das Aufstellen der technischen Konzepte ist eine kreative Tätigkeit. Die Darstellung als Strichbild-Konstruktion ist gegenüber dem technischen Entwurf weniger aufwändig. Allerdings liefern die Darstellungen überwiegend qualitative Aussagen, leisten dem Spezialisten aber gute Dienste bei Überlegungen zur Anordnung der verschiedenen Maschinenelemente.

Beim Konzipieren erfolgen die ersten Dimensionierungen der wichtigsten Bauelemente. Die Berechnungsangaben (z. B. bei einem Getriebekonzept Drehzahl, Drehmoment, Zähnezahlen) können zweckmäßig mit Texten versehen an den Skizzen angebracht werden.

Programmunterstützung

Für die Konzeptphase stellen (im Gegensatz zur Gestaltungsphase) die CAD-Systeme gegenwärtig nach Kenntnis des Autors keine wesentlichen Unterstützungsmodule zur Verfügung. Denkbar wären integrierte Module zum Auffinden von physikalischen Effekten und Wirkprinzipien über Kataloge, zumal solche Kataloge in Papierform bereits vorliegen (in /4/ und /9/).

Während das Erstellen der Prinzipkonstruktionen von Hand relativ einfach ist, bereitet das maschinelle, symbolhafte Skizzieren über die bereitgestellten Zeichnungsfunktionen der CAD-Systeme Schwierigkeiten. Die symbolhafte Darstellung von Federn ist z. B. sehr mühselig, da mit Hilfslinien und Hilfspunkten gearbeitet werden muss. Das Gleiche gilt für die symbolhafte Darstellung von Zahnstangen, Gelenken und anderer Maschinenelemente.

Vom Autor wurden die Grundsymbole zusammen mit einfachen grafischen Funktionen (wie Linie, Kreis, Bogen, Hilfsgeometrie, Zoomfunktionen) als Makro in einem 2D-CAD-System implementiert /5/. Damit gelingt das Erzeugen von reproduktionsfähigen Prinzipkonstruktionen in angemessener Zeit (die Geschwindigkeit des Skizzierens von Hand wird allerdings nicht erreicht). Es wäre dem Anliegen kreativen Konstruierens dienlich, wenn ein solches Makro auch für CATIA V5 erarbeitet wird.

Gegenwärtig gibt es keine Programmunterstützung für das Umwandeln einer Prinzipkonstruktion in ein Volumenmodell einer Baugruppe. Die Realisierung wäre wünschenswert, ist aber offensichtlich noch zu kompliziert und zu komplex. CATIA V5 bietet inzwischen einen ersten Ansatz, um aus 1D-Geometrie einen Volumenkörper zu erzeugen (siehe unter Kapitel 5.5). Vielleicht ist das ein hoffnungsvoller Anfang für eine zukünftige Entwicklungsrichtung.

Bewerten von Konzeptvarianten

Liegen mehrere Lösungsvarianten vor, so müssen diese bewertet werden. Falls die Bewertung sicher und eindeutig ist, wird nur die günstigste Variante zum Entwurf gestaltet.

Ein einigermaßen sicheres Bewerten von Konzeptvarianten erfordert Erfahrung. Wesentlich ist, dass sowohl technische als auch wirtschaftliche Bewertungskriterien verwendet werden. Da bei dem geringen Konkretisierungsgrad der Konstruktion die Kosten nicht zahlenmäßig angegeben werden können, muss eine relative Bewertung der Varianten (z. B. über eine gewichtete Punktbewertung wie im Kapitel 10.2 am Beispiel einer Abziehvorrichtung gezeigt) durchgeführt werden.

Die technischen Bewertungskriterien können aus der Anforderungsliste gewonnen werden. Weitere Bewertungskriterien ergeben sich aus den allgemeinen Konstruktionsprinzipien: Minimierung von Gewicht, Raumbedarf und Verlusten, optimale Zuverlässigkeit, ausreichende Sicherheit, ansprechende Form (weiteres siehe dazu unter 2.6 ab Seite 20). Auch hier können in dieser Phase die meisten Bewertungsgrößen nur relativ zueinander abgeschätzt werden.

Weiterführende Ausführungen zum Bewerten von Konzeptvarianten siehe in /3/und /6/.

2.4 Gestaltungsphase

Vom technischen Konzept ausgehend werden die Abmessungen und die Werkstoffe für das zu entwickelnde technische Gebilde festgelegt. Die Bauteile werden nach funktionellen und festigkeitsmäßigen Gesichtspunkten dimensioniert und fertigungsgerecht gestaltet.

Die Haupt- und Nebenfunktionsträger werden maßstäblich in einer Entwurfszeichnung im Zusammenbau angeordnet. Auf Grund der Vielzahl der zu berücksichtigenden Faktoren entsteht ein **technischer Entwurf** in mindestens 2 Arbeitsschritten:

- **Grobentwurf**
- **Feinentwurf**

Die beiden folgenden Abbildungen zeigen an einem Sicherheitsventil die wesentlichen Unterschiede zwischen einem technischen Konzept und einem technischen Entwurf.

Technisches Konzept	**Technischer Entwurf**
Unmaßstäblich, Einzelteile aber bereits funktionell richtig angeordnet	Maßstäblich, Abmessungen der Einzelteile festgelegt

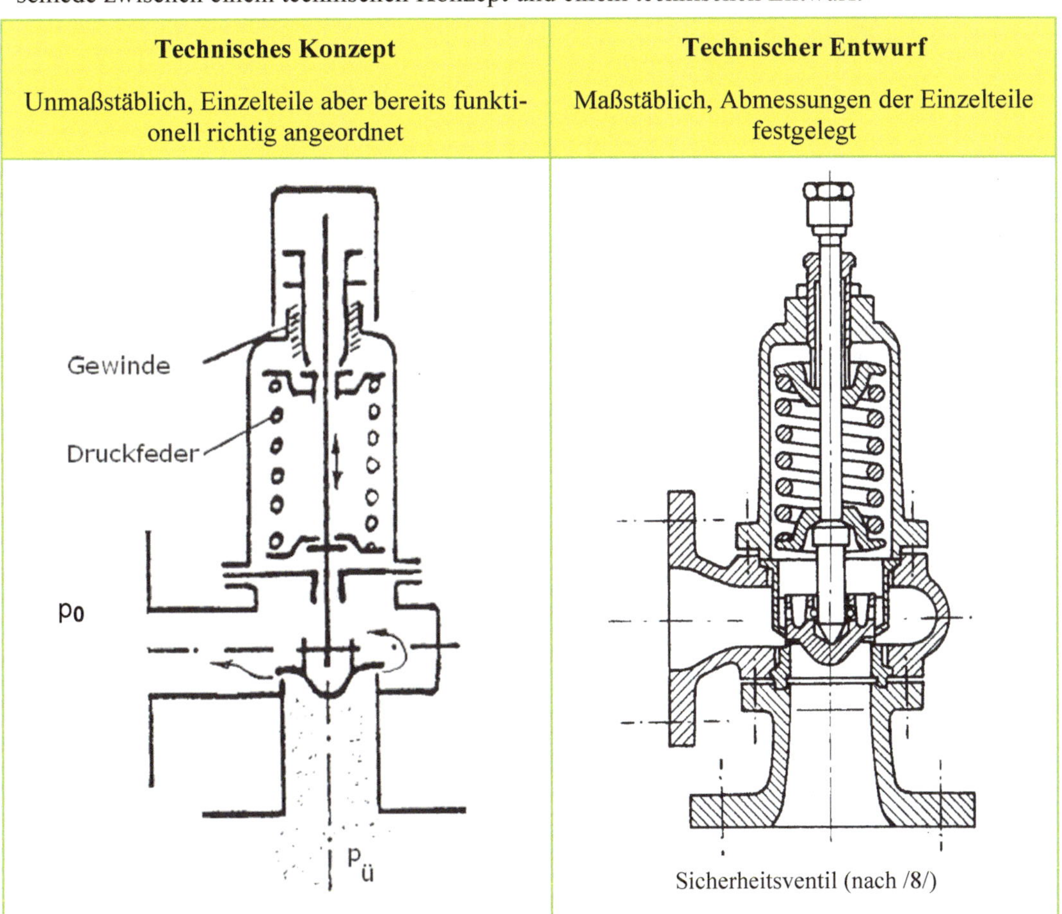

Gekennzeichnet ist die Gestaltungsphase durch eine Reihe von korrigierenden Arbeitsschritten. Das Durchführen einer systematischen Schwachstellenanalyse ist ein solcher Schritt.

Bemerkungen:

Die beiden Abbildungen zeigen die weiteren Lösungsschritte des Beispiels aus der Aufgabenphase. Eine bessere Prinziplösung für eine Einrichtung zur Druckbegrenzung als ein federbelastetes Sicherheitsventil wurde nicht gefunden. Damit ergibt sich keine sprunghafte technische Weiterentwicklung. Es wird dadurch schwieriger, das Entwicklungsziel zu erreichen.

Einsparungen an Masse, Raum und Kosten können nur durch Verbessern von Details erzielt werden. Ein Schwerpunkt dafür ist das Verkleinern der Abmessungen der Feder durch Einsatz eines hochfesten Federstahls. Weitere Einsparungen lassen sich durch das Verringern der Wandstärke der Gussteile erzielen.

Weitere allgemeingültige Regeln zur Kosteneinsparung:

- Konsequentes fertigungsgerechtes Gestalten
- Viele Norm- und Wiederholteile verwenden
- Auswahlreihen (Werksnormen) für Bauteile bilden, Baukastenprinzip anwenden
- Größere Stückzahlen anstreben
- Eine parametrische Modellierung der Bauteile senkt die Entwicklungskosten für die Baureihe.

Programmunterstützung

Stand zuerst die Unterstützung der Zeichnungserstellung bei den CAD-Systemen im Vordergrund, umfasst das Programmangebot beim gegenwärtigen Stand der Entwicklung einen großen Teil aller in der Entwurfsphase und in der folgenden Ausarbeitungsphase durchzuführenden Tätigkeiten. So unterstützen Programme beispielsweise bereits die gegenständliche Ausgabe von Prototypen für Bauteile. Die Integration vieler leistungsfähiger Programmmodule in das CAD-System hat den Vorteil, dass alle Module von dem gleichen rechnerinternen Produktmodell ausgehen können.

Daneben existieren für Teilbereiche noch Einzelprogramme beispielsweise für das Berechnen von Maschinenelementen, für die Simulation von Bewegungsabläufen, für Untersuchungen des thermischen Verhaltens und des Schwingungsverhaltens von Bauelementen und Baugruppen und für das Bereitstellen von Informationen über Normteile, Kaufteile, Werkstoffe u.a.

Das Verwenden von Einzelprogrammen führt in der Regel zu erneuten Datenein- und Datenausgaben, wodurch Aufwand und Fehlermöglichkeiten steigen.

Der Erfolg beim Konstruieren hängt trotz Rechnerunterstützung und konstruktionssystematischem Vorgehen entscheidend vom Wissen und Können des Konstrukteurs ab. Es besteht deshalb der Wunsch nach Integration von wissensbasierten Systemen in das CAD-System, die über die reine Informationsbereitstellung hinausgehen.

Beziehungsfelder beim Gestalten

Die Gestaltungsphase ist die arbeitsintensivste, durch iteratives Vorgehen geprägte Phase im Konstruktionsprozess. Das Gestalten umfasst verschiedene Tätigkeiten und Regeln, die miteinander in wechselseitiger Beziehung stehen.

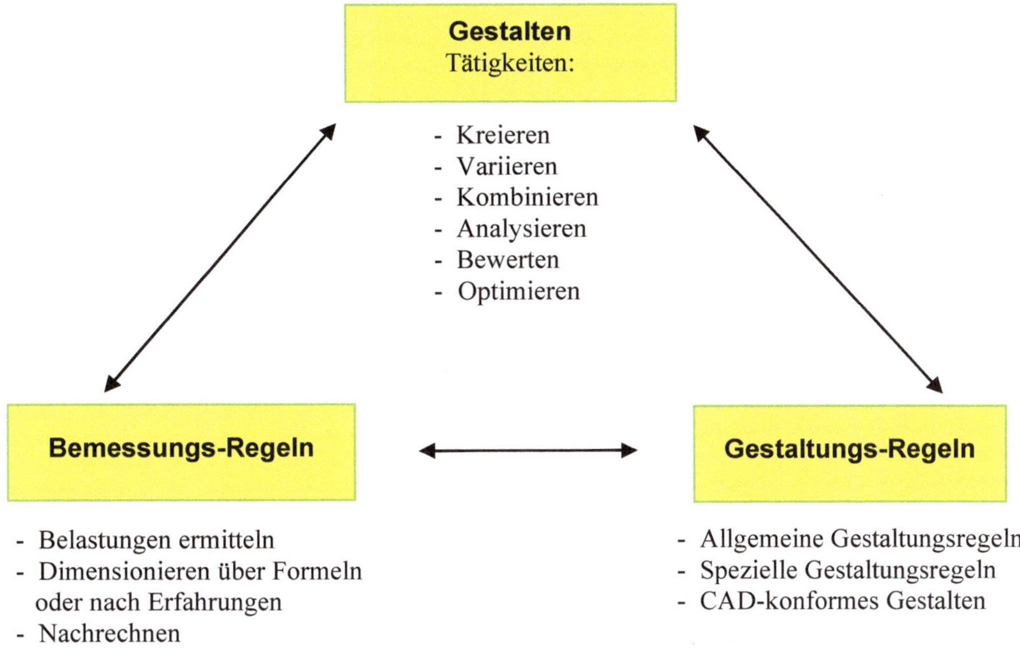

Definition *Gestalten*

Unter dem Gestalten versteht man eine überwiegend kreative Tätigkeit beim Überführen einer unmaßstäblichen Prinzipkonstruktion oder eines Konstruktionsgedankens in eine ausführbare, maßstäbliche Konstruktion eines technischen Gebildes. Es erfolgt das Festlegen der Geometrie von Einzelteilen und Baugruppen sowie die Zuordnung von Werkstoffen zu den Einzelteilen.

Bemessungsregeln

Unter dem Bemessen versteht man das Ermitteln der tatsächlichen Belastungen nach Größe und Art (statische oder dynamische Belastungen, Punkt- oder Streckenlasten), des Stoff- und Energiedurchsatzes und nachfolgend das Festlegen der Abmessungen (die Dimensionierung) der Bauteile nach Erfahrungen und/oder nach Bemessungsformeln. In Übereinstimmung mit den tatsächlichen Maßen in den Modellen und Zeichnungen erfolgen in der Regel noch Nachrechnungen.

Gestaltungsregeln

Durch eine große Anzahl von Regeln, die in der Fachliteratur des Maschinenbaus (z. B. in /6/ u. /11/) aufgeführt sind, wird das zweckmäßige Gestalten von Einzelteilen und Baugruppen unterstützt. Es kann zwischen allgemeinen und speziellen Gestaltungsregeln unterschieden werden.

Zu den **allgemeinen Gestaltungsregeln** gehören die allgemeinen Konstruktionsprinzipien, die auch für die Konzeptphase gelten (siehe unter 2.6), Prinzipien für die Reihenfolge beim Konstruieren von Baugruppen (siehe unter 2.7) und allgemeine Regeln für das funktions-, beanspruchungs- und fertigungsgerechte Gestalten.

Das funktionsgerechte Gestalten ist die dominierende Gestaltungsregel. Durch beanspruchungsgerechtes Gestalten werden die Abmessungen der Bauteile optimiert. Das fertigungsgerechte Gestalten begleitet die funktionsgerechte Gestaltung und berücksichtigt vor allem den Gesichtspunkt der kostengünstigen Fertigung der Bauteile und ihrer Montage.

Zu den **speziellen Gestaltungsregeln** gehören das zerspanungsgerechte, das gieß-, schmiede- und schweißgerechte, das korrosions- und recyclinggerechte, das montagegerechte Gestalten und andere Regeln, die zumeist auf ein bestimmtes Fertigungsverfahren zugeschnitten sind.

CAD-konformes Gestalten

CAD-konformes Gestalten bedeutet, die Möglichkeiten des CAD-Systems beim Konstruieren auszuschöpfen. Es ist nicht nur eine Nachbildung herkömmlicher Konstruktionsmethoden auf Rechnern sondern beinhaltet besondere Aspekte und besitzt eine Reihe eigenständiger Regeln. Einige Arbeitsweisen sind neu. Beispielsweise lassen sich Variantenkonstruktionen effektiv nur über Konstruktionstabellen und Formeleditor am Rechner realisieren. Währenddessen sind das Einbinden von Normteilbibliotheken und das Nutzen von Wiederholteilkatalogen schon selbstverständlich. Laufend kommen neue Anwendungen hinzu. Der Konstrukteur ist gut beraten, wenn er sich den neuen Techniken nicht verschließt. CAD-konformes Gestalten darf jedoch nicht als Anpassung der zu konstruierenden Bauelemente an CAD-spezifische Vorgaben im Sinne von Einschränkungen verstanden werden!

Ein Hauptziel des CAD-konformen Gestaltens sind **stabile, änderungsfreundliche Modelle**. Eine besondere Bedeutung besitzt hierbei das assoziative, objektorientierte Modellieren von Bauteilen, das besonders weit in CATIA V5 ausgebaut ist und in diesem Buch beschrieben wird. Die über diesen Weg modellierten Teile sind gegenüber Abmessungsänderungen weitgehend stabil.

Bei der Konstruktion von Baugruppen ist die Regel, dass die Bauteile in ihrer Lage zueinander nach funktionellen Gesichtspunkten ausgerichtet werden, aber in ihrer Geometrie voneinander unabhängig bleiben. In CATIA V5 sind aber auch solche Arbeitsweisen möglich, bei denen ein Teil von einem anderen in seinen Abmessungen abhängig wird. Das bewirkt Vorteile beim Aufbau von Baureihen und beim Ändern. Die Änderungen im abhängigen Teil verlaufen unter Kontrolle eines Programms. Nachteilig ist der höhere Modellierungsaufwand. Außerdem kann das abhängige Teil in anderen Baugruppen nicht angepasst werden. Zu diesem Themengebiet erfolgen im Kapitel 11 Aussagen.

Grundsätzlich sollte man keine trickreiche Modellierung anstreben. Spätestens beim Ändern des Modells durch einen anderen Konstrukteur werden Probleme auftreten. Eine klare übersichtliche Strukturierung der Modelle zahlt sich in jedem Fall aus.

Eine Reihe spezifischer Gestaltungsregeln für die Modellierung von Volumenkörpern werden von Ziethen in /10/ aufgestellt. Ziel ist es auch hier, eine Stabilität der Modelle gegenüber Geometrieänderungen zu erreichen. Ziethen formuliert Prinzipien für die Strukturierung von Volumenmodellen und Körpern, für die Definition von Steuergeometrie, für den Aufbau einer Kontur, für Ausformschrägen sowie für Verrundungen und Fasen, für die Integration von Flächen und für das Ändern einer Geometrie.

Bewerten von Konstruktionsentwürfen

Insbesondere müssen die Grobentwürfe bewertet werden, bevor ein Feinentwurf aufwändig herstellungsgerecht ausgearbeitet wird. Zu diesem Thema wird auf die entsprechende Fachliteratur (siehe z. B. /11/) verwiesen.

2.5 Ausarbeitungsphase

Vom Feinentwurf ausgehend, werden die Gestalt der Bauteile und ihr Zusammenbau (als 3D-CAD-Modelle und im Zeichnungssatz) endgültig festgelegt. Die zur Herstellung notwendigen Fertigungsangaben müssen den Modellen und den Zeichnungen hinzugefügt werden.

Bauteile und Baugruppen sind so darzustellen und zu bemaßen, dass ihre Funktion gesichert und ihre Fertigung erleichtert wird.

Die Fertigung von Bauteilen erfolgt nicht absolut genau. Die Fertigungstoleranzen dürfen die erforderliche Funktionsgenauigkeit und Funktionszuverlässigkeit nicht gefährden. Fertigungsgenauigkeiten werden durch die Angabe von Maß-, Form- und Lagetoleranzen (als Allgemein- oder Einzeltoleranzen) sowie der Oberflächenbeschaffenheit (Rauheitstoleranzen, Härte) und durch die Wahl von Passungen festgelegt. Es gilt der Grundsatz:

Fertigungsgenauigkeit so grob wie möglich und nur so hoch wie nötig wählen!

Die Bedeutung der Zeichnung sinkt je mehr es gelingt, die fertigungstechnischen Angaben an die 3D-Modelle anzubinden und umso mehr diese Informationen durch Werkzeugmaschinen ausgewertet werden können. Für die Bearbeitung hochwertiger Produkte wie z. B. gehärteter Zahnräder ist das aber noch nicht Stand der Technik.
Selbst wenn aber Zeichnungen für die Fertigung nicht mehr erforderlich sind, kann deren Anfertigung für Dokumentations- und Prüfzwecke weiterhin sinnvoll bleiben. Die Archivierung von Papierzeichnungen hat den Vorteil, dass zwingend nur die Zeichnung aufbewahrt werden muss, bei CAD-Modellen dagegen Soft- und Hardware. Nicht zu unterschätzen ist ferner, dass es beim Datenaustausch zwischen verschiedenen CAD-Systemen zu Informationsverlusten oder Informationsverfälschungen kommen kann. Bei Zeichnungen auf Papier ist das nicht der Fall.

Bei Zeichnungen ist zwischen Einzelteil- und Zusammenbauzeichnungen zu unterscheiden. Zusammenbauzeichnungen zeigen die mit Positionsnummern versehenen Einzelteile in ihrem Zusammenbau (siehe dazu auch im Kapitel 10.2).

In einer Teileliste (Stückliste) werden die Mengenangaben und die Halbzeuge für die anzufertigende Teile sowie die Bestellangaben für die Kaufteile aufgeführt.

Zusätzlich müssen noch Gebrauchsunterlagen (Transportplan, Aufstellanweisung, Bedienungsanweisung, Wartungsplan u.a.) erarbeitet werden.

Fertigungszeichnung für eine Achse nach /1/

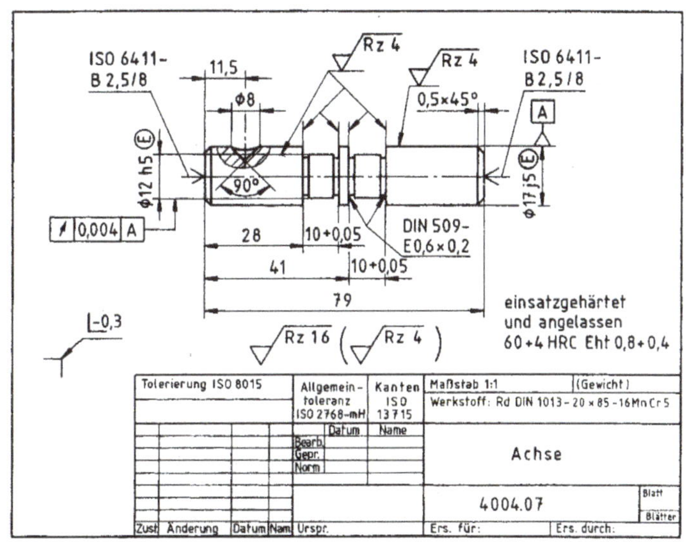

2.6 Allgemeine Konstruktionsprinzipien

Für Anfänger und Praktiker gleichsam sehr einprägsame Konstruktionsprinzipien sind nachstehend aufgeführt und kurz erläutert. Sie gehen auf den Nestor der Konstruktionssystematik in Deutschland, Kesselring, zurück. Kesselring hatte 1954 in seinem Buch „Technische Kompositionslehre" /2/ fünf Prinzipien aufgestellt, die später von Rugenstein präzisiert wurden. Diese in der Fachliteratur schon fasst vergessenen Konstruktionsprinzipien haben ihre Bedeutung nicht verloren, sondern verdienen es, besonders hervorgehoben zu werden. Deshalb wurden sie vom Autor neu aufbereitet und ergänzt.

Den fünf Prinzipien wurden zwei weitere, das Prinzip der optimalen Zuverlässigkeit und das Prinzip der ausreichenden Sicherheit hinzugefügt. Das Prinzip der günstigen Handhabung wurde um die ästhetische Formgestaltung erweitert. Um das Einprägen zu erleichtern, wurden den Prinzipien Symbole (Rohr, Würfel, Dichtring, Euro, Schraubschlüssel, Lupe, Muster mit Hand) zugeordnet.

Die Erfahrung zeigt, dass der Konstrukteur nach diesen miteinander konkurrierenden Prinzipien Entwürfe gestalten, Schwachstellenanalysen durchführen und Entwürfe bewerten kann.

Für einige der Konstruktionsprinzipien bieten CAD-Systeme direkt Module zur Unterstützung an z. B. für Berechnungen nach der Finite-Elemente-Methode, Simulationsmodule für das Prüfen funktioneller Zusammenhänge, Module für ergonomische Untersuchungen, Module für die Gestaltung von Oberflächen u. a.

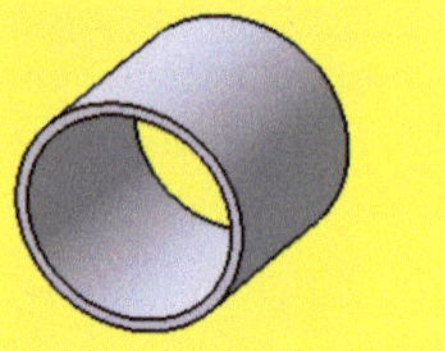

Es handelt sich bei diesem Konstruktionsprinzip um Regeln zum Erreichen einer minimalen Masse (umgangssprachlich eines minimalen Gewichtes) durch Leichtbau.

Es wird zwischen Form-, Stoff- und Bemessungsleichtbau unterschieden.

Zum **Formleichtbau** zählt man den Einsatz für die Belastung günstiger Profile wie z. B. den Einsatz von Doppel-T-Profilen bei Biegeträgern, die Hohlbauweise bei Wellen, die Schalen- und Wabenbauweise bei Gehäusen und die Gitterbauweise bei Fachwerken. Durch günstige Formgebung lassen sich hohe Widerstandsmomente bei geringer Masse erzielen.

Unter **Stoffleichtbau** versteht man den Einsatz von Werkstoffen mit geringer Dichte z. B. von Aluminium anstelle von Stahl. Im Maschinenbau wird vom Stoffleichtbau besonders bei gering belasteten Bauteilen Gebrauch gemacht. Im Fahrzeugbau werden auch hochbelastete Getriebegehäuse und Fahrzeugrahmen aus Aluminiumwerkstoffen hoher Festigkeit gefertigt.

Unter **Bemessungsleichtbau** versteht man den Ansatz der tatsächlichen Belastungen, den Einsatz hochfester Werkstoffe, die Anwendung moderner Rechenverfahren zur Berechnung der Bauelemente (wie z. B. durch die Anwendung der Finite-Elemente-Methode) und die Auslegung von Maschinenelementen nach Zuverlässigkeitsgrößen (wie z. B. nach der Lebensdauer bei Wälzlagern).

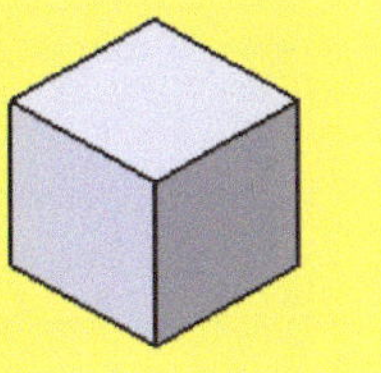

Prinzip des minimalen Raumbedarfs
Raumminimierung hat in der Regel eine Minimierung des Gewichtes sowie der Herstellungs- und Betriebskosten zur Folge.

Unter diesem Prinzip sind Regeln zur Raumminimierung zusammengefasst.

Es kann zwischen Raumminimierung durch äußere Formgebung und durch innere Gestaltung unterschieden werden.

Durch **äußere Formgebung** lassen sich technische Gebilde mit geringem Raumbedarf gestalten. Dazu zählen Gebilde mit kugel- oder würfelförmiger Gestalt, aber auch stapel-, klapp- oder ineinander steckbare Produkte.

Durch **innere Gestaltung** lässt sich der Raumbedarf minimieren über die Verwendung raumsparender Bauelemente, durch Verkürzung von Stützweiten, durch Leistungsverzweigungen, durch geeignetere Wirkprinzipien (z. B. selbsttragende Karosserien im Automobilbau) und durch die Funktionsintegration von Elementen.

Prinzip der minimalen Verluste

Energetische und stoffliche Verluste erhöhen die Betriebskosten.

Es handelt sich um Grundsätze zur Kostensenkung durch Verlustminimierung.

Es ist zu unterscheiden zwischen energetischen und stofflichen (Material-) Verlusten.

Energetische Verluste sind thermischer Natur (Wärmeleitung, Wärmestrahlung, Wärmeübergang) oder elektrischer (Isolationsmängel, Induktion) oder mechanischer Natur (Strömungswiderstände, mechanische Reibung).

Materialverluste an festen Stoffen treten im Wesentlichen durch Verschleiß infolge mechanischer Reibung und durch Korrosion infolge elektrochemischer Reaktionen auf. Materialverluste an flüssigen, gas- oder pulverförmigen Stoffen haben ihre Ursache in inneren Undichtheiten (poröses Material) oder äußeren Undichtheiten (Spalte an den Berührungsflächen der Bauelemente).

Prinzip der minimalen Kosten

Geringe Herstellungskosten erreicht man durch fertigungsgerechtes Konstruieren.

Bei diesem Prinzip handelt es sich überwiegend um Regeln zum Erreichen geringer Herstellungskosten.

Den Nutzer des Produktes interessieren neben dem Preis, der sich hauptsächlich aus den Herstellungskosten ergibt, die sich für ihn einstellenden

Betriebskosten beispielsweise für Stromverbrauch, Wartungsarbeiten und Instandhaltung.

Die **Herstellungskosten** für ein Produkt entstehen durch direkt zurechenbare Stückkosten und indirekt zurechenbare Gemeinkosten.

Die **Stück-(Einzel-)kosten** ergeben sich aus den Kosten für das verwendete Material und den Kosten für die Zulieferteile sowie aus den Lohnkosten für die Teilefertigung und die Montage.

Die **Gemeinkosten**, die einem Produkt zugerechnet werden, basieren im Wesentlichen auf den Abschreibungen und Instandhaltungskosten für Werkzeugmaschinen und Gebäuden und auf den Kosten für Verwaltung, Forschung, Entwicklung und Konstruktion.

Der Produkthersteller muss ein Optimum zwischen den Herstellungs- und den Betriebskosten finden.

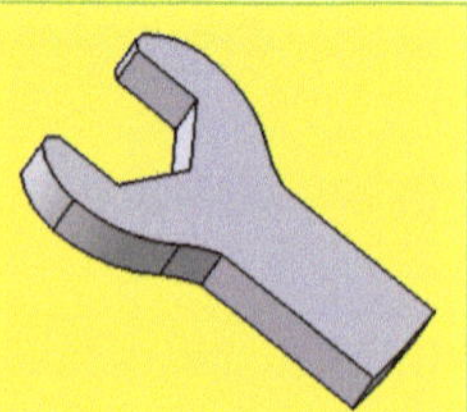

Prinzip der optimalen Zuverlässigkeit

Der Kunde erwartet eine hohe Zuverlässigkeit des Produktes.

Hierbei handelt es sich um Grundsätze zum Erreichen der Funktionserfüllung während einer vorgegebenen Lebensdauer des Produktes.

Schädigende Einflüsse auf die Zuverlässigkeit von Produkten sind aus maschinenbaulicher Sicht Verschleiß, Korrosion, Alterung der Werkstoffe, Dauerbrüche infolge Materialermüdung und Gewaltbrüche infolge plötzlicher Überlastungen.

Unzuverlässige Produkte führen beim Kunden zu Verlusten und Ausfällen. Eine zu hohe Zuverlässigkeit kann aber erhöhte Herstellungskosten verursachen.

Es handelt sich hierbei um Grundsätze zum Erreichen einer hohen Sicherheit des Produktes gegenüber Gefahren und um das Minimieren belästigender Einflüsse wie z. B. von Geräuschen, Gerüchen und Wärmeentwicklungen.

Je nach Problembereich unterscheidet man zwischen

- **Bauteilsicherheit**   (Aspekt: Gewalt- und Ermüdungsbruch von Bauelementen)
- **Funktionssicherheit** (Aspekt: Gefährdungen und Ausfälle durch unzuverlässige Bauteile und Baugruppen)
- **Arbeitssicherheit**   (Aspekt: Gefährdung des Menschen)
- **Umweltsicherheit**   (Aspekt: Gefährdung der Natur).

Der Konstrukteur kommt dem Sicherheitsbedürfnis durch folgende Prinzipien nach:

- **Unmittelbare Sicherheit** durch Abstellen der Gefahren. Das wird vor allem durch richtige Dimensionierung und Auswahl der Bauelemente und durch Mehrfachanordnung von gefährdeten Bauelementen und Baugruppen erreicht.

- **Mittelbare Sicherheit** stellt der Einsatz von Schutzsystemen und Schutzeinrichtungen, wie z. B. von Überlastsicherungen, Sicherheitsventilen und Schutzgittern zur Abwendung von auftretenden Gefahren dar.

  Die Überwachung von Anlagen und Einrichtungen, von denen besondere Gefährdungen ausgehen können, durch behördliche Einrichtungen wie dem TÜV (Technischer Überwachungs-Verein) kann ebenfalls der mittelbaren Sicherheit zugerechnet werden. Beispiele für überwachungspflichtige Anlagen sind die Hebezeuge, die Druckgefäße und die Kraftfahrzeuge. Die Kontrolle betrifft deren Auslegung, Fertigung und Einsatz.

- **Hinweisende Sicherheitstechnik** wie das Anbringen von Warn- und Verbotsschildern ist eine Notlösung.

Grundsätzlich ist vom Konstrukteur anzustreben, dem Sicherheitsbedürfnis durch unmittelbare Sicherheit nachzukommen.

Prinzip der günstigen Handhabung und Formgestaltung
Ergonomische Gestaltung und gutes Design fördern den Absatz des Produktes.

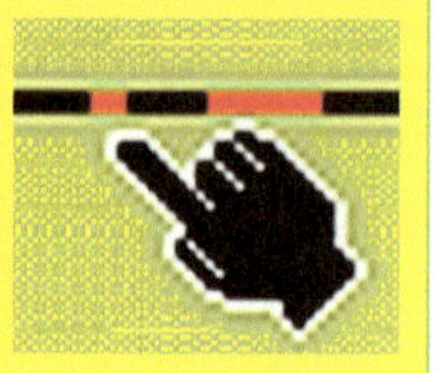

Bei diesem Prinzip handelt es sich um Regeln zum Erreichen einer bequemen, zeitsparenden Handhabung und einer ästhetisch ansprechenden äußeren Form von Produkten.

Besonders im Bereich der ergonomischen und ästhetischen Gestaltung von Produkten hat das CAD neue Möglichkeiten erschlossen!

Die **Kontaktzonen zwischen Mensch und Maschine** müssen vom Konstrukteur ergonomisch (optimalen Arbeitsbedingungen entsprechend) gestaltet werden.

Das **Design** (die Form, das Modell) muss in vielen Fällen ästhetische (die Schönheit betreffende) Bedürfnisse des Menschen an industriell gefertigten Erzeugnissen befriedigen. Neben der Baukörpergestaltung betrifft der Grundsatz auch die Farbgebung, die Oberflächengestaltung und das einheitliche Erscheinungsbild von Produkten. Design soll Ästhetik, Ergonomie und Funktionalität vereinigen.

Die unten abgebildete Darstellung zeigt tendenziell, dass nicht nur technisch-funktionelle Gesichtspunkte für die Anforderungen an ein Produkt entscheidend sind, sondern auch das menschliche Schönheitsempfinden.

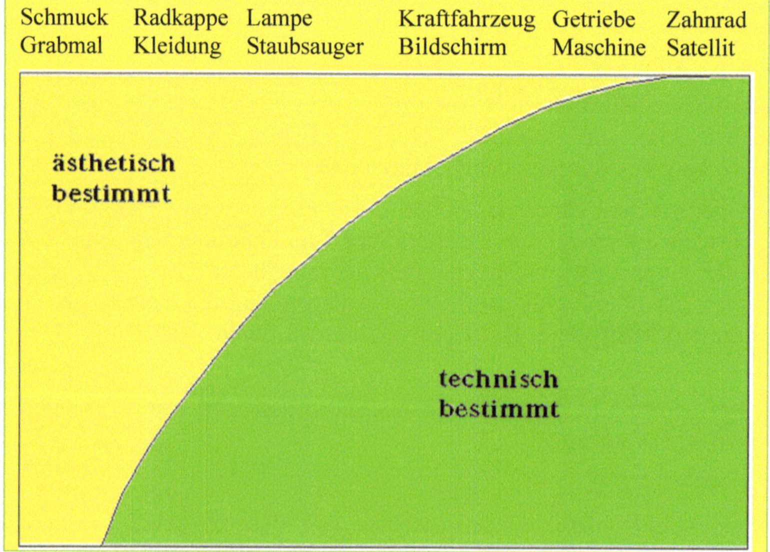

Determiniertheit der Formgestaltung von Produkten

2.7 Reihenfolge beim Gestalten einer Baugruppe

Nachdem das Konstruktionsprinzip festliegt, sollte das Gestalten einer Baugruppe von der entscheidenden Wirkstelle aus begonnen werden. Die Stütz- und Hüllelemente werden in der Regel zuletzt gestaltet. Im Allgemeinen gilt der Grundsatz:

Beginne mit der Gestaltung an der entscheidenden Wirkstelle und folge dem Kraftfluss

Bei vielen Konstruktionsaufgaben des Maschinenbaus liegen die entscheidenden Wirkstellen im Inneren des technischen Gebildes. Bei Antriebsbaugruppen ist das z. B. in der Regel der Fall.

Aber auch Teile aus benachbarten Baugruppen können mit ihren Anschlussmaßen die Gestalt bestimmen.

Darüber hinaus gibt es auch Konstruktionsaufgaben, bei denen der Einbauraum als äußere Hülle für das zu konstruierende Gebilde vorgeschrieben wird.

Dem Anfänger bereitet die richtige Abfolge bei der Dimensionierung der Bauelemente und die Reihenfolge ihrer Modellierung oft Schwierigkeiten. Es genügen aber nur wenige selbst ausgeführte Konstruktionen, um sich den Blick für die Problematik zu schärfen.

Auf den folgenden Seiten sind deshalb ausgewählte Beispiele für die Gestaltungsreihenfolge von unterschiedlichen Baugruppen im Maschinenbau aufgeführt.

Nachdem zu Beginn einer Konstruktion das entscheidende Bauteil gestaltet wurde, wird es für das Folgeteil zur geometrischen Grundlage für dessen Gestaltung. Weitere benachbarte Teile werden anschließend unter Sicht der zuvor entwickelten hinzukonstruiert, wobei es von Vorteil ist, dem Kraftfluss zu folgen. Zuvor oder die Gestaltung begleitend werden die im Kraftfluss liegenden Bauelemente dimensioniert.

Korrekturen an bereits entwickelten Teilen sind eher die Regel als die Ausnahme. Die 3D-CAD-Modelle sollen deshalb so stabil sein, dass Abmessungsänderungen ohne größere Schwierigkeiten durchführbar sind. Vor dem Beginn der Modellierung muss festgelegt werden, welche Parameter auf jeden Fall veränderbar sein müssen. Davon kann die Modellierungsstrategie abhängen.

Ein modularer Aufbau der Baugruppen erhöht die Übersichtlichkeit und reduziert den Änderungsaufwand.

Moderne CAD-Systeme gestatten die Änderungen an Bauteilen im Zusammenbau der Baugruppe. Jede Änderung am Bauteil wird beim nächsten Speichervorgang der Baugruppe auch an den gespeicherten Ursprungsteilen wirksam. Ist die Baugruppe konstruiert, sind damit auch alle Teile geometrisch nahezu vollständig definiert.

Zuerst Grobgestalten, dann Feingestalten

Feingestaltete Bauteile sind gegenüber Maßänderungen instabiler. Entwürfe sind aber noch starken Änderungen unterworfen. Deshalb sollten solche Elemente wie Verrundungen, Fasen und Auszugsschrägen erst bei der Feingestaltung an den Modellen angebracht werden.

Zeichnungsableitungen und Zeichnungsaufbereitungen zuletzt vornehmen

Die meisten 3D-CAD-Systeme lassen geometrische Änderungen nur am Modell zu. Größere Änderungen am Modell führen bei der Aktualisierung der Zeichnungen aber oft zu Konflikten. Deshalb ist es ratsam, die Zeichnungsableitungen und Zeichnungsaufbereitungen (Hinzufügen fertigungstechnischer Angaben) erst nach der Feingestaltung aller Bauteile vorzunehmen. Sinnvoll bleibt aber, dass von Baugruppen nach jeder Entwicklungsetappe Zeichnungsansichten und Zeichnungsschnitte zu Kontrollzwecken abgeleitet werden.

Zweckmäßige Gestaltungsreihenfolge an ausgewählten Beispielen

Spannvorrichtung

Ausgangsstelle für die Entwicklung ist das zu spannende Werkstück.

Bei der im Bild gezeigten (und später nachkonstruierten) Spannvorrichtung ist das zu spannende Werkstück der Ausgangspunkt für die Konstruktion. Das ist die typische Vorgehensweise für die Gestaltung von Vorrichtungen der zerspanenden Bearbeitung.

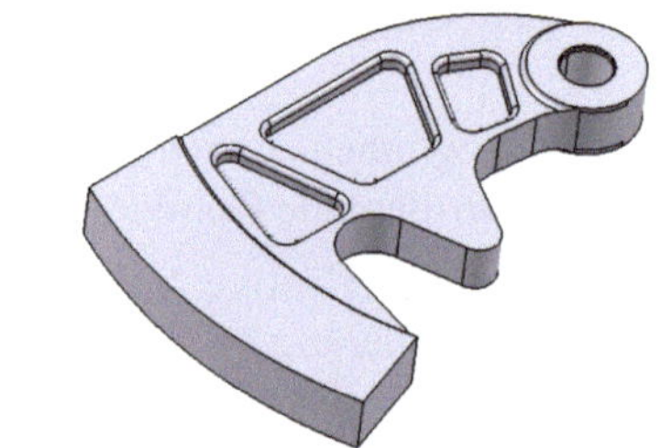

Werkstück

Das Werkstück soll an seiner Bogenseite eine Verzahnung erhalten. Es muss dazu geometrisch genau und, um die beim Verzahnungsvorgang auftretenden Kräfte aufzufangen, auch fest eingespannt werden.

Zweckmäßig wird zunächst die Aufnahme für das Werkstück in einer Grundplatte mit Auflage- und Anschlagbolzen konstruiert. Sodann wird eine Pratze erstellt, die von oben über einen Gewindebolzen mit der Mutter gegen das Werkstück verspannt wird.

Spannvorrichtung

Zum Auffädeln des Werkstückes mit seiner Bohrung auf einen (in der Abbildung nicht sichtbaren) Aufnahmebolzen wird ein Hebelmechanismus mit einem Druckteller benutzt. Dieser so genannte Schnellspannmechanismus muss nicht zwingend selbst konstruiert werden, sondern kann aus einem Katalog für Normalien ausgewählt werden.

Über zwei Bohrungen in der Grundplatte (nur eine ist in der Abbildung sichtbar) wird die gesamte Vorrichtung auf dem Maschinentisch festgeschraubt.

Abziehvorrichtung

Die für die Entwicklung bestimmende Wirkstelle ist der Umgriff der Abziehklaue um den Außenring des Lagers.

Die Anschlussbaugruppe gibt die Abmessungen für das zu entwickelnde Gebilde vor.

In Analogie dazu ist auch bei der Entwicklung von Greifern für Industrieroboter die Kontaktstelle zwischen den Greiferarmen und dem Werkstück die gestaltbestimmende Wirkstelle.

Zweckmäßig geht man (wie im Kapitel 10.2 gezeigt) bei der Konstruktion der Abziehvorrichtung von dem größten von einem Zapfen abzuziehenden Lager aus.

Die auf Zug beanspruchte Klaue wird um den Lageraußenring konstruiert und greift in einen Abziehstern ein. Der Abziehstern kann mittels Gewinde durch eine druckbeanspruchte Spindel von Hand bewegt werden und stützt sich dabei in einer Zentrierbohrung des Zapfens ab. Der Kraftfluss ist damit in sich geschlossen.

Die Abziehklauen sind in radialer Richtung verstellbar, sodass Lager mit unterschiedlichen Durchmessern abgezogen werden können.

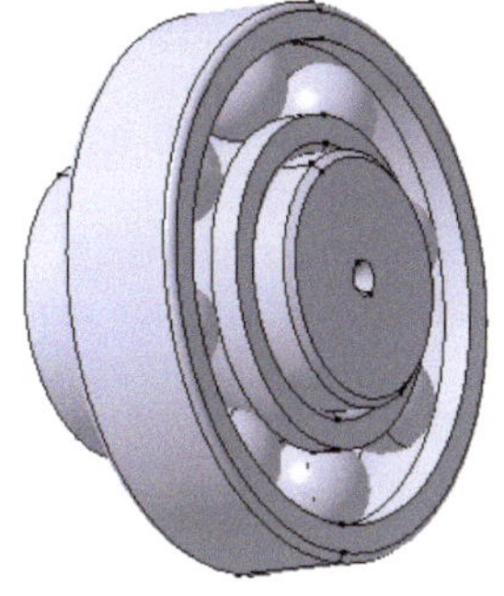

Wellenzapfen mit Kugellager

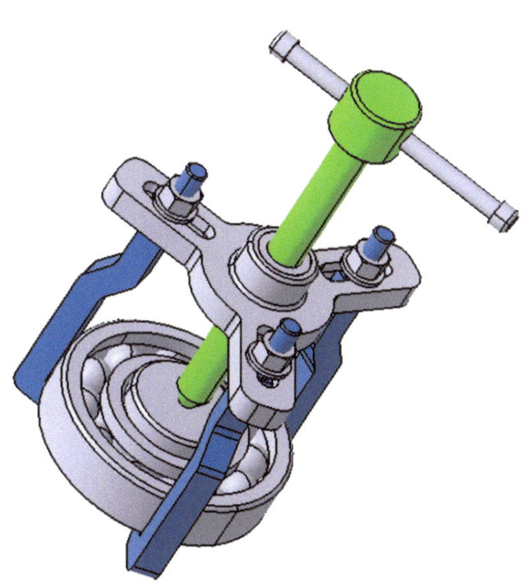

Abziehvorrichtung

Hinweis: Die Konstruktion lässt sich auch von der Wirkstelle Spindelspitze/Zentrierbohrung des Zapfens aus günstig entwickeln.

Zahnradgetriebe

Ausgangstelle für die Entwicklung sind die Zahnräder.

Dimensionierung:

Zunächst wird aus dem zu übertragenden Drehmoment der Modul als entscheidende Größe für die Verzahnung bestimmt. Aus dem gewünschten Übersetzungsverhältnis ergeben sich die Zähnezahlen, aus diesen und dem Modul die Abmessungen der Zahnräder und der Achsabstand. Aus den Zahnkräften und den Drehmomenten lassen sich die Wellendurchmesser ermitteln. Die errechneten Auflagerkräfte und die gewünschte Lebensdauer der Wälzlager bestimmen die Abmessungen der Wälzlager (näheres siehe dazu in der einschlägigen Fachliteratur).

Gestaltung:

Liegen die Abmessungen der Konstruktionselemente fest, wird der Radsatz mit den Wellen und Lagern gestaltet.

In einem weiteren Schritt wird (wie später noch im Kapitel 10.4 gezeigt) das Gehäuse um die Zahnräder und um die Lager herum konstruiert, wobei das Gehäuse aus Montagegründen an geeigneter Stelle geteilt werden muss.

Zuerst wird dabei das Hauptteil des Gehäuses (bei Standgetrieben das Gehäuseunterteil, bei diesem Getriebe der Topf) gestaltet.

Anschließend wird vom Gehäuseflansch des Topfes ausgehend der Gehäusedeckel konstruiert und mit dem Topf verstiftet und verschraubt.

Die beschriebene Vorgehensweise trifft auf die Entwicklung der meisten Zahnradgetriebe zu.

Bei Gehäusen, die im Außenbereich ästhetischen Anforderungen genügen müssen, wie zum Beispiel bei Gehäusen für Handbohrmaschinen, werden die äußere Gestaltung (Flächenübergänge und Griffelemente) in der Regel vom Designer und die innere Gestaltung (Anschraubflächen und Lagerstellen) vom Maschinenbauer vorgenommen.

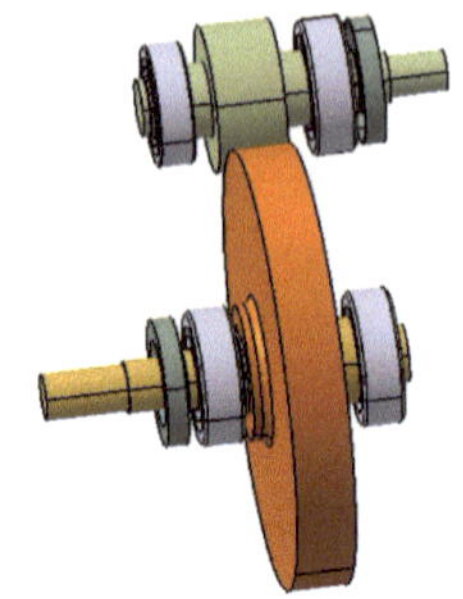

Radsatz mit Wellen und Lagern

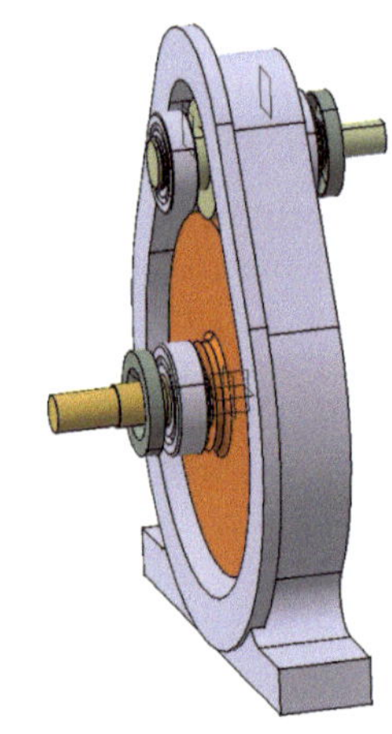

Topfgetriebe mit abgenommenen Deckel

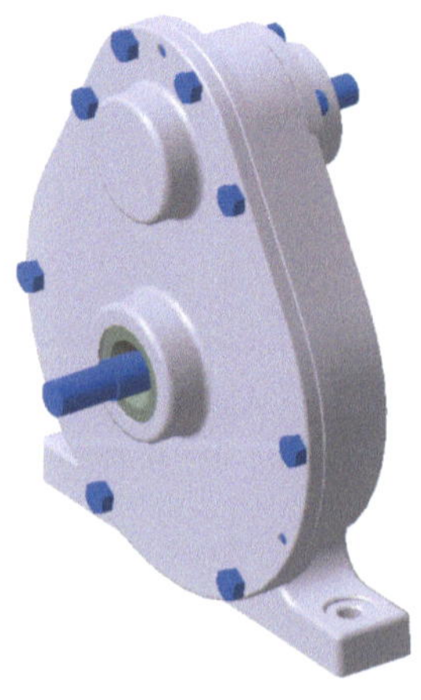

Topfgetriebe mit Deckel

Umlaufrädergetriebe

Die geometrischen Daten der Zahnräder sind der Ausgangspunkt der Konstruktion.

Diese werden über das zu übertragende Drehmoment und über das Übersetzungsverhältnis ermittelt.

Eine Zeichnungsschnitt- und eine Explosionsdarstellung lassen die Funktion und die Gestaltung des Getriebes erkennen. Aus beiden Darstellungen zusammen werden Details der Konstruktion sichtbar.

Im gezeigten Beispiel sitzt das Sonnenrad auf der Antriebswelle, das innenverzahnte Hohlrad verdrehfest im Gehäuse. Die drei Planetenräder befinden sich in einem Planetenträger und werden vom Sonnenrad angetrieben. Dabei wälzen sie sich im Hohlrad ab und versetzen den Planetenträger in Rotation. Der Abtriebszapfen bildet mit dem linken Teil des Planetenträgers ein Bauteil.

Beide Wellen stützen sich über je zwei Lager (in der Explosionsdarstellung dunkel) im Gehäuse ab. Das Hohlrad bestimmt die Größe des Gehäuses. Die Wälzlageraußenringe für die Lagerung des Planetenträgers sind Ausgangspunkt für die Gestaltung der beiden Deckel.

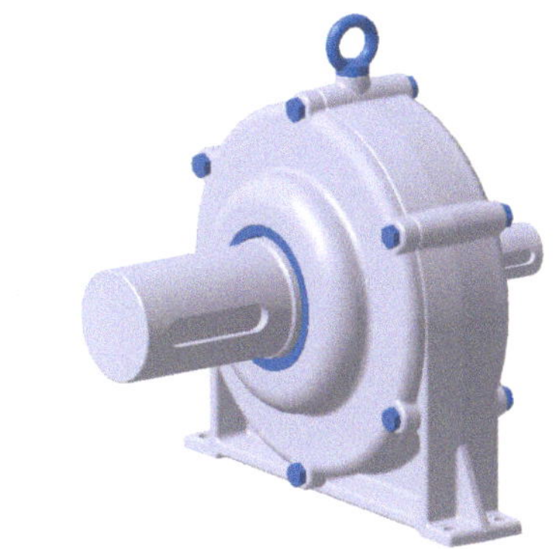

Planetengetriebe

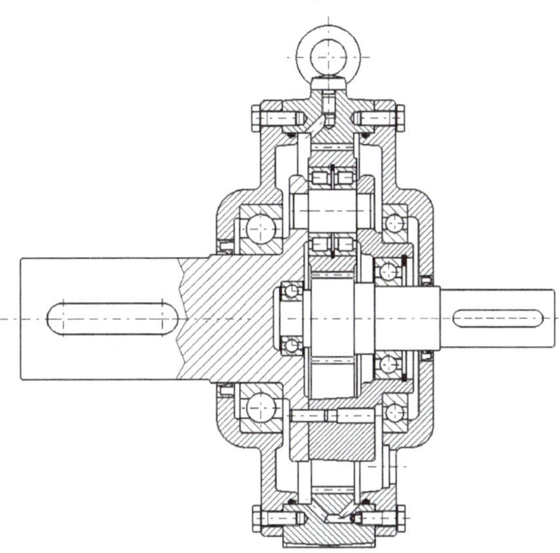

Planetengetriebe in Schnittdarstellung

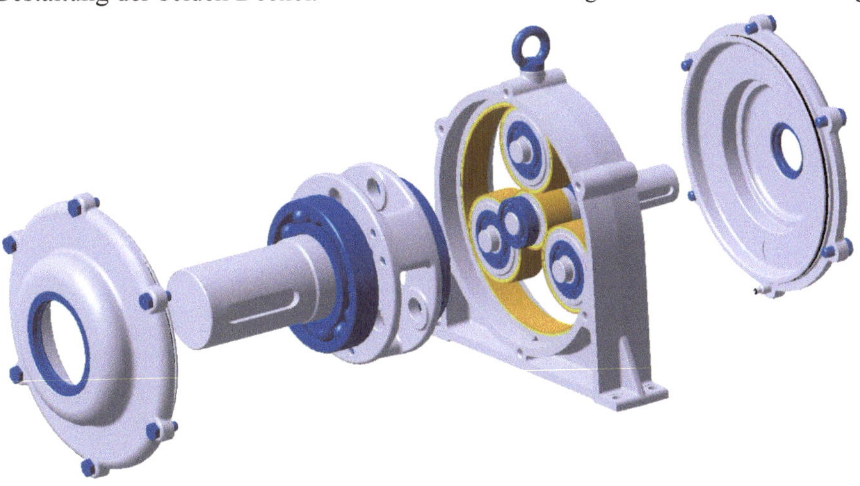

Planetengetriebe in Explosionsdarstellung

Hakenflasche eines Hebezeuges

Die Entwicklung der Hakenflasche folgt dem Kraftfluss vom Lasthaken zu den Seilen.

Ausgangspunkt für die Gestaltung ist zweckmäßig der Schaft des Hakens, von dem die Krafteinleitung über ein Gewinde mit Mutter und ein Axiallager in eine Traverse (Querträger) erfolgt.

Der Haken wird als Normteil für die erforderliche Traglast ausgewählt. Ein Axiallager sitzt in der Hakenmutter und gestattet ein leichtes Drehen des Hakens.

Der Außendurchmesser der zylinderförmigen Mutter bestimmt den Abstand der beiden Zugbleche. Die Zugbleche leiten die Kraft in eine Achse, auf der die Seilrollen für einen Flaschenzug angebracht werden.

Die Ermittlung der Abmessungen der Bauteile wird beanspruchungsgerecht nach den Regeln der Festigkeitslehre vorgenommen.

Bei der breiten Bauart sind die Seilrollen außerhalb der Zugbleche angeordnet, was zu einer geringen Bauhöhe führt und z. B. bei Hallenkranen für die Hallenhöhe von Bedeutung ist.

Bei der schmalen Bauart werden die Seilrollen innerhalb der Zugbleche angeordnet. Das führt allerdings zu einer größeren Bauhöhe. Bei Schiffskranen, die mit der Hakenflasche in enge Ladeluken einfahren müssen oder bei Baukranen, bei denen ähnliche Verhältnisse vorliegen, kann diese Bauart aber von Vorteil sein.

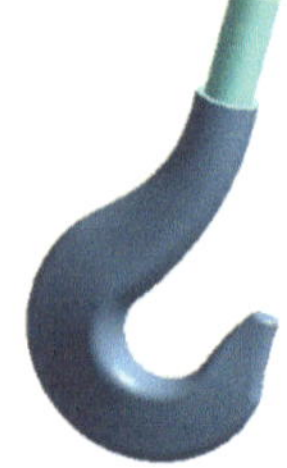

Lasthaken

Hakeneinbau in der Traverse, Zugbleche und Seilrollenachse

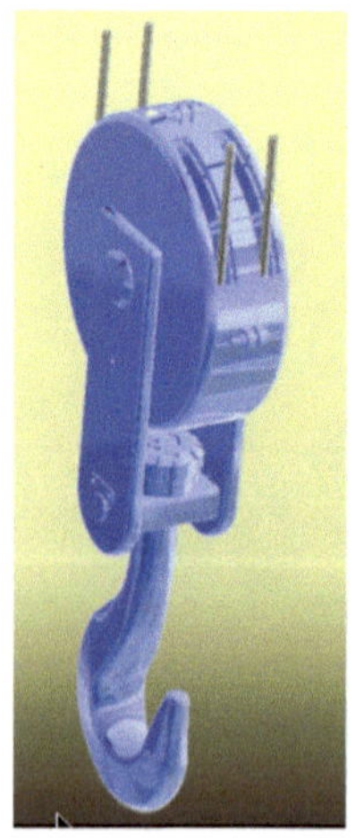

Hakenflasche schmale Bauart

Hakenflasche breite Bauart

Ventilkonstruktionen

Bei Ventilkonstruktionen kann es zweckmäßig sein, als erstes das Ventilgehäuse zu modellieren und dann erst die Einbauten.

Die Reihenfolge kehrt sich damit gegenüber der bei Zahnradgetrieben günstigen Vorgehensweise um. Zuerst werden hier die Hüllelemente gestaltet!

Die Vorgehensweise setzt Erfahrungen bei der Auslegung voraus. Dem Stoffdurchsatz und den Drücken entsprechend werden zunächst die Anschlussquerschnitte der Flansche festgelegt. Damit kann das Ventilgehäuse in Kenntnis der funktionell erforderlichen Einbauten bereits grob gestaltet werden.

Die Einbauten werden anschließend in das Gehäuse hinein konstruiert. Die untenstehende Abbildung zeigt einen vereinfachten Entwurf eines Sicherheitsventils.

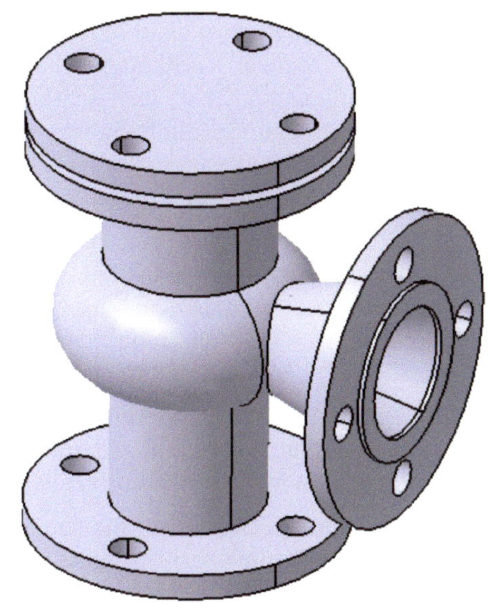

Ventilgehäuse

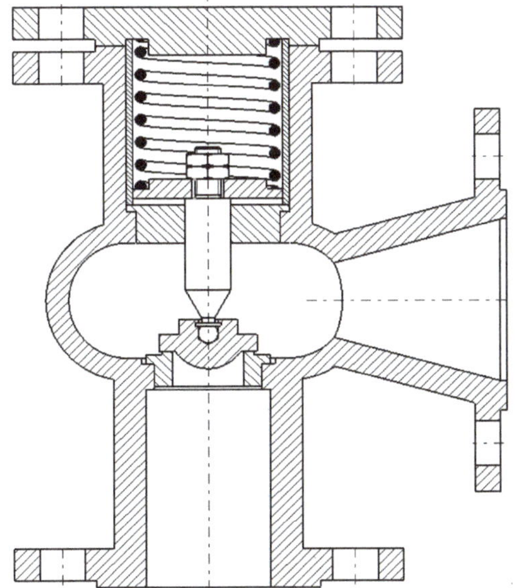

Entwurf des Sicherheitsventils mit Einbauten

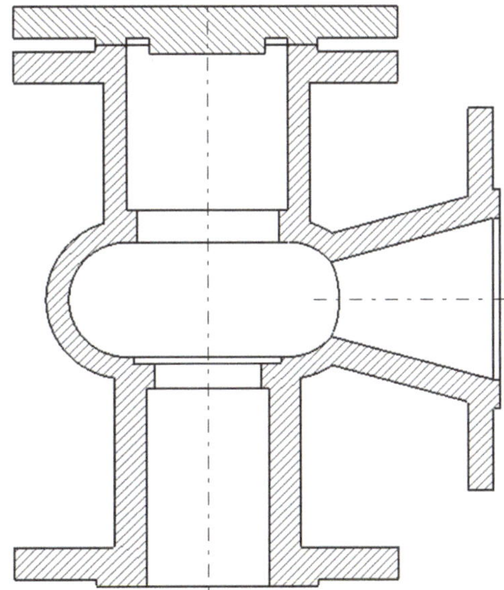

Schnitt durch das Ventilgehäuse

2.8 Zusammenfassung

Bei den Darlegungen zu den konstruktionssystematischen Grundlagen handelt es sich um eine Einführung. Dem zur Verfügung stehenden, geringen Umfang entsprechend, beschränken sich die Ausführungen auf eine übersichtliche Darstellung der Phasen des Konstruktionsprozesses und eine einprägsame Gestaltung von wichtigen Konstruktionsregeln. Als weiterführende Literatur zur Konstruktionssystematik und -methodik wird /6/ (Pahl/Beitz: *Konstruktionslehre*) und /3/ (Naefe: *Einführung in das methodische Konstruieren*) empfohlen. Kenntnisse über die Maschinenelemente und erste Konstruktionserfahrungen werden dort vorausgesetzt.

Anliegen der Ausführungen ist es, CAD mit dem konstruktionssystematischen Vorgehen bereits in der CAD-Grundausbildung zu verbinden. Wie das computergestützte Konstruieren die Vorgehensweise bei der Produktentwicklung beeinflusst, so ist umgekehrt Konstruieren mit Unterstützung durch CAD-Systeme nicht von der Konstruktionssystematik zu trennen.

Der Konzeptphase als der kreativsten Phase im Konstruktionsprozess fehlt es seitens der CAD-Systeme noch an Programmunterstützung. Hier sollte durch die Entwickler und auch in der Ausbildung von Maschinenbauingenieuren noch mehr getan werden.

Das technische Konzept kann für den erfahrenen Konstrukteur bereits der Ausgangspunkt der Volumenmodellierung sein. Dazu ist eine Darstellung der Konstruktion mit vereinbarten Symbolen zweckmäßig.

In der Ausbildung (und auch in vielen Fällen in der Praxis) kann es sinnvoll sein, Grobentwürfe für komplexere Baugruppen in traditioneller Weise zunächst als 2D-Entwürfe oder räumliche, annähernd maßstäbliche Skizzen auf Papier anzufertigen. In dieser Phase erfolgen auch die Dimensionierung und die Werkstoffzuordnung für die Bauteile als eine entscheidende Weichenstellung für das weitere Vorgehen. Von diesem Grobentwurf ausgehend, wird die Volumenmodellierung vorgenommen. Ein Prinzipwechsel bedeutet stets einen Neuanfang der Modellierung.

Ziel sollte es sein, die Modelle für den Grobentwurf möglichst so flexibel aufzubauen, dass Abmessungsänderungen und Anpassungen der Konstruktion möglich werden. Die Feingestaltung der Bauelemente und das Hinzufügen der Stütz- und Hüllelemente sowie das Ausarbeiten der Konstruktion zur Fertigungsreife erfolgen zweckmäßig nur am Rechner.

Zeichnungen werden aus den Modellen abgeleitet und werden vermutlich noch über einen längeren Zeitraum erforderlich sein. Sie sind gegenwärtig nicht voll durch Modelle ersetzbar. Nicht zu unterschätzen ist auch, dass im Maschinenbau viele Lehrunterweisungen für Konstruktion und Fertigung an Zeichnungen vorgenommen werden. Eine Schnittzeichnung von einer Baugruppe ist für einen ausgebildeten Maschinenbauer oft aussagefähiger als ein 3D-Modell bzw. eine Explosionsdarstellung einer Baugruppe. Die Archivierung von Zeichnungen auf Papier ist relativ problemlos, dagegen erfordert das Archivieren von CAD-Modellen über einen längeren Zeitraum auch die Archivierung von Soft- und Hardware.

Die für das Gestalten wichtigsten Regeln wurden aufgeführt. Es sind die für jede Maschinenbaugruppe allgemeingültigen Konstruktionsprinzipien und Prinzipien der zweckmäßigen Reihenfolge für die computergestützte Gestaltung von Baugruppen. Eine änderungsfreundliche Gestaltung der Modelle sollte konform zu den Möglichkeiten des eingesetzten CAD-Systems erfolgen.

Beispiele zeigen die Reihenfolge des Vorgehens bei der Modellierung verschiedener Baugruppen.

3 Einführung in CATIA V5

3.1 Allgemeines

Produktname: **C A T I A**

Computer **A**ided **T**hree dimensional **I**nteractive **A**pplication
(rechnergestützte dreidimensionale interaktive Anwendung)

Hersteller: Dassault Systèmes, Paris-Suresnes

V bedeutet Version. V5 ist eine neue, eigenständige Version.

CATIA V5 ist ein integriertes Programmsystem aus CAD- (*Computer Aided Design*), CAE- (*Computer Aided Engineering*) und CAM- (*Computer Aided Manufacturing*) Anwendungen für die digitale Produkterstellung, -simulation und -verwaltung.

Mit dem CAD-System von CATIA V5 kann Geometrie erzeugt und analysiert werden. Die mit den CAD-Modulen erzeugten Daten lassen sich mit den CAE- und CAM-Modulen weiter bearbeiten.

Hauptanwender von CATIA V5 sind die Luft- und Raumfahrtindustrie, der Fahrzeugbau, der Schiffbau und in zunehmendem Maße der Maschinenbau.

Speziell unter dem Gesichtspunkt, Studierenden und Ingenieuren des Maschinenbaus die Einarbeitung in die grundlegenden CAD-Module von CATIA V5 so leicht und verständlich wie möglich zu machen, wurde dieses Buch geschrieben.

3.2 Leistungsumfang

Hauptanwendungsgebiete:

Das Programmsystem CATIA V5 umfasst eine Reihe umfangreicher Module.

Zu finden sind diese über das Klappmenü *Start* in der Hauptmenüzeile. Dort sind die Hauptanwendungsgebiete aufgelistet (siehe Bild rechts).

Wenn man das betreffende Anwendungsgebiet selektiert (im Bild die *Mechanische Konstruktion*), öffnet sich ein weiteres Fenster, in dem die zugeordneten Module aufgeführt sind.

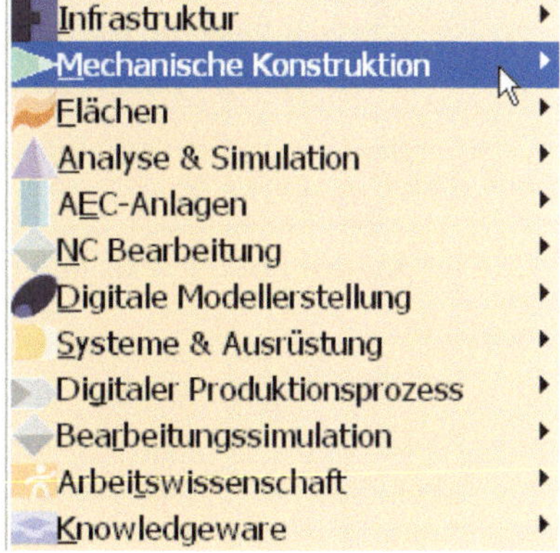

Relevant für den Grundkurs ist die

Mechanische Konstruktion.

Rechts sind die Module dieser Haupt-
gruppe aufgelistet.

Jedes Modul verfügt über eine eigene
Arbeitsumgebung (*Workbench*). Die
Produktdaten können in der Regel in allen Modulen bearbeitet werden. Dazu
muss die Arbeitsumgebung gewechselt
werden, wobei für die Weiterverarbei-
tung jeweils spezifische Voraussetzungen erfüllt sein müssen.

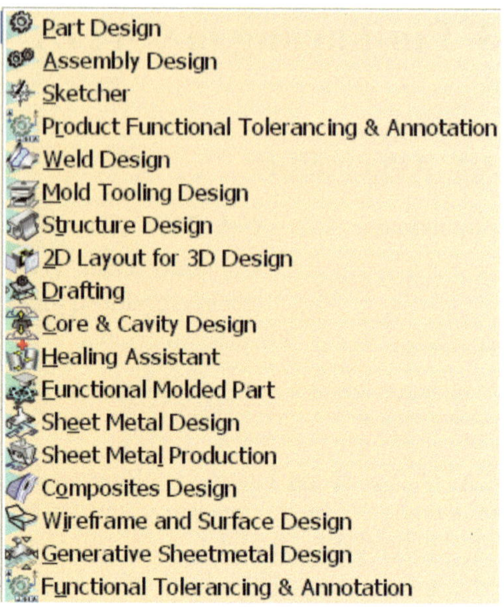

Module, die in dem vorliegenden Buch für die Grundausbildung angewendet werden:

- ***Teilekonstruktion (Part Design)***

   Mit den Funktionen dieses Moduls lassen sich einfache Körper modellieren.

- ***Skizzierer (Sketcher)***

   Mit den Funktionen dieses Moduls werden Skizzen erstellt, mit denen im *Part Design* anschließend Volumenmodelle erzeugt werden können.

- ***Zusammenbau (Assembly Design)***

   Mit den Funktionen dieses Moduls lassen sich Baugruppen erstellen und bearbeiten.

- ***Zeichnungserstellung (Drafting)***

   Mit den Funktionen dieses Moduls können Zeichnungen aus einem 3D-Modell abgeleitet werden. Es ist weiterhin möglich, auch eine 2D-Zeichnung separat zu erstellen.

- ***Drahtmodell und Flächen (Wireframe and Surface Design)***

   Die Funktionen dieses Moduls ergänzen die Funktionalität der mechanischen Teilekonstruktion um Drahtmodell und Basisflächen.

CATIA V5 wird laufend weiter entwickelt. Die Ausführungen in diesem Buch beziehen sich
im Wesentlichen auf die Version 5.19 bis 5.21, die auf der Basis des Betriebssystems Micro-
soft Windows benutzt wurde. Im Zuge der Weiterentwicklung von CATIA V5 bleibt es nicht
aus, dass einige Funktionen umgruppiert, neue Funktionen hinzugefügt und Fenster neugestaltet werden. In jedem Fall ist stets die Funktionalität der älteren Version auch in der neuen enthalten. Dadurch bleiben auch die CAD-spezifischen Aussagen über einen längeren Zeitraum
aktuell.

3.3 Umgang mit CATIA V5

3.3.1 Bildschirmaufbau

Die Abbildung zeigt den Bildschirm mit dem Modell eines Kugellagers.

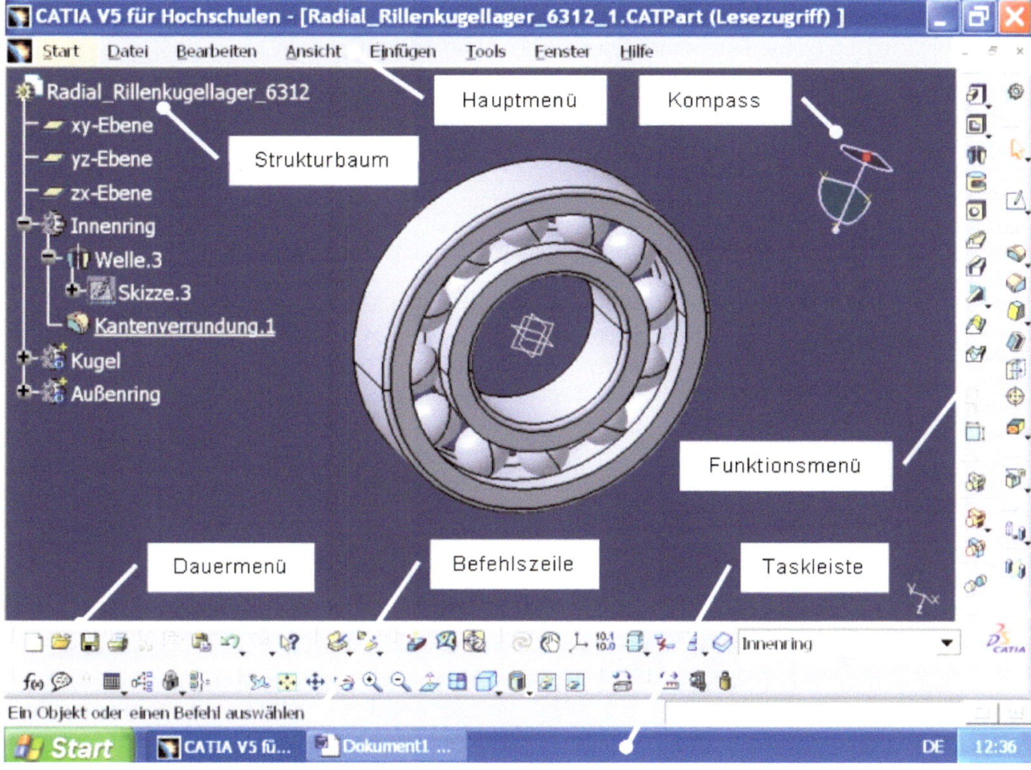

Die **Hauptmenüzeile** enthält die Hauptfunktionen.

Die **Funktionsmenüleiste** enthält die Funktionen der jeweiligen Anwendung (*Part Design, Sketcher, Assembly Design, Drafting, ...*), hier die der Anwendung *Part Design*. Die Funktionen des Funktionsmenüs sind auch in den Klapp-Menüs der Hauptmenüzeile enthalten.

Das **Dauermenü** enthält die in allen Anwendungen benötigten Standardfunktionen und zusätzlich für den jeweiligen Anwendungsfall dynamisch eingeblendete Funktionen.

In der **Befehlszeile** erscheinen Statusinformationen und Handlungsanweisungen zu der aktivierten Funktion.

Der **Strukturbaum** (*Spezifikationen*) gibt die Struktur der einzelnen Modelle an. Er spiegelt die Entstehungsgeschichte des Teiles wider.

Der **Kompass** dient zur Orientierung im Raum. Wird er auf ein Objekt gesetzt, lässt sich mit ihm das Objekt im Raum bewegen.

Die **Taskleiste** enthält die Anzeige der geöffneten Programme.

3.3.2 Starten von CATIA

Mit einem Doppelklick auf das CATIA-Symbol  auf dem Desktop wird CATIA V5 gestartet. Das erste erscheinende Fenster ist standardmäßig das Fenster *Produkt1*. Das bedeutet, dass die Baugruppenkonstruktion (*Assembly Design*) aktiv ist. Soll die Teilekonstruktion (*Part Design*) aktiviert werden, wird das Fenster *Produkt1* geschlossen (oben rechts auf das Kreuz klicken) und mit *Start > Mechanische Konstruktion > Part Design* die Arbeitsumgebung der Teilekonstruktion (siehe Bilder auf den Seiten 33 und 34) aufgerufen.

3.3.3 Cursor

   Im Normalfall erscheint der Cursor als Pfeil.

Wenn der Cursor ein Element findet, erscheint dieses Element orange gestrichelt und der Cursor hat die Form einer Hand mit ausgestrecktem Zeigefinger.

Wird das orange gestrichelte Element mit der linken Maustaste angeklickt und die Maustaste gehalten, kann das Element verschoben werden, falls es nicht geometrisch fixiert ist. Der Cursor hat dann die Form einer Faust.

3.3.4 Operationen mit Maus- und Funktionstasten

Die Maus ist das wichtigste Bedienelement. Einige Bedienoperationen können über Tasten ausgeführt werden:

- Linke Maustaste (*LM*) — Elemente selektieren
- Mittlere Maustaste (**MM**) — Modell verschieben; Drehpunkt festlegen
- Rechte Maustaste (**RM**) — Aufrufen von Klappmenüs im Zusammenhang mit dem selektierten Objekt (Kontextmenüs)

- *MM* drücken und halten, anschließend zusätzlich die *LM* drücken und halten (alternativ auch die *RM*) — Modell drehen. Wird die *LM* losgelassen (*MM* wird weiterhin gehalten), kann das Objekt durch Bewegen der Maus vergrößert oder verkleinert werden

- *Strg*-Taste drücken und halten, anschließend zusätzlich die MM drücken und halten — Durch das Bewegen der Maus kann das Objekt vergrößert oder verkleinert werden

- Doppelklick auf das Element im Modell oder Strukturbaum — Änderung des Elementes

- Doppelklick auf die Funktion — Mehrfachnutzung der Funktion

- *Entf*-Taste — Löschen von selektierten Elementen

- *F3*-Taste — Aus- und Einblenden des Strukturbaumes

- *Strg*-Taste — Sollen mehrere Elemente selektiert werden, muss ab dem zweiten Element die *Strg*-Taste gedrückt werden!

- *Shift*- oder Umschalttaste (⇧) — In CATIA zum Unterdrücken von Fangfunktionen

Eine selektierte Funktion kann zu ihrer Ausführung (Option *Ziehen und Übergeben* eingeschaltet s. S. 39) auch bei gedrückt gehaltener linker Maustaste auf das Objekt gezogen werden.

3.3.5 Standardfunktionen des Dauermenüs

Das Dauermenü enthält die in allen Arbeitsumgebungen häufig benötigten Standardfunktionen. Je nach aufgerufener Arbeitsumgebung und Funktion werden in das Dauermenü weitere Funktionen eingefügt (dynamische Anpassung). Die Funktionen sind zu Funktionsgruppen zusammengefasst, erkennbar durch einen Balken. Über die Selektion des Balkens lassen sich die Funktiongruppen in das Arbeitsfenster ziehen. Nur dann wird auch die Bezeichnung der Funktionsgruppe sichtbar!

Das Bild zeigt den Aufbau des Dauermenüs in der Teilekonstruktion. Standardmäßig ist nur eine Zeile eingeblendet. Wenn Funktionsgruppen nicht in die Zeile passen, wird das durch zwei graue Spitzen (>>) am rechten Rand gekennzeichnet. Durch Selektion der Spitzen können diese Funktionsgruppen in das Arbeitsfenster geschoben werden. Um alle Funktionen im Blick zu haben ist es sinnvoll, das Dauermenü zweizeilig anzulegen. Das erfolgt, indem eine Funktionsgruppe mit gedrückt gehaltener *LM* am Balken der Gruppe etwas überlappend über die erste Zeile gezogen wird. Das gleiche gilt sinngemäß für das Funktionsmenü!

Nachfolgend sind wichtige Standardfunktionen aufgeführt.

Funktionen zur Objektdarstellung (Funktionsgruppegruppe *Ansicht*)

Symbol	Funktion	Symbol	Funktion
	Verschieben des Objektes mit der *LM*		Drehen des Objektes mit der *LM* um eine imaginäre Kugel
	Vergrößern des Objektes in Schritten		Verkleinern des Objektes in Schritten
	Einpassen des Objektes in das Arbeitsfenster		Senkrechte Ansicht zur selektierten Ebene
	Durchfliegen von Objekten		Mehrere Ansichten erzeugen
	Verdecken bzw. Anzeigen des Objektes		Zwischen verdeckten und unverdeckten Raum umschalten
			Objekt in definierten Ansichten anzeigen
			Darstellungsmodus (Kanten aus- und einblenden, Schattierung, Drahtmodell, …)

Funktionsgruppe *Standard*

Windows-konforme
Standardfunktionen

Weitere Funktionen

Funktionen für Variantenkonstruktionen
zum Arbeiten mit Formeln und Konstruktionstabellen (siehe Kapitel 5.8).

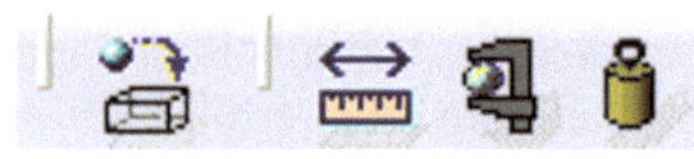

Funktionen zur Materialzuordnung und zum Messen von
Objekten und Elementen (siehe Kapitel 5.6)

Beispiel für eine dynamisch nur in der Teilekonstruktion
eingefügte Analyse-Funktionsgruppe

Eine *PowerCopy* erzeugen und eine Kopie in ein Bauteil
einfügen (siehe Kapitel 5.9)

Aktualisieren des Modells. Das linke Symbol *Alles Aktualisieren* ist nur aktiv
(gelb/schwarz), wenn das System eine Aktualisierung fordert. Die Aktualisierung sollte im letzten Fall sofort erfolgen, damit das Modell neu durchgerechnet
wird.
Ist das rechte Symbol *Manueller Aktualisierungsmodus* aktiviert (orange), wird
keine automatische Aktualisierung nach einer Änderung durchgeführt. Die Aktualisierung muss manuell über die Funktion *Alles Aktualisieren* ausgeführt
werden.

Hinweis: *Vorhandene Untermenüs können über die Selektion des schwarzen Dreiecks geöffnet
werden.*

3.3.6 Online-Hilfe

Bei längerem Verweilen des Mauszeigers auf einem Funktionssymbol erscheint ein Kurztext.
In der Befehlzeile wird zusätzlich noch eine Erläuterung eingeblendet (siehe Beispiel).

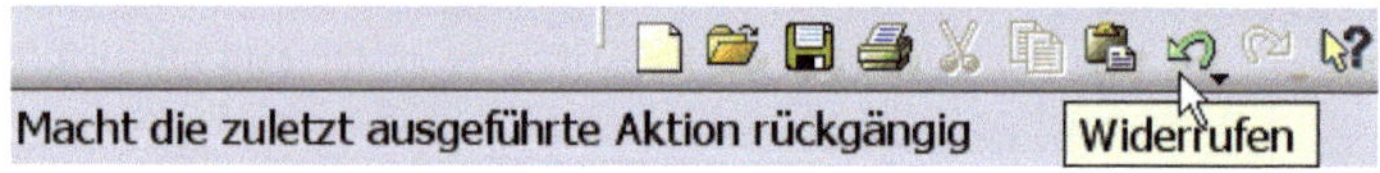

Weitere Hilfefunktionen können über die Funktion *Hilfe* in der Hauptmenüzeile angefordert
werden. Die dort enthaltene Funktion *Kontexthilfe* kann auch über das Dauermenü aufgerufen werden. Voraussetzung für die Wirksamkeit ist, dass die Benutzerdokumentation in-
stalliert wurde, in der die Funktionen an Beispielen erläutert werden.

3.3.7 Voreinstellungen

Die Anpassung des Strukturbaumes, die Darstellungsgenauigkeit, die Farbgebung, die Auswahl alternativer Möglichkeiten usw. können durch Veränderung von Voreinstellungen über die Funktion *Tools > Optionen* aus der Hauptmenüzeile vorgenommen werden (Tools = Werkzeuge). Man ist gut beraten, wenn man zunächst mit den Standardeinstellungen arbeitet.

Davon abweichende Einstellungen werden im vorliegenden Buch bei den jeweiligen Kapiteln oder Übungen angegeben. Die Einstellungen beeinflussen in den meisten Fällen nicht das Ergebnis, sondern die Verhaltensweise des Programms.

Werden die Einstellungsoptionen mit *Tools > Optionen* aufgerufen, erscheint das unten abgebildete Fenster *Optionen*. Es können Einstellungen unter anderen in den Bereichen *Allgemein*, *Infrastruktur* und *Mechanische Konstruktion* vorgenommen werden.

Standard-Voreinstellung für die Teilekonstruktion

Im nebenstehenden Fenster ist in der Anwendung *Infrastuktur > Teileinfrastruktur* unter *Teiledokument* das Anzeigen des Dialogfensters *Neues Teil* und das Erzeugen von *Hybridkonstruktionen* in Körpern aktiviert. Das Anzeigen des Dialogfensters ermöglicht unter anderen die Eingabe des Teilenamens.

Wird das Fenster mit *OK* verlassen, werden die Einstellungen im Benutzerprofil abgelegt und bei ordnungsgemäßem Verlassen des Programms dauerhaft gespeichert.

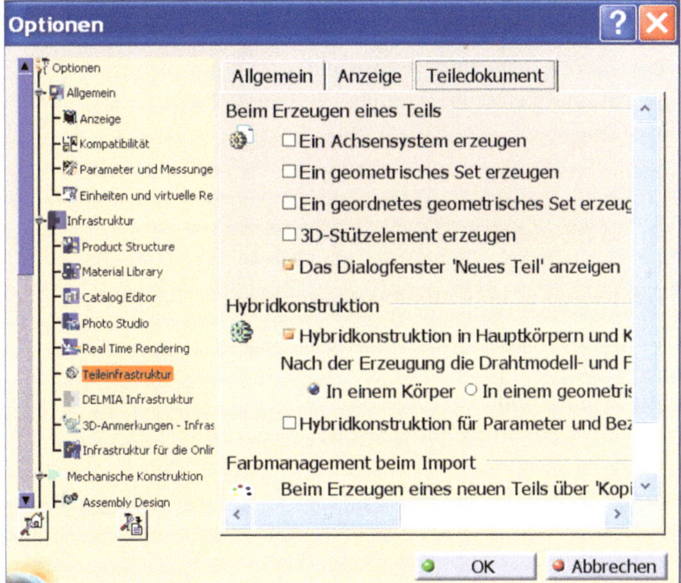

Falls Veränderungen vorgenommen wurden, können die Einstellungen mit der Funktion *Parameter zurücksetzen* (links unten im obigen Fenster *Optionen*) wieder auf die Grundeinstellung gebracht werden.

Einsteigern wird empfohlen unter *Tools > Optionen > Allgemein > Allgemein* die Option *Ziehen und Übergeben* auszuschalten, um unerwünschte Effekte beim Arbeiten mit der Maus zu verhindern.

Mit *Tools > Optionen > Allgemein > Anzeige > Darstellung > Aktuellen Maßstab im Parallelmodus anzeigen* auf aktiv stellen kann der aktuelle Maßstab auf dem Bildschirm rechts unten neben dem Koordinatenkreuz angezeigt werden. Beispiel: 0,64

Unter *Tools > Optionen > Allgemein > Anzeige > Leistung > 3D- (2D-)Genauigkeit* sollte zur genauen Darstellung von Kreisen jeweils der Schaltknopf *Proportional* aktiv sein.

Anzeigen im Strukturbaum

Im Strukturbaum sollten unter *Tools > Optionen > Infrastruktur > Teileinfrastruktur >Anzeige > Im Strukturbaum anzeigen* alle Optionen aktiviert sein.

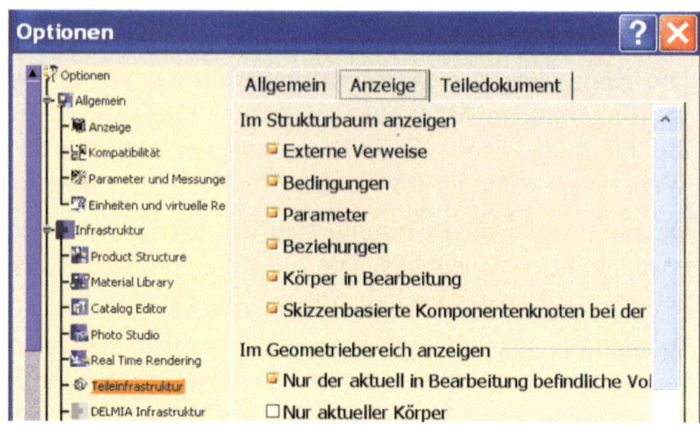

Darstellungsoptionen für die Zeichnungsableitungen

können mit der Funktion *Tools > Optionen > Mechanische Konstruktion > Drafting > Ansicht* geprüft und verändert werden.

So sollten unter anderen die Darstellungsoptionen für Achsen, Mittellinien und Gewinde sowie für im 3D-Bereich vorgenommene Spezifikationen (z. B. kein Trennvorgang in Schnitten) aktiv sein.

Dagegen soll in der Regel die Darstellung von verdeckten Kanten und Kantenverrundungen unterdrückt werden.

Wird zum Beispiel die Option *Verrundung generieren* aktiviert, so kann über die Schaltfläche *Konfigurieren* in einem weiteren Fenster eine der rechts dargestellten Spezifikationen eingestellt werden.

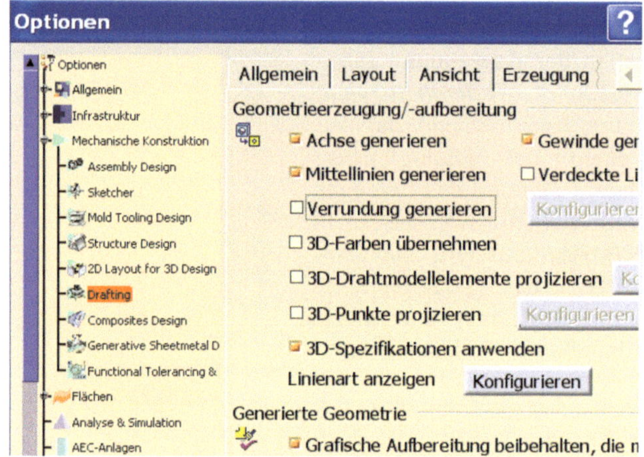

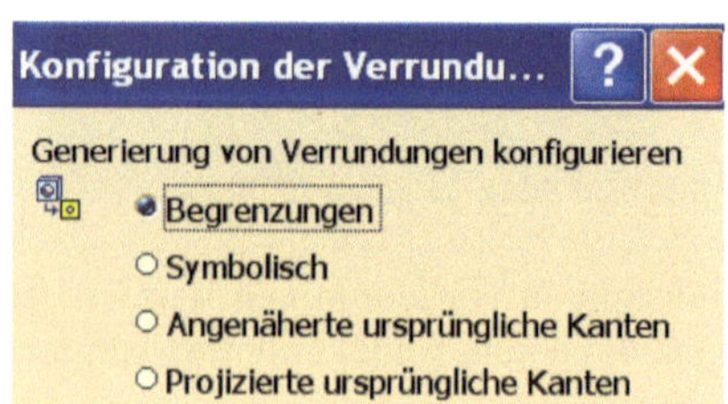

Anpassung der Menüleisten

Mit der Funktion *Ansicht > Symbolleisten* aus der Hauptmenüzeile können Funktionsgruppen in das Dauermenü und in die Funktionsmenüs der jeweiligen Arbeitsumgebung eingeblendet und aus diesen wieder ausgeblendet werden.

Mit *Ansicht > Symbolleisten > Anpassen* (oder *Tools > Anpassen > Symbolleisten*) können weitere Anpassungen vorgenommen bzw. alle Inhalte und Positionen auf die Voreinstellungen zurückgesetzt werden. Dort können im Fenster *Anpassen* unter *Optionen* auch die Symbolleisten gegen Verschieben gesperrt sowie die **Sprache für die Benutzeroberfläche** eingestellt werden.

4 Umgang mit Dateien in CATIA V5

4.1 Allgemeines

Das Management von CATIA-Dokumenten ist deutlich anspruchsvoller als vergleichbare Operationen mit anderen Dateien wie z. B. die der Textverarbeitung und Tabellenkalkulation. Dies ist durch den relationalen, objektorientierten Programmaufbau von CATIA bedingt.

In einem Projekt entstehen vielfältige Verknüpfungen als programminterne Links innerhalb eines Teiles, zwischen verschiedenen Teilen in einer Baugruppe und zwischen verschiedenen CATIA-Dokumenttypen (*.Produkt, *.Part, *.Drawing, ...) sowie zwischen CATIA-Dokumenten und externen Dateien als programmexterne Links mit z. B. Excel-Dateien zur Variantenkonstruktion und Text-Dateien zur Definition von Standards.

Die zwischen den Dokumenten vorhandenen Verbindungen müssen bei Dateioperationen unbedingt berücksichtigt werden!

Hinweis: *Links sind Verweise auf Objekte, deren Speicherort an einer anderen Stelle liegt.*

Weiterhin ist zu beachten, dass in einer CATIA-Sitzung gleichzeitig mehrere Dokumente geöffnet sein können. Das System muss wissen, welche Dokumente gespeichert werden sollen und wo der Speicherort (Verzeichnis) des jeweiligen Dokumentes liegt. Zusätzlich sind die vom Betriebssystem vorgegebenen Berechtigungen (lesen, schreiben,...) zu berücksichtigen.

Da CATIA V5 kein Dokumenten-Verwaltungssystem beinhaltet, liegt die Verantwortung für das Management aller Daten und damit auch für das Link-Management beim Anwender.

Die wichtigen Funktionen für Dateioperationen sind unter *Datei* in der Hauptmenüleiste aufrufbar.

Es wird empfohlen, Dateioperationen mit diesen Funktionen (siehe nebenstehendes Menü) und nicht mit den Funktionen des Explorers im Betriebssystem vorzunehmen.

Werden Dateioperationen mit dem Explorer vollzogen, kann das dazu führen, dass Dateiverknüpfungen verloren gehen oder falsch gesetzt werden.

Namen von Dateien

Das System unterscheidet drei Namensbezeichnungen:

1. Den Namen der Datei auf dem Datenträger. Das ist der vom Betriebssystem verwaltete Dateiname. Er wird in die Fenster der geöffneten Dateien als Titel (mit der Erweiterung um den Dateityp) angezeigt.

2. Den Namen des CATIA-Dokumentes. Das ist der von CATIA verwaltete Name. Er wird im Entstehungsbaum ganz oben eingetragen. Mehrfachexemplare erhalten von CATIA zusätzlich (in Klammern stehend) den gleichen Namen mit einer Zählnummer. In diesem Namen dürfen keine Umlaute (ä, ö, ü) und keine nicht erlaubten Sonderzeichen (ß, !, ?, &, …) verwendet werden.

3. Die CATIA-interne Kennung UUID (*Unique Universal Identifier*). Sie ist für den Anwender nicht sichtbar.

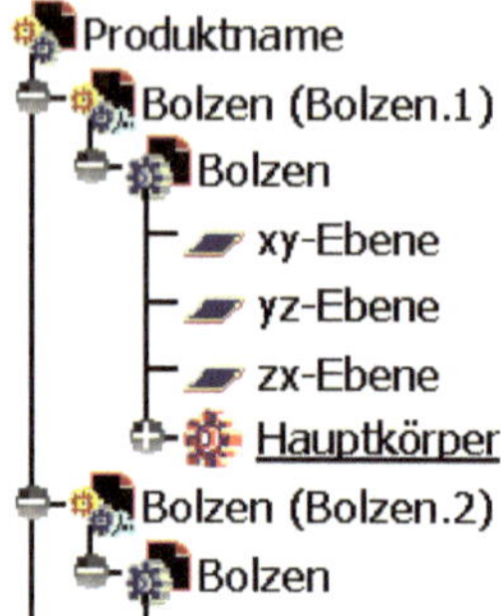

Dateiname: *Bolzen.CATPart*

CATIA-Name: *Bolzen*

Empfehlungen:

Um die Datenverwaltung zu vereinfachen, sollte der vom Betriebssystem verwaltete Dateiname (ohne die Erweiterung um die Dateiattribute) die gleiche Bezeichnung wie der von CATIA verwaltete Name erhalten.

Beispiel für ein Bauteil mit Zeichnung:

CATIA-Name für das Bauteil (Teilename) einschließlich Zeichnung: *Bolzen*

Dateiname für das Bauteil im Betriebssystem: *Bolzen.CATPart*

Dateiname für die Zeichnung im Betriebssystem: *Bolzen.CATDrawing.*

Zur Vereinfachung der Datenverwaltung von Baugruppendateien (**.CATProduct*) wird empfohlen, für den Verzeichnisnamen den gleichen Namen wie für die Baugruppe zu verwenden. In das Verzeichnis der Baugruppe werden in der Regel auch die weiteren direkt zugehörigen Dateien (gegebenenfalls in Unterverzeichnissen), wie Bauteile und Zeichnungen gespeichert.

Bei der Abspeicherung von Teilen und Baugruppen werden Teile- und Baugruppenname (um die Dateiattribute erweitert) als Dateinamen für das Betriebssystem vorgeschlagen. Deshalb ist es sinnvoll, sofort beim Anlegen eines neuen Teiles oder Produktes eine Umbenennung des von CATIA vorgeschlagenen Namens (*Teil1* bzw. *Product1*) in einen aussagefähigen Namen vorzunehmen. Um eine Abfrage zur Namensgebung für Teile in der Baugruppenkonstruktion (*Assembly Design*) zu initiieren, unter *Tools > Optionen > Infrastruktur > Product Structure > Produktstruktur > Teilenummer > Manuelle Eingabe* aktivieren. Zur Namensgebung der Teile in der Bauteilkonstruktion (*Part Design*) siehe unter 3.3.7 Voreinstellungen.

Hinweis: *Bei Zeichnungen verhält es sich umgekehrt. Der CATIA-(Zeichnungs-)Name *.Drawing1 kann nicht umbenannt werden. Erst wird der Dateiname für das Betriebssystem beim Speichern definiert, danach das Dokument geschlossen und wieder neu geladen. Erst dann wird in die Zeichnung der Dateiname (ohne Erweiterung) als CATIA-Name übernommen.*

4.2 Dateifunktionen

Funktion	**Aktion**

Neu
Eine neue leere Datei wird angelegt, wobei der Dateityp (*Produkt, Part, Drawing, …*) aus einem Fenster ausgewählt wird. CATIA vergibt einen Namen, der vom Benutzer überschrieben werden kann.

Neu aus
Ein gespeichertes CATIA-Dokument wird geöffnet und erhält automatisch vom System eine neue Kennung (UUID) und einen neuen Namen, der vom Benutzer überschrieben werden kann.

Öffnen
Ein vorhandenes CATIA-Dokument wird geöffnet. Wird ein Produkt geöffnet, sucht CATIA alle darin enthaltenen Dokumente über die im Produkt enthaltenen Links. Nicht gefundene Dateien werden in einem Fenster angezeigt. Zur Fehlerbehebung wird automatisch die Funktion *Datei > Schreibtisch* empfohlen.

Schließen
Das aktuelle Dokument wird ohne Speicherung geschlossen.

Beenden
Alle CATIA-Dokumente werden ohne Speicherung geschlossen.

Sichern
Das aktive Dokument und dessen untergeordnete Dateien werden gespeichert. Es erscheint kein zusätzliches Auswahlfenster. Beim Speichern von Produkten weist die Warnung *Aktiviert weitere Dokumentensicherungsoperationen* darauf hin, dass neben dem aktiven Dokument auch damit verknüpfte Daten gespeichert werden.

Sichern unter
Gleiche Aktion wie bei der Funktion *Sichern*, jedoch muss hier das Verzeichnis angegeben werden, in das die Datei gespeichert werden soll.

Wird im Auswahlfenster der Schalter *Als neues Dokument sichern* aktiviert, erstellt CATIA ein neues Dokument mit einer neuen internen Kennung (UUID). Dieser Schalter erscheint nur, wenn bereits eine Kennung vorhanden ist, beim erstmaligen Speichern also nicht.

Alle sichern
Alle offenen und geänderten Dokumente werden gesichert. Dies geht nur, wenn die Dokumente bereits vorher einmal gesichert wurden, sodass Name und Verzeichnis dem System bekannt sind. Ist dies nicht der Fall, erscheint eine Fehlermeldung.

Sicherungsverwaltung
Die Datensicherung von Baugruppen (Produkten) wird organisiert. Der Produktname muss zuvor aktiviert werden (im Baum blau unterlegt mit Umrandung).
Im Fenster *Sicherungsverwaltung* wird der Schalter *Sichern unter* verwendet, wenn ein Produkt in ein neues Verzeichnis zu sichern ist. Mit *Verzeichnis weitergeben* wird das Verzeichnis des Produktes an die abhängigen Teile weitergegeben. Mit *Zurücksetzen* wird der Originalzustand wieder hergestellt. Diese Funktion eignet sich zum **Anlegen von Sicherheitskopien** für Baugruppen.

Funktion   **Aktion**

Senden an   Der Produktname muss aktiviert werden (im Baum blau unterlegt mit Um-
                     randung). Die Funktion dupliziert eine Baugruppe mit allen zugehörigen
                     Dokumenten und ändert die Verknüpfungen auf das neue Verzeichnis. Dabei
                     kann als Ziel ein anderes Verzeichnis *Verzeichnis*
                     oder ein E-Mail-Empfänger *Post* gewählt werden.

                     Diese Funktion eignet sich auch zum **Anlegen von Sicherheitskopien** für
                     Baugruppen.

                     Nach Aufruf der Funktion erscheint ein Fenster, in dem im oberen Teil
                     (*Kann kopiert werden*) alle Dokumente erscheinen, die mit dem aktuellen
                     Produkt in Verbindung stehen. Diese Dateien können einzeln oder alle in
                     den unteren Fensterbereich (*Wird kopiert*) verschoben werden   .
                     Alle verschobenen Dateien werden anschließend im gewählten Verzeichnis
                     gespeichert.

                     Die Funktion *Senden an* kann nur benutzt werden, wenn das Produkt bereits
                     einmal gespeichert wurde. Sonst erscheint eine Fehlermeldung.

                     Das Zielverzeichnis sollte bereits vorhanden sein. Es kann aber auch in der
                     Zeile *Kopieren nach* angelegt werden. Mit der Funktion *Durchsuchen* des
                     Fensters kann ein bereits bestehendes Verzeichnis aufgefunden werden.
                     Auch hier lässt sich noch ein neues Verzeichnis anlegen.

                     Ist die Option *Verzeichnisstruktur beibehalten* aktiv, werden vorhandene
                     Strukturen von Unterverzeichnissen beibehalten, ist die Option nicht aktiv,
                     werden alle Dokumente in dem Zielverzeichnis ohne Verzeichnisstruktur
                     abgelegt.

                     Mit der Funktion *Ziel umbenennen* kann der Dateiname jedes zu kopieren-
                     den Dokumentes geändert werden.

Dokument-   Alle Attribute der geöffneten Datei werden in einem Fenster *Eigenschaften*
eigenschaften   angezeigt. Diese Funktion ist als Unterfunktion auch in der Funktion
                     Schreibtisch enthalten.

Schreibtisch   Mit der Funktion *Schreibtisch* lässt sich die Dateiablagestruktur eines Mo-
                     dells grafisch darstellen. Das erleichtert den Überblick bei komplexen Bau-
                     gruppen. Weiterhin lassen sich nicht geladene (nicht mehr gefundene) Kom-
                     ponenten sofort erkennen. Diese Komponenten werden rot hinterlegt und
                     können im Datenbestand gesucht werden. Gegebenenfalls kann die Verbin-
                     dung wieder hergestellt werden.

                     Auf der folgenden Seite ist ein Anwendungsbeispiel für diese Funktion ge-
                     zeigt.

Anwendungsbeispiel für die Funktion *Schreibtisch*

An dem Beispiel der Baugruppe *Topfgetriebe* (siehe Kapitel 10.4) soll das Arbeiten mit dieser Funktion näher erläutert werden.

Hinweis: *Die für das Beispiel verwendete Symbolik für Übungen ist im Kapitel 5.4 erläutert.*

⇨ Die Baugruppe *Topfgetriebe* öffnen.
⇨ Die Funktion *Datei > Schreibtisch* aufrufen. Das unten stehende Fenster *Schreibtisch* erscheint.

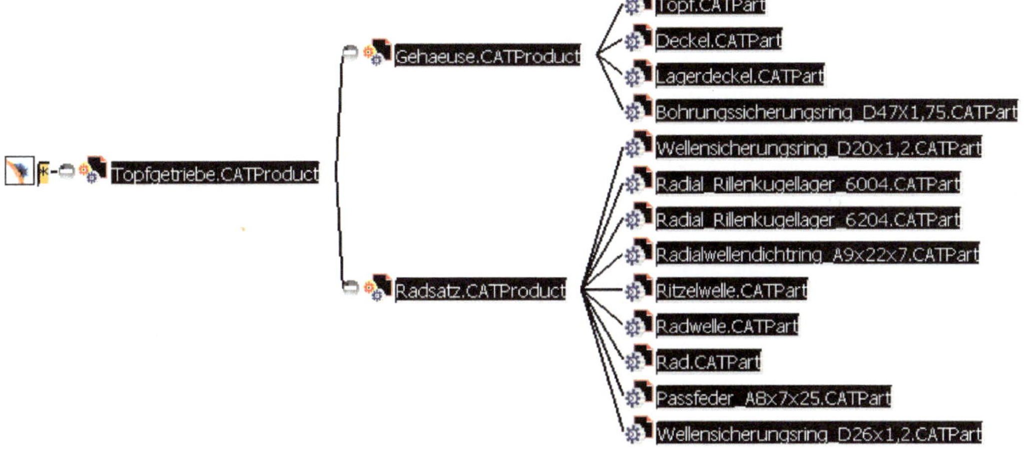

Darstellung der Baugruppenstruktur im Fenster Schreibtisch

Die nebenstehenden Analysefunktionen sind über das Kontextmenü für jede der im Fenster *Schreibtisch* angezeigten Komponenten ausführbar.

⇨ Im Schreibtischfenster den Eintrag *Radsatz* selektieren > *RM* > *Eigenschaften*. Dateiname, Dateipfad, Dateigröße, letzte Änderung und Attribute werden angezeigt.
⇨ Im Schreibtischfenster den Eintrag *Radsatz* selektieren > *RM* > *Verknüpfungen*. Die Verknüpfungen (Links) mit anderen Dateien werden aufgelistet.
⇨ Im Schreibtischfenster den Eintrag *Radsatz* selektieren > *RM* > *Öffnen*. Ein neues Fenster *Radsatz* erscheint. In diesem Fenster kann der Radsatz bearbeitet werden.

Die nachfolgend erläuterte Funktion *Suchen* ist im Kontextmenü dann aktiv, wenn die Komponente (hier der Lagerbock) im Schreibtischfenster rot unterlegt ist, also über die Verknüpfung nicht gefunden wurde.

⇨ *RM* auf die rot unterlegt angezeigte Komponente > *Suchen*. Der eigene Datenbestand kann nun nach der Komponente, welche nicht mehr mit der Baugruppe verbunden ist, manuell durchsucht werden. Wenn die Komponente gefunden ist, muss diese markiert werden und mit *Öffnen* kann die Verbindung zu der Baugruppe wieder hergestellt werden. Die Baugruppenbedingungen werden automatisch aktualisiert.

Dateiverknüpfungen

Mit der Funktion *Bearbeiten* > *Verknüpfungen* aus der Hauptmenüzeile werden die Dateiverknüpfungen der im Strukturbaum aktiven Komponente aufgelistet. Diese Funktion ist als Unterfunktion auch in der Funktion *Schreibtisch* enthalten (siehe vorher).

Modelle und Zeichnungen drucken

Mit der Funktion *Datei* > *Drucken* können im Bildschirmfenster dargestellte 3D-Modelle und Zeichnungen ausgedruckt werden. Im Druckfenster können zuvor vielfältige Einstellungen vorgenommen werden.

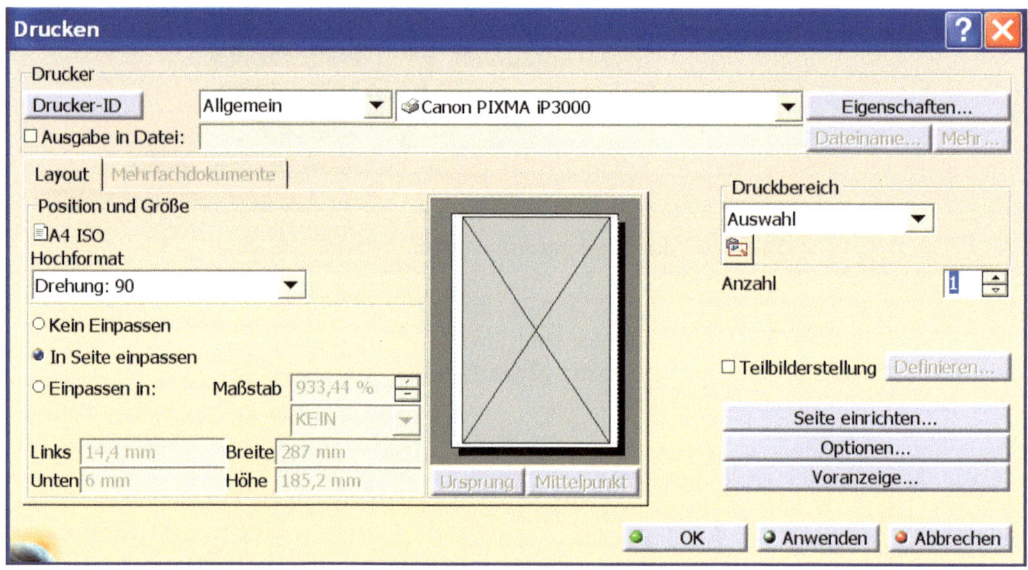

Die installierten Drucker (*Drucker-ID*) können ausgewählt und die (Druck-)*Eigenschaften* (Druckqualität, Farbeinstellung) eingestellt werden. Die Ausgabe lässt sich auch in eine Datei vornehmen.

Unter *Position und Größe* kann die günstigste Drehung der Darstellung gewählt werden. Werden *Beste Drehung* und die Spezifikation *In Seite einpassen* verwendet, so füllt das Modell oder die Zeichnung das Druckformat gerade (unmaßstäblich) aus (schattierte Darstellung wie im gezeigten Druckfenster). Es empfiehlt sich vor jedem Ausdruck mit *Voranzeige* eine Kontrolle der Ausgabe durchzuführen!

Wird die Spezifikation *Kein Einpassen* gewählt, so werden die Modelle und Zeichnungen in der tatsächlichen Größe gedruckt.

Über die Spezifikation *Einpassen in* erfolgt die Darstellung in einem gewählten Maßstab bzw. eingepasst in ein gewähltes Standardformat.

Mit der Spezifikation *Seite einrichten* können Bild- und Papierformate sowie Randabstände eingestellt werden.

Mit der Spezifikation *Optionen* lassen sich unter *Farbe* Farbeinstellungen vornehmen.

Unter *Infozeile* können Informationszeilen mit Position und in gewählter Textgröße sowie Logos auf den Ausdrucken einfügt werden. Unter *USER* wird dabei beim Drucken der Login-Name, unter *DATE* das aktuelle Datum und unter *TIME* die aktuelle Uhrzeit eingefügt. *USER* kann im Fenster durch einen beliebigen Text (z. B durch den Namen des Autors) überschrieben werden.

Unter *Verschiedenes* lassen sich Wiedergabequalitäten einstellen.

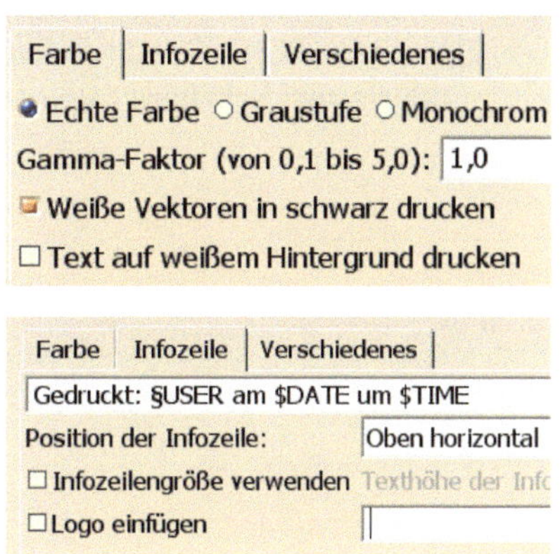

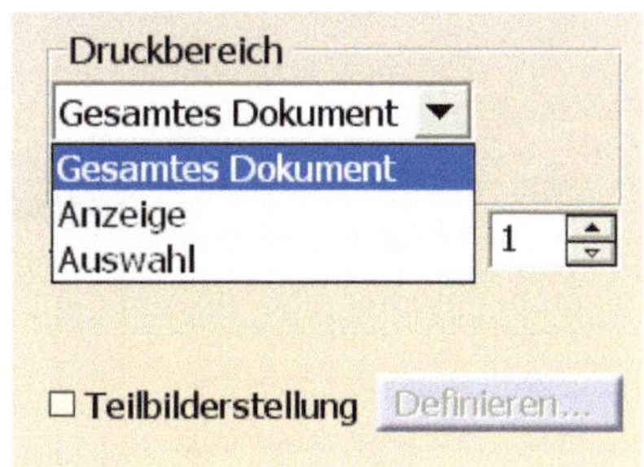

Auswahl des Druckbereiches:

Wird als Druckbereich *Gesamtes Dokument* gewählt, so wird auch der auf dem Bildschirm nicht sichtbare Teilbereich des Dokumentes mit ausgedruckt. Als unerwünschter Effekt kann Geometrie, die außerhalb der eigentlichen Darstellung liegt (z. B. ein einziger Punkt), zur Verkleinerung des Bildes führen. Um das festzustellen, empfiehlt es sich vor dem Ausdrucken die Funktion *Alles einpassen* im Dauermenü zu aktivieren.

Die Exemplarzahl wird im Feld *Anzahl* (Text momentan verdeckt) hier z. B. mit 1 angegeben.

Wird *Anzeige* gewählt, so wird genau das auf dem Bildschirm Angezeigte gedruckt.

Wird unter Druckbereich *Auswahl* eingestellt, so wird eine Schaltfläche [Symbol] *Modus auswählen* aktiv, bei deren Betätigung in das Darstellungsfenster gewechselt wird. Hier kann mit der linken Maustaste ein Fangrahmen über den zu druckenden Bereich aufgezogen werden. Anschließend wird wieder in das Fenster *Drucken* gewechselt.

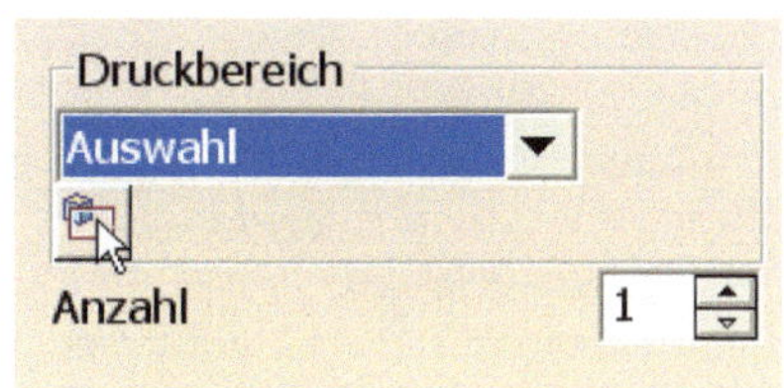

Ausdrucken großer Zeichnungen in mehreren Teilbildern des Formates A4

Großformatige Zeichnungen (seltener auch 3D-Modelle) können in Teilbildern ausgegeben werden. Steht kein Ausgabegerät für große Zeichnungen (z. B. kein Plotter) zur Verfügung, so kann eine Zeichnung in druckbare Teilbilder der Blattgröße A4 zerlegt werden. Um das Zusammenkleben der Teilbilder zu ermöglichen, können definierte Überlappungsflächen vorgesehen werden.

Exemplarische Beschreibung der Druckausgabe einer Zeichnung A2 in Teilbildern A4

Die gesamte Zeichnung soll ausgegeben werden (Druckbereich *Gesamtes Dokument*).

⇨ *Datei Drucken* > im Druckfenster *Einpassen in, Maßstab* 100,00%, (optional *Ursprung*) wählen > den Schalter *Teilbilderstellung* aktivieren > Schaltfläche *Definieren* betätigen.

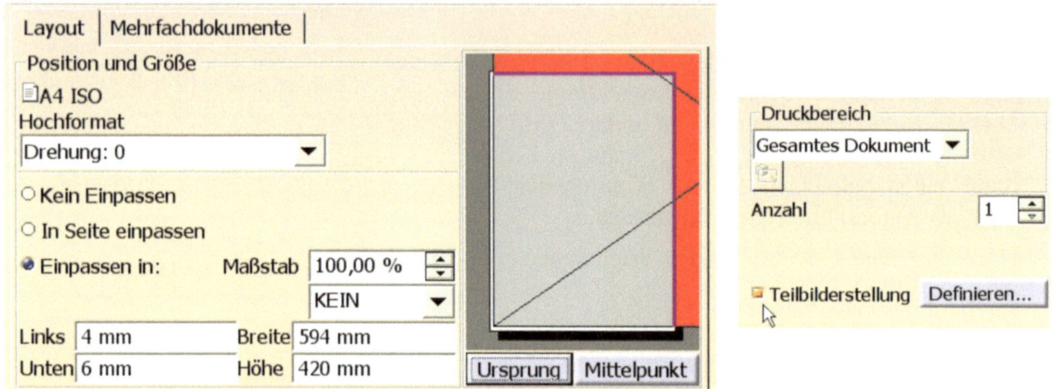

⇨ Das Fenster *Optionen* öffnet sich.

⇨ Die vom System optimierte Anzahl der horizontalen und vertikalen Bilder übernehmen.

⇨ *Papierüberlappung* auswählen und bei *Über-/Nebeneinander* jeweils 2 eingeben.

⇨ Den Schalter *Druck des Teilbildes mit Rahmen* aktivieren.

⇨ Jeweils mit *OK* beide Fenster verlassen.

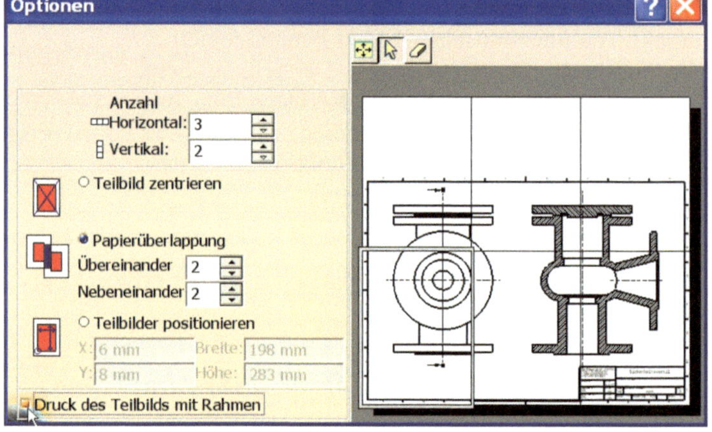

Die Zeichnung DIN A2 wird nun (wie das Kachelmuster zeigt) auf 6 Teilbildern DIN A4 gedruckt. Diese Teilbilder besitzen einen dünnen Rahmen mit einem Überlappungsrand vom Grad 2 (schmal). Sie können manuell beschnitten und mittels Klebstoff verbunden werden.

Funktionen im Fenster *Optionen*:

 *Kacheln entfernen*

Nach Betätigen der Funktion können Teilbilder durch Anwählen vom Druck ausgenommen (rot angekreuzt) werden.

 *Auswahlmodus*

Diese anschließend auszuführende Funktion führt zurück zu den Auswahlmöglichkeiten im Fenster *Optionen*.

 *Alles Einpassen*

Die Funktion dient zum Einpassen der Zeichnung in das Darstellungsfenster.

Ist der Schalter *Teilbild zentrieren* aktiv, werden die Bilder mittig auf den Blättern angeordnet (nicht zu empfehlen). Ein Ausdruck ohne Rahmen erschwert das Beschneiden der Blätter.

5 Bauteilkonstruktion

5.1 Grundlagen

Die **Bauteile** (*Parts*) sind die kleinsten geschlossenen Bausteine einer Konstruktion. Sie werden in der Teilekonstruktion (*Part Design*) als Volumenmodell erzeugt und in einer Bauteildatei vom Typ *bauteilname.CATPart* abgelegt.

Das **Volumenmodell** eines Bauteils enthält alle notwendigen Geometriedaten der Konstruktionselemente (wie Punkte, Linien, Bögen usw.) und außerdem die vom Konstrukteur formulierten Zusammenhänge zwischen den Konstruktionselementen in Form von geometrischen Bedingungen (wie kongruent, konzentrisch, rechtwinklig usw.). Ein Volumenmodell eines Bauteiles besteht meistens aus mehreren Volumenkörpern.

Ein **Volumenkörper** (Regelkörper) entsteht im *Part Design* im Normalfall aus einem zweidimensionalen, geschlossenen Konturzug (Profil), der anschließend in die dritte Dimension ausgedehnt wird. Volumenkörper können im Sonderfall aber auch aus einem eindimensionalen, nicht geschlossenen Konturzug erzeugt werden (siehe dazu unter 5.5.6) oder aus mehreren Skizzen und mit Führungselementen für frei gekrümmte Oberflächen (siehe dazu unter 9.6). Da die Erstellungsgrundlage dieser Körper mindestens eine Skizze (*Sketch*) ist, spricht man von auf Skizzen basierenden Volumenkörpern.

Volumenkörper können auch aus einer **Fläche** (*Surface*) entwickelt werden. Man spricht in diesem Fall von auf Flächen basierenden Volumenkörpern. Diese Entwicklung ist nicht Gegenstand des in diesem Buch angebotenen Grundkurses. Sie haben im Maschinenbau nicht die Bedeutung wie z. B. im Karosseriebau mit seinen komplizierten frei gekrümmten Oberflächen. Ausführungen dazu können der weiterführenden Literatur(z. B. /13/) entnommen werden.

Mehrere Volumenkörper (Block, Bohrung, Tasche usw.) bilden zusammen mit Operationen einen **Körper** (Haupt- oder Nebenkörper). Siehe dazu auch die abgebildeten Strukturbäume im Kapitel 5.3.

Operationen (Fasen, Verrundungen, Schalenelement, Aufmaß, Spiegeln usw.) verändern einen Volumenkörper, basieren aber nicht auf Skizzen.

5.2 Skizzenerstellung

Es gibt in CATIA V5 keine vorgefertigten Grundkörper wie Quader, Zylinder, Kegel oder Kugel. Die Grundlage für die Körpererstellung bilden Skizzen, die in einer eigenen Arbeitsumgebung, dem Skizzierer (*Sketcher*) erstellt werden.

Der Skizzierer ist Bestandteil der Teilekonstruktion und wird im Normalfall mit der Funktion

Skizzierer aus der Funktionsmenüleiste der Teilekonstruktion heraus aufgerufen.
Bevor die Skizzieroberfläche auf dem Bildschirm angeboten wird, muss eine Skizzierebene ausgewählt werden. Das können Haupt- oder Hilfsebenen oder ebene Flächen eines bereits bestehenden Körpers sein. Das System vergibt für jede Skizze einen Namen, der vom Benutzer über das Kontextmenü verändert werden kann. Außer den für die Skizzenerstellung erforderli-

chen Funktionen, die beim Aufrufen des Skizzierers in der Funktionsmenüleiste erscheinen, werden weitere Hilfsfunktionen im Dauermenü ständig oder temporär eingefügt.

Hinweis: *Einige Funktionen der Teileerstellung bieten einen Wechsel in den Skizzierer innerhalb des Entstehungsdialoges an, z .B. die Funktion Bohrung mit einer Schaltfläche Positionierungsskizze.*

Hauptfunktionen in der Funktionsmenüleiste

Nur die wichtigsten Funktionen der Skizzenerstellung sollen aufgeführt werden. Die meisten dieser Funktionen werden in den ersten Teilekonstruktionen benutzt. Später werden weitere Funktionen erläutert und angewendet. Der volle Umfang der Funktionen ist für jeden Nutzer in der Funktionsmenüleiste einsehbar.

Die Skizzengeometrie wird unter einem Eintrag *Skizze.n* im Strukturbaum abgelegt (siehe dazu unter 5.3).

Symbol	Funktion	Symbol	Funktion
	Zusammenhängender Polygonzug aus Geraden und Kreisbögen		Geometrische Bedingungen, wie Kongruenz, Tangentenstetigkeit, Parallelität, …
	Vordefinierte geschlossene Profile wie Rechteck, Parallelogramm, Langloch, Sechseck, …		Bemaßen
	Vordefinierte Kreise und Bögen, wie Mittelpunktskreis, Dreipunktkreis, Dreipunktbogen, …		Verrunden
	Splinekurven		Fasen
	Kegelschnitte, wie Ellipse, Parabel, Hyperbel, …		Geometrieelemente löschen, trimmen oder trennen
	Geraden, wie Linie aus zwei Punkten, unendliche Linie, Symmetrielinie, …		Geometrieelemente vervielfältigen oder umwandeln
	Symmetrieachse		3D-Elemente in die Skizze projizieren
	Punkte, wie Punkt durch Anklicken, äquidistante Punkte, Schnittpunkt, …		Selektieren von Skizzenelementen in Fangzonen
	Umgebung verlassen		Automatische Bemaßungsszuordnung

Hinweis: *Die Untermenüs können über die Selektion des schwarzen Dreiecks geöffnet werden.*

Ständige Hilfsfunktionen im Dauermenü

Symbol	Funktion	Symbol	Funktion
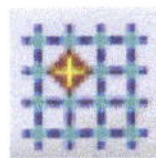	Ein Gitter im Skizziermodus ein- und ausblenden. Der Gitterabstand ist mit 10 mm voreingestellt.		Teil durch Skizzierebene schneiden
	Ist die Funktion *An Punkt anlegen* aktiv (orange), können beim Skizzieren nur die Rasterpunkte gefangen werden (ungünstig).		Bezugselement erzeugen
	Ist die Funktion *Konstruktions- /Standard-Element* aktiv (orange), wird die Geometrie als (gestrichelte) Hilfsgeometrie erzeugt.		Geometrieelement als Ausgabekomponente definieren
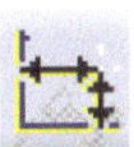	Ist die Funktion *Geometrische Bedingungen* aktiv (orange), werden geometrische Bedingungen automatisch zugeordnet.		Skizzenanalyse durchführen
	Ist die Funktion *Bemaßungsbedingungen* aktiv (orange), können in eingeblendeten Eingabefeldern die Abmessungen des Geometrieelementes definiert und am Element angebracht werden.	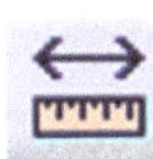	Messen zwischen zwei Elementen

Hinweise: Die linken fünf Funktionen sind Umschaltfunktionen. Im Regelfall sind davon die obere und die beiden unteren aktiv (orange), die beiden anderen inaktiv (blau) geschaltet.
Unter *Tools > Optionen > Mechanische Konstruktion > Sketcher > …* lassen sich die Voreinstellungen für den Skizzierer vornehmen.
Konstruktions-(Hilfs-)Geometrie wird **nicht** zur Körpererzeugung verwendet.

Mit der linken Funktion der Funktionsgruppe *Darstellung* kann ein Modell durch die aktuelle Skizzierebene geschnitten werden. Mit den nächsten beiden Funktionen können im Hintergrund der Skizze liegende Bauelemente aktiv/inaktiv oder sichtbar/nichtsichtbar geschaltet werden. Das ist besonders bei der Baugruppenkonstruktion von Bedeutung (siehe Kapitel 10). Mit den drei rechten Funktionen können die Bestimmtheit (grüne Farbe der Skizzenelemente), die geometrischen Bedingungen und die Bemaßung einer Skizze ein- oder ausgeblendet werden. Bei der Skizzenerstellung sollten diese drei Funktionen stets aktiv geschaltet sein!

Temporäre Hilfsfunktionen im Dauermenü

Für Skizzierelemente können sich die Funktionen der Funktionsgruppe *Skizziertools* im Dauermenü um Funktionen erweitern, z. B. bei Anwendung der Funktion *Profil*

um die Anschlussbedingungen (Gerade oder Bögen) an das zuletzt gezeichnete Geometrieelement und um Eingabefelder für die Abmessungen des Elementes (hier im nächsten Bild einer Geraden mit einer Länge von 20 mm unter einem Winkel von 45 °).

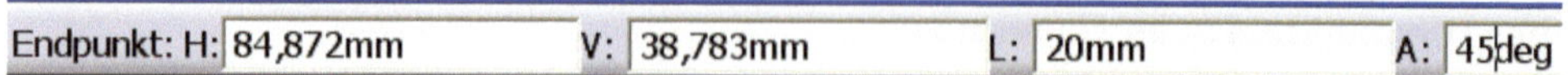

Die Abmessungen werden nur bei aktiver Funktion *Bemaßungsbedingungen* im Dauermenü am skizzierten Geometrieelement auch angebracht!

Arbeitsweise bei der Skizzenerstellung

Im Skizzierer wird zuerst grob skizziert. Danach werden die Skizzenelemente mit Hilfe von geometrischen Bedingungen (*Kongruenz, Rechtwinklig, ...*) in ihre geometrische Form gebracht. An den Geometrieelementen erscheinen Bedingungssymbole. Anschließend erfolgt die Bemaßung. Der Skizzierer ändert die Geometrie so, dass sie den Bedingungen und Bemaßungen entspricht. Er verändert die Skizze nach jeder neu deklarierten Bedingung und nicht erst am Ende, wenn bereits alle Bedingungen existieren. Dadurch kann es sein, dass die Skizze völlig verzogen wird. Damit dies nicht passiert, sollte die Skizze annähernd maßstäblich gezeichnet werden. Ein voreingestelltes Hilfsraster im Abstand von 10 mm unterstützt dabei.

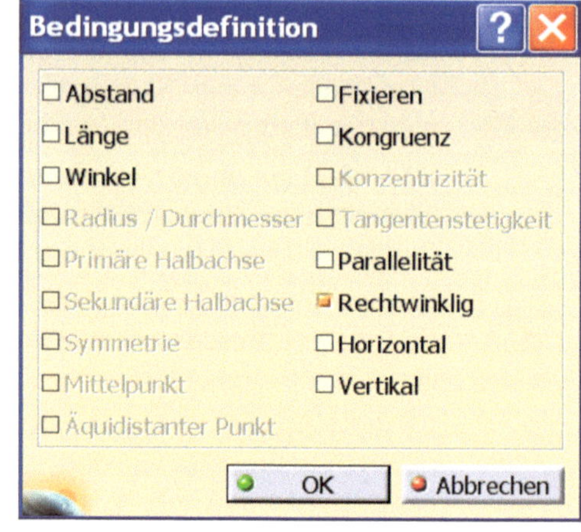

Geometrische Bedingungen

Symbole für geometrische Bedingungen

Bedingung	Symbol	Erläuterung
Fixieren		Das Element ist in der Skizzierebene fixiert
Kongruenz		Zwei Elemente sind kongruent
Konzentrizität		Zwei Bögen sind konzentrisch
Tangentenstetigkeit		Tangentialer Kurvenübergang
Parallelität		Zwei Linien sind parallel
Horizontalität, Vertikalität	H, V	Die Linie liegt parallel zur jeweiligen Koordinatenachse
Rechtwinklig		Zwei Linien stehen rechtwinkelig aufeinander
Symmetrie		Zwei Linien sind symmetrisch zu einer Mittellinie
Äquidistante		Gleicher Abstand eines Punktes zu zwei Elementen

Geometrie selektieren

Ein Element wird aktiviert (orange), indem es mit der linken Maustaste selektiert wird. Mehre-re Elemente werden aktiviert, indem das erste Element mit der linken Maustaste angeklickt wird, dann die *Strg*-Taste gedrückt wird und während die *Strg*-Taste gedrückt bleibt, werden mit der linken Maustaste alle weiteren Elemente selektiert.

Weiterhin ist es möglich, mit der linken Maustaste einen Fangrahmen aufzuziehen (linke Maustaste gedrückt halten und die Maus bewegen). Mit Funktionen aus der Funktionsgruppe

Auswählen 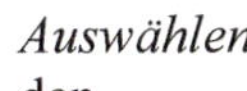 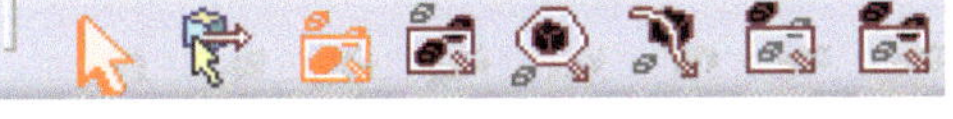 lassen sich beliebige Fangzonen bil-den.

Maße ändern

Durch einen Doppelklick mit der linken Maustaste auf das Maß lässt es sich editieren.

Maßlinie und Maßzahl verschieben

Maß mit Maßhilfslinie bewegen: Den Cursor auf die Maßhilfslinie platzieren. Mit der linken Maustaste die Maßhilfslinie anklicken, die linke Maustaste gedrückt halten und den Mauscur-sor bewegen. Die Maßhilfslinie wird mit dem Maß verschoben.

Maß bewegen: Wie beschrieben, nur dass das Maß gewählt wird und nicht die Maßhilfslinie.

Maße löschen

Maß selektieren und die *Entf*-Taste drücken. Alternativ über das Kontextmenü mit *RM > Lö-schen*

Mehrere Maße gleichzeitig löschen: Fangrahmen mit der LM aufziehen und die *Entf*-Taste drücken.

Geometrische Bedingungen löschen

Zu löschendes Symbol für die Bedingungen selektieren und die *Entf*-Taste drücken.

Hinweis: *Das Ebenenkreuz kann nicht gelöscht werden.*

Bedeutung der Farben von Skizzenelementen und Bedingungen

Aus den Standardfarben der Skizzenelemente und deren Bemaßung und Bedingungen lassen sich Rückschlüsse auf den Bearbeitungszustand der Skizze ziehen.

Farbe	Bedeutung
Weiß	Standardskizzenelement mit Freiheitsgraden
Grau	Hilfsgeometrie mit Freiheitsgraden
Grün	Element ist in seiner Lage bestimmt
Magenta	Überbestimmtes Element
Rot, Braun	Inkonsistente (nicht neu berechnete!) Elemente
Gelb	Aus 3D-Projektionen entstandene Skizzengeometrie
Orange	Selektiertes Element

Hinweis: *Im Einführungsbeispiel unter 5.4 erfolgt eine erste detaillierte Anwendung der be-schriebenen Skizzierregeln.*

5.3 Teileerstellung

In diesem Kapitel wird in Kurzform die Grundlage der Erstellung auf Skizzen basierender Volumenkörper beschrieben.

Ein Volumenkörper wird im Normalfall aus einem ebenen Skizzenprofil oder einem Halbquerschnitt erzeugt. Dieses Profil muss in der Regel geschlossen sein und darf keine Verzweigung (Ausnahmen sind bei Aktivieren der Option *Dick* möglich, siehe dazu unter 5.5.6) und doppelten Linien aufweisen. Der Volumenkörper entsteht durch Ausdehnen des Profils in die Tiefe oder durch Rotation um eine Achse oder durch Ziehen des Profils längs einer Führungskurve. Der Volumenkörper hat also immer eine Beziehung zu einer Skizze.

Arbeitsweise

Die Teilekonstruktion (*Part Design*) wird von der Hauptmenüzeile mit *Start > Mechanische Konstruktion > Part Design* bzw. mit *Datei > Neu > Part* oder vom Dauermenü mit *Neu > Part* gestartet (**Voreinstellungen siehe unter 3.3.7**). Die Option *Hybridkonstruktion* sollte im gegebenenfalls erscheinenden Fenster *Neues Teil* aktiv sein, wenn Flächenelemente am Körper erzeugt werden sollen. Die beiden Optionen *geometrisches Set* im gleichen Fenster sind inaktiv zu schalten. Weiteres dazu siehe im Kapitel 9.2 *Referenzelemente*. (Wie mit einem *geordneten geometrischen Set* gearbeitet werden kann, wird im Kapitel 9.6 gezeigt.) Nach dem Start wird die Arbeitsumgebung der Teilekonstruktion in die Funktionsmenüleiste eingeblendet.

Auf dem Bildschirm erscheint das Ebenenkreuz der Hauptebenen und ein Strukturbaum (siehe Bild rechts). Das Bauteil wird vom System mit *Teil1* bezeichnet. Darunter sind die drei Hauptebenen gekennzeichnet. Unterhalb des mit dem Zahnradsymbol gekennzeichneten **Hauptkörpers** wird die Geometrie des zu erzeugenden Körpers abgelegt.

Eine der **Hauptebenen** wird selektiert, der Skizzierer in der Funktionsmenüleiste aufgerufen und eine Skizze auf der gewählten Ebene angelegt. Nach Verlassen des Skizzierers befindet man sich wieder in der Arbeitsumgebung der Teilekonstruktion und wählt zum Erzeugen des Volumenkörpers eine geeignete Funktion aus. Der erste Volumenkörper muss ein Positivkörper sein. Weitere Volumenkörper, deren Skizzen auf den Körperebenen des ersten Volumenkörpers angelegt werden, können Positiv- oder Negativkörper sein. Diese Volumenkörper werden nach ihrem Erzeugen automatisch dem bereits bestehenden Körper hinzugefügt oder von ihm abgezogen. Im nebenstehenden Beispiel wurde als erster Volumenkörper ein Block erzeugt, von dem eine Bohrung abgezogen wurde.

Strukturbaum

Der Baum zeigt die Entstehungsreihenfolge des Modells und die Hierarchiestufen der Elemente an. Er weist an den Eckpunkten kreisförmige Knoten mit Symbolen auf.

Über das Selektieren eines +Knotens oder −Knotens kann das Auflisten von Zweigen des Baumes gesteuert werden. Die Strukturknoten des Teiles und des Hauptkörpers zeigen am Anhängesymbol ⬡, dass das Modell noch zu aktualisieren ist. Über *Tools > Optionen > Infrastruktur > Teileinfrastruktur > Anzeige* lässt sich einstellen, was im Baum angezeigt werden soll.

Skizze.1 ist im Modell verdeckt, ersichtlich an der gerasterten Ebenendarstellung im Strukturbaum, *Skizze.2* ist sichtbar (nichtgerasterte Ebenendarstellung mit Stift). Das sich in Bearbeitung befindliche Objekt ist im Baum unterstrichen.

Der Baum kann durch Betätigen der *F3*-Taste oder über die Funktion *Ansicht > Spezifikationen* aus- und eingeblendet werden. Er kann bei gehaltener LM verschoben werden, wenn sich der Cursor auf einer Strukturlinie des Baums befindet (alternativ MM drehen). Wird eine Strukturlinie selektiert (das Bauteil wird schwarz und ist inaktiv!), kann der Baum vergrößert oder verkleinert werden. Durch erneutes Selektieren einer Strukturlinie wird wieder das Bauteil aktiv.

Hinweise: *Im Baum können alle Elemente über ihren Namen selektiert werden. Es ist oft leichter und eindeutiger, Elemente im Baum zu selektieren als über die Geometrie. Durch einen Doppelklick auf den Namen im Baum lassen sich Skizzen und Definitionsfenster öffnen.*

Hauptfunktionen

Nur die wichtigsten Funktionen der Teileerstellung sollen nachfolgend aufgeführt werden. Die meisten dieser Funktionen werden in den ersten Teilekonstruktionen benutzt. Später werden weitere Funktionen erläutert und angewendet. Der volle Umfang der Funktionen ist für jeden Nutzer in der Funktionsmenüleiste einsehbar.

Auf Skizzen basierende Komponenten (Volumenkörper)

Symbol	Funktion	Symbol	Funktion
	Block		Tasche
	Welle		Nut
	Rippe (Volumenkörper aus zwei Skizzen)		Bohrung
	Kombinierter Volumenkörper (aus zwei Querschnitten)		Rille
	Volumenkörper über mehrere Querschnitte (Loft)		Entfernter Volumenkörper über mehrere Querschnitte

Hinweis: *Die linken Funktionen erzeugen Positivkörper, die rechten Negativ-(Abzugs-) Körper.*

Aufbereitungskomponenten (Operationen)

Symbol	Funktion	Symbol	Funktion
	Kantenverrundung		Schalenelement
	Fasen		Aufmaß
	Auszugsschrägen		Gewinde

Transformationskomponenten (Operationen)

Symbol	Funktion	Symbol	Funktion
	Verschieben		Muster (Rechteck-, Kreis-, Benutzermuster)
	Spiegeln		Skalieren

Auf Flächen basierende Komponenten (Operationen)

Symbol	Funktion	Symbol	Funktion
	Aufmaßfläche		Trennen
	Fläche schließen		Fläche integrieren

Bauteilmodellierung mit Nebenkörpern

Bauteilmodelle können auch aus mehreren Teilkörpern entwickelt werden, die durch boolesche Operationen miteinander verknüpft werden oder die bei Verbundkonstruktionen als selbständige Teilkörper bestehen bleiben.

Boolesche Operationen

Symbol	Funktion	Symbol	Funktion
	Zusammenbauen (Vorzeichenbehaftetes Vereinigen zweier Körper)		Verschneiden (Schnittmenge zweier Körper)
	Hinzufügen (Addieren und Vereinigen zweier Körper)		Vereinigen und Trimmen (Entfernen eines Teilkörpers beim Vereinigen)
	Entfernen (Subtrahieren eines Körpers von einem anderen)		Stück entfernen

Das Erzeugen eines (leeren) Nebenkörpers erfolgt mit der Funktion *Einfügen > Körper* aus der Hauptmenüzeile. Die booleschen Operationen zwischen Teilkörpern werden mit der Funktion *Einfügen > Boolesche Operationen > ...* oder über das Funktionsmenü ausgeführt.

Ein Nebenkörper kann ein Positiv- oder ein Negativkörper sein (gekennzeichnet durch ein + oder – am Zahnradsymbol). Ein negativer Teilkörper entsteht, wenn der erste Volumenkörper durch eine Abzugsfunktion (*Tasche, Bohrung, …*) erstellt wird. Das Vorzeichen eines Körpers beeinflusst bei der Funktion *Zusammenbauen* das Ergebnis der booleschen Operation, während es bei den anderen Funktionen unberücksichtigt bleibt. Beispielsweise wird ein separater Bohrungsabzugskörper mit der boolesche Funktion *Hinzufügen* zu einem addierten Zylinder. Das Ergebnis der booleschen Operation besitzt immer das Vorzeichen des übergeordneten Körpers.

Beispiel

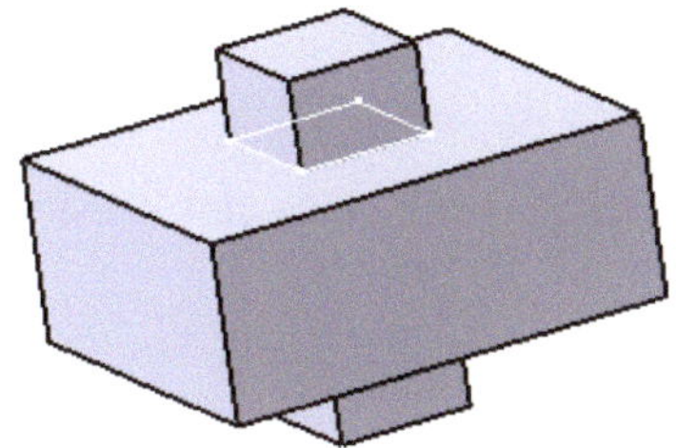

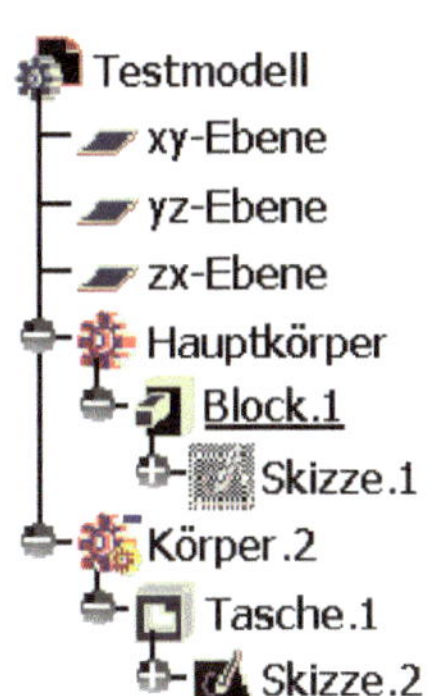

Modell mit Haupt- und negativem Nebenkörper

Eine Skizze (*Skizze.2*) wird auf der oberen Körperebene des Hauptkörpers aufgebaut. Mit der Funktion *Tasche* wird aus dieser Skizze ein Negativkörper *Körper.2* (erkennbar im Strukturbaum durch das „-" am Zahnradsymbol) erzeugt. Der Nebenkörper liegt auf der gleichen Hierarchiestufe wie der Hauptkörper. Beide Körper sind noch nicht verschnitten!

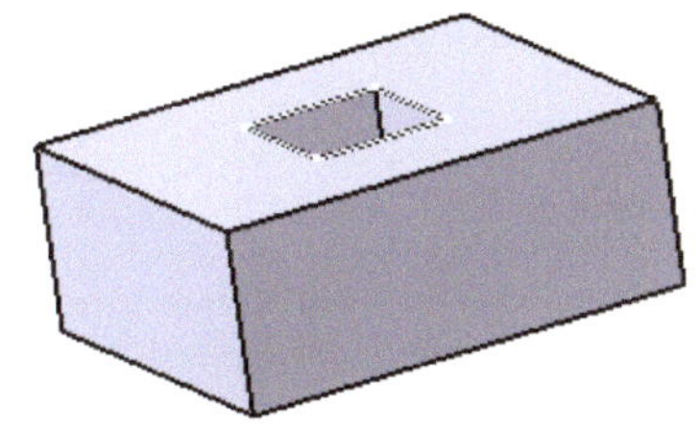

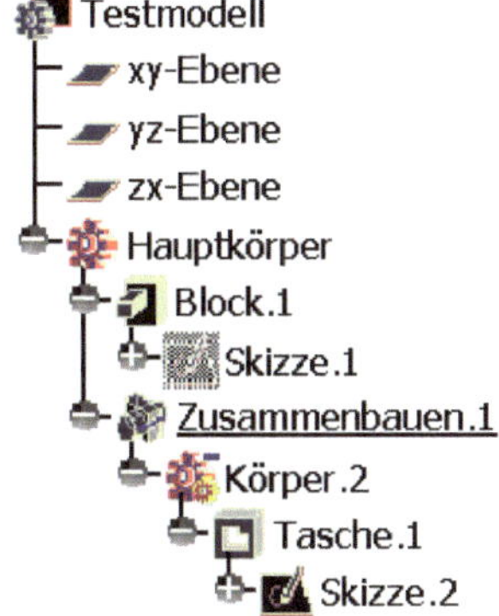

Modell mit vereinigten Haupt- und Nebenkörper

Der Nebenkörper ist mit der Funktion *Zusammenbauen* in den Hauptkörper eingefügt (untergeordnet) worden. Da er ein negatives Vorzeichen besitzt, wird er vom Hauptkörper subtrahiert.

Detailliert beschriebene Beispiele für die Anwendung expliziter boolescher Operationen zum Erzeugen von Teilen sind in dem Kapitel 5.5.4 (Teilekonstruktionen) zu finden.

Hinweise: *Der Hauptkörper (der in der Regel zuerst modelliert wird) lässt sich mit booleschen Operationen nicht von einem Nebenkörper subtrahieren! Ist die Subtraktion geplant, so sollte man zweckmäßig die zu subtrahierende Geometrie sofort in einem Nebenkörper anlegen. Der Hauptkörper kann dann leer bleiben.*

Unter Tools > Optionen > Infrastruktur > Teileinfrastruktur > ... lassen sich die Voreinstellungen der Teilekonstruktion (in älteren Vorläuferversionen unter Mechanische Konstruktion > Part Design) vornehmen.

5.4 Verwendete Symbolik und Einführungsbeispiel

Ein Einführungsbeispiel soll das Erstellen eines einfachen Teiles zeigen. Zuvor wird die zur Anwendung der Funktionen und zur Gestaltung der Übungen benutzte Symbolik erläutert.

5.4.1 Symbolik

Um den Beschreibungsaufwand gering ☺ zu halten, wurde eine einfache Symbolik entwickelt, die sich in den studentischen Übungen bewährt hat. Es bedeuten:

⇨	**Handlung**
>	**nächster Menüeintrag**
RM	**rechte Maustaste** (Kontextmenü einblenden)
LM	**linke Maustaste**
Kursivschreibung	**eingestellter oder vorgeschriebener Name**
Hinweise:	Unter dieser Rubrik werden in Kursivschreibung **Hinweise** aufgeführt, die nicht unmittelbar zum behandelten Themengebiet passen, dieses aber tangieren, ergänzen oder abgrenzen.

Erscheint der Handlungspfeil, so sollten die Anweisung vom Lernenden am Bildschirm ausgeführt werden. **Nur die Übung macht den Meister!** Die Erfahrung zeigt, dass die selbst durchgeführten Übungen später einfach durch Lesen wieder nachvollzogen werden können!

Die Übungen sind exemplarisch für typische Aufgabengruppen angelegt, sodass sie dadurch auch zum Nachschlagen geeignet sind.

5.4.2 Einführungsbeispiel

Das Einführungsbeispiel zur Teileerstellung zeigt schwerpunktmäßig das Arbeiten mit dem Skizzierer. Ein Prisma soll erstellt werden.

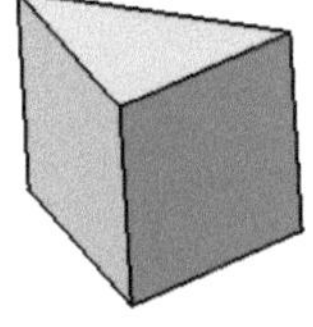

Prisma

Aufrufen der Arbeitsumgebung

⇨ CATIA starten. Das standardmäßig erscheinende Fenster *Produkt1* schließen.

⇨ Die Teilekonstruktion mit *Start > Mechanische Konstruktion > Part Design* aufrufen. Den vom System vorgeschlagenen Teilenamen *Part1* im erscheinenden Fenster in *Prisma* umbenennen (alternativ über das Kontextmenü mit *RM* auf den Eintrag im Strukturbaum > *Eigenschaften > Produkt > Teilenummer*).

Hinweis: *Das Einblenden eines Fensters zum Benennen des Teilenamens kann man einstellen mit Tools > Optionen > Infrastruktur > Teileinfrastruktur > Teiledokument > Das Dialogfenster ‚Neues Teil' anzeigen. Die Option Hybridkonstruktion sollte in der Regel im gegebenenfalls erscheinenden Fenster „Neues Teil" aktiv sein.*

Skizzenerstellung

⇨ Im Strukturbaum eine beliebige Hauptebene selektieren und mit der Funktion *Skizzierer* die Arbeitsumgebung der Skizzenerstellung einblenden (alternativ kann auch zuerst die

Funktion aufgerufen und dann die Ebene gewählt werden). Es erscheint ein Koordinatensystem mit einer H- (horizontalen) und V- (vertikalen) Achse.

⇨ Das Ebenenkreuz der Hauptebenen durch Neigen des Bildes vollständig sichtbar machen.

⇨ Mit der Funktion *Senkrechte Ansicht* aus dem Dauermenü kommt man in die ursprüngliche Ansicht zurück.

⇨ Prüfen der Voreinstellungen. Mit folgenden Einstellungen der

Skizziertools im Dauermenü arbeiten: Die linke Funktion und die beiden rechten aktiv (orange), die zweite und dritte Funktion inaktiv (blau) schalten.

Die Funktionen der Funktionsgruppe *Darstellung* müssen aktiv (orange) geschaltet sein. Die Bedeutung der Funktionen ist im Kapitel 5.2 beschrieben.

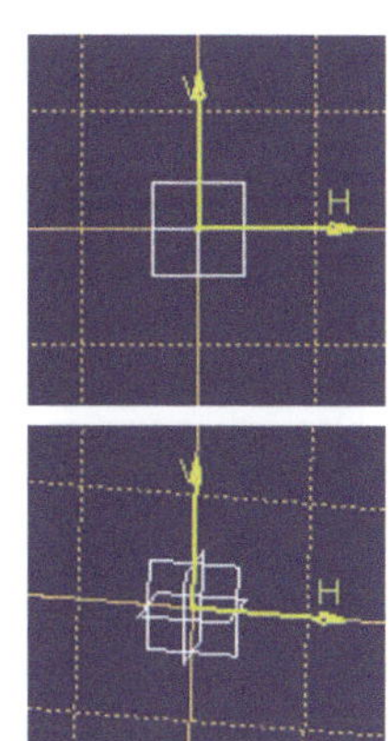

⇨ Mit der Funktion *Linie* nacheinander drei Linien neben das Koordinatenkreuz zeichnen. Beim Skizzieren werden blaue Hilfslinien und gefangene geometrische Bedingungen sichtbar (siehe im Bild rechts beim Skizzieren der dritten Linie). Da in diesem Einführungsbeispiel keine(!) geometrischen Bedingungen automatisch gefangen werden sollen, wird beim Skizzieren die *Shift*- oder Umschalttaste (⇧) gedrückt gehalten (später ist das nur bei komplexen Geometrien zweckmäßig). Ergebnis ist die Darstellung im Bild rechts.

Hinweis: *Ein häufiger Fehler beim Skizzieren ist, dass geometrische Bedingungen gefangen werden, die nicht beabsichtigt sind. Diese sind wieder zu entfernen, da sonst die gewünschte Geometrie infolge Überbestimmung nicht entsteht!*

⇨ Mit der Funktion *Im Dialogfenster definierte Bedingungen* (einfacher als *Geometrische Bedingungen* zu bezeichnen) die Endpunkte der Linien kongruent setzen. Dazu sind jeweils zwei Linienendpunkte zu selektieren (*Strg*-Taste gedrückt halten), bevor die Funktion aufgerufen wird.

⇨ Einen Dreieckswinkel rechtwinklig setzen. Das kann dadurch erfolgen, dass zwei benachbarte Dreiecksseiten nacheinander über die geometrischen Bedingungen *Horizontal* parallel zur H-Achse (H) und *Vertikal* parallel zur V-Achse (V) gesetzt werden.

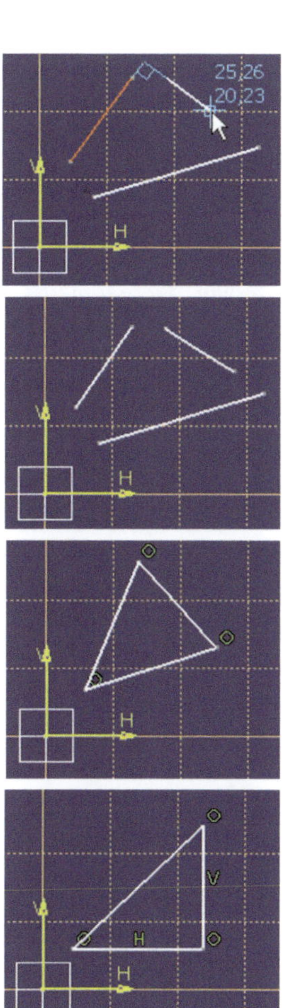

⇨ Alternativ können zwei benachbarte Dreiecksseiten selektiert und mit der geometrischen Bedingung *Rechtwinklig* in einen rechten Winkel zueinander gesetzt werden.

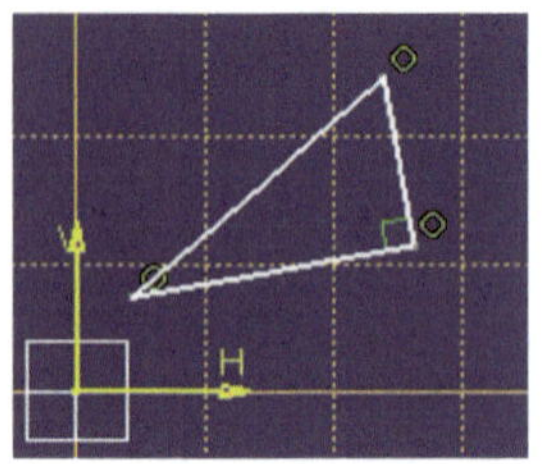

Das Dreieck ist jetzt formstabil, d.h. durch Selektieren einer Dreiecksseite und durch anschließendes Ziehen (bei gedrückt gehaltener linker Maustaste) verändert sich das Dreieck zwar in seinen Abmessungen, es bleibt aber immer ein rechtwinkliges Dreieck.

⇨ Mit der Funktion *Bedingung* einen Winkel bemaßen. Bevor die Funktion aufgerufen wird, zwei benachbarte Seiten selektieren.

⇨ Vor dem Bemaßen der Seite entweder die Seite selektieren oder die beiden Linienendpunkte. Im Allgemeinen sollte man der Abstandsbemaßung den Vorzug geben.

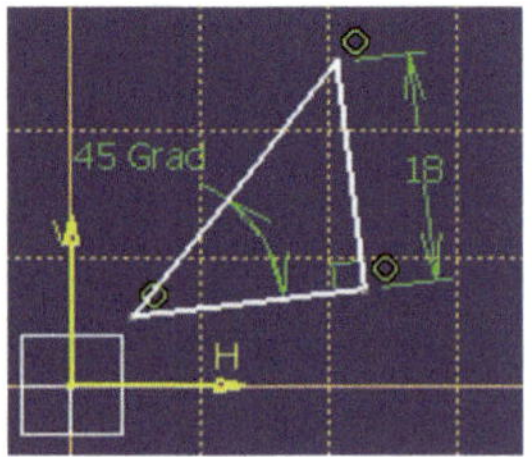

Die Skizze ist jetzt auch maßstabil. Jede weitere Bemaßung führt zu einer Überbestimmung, die durch eine Magenta-Farbgebung der Bemaßung angezeigt wird.

Die gesamte Skizze ist in der Skizzierebene noch verschieb- und drehbar. Angezeigt wird das durch die weiße Farbgebung der Linien.

⇨ Mit der geometrischen Bedingung *Fixieren* zwei Linien fixieren. Die jetzt grüne (im Bild schwarze) Farbgebung der Linien zeigt an, dass die Skizze über keine Freiheitsgrade mehr verfügt. In der Regel sollten Skizzen nur in diesem Status verlassen werden. (Eine Ausnahme stellen Skizzen im Entwurfsstadium der Baugruppenkonstruktion dar.)

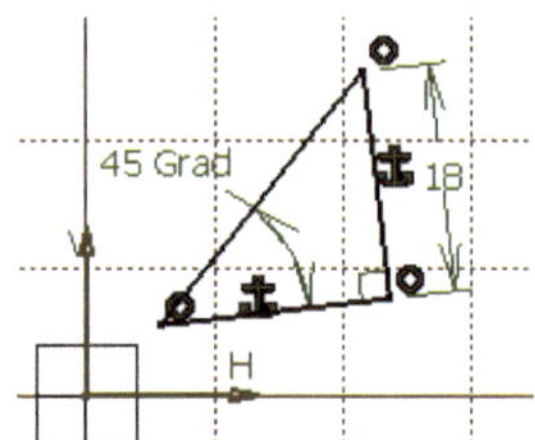

⇨ Eine unter anderen alternativen Möglichkeiten ist das Kongruentsetzen einer Dreieckseite mit einer der Achsen oder Hauptebenen und eine (beliebige) Abstandsbemaßung zur anderen Achse oder Hauptebene.

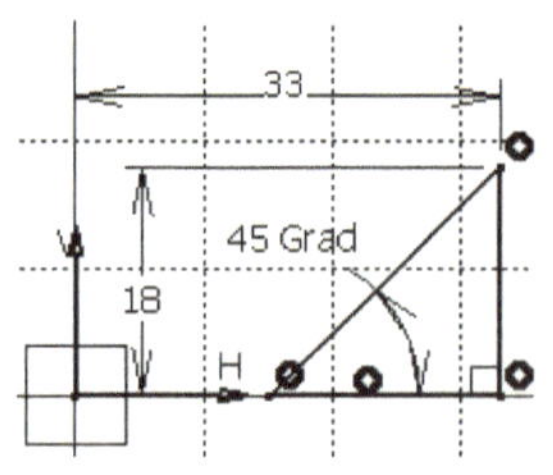

⇨ Mit der Funktion *Skizzen-Auflösungsstatus* aus dem Dauermenü zweckmäßig nach Fertigstellung einer komplexen Skizze eine Skizzenanalyse durchzuführen. Die Skizze ist korrekt, wenn im erscheinenden Fenster *ISO-bestimmt* angezeigt wird.

⇨ Bei Anzeige von *unterbestimmt* oder *überbestimmt* kann mit der Funktion *Skizzieranalyse* die Ursache ermittelt werden (siehe dazu auch unter Kapitel 5.6.6).

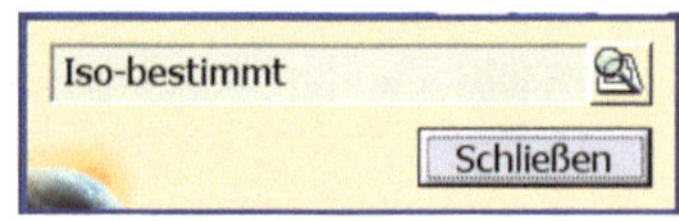

⇨ Mit der Funktion  *Umgebung verlassen* wird zurück in die Teilekonstruktion mit ihrer Arbeitsumgebung gewechselt. Die Skizze erscheint aktiv (orange) im Raum.

Teil erstellen

⇨ Die Funktion ▢▾ *Block* aufrufen.

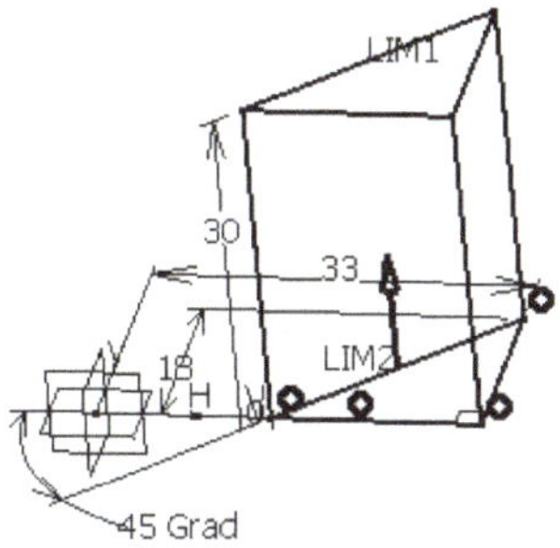

Die Skizze wird jetzt um den Betrag, der im erscheinenden Fenster *Definition des Blocks* angegeben wird, in den Raum ausgedehnt. Im erscheinenden Drahtmodell werden die Maße, geometrische Bedingungen und die Begrenzungen (*LIM1* und *LIM2*) angegeben sowie die Ausdehnungsrichtung durch einen Pfeil gekennzeichnet.

Im Fenster können der Ausdehnungstyp auswählt und die Ausdehnungslänge eingeben werden. Unter Auswahl ist die *Skizze.1* bereits vom System eingetragen.

Die Ausdehnungsrichtung kann durch Selektion der Schaltfläche *Richtung umkehren* oder alternativ durch einen einfachen Mausklick auf den Pfeil im Drahtmodell umgekehrt werden.

Außerdem können die Ausdehnung gespiegelt und eine Voranzeige ausgelöst werden.

Mit der Funktion ▨ des Fensters kann in die Skizze zurück gewechselt werden.

Die Option *Dick* dient zum Erzeugen von Volumenkörpern aus 1D-Geometrie (*Schmaler Block*) und wird im Kapitel 5.5.6 erläutert.

Mit der Schaltfläche *Mehr* wird das Fenster um weitere Felder für eine zweite Begrenzung des Blockes erweitert. Außerdem kann die standardmäßig vorgesehene Ausdehnungsrichtung senkrecht zum Skizzenprofil deaktiviert und in die Richtung einer Referenz-(Bezugs-)Geraden verändert werden. In später folgenden Beispielen werden diese Möglichkeiten angewendet.

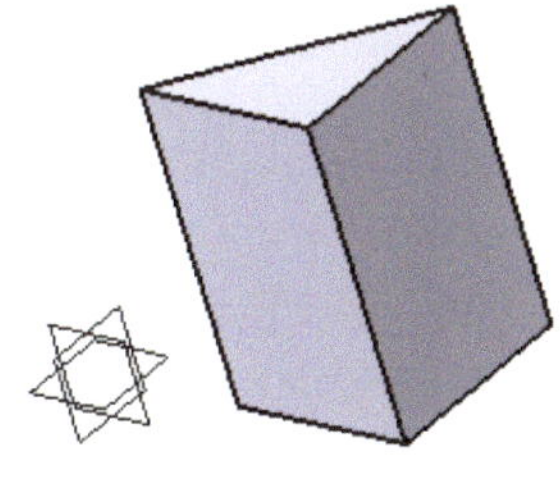

⇨ Das Fenster mit *OK* schließen. Das Modell erscheint wie abgebildet auf dem Bildschirm,

wenn im Dauermenü der Anzeigemodus auf *Schattierung mit Kanten* 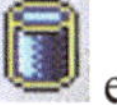 eingestellt ist.

Effektives Erstellen der Skizze

Effektiv erstellt man die Skizze für das Prisma mit der Funktion *Profil* in einem zusammenhängenden Konturzug.

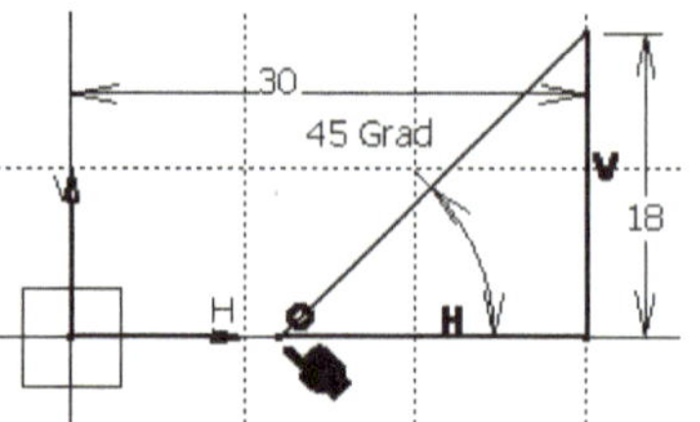

⇨ Mit der Funktion *Profil* das Dreieck skizzieren. Den Startpunkt (Zeigefinger im Bild) der ersten Linie legt man zweckmäßig auf die verlängerte H-Achse. Dadurch fängt man automatisch die Kongruenzbedingung zur H-Achse. Der Endpunkt der Linie wird rechts und horizontal vom Startpunkt gewählt, wodurch die Bedingung Parallelität zur H-Achse (H) gefangen wird. Einen rechten Winkel erhält man, wenn man jetzt den Endpunkt der nächsten Linie senkrecht zur ersten Linie wählt. Die geometrische Bedingung Parallelität zur V-Achse (V) wird wieder automatisch gefangen. Anschließend wählt man den Startpunkt als Linienendpunkt für die dritte Linie. Der Konturzug ist damit geschlossen.

Strukturbaum der Skizze

Im Strukturbaum wurden mit dem Aufrufen des Skizzierers unterhalb von *Skizze.1* automatisch unter *Absolute Achse* der Koordinatenursprung und die H-und V-Achse eingetragen.

Unter *Geometrie* wurden die Linien mit ihren Start- und Endpunkten vermerkt. Da die Linienendpunkte von Linie1 und Linie3 mit den Startpunkten der Linie2 und Linie1 zusammenfallen, werden sie nicht mit aufgelistet.

Unter *Bedingungen* sind die Kongruenzbedingung der Linie1 zur H-Achse und die Parallelität der Linie1 und Linie2 zu den Achsen aufgeführt.

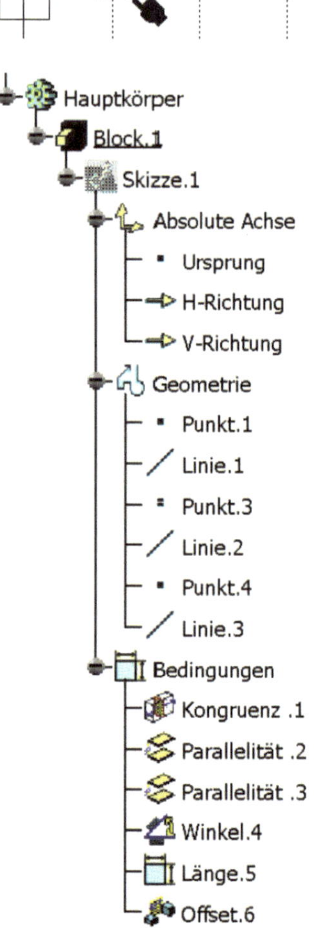

Skizze mit Strukturbaum

⇨ Einen Winkel und eine Seite des Dreiecks bemaßen. Anschließend durch Bemaßen des Abstandes (30 mm) der senkrechten Dreiecksseite zur V-Achse der Skizze den letzten Freiheitsgrad entziehen.

Im Baum werden jetzt unter *Bedingungen* die Maße als Einträge *Winkel*, *Länge* und *Offset* abgelegt.

Hinweise: *Geometrie und Bedingungen kann man im Baum oder in der Skizze selektieren. Da ein selektiertes Element sowohl im Baum als auch in der Skizze gleichzeitig orange dargestellt wird, lässt sich der Zusammenhang zwischen dem Eintrag im Strukturbaum und der Darstellung in der Skizze leicht erkennen.*

Durch Selektion mit der RM (in der Regel zweckmäßig im Strukturbaum) lassen sich über das Kontextmenü mit 🖳 Verdecken/Anzeigen *Geometrieelemente wie alle Ebenen, alle Skizzen, alle Achsensysteme, alle Körper darstellen oder verdecken. Bei verdeckten Komponenten erscheinen die betreffenden grafischen Symbole im Strukturbaum gerastert.*

Ebenenkreuz und Koordinatenachsen

Für jedes Bauteil wird ein Ebenenkreuz bestehend aus den drei Hauptebenen (xy, yz und zx) beim Aufrufen der Teilekonstruktion eingeblendet. Es definiert den Ursprung des Teils. Das Ebenenkreuz kann nicht gelöscht werden. Es kann aber über das Kontextmenü (mit *RM >* *Verdecken /Anzeigen*) verdeckt werden, wenn es aus optischen Gründen stört.

Wird innerhalb der Teilekonstruktion der Skizzierer mit der Funktion *Skizze* aufgerufen, so kann eine Skizze vom Typ *Gleitend* (siehe dazu auch unten unter Hinweise) auf einer vor oder nach dem Funktionsaufruf selektierten Haupt-, Hilfs- oder Körperebene aufge- baut werden. In die Skizzierebene wird ein Ursprungspunkt mit zwei gelben Koordinatenachsen H (horizontal) und V (vertikal) in das Ebenenkreuz eingeordnet.

Für den objektorientierten Zusammenbau der Bauteile zur Baugruppe ist nur das Ebenenkreuz von Bedeutung. Die Lage des Koordinatenursprungs und der Koordinatenachsen in den Skizzen spielen dabei keine Rolle.

In der Zeichnungsableitung erscheinen die Koordinatenachsen blau und vergrößern bei ungünstiger Lage den Rahmen der Ansicht. Sie lassen sich dann aber ausblenden.

In den Skizzen haben die Koordinatenachsen Hilfsfunktionen. Man kann aber beim Skizzieren gänzlich ohne das Koordinatensystem auskommen und lediglich die Hauptebenen benutzen! Folgende Empfehlungen können gegeben werden:

- Der Skizzieraufwand wird gesenkt, wenn die Horizontale und die Vertikale als Parallelen zu den Achsen genutzt werden. Dadurch wird das Setzen geometrischer Bedingungen reduziert.

- Der Koordinatenursprung (identisch mit dem Schnittpunkt der drei Hauptebenen) sollte dicht neben der Skizzenkontur oder, wenn es die Übersichtlichkeit der Skizze gestattet, innerhalb dieser liegen. Dadurch wird die Funktion *Alles Einpassen* effektiv nutzbar.

- Bei Rotationskörpern sollte die Rotationsachse mit einer Hauptebene (oder einer Koordinatenachse) kongruent gesetzt werden, um eine günstige Lage des Ebenenkreuzes für die Montage des Bauteiles und für zu führende Schnitte durch die Ebene zu erreichen.

- Der Startpunkt einer Kontur (beispielsweise der Anfangspunkt einer Linie oder der Mittelpunkt eines Kreises) sollte nicht direkt in den Koordinatenursprung gelegt werden, da sonst sofort eine feste Anbindung erzeugt aber nicht angezeigt wird. Diese Anbindung ist nur durch Löschen der Kontur wieder zu entfernen! Ein manuelles Kongruentsetzen mit dem Ursprungspunkt erzeugt dagegen eine angezeigte und damit wieder lösbare Bedingung.

Hinweise: *Wird innerhalb der Teilekonstruktion der Skizzierer mit der Funktion Positionierte Skizze aufgerufen, so kann eine Skizze des Typs „Positioniert" erzeugt werden. In einem Fenster können Skizzenparameter eingestellt und die Ausrichtung des Koordinatenkreuzes manipuliert werden. Innerhalb des in diesem Buch angebotenen Grundkurses wird diese Funktion nicht benutzt*!

5.5 Teilekonstruktionen

5.5.1 Systematisierung und Auswahl der Beispiele

Nach der Art der Erzeugung des Grund-(Haupt-)Körpers des Teiles wurden die Teilekonstruktionen in diesem Kapitel nach geometrischen und didaktischen Gesichtspunkten gegliedert in

- Prismatische und scheibenförmige Teile
- Rotationssymmetrische Teile
- Teile, die mittels boolescher Operationen erzeugt werden
- Teile, die über eine Führungskurve erzeugt werden
- Teile und Körper, die aus einer 1D-Geometrie erzeugt werden
- Schalen und Hohlkörper.

Da Teile meistens aus mehreren Volumenkörpern zusammengesetzt sind und auch Nebenkörper besitzen können, kommen mehrere Erstellungstechniken an einem Teil vor.

Für den Einstieg in die Teilekonstruktion (*Part Design*) und den Zusammenbau (*Assembly Design*) von Teilen mit CATIA V5 wurde eine Baugruppe mit einer größeren Anzahl im Maschinenbau typischer Teile ausgewählt. Der Teileumfang führt bei selbständiger Modellierung zur Herausbildung der erforderlichen Grundfertigkeiten. Die Folgeübungen lassen sich so in angemessener Zeit ausführen. Die Übungen sind bei neuen Inhalten mit ausführlichen Anleitungen versehen. Zur Festigung und zum eigenen Überprüfen der Kenntnisse sind Übungen mit schon bekannten Inhalten dagegen ohne oder nur mit kurzer Anleitung abgefasst.

Die ausgewählte Baugruppe ist eine Spannvorrichtung. Das einzuspannende Werkstück ist ein Schmiedeteil, das an seiner Bogenseite eine Verzahnung erhalten soll. Das Werkstück wird im nächsten Kapitel modelliert, die Spannvorrichtung ist im Kapitel 6 (Zusammenbau) abgebildet.

Konstruktive Gesichtspunkte

Die bei der Herstellung der Verzahnung auftretenden Kräfte werden in der Vorrichtung so aufgefangen, dass die Verformungen des Werkstückes gering sind. Das Spannen des Werkstückes erfolgt ergonomisch günstig durch einen Schnellspannmechanismus und über einen Gewindebolzen mit einer Mutter. Die Vorrichtung selbst wird als Ganzes über einen Aufnahmebolzen auf den Tisch der Verzahnungsmaschine zentriert und verschraubt.

Modellierung

Das Erstellen der Spannvorrichtung ist eine reine Nachkonstruktion. Für alle Teile sind fertige Zeichnungen vorgegeben. Das richtige Modellieren von Bauteilen mit CATIA V5 ist das Hauptziel. Es kann unbeschwert erfolgen, ohne dass über die Funktion der Teile nachgedacht werden muss. Daneben können aber aus den Zeichnungen und Modellen konstruktive Grundregeln abgeleitet werden. So sind die in den Zeichnungen eingetragenen Bemaßungen, die Passungs- und die Toleranzangaben für den Studienanfänger von Bedeutung. Die Bewegungsverhältnisse an dem Spannmechanismus lassen sich später im Zusammenbau simulieren. In den folgenden Übungen werden alle zu der Spannvorrichtung gehörenden Teile einschließlich aller Normteile modelliert. Diese werden später im Kapitel 6 zum Zusammenbau der Vorrichtung benutzt. Diese Strategie ist Herausforderung zum gewissenhaften Modellieren einerseits und zugleich lohnendes Ziel andererseits. Alle Teile ☺ werden wieder verwendet! Die Modellierung der Normteile ist für die Aneignung von Kenntnissen über die booleschen Operationen von Bedeutung. Ist eine Normteilbibliothek vorhanden, lassen sich diese Übungsteile übergehen.

Vorbereitung der Übungen

Bevor mit den Übungen begonnen wird, sind folgende Schritte zu empfehlen:

⇨ Verzeichnis *CATIA* im Heim-Verzeichnis anlegen.

⇨ Unterverzeichnis *Spannvorrichtung* anlegen (auf den Namen wird Bezug genommen!).

Hinweise: *Damit eine Übereinstimmung mit der Übungsanleitung des Zusammenbaus besteht, sollten unbedingt die vorgeschlagenen Teilenamen und identischen Dateinamen verwendet werden.*

Jedes Bauteil muss innerhalb der Baugruppe einen aussagefähigen Teilenamen erhalten. Der Name darf keine Umlaute und Sonderzeichen enthalten. Er sollte zweckmäßig beim Abspeichern auch als Dateiname verwendet werden. Das Auffinden der Dateien wird dadurch erleichtert.

Allgemeine Anmerkungen zu den Übungsbeispielen

Die Koordinatenkreuze können in den Skizzen der Teile an verschiedenen Stellen liegen (siehe Ausführungen unter 5.4.2) und werden deshalb in den abgebildeten Skizzen meistens nicht gezeigt. Sie befinden sich bei den Beispielen in der Regel links etwas außerhalb der Skizze. Das Anzeigen des Gitternetzes sollte voreingestellt sein, um maßstäblich skizzieren zu können.

In den Beispielen werden viele Kantenverrundungen und Kantenfasen in der Skizze erzeugt. Das geschieht, um die entsprechende Handhabung im Skizzierer zu üben. Erst später wird empfohlen, diese Elemente im *Part Design* zu gestalten.

Der Skizziermodus sollte stets mit geometrisch bestimmten (grünen) Skizzenelementen verlassen werden!

Grundlage für die Teileerstellung bilden die abgebildeten technischen Zeichnungen. Sie enthalten alle notwendigen Maße und Maßtoleranzen. Oberflächenangaben (Rauhigkeits- und Härteangaben) spielen bei der Modellierung derzeit keine Rolle und wurden deshalb weggelassen.

Unter *Anwenderhinweise* (auf Seite 364) sollte man sich über Erfahrungswerte zur Zeitdauer von Übungen und über die aus dem Internet ladbaren Dateien informieren.

5.5.2 Prismatische und scheibenförmige Teile

Prismatische und scheibenförmige Körper werden durch Ziehen (Extrudieren) der 2D-Skizze erstellt. Das Ziehen der 2D-Skizze in den Raum erfolgt in der Regel senkrecht zum Skizzenprofil. Über Bezugselemente (Linien oder Ebenen) lassen sich aber auch schräge Körper herstellen.

Bohrungen und Taschen in den Teilen sollten mit den entsprechenden Funktionen im *Part Design* erzeugt werden. Besonders bei Bohrungen wird eine große Vielfalt hinsichtlich Ausdehnung, Typ und Gewindeerzeugung angeboten. Nur durchgehende Bohrungen (ohne Gewinde) und durchgehende Taschen können über Skizzen im Ausgangsprofil erzeugt werden. Gewindeangaben können im 3D-Modell definiert werden, werden dort aber nicht dargestellt. Sie erscheinen nur in der Zeichnungsableitung.

In den folgenden Übungen werden die Grundkenntnisse zum Erstellen prismatischer und scheibenförmiger Bauteile vermittelt. Ziel ist die Lösungsvielfalt kennen zu lernen. Es gibt stets mehrere Varianten der Erstellung. In der Regel lässt sich aber in einem Beispiel auch nur eine Variante beschreiben. In den folgenden Beispielen wird dann anders vorgegangen.

Übung Distanzplatte

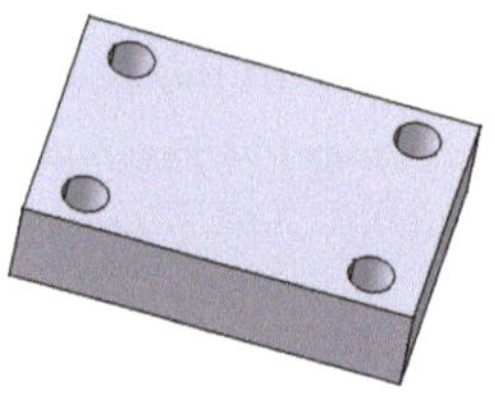

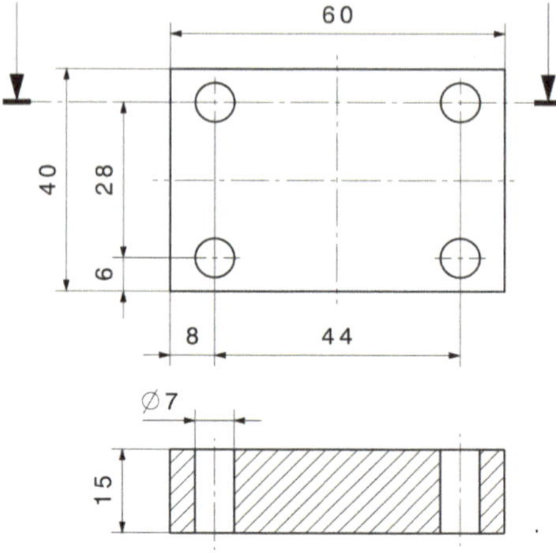

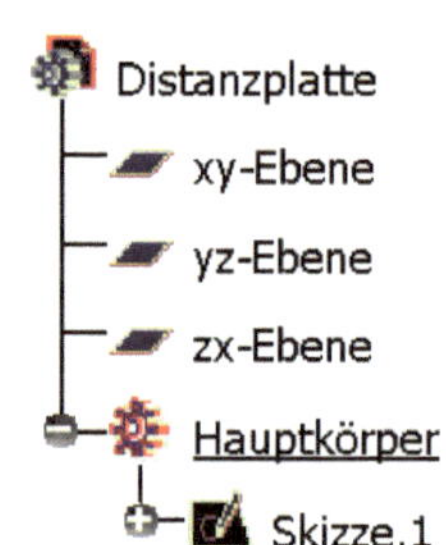

Teilekonstruktion starten

⇨ *Start > Mechanische Konstruktion > Part Design.*

⇨ Im *erscheinenden* Fenster *Neues Teil* nur die Option *Hybridkonstruktion ermöglichen* aktivieren. Das Bauteil über das Kontextmenü umbenennen mit *RM* auf *Teil.1* im Strukturbaum > *Eigenschaften.* Im erscheinenden Fenster unter *Produkt > Teilenummer* den Teilenamen *Distanzplatte* eintragen. Dieser Name erscheint nun anstelle des vom System vergebenen Namens.

Skizzenerstellung

⇨ Eine Hauptebene im Strukturbaum selektieren. Man sollte sich angewöhnen, für die erste Skizze des Teiles immer die gleiche Hauptebene zu benutzen, als Vorschlag die xy-Ebene.

⇨ Mit der Funktion [Skizze-Symbol] *Skizze* die Skizzenerstellung starten. Im Funktionsmenü erscheinen die Funktionen des Skizzierers. Im Dauermenü muss

die Funktion [Symbol] *An Punkt anlegen* inaktiv (blau dargestellt) sein. Damit können vom Gitternetz unabhängige Punkte gesetzt werden. Außerdem müssen im Dauermenü

die Funktionen [Symbol] *Geometrische Bedingungen,* [Symbol] *Bemaßungsbedingungen* und

die Funktion [Symbol] *Gitter* aktiv (orange dargestellt) sein.

⇨ Mit der Funktion [Rechteck-Symbol] *Rechteck* rechts neben und etwas oberhalb des Koordinatenkreuzes die Skizze annähernd maßstäblich erstellen. Die Skizze bemaßen. Die Skizze jetzt im Raum fixieren. Dazu als Empfehlung den linken unteren Eckpunkt an die beiden verbliebenen Hauptebenen anbinden (siehe Einführungsbeispiel). Die Skizze ist jetzt bestimmt und wird grün.

⇨ Alternativ kann die Skizze mit der Funktion ☺ *Automatische Bemaßung* [Symbol] bemaßt werden (die Funktion liegt unterhalb der Funktion *Gruppieren*).

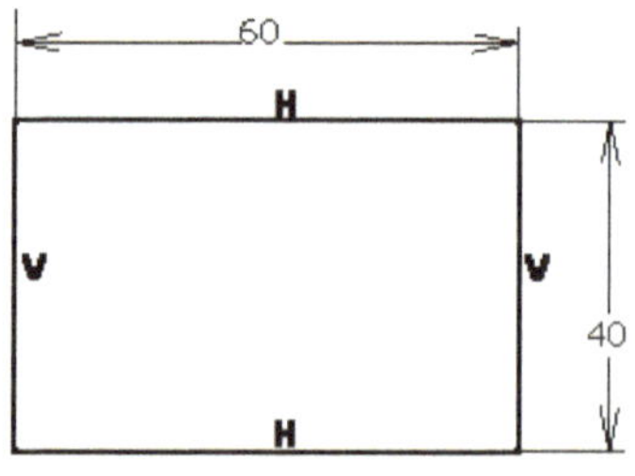

Grundskizze

Mit der Funktion  *Umgebung verlassen* in die Teilekonstruktion wechseln.

Erstellen des Körpers im *Part Design*

⇨ Die Funktion ▾ *Block* aufrufen und die Platte erstellen (Dicke15 mm).

Erzeugen der Bohrungen

Eine Bohrung ist ein Zylinder, der vom vorhandenen Körper subtrahiert werden muss. Die Funktion *Bohrung* erfordert einen Profilkreis auf einer Skizzenebene. Der Mittelpunkt des Profilkreises muss auf der Ebene positioniert werden (Positionierungsskizze). Ein Profilkreis wird nicht gezeichnet Außerdem sind Bohrtyp (Ausdehnung), Typ der Bohrung (normal oder eingesenkt) und gegebenenfalls Gewindeangaben zu spezifizieren. Die Voreinstellungen und Optionen werden durch Aufklappen der jeweiligen Schaltflächen sichtbar.

1. Variante

⇨ Kante 1 selektieren, Strg-Taste gedrückt halten, Kante 2 selektieren, Strg-Taste gedrückt halten, Fläche 3 selektieren, Strg-Taste loslassen,

die Funktion 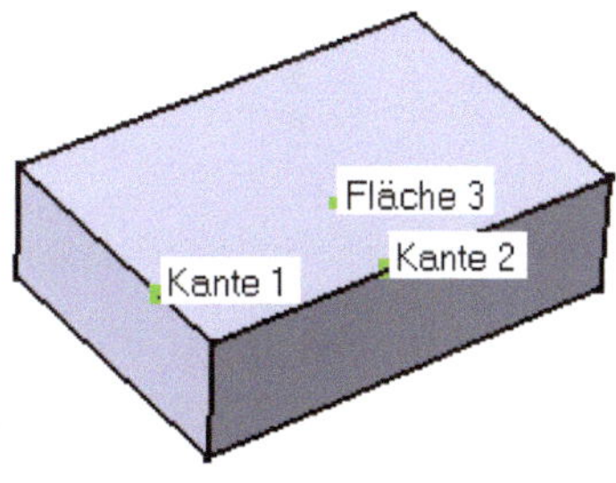 *Bohrung* wählen.

⇨ Bohrungsabstände von den Kanten durch einen Doppelklick auf die vom System eingetragenen Maße in die Maße nach Zeichnung ändern (6 mm, 8 mm).

Selektionsreihenfolge

⇨ Im Bohrungsdefinitionsfenster: *Sackloch* ändern in *Bis zum nächsten*, Durchmesser 7 mm.

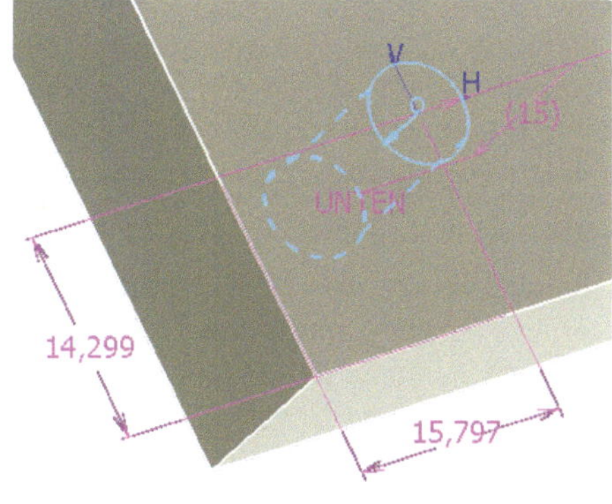

Einsatzpunkt der Bohrung

2. Variante

⇨ Ebene wählen, Funktion *Bohrung* selektieren, im erscheinenden Fenster *Positionierungsskizze* wählen, Mittelpunkt der Bohrung positionieren (Punkt wird grün), restliche Spezifikationen (Bohrtyp, Typ) vornehmen.

Die zweite Variante ist **einfacher** zu handhaben.

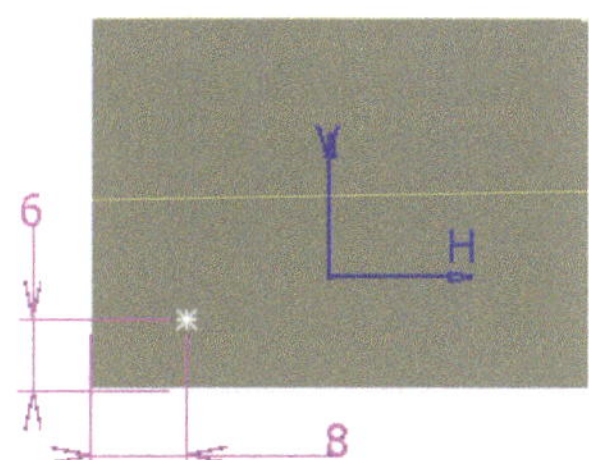

Bohrung vervielfachen

⇨ Die Bohrung am Teil oder im Baum selektieren.

⇨ Die Funktion ⊞▾ *Rechteckmuster* wählen.
    Erste Richtung: *Exemplar(e) & Abstand,*
                    Exemplare: 2,
                    Abstand: 44 mm,
                    Referenzelement: *keine*
                    Auswahl selektieren,
                    Referenzkante (lange Seite)
                    selektieren,
                    (ev. Richtung umkehren).
    Zweite Richtung: *Exemplar(e) & Abstand,*
                    Exemplare: 2,
                    Abstand: 28 mm,
                    Referenzelement: *keine*
                    Auswahl selektieren,
                    Referenzkante (kurze Seite)
                    selektieren
                    (ev. Richtung umkehren).

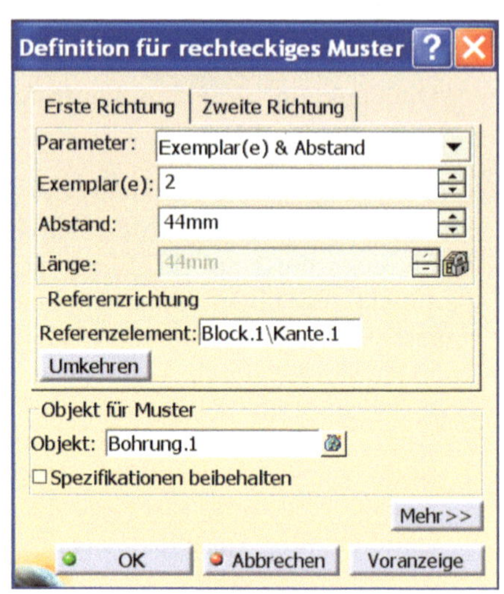

Die Option *Spezifikationen beibehalten* kann deaktiviert bleiben, da im Beispiel die Bohrung keine besonderen Spezifikationen (kein Gewinde) besitzt. Das Aktivieren der Option bewirkt, das alle Kopien die Spezifikationen des gewählten Ausgangskörpers übernehmen.

Hinweis: *Durch Aufklappen des erweiterten Fensters (Mehr>>) erscheinen Felder, in denen man die Stelle des Ausgangskörpers im Muster festlegen kann.*

Der nebenstehende Strukturbaum zeigt die Entstehungsgeschichte des Teils.

Hinweise: *Vor dem Verlassen des Definitionsfensters für Muster können durch Selektion des Einsatzpunktes einzelne Bohrungen des Musters auch deaktiviert werden.*
Wird das Fenster durch Selektion der Schaltfläche Mehr>> erweitert, so werden weitere Manipulationsmöglichkeiten (z. B. eine Rotation bei einer nicht runden Aussparung) sichtbar.

Speichern des Bauteils

⇨ In der Hauptmenüzeile die Funktion *Datei > Sichern unter* wählen und das Bauteil mit dem Namen *Distanzplatte* in das Verzeichnis *CATIA/Spannvorrichtung* speichern.

Hinweis: *Wenn versuchsweise bereits eine Zeichnung aus dem Modell der Distanzplatte erzeugt werden soll, dann nach Kapitel 7 wechseln!*

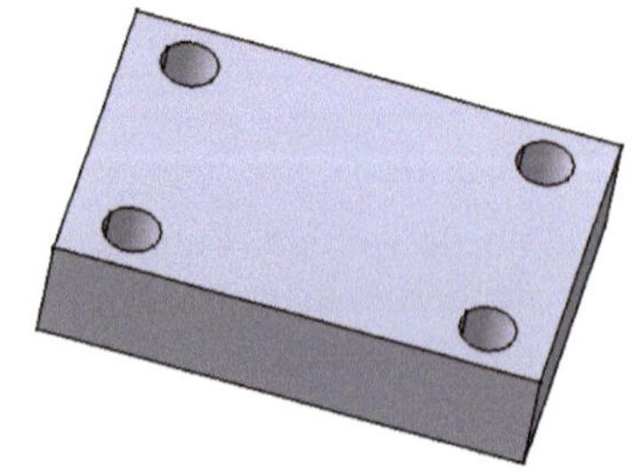

Distanzplatte mit Strukturbaum

Erstellungsparameter ändern

Die einfachste Art um Erstellungsparameter zu ändern, erfolgt durch einen Doppelklick auf den entsprechenden Eintrag im Strukturbaum.

Eine weitere Änderungsmöglichkeit besteht über das Kontextmenü.

Beispiel: *RM* auf das Objekt *Bohrung.1* im Baum > *Objekt Bohrung.1* > *Definition* oder *Parameter bearbeiten.* Jetzt können die Erstellungsparameter der Bohrung (Durchmesser, Typ oder die Position des Einsatzpunktes) durch Eintragungen im Definitionsfenster oder durch Doppelklick auf die Maße verändert werden. Erscheint das Modell danach rot, muss im Dauermenü die Funktion *Alles Aktualisieren* betätigt werden.

Hinweis: *Die Bohrung kann über RM auf das Objekt Bohrung.1 im Baum > Objekt Bohrung.1 > Inaktivieren inaktiv gesetzt werden.*

Eine dritte analoge Änderungsmöglichkeit besteht über die Hauptmenüzeile mit der Funktion *Bearbeiten.*

Bauteilen eine Farbe zuordnen

Dazu den Hauptkörper im Baum mit der rechten Maustaste selektieren. Im Fenster unter *Eigenschaften > Grafik > Füllen > Farbe* kann die Farbe des Hauptkörpers geändert werden. Rote und grüne Farben sollten nicht gewählt werden, da diese Farben vom System für andere Zwecke genutzt werden!

Es lassen sich weitere Eigenschaften für den Hauptkörper verändern (in der Regel nicht zu empfehlen).

Material zuweisen

Siehe Kapitel 5.6.1

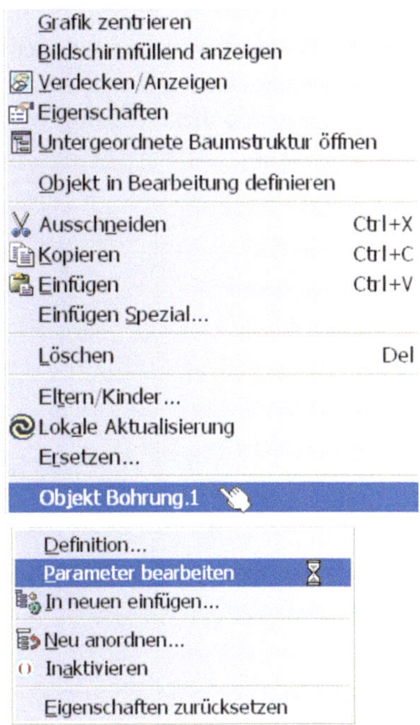

Dialog beim Ändern über das Kontextmenü

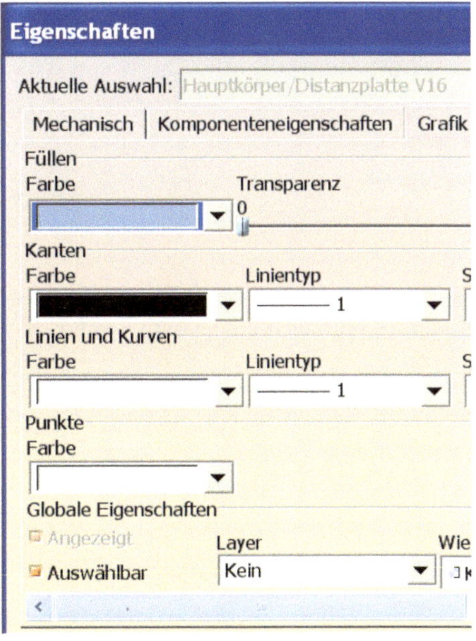

Übung Grundplatte

Ziele: An diesem Teil wird besonders das Erzeugen von verschiedenen Bohrungstypen ohne und mit Gewinde gezeigt. In den Skizzen sollen die Maße ohne Maßtoleranzen erzeugt werden. Am Ende dieser Übung wird auf das Eintragen von Maßtoleranzen in den Modellen kurz eingegangen.

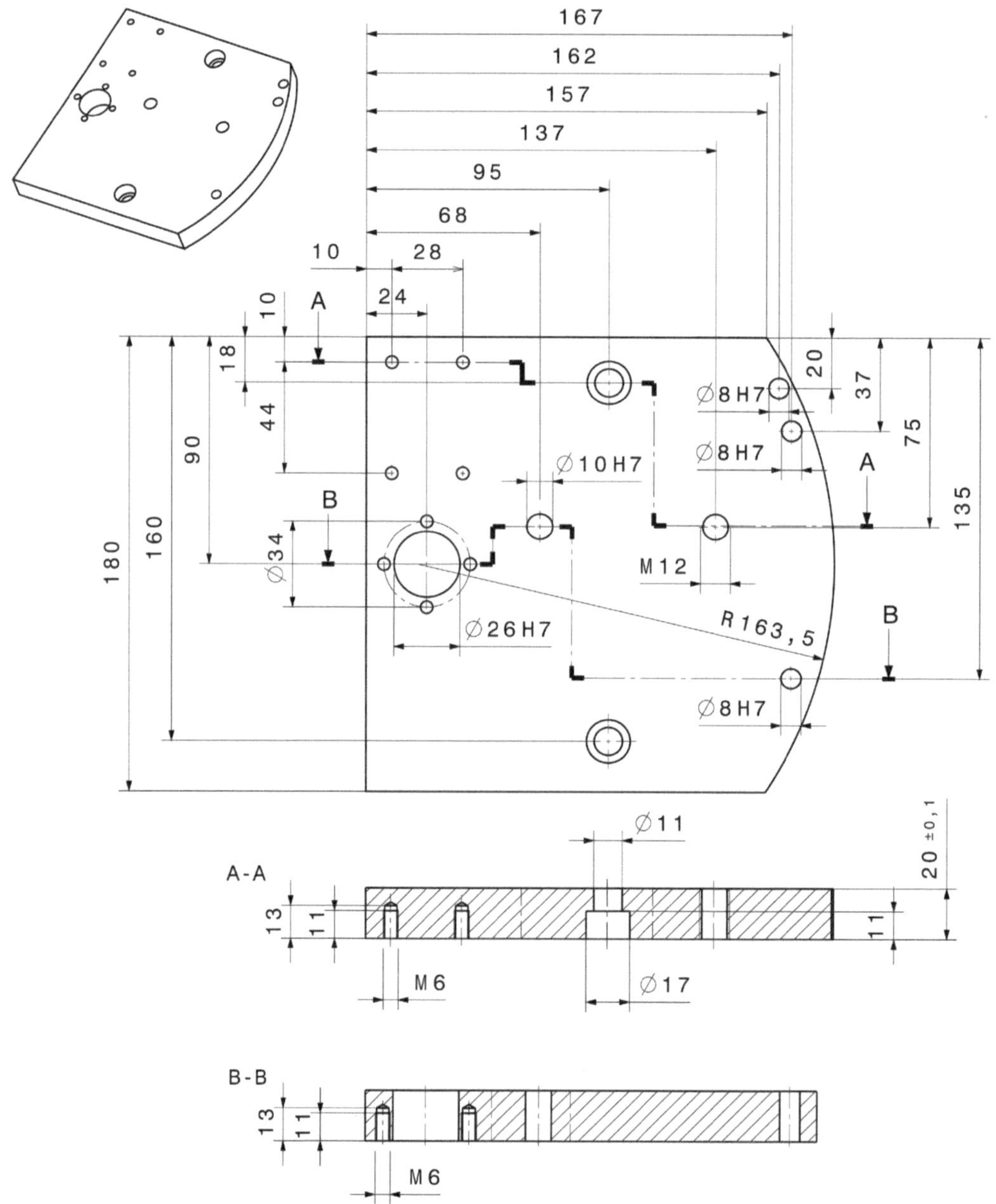

⇨ Start der Teilekonstruktion.

⇨ Umbenennen des *Teil1(Part1)* in *Grundplatte*.

Skizzenerstellung (in der xy-Ebene)

aktiv   inaktiv   aktiv
(orange) (blau) (orange)

⇨ *Standardeinstellung* der *Skizziertools* überprüfen. Die beiden mittleren Funktionen erscheinen blau, die linke und die beiden rechten orange.

⇨ Der *Grundkörper* ist symmetrisch. Deshalb eine horizontale Symmetrielinie als Hilfsgerade erzeugen (Hilfsgeometrie wird im 3D-Bereich zur Teileerstellung nicht benutzt).

Dazu muss im Dauermenü die Funktion auf aktiv (orange) umgestellt werden. Anschließend die Funktion wieder inaktivieren.

⇨ Erstellen der Geraden mit der Funktion *Profil*. Diese Funktion ermöglicht das Erzeugen ganzer Konturzüge im Zusammenhang der Linien.

⇨ Der Bogen soll mit der Funktion *Dreipunktbogen* erstellt werden. Diesen erhält man durch Einblenden des Kreis-Untermenüs:

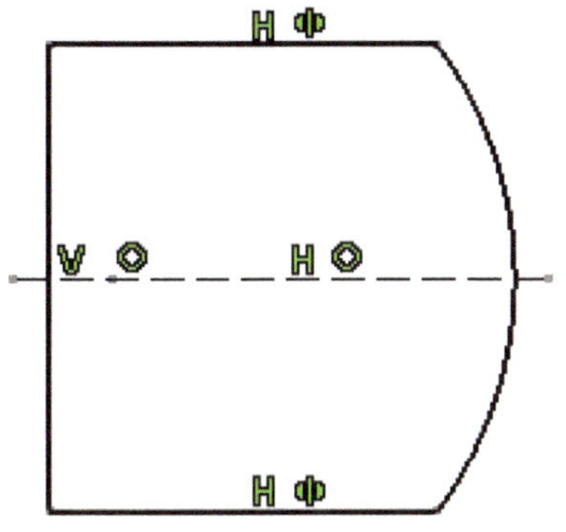

Grundskizze

Hinweise: *Annähernd maßstäblich skizzieren ist vorteilhaft.*

Es empfiehlt sich, das Fangen der geometrischen Bedingungen beim Skizzieren komplizierter Geometrie durch gedrückt halten der Umschalttaste (⇧) auszuschalten!

Hinweis: *Um das Kreis-Untermenü zu erhalten, muss das kleine schwarze Dreieck selektiert werden.*

Im Kreis-Untermenü kann dann die Funktion Dreipunktbogen aktiviert werden. Die ausgewählte Funktion bleibt weiterhin sichtbar.

Geometrische Bedingungen setzen

⇨ Die beiden waagerechten Linien sind horizontal und symmetrisch zur Hilfsgeraden.

Linie 1, Linie 2, Hilfsgerade selektieren (Reihenfolge einhalten!) > > *Symmetrie*.

⇨ Der Mittelpunkt des Kreisbogens muss kongruent zur Symmetrielinie sein.

⇨ Es ist günstig, die Endpunkte der Symmetrielinie mit der Außenkontur kongruent zu setzen. Beim Verschieben der Skizze bleibt die Symmetrielinie dann immer in dieser Lage.

⇨ Skizze bemaßen und bearbeiten

Hinweis: *Der Mittelpunkt für den Radius 163,5 mm ist nicht der Mittelpunkt der Bohrung Durchmesser 26 mm.*

⇨ Die Skizze an die Hauptebenen anbinden.
⇨ Alle Skizzenelemente müssen jetzt geometrisch bestimmt (grün) sein.

3-D-Modell im Part Design erstellen

⇨ Blockausdehnung 20 mm.

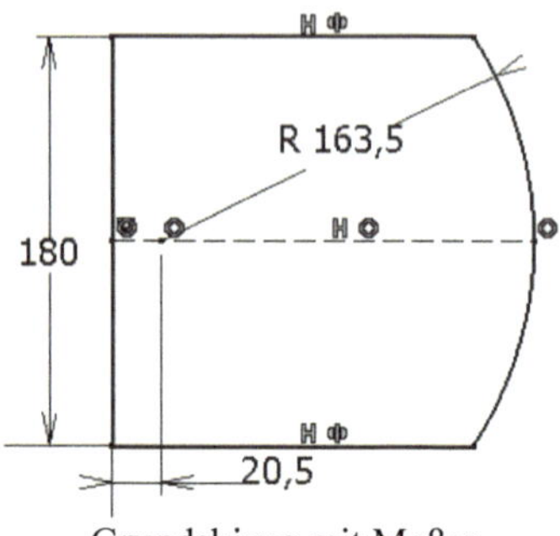

Grundskizze mit Maßen

Erstellen der M6-Gewindebohrungen (als Rechteck-Muster)

Hinweise: *Das Bohrungs-Definitionsfenster besitzt ein sich dynamisch anpassendes Hilfsfenster. Dort lässt sich erkennen, wie die Maßangaben für den Bohrtyp, Typ und Gewinde zu verstehen sind. Bei dem angegebenen Standardgewinde handelt es sich um ein metrisches Regelgewinde. Regelgewinde besitzen bei einem Bohrungsdurchmesser nur eine Steigung. Rechtsgewinde ist voreingestellt.*

⇨ Zunächst nur die in der Zeichnung links oben liegende Bohrung erstellen. Abstände von den Kanten jeweils 10 mm.
⇨ Im Fenster Bohrungsdefinition: Voreinstellung *Sackloch* bei **Bohrtyp** belassen.
Tiefe: 13 mm (Bohrungstiefe), Bodentyp: *Flach* ändern in *Spitz*, Winkel: 120 deg.
Typ: *Normal* belassen.

Gewindedefinition:
Gewinde aktivieren,
Bodentyp: *Bemaßung*
Typ: *Standardgewinde*,
Gewindedurchmesser: M6
Bohrungsdurchmesser: (automatisch),
Gewindetiefe: 11 mm, Bohrungstiefe: 13 mm (automatisch), Steigung: 1mm (automatisch).

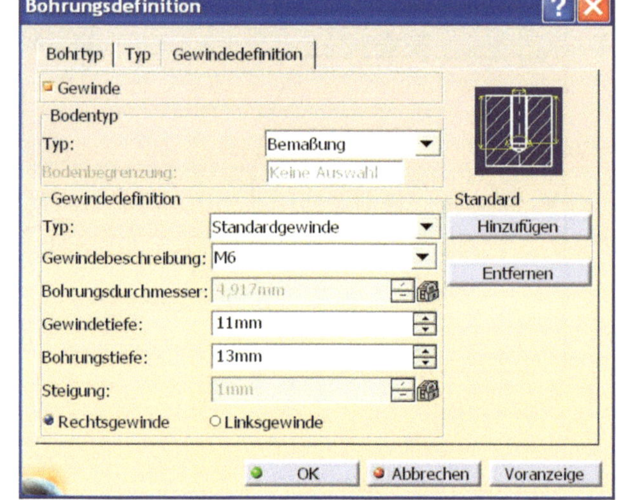

Dialogfenster Gewindedefinition

⇨ Mit der Funktion ⊞▾ *Rechteckmuster* die aktivierte Bohrung vervielfachen.
Erste Richtung: Exemplare: 2, Abstand: 28 mm.
Referenzelement: *keine Auswahl* selektieren und eine Kante in der Bemaßungsrichtung selektieren. *Umkehren* anklicken falls die Richtung nicht stimmt.
Zweite Richtung: Exemplare: 2, Abstand: 44 mm. Referenzelement: *keine Auswahl* selektieren und eine Kante in der Bemaßungsrichtung selektieren. *Umkehren* anklicken falls die Richtung nicht stimmt.
Die Option *Spezifikationen beibehalten* aktivieren (alle Bohrungen erhalten Gewinde!).

Erstellen der Bohrungen mit Flachsenkung

⇨ Die Bohrungsabstände von den Kanten
   nach Zeichnung mit 95 mm und 18 mm
   in der Positionierungsskizze eintragen.
⇨ Im Dialogfenster Bohrtyp
   Sackloch ändern in *Bis zum Letzten,*
   Durchmesser: 11 mm.
   Im Dialogfenster Gewindedefinition
   die Schaltfläche *Gewinde* deaktivieren.
⇨ Im Dialogfenster Typ die Bohrungsart
   von *Normal* ändern in *Planeingesenkt,*
   Durchmesser (der Senkung): 17 mm,
   Tiefe (der Senkung): 11 mm.
⇨ Die Bohrung am Teil selektieren
   (alternativ im Baum).

Bohrung vervielfachen mit >  >
Erste Richtung: Exemplare: 2,
ggf. Umkehren anklicken,
Abstand: 142 mm.
Die Schaltfläche *Spezifikationen beibehalten* aktivieren.

Hinweis: *Vor dem Verlassen des Definitionsfensters für Muster können durch Selektion des Einsatzpunktes einzelne Bohrungen des Musters deaktiviert werden, so
dass Muster auch abgewandelt werden
können.*

Dialogfenster Bohrtyp

Erstellen der Bohrung 10H7

⇨ Bohrungsabstände von den Kanten
   nach Zeichnung 68 mm und 75 mm.
   Im Dialogfenster Bohrtyp
   Bis zum Letzten einstellen,
   Durchmesser: 10 mm,
   Typ: *Normal* einstellen.

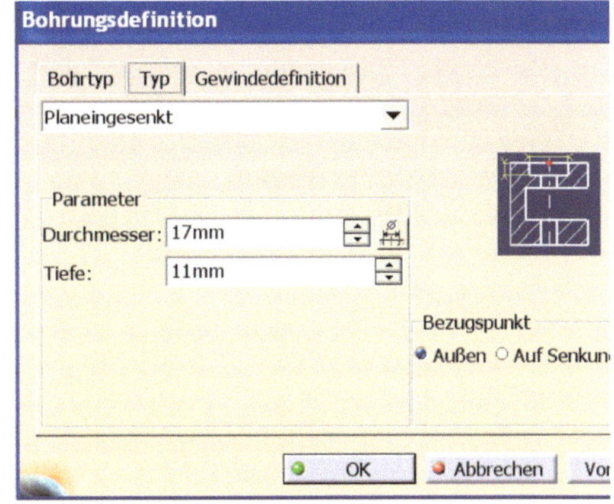

Dialogfenster Typ

Erstellen der Gewindebohrung M12

⇨ Bohrungsabstände von den Kanten nach Zeichnung 137 mm und 75 mm.
   Im Dialogfenster Bohrtyp *Bis zum Letzten* einstellen,
   Gewindedefinition: Typ *Standardgewinde,*
   Gewindedurchmesser: M12, Bohrungsdurchmesser: 10,106 mm (automatisch),
   Gewindetiefe: 20 mm, Steigung: 1,75 mm (automatisch).

Erstellen der Bohrung 26H7

⇨ Bohrungsabstände von den Kanten nach Zeichnung 24 mm und 90 mm.
Im Dialogfenster Bohrtyp *Bis zum Letzten* einstellen,
Durchmesser: 26 mm,
Gewindedefinition: *Gewinde* deaktivieren.

Erstellen der Bohrungen 8H7

⇨ Bohrungsabstände von den Kanten nach Zeichnung 162 mm und 20 mm.
Im Dialogfenster Bohrtyp *Bis zum Letzten einstellen,*
Durchmesser: 8 mm.
⇨ Analoges Vorgehen bei den anderen beiden Bohrungen.
Bohrung 2: Abstände 167 mm und 37 mm.
Bohrung 3: Abstände 167 mm und 135 mm.

Hinweis: *Alternativ können die zwei letzten Bohrungen auch durch ein Muster erzeugt werden. Abstand 98 mm.*

Erstellen der Gewindebohrungen M6 (als Kreismuster)

⇨ Zunächst nur eine Bohrung erzeugen.
Bohrungsabstände von den Kanten nach Zeichnung: 24 mm und 73 mm.
Im Dialogfenster Bohrtyp *Sackloch* einstellen,
Durchmesser: 5 mm, Tiefe: 13 mm,
Bodentyp: Flach ändern in *Spitz,* Winkel 120 Grad.
Gewindedefinition: Typ: *Standardgewinde,*
Gewindedurchmesser: M6, Bohrungsdurchmesser: 4,917 mm (automatisch),
Gewindetiefe: 11 mm, Steigung: 1 mm (automatisch).
⇨ Die Gewindebohrung M6 selektieren.

Bohrung mit der Funktion *Kreismuster* (unter dem Rechteckmuster) vervielfachen.
Axialreferenz Parameter: *Vollständiger Kranz,*
Exemplare: 4 .
Referenzelement: *Keine Auswahl* selektieren und die Mantelfläche der Bohrung 26H7 selektieren, die Spezifikationen beibehalten.

Speichern des Bauteils

⇨ Hauptmenüzeile > *Datei* > *Sichern unter.* Das Bauteil mit dem Namen *Grundplatte* in das Verzeichnis *CATIA/Spannvorrichtung* speichern.

Gewinde prüfen

⇨ Die Funktion *Gewindeanalyse* im Dauermenü zur Kontrolle der Gewindeeintragungen aufrufen. Im Fenster *Anwenden* selektieren.

Hinweis: *Wie man eine Zeichnung aus dem Modell der Grundplatte erstellt, ist in Kapitel 7 beschrieben!*

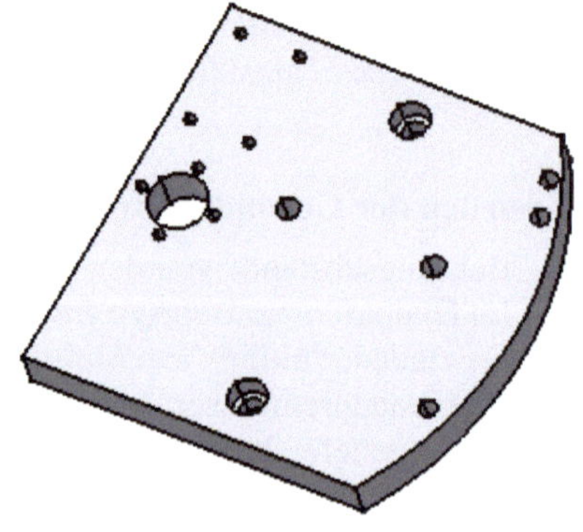

Eingabe von Maßtoleranzen im Skizzierer

Die Eingabe von Maßtoleranzen im Skizzierer ist dann sinnvoll, wenn eine automatisierte Fertigung ohne den Einsatz von Zeichnungen geplant ist. Das ist diesen Übungen nicht der Fall.

Längen- und Winkelmaße

⇨ Durch Selektion des Längenmaßes 30 mm (siehe Skizze) mit einem Doppelklick erscheint das Fenster *Bedingungsdefinition*.

⇨ In diesem Fenster *RM* auf den eingetragenen Wert > *Toleranz hinzufügen*. In dem erscheinenden Fenster *Toleranz* können die Toleranzwerte eingetragen werden. In der Skizze werden die eingegebenen Abmaße am betreffenden Maß dargestellt.

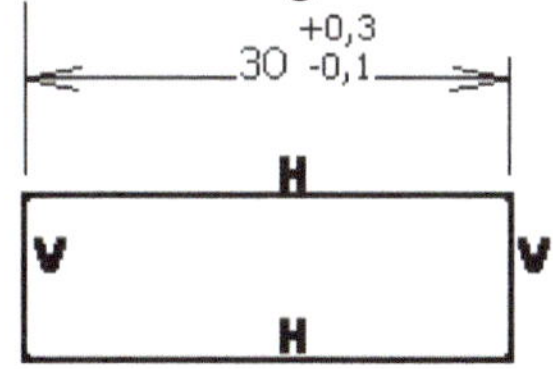

⇨ Mit *RM* auf den Wert im Fenster *Bedingungsdefinition* > *Toleranz* > *Bearbeiten* bzw. *Unterdrücken* können die Toleranzwerte verändert oder wieder unterdrückt werden.

Bohrungsdurchmesser

Um einen Toleranzwert zu erzeugen, muss im Fenster

Bohrungsdefinition das Symbol 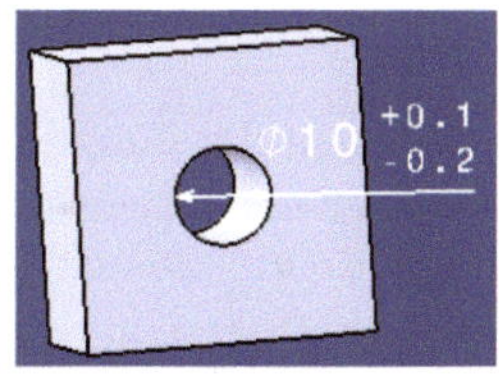 angewählt werden. Im erscheinenden Dialogfenster *Definition der Größenbegrenzung* kann nach verschiedenen Methoden der Toleranzwert für den Bohrungsdurchmessers angegeben werden:

Allgemeiner Toleranzbereich: Nach einer auswählbaren ISO-Norm

Numerische Werte: Angabe eines oberen und unteren Abmaßes.

Tabulierte Werte: Angabe eines ISO-Toleranzfeldes.

Einzelne Begrenzung: Ermittlung eines Minimal- bzw. Maximalwertes über den eingegebenen Delta-Wert.

Hinweise: *Im Modell wird in einer projizierten Ansicht ein tolerierter Maßeintrag vorgenommen. Im Strukturbaum erscheint ein Eintrag Anmerkungsset. Falls der Maßeintrag nicht sichtbar ist, diesen mit RM auf den Eintrag > „Verdecken /Anzeigen" zur Anzeige bringen. Eine Übernahme der Toleranzangaben in die Zeichnungsableitungen ist möglich, wenn die Funktion "Bemaßungen generieren" für das Erzeugen der Bemaßungen verwendet wird (siehe unter 7.3.3).*

Übung Pratze

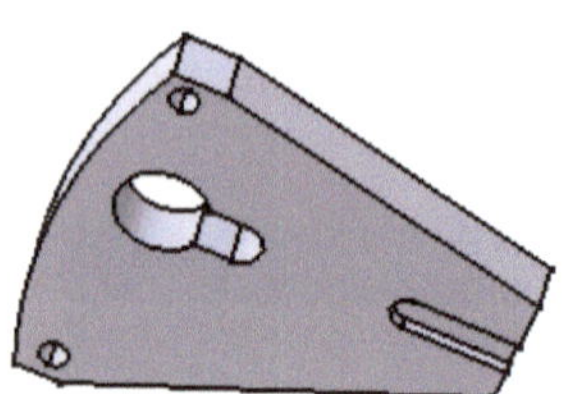

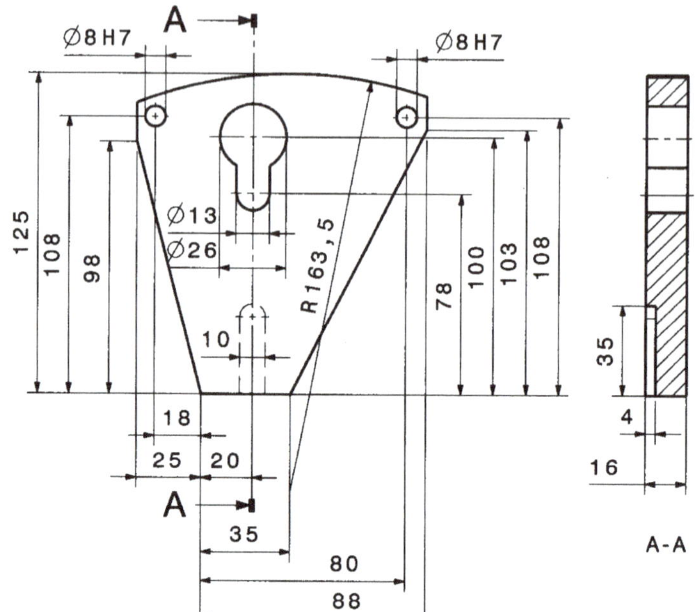

Ziele: Ein geschlossener Konturzug wird vorteilhaft mit der Profilfunktion skizziert. Die Skizze erhält eine Innenkontur.

Das Erzeugen einer Tasche soll geübt werden.

Beachten: Die Tasche (Nut) ist auf der richtigen Seite anzubringen!

⇨ Mit der Funktion *Profil* wird die Außenkontur erstellt. Der Kreisbogen wird dabei direkt im Profilzug erzeugt. Den Mittelpunkt des Bogens auf eine senkrechte Hilfslinie setzen.

Beim Benutzen der Funktion *Profil* erscheinen im Dauermenü die Funktionen (*Linie, Tangentialbogen, Dreipunktbogen*). Das Zeichnen einer Linie ist voreingestellt. Wird die Funktion *Dreipunktbogen* im Dauermenü vor dem Skizzieren des Kreisstücks aktiviert, so kann jetzt der Bogen im Anschluss an eine Gerade gezeichnet werden.

Hinweise: *Beim Bemaßen kann mit der RM über das Kontextmenü eine horizontale oder vertikale Bemaßung erzwungen werden. Durch einen Doppelklick auf eines der Maße kann in dem Fenster „Bedingungsdefinition" von Radius auf Durchmesser umgestellt werden.*

Erzeugen von Schlüsselloch und Nut

⇨ Mit der Funktion *Schlüssellochprofil*, die sich unter der Funktion *Rechteck* befindet, kann das Schlüsselloch als Innenkontur der Ausgangsskizze erzeugt werden. Die Bedingungen werden automatisch erzeugt! Gesamte Skizze zum Block (16 mm) ausdehnen.

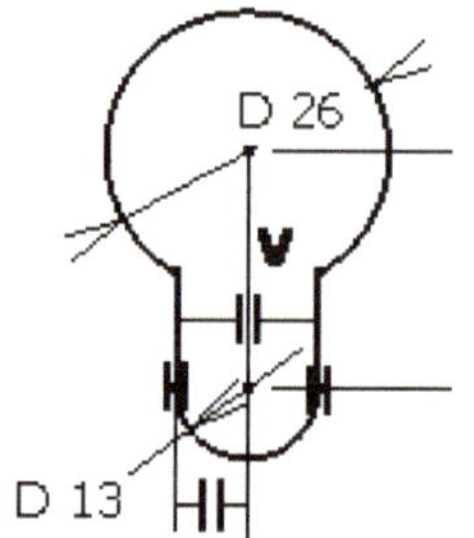

⇨ Als Skizzierebene für die Nut die (richtige!) Körperebene des bereits erzeugten Grundkörpers selektieren. In den Skizzierer wechseln. Ein Langlochprofil so platzieren und bemaßen, dass es in der Länge über den Körper hinausragt (z. B. 10 mm). Skizzierer verlassen.

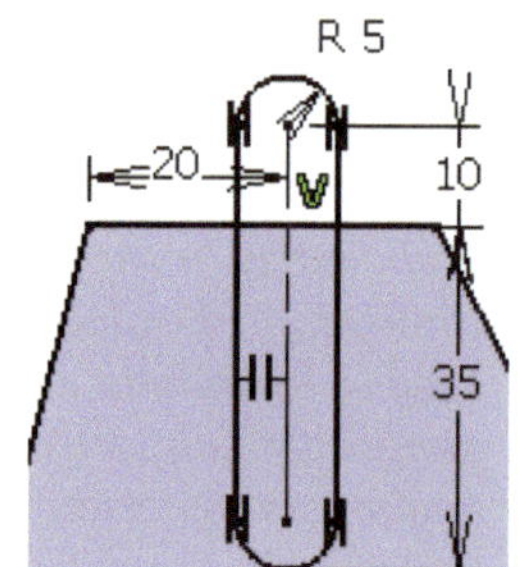

⇨ Mit der Funktion   *Tasche* eine Nut erzeugen, Tiefe 4 mm. Taschen sind ebenso wie Bohrungen Abzugskörper.
⇨ Erstellen der Bohrungen mittels *Positionierungsskizze.*
⇨ Speichern unter dem Namen *Pratze.*

Übung Hebel

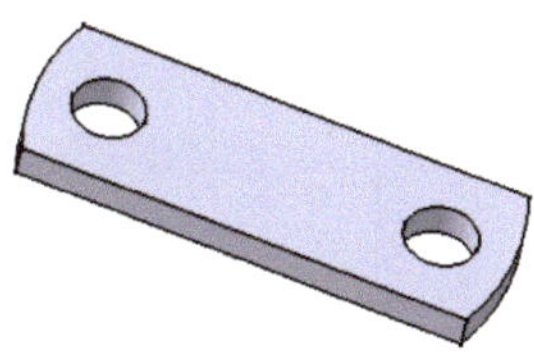

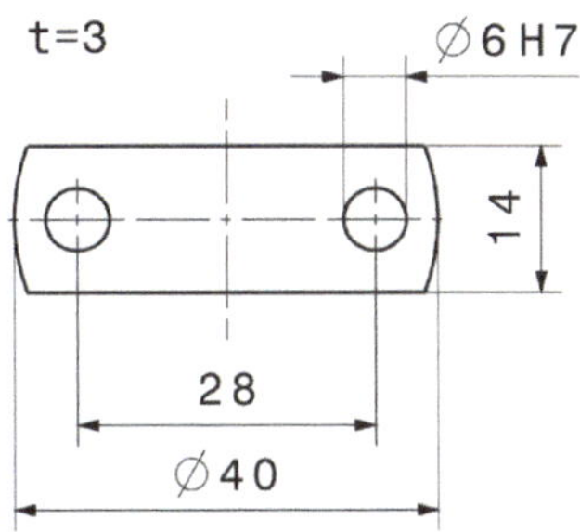

Ziel: Das Entfernen (Trimmen) überflüssiger Linien soll gezeigt werden. Dazu gibt es im Funktionsblock *Operation* mehrere Trimmfunktionen (siehe Bild), von denen die Funktion *Schnelles Trimmen* sehr einfach ☺ zu handhaben ist.

Vorgehensweise beim Erstellen der Skizze

⇨ Erzeugen eines Vollkreises mit dem Durchmesser 40 mm und 2 waagrechte, über den Kreis hinausgehende Linien.

⇨ Die beiden Linien symmetrisch zu einer mit Hilfsgeometrie konstruierten Mittellinie setzen.

⇨ Mit der Funktion *Schnelles Trimmen* (dem Radiergummi ☺) die überflüssigen Geraden- und Bogenstücke durch Selektieren entfernen.

Hinweise: ☺ *Ein schneller Doppelklick auf die Funktion lässt diese auch nach Ausführung der Operation weiter aktiv bleiben, sodass die gleiche Funktion nicht ständig neu angewählt werden muss.*

Über einen Doppelklick auf die Bemaßung eines Kreises kann zwischen Durchmesser- und Radiusbemaßung umgeschaltet werden. Während des Bemaßens kann die Umschaltung über das Kontextmenü vorgenommen werden.

Bohrungen erzeugen

⇨ Die Bohrungen entweder in der Skizze oder in der Teilekonstruktion erzeugen. Dabei kann die Symmetrie zur Einsparung von Modellierungsaufwand ausgenutzt werden (siehe dazu auch nächste Seite).

⇨ Das Teil über *Datei > Sichern unter* mit dem Namen *Hebel* speichern.

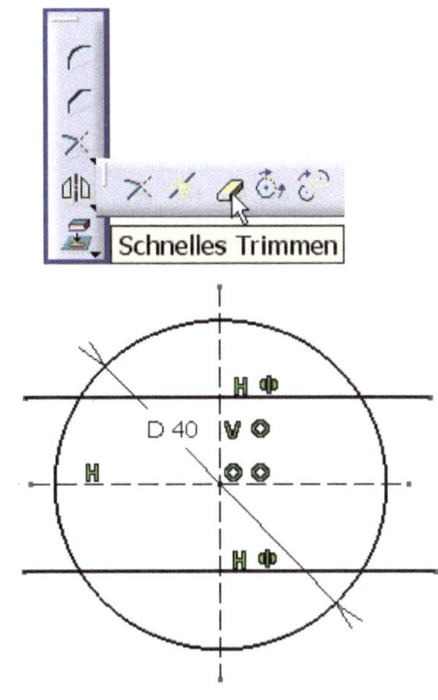

Grundskizze

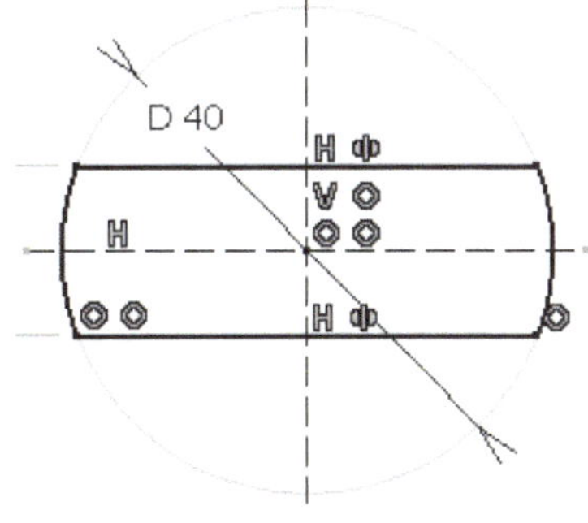

Getrimmte Skizze

Übung Lasche

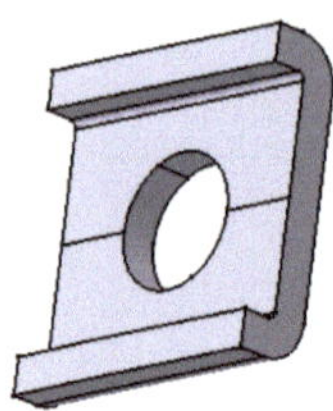

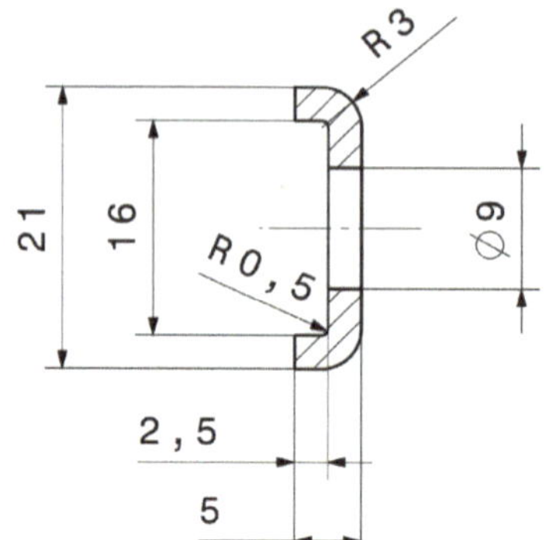

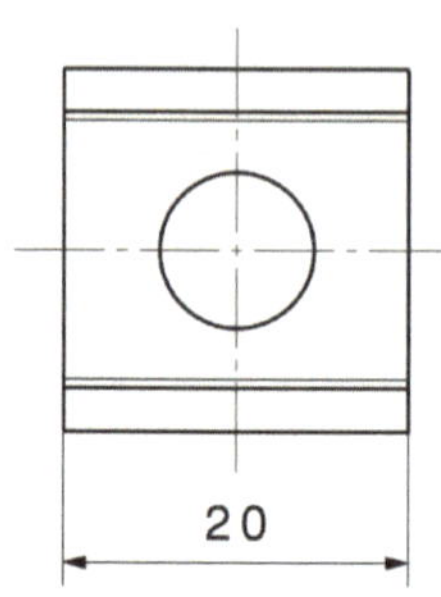

Ziel: Beim Erzeugen der Skizze
die Symmetrie nutzen.

⇨ Skizzieren des halben Profils. Das Profil zunächst eckig zeichnen
und die Kantenradien mit der Funktion *Ecke* erzeugen. Eine Symmetrieachse als Hilfslinie zeichnen. Die geometrischen Bedingungen erstellen. Die Linienenden müssen kongruent auf der Symmetrieachse liegen.

⇨ Mit der Funktion *Spiegeln* 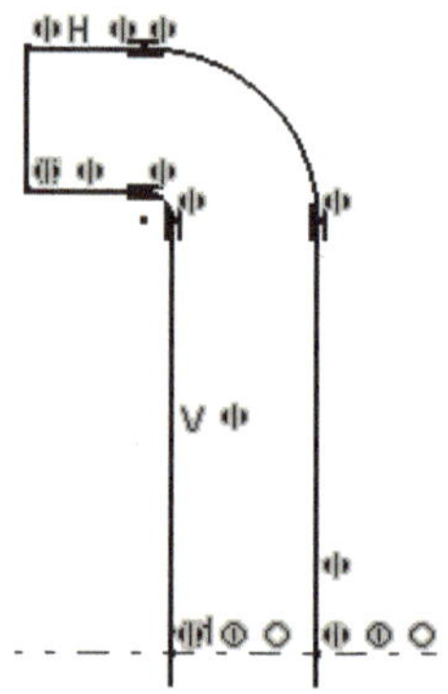 wird die untere Hälfte durch
Spiegeln um die Achse erstellt. . Dazu zuerst die Funktion selektie-
ren, dann alle Elemente, die gespiegelt werden sollen, auswählen
(mit der *Strg-Taste* oder einem Ziehrahmen) und danach noch die
Achse selektieren um die gespiegelt werden soll. Da der obere Teil
mit Bedingungen festgelegt ist, gelten diese auch mittelbar für die
untere Hälfte.

⇨ Mit der vollständig (grün) bestimmten Skizze in die Teilekonstruktion wechseln und die Bohrung erstellen. Dabei den Einsatzpunkt der
Bohrung über geometrische Bedingungen (*Äquidistante*) mittig zu
den Kanten setzen. Das Teil unter dem Namen *Lasche* speichern.

Skizzenauszug nach
dem Spiegeln (ohne
Maße)

Übung Sicherungsring

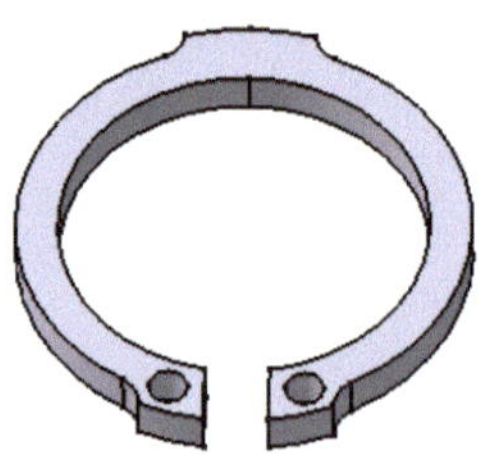

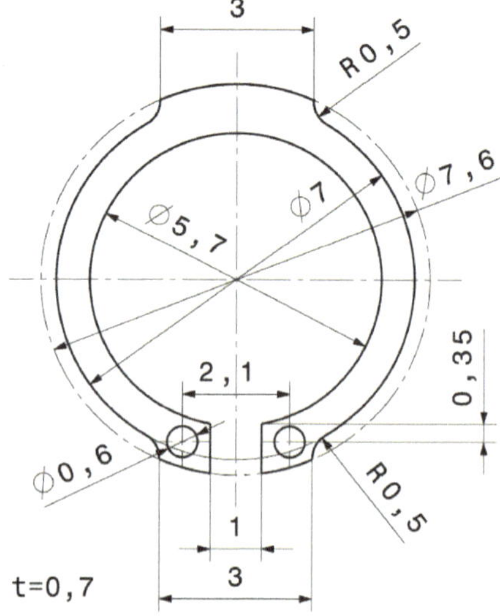

Ziel: Selbständiges ☺ Erstellen eines Teiles.

Hinweis: *Bei der Darstellung von Rotationskörpern
am Bildschirm kann anstelle eines Kreises ein Poly-
gon erscheinen. Dann unter Tools > Optionen >
Allgemein > Anzeige > Leistung > 3D-Genauigkeit
> Proportional aktivieren. Analoges gilt für die 2D-
Genauigkeit.*

Übung Werkstück Das Modell kann auch aus dem Internet geladen werden (s. S. 365).

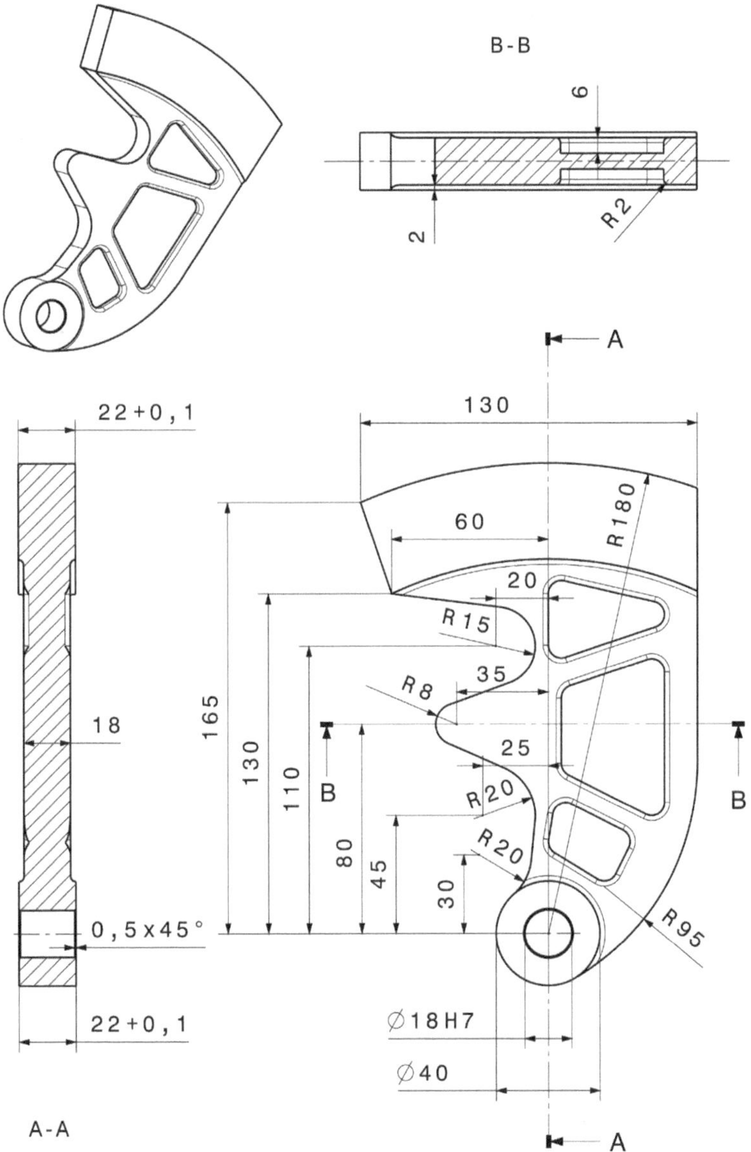

Ziel: Selbständiges Erstellen eines komplizierteren Bauteiles. Anwenden aller bisher erlernten Funktionen. Taschengestaltung und Kantenradien können nach eigener Wahl erfolgen oder weggelassen werden. Die Übergänge der Radien sind tangential. Falls es Probleme ⊗ geben sollte, wichtig für den späteren Einbau in die Vorrichtung ist lediglich das Einhalten der Hauptmaße.

Hinweis: *Zweckmäßig den Körper nur in halber Ausdehnung erstellen und an seiner Körperebene spiegeln (siehe Übung Sechskantmutter).*

5.5.3 Rotationssymmetrische Teile

Rotationskörper (Zylinder, Kegel, Kugel) entstehen durch Rotieren einer 2D-Skizze um eine Rotationsachse. Die Profilskizze entspricht dem halben Körperquerschnitt. Die Profilendpunkte müssen beim Vollkörper kongruent auf der Achse liegen. Die Achse ist ein eigenständiges Geometrieelement. Bei Hohlkörpern hat das Profil Abstand zur Achse und ist geschlossen. Der Rotationswinkel kann zwischen 0 und 360° liegen, sodass auch Segmente von Körpern herstellbar sind.

Übung Auflagebolzen

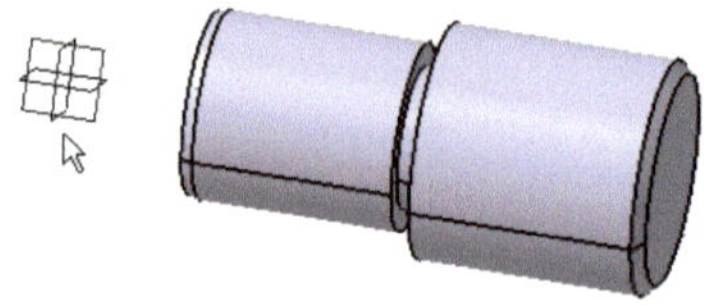
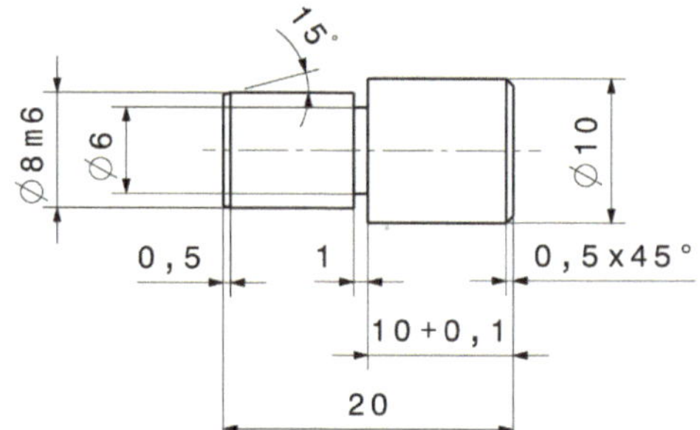

Ziel: An diesem Beispiel soll noch einmal eine zweckmäßige Skizzenerstellung beschrieben werden. Das Ebenenkreuz wird für das spätere Arbeiten in der Baugruppe günstig platziert (siehe Mauszeiger im Bild).

Skizzenerstellung (in der xy-Ebene)

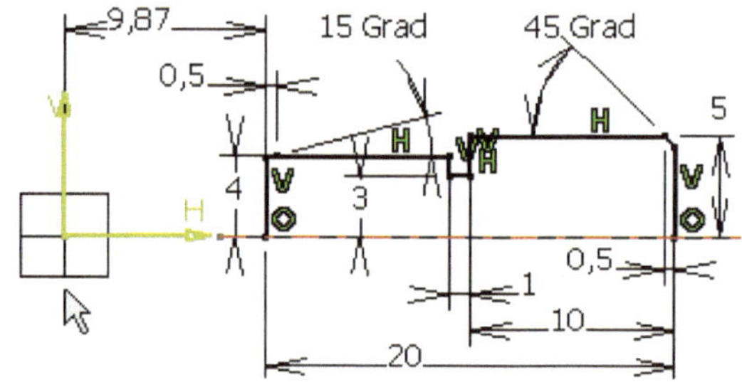

⇨ Die Funktion *Achse* selektieren und die Achse zweckmäßig horizontal einzeichnen. Anschließend die Achse kongruent auf die zx-Ebene legen (das ist im Bild die waagrechte Linie links neben dem Koordinatenursprung). Die Skizze kann dazu auch etwas gedreht werden.

⇨ Mit der Funktion *Profil* die obere Hälfte der Umrisslinie des Querschnitts vom Auflagebolzen annähernd maßstäblich skizzieren.

⇨ Die geometrischen Bedingungen herstellen und die Skizze bemaßen.

⇨ Den Abstand der linken Senkrechten der Skizze zur yz-Ebene (das ist im Bild die senkrechte Linie unterhalb des Koordinatenursprungs) bemaßen. Das Maß ist beliebig, sollte aber so gewählt werden, dass das Ebenenkreuz noch einen geringen Abstand zur Skizze hat und in diese zur Übersichtlichkeit nicht eindringt. Die Skizze ist jetzt vollständig bestimmt (alle Skizzenelemente sind grün).

Erstellen des Rotationskörpers im *Part Design*

⇨ Die Funktion *Welle* selektieren. Erster Winkel: 360 Grad (Winkel zur Endposition), Zweiter Winkel: 0 Grad (Winkel zur Anfangsposition). Wird *Voranzeige* gewählt, erscheint eine Vorschau am Original-Modell. Die Parameter können dann beliebig variiert werden. Bauteil speichern.

Übung Aufnahmebolzen

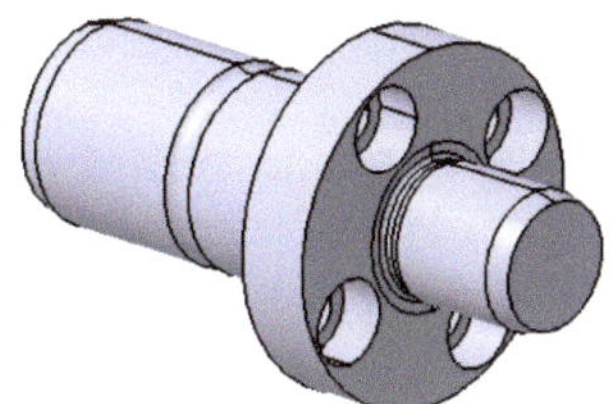

Modellierungsstrategie: Bei dem Aufnahmebolzen handelt es sich um ein komplexeres Bauteil. Der Körper soll in mehreren Schritten erzeugt werden. Zuerst wird der zylindrische Grundkörper grob gestaltet. Nachträglich werden die Einstiche in den Zylinderkörper eingefügt. Dies geschieht in der bereits vorhandenen Profilskizze. Nachträgliche Skizzenänderungen führen nach Verlassen des Skizzierers auch zur Veränderung am Körper.

Bohrungen und Fasen werden erst im *Part Design* hinzugefügt.

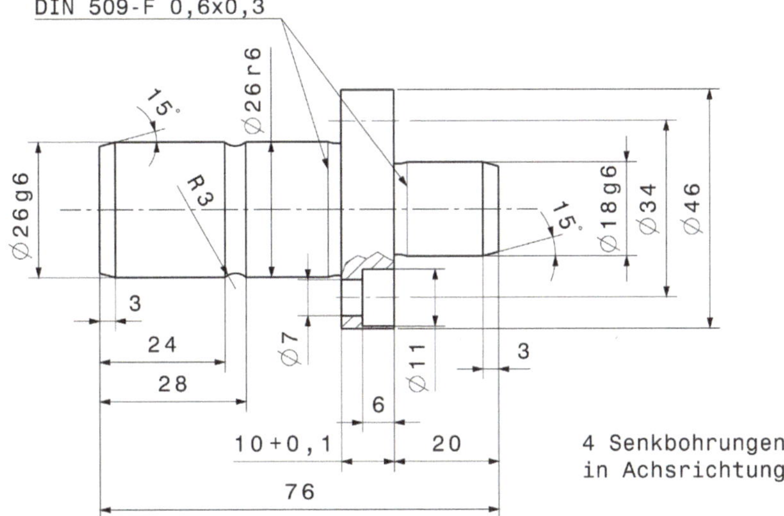

Grobgestaltung der Skizze

⇨ Profilskizze wie im Bild gezeigt erstellen. Beim Skizzieren die Bedingungen erzeugen und die Skizze bemaßen. Die Rotationsachse ist zur zx-Ebene kongruent. Anstelle einer Abstandsbemaßung zur yz-Ebene wurde einfacher die linke Senkrechte in der Skizze fixiert (siehe Mauszeiger im Bild). Möglich ist auch das Kongruentsetzen mit der yz-Ebene.

⇨ Teil mit der Funktion *Welle* erzeugen.

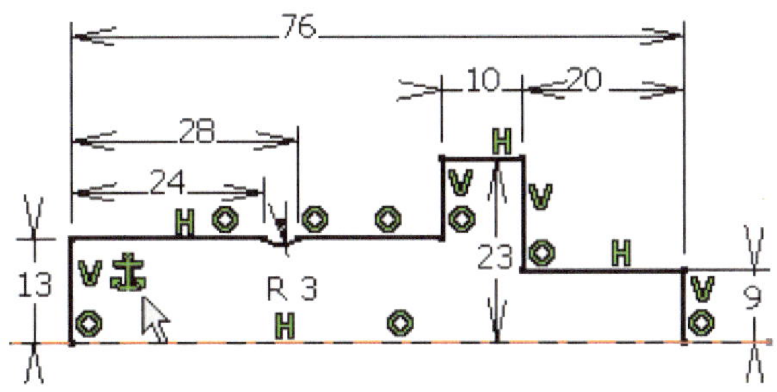

Grobgestaltete Skizze

Erstellen der Freistiche

Am Aufnahmebolzen sind zwei Freistiche anzubringen. Freistiche an Absätzen von Drehteilen, die geschliffen werden sollen, sind notwendig, damit die Schleifscheibenkante frei auslaufen kann. Ihre Gestaltung ist genormt. Durch Freistiche wird gegenüber scharfen Übergängen außerdem die Kerbwirkung herabgesetzt.

Der Freistich wird Teil des Rotationsprofils. Dazu wird das Grobprofil in der Ausgangsskizze ergänzt und getrimmt. Anschließend muss wieder ein geschlossenes Profil entstehen.

Es empfiehlt sich, das Fangen der geometrischen Bedingungen beim Skizzieren komplizierter Geometrie durch gedrückt halten der Umschalttaste (⇧) auszuschalten.

Hinweis: *Das Trimmen von Geometrie sollte immer vor dem Bemaßen erfolgen, sonst kann die Bemaßung verloren gehen.*

Skizzieren des Freistichs

⇨ Ausgangsskizze durch einen Doppelklick auf die Skizze im Baum aktivieren.

⇨ Die Stelle, an der sich der Einstich befindet, vergrößern.

⇨ Mit der Funktion *Profil* wird die Einstichkontur in die vorhandene Skizze eingefügt.

⇨ Bedingungen setzen. Die Anfangs- und Endpunkte des Einstiches liegen kongruent auf der "alten" Skizze. Es gibt zwei tangentiale Übergänge.

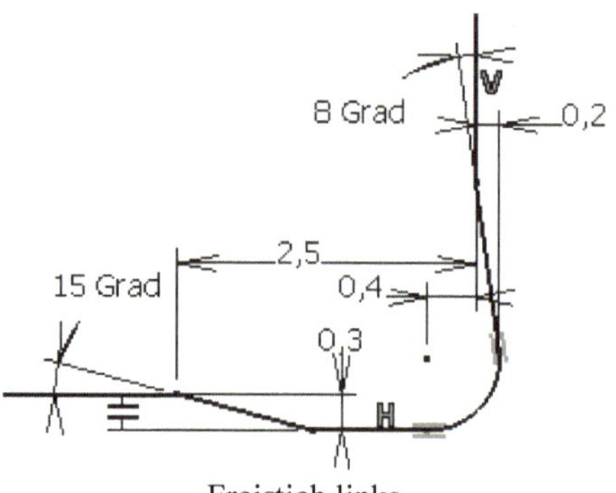

Freistich links

⇨ Mit der Funktion *Schnelles Trimmen* werden die ursprünglichen Kanten im Bereich des Einstichs entfernt. Der Einstich ist nun in den Umriss eingebunden.

⇨ Den Freistich bemaßen.

⇨ Skizzierer verlassen. Das Modell prüfen. Falls CATIA Fehler meldet (infolge offener Konturen, überstehender oder doppelter Linien), sind diese in der Skizze zu beseitigen. Am schwierigsten sind übereinander gezeichnete Linien zu finden. Deshalb sollte von vornherein genau gearbeitet werden! Zur Fehlersuche siehe auch im Kapitel 5.6 (Analysefunktionen für Bauteile).

⇨ Den rechten Freistich in der gleichen Weise erzeugen.

Bohrungserstellung

⇨ Funktion *Bohrung* wählen und auf die Stirnfläche beziehen. Bohrtyp: *Bis zum nächsten*, Durchmesser: 7 mm, Offset: 0 mm.
Positionierungsskizze: > Einsatzpunkt der Bohrung, dann die Mantelfläche selektieren (der Mittelpunkt der Mantelfläche wird gefangen!) und den Abstand bemaßen (17 mm). Danach eine horizontale Hilfslinie erzeugen, welche mit der zx-Ebene und dem Bohrungsmittelpunkt kongruent gesetzt wird (siehe nächstes Bild).

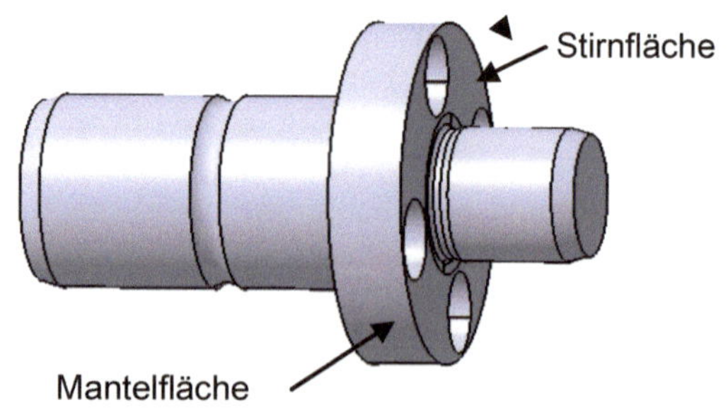

Selektionsflächen

Den Skizziermodus wieder verlassen.
Typ: *Planeingesenkt,*
Parameter: *Durchmesser*: 11 mm, Tiefe: 6 mm,
Bezugspunkt: *Außen,* Gewindedefinition: inaktiv.

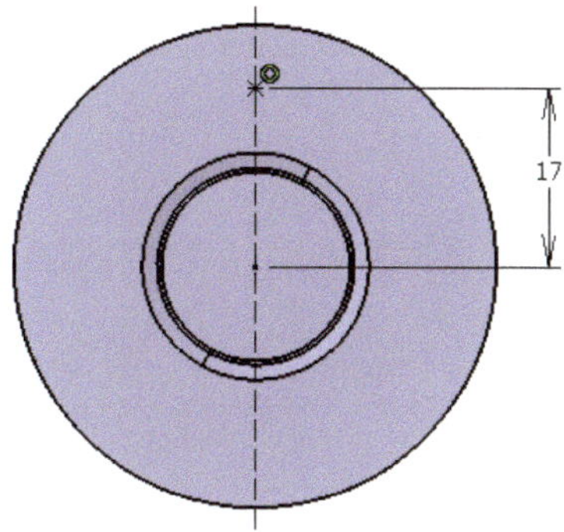

Funktion *Rechteckmuster* auf *Kreismuster* umschalten, *Axialreferenz* Parameter: *Vollständiger Kranz,* Exemplare: 4. Referenzrichtung > Referenzelement: Mantelfläche selektieren (alle anderen Bohrungen werden um die Mittelachse der Mantelfläche mit dem Abstand der ersten Bohrung zur Mittelachse gelegt). *Objekt für Muster > Objekt:* Bohrung auswählen.

Positionierungsskizze

Erzeugen der Fasen (an den beiden Außenkanten)

⇨ Mit der Funktion *Fase* die zu fasenden Kanten selektieren. Modus: *Länge1/Winkel,* Länge1: jeweils 3mm, Winkel: jeweils 15deg (ev. Richtung ändern).
⇨ Bauteil speichern.

Hinweis: *Fasen und Verrundungen können in der Skizze angebracht werden, sollten aber als Elemente der Feingestaltung zweckmäßig erst am Körper erzeugt werden.*

Übung Scheibe

Die Scheibe kann so erzeugt werden, dass ein Kreisring zum Block gezogen wird. Eine andere Erstellungsvariante ist, den halben Querschnitt um eine Achse rotieren zu lassen. Um zu zeigen, wie bei einem halben Querschnitt die Bemaßung auf Durchmesserbemaßung umgestellt werden kann, wird die letztere Variante gewählt.

Umstellung von Radius- auf Durchmesserbemaßung

Die Umstellung erfolgt unmittelbar bei der Maßeintragung (solange das Maß noch frei beweglich ist) über das Kontextmenü. Später lässt sich dieses Kontextfenster nicht mehr aktivieren! Im Fenster werden weitere Umstellungsfunktionen für die Bemaßung angezeigt.

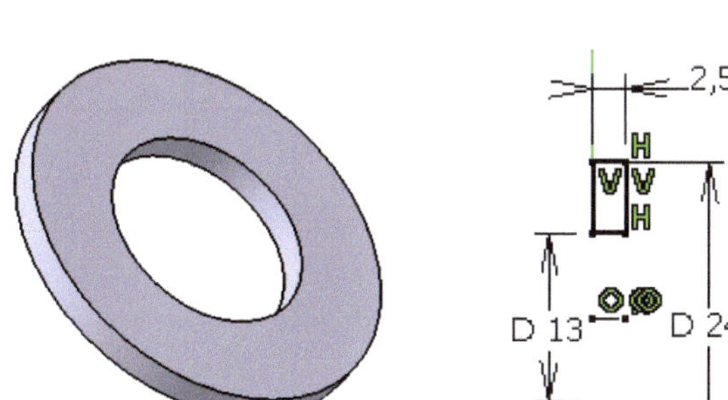

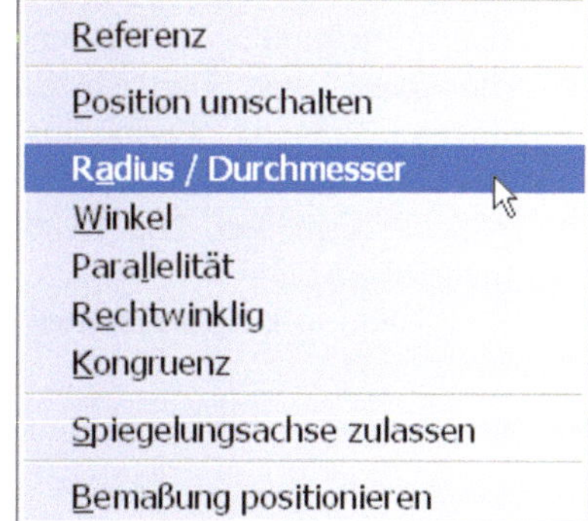

Übung Druckschraube

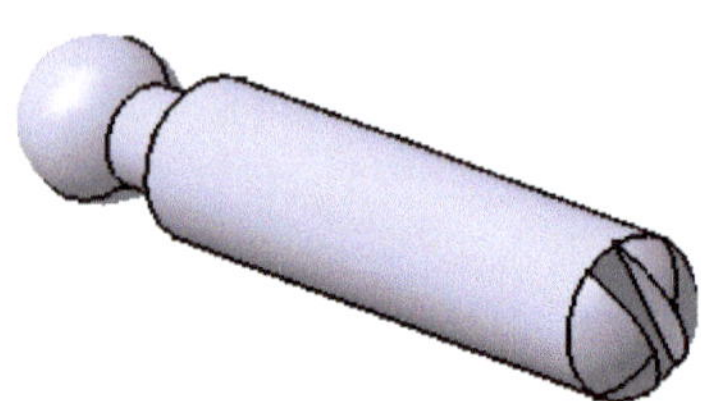

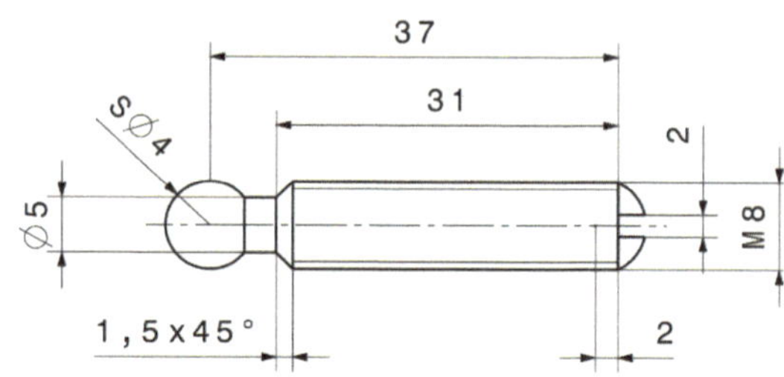

Modellierungsstrategie:

Zunächst wird der Grundkörper (ohne Schlitz) als Rotationskörper erstellt.

Zum Erzeugen des Schraubenschlitzes der Druckschraube wird die Funktion *Tasche* benutzt. Man erstellt das Profil der Tasche in einer weiteren Skizze. Da der Rotationskörper keine ebene Oberfläche hat, muss zur Erstellung der Taschenskizze anders vorgegangen werden. Man benutzt dieselbe Ebene in der auch das Rotationsprofil erzeugt wurde als Skizzierebene, wodurch Tasche und Körper eindeutig zueinander liegen. Die Tasche soll objektorientiert, assoziativ an die Schraubenmitte durch Projektionselemente angebunden werden.

Zum Erzeugen des Gewindes wird die Funktion *Gewinde (Innen/Außen)* benutzt. Sie benötigt die Mantelfläche eines Zylinders und eine Ebene als Startfläche für den Gewindeanfang. Als Ebene benutzt man in diesem Fall den Schlitzgrund. Hätte die Schraube keine geeignete Startebene für das Gewinde, müsste eine Hilfsebene erzeugt werden. Dazu werden im Kapitel 9.2 Ausführungen gemacht.

Skizze erstellen

⇨ Die Skizze für den Grundkörper an die Rotationsachse anbinden. Die Kreismittelpunkte kongruent auf die Achse legen. Den Abstand des linken äußeren Endpunkts des Kreisbogens zu den Hauptebenen beliebig bemaßen. Die Skizze bemaßen.

⇨ Den Rotationskörper erstellen.

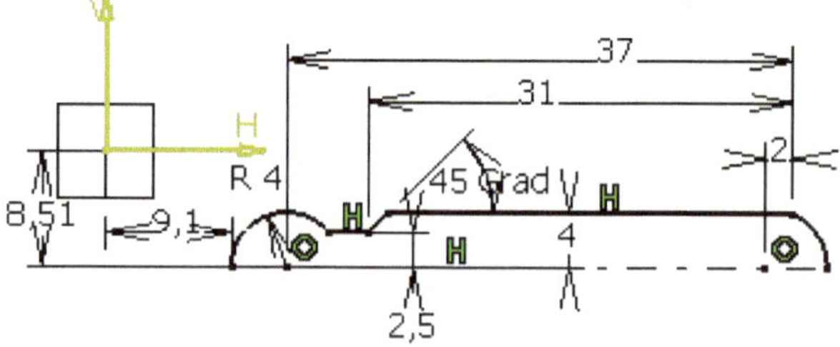

Grundskizze

Erzeugen des Schlitzes (assoziativ zum Körper)

⇨ Auf gleicher Ebene wie beim Hauptkörper eine neue Skizze (Rechteck) für den Schlitz anlegen. Das Rechteck seitlich links und rechts über die Kalottenbegrenzung hinausstehen lassen und ungefähr positionieren.

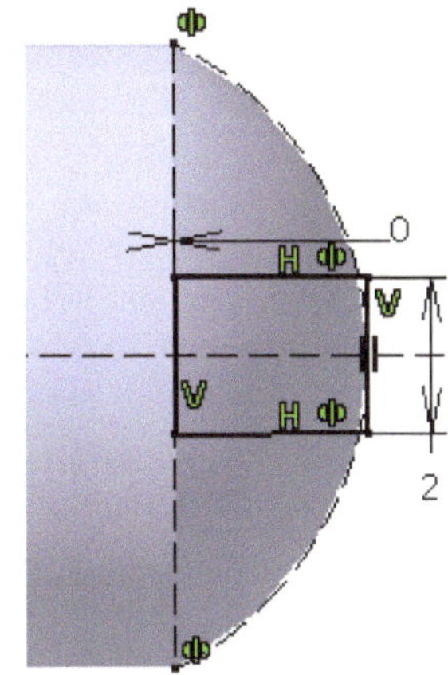

⇨ Die Funktion *Konstruktionslinien* im Dauermenü benutzen, um auf Hilfslinien (gestrichelte Linien) umzustellen.

⇨ Mittellinie in Achsrichtung für das Rechteck erstellen und mit einer Symmetrie-Bedingung in die Rechteckmitte setzen.

Jetzt muss der Schlitz noch relativ zu den Körperkanten positioniert werden. Soll der Schlitz auch bei Geometrieänderungen an derselben Stelle mit der Welle verbunden bleiben, muss er assoziativ über **Raumelemente** mit der Welle gekoppelt werden. Da beim Rotationskörper keine Kante in der gewählten Schlitzebene liegt, müssen der Zylinderrand und der Kalottenbogen als Raumelemente in die Skizzenebene projiziert werden. Diese in die Ebene projizierten Elemente verbinden beide Körper assoziativ.

Assoziative
Anbindung des Schlitzes

Hinweise: *Die in die Skizze projizierten (gelben) Volllinien müssen in Hilfsgeometrie umgewandelt werden, da sie sonst zur Körpererstellung benutzt werden, was nach den Regeln der Körpererstellung zu einem Fehler führt (Verzweigung in der Kontur)! Zu den Projektionselementen sind weitere Erläuterungen im Kapitel 9.2 zu finden.*

⇨ Die Funktion *3D-Elemente projizieren* erzeugt durch Selektieren des Kalottenbodens eine Gerade mit ihren Endpunkten. Die *Mittellinie* des Schlitzes symmetrisch zu den beiden Endpunkten der Projektionslinie setzen.

⇨ Die Innenkante des Schlitzes (0 mm) zum Zylinderrand bemaßen. Damit hängt die Skizze assoziativ mit dem Schlitz zusammen. Die Schlitztiefe lässt sich durch das Anbringen eines Maßes leichter ändern als durch Kongruenz der Linien.

⇨ Die Funktion *3D-Silhouettenkanten projizieren* erzeugt durch Selektieren des Kalottenbogens eine Bogenlinie. Die Außenkante des Schlitzes an den Bogen über *Tangentenstetigkeit* assoziativ anbinden.

⇨ Skizzierer verlassen.

⇨ Die Funktion *Tasche* selektieren und die Schaltfläche *Mehr* aktivieren. In *Erster* und *Zweiter Begrenzung* bis *zum Nächsten* ausdehnen. Dadurch erfolgt die Schlitzausdehnung in beiden Richtungen bis zur Mantelfläche des Zylinders und ist auch in der dritten Dimension assoziativ an den Grundkörper angebunden.

Hinweise: *Alle Anbindungen des Schlitzes erfolgten objektbezogen am Grundkörper! Die Koordinatenachsen und auch das Ebenenkreuz wurden dazu nicht benutzt.*
Alternativ hätte bei Benutzung der Funktion Zentiertes Rechteck auf das Erzeugen einer Symmetriebedingung verzichtet werden können

Testen der Stabilität der Anbindung des Schlitzes

⇨ Die Druckschraube in der Skizze um 20 mm verlängern und den Durchmesser um 2 mm erhöhen. Der Schlitz bleibt automatisch an der richtigen Stelle, da er assoziativ dem Objekt (Schraubenende) zugeordnet wurde. Änderung wieder rückgängig machen!

Definition des Gewindes

Das Gewinde lässt sich nur auf einem Zylindermantel erzeugen. Für den Gewindebeginn wird eine Ebene benötigt.

Im Definitionsfenster können unter *Typ* verschiedene Gewindearten gewählt werden. *Standardgewinde* entspricht dem metrischen Regelgewinde (nur eine Steigung), *Feingewinde* entspricht metrischem Feingewinde (mehrere Steigungen sind möglich).

Das Gewinde wird nur als Eintrag im Strukturbaum dargestellt, nicht aber als Körper im Modell. Mit der Funktion *Analyse der Innen- und Außengewinde* lässt es sich aber im Modell symbolisch darstellen. In der Zeichnungsabteilung erscheint es als Gewindelinie.

⇨ Mit der Funktion *Gewinde (Innen/Außen)* wird das Außengewinde definiert. Die *Seitliche Teilfläche* ist der Zylindermantel. Bezugsebene für die Gewindeausdehnung (*Begrenzungs-teilfläche*) ist in diesem Fall der Schlitzgrund der Druckschraube.

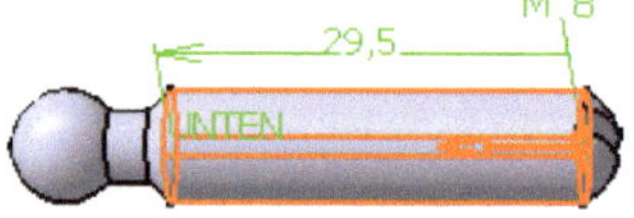

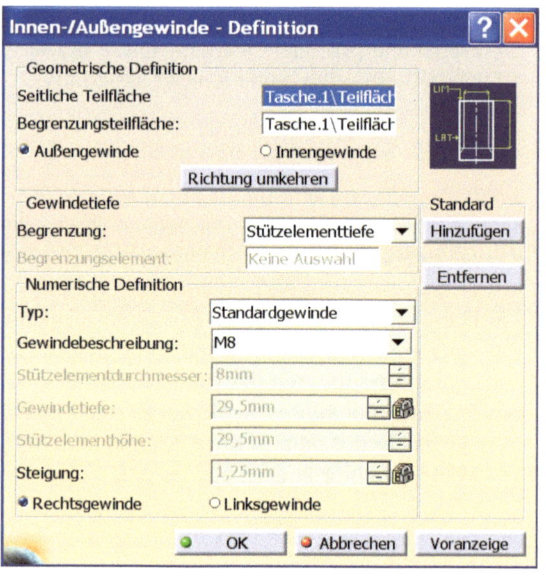

Würde die Ebene im Schlitzgrund nicht mit dem Beginn des Gewindes auf dem Zylinder zusammenfallen, so müsste eine Hilfsebene als Bezugsebene für den Gewindebeginn erzeugt werden (siehe dazu im Kapitel 9.2). Gewindedurchmesser und Gewindetiefe sind einstellbar. Beim Standardgewinde wird die richtige Steigung vom System eingestellt.

Wenn unter *Gewindetiefe > Begrenzung: Bemaßung* gewählt wird, kann das Gewinde frei bemaßt werden. Wird *Bis Ebene* gewählt, kann als Begrenzungselement eine Ebene selektiert werden. Als dritte Auswahlmöglichkeit steht noch die *Stützelementtiefe* zur Verfügung, wird diese gewählt, wird über die komplette Länge des Stützelements das Gewinde erzeugt. Da im Fall der Druckschraube ein Gewinde über die gesamte Länge gewünscht ist, wird diese Funktion ausgewählt. Außerdem wird durch diese Funktion die Gewindelänge objektorientiert am Grundkörper angebunden. Das heißt, wird die Länge der Druckschraube geändert, passt sich die Gewindelänge automatisch an.

Hinweis*: Bei Änderungen des Bolzendurchmessers (z. B. auf 10 mm) muss unter" Gewindebeschreibung:" der Gewindedurchmesser (M10) noch manuell eingestellt werden.*

Die folgenden Bauteile lassen sich mit den bisherigen Kenntnissen selbständig modellieren.
Hinweis: *Unmittelbar beim Bemaßen kann über das Kontextmenü anstelle einer schrägen Be-*
maßung (hier bei den Fasen) eine horizontale oder vertikale Bemaßung erzwungen werden!

Übung Gewindebolzen

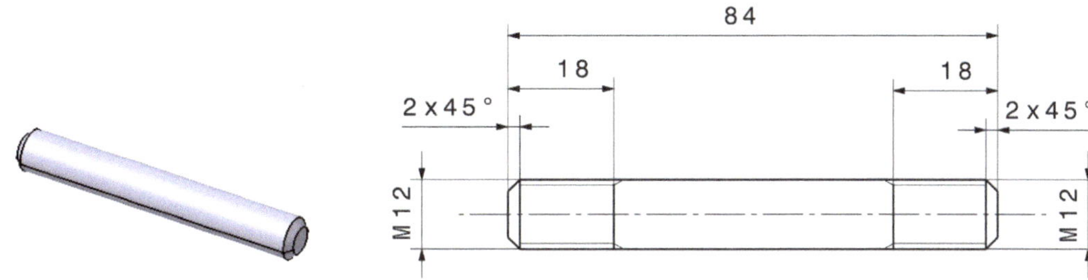

Übung Zylinderstift

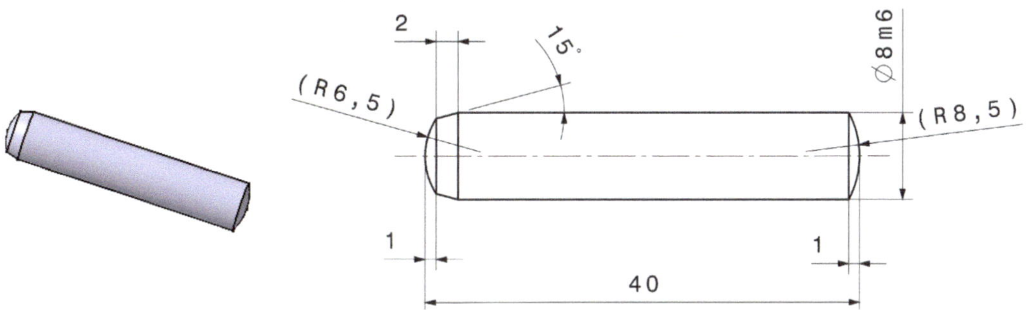

Übung Bundbolzen

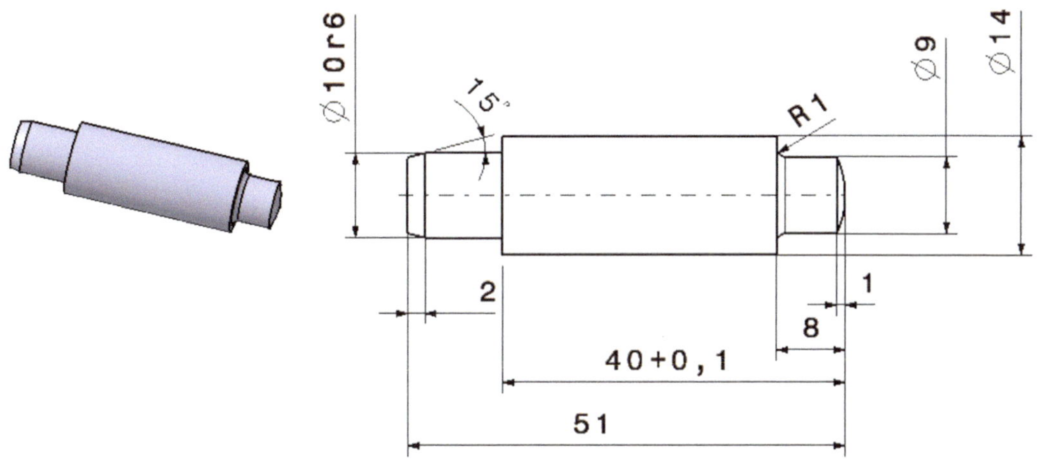

Übung Druckscheibe

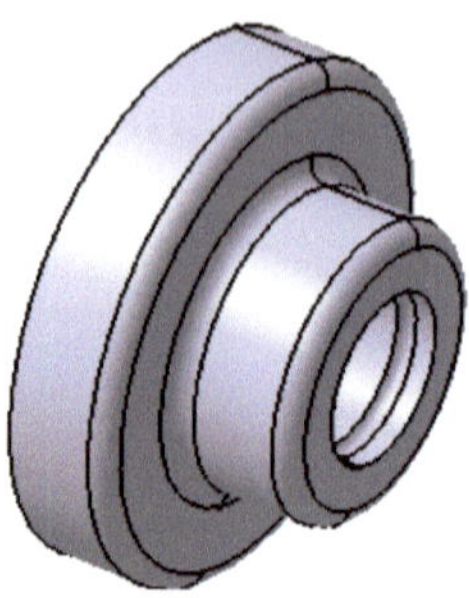

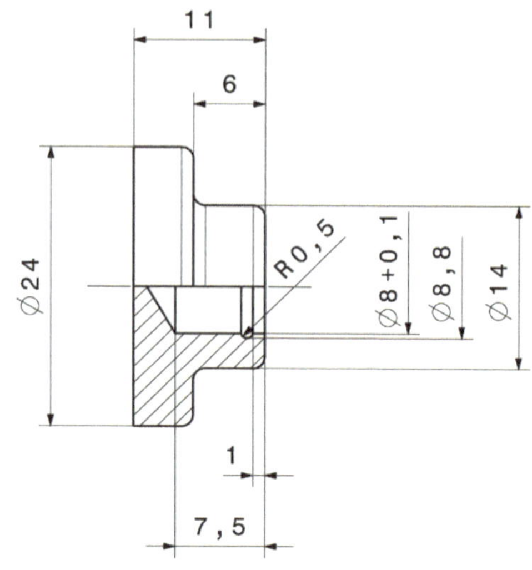

Bei Hohlkörpern ist das Skizzenprofil geschlossen! Das Profil sollte zweckmäßig der Kontur der schraffierten Fläche in der nebenstehenden Zeichnung entsprechen. Dadurch wird die Öffnung bei der Rotation der Skizze sofort im Körper erzeugt. Kegelwinkel der Bohrung: 118°

alle unbemaßten Radien R1

Übung Bolzen

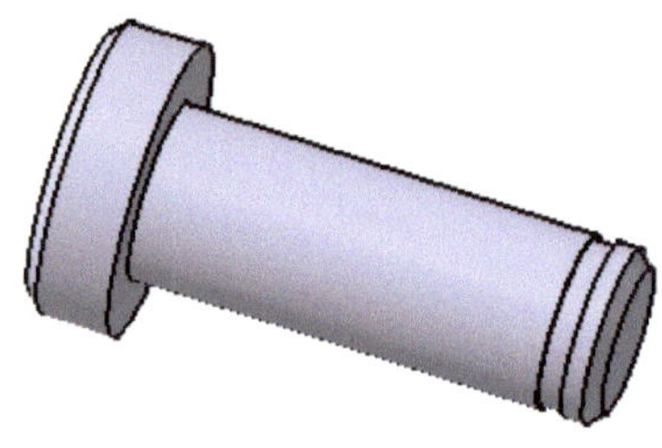

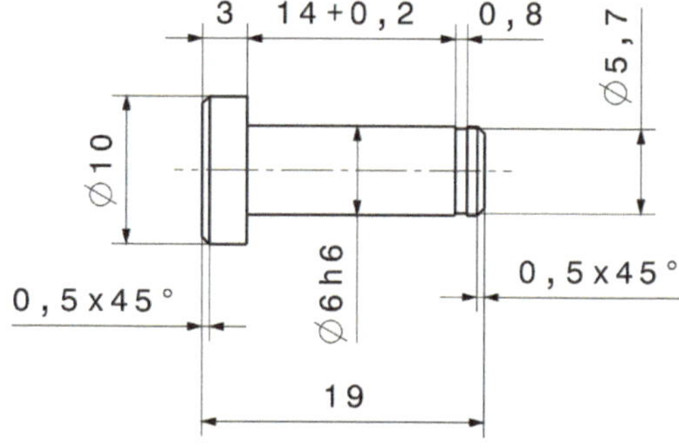

Übung Druckbolzen

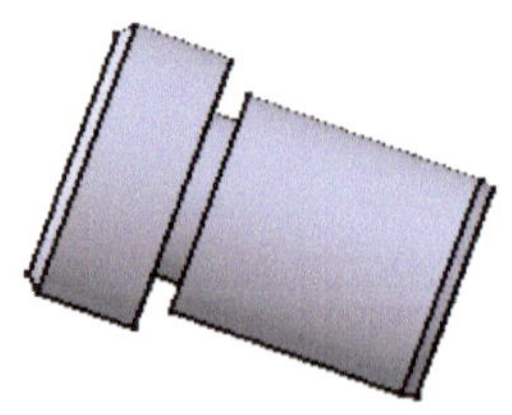

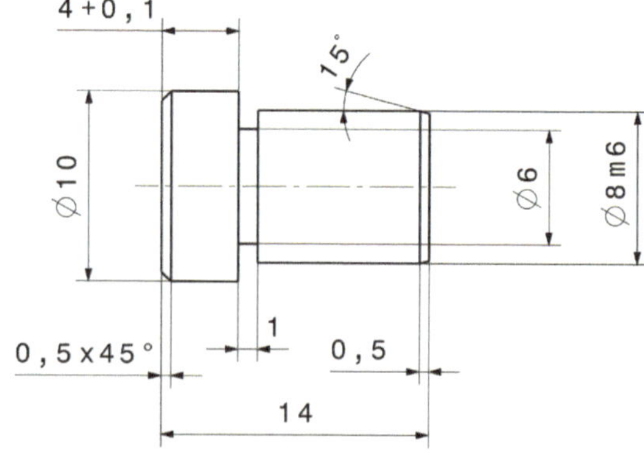

Übung Zylinderschrauben

Modellierung: Der Innensechskant wird als Tasche auf der Stirnfläche des Grundkörpers erzeugt. Zum Erstellen der Skizze wird die Funktion *Sechseck* benutzt. Die Weite des Sechsecks muss an den als parallel gekennzeichneten Seitenflächen bemaßt werden. Da es sich bei der Schraube um ein Normteil handelt, kann auf das Erzeugen der Taschenspitze ganz verzichtet werden oder es wird eine vereinfachte, optisch ansprechende Lösung gestaltet. . Für diese Lösung ist sinnvoll, die Rotationsachse im Skizzierer kongruent auf eine der Hautachsen zu setzten.

Zylinderschraube M6x12

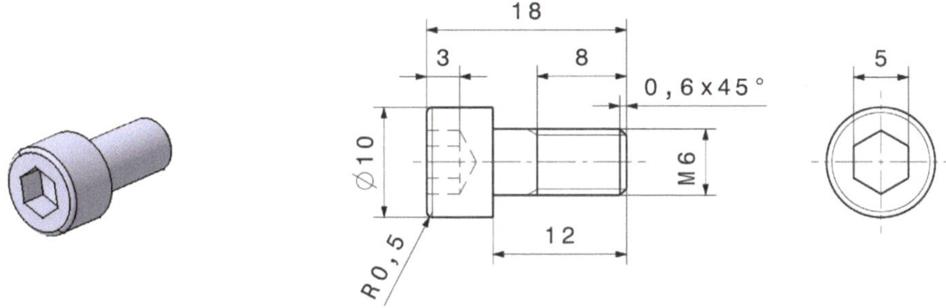

Zylinderschraube M6x30

Die zweite Schraube lässt sich durch Abändern einiger Maße erstellen: Mit der Funktion *Datei> Neu aus ...* (siehe dazu auch unter Kapitel 4) die Zylinderschraube M6x12 laden, umbenennen und abändern. Speichern der Mutter unter neuem Namen!

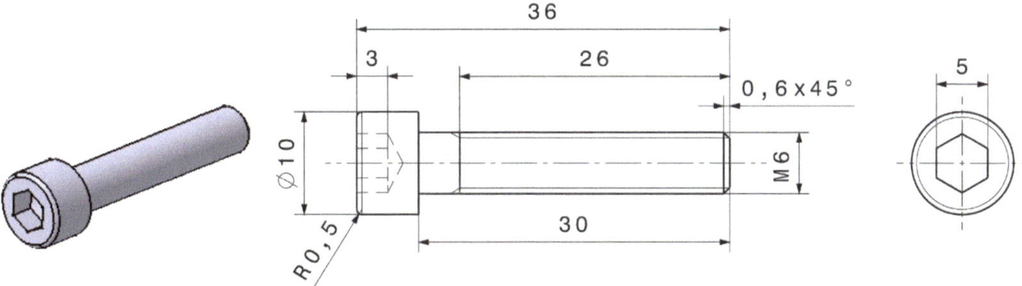

Erzeugen einer Ringnut (optional)

⇨ Die gleiche Skizzierebene wie für den Grundkörper wählen.

Mit der Funktion 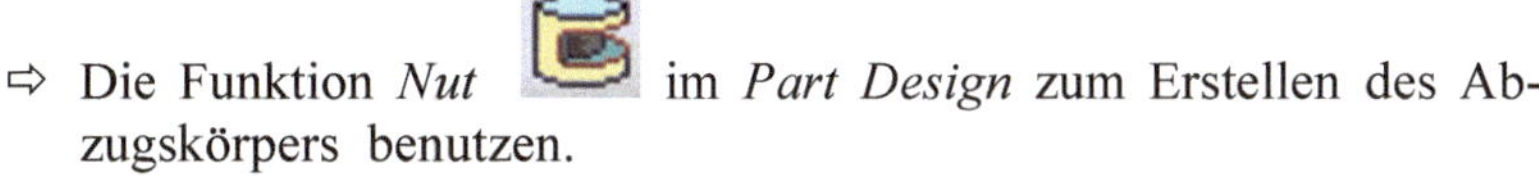 *Teil durch die Skizzierer-Ebene schneiden* (im Dauermenü) einen Halbschnitt erzeugen und eine Skizze gemäß Abbildung (offenes Dreieck) erstellen. Die Skizze an die vorhandene Kontur des Sechsecks assoziativ anbinden.

⇨ Die Funktion *Nut* 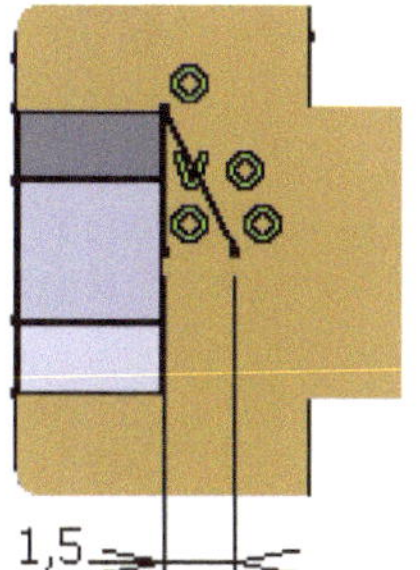 im *Part Design* zum Erstellen des Abzugskörpers benutzen.

5.5.4 Mittels boolescher Operationen erzeugte Teile

Die Teileerstellung in CATIA erfolgt objektorientiert. Werden im *Part Design* die Skizzen zum Erstellen von Regelkörpern (Bohrungen, Taschen, Nuten, Blöcke,....) auf schon bestehende Ebenen aufgebaut, so werden diese Regelkörper **implizit** (über eine boolesche Operation) mit dem schon bestehenden Körper automatisch zu einem Hauptkörper vereinigt. Dieses Vorgehen wurde in den vorangegangenen Teilekonstruktionen bereits für Abzugskörper (Bohrungen und Taschen) angewendet.

Bei komplizierteren Bauteilen wird zunächst der Hauptkörper erzeugt. Auf dem Hauptkörper werden anschließend separate Nebenkörper aufgebaut und über boolesche Operationen (*Hinzufügen, Entfernen, Verschneiden, Vereinigen*) mit dem Hauptkörper **explizit** zu einem Gesamtkörper entwickelt (Grundlagen dazu siehe im Kapitel 5.3).

Die expliziten booleschen Operationen sind in der Hauptmenüzeile unter *Einfügen > Boolesche Operationen* zu finden.

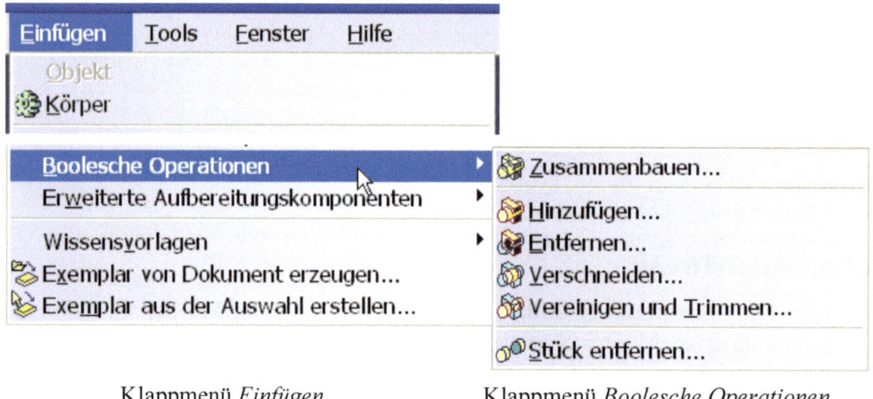

Klappmenü *Einfügen*   Klappmenü *Boolesche Operationen*

Allgemeines Vorgehen bei der Anwendung expliziter boolescher Operationen

- Hauptkörper erstellen. (Beachten, dass sich ein Hauptkörper später **nicht** von einem Nebenkörper subtrahieren lässt. Gegebenenfalls mit leerem Hauptkörper arbeiten!)
- Nebenkörper durch *Einfügen > Körper* anlegen (im Strukturbaum erscheint ein Knoten *Körper.2*)
- Skizze für den Nebenkörper auf einer zweiten Hauptebene oder auf einer Ebene des Hauptkörpers aufbauen und mit geometrischen Bedingungen und mit Maßen assoziativ an die Kanten des Hauptkörpers anbinden
- Mit *Einfügen > Boolesche Operation* den Nebenkörper mit dem Hauptkörper (oder einem Nebenkörper) über eine boolesche Operation zu einem Gesamtkörper entwickeln.

In der nächsten Übung (T-Stück) wird das vorteilhafte implizite Vorgehen auf einen Volumenkörper (Regelkörper) angewendet, der zum Grund-(Haupt-)Körper hinzugefügt wird.

Die anschließenden Übungen behandeln die expliziten booleschen Operationen *Hinzufügen* (Betätigungshebel), *Verschneiden* (Spannhebel) und *Entfernen* (Muttern). Die Funktionalität *Vereinigen und Trimmen* kann z. B. zum Erzeugen des Ventilgehäuses auf Seite 31 im Kapitel 2 angewendet werden (komplette Modellierung dieses Ventils siehe Auflagen 1-6).

Übung T-Stück

Implizites direktes Vereinigen von zwei Teilkörpern zu einem Hauptkörper

Im Endzustand ist das Bauteil **ein** Hauptkörper. Im Hauptkörper werden jedoch mehrere Blöcke erzeugt, hier im Beispiel zuerst der Steg und dann die angesetzte Bodenplatte.

Damit die Geometrie der einzelnen Blöcke verknüpft ist, muss folgendermaßen vorgegangen werden:

- Die Skizzen neuer Teilkörper werden auf bestehende, ebene Körperflächen aufgebaut.
- Die Skizze des neuen Teilkörpers bezieht sich auf Kanten des Ausgangskörpers.

Diese Art des Vorgehens hat folgenden Vorteil: Ändert man beispielsweise die Länge der Bodenplatte, so wird der Steg automatisch in seiner Länge angepasst.

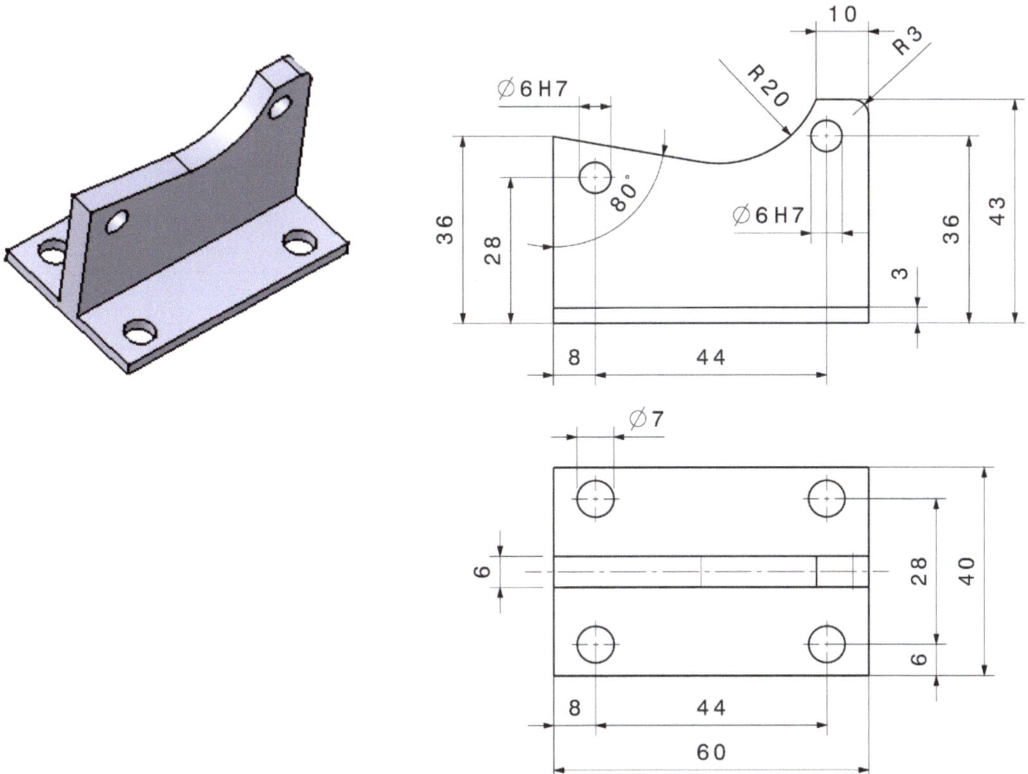

Implizite Vorgehensweise bevorzugen

Wenn bei der Modellierung eines Bauteiles zwischen impliziten und expliziten booleschen Operationen gewählt werden kann, sollte immer die einfacher zu handhabende implizite Vorgehensweise den Vorzug erhalten!

Erzeugen des ersten Blocks im Hauptkörper (Steg)

⇨ Erzeugen des ersten Volumenkörpers. Die Höhe des Aufsatzes wird ohne die Dicke der Bodenplatte definiert.

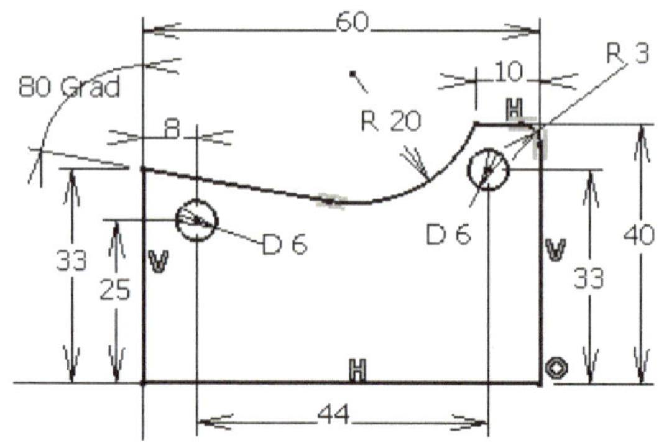

Skizze des Stegs

Erzeugen des zweiten Blocks im Hauptkörper (Bodenplatte)

⇨ Skizzierebene wählen. Da die Bodenplatte an der Unterseite des Steges anschließt, muss diese Unterseite als Skizzierebene gewählt werden.
⇨ Rechteck etwas größer als den durchscheinenden Steg zeichnen.
⇨ Mittellinie zur Ausrichtung als Hilfslinie erzeugen.
⇨ Skizzenrechteck symmetrisch zur Mittellinie setzen.
⇨ Die Mittellinie symmetrisch zum Körper setzen.
⇨ Obere und untere Rechteckkanten kongruent zum Körper setzen. Damit wird die Länge der Bodenplatte assoziativ an den Ausgangskörper angeschlossen.
⇨ Die Breite der Bodenplatte (40 mm) bemaßen.
⇨ Mit der Funktion *Block* die Bodenplatte erstellen. Damit wird die Bodenplatte automatisch mit dem Steg vereinigt.
⇨ Bohrungen als Rechteckmuster erstellen.
⇨ Speichern des Bauteils unter dem Namen *T-Stueck* (keine Umlaute verwenden).

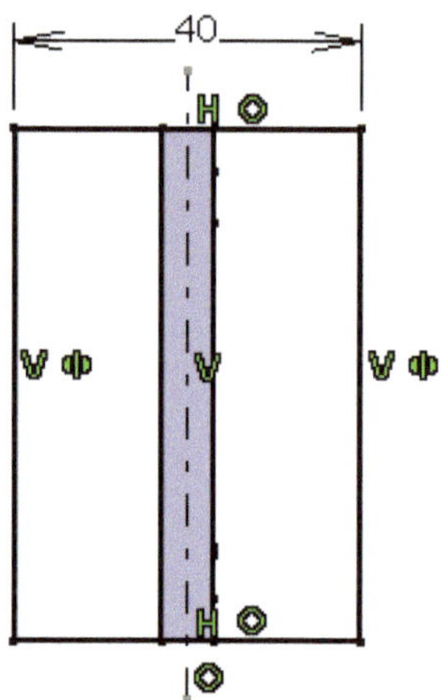

Skizze der Bodenplatte

Testen des Modells

⇨ Nacheinander die Länge des Steges von 60 mm auf 30 mm und auf 100 mm verändern. Die Bodenplatte passt sich in ihrer Längsausdehnung dem Steg an. Beobachten, was mit der Lage der Bohrungen passiert. Entsprechende Schlussfolgerungen ziehen.
⇨ Die Änderungen wieder rückgängig machen.

Hinweis: *Die Änderungsanforderungen an eine Konstruktion sollten vor der Modellierung geplant werden.*

Übung Betätigungshebel

**Explizites Vereinigen von Haupt-
und Nebenkörper**

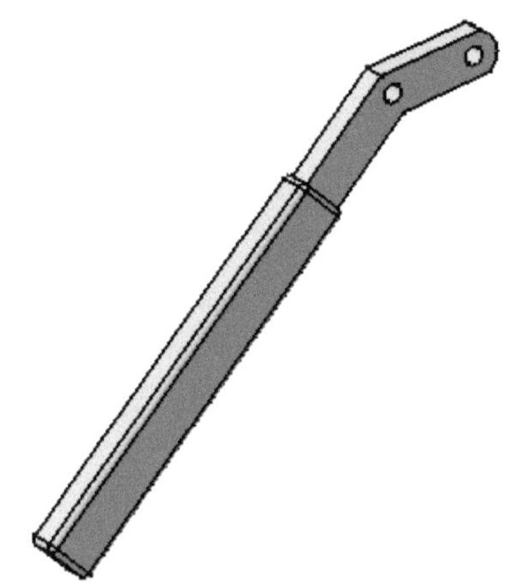

Der Betätigungshebel kann mit der
Vorgehensweise des T-Stücks als implizite boolesche Operation erstellt
werden. Nachfolgend wird eine alternative Erstellungsweise beschrieben,
bei der zwei Körper (Winkel und Griff)
erstellt und in einer expliziten booleschen Operation **vereinigt** werden.

Hauptkörper erstellen (Winkel)

⇨ Skizze nach Abbildung erstellen
und bemaßen. Die Symmetrie zu
einer Mittellinie (Hilfslinie) soll
genutzt werden.

⇨ Über eine zusätzliche Hilfsgerade
durch die Knickpunkte können die
Schenkel des Winkels zu der Hilfsgeraden symmetrisch gesetzt werden. Das Maß 14 mm für die Win-
kelbreite ist dann in der Skizze nur
einmal notwendig.

⇨ Winkel als Block erstellen.

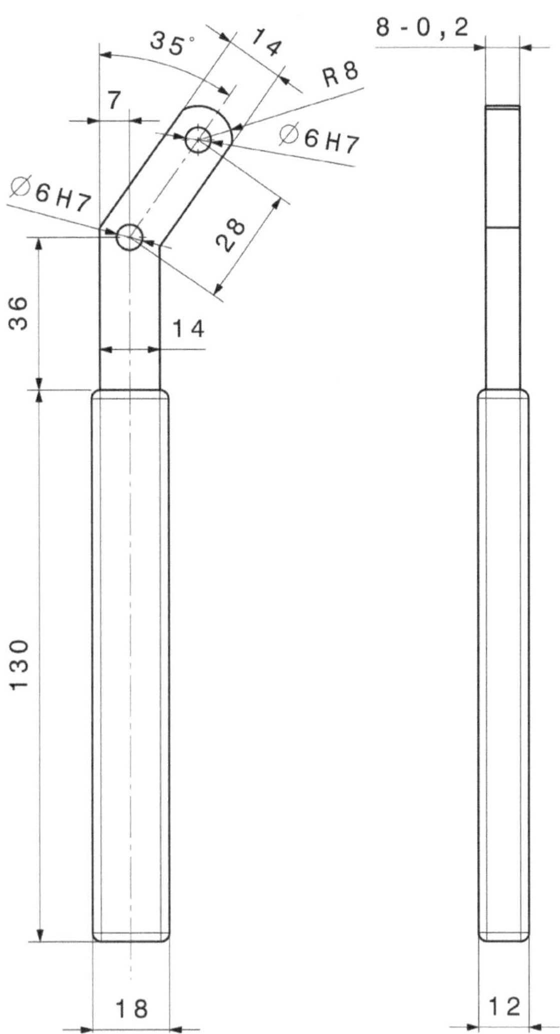

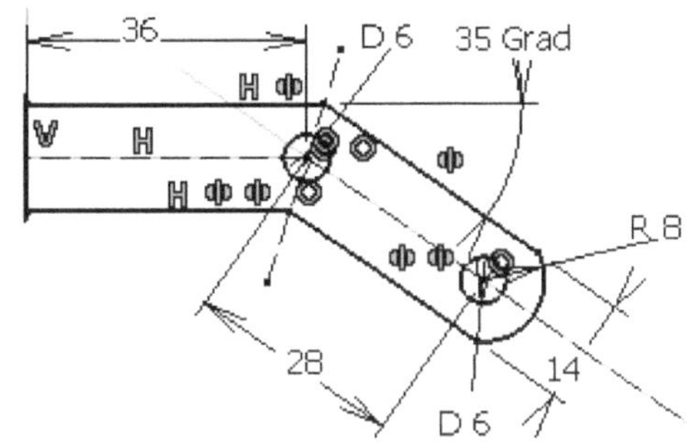

Skizze des Winkels

Nebenkörper erzeugen (Griff)

⇨ Die Funktion *Einfügen > Körper* aus der Hauptmenüzeile wählen. *Körper.2* erscheint zusätzlich im Baum.

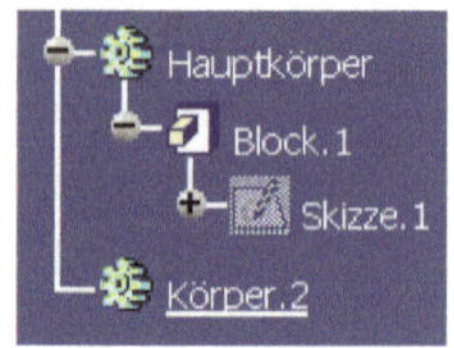

Der neue Körper wird im Baum **unterstrichen** dargestellt, das heißt, er ist für die Bearbeitung **aktiv**. Soll ein anderer Körper aktiviert werden, muss der Körper im Baum mit der rechten Maustaste selektiert werden. Im Kontextmenü anschließend mit *RM > Objekt in Bearbeitung definieren* auswählen.

Jetzt muss der **zweite Körper** auf einer **zweiten Skizze** aufgebaut werden!

Wird die zweite Skizze versehentlich im Hauptkörper erzeugt, kann dies nachträglich korrigiert werden. Dazu im Baum *RM* auf die zu verschiebende Skizze, im Kontextmenü *Ausschneiden* anklicken, anschließend im Baum *RM* auf den richtigen Körper und im Kontextmenü *Einfügen* wählen.

Um beide Körper miteinander zu verknüpfen, muss die zweite Skizze auf einer Ebene des Hauptkörpers aufgebaut werden. Dazu wählt man zweckmäßig die ebene Stirnseite des Hebels.

⇨ Zweite Skizze (Rechteck) nach nebenstehendem Bild erstellen und bemaßen. Die Symmetrie zur Mittellinie (bezogen auf die Stirnseite des Winkels) nutzen.
⇨ Den Griff als Block erstellen.
⇨ Kantenverrundung R = 2 mm umlaufend erstellen.

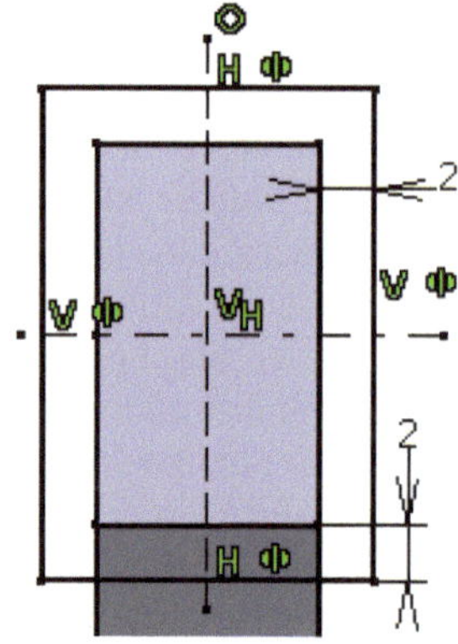

Skizze des Griffs

⇨ Den Hauptkörper über das Kontextmenü mit *RM > Objekt in Bearbeitung definieren* aktivieren. *Körper.2* selektieren (siehe Bild).
⇨ Mit *Einfügen >Boolesche Operationen > Hinzufügen* beide Körper vereinigen.
⇨ Bauteil unter dem Namen *Betaetigungshebel* speichern.

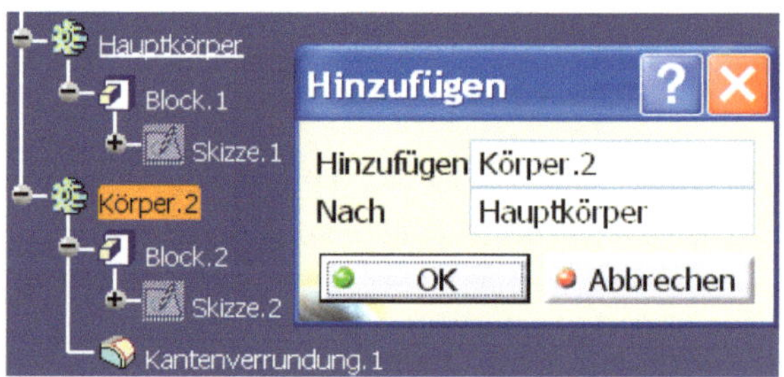

Übung Spannhebel

Explizites Verschneiden von Haupt- und Nebenkörper

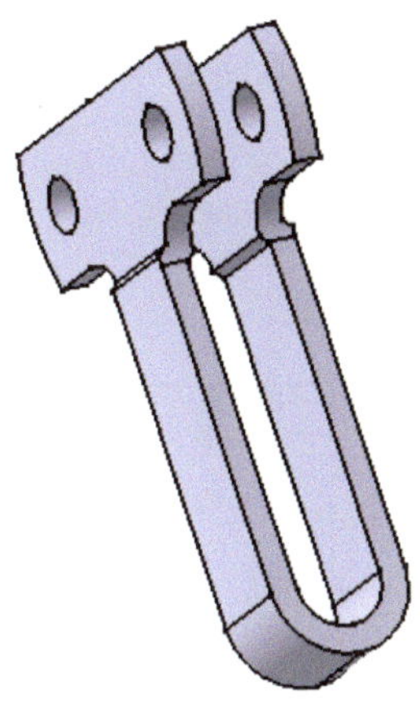

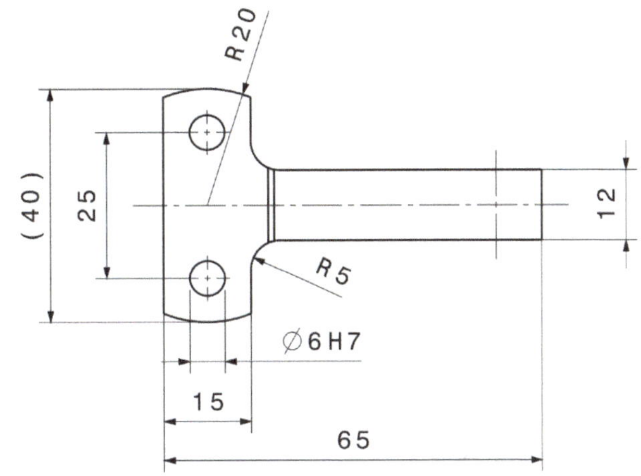

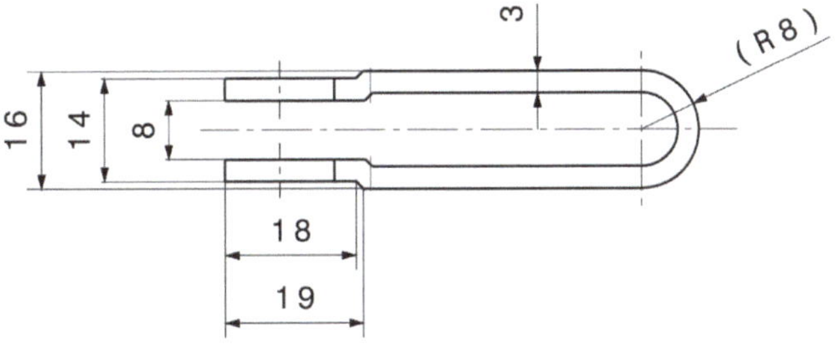

Um beide Körper assoziativ miteinander zu verknüpfen, muss die zweite Skizze wieder auf dem ersten Körper beispielsweise auf dessen Seitenfläche aufgebaut werden.

Hauptkörper erstellen

⇨ Skizze nach Abbildung erstellen und bemaßen. Die Symmetrie zu einer Mittellinie (Hilfslinie) nutzen.

⇨ Körper erstellen mit einer Mindestausdehnung von 16 mm (alternativ gespiegelte Ausdehnung mit mindestens 8 mm).

Hinweis: *An dieser Stelle kann man sehr gut einen optischen Vergleich zwischen einer technischen Zeichnung und einer CATIA-Skizze ziehen. Die technische Zeichnung besticht durch ihre Klarheit. Die CATIA-Skizze enthält dafür zusätzliche geometrische Informationen.*

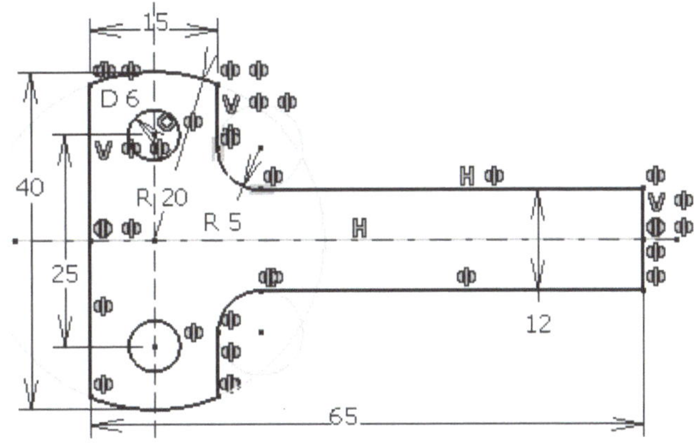

Skizze des Hauptkörpers mit geometrischen Bedingungen

Nebenkörper erstellen

⇨ Die Funktion *Einfügen > Körper* aus der Hauptmenüzeile wählen. Der Eintrag *Körper.2* erscheint zusätzlich im Baum.

⇨ Die zweite Skizze auf der Seitenfläche des Hauptkörpers (siehe Bild unten rechts) erstellen und bemaßen. Die Symmetrie zu einer Mittellinie (bezogen auf den Hauptkörper) nutzen. Das Längenmaß soll assoziativ aus dem Hauptkörper abgeleitet werden.

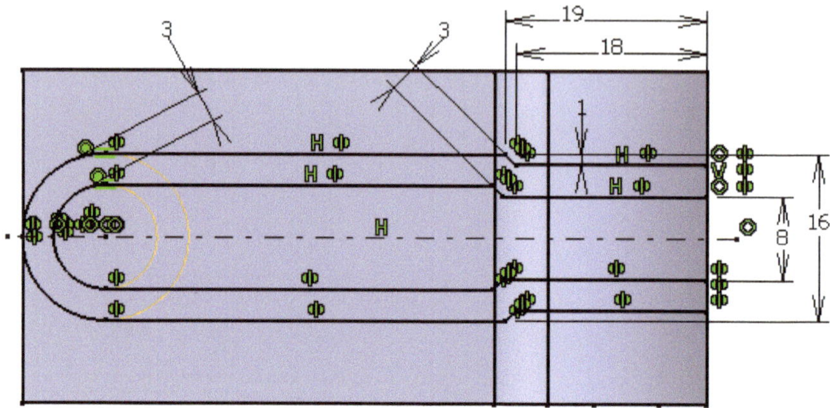

Skizze des Nebenkörpers

⇨ Skizzierer verlassen und den Block des Nebenkörpers mit einer Ausdehnung so (reichlich) erstellen, dass der gesamte Hauptkörper überdeckt wird. Im Bild unten wurde die vordere Seitenfläche zum Aufbau der Skizze für den Nebenkörper genutzt und gespiegelt ausgedehnt. Besser ist im Fenster *Definition des Blocks* als *Typ* für die *erste* und *zweite Begrenzung „bis Fläche"* einstellen und als *Begrenzung* jeweils die äußere, gekrümmte Fläche des Hauptkörpers wählen.

Körper verschneiden

Vor dem Verschneiden müssen jetzt **zwei Körper** wie in der nebenstehenden Abbildung existieren.

⇨ Mit der Funktionalität *Einfügen > Boolesche Operationen > Verschneiden* den zuletzt erzeugten *Körper.2* im Baum selektieren. Dieser wird mit dem in Bearbeitung definierten (im Baum unterstrichenen) Hauptkörper verschnitten.
Alternativ: *RM* auf den *Körper.2*. Im Kontextmenü *> Objekt Körper.2 > Verschneiden* wählen. Haupt- und Nebenkörper werden nun miteinander verschnitten.
Die Schnittmenge bildet den neuen Körper.

⇨ Bauteil speichern.

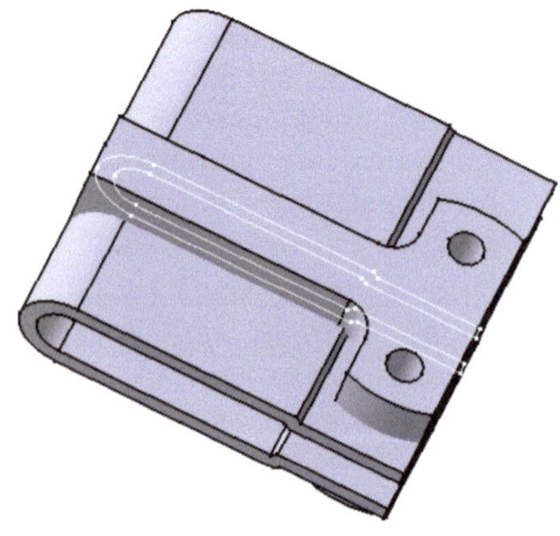

Haupt- und Nebenkörper vor dem Verschneiden

Kombinationskörper

Die Funktion *Kombinierter Volumenkörper* 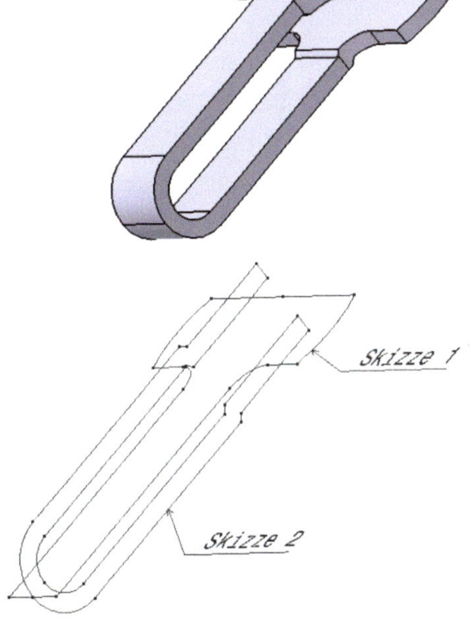 stellt eine Alternative zur booleschen Operation *Verschneiden* dar. Zwei Skizzenprofile für prismatische Körper werden im Hauptkörper erzeugt. Mit der Funktion werden die aus den beiden Skizzen erzeugten Teilkörper implizit miteinander verschnitten.

Übung Spannhebel als kombinierter Volumenkörper

Im Falle der Konstruktion des Spannhebels müssen die Skizzen senkrecht aufeinander stehen. Die Skizzenmaße sind der Übung *Spannhebel* zu entnehmen.

⇨ Skizze 1 erstellen (keinen Block erzeugen!).

⇨ Skizze 2 auf der rechtwinkelig zur ersten Skizzenebene stehenden Hauptebene erstellen (keinen Block erzeugen).

⇨ Die Funktion *Kombinierter Volumenkörper* aufrufen und nacheinander beide Skizzen selektieren.

Hinweise: *Die beiden im Hebel enthaltenen Bohrungen können nicht in der Skizze, sondern müssen in der Teilekonstruktion angebracht werden.*

Wie das Dialogfenster zeigt, müssen die Auszugsrichtungen nicht senkrecht zum Profil und auch nicht untereinander senkrecht sein. Bei deaktivierter Schaltfläche „Senkrecht zum Profil" kann als Führungselement für die Auszugsrichtung eine Linie oder Ebene gewählt werden.

Zwei Skizzen für einen kombinierten Volumenkörper

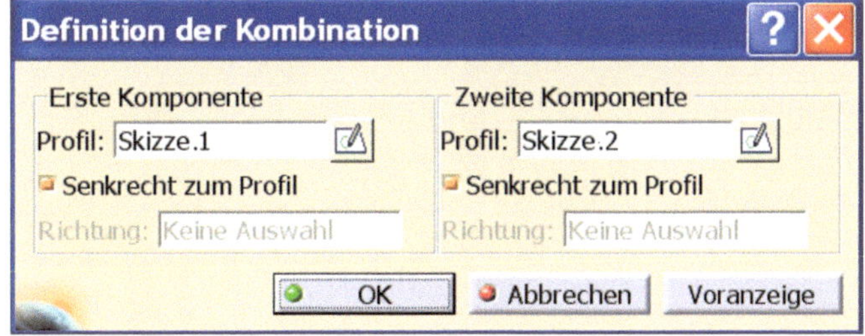

Übung Sechskantmuttern

Explizites Entfernen des Nebenkörpers vom Hauptkörper

Die Muttern werden durch Entfernen von Material von einem Sechskantprofil erstellt. Diese gedankliche Vorgehensweise entspricht etwa dem Vorgehen bei der Fertigung.

Hinweis: *Bei Rotationsteilen mit doppelter Symmetrie ist es von Vorteil, das Ebenenkreuz in die Körpermitte zu legen. In der Baugruppe kann es so günstig zum Ausrichten des Körpers verwendet werden.*

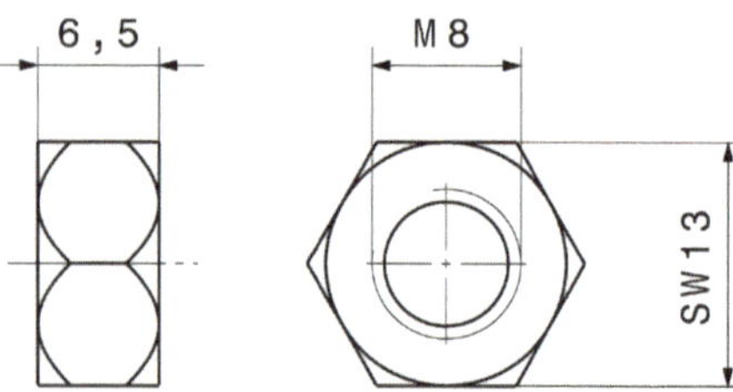
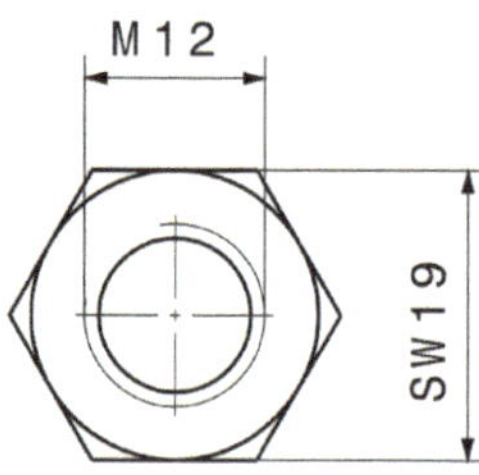

Skizzen erstellen

⇨ Mit der Funktion 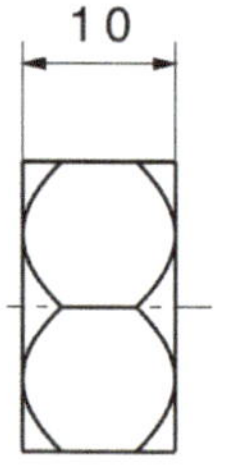 *Sechseck* das Skizzenprofil der Mutter M8 erstellen und auf die Mitte des Ebenenkreuzes platzieren. Die Schlüsselweite an den durch Parallelität gekennzeichneten Seiten angeben und das Profil zum Block mit der halben Mutternhöhe ziehen.

⇨ Neuen Körper einfügen.

⇨ Neue Skizze auf derjenigen Hauptebene aufbauen, die der Schlüsselweite entspricht.

⇨ Die Kontur eines Abstechmeißels zeichnen. In der Skizze im linken Bild fällt die linke Kante des Meißels mit der Kontur des Sechskantblockes zusammen. Assoziativität der neuen *Skizze.2* zum Hauptkörper über geometrische Bedingungen und gewählte Maße (Abstände zum Hauptkörper) erzeugen. Die Rotationsachse liegt in der Mitte des Sechskantblockes. Den Fasenwinkel auf 30 ° setzen. Im Bild links sind alle geometrischen Bedingungen ausgeblendet! Die weiteren Bilder zeigen im Vorgriff die Entwicklungskette bis zur Mutter.

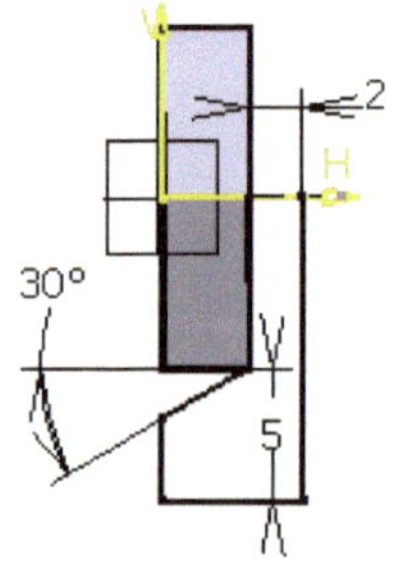

Skizze des Drehmeißels
am Sechskant

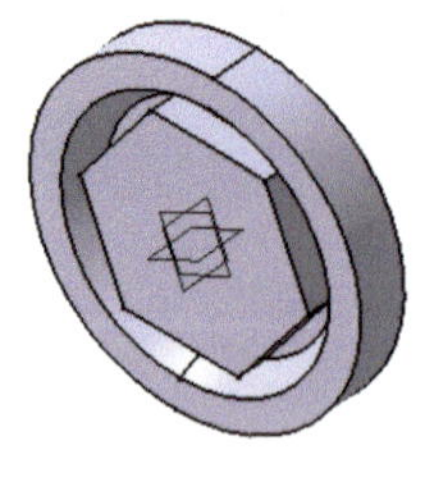

Sechskant mit Abzugs-
körper

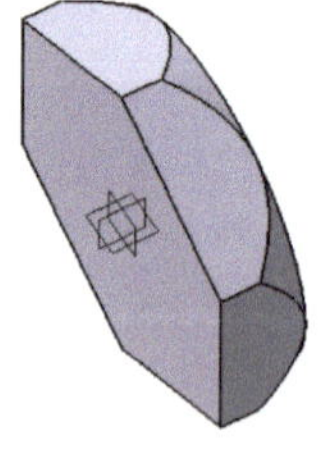

Körper abgezogen

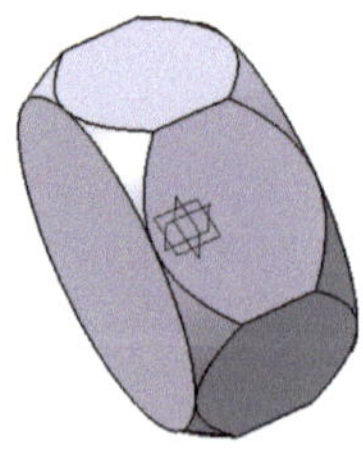

Körper gespiegelt

Fase an einem Sechskant erzeugen

Bei der maschinellen Fertigung rotiert eine Sechskantstange und das Werkzeug bewegt sich zum Abstechen einer Scheibe linear auf die Stangenmitte zu.

Bei der Modellierung dagegen wird die Fase für einen Sechskant durch Rotation des Werkzeuges um den Sechskantblock erzeugt.

⇨ Abzugskörper durch Rotation des Werkzeugprofils erstellen.
⇨ Mit *Einfügen > Boolesche Operationen > Entfernen* die Fase an der Mutternhälfte erstellen.

Körper spiegeln

⇨ Mit der Funktion *Spiegelung* 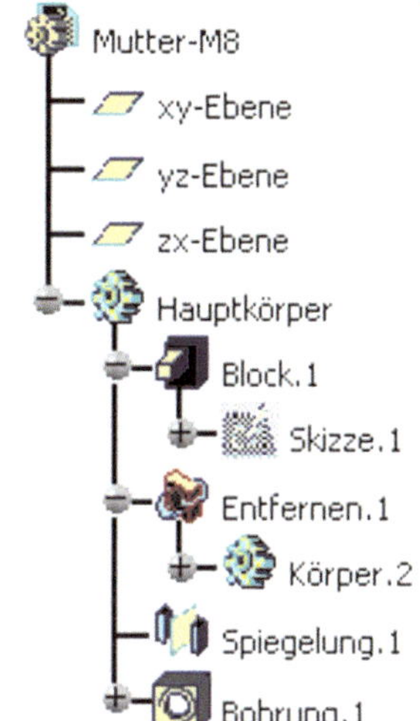 die vollständige Mutter herstellen. Als Spiegelungsebene die Ebene des Körpers wählen.
⇨ Gewindebohrung zentrisch hinzufügen. Dazu in der Positionierungsskizze den Einsetzpunkt der Bohrung konzentrisch zu einem Bogenstück setzen.
⇨ Speichern der Mutter unter dem Namen *Mutter-M8*.

Hinweis: *Mit der Funktion Nut lässt sich der Abzugskörper zum Erstellen der Fase auch über eine implizite boolesche Operation erzeugen.*

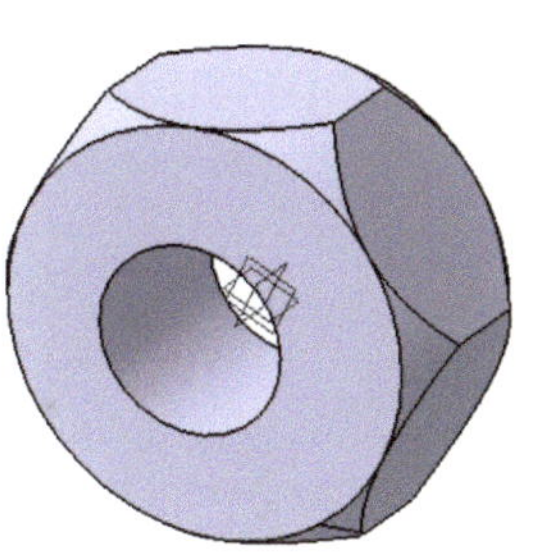

Mutter mit Strukturbaum

Erzeugen der Mutter M12 aus der Mutter M8

⇨ Die Mutter M8 laden mit der Funktion *Datei > Neu aus* und umbenennen in *Mutter-M12*.
⇨ Ändern von Schlüsselweite, Mutternhöhe und Gewindedurchmesser. Erfolgte die Anbindung aller Geometrieelemente assoziativ, so müssen nur diese drei Parameter geändert werden! Ansonsten wurde nicht korrekt gearbeitet.
⇨ Speichern der Mutter unter dem neuen Dateinamen *Mutter-M12*.

5.5.5 Mittels einer Führungskurve erzeugte Teile

Bei Funktionen, die auf diese Weise einen Volumenkörper erzeugen, wird ein Profil (Querschnitt) entlang einer Führungskurve gezogen. Als Führungskurve wählt man in der Regel bei den Funktionen *Rippe* und *Rille* die Mittel-(Zentral-)kurve oder die Außen- bzw. Innenkurve des Körpers. Mit der Funktion *Rippe* werden Positivkörper mit der Funktion *Rille* Negativkörper (Abzugskörper) hergestellt.

Bei den hier nicht eingeordneten aber ähnlich arbeitenden Funktionen *Loft* und *Entfernter Loft* wird mit mehreren Profilen und Führungs- oder Leitkurven gearbeitet (siehe Kapitel 9.6).

Die Funktionen *Block*, *Tasche*, *Bohrung*, und *Nut* kann man auch als Funktionen auffassen, bei denen die Führungskurve eine Gerade ist. Voreingestellt ist als Führungskurve die Profilnormale der Skizzenebene. Wird die Option *Senkrecht zum Profil* in den Definitionsfenstern deaktiviert, so kann unter *Referenz*: eine vorhandene Gerade oder Ebene als Auszugsrichtung definiert werden.

In der Baugruppe Spannvorrichtung ist das Bauteil Sprengring ein Bauteil, das über die Funktion *Rippe* mit einer Führungskurve erstellt werden kann. Weitere Anwendungen für das Erstellen von Volumenkörpern mittels Führungskurven befinden sich im Kapitel 9.

Übung Sprengring

Sprengringe dienen im Maschinenbau zur axialen Sicherung von Bauelementen bei beengten Einbauverhältnissen.

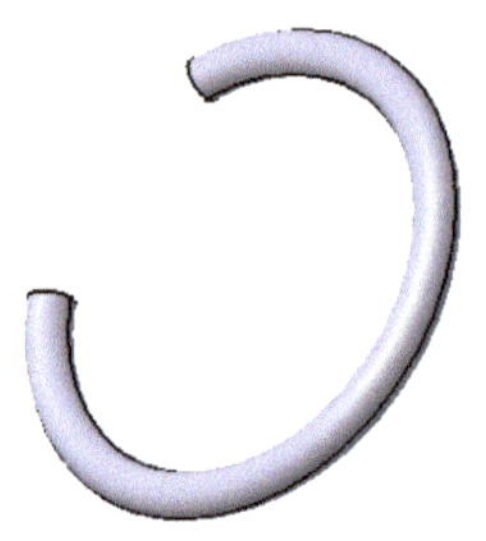
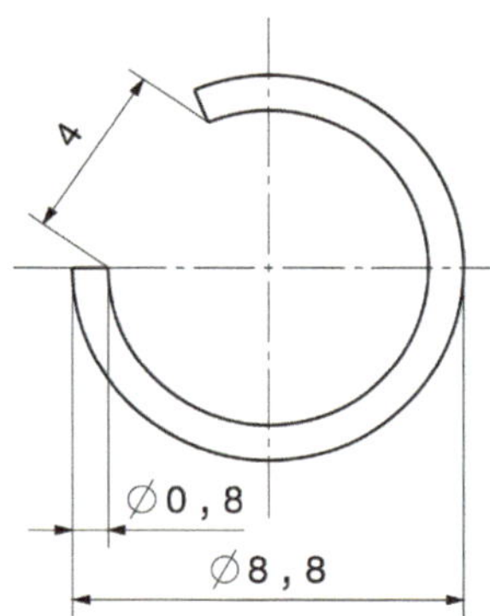

Das Profil (hier ein Kreis) steht im Normalfall senkrecht an beliebiger Stelle auf der Führungskurve (hier ein Kreisbogen) und wird assoziativ an diese angebunden. Mit den bisher aus dem Buch erworbenen Kenntnissen lassen sich diese Bedingungen einhalten, indem die Skizzen für die Führungskurve und die Skizze für das Profil in zueinander senkrecht stehenden Ebenen (hier den Hauptebenen) aufgebaut werden.

Hinweis: *Ein einfacherer Weg wird im Kapitel 9.2 gezeigt. Eine Hilfsebene wird als Raumelement senkrecht zur Führungskurve erzeugt. Auf der Hilfsebene wird das Profil gezeichnet und assoziativ angebunden.*

Da sich bei der vorgegebenen Zeichnung das Öffnungsmaß von 4 mm auf die Innenkontur bezieht, wird diese auch als Führungskurve gewählt. Das Ebenenkreuz soll im Körperzentrum angeordnet werden. Damit lässt sich später der Sprengring in der Baugruppe einfacher platzieren.

Skizzen für Führungskurve und Querschnitt erstellen

⇨ Skizze der Führungskurve (Dreipunkt-bogen) in der xy-Ebene aufbauen. Die Koordinatenachsen verdecken.

⇨ Den Mittelpunkt der Kurve mit Kongruenzbedingungen an die beiden anderen Hauptebenen   anbinden. Den Bogenendpunkt mit der (hier horizontalen) zx-Ebene kongruent setzen.

⇨ Als Durchmesser der Führungskurve 7,2 mm wählen (Innenkurve). Öffnungsmaß der Innenkurve mit 4 mm bemaßen.

⇨ Skizzierer verlassen.

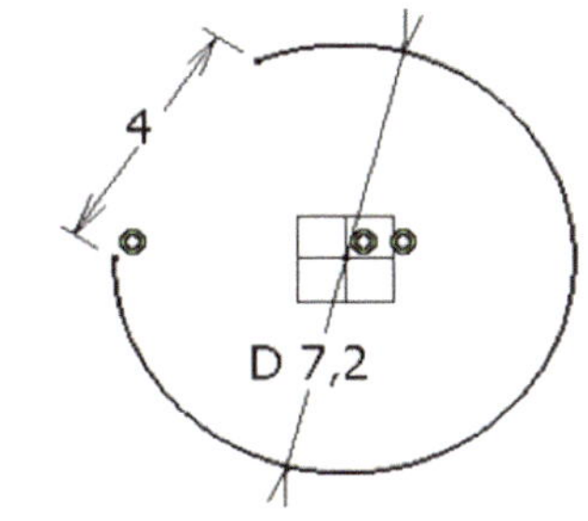

Skizze der Führungskurve

⇨ Als zweite Skizze das Profil (Kreisquerschnitt) in der zx-Ebene (senkrecht auf der Ebene der Führungskurve) aufbauen.

⇨ Durchmesser des Querschnittes mit 0,8 mm bemaßen.

⇨ Mittelpunkt des Kreisquerschnittes auf die jetzt horizontale xy-Ebene legen und Umfangspunkt des Profils an dem Endpunkt der Führungskurve kongruent setzen (siehe Bild).

⇨ Skizzierer verlassen.

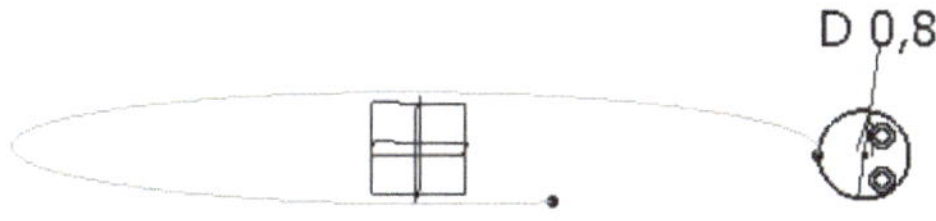

Skizze des Profils

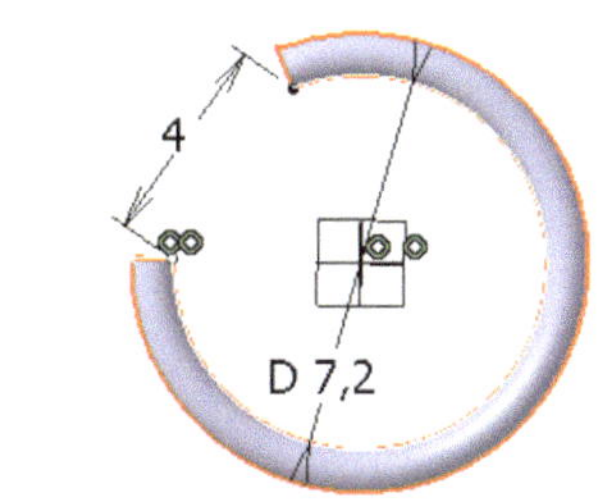

Rippe erstellen

⇨ Sprengring mit der Funktion *Rippe* erstellen. Als Profil den Vollkreis und als Führungskurve (*Zentralkurve* im Fenster genannt) den Kreisbogen selektieren.

⇨ Speichern des Bauteils unter dem Namen *Sprengring*.

⇨ Verschiedene Maßvarianten testen aber nicht speichern!

Der Sprengring ist nicht das einzige Teil in der Baugruppe Spannvorrichtung, das über eine Führungskurve herstellbar ist. Der Nebenkörper des Spannhebels kann ebenfalls mit der Funktion *Rippe* erzeugt werden. Man wählt als Führungskurve die Innenkontur der Skizze des Nebenkörpers (siehe dortige Abbildung). An diese Kontur bindet man als Profil den Rechteckquerschnitt des U-förmigen Teiles an.

Damit sind alle ☺ Bauteile für die Spannvorrichtung konstruiert!

Mit der Montage der Baugruppe in Kapitel 6 kann begonnen werden!

Die wichtigsten Methoden der auf Skizzen basierenden Erstellung von Volumenkörpern konnten an den Teilen der Spannvorrichtung gezeigt werden.

Vervielfältigen von Volumenkörpern mit den Funktionen zur Mustererzeugung

Nachfolgend werden noch Möglichkeiten für ein rationelles Arbeiten mit Mustern ergänzt. Für die Erstellung der Teile der Spannvorrichtung ergaben sich nur sinnvolle Anwendungen für Rechteck- und Kreismuster. In den Übungen *Distanzplatte* und *Grundplatte* (siehe dort) wurden Bohrungen mit den Funktionen *Rechteckmuster* und *Kreismuster* vervielfältigt.

Vor Verlassen des Definitionsfensters für Rechteck- und Kreismuster können einzelne Volumenkörper durch Selektion ihres Einsatzpunktes mit der *LM* inaktiviert werden, so dass sich diese beiden Muster auch abwandeln lassen!

Die erweiterten Definitionsfenster gestatten außerdem noch weitere Manipulationen wie z. B. die nicht radiale Ausrichtung von unrunden Volumenkörpern oder einen Winkelversatz des gesamten Musters.

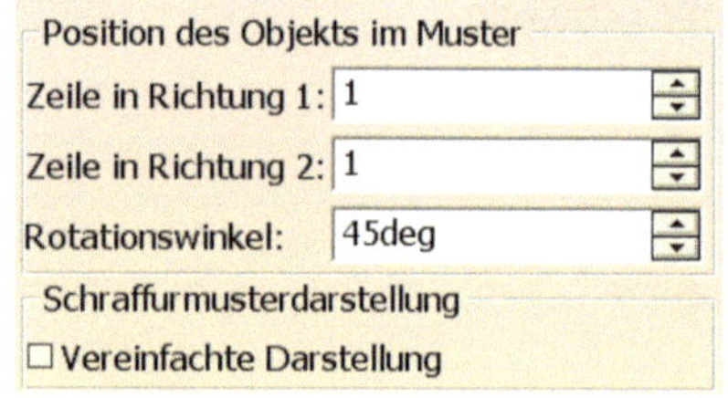

Gedrehtes Muster im erweiterten Definitionsfenster für ein Rechteckmuster

Verwendung von Benutzermustern in der Teilekonstruktion

Die Funktion *Benutzermuster* (unterhalb der Funktion *Rechteckmuster*) aus der Funktionsgruppe *Transformationskomponenten* (Seite 56) ermöglicht die Vervielfältigung von Volumenkörpern wie Bohrungen, Blöcke und Taschen nach einem vom Nutzer definierten Muster. Die folgende Übung zeigt eine Anwendung. Die Positionierung der zu vervielfältigenden Volumenkörper wird im Skizzierer durch Setzen von Punkten vorgenommen (Punkt durch Anklicken, durch Koordinaten, Äquidistante, Schnittpunkt, Projektion). Das Punktmenü ist auf der folgenden Seite abgebildet. Das Erzeugen des ersten Volumenkörpers und das Vervielfältigen erfolgen dagegen in der Teilekonstruktion!

Übung Benutzermuster

⇨ Grundkörper des abgebildeten Segmentteiles modellieren. Zur Vereinfachung die Skizzenecke an die Koordinatenachsen anbinden.

⇨ Die Segmentoberfläche selektieren, in den Skizzierer wechseln. Im

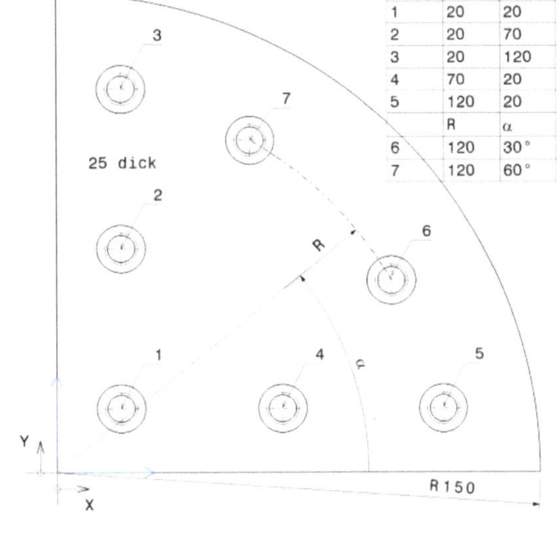

Pos	x	y
1	20	20
2	20	70
3	20	120
4	70	20
5	120	20
	R	α
6	120	30°
7	120	60°

Punktuntermenü die Funktion *Punkt durch Koordinaten* selektieren und im Fenster *Punktdefinition* die Koordinaten aller *Punkte* gemäß Positionstabelle der Zeichnung eingeben. Im Dauermenü sollten die Funktionen *Geometrische und Bemaßungsbedingungen* aktiv sein!

Hinweis: *Ist der zuletzt definierte Punkt noch aktiv, so wird der folgende Punkt mit seinen im Fenster angegebenen Koordinaten im Abstand zum zuletzt definierten erzeugt! Das kann sinnvoll sein, wenn man unabhängig vom Koordinatenursprung bemaßen möchte.*

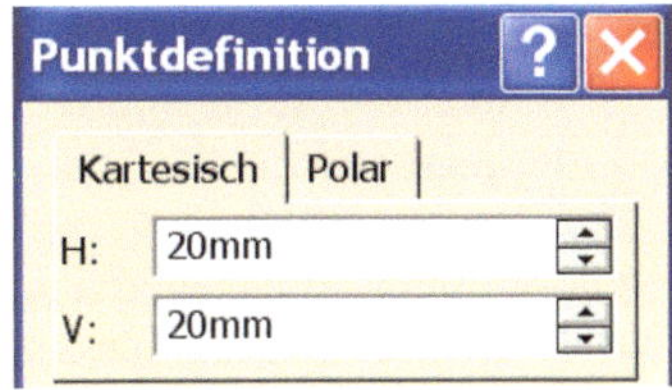

⇨ Fünf Punkte mit kartesischen, zwei mit Polarkoordinaten definieren.

⇨ Den Skizzierer verlassen und in die Teilekonstruktion wechseln. Die Funktion *Bohrung* wählen und eine durchgehende, planeingesenkte Bohrung (d = 15 mm, t = 5 mm) mit Standardgewinde M10 in den Bohrungsfenstern definieren. Im Fenster *Bohrtyp* unter *Positionierungsskizze* den Einsatzpunkt der Bohrung 1 kongruent auf den definierten Skizzenpunkt 1 (20, 20) setzen.

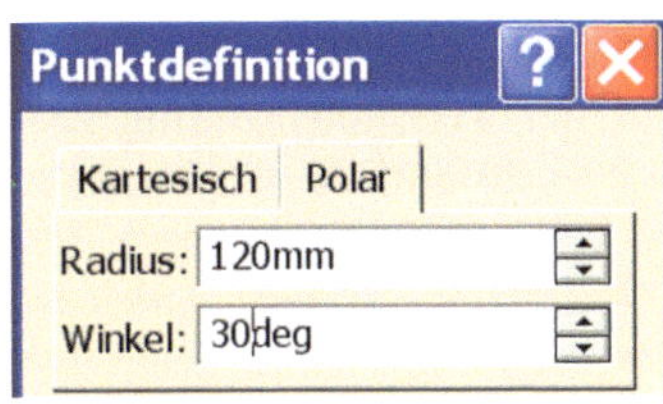

⇨ Die Funktion 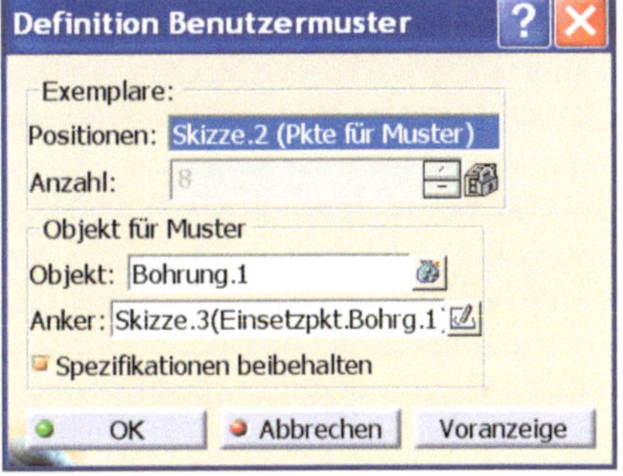 *Benutzermuster* in der Teilekonstruktion selektieren und im Fenster *Definition Benutzermuster* und (jeweils im Strukturbaum) unter *Positionen:* die Skizze mit den definierten Punkten, als Objekt die zu vervielfältigende Bohrung, als *Anker:* den Einsatzpunkt der Bohrung (Skizze.3) selektieren Alle Bohrungen werden mit ihren Spezifikationen an die in der Skizze (*Skizze.2*) definierten Punkte vervielfältigt.

Das Ändern von Bohrungspositionen und das Hinzufügen oder Entfernen von Bohrungen erfolgt in
Skizze 2!

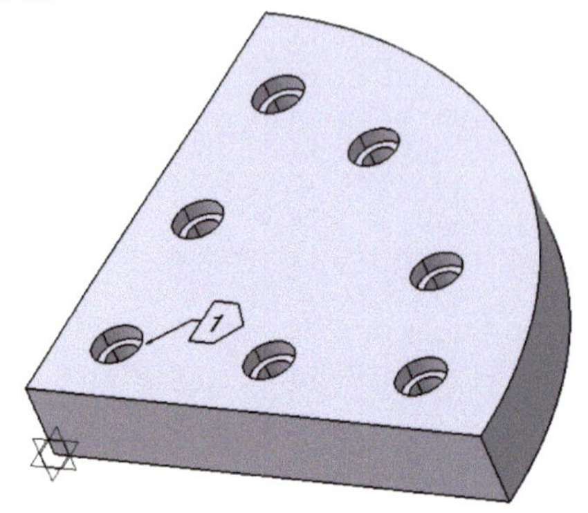

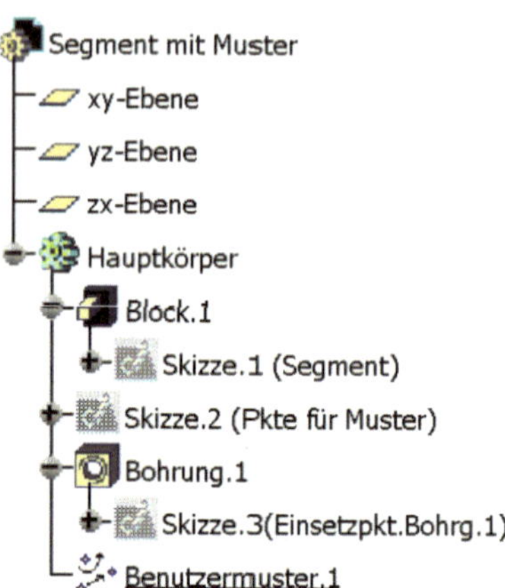

Segmentteil mit benutzerdefinierten Bohrungsmuster
und Flaggenanmerkung für Position 1

⇨ Im Folgenden sollen an die gleichen Positionen anstelle von Bohrungen Quader einfügt
werden. Dazu die Bohrungen entfernen und ein Rechteck (15, 20) auf der Segmentoberfläche skizzieren.

⇨ Um die Rechteckskizze an das Punktmuster assoziativ anbinden zu können, muss **ein**(!) Punkt des Musters im Dauermenü des Skizzierer mit der Funktion

Ausgabekomponente veröffentlicht werden! In
der Teilekonstruktion jetzt einen Eckpunkt mit dem
veröffentlichten Punkt kongruent setzen. Einen
Block erzeugen und die Funktion *Benutzermuster*
aufrufen. Im Definitionsfenster als *Positionen* die
Skizze der Punkte, als *Objekt* den Block (jeweils im
Strukturbaum) und als *Anker* den veröffentlichten
Punkt selektieren. Eine Flaggenanmerkung ist sinnvoll.

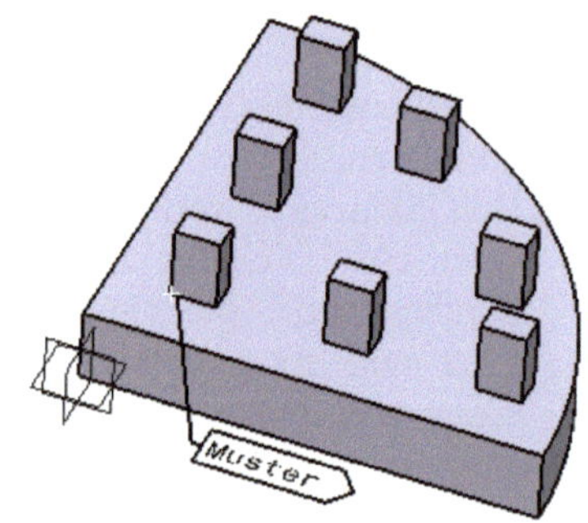

Segmentteil mit aufgesetzten Quadern
und veröffentlichtem Punkt ↝

Ergänzende Möglichkeiten der Teileerstellung

In den folgenden beiden Kapiteln

- 5.5.6 Aus 1D-Geometrie erzeugte Körper und Teile und
- 5.5.7 Schalen und Hohlkörper

werden noch ausgewählte, ergänzende Möglichkeiten der Teileherstellung dargestellt.

5.5.6 Aus 1D-Geometrie erzeugte Körper und Teile

In CATIA V5 können Körper auch aus Linien erzeugt werden. Diese müssen nicht geschlossen und können auch verzweigt sein! Dadurch wird das Erzeugen von Körpern vereinfacht.

Arbeitsweise mit der Option *Dick* in den Definitionsfenstern

Um aus 1D-Skizzen einen Volumenkörper zu erzeugen, muss die Option *Dick* im Definitionsfenster der jeweiligen (einen Körper erzeugenden) Funktionen aktiviert werden. Dadurch werden die Felder und Optionen *Dünner Block* im Definitionsfenster geöffnet. In den Feldern *Aufmaß1* und *Aufmaß2* kann die Ausdehnung des Blockes um die Linien der Skizze festgelegt werden. Wird die Option *Neutrale Faser* aktiviert, wird das im Feld *Aufmaß1* angegebene Maß mittig um die Linien ausgedehnt (*Aufmaß2* ist dann inaktiv).

An Beispielen soll die Arbeitsweise mit den erweiterten Funktionen *Block* und *Welle* gezeigt werden. Im Kapitel 9.2 ist ein Anwendungsbeispiel für die Funktion *Rippe* zu finden.

Übung Profilanschluss

Zwei Platten sollen mit einem T-Profil verbunden werden. Für das T-Profil soll eine 1D-Skizze verwendet werden.

Erstellen der Platten

⇨ Beide Skizzen für die Platten auf einer Hauptebene erstellen.

⇨ In die Teilekonstruktion wechseln und (gemeinsam) beide Skizzen ausdehnen.

⇨ In der Teilekonstruktion mit der Funktion *Linie* eine Raumlinie zwischen zwei Eckpunkten (siehe Bild nächste Seite) der Platten erzeugen. Diese Gerade wird die Auszugsrichtung für das die Platten verbindende T-Profil. Gegebenenfalls muss die Funktion *Linie* noch mit *Ansicht > Symbolleisten > Referenzelemente (Erweitert)* in das Funktionsmenü eingefügt werden.

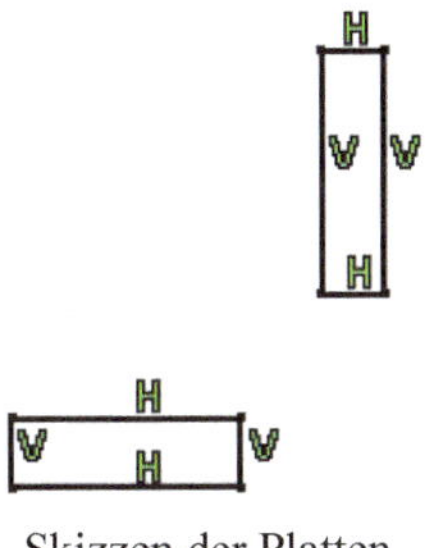

Skizzen der Platten

Erstellen des T-Profils

⇨ Die Anschlussebene der unteren Platte selektieren. In den Skizzierer wechseln und mit der Funktion *Linie* des Skizzierers ein „ T " erzeugen (siehe Bild). Die Skizze ist offen und verzweigt.

⇨ Den Skizzierer verlassen, die Funktion *Block* aufrufen. Die Fehlermeldung (nicht geschlossenes Profil) ignorieren.

⇨ Im erscheinenden Fenster *Definition des Blocks* die Option *Dick* aktivieren. Das Fenster wird erweitert (siehe unten).

⇨ In dem erweiterten Fenster unter *Dünner Block* im Feld *Aufmaß1:* die Profildicke angeben. Wird die Option *Neutrale Faser* aktiviert, wird die Profildicke mittig zur Skizzenkontur erzeugt.

⇨ Unter *Richtung* im Fenster die Option *Senkrecht zum Profil* deaktivieren und im Feld *Referenz:* die zwischen den Platten erzeugte Raumlinie selektieren.

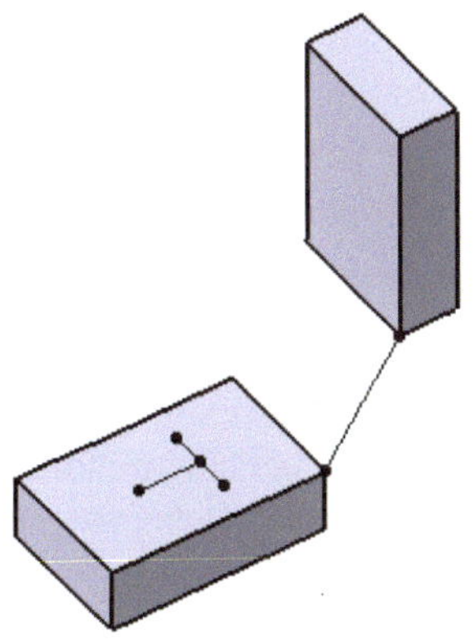

Skizze des T-Profils

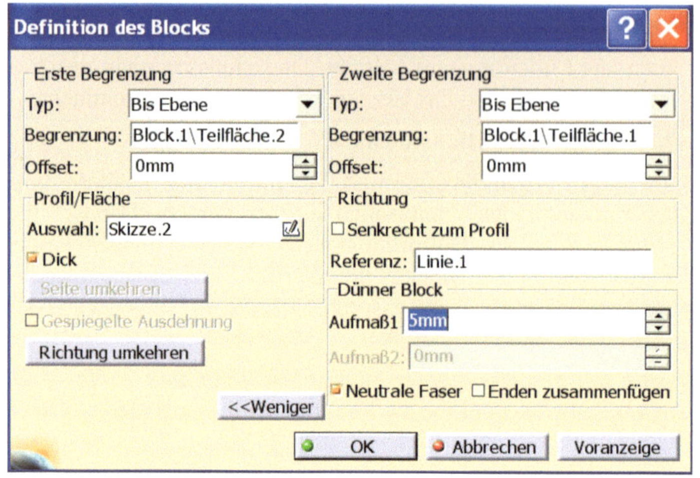

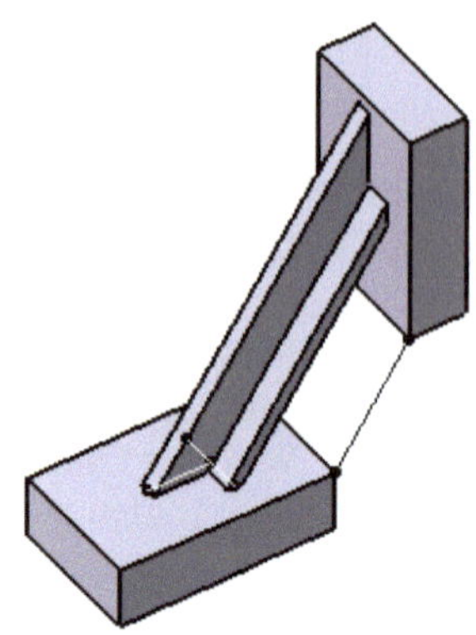

T-Profil angeschlossen

⇨ Unter *Erste Begrenzung* im Fenster als Ausdehnungstyp: *Bis Ebene* wählen und unter *Begrenzung:* die Anschlussfläche der rechten, oberen Platte selektieren.

⇨ Unter *Zweite Begrenzung* ebenfalls *Bis Ebene* wählen und unter *Begrenzung* die Anschlussfläche der linken Platte selektieren. Der Profilanschluss wird hergestellt.

Hinweis: *Ein Offset-Wert verlängert oder verkürzt den Block.*

Im Bild rechts ist die Struktur des Volumenkörpers gezeigt.

Zusatzaufgabe: Die beiden Platten ebenfalls über eine 1D-Skizze mit der Option *Dick* als *dünnen* Block erzeugen.

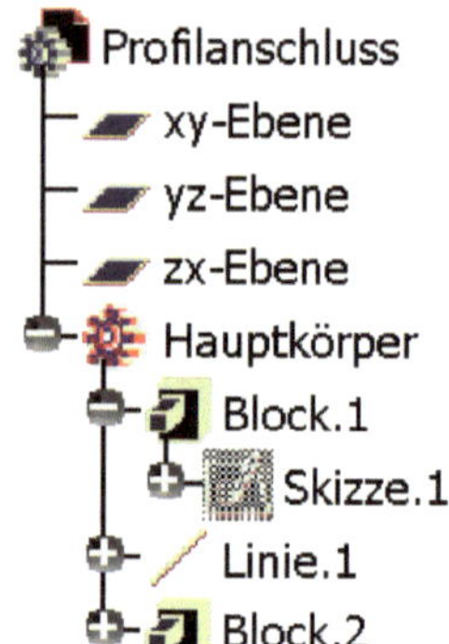

Übung Rotationssymmetrische Teile

In dieser Übung sollen verschiedene rotationssymmetrische Bauteile über das mit der Option *Dick* erweiterte Fenster *Definition der Welle* erzeugt werden.

⇨ Erstellen einer Skizze als abgewinkelten Linienzug mit einer Achse (als Ausgangskontur für die Konstruktion einer Buchse) wie rechts dargestellt.

⇨ Die Funktion *Welle* aufrufen, die erscheinende Fehlermeldung ignorieren und im Fenster *Definition der Welle* die Option *Dickes Profil* anwählen. Im jetzt erweiterten Fenster unter *Dünne Welle* die gewünschten Aufmaße eintragen. Rotationsachse und Winkel wählen.

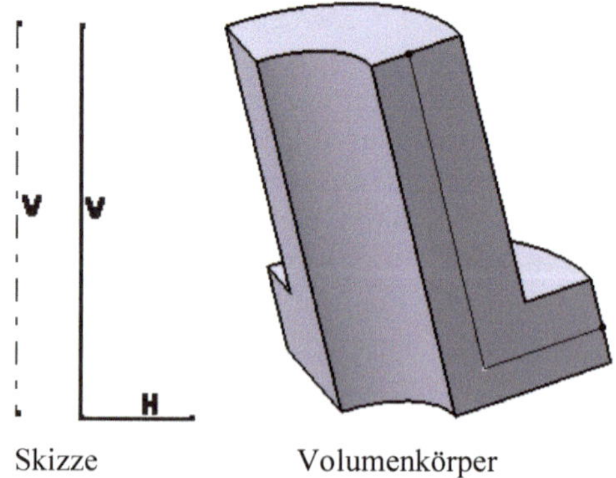

Skizze   Volumenkörper

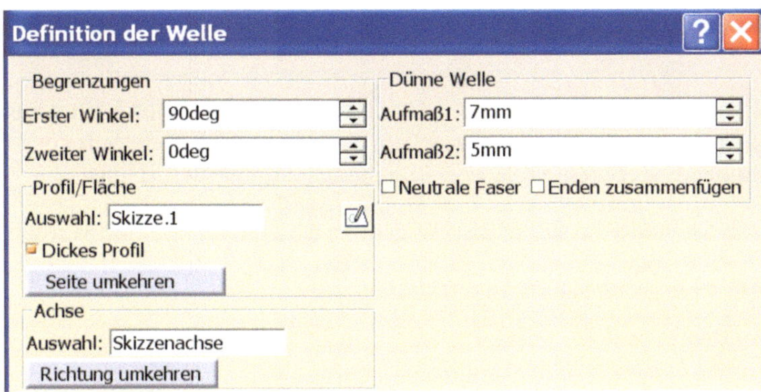

Es ist auf diese Weise möglich, aus jeder Art eines offenen Linienzuges ein rotationssymmetrisches Teil zu erzeugen.

⇨ Im Skizzierer eine Kurve mit der Funktion

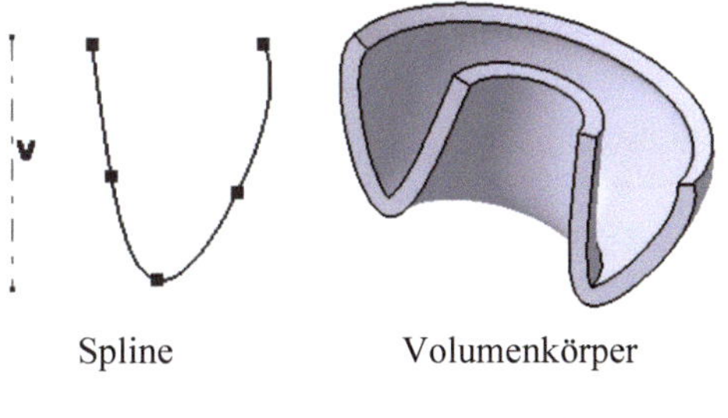 *Spline* erzeugen. Eine Achse einzeichnen.

⇨ Die Funktion *Welle* aufrufen und im Definitionsfenster die Option *Dickes Profil* anwählen. Im jetzt erweiterten Fenster die Option *Neutrale Faser* aktivieren. Das für *Aufmaß1* definierte Maß wird gleichmäßig auf jede Seite des Skizzenprofils verteilt.

Spline   Volumenkörper

Hinweis: *In den Funktionen Rippe sowie Tasche, Rille und Nut ist die Eigenschaft, aus Linien Körper zu erzeugen, ebenfalls enthalten!*

Beleuchtung

⇨ Unter *Ansicht* aus der Hauptmenüzeile lassen sich mit der Funktion 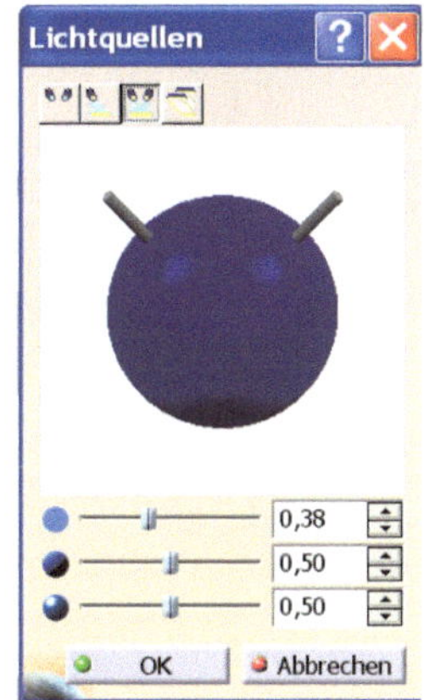 Lichteffekte bei der Betrachtung von Bauteilen und Baugruppen erzielen, die besonders wirkungsvoll bei gekrümmten Körpern zur Geltung kommen,

Als Lichtquellen können gewählt werden:

- *Kein Licht*   *Einzelnes Licht*
- *Zwei Lichter*   *Leuchtstoffröhrenlicht*

Mit den drei Schiebereglern

- *Umgebung   Streulicht   Spiegelnd*

können weitere Lichteffekte eingestellt werden.

Gesamtanzeige

⇨ Mit *Ansicht > Gesamtanzeige* wird der gesamte Bildschirm zur Darstellung des Modells genutzt. Alle CATIA-Menüleisten werden ausgeblendet (Rückkehr über das Kontextmenü).

5.5.7 Schalen und Hohlkörper

Mit der Funktion *Schalenelement* lassen sich ausgehöhlte Volumenmodelle mit konstanter Wandstärke auf einfache ☺ Weise erstellen. Zum Erzeugen komplizierter Schalen kann mit Abzugskörpern gearbeitet werden. Weiteres siehe dazu unter 10.3 (Gehäuse).

Die Funktion *Schalenelement* soll an den folgenden Beispielen erläutert werden.

Beispiel Deckel

Die Funktion *Schalenelement* ermöglicht ein einfaches Erstellen von Hohlkörpern oder Schalen mit **einheitlicher Wanddicke**. Für Teilflächen kann aber auch eine andere Wanddicke erzeugt werden.

Beispielhaft soll der Deckel für das Gehäuse eines einstufigen Getriebes konstruiert werden. Die Innenkontur des Getriebedeckels soll Abstand zum Zahnrad haben und an den Außendurchmessern des linken und des rechten Wälzlagers für die Getriebewelle anliegen.

Wie der Flansch für die Verschraubung des Deckels mit dem Unterteil erzeugt werden kann, wird im Kapitel 10.3.2 gezeigt.

⇨ Skizze, die die gewünschte Innenkontur des Deckels darstellen soll, erstellen. Mit der Funktion *Welle* eine Halbwelle erzeugen.

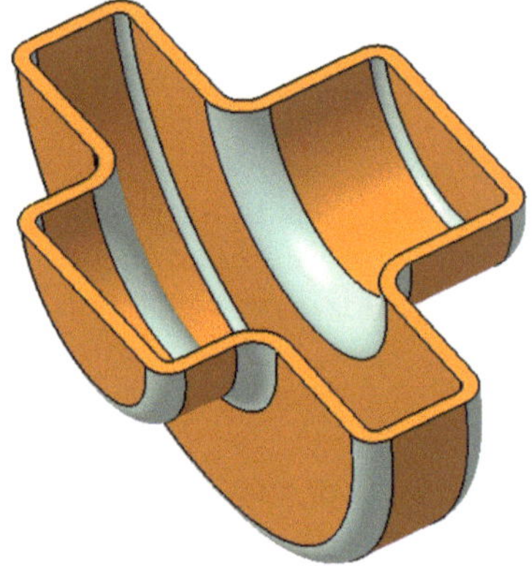

Deckel mit verrundeten Kanten

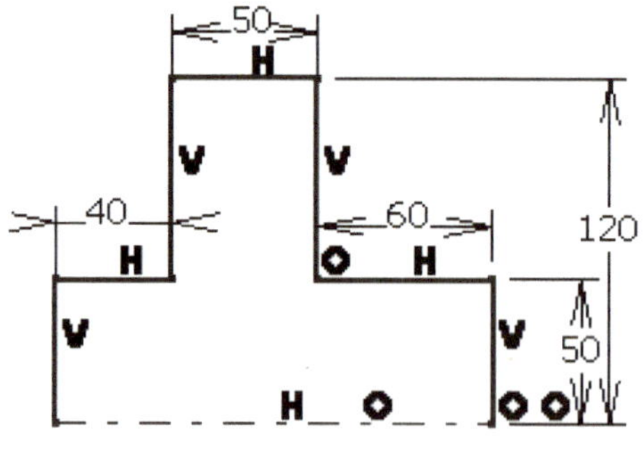

Skizze für den Deckel

Ausgangsform

Hinweise: *Verrundungen (und Fasen) werden in der Regel erst am 3D-Modell angebracht.*

Beachten: Bei Guss-, Schmiede- und Kunststoffteilen, die durch das Fertigungsverfahren bedingt eine einheitliche Wandstärke aufweisen müssen, sind die Kantenverrundungen in der Regel vor der Funktion „Schalenelement" vorzunehmen.

⇨ Über die Funktion *Schalenelement* wird das Dialogfenster *Definition des Schalenelements* geöffnet.

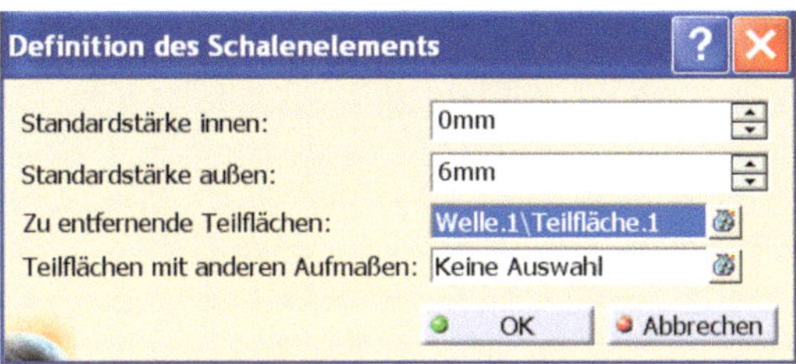

⇨ *Zu entfernende Teilflächen:* Die ebene Fläche der Halbwelle selektieren.

⇨ Ausführung rückgängig machen (bzw. das Schalenelement im Baum durch Doppelklick aktivieren) und als zu entfernende Teilflächen zusätzlich die beiden äußeren Deckelflächen wählen. Es entsteht eine seitlich offene Schale. Ausführung wieder rückgängig machen.

Bei der Anwendung der Funktion *Schalenelement* auf Gehäuseteile ist es oft nachteilig, dass das Material auch im Bereich der Lager in gleicher (dünner) Wandstärke entfernt wird. In solchen Fällen kann das fehlende Material wieder mit Blöcken aufgefüllt werden.

⇨ Die seitliche Fläche im Lagerbereich selektieren und die Funktion *Block* aufrufen.

⇨ Es erscheint ein Hinweisfenster, da für den Block keine Skizze und keine Ausdehnungsrichtung vorhanden ist. Diese Meldung mit *Ja* bestätigen.

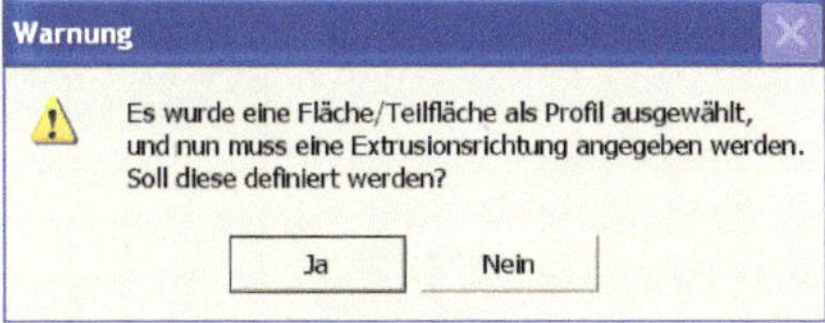

⇨ Im erscheinenden Fenster *Definition des Blockes* den *Typ* auf *Bis Ebene* ändern und die zweite innere Seitenfläche als Begrenzung selektieren. Ausdehnungsrichtung gegebenenfalls umkehren. Die Lagerstelle wird mit Material gefüllt. Vorgang für die andere Lagerstelle wiederholen.

⇨ Kanten so verrunden, dass eine einheitliche Wanddicke entsteht. Achtung! Die Regel auf der vorangegangen Seite beachten. Überraschungen ☹ ☺ bleiben nicht aus. Verschiedene Radien wählen (3 – 10 mm) und die Rundungen nachmessen!

Hinweis: *Mit der Funktion* im Fenster *Definition des Schalenelements lassen sich ausgewählte Flächen ersetzen bzw. löschen.*

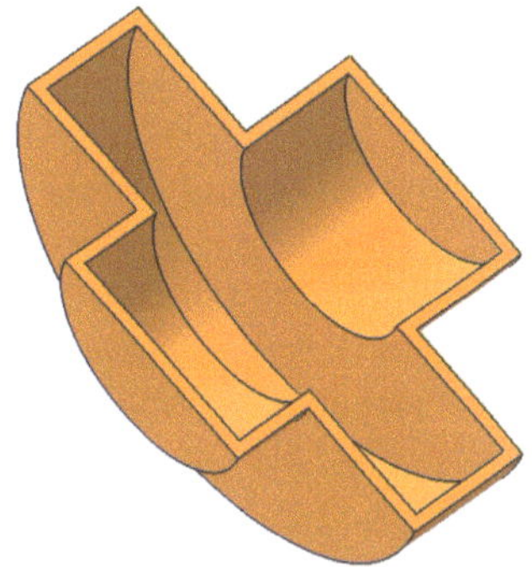

Schale

Seitlich offene Schale

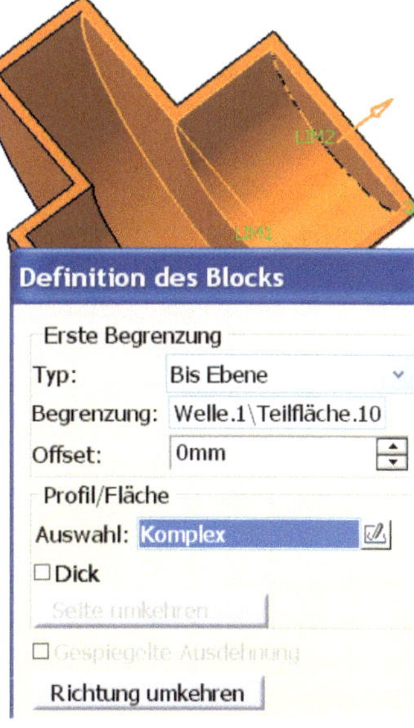

Schale mit Verstärkung

Beispiel Kasten

⇨ Einen Block mit den Maßen 50 x 75 x 25 erstellen und daraus verschiedene Kastenformen mit der Funktion *Schalenelement* erzeugen.

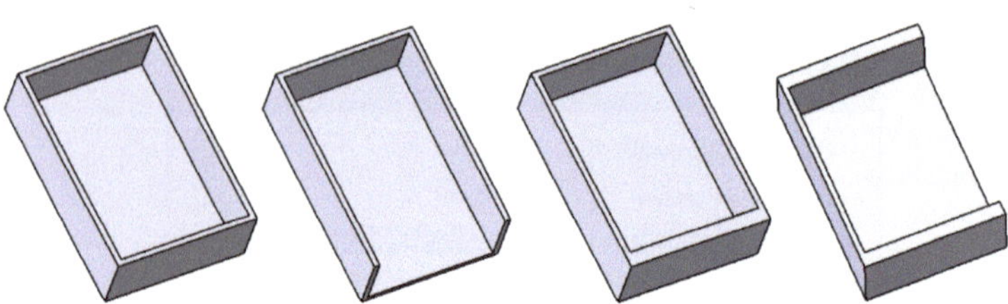

Beispiel Hohlkugel

⇨ Eine Kugel mit dem Außendurchmesser 30 mm aus einem Halbkreisprofil durch Rotation um eine Achse mit der Funktion *Welle* erzeugen und anschließend mit der Funktion *Schalenelement* auf eine Wandstärke von 3 mm aushöhlen.

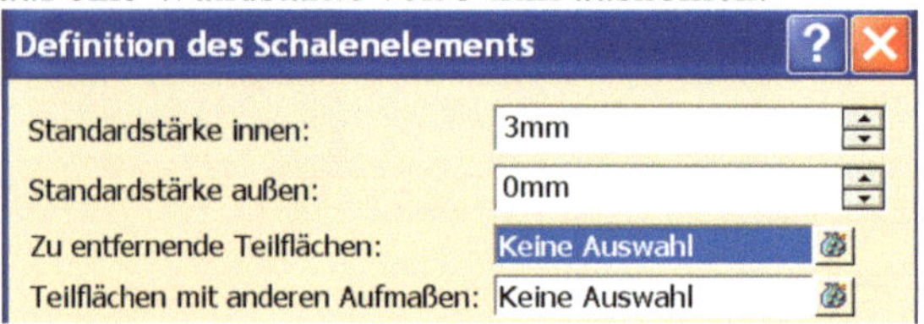

Im Feld *Zu entfernende Teilflächen* erfolgt keine Angabe!

Hohlkugel, durch die
Skizzierebene geschnitten

Beispiel Rohr

⇨ Die nebenstehende Skizze erzeugen und im *Part Design* mit der Funktion 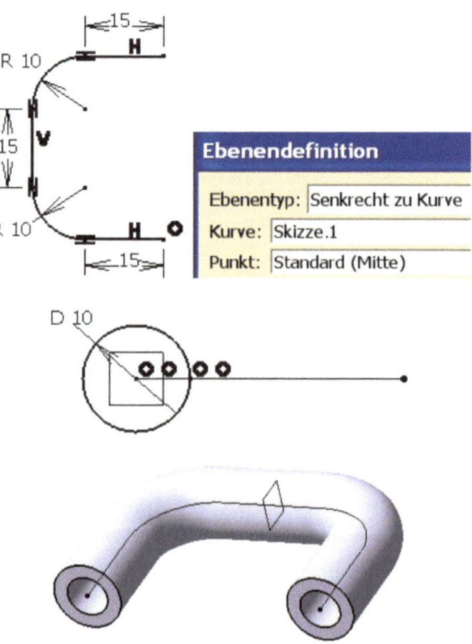 eine Ebene *Senkrecht zu Kurve* auf einen beliebigen Punkt der Kurve setzen (hier die Mitte).

⇨ Die Ebene selektieren und im Skizzierer einen Kreis mit D =10 erstellen. Den Kreismittelpunkt mit einem Kurvenpunkt auf der Ebene kongruent setzen.

⇨ Im *Part Design* mit der Funktion *Rippe* das Bogenstück in bereits bekannter Weise erzeugen und dieses mit der Funktion *Schalenelement* durch Selektion der beiden Stirnflächen zum Rohr aushöhlen

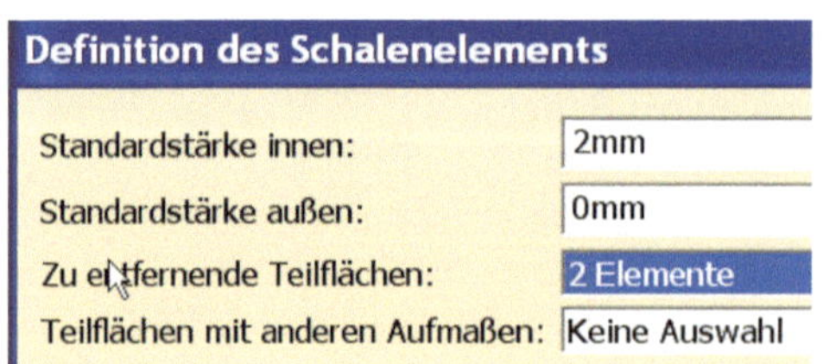

Hinweis: *Im Kapitel 9.2 erfolgen detaillierte Ausführungen zur Arbeit mit Hilfsebenen.*

5.6 Materialzuweisung und Analysefunktionen für Bauteile

5.6.1 Material zuordnen und darstellen

Den Bauteilen müssen Materialeigenschaften zugewiesen werden, um Berechnungsanalysen von Trägheitsmomenten, Schwerpunkten, Verformungen und Spannungen durchführen zu können. Für eine realistische Darstellung am Bildschirm werden außerdem den Oberflächen Farben und Muster zugeordnet. Die Zuordnung erfolgt in der Regel auf das Teil. Bei Materialzuordnung auf die Körper sind auch Verbundkonstruktionen analysierbar. Als Standardwert ist allen Körpern ein Material mit der Dichte von 1000 kg/m^3 (Wasser) zugewiesen.

Mit der Funktion *Material zuordnen* im Dauermenü kann einem Bauteil ein Material aus der Materialdatenbank (das Bild zeigt einen Auszug) zugeordnet werden. Durch einen Doppelklick auf eines der Bilder im Fenster werden die Materialeigenschaften geladen.

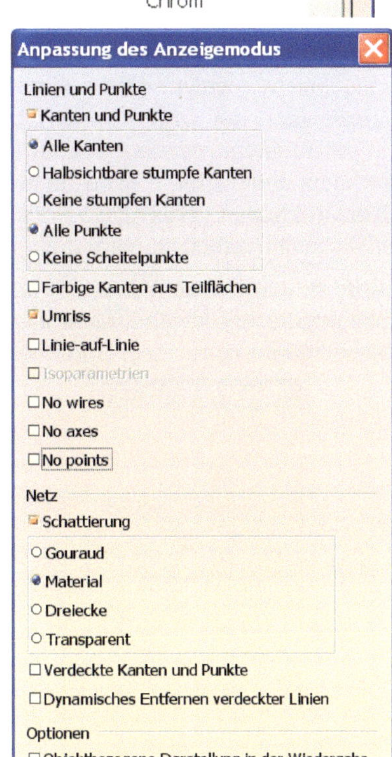

⇨ Ein Bauteil laden und das Teil (oder den Hauptkörper) im Strukturbaum selektieren.

⇨ Im Dauermenü *Material zuordnen* > aus der Tabelle z. B. unter *Metall* das Material *Stahl* selektieren und den Schalter *Material zuordnen* im Bibliotheksfenster betätigen. Im Baum erscheinen der Eintrag *Stahl* und der Eintrag *Material=Stahl*.

⇨ Farbe und Textur des Materials über die Funktion *Schattierung mit Material* im Dauermenü sich anzeigen lassen. Über die Funktion *Ansichtsparameter anpassen* lassen sich verschiedene Anzeigeoptionen einstellen (Standard siehe im Bild rechts, für Schattierung *Gouraud*).

Die Eigenschaften des Materials kann man sich durch einen Doppelklick auf den Eintrag im Strukturbaum oder über das Kontextmenü anzeigen lassen.

Hinweis: *Ein Getriebedeckel aus Stahl kann z. B. auch transparent dargestellt werden, um die Zahnräder des Getriebes sichtbar werden zu lassen.*

5.6.2 Bauteilgeometrie ausmessen

Mit den Funktionen *Element messen* und *Messen zwischen* im Dauermenü können Abmessungen von Bauteilen sowie Distanzen zwischen den Bauteilen vermessen werden. In den Fenstern beider Funktionen kann man über zusätzliche Symbole oben links jeweils die weiteren Messfunktionen auswählen.

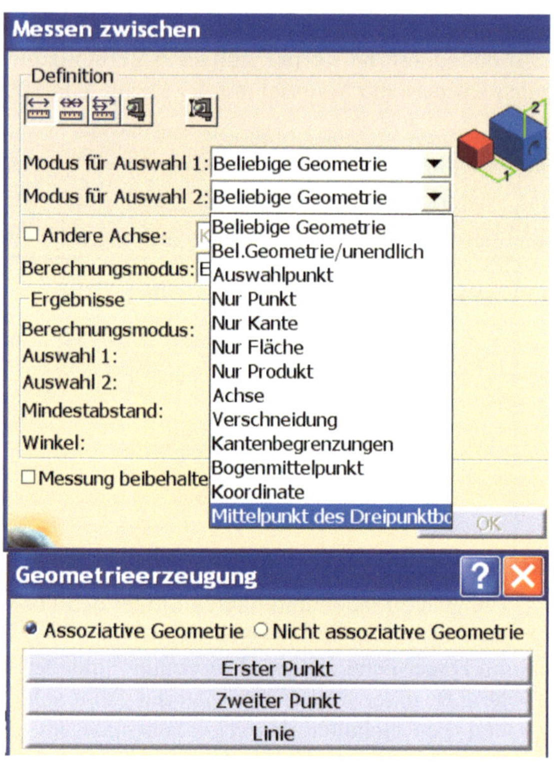

Es können verschiedene Auswahlmodi für die Messelemente eingestellt werden (siehe Klappfenster).

Das Messergebnis wird am selektierten Messobjekt angezeigt und kann beibehalten werden, wenn die entsprechende Schaltfläche aktiviert wird (in der Regel wenig sinnvoll). Es können auch einzelne Volumenkörper im Strukturbaum angewählt werden. Im Baum erscheint ein Eintrag *Messung* mit Messparametern.

Nach dem Messen wird das Feld *Geometrieerzeugung* aktiv. Bei dessen Selektion kann die beim Messen benutzte Geometrie auch erzeugt ☺ werden! So kann z. B. der Schwerpunkt oder eine Diagonale einer Fläche in das Modell eingebracht werden. Diese Geometrie (Bestandteil der Drahtgeometrie) wird in einem *Geometrischen Set* im Strukturbaum abgelegt und kann für weitere Konstruktionen verwendet werden (nur in Ausnahmefällen zu empfehlen).

Wird in den Fenstern *Element messen* und *Messen zwischen* der Schalter *Anpassen* (im Bild oben verdeckt) gewählt, kann in zusätzlich erscheinenden Fenstern eingestellt werden, welche Messergebnisse auf dem Bildschirm oder im Fenster angezeigt werden sollen.

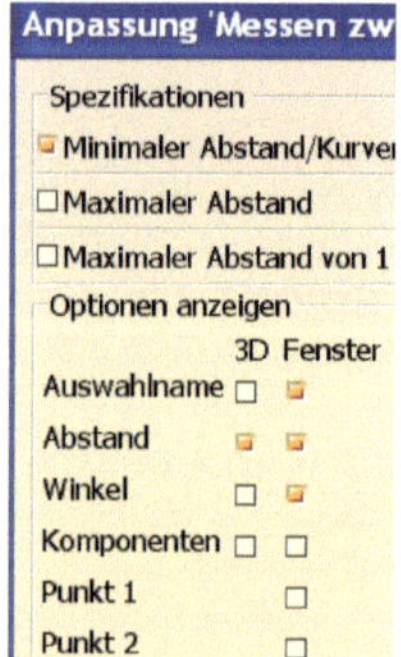

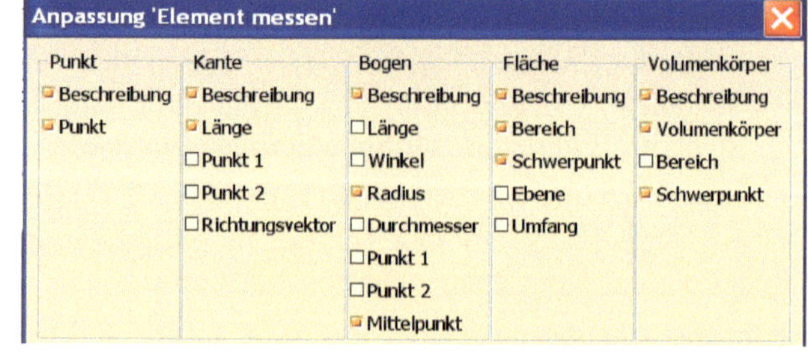

Standardeinstellung *Messen zwischen*   Standardeinstellung *Element messen*

Analyseobjekt zum Ausmessen und Durchfliegen (aus dem Internet ladbar)

Für Analysen das abgebildete Teil erstellen:

⇨ Eine Skizze über die Funktion *Zentriertes Rechteck* Mittelpunkt im Ebenenkreuz erzeugen, Maße 100x60 mm, Block 200 mm, gelb einfärben.

⇨ Auf eine Seitenfläche mittig ein Quadrat 60x60 mm skizzieren, Block 100 mm mit gespiegelter Ausdehnung erzeugen.

⇨ *Schalenelement* Wandstärke innen 3 mm erzeugen. Zu entfernende Teilflächen: Beide Stirnseiten des großen Blockes und **nur die linke** Stirnseite des kleinen Blockes (siehe Bild)

⇨ Auf der inneren Stirnseite des ausgehöhlten kleinen Blocks mittig einen Kreis mit d = 10 mm platzieren, zum Block 10 mm ausdehnen (im Bild verdeckt). Deckfläche des Blocks als Markierung für die spätere Navigation grün einfärben.

⇨ Drei durchgehende Bohrungen d = 20 mm wie im Bild einbringen.

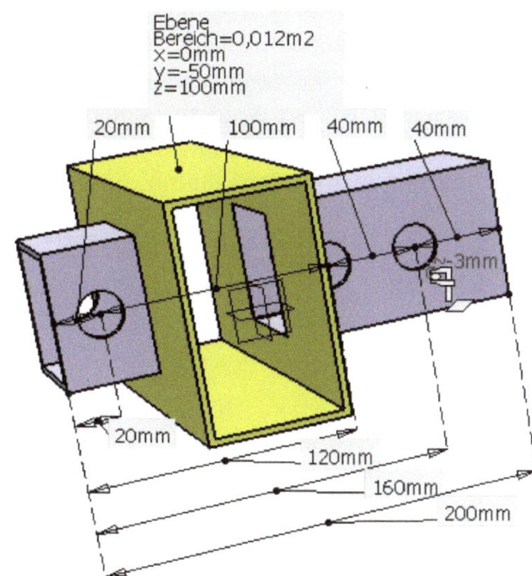

Analyseteil *Kanal* (bereits teilweise vermessen)

Hinweis: *Um einen Bezugspunkt für die Koordinaten des Schwerpunktes zu erhalten, den Koordinatenursprung in der ersten Skizze an eine markante Stelle (Mittelpunkt, Eckpunkt) legen.*

Ausmessen

⇨ Folgende Funktionen mit unterschiedlichen Modi und Anpassungen nacheinander zum Ausmessen des Analyseteils benutzen (der Schalter *Maße beibehalten* sollte **inaktiv** sein!).

 *Messen zwischen*

 *Messen zwischen*   *im Verkettungsmodus*

 *Element messen*

 *Messen zwischen*   *im Fächerungsmodus*

 *Stärke messen*

Funktion zur Bestimmung von Materialdicken (z. B. der Wanddicke eines Gehäuses) direkt durch Anklicken des Objektes

Beispiele:

⇨ Mit *Messen zwischen* die Kanalquerschnitte ausmessen.

⇨ Im *Verkettungsmodus* die Bohrungsabstände ermitteln, anschließend im *Fächerungsmodus*.

⇨ Mit *Element messen* die Oberflächengröße und die Koordinaten des Flächenschwerpunktes einer Ebene ermitteln.

⇨ Mit *Stärke messen* die Wandstärke eines Kanals ermitteln (alle Ergebnisse im Bild oben).

⇨ Mit *Element messen*> Hauptkörper selektieren

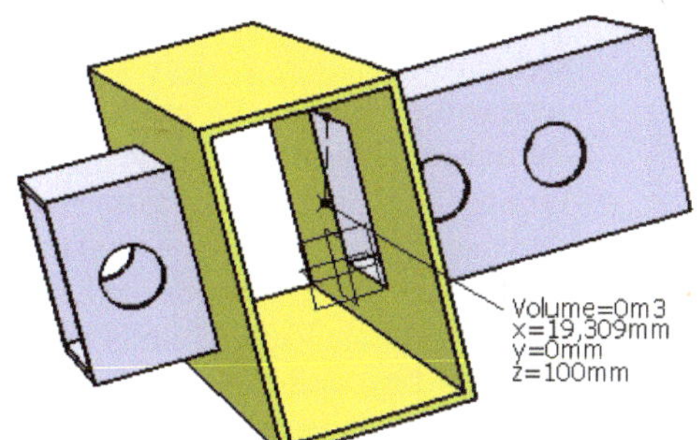

die Koordinaten des Schwerpunktes ermitteln und mit *Geometrieerzeugung* den Schwerpunkt im Modell erzeugen (Bild unten). Alternative: Funktion *Trägheit messen*.

5.6.3 Fliegen und Gehen durch ein Objekt

Beide Funktionen dienen vornehmlich zur Detailbetrachtung im Inneren von Körpern und verlangen Übung (kein Billigflug)! Mit einer *Space Mouse* wird die Bedienung einfacher ☺ .

⇨ Mit Ansicht > *Wiedergabemodus* > *Perspektive* vom Parallelmodus auf den Perspektivmodus umschalten. Nur im Wiedergabemodus *Perspektive* ist *Fliegen* oder *Gehen* möglich!

⇨ Die Baugruppe (hier den *Kanal*) mittig und bis zum Bildschirmrand vergrößert darstellen.

⇨ Im Dauermenü in der Funktionsgruppe *Ansicht* die Funktion *Modus 'Fliegen'* selektieren.

Neue Funktionen werden sichtbar mit Namen: *Modus 'Prüfen'*, *Alles einpassen*, *Blickwinkel ändern*, *Fliegen*, *Schneller*, *Langsamer*, *Gehen* (von links nach rechts). Die Funktion *Fliegen* kann durch *Gehen* ersetzt werden.

Im Unterschied zum Parallelmodus wird beim *Fliegen* nicht das Objekt bewegt, sondern der Betrachter bewegt sich im oder vor dem Objekt! Jede beliebige Flugrichtung im Raum kann angesteuert werden (links, rechts, oben, unten, schräg, drehen). Auch eine Wand wird durchflogen!

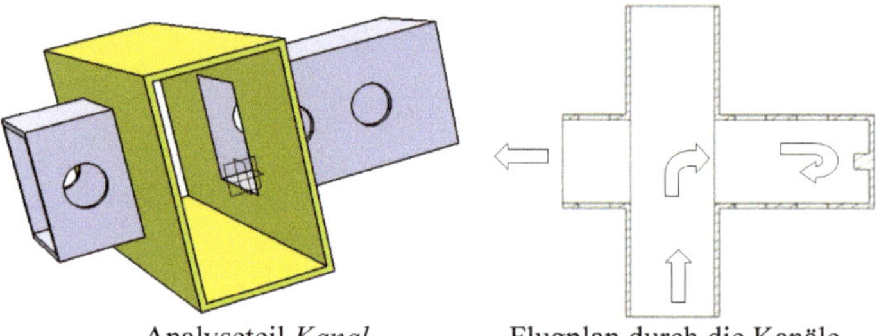

Analyseteil *Kanal*				Flugplan durch die Kanäle

⇨ Die Fluggeschwindigkeit *Langsamer* mehrmals anklicken. Die Funktion *Fliegen* selektieren und den Flug ☺ mit gedrückt gehaltener mittlerer Maustaste (MM) und einem einzelnen Klick der linken oder rechten Maustaste (*LM* oder *RM*) in der Bildmitte (am Ebenenkreuz) beginnen. Zum Kurshalten den Mauszeiger um den erscheinenden Steuerkreis bewegen.

⇨ Mit einem zweiten Klick der linken oder rechten Maustaste fliegt man rückwärts. Beachten: Die Funktion *Fliegen* muss nicht ständig neu aufgerufen werden, sondern bleibt aktiv!

⇨ Der eingeblendete grüne Pfeil zeigt die Zielrichtung an. Der Betrachter bewegt sich in die Gegenrichtung! Befindet sich der Mauszeiger im Steuerkreis. so bewegt sich der Betrachter langsam oder gar nicht (bei oftmaligen Anklicken der Funktion *Langsamer*). Je größer der Abstand des Mauszeigers vom Steuerkreis wird, umso schneller die Bewegung. Durch Loslassen der *MM* kann man Anhalten (z. B. zur Betrachtungsanalyse von Details). Mit *Alles einpassen* das Objekt zurückholen, falls es im Raum ⊗ verschwunden ist.

⇨ Die Aufgabe besteht nun darin, in die Bauteilmitte zu fliegen und dort anzuhalten. Mit gedrückter mittlerer Maustaste und der anschließend auch gedrückt gehaltenen linken oder rechten Maustaste wird durch Ziehen der Maus eine Drehung nach rechts durchgeführt. Jetzt sollte man einen kleinen grünen Zylinder am Ende des Kanals sehen (siehe Flugplan). Zwischendurch die *MM* zum Verschieben des Betrachtungsstandpunktes benutzen!

⇨ Im nächsten Schritt zum grünen Zylinder fliegen, davor anhalten und sich umdrehen, anschließend den kleineren Kanal mit einem weiteren Flug auf der Gegenseite verlassen.

⇨ Wenn man durch *Fliegen* das Ziel erreicht hat und *Modus 'Prüfen'* aktiviert, kann man auch auf diese Weise Details untersuchen. Die üblichen Funktionen der Objektbewegung mit der Maus und die Funktionen *Schwenken*, *Drehen*, *Vergrößern*, *Verkleinern* sind jetzt im Dauermenü verfügbar. Perspektivmodus wird durch *Modus 'Prüfen'* **nicht** aufgehoben.

⇨ Mit der Funktion *Gehen* kann man sich nur in der Ebene und nur nach links oder rechts bewegen! Funktion mit *Ansicht* > *Navigationsmodus* > *Gehen* an geeigneter Stelle starten.

5.6.4 Trägheitseigenschaften ermitteln

Mit der sehr leistungsfähigen Funktion *Trägheit messen* 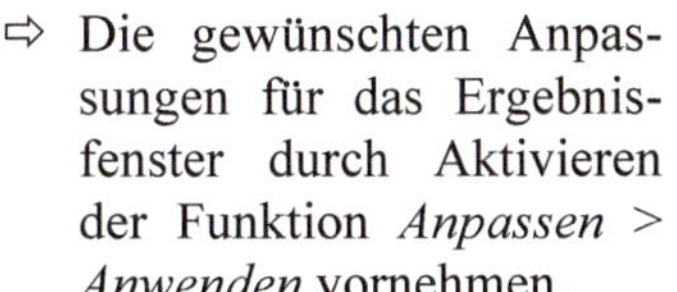 können u. a. das Volumen, die Masse, die Oberfläche, die Koordinaten des Schwerpunktes und die Massenträgheitsmomente um die Hauptachsen ermittelt werden.

⇨ Ein Bauteil z. B. die Distanzplatte laden. Dem Bauteil als Material *Stahl* zuweisen (alternativ die Dichte von Stahl im Fenster eintragen und anschließend das Feld *Masse* selektieren).

⇨ Um einen Bezugspunkt für die Koordinaten des Schwerpunktes zu erhalten, den Koordinatenursprung in die linke untere Ecke des Bauteils legen.

⇨ Den Bauteilnamen im Strukturbaum aktivieren und die Funktion *Trägheit messen* im Dauermenü aufrufen.

⇨ Die gewünschten Anpassungen für das Ergebnisfenster durch Aktivieren der Funktion *Anpassen > Anwenden* vornehmen.

Im Fenster erscheinen als Analyseergebnis die Koordinaten des Schwerpunktes bezüglich des Koordinatenursprungs, das Volumen, die Oberfläche, die Masse und die Massenträgheitsmomente bezüglich der Hauptachsen. Die Hauptachsen werden verschiedenfarbig in das Bauteil eingezeichnet. Mit *Geometrie erzeugen* kann der Schwerpunkt im Modell (für die weitere Konstruktion nutzbar) angezeigt werden.

Analyseergebnis für das Bauteil Distanzplatte

Messgenauigkeit: Alle Messergebnisse werden mit einer Standardgenauigkeit von 3 Dezimalstellen nach dem Komma ermittelt. Mit der Funktion *Tools > Optionen > Parameter und Messungen > Einheiten* kann zu jeder Maßeinheit eine gesonderte Messgenauigkeit vereinbart werden.

Die Messergebnisse lassen sich mit der Funktion *Export* in eine externe Datei übertragen.

Folgende Funktionen stehen im Fenster *Trägheit messen* zusätzlich zur Verfügung:

 *Trägheit von 3D-Elementen messen*

 *Trägheit von 2D-Elementen messen*

Analyse von 3D-Einzelelementen (z. B. eines einzelnen Blockes) durch Anwählen im Baum. Einzelne Flächen können durch Anwählen am Objekt analysiert werden.

5.6.5 Gewinde, Auszugsschrägen, Krümmungen, Wandstärken analysieren

Im Dauermenü gibt es weitere Analysefunktionen für Volumenkörper und Flächen.

 *Analyse der Innen- und Außengewinde* zur Kontrolle der Gewindeeintragungen in einem Bauteil (Beispiele siehe Übungen *Grundplatte* und *Druckschraube* unter 5.5).

 *Auszugsschrägenanalyse* für Bauteile mit Formschrägen. Die Anwendung dieser Funktion erfordert Kenntnisse über Formschrägen (siehe dazu unter 9.3).

 *Krümmungsanalyse* für die Bewertung der Qualität von Flächen eines Volumenkörpers. Voraussetzung für die Analyse ist die Zuweisung von Material für den Körper. Die Anwendung dieser Funktion erfordert Kenntnisse über Flächen (siehe 9.6).

 *Analyse der Wandstärke* für Untersuchungen zur Wandstärke bei schalenförmigen Bauteilen wie z. B. Gussgehäusen und Kunststoffbehältern (siehe dazu unter 9.3).

 *Dynamischer Schnitt* für Volumenschnitte durch Hohlkörper (ab R21) als Alternative zur Funktion *Teil durch Skizzierer-Ebene* schneiden (rechts).

5.6.6 Skizzenanalysen

Das Finden von Fehlern im Skizzenaufbau wird durch die Funktionen im Dauermenü

 *Skizzen-Auflösungsstatus* und  *Skizzieranalyse* unterstützt.

⇨ Eine Skizze laden und anschließend die Funktion *Skizzen-Auflösungstatus* aufrufen.

Ergebnisbeispiele:

1. Wenn als Ergebnis im Statusfenster *Iso-bestimmt* erscheint, entspricht die Skizze den Anforderungen. Wird anschließend mit der Funktion *Skizzieranalyse* im Fenster > *Geometrie* selektiert, so erscheint unter *Geometrie Profil* und unter *Status Geschlossen*. Der Volumenkörper kann erstellt werden.
Unter *Maßnahmen* können lediglich Maße, Bedingungen und Hilfslinien ausgeblendet werden.

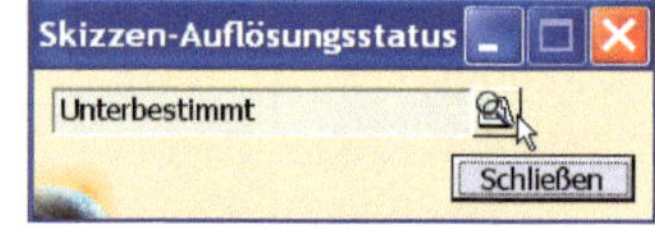

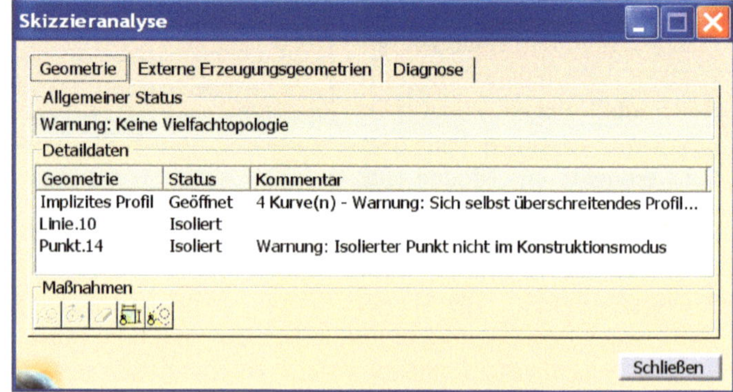

2. Wenn im Statusfenster *unterbestimmt* erscheint, so werden mit der Funktion *Skizzieranalyse* > *Geometrie* im gezeigten Beispiel unter *Status* ein verzweigtes oder offenes Profil, eine isoliert existierende (z. B. eine doppelte) Linie und ein isolierter existierender Punkt (z. B. ein Raumpunkt) festgestellt. Jeder der Fehler verhindert das Erstellen eines Volumenkörpers!

In der Skizze werden die Fehlerursachen angezeigt und können jetzt behandelt werden. Man aktiviert *Diagnose* und selektiert anschließend in der Skizze die gekennzeichneten fehlerhaften Elemente. Unter *Aktion* kann mit dem „Radiergummi" überflüssige Geometrie sofort ☺ gelöscht werden.

5.7 Neuordnen des Strukturbaumes für Bauteile

Im Modellierungsprozess kann ein Neuordnen von Konstruktionselementen notwendig werden. Ursache können iteratives Vorgehen oder Unachtsamkeit beim Modellieren sein.

Das Zuweisen einer neuen Position im Strukturbaum ist für ein Konstruktionselement nur dann statthaft, wenn innere Abhängigkeiten im Aufbau des Teils nicht verletzt werden. Dadurch sind die Möglichkeiten begrenzt.

Die Abhängigkeiten eines Konstruktionselements ermittelt man über das Kontextmenü mit *RM >* `Eltern/Kinder…` .

Im nebenstehenden Beispiel ist *Welle.1* als das selektierte Element der *Skizze.1* (sie ist das Elternelement) untergeordnet. Auf *Welle.1* bauen die rechts stehenden Konstruktionselemente auf, sind ihm also untergeordnet (Kinder).

Im folgenden Beispiel sind von einer Welle eine Tasche und eine Bohrung abgezogen worden. Anschließend wurden drei Fasen (von außen nach innen) angebracht. Um die Funktionalität zu zeigen, sollen die *Fasen* den jeweiligen Volumenkörpern zugeordnet werden, wodurch die Änderungsstabilität erhöht wird.

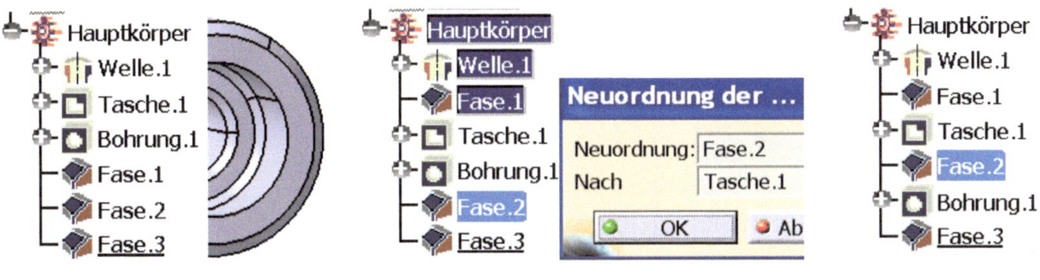

Ursprungsstruktur   Umstrukturierung *Fase.2*   Neue Struktur

Das umzuordnende Konstruktionselement (im mittleren Bild die *Fase.2*) wird über das Kontextmenü mit *RM >* `Objekt Fase.2` > `Neu anordnen…` hinter die *Tasche.1* positioniert. Alle Elemente, die für das Neuordnen infolge von Abhängigkeiten nicht selektiert werden dürfen, werden bei diesem Dialog im Strukturbaum gelb hinterlegt (im mittleren Bild schwarz).

Umordnen mit dem Kontextmenü

Prinzipiell ist das Umordnen von Konstruktionselementen auch mit den Funktionen des Kontextmenüs *RM >* `Ausschneiden` und RM > `Einfügen` möglich. Ob die neue Position im Strukturbaum zulässig ist, erfolgt bei negativem Ausgang allerdings nur über eine Fehlermeldung.

5.8 Formeln und Tabellen in Bauteilkonstruktionen

Mit den Funktionen der Funktionsgruppe *Ratgeber* ![] des Dauermenüs können Zusammenhänge über Formeln und Varianten über Konstruktionstabellen in die Bauteil- und Baugruppenmodelle eingefügt und bearbeitet werden.

Die Funktionen *Formel* ![] und *Konstruktionstabelle* ![] sollen kurz an Anwendungsbeispielen für die Bauteilkonstruktion erläutert werden.

Das Zuweisen von Formeln für Maße und auch für Operationen erfolgt mit der Funktion *Formel*. Sinn ist hierbei die übersichtliche Steuerung parametrischer Konstruktionen.

Unter *Tools > Optionen > Allgemein > Parameter und Messungen > Ratgeber > Strukturbaumansicht – Parameter* müssen *Mit Wert* und *Mit Formel* aktiviert sein. Zusätzlich prüfen, ob die auf Seite 40 beschriebenen Anzeigeoptionen für den Strukturbaum aktiviert wurden.

Demonstrationsbeispiel zur Anwendung von Formeln

Am Modell einer quaderförmigen Schale soll gezeigt werden, wie geometrische Zusammenhänge über Formeln formuliert werden.

Die Breite des Körpers soll Steuerparameter werden. Die Länge soll das 1,5-fache, die Höhe das 0,5-fache und die Wanddicke 8% der Breite betragen.

⇨ Skizze eines Rechteckes (Breite x Länge) bemaßen(!) und daraus einen Block erzeugen (Maße zum besseren Vergleichen zweckmäßig wie im Bild rechts).

⇨ Funktion *Formel* aufrufen. Im Fenster *Formeln* muss im Feld hinter der Schaltfläche *Neuer Parameter des Typs* als Typ *Länge* ausgewählt werden. Anschließend die Schaltfläche *Neuer Parameter...* selektieren. Den Namen *Länge.1* ersetzen durch *breit* und den Wert 50 mm zuordnen. **Fenster nicht schließen!** Für die weiteren Parameter (*lang, hoch*) analog vorgehen nur keinen Wert zufügen sondern die Schaltfläche *Formel*

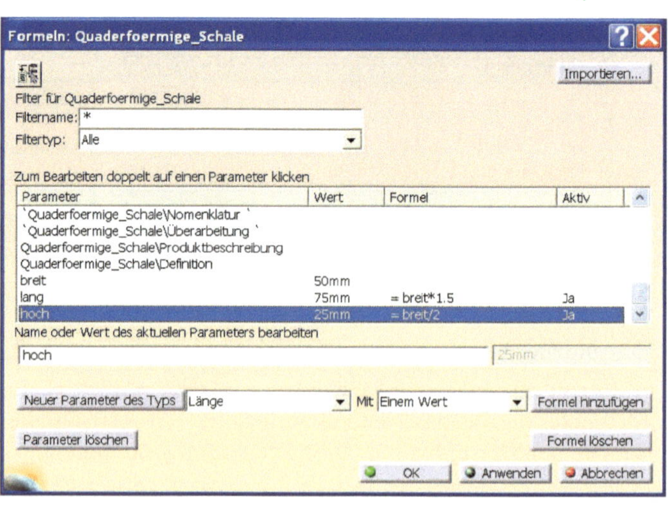

hinzufügen betätigen. Es erscheint jetzt das Fenster *Formeleditor* (Abb. dazu auf der nächsten Seite). Für die gewählte Parameterbezeichnung *lang* die Zuweisung über die Formel *breit*1.5* vornehmen (Trennzeichen für die Dezimale ist der Punkt!). Übliche Operationszeichen wie beim Programmieren verwenden. Das Fenster *Formeleditor* mit *OK* verlassen. Mit der Höhe (Parameterbezeichnung *hoch*) ebenso verfahren (Formel *breit/2* zuweisen).

⇨ Die Strukturknoten *Parameter* und *Beziehungen* im Baum öffnen, um die Zuweisungen überprüfen und später ändern zu können.

Die Parameter sind nun erstellt und ihnen wurden Werte oder Formeln zugeordnet. Jetzt müssen noch den Bauteilabmessungen die Parameterbezeichnungen zugewiesen werden (Einträge unter *Beziehungen* im Strukturbaum).

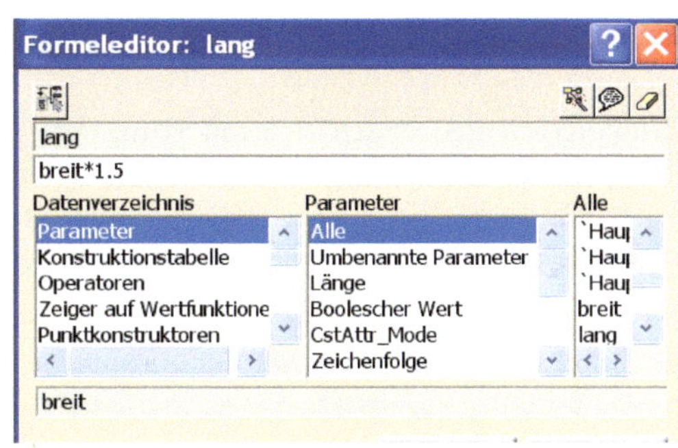

⇨ Bei Selektion des Blockes (immer noch bei geöffneten Fenster *Formeln*!) erscheinen an ihm die Maße. Beim Anklicken eines Maßes wird es im Feld *Parameter* blau hinterlegt.

Selektieren des Maßes 50 mm am Block und anschließend über die Schaltfläche *Formel hinzufügen* die Parameterbezeichnung *breit* zuweisen (durch Eintippen).

⇨ Den anderen Maßen ebenfalls ihre Parameterbezeichnungen hinzufügen. Erst jetzt das Fenster *Formeln* mit *OK* verlassen!

In der Skizze sind jetzt das Längen- und Breitenmaß und im Blockfenster das Ausdehnungsmaß für Eingaben gesperrt (erkennbar durch ein angehangenes *f(x)*).

⇨ Test: Parameter *breit* im Strukturbaum auf 100 mm setzen. Alle anderen Maße ändern sich gemäß den Formelzuweisungen automatisch ☺.

Schale erzeugen
⇨ Mit der Funktion *Schalenelement* auf der Deckfläche des Blockes eine offene Schale mit *Standardstärke innen:* von z. B. 5 mm (beliebiges sinnvolles Maß) erzeugen.
⇨ Die Funktion *Formeln* aufrufen und einen neuen Parameter *Wanddicke* mit der Formel *(breit/100)*8* erstellen. Mausklick auf *Schalenelement.1* im Baum und dem *inneren Aufmaß* des Schalenelements über *Formel hinzufügen* den Parameter Wanddicke zuordnen.
⇨ Erneuter Test: Parameter *breit* im Strukturbaum auf 80 mm setzen. Die Maße ändern sich gemäß den Formelzuweisungen automatisch ☺. Die Wanddicke durch Ausmessen überprüfen (6,4 mm).

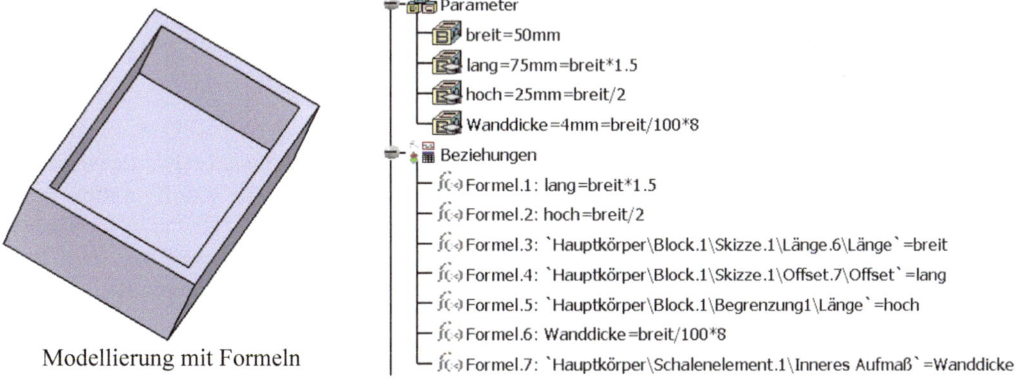

Modellierung mit Formeln

Mit weiteren Funktionen der Funktionsgruppe *Ratgeber* können den Programmen u. a. Kommentare hinzugefügt, Kontrollen vorgenommen und Parameter gesperrt oder entsperrt werden.

Demonstrationsbeispiel zur Anwendung einer Konstruktionstabelle

Bauteilvarianten lassen sich mit Hilfe der Funktion *Konstruktionsstabelle* 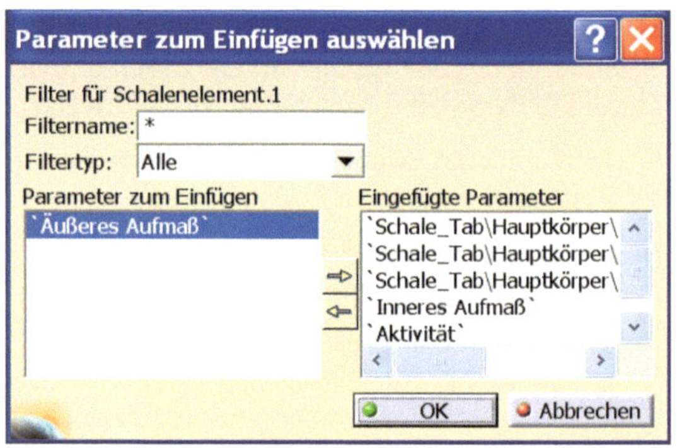 erzeugen. An einer Schale soll gezeigt werden, wie Maßvarianten in einer Konstruktionstabelle abgelegt und über diese erstellt werden. Das Erzeugen von einzelnen Konstruktionselementen lässt sich dabei über Regeln, im Beispiel über die Option *Aktivität* (*true* oder *false*), steuern.

⇨ Die gleiche quaderförmige Schale wie im vorangegangenen Demonstrationsbeispiel unter dem Namen *Schale_Tab* erneut (ohne die Formeln) erzeugen und abspeichern.

⇨ Die Funktion *Konstruktionstabelle* aufrufen. Im erscheinenden Fenster die Tabelle in *Schale_Tab* umbenennen und die Option *Eine Konstruktionstabelle mit aktuellen Parameterwerten erzeugen* aktivieren. Fenster mit *OK* verlassen.

Parameter festlegen

⇨ Im Strukturbaum den Block selektieren und die am Block jetzt angezeigten drei Maße (Länge, Breite, Höhe) nacheinander anklicken und mit der Pfeilfunktion vom linken in den rechten Teil des Fensters befördern (siehe Bild).

⇨ Schalenelement im Baum selektieren und das jetzt angezeigte *Innere Aufmaß* und die *Aktivität* ebenfalls in den rechten Fensterteil umgruppieren. *OK*.

⇨ Die Konstruktionstabelle muss jetzt als Excel-Datei (*.xls*) oder als Textdatei (*.txt*) gespeichert im gleichen Verzeichnis werden, z. B. hier unter dem Namen *Schale_Tab.txt* als Textdatei (Dateiattribut selbst einfügen!). Nach dem Speichern öffnet sich ein Konfigurationsfenster, in dem die Parameterwerte des erzeugten Körpers in einer Zeile eingetragen sind. Außerdem wird im Strukturbaum unterhalb des Eintrages *Beziehungen* die Tabelle aufgeführt, die später durch Doppelklick auf den Eintrag wieder aufgerufen werden kann.

⇨ Mit *Tabelle bearbeiten* wird ein Editor geöffnet. In der ersten Zeile stehen die Werte des erzeugten Körpers in der zugewiesenen Reihenfolge. Die Tabelle wie abgebildet um zwei Zeilen erweitern (Zwischenräume über die Tabulatortaste erzeugen).

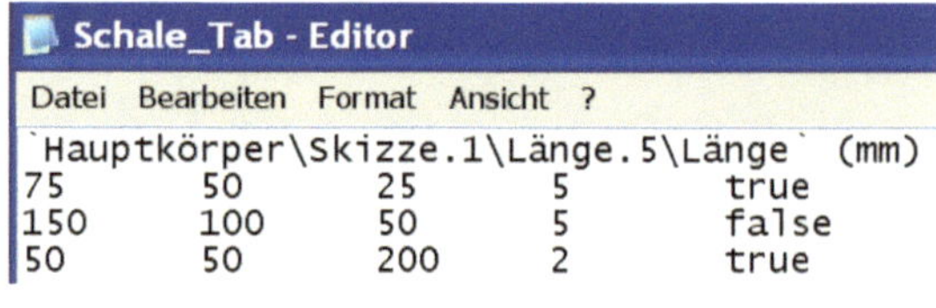

⇨ Mit *Datei > Speichern unter* die Tabelle speichern. Mit *Datei > Beenden* Editor verlassen.

⇨ Die ausgelöste *Nachricht* studieren und schließen. Im erscheinenden Konfigurationsfenster eine der drei angezeigten Zeilen auswählen. Mit *Anwenden* wird die gewählte Variante erzeugt. Bei der zweiten Variante wird das Schalenelement nicht erstellt, weil die *Aktivität* auf *false* gesetzt wurde. Das angegebene Maß für die Schalendicke ist deshalb ohne Bedeutung.

⇨ Wird das Konfigurationsfenster mit *OK* verlassen, wird die zuletzt ausgewählte Variante zur aktuellen Modellvariante. Mit der Funktion *Datei > Sichern unter* das Modell speichern.

Beim Einbau des Bauteiles in eine Baugruppe lässt sich die Modellvariante über die mit dem Modell verknüpfte Konstruktionstabelle noch wechseln. Weiteres zum Arbeiten mit Formeln und Konstruktionstabellen findet sich z. B. in /7/.

Bauteilüberwachung mittels der Prüffunktion

Funktionen in der Funktionsgruppe *Ratgeber* bieten die Möglichkeit, für Bauteile Prüfungen vorzusehen, z. B. ob zuvor festgelegte Maße unter- oder überschritten werden. Dies kann sinnvoll sein, wenn mehrere Konstrukteure hintereinander an einem Bauteil arbeiten. In folgendem Beispiel soll eine Warnmeldung ausgegeben werden, wenn die Bauteillänge so groß wird, dass zur Erhaltung der Stabilität ☹ Versteifungen eingebaut werden müssen.

In der Funktionsgruppe *Ratgeber* erscheint die Funktion *Prüfungsanalyse* 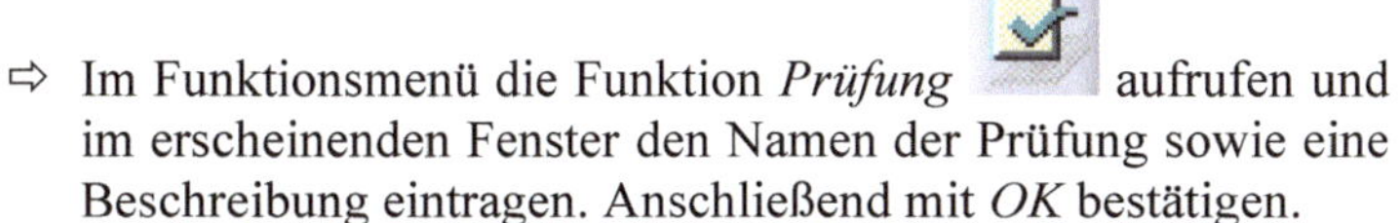 zunächst ausgegraut.

⇨ Einen Block mit den Maßen 150 mm x 100 mm x 50 mm herstellen.

⇨ Ein Schalenelement mit 2 mm Wandstärke innen erzeugen, wie auf nebenstehendem Bild gezeigt.

⇨ Die Umgebung wechseln mit *Start > Knowledgeware > Knowledge Advisor* (Konstruktionsratgeber).

⇨ Im Funktionsmenü die Funktion *Prüfung* aufrufen und im erscheinenden Fenster den Namen der Prüfung sowie eine Beschreibung eintragen. Anschließend mit *OK* bestätigen.

⇨ Im darauf folgenden Fenster *Prüfeditor* den *Prüfungstyp* auf *Warning* stellen. Eine Nachricht eingeben, die erscheinen soll, wenn das Prüfungsergebnis negativ ausfällt.

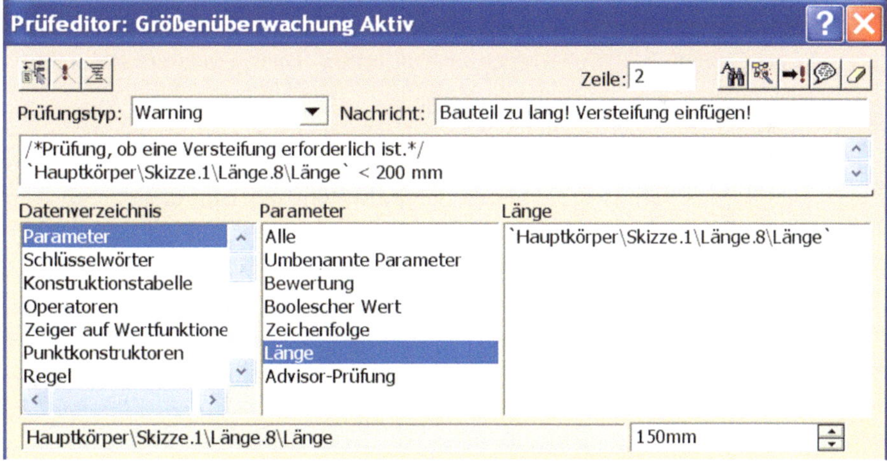

⇨ Unter *Parameter Länge* einstellen. Die Länge 150 am Block selektieren und die Prüffunktion als mathematische Formel eingeben (...*Länge`< 200 mm*). In diesem Fall wird die Prüfung nur bestanden, wenn der Parameter ...*Länge* den Wert 200 mm nicht überschreitet. (Die mit /* ... */ umrahmten Zeilen sind Kommentare und werden nicht berücksichtigt.)

⇨ In die Umgebung *Part Design* wechseln. Im Dauermenü erscheint die Funktion *Prüfungsanalyse* nun mit grüner Ampel.

⇨ Das Längenmaß auf einen Wert größer 200 mm ändern. Die Ampel schlägt auf rot um und es erscheint die zuvor eingegebene Fehlermeldung. Ändern im Editor durch Doppelklick auf den Prüfeintrag im Strukturbaum (unter *Beziehungen*).

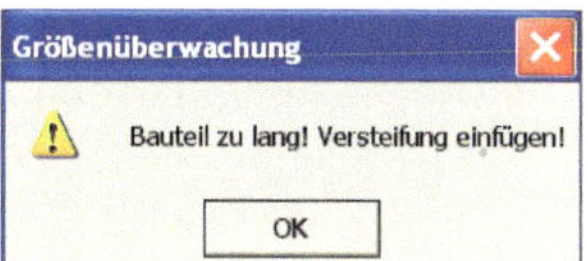

5.9 PowerCopy

Die Funktion *PowerCopy* ermöglicht dem Konstrukteur, einzelne oder kombinierte Bauteilelemente als Vorlagen zu speichern, um sie bei Bedarf mit wenig Aufwand in jedes beliebige andere Bauteil einfügen zu können. Zum Platzieren der PowerCopy ist im Empfängerbauteil Referenzgeometrie erforderlich. Diese Geometrie wird bereits bei der Erstellung der PowerCopy definiert. Es ist also wichtig, sich vor dem Anlegen der PowerCopy Gedanken zu machen, wie diese möglichst änderungsstabil und universell einsetzbar konstruiert werden kann. Die folgende Übung befasst sich mit der Erstellung einer Noppe (knotenförmige Erhöhung) als PowerCopy. Dabei wird gleichzeitig noch einmal der Umgang mit Formeln geübt.

⇨ Einen Ordner *PowerCopy-Vorlagen* anlegen. PowerCopys werden als normale Part-Dateien gespeichert, deshalb ist es sinnvoll, sie in einem separaten Ordner abzulegen.

⇨ Ein neues, zunächst leeres Bauteil mit dem Namen *Noppe_PC* anlegen und im Ordner *PowerCopy-Vorlagen* speichern.

⇨ Auf einer der Hauptebenen einen Raumpunkt erstellen mit *Punkttyp: Auf Ebene*. Dieser Punkt wird später Teil der Referenzgeometrie.

⇨ Auf dieselbe Ebene eine neue Skizze legen. Einen Kreis skizzieren, beliebig platzieren und bemaßen. Den Mittelpunkt kongruent zum vorher erstellten Raumpunkt setzen. Den Skizzierer verlassen und den Kreis zum Block mit beliebiger Dicke ausdehnen.

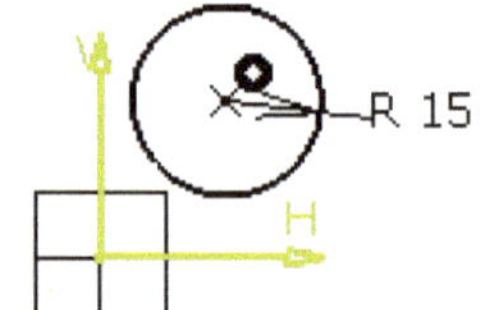

Da die Noppe halbkugelförmig sein soll, wird die Größe des Blocks über eine Formel gesteuert.

⇨ Die Funktion *Formel* 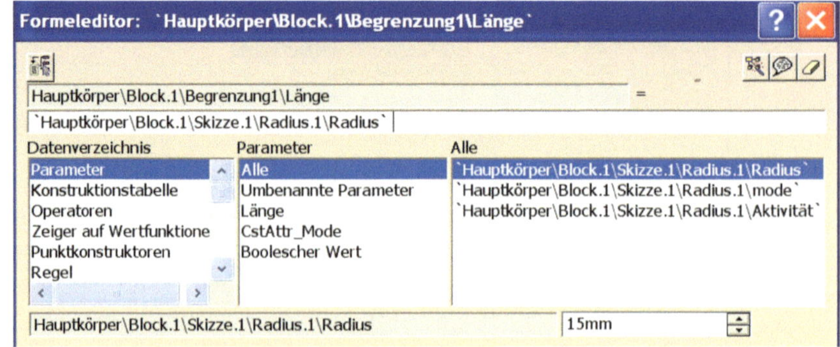 im Dauermenü aufrufen. Den gerade erstellten Zylinder anwählen, anschließend das erscheinende Maß für die Blockhöhe selektieren.

⇨ Die Schaltfläche *Formel hinzufügen* anklicken.

⇨ Im Strukturbaum die Skizze des Blocks wählen und Doppelklick auf das Radiusmaß.

Damit wird eine Formel definiert, die besagt, dass die Höhe des Blocks identisch dem Radius des Grundkreises ist.

⇨ Den Formeleditor mit (zweimal) *OK* schließen.

⇨ Diejenige Kante des Zylinders, die nicht in der Skizzierebene liegt, mit der Funktion *Kantenverrundung* verrunden.

⇨ Eine weitere Formel nach der gleichen Vorgehensweise wie oben beschrieben hinzufügen. Der Radius der Kantenverrundung soll gleich dem Radius des Grundkreises sein. Der Zylinder wird damit zur Halbkugel. Die Skizze ändern, um die Änderungsstabilität zu testen.

⇨ Die Funktion *Eine Power-Copy erzeugen* aufrufen.

⇨ Einen Namen vergeben. Im Strukturbaum den Block und die Kantenverrundung auswählen.

Im linken Teil des Fensters sind die Komponenten aufgelistet, die in die PowerCopy mit einbezogen werden. Rechts, unter *Komponenteneinga-ben*, wird die Referenzgeometrie ge-zeigt, die später in jedem Bauteil vorhanden sein muss, in das die PowerCopy eingefügt werden soll.

⇨ Die Schaltfläche *Eingaben* selek-tieren. Dort aussagekräftige Be-zeichnungen für die Referenzge-ometrie vergeben.

Unter *Parameter* müssen nun dieje-nigen Bemaßungen definiert werden, die beim Einfügen der PowerCopy veränderlich sein sollen. Da im Bei-spielfall Formeln erstellt wurden, bei denen alle berechneten Maße vom Radius des Grundkreises der Noppe abhängig sind, muss nur dieser aus-gewählt werden.

⇨ Den Radius im Fenster anklicken. Die Schaltfläche *Veröffentlicht* aktivieren und dem Parameter ei-nen zweckmäßigen Namen (hier *Radius*) geben.
Mit einem Klick auf *OK* ist die Definition der PowerCopy abge-schlossen.

Im Strukturbaum erscheint ein neuer Eintrag *PowerCopy*, über den nach-träglich Änderungen in der Definiti-on vorgenommen werden können.

⇨ Das Bauteil (rechts neben dem Strukturbaum dargestellt) im Verzeichnis *PowerCopy-Vorlagen* unter dem Namen *Nop-pe_PC* abspeichern und schlie-ßen.

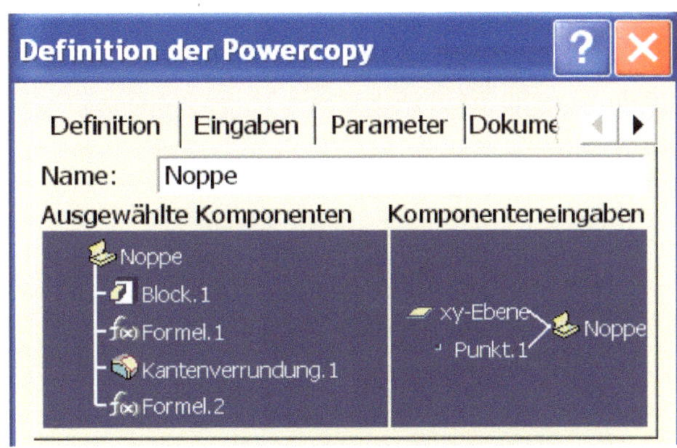

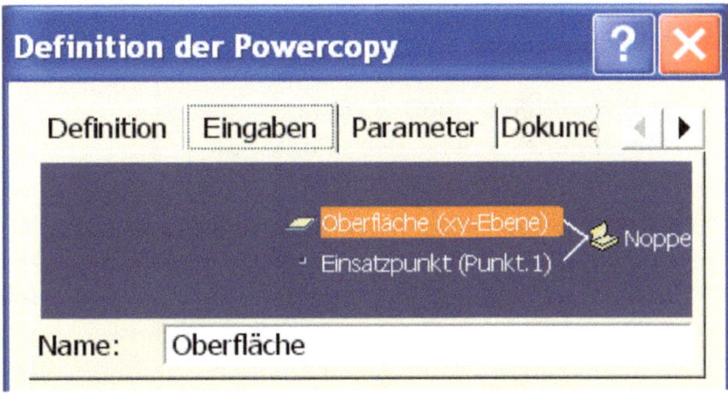

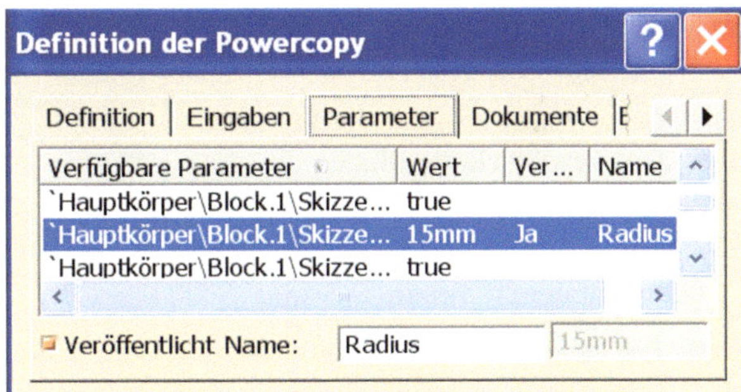

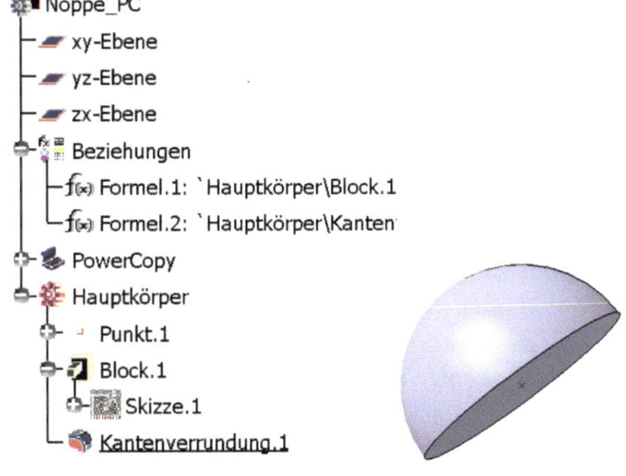

Jetzt sollen Noppen als Aufstandpunkte auf die Grundfläche einer Schale aufgebracht werden. Im Beispiel wird die Schale aus Kapitel 5.8 verwendet. Es können aber auch auf jede beliebige plane Oberfläche eines anderen Teiles Noppen angebracht werden.

⇨ Die Schale laden.

⇨ Auf die Grundfläche vier Raumpunkte an definierte Stellen setzen.

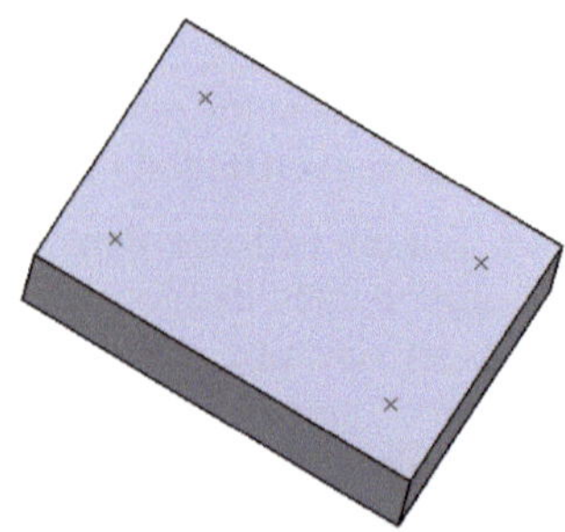

⇨ Die Funktion ▼ *Exemplar von Dokument erzeugen* aufrufen.

⇨ Im erscheinenden Fenster die Datei *Noppe_PC* zum Laden auswählen. (Eventuell erscheinende Fehlermeldung ignorieren).

⇨ Im jetzt erscheinenden Fenster *Objekt einfügen* unter *Eingaben* die Oberfläche sowie den Punkt anwählen, auf dem die Noppe erstellt werden soll.

⇨ Die Schaltfläche *Parameter* aufrufen. Dort die Größe des bei der Definition der PowerCopy veröffentlichten Radius frei wählen.

⇨ Mit *Schließen* und *OK* das Fenster verlassen.

Die Noppe wurde am gewünschten Ort mit den gewünschten Maßen ☺ erstellt!

⇨ Das Gleiche mit den drei restlichen Punkten durchführen.

Mehrfachselektionen sind möglich, wenn im Fenster die Funktion *Wiederholen* aktiviert wird. Das Fenster wird dann immer wieder aufgerufen.

Es kann auch mit den Funktionen zur Mustererzeugung gearbeitet werden.

Hinweise: *Die PowerCopy wird im Strukturbaum nicht als gesondertes Objekt abgelegt, sondern wird in der Form eingeblendet, in der sie erstellt wurde, im Fall der Noppe also als Block mit Kantenverrundung. Dies bedeutet für den Konstrukteur, beim Einfügen der PowerCopy darauf zu achten, dass die Einsatzpunkte und die variablen Parameter der PowerCopy immer korrekt definiert werden. Muss im Nachhinein ein Maß geändert werden, so kann dies nur unkomfortabel einzeln in den Skizzen geschehen. Dies wird vor allem bei komplexeren PowerCopys zum Problem.*

6 Zusammenbau von Bauteilen

6.1 Grundlagen der Baugruppenkonstruktion

Allgemeines

In der **Baugruppenkonstruktion (*Assembly Design*, Zusammenbau)** lassen sich die Bauteile (*Parts*) nach funktionellen Gesichtspunkten zu einer Baugruppe (*Produkt*) zusammenbauen.

Funktionell zusammenhängende Bauteile können zu Montagegruppen zusammengefasst werden. Montagegruppen bilden mit weiteren Bauteilen eine Unterbaugruppe. Mehrere Unterbaugruppen bilden Ober- oder Hauptgruppen. Es entsteht dadurch eine Hierarchie von Bauteilen und Baugruppen.

Die Bauteile sind die kleinsten geschlossenen Bausteine einer Konstruktion. Sie werden in der Teilekonstruktion (*Part Design*) als Volumen- oder Flächenmodell erzeugt und in einer Bauteildatei vom Typ *bauteilname.CATPart* abgelegt.

Aufbau der Baugruppe

Eine Baugruppe hat kein eigenes Ebenen- und Koordinatensystem. Das erste Bauteil einer Baugruppe definiert mit seinem Ebenensystem die Ursprungslage der Baugruppe. Die folgenden Teile und die Zeichnungsableitung der Baugruppe beziehen sich darauf.

Das erste geladene oder erzeugte Bauteil einer Baugruppe sollte sofort im Raum fixiert werden. Die weiteren Teile richten sich dann an diesem Teil aus.

Die Koordinatensysteme spielen beim Zusammenbau keine Rolle. Der Zusammenbau von Bauteilen und Baugruppen erfolgt objektbezogen über **Baugruppenbedingungen,** mit denen die Lage der Bauteile und (Unter-) Baugruppen zueinander (über Flächenkontakt, Kongruentsetzen von Mittellinien oder Körperkanten, Abstand von Flächen usw.) festgelegt wird.

Zwischen den Bauteilen werden in der Regel so viele Baugruppenbedingungen formuliert bis keine **Freiheitsgrade der Bewegung** mehr bestehen (maximal 6 Freiheitsgrade sind möglich: 3 Verschiebungen in Richtung der Achsen x, y, z und 3 Drehungen um diese Achsen). Diese Baugruppenbedingungen werden unter dem Eintrag *Bedingungen* im Strukturbaum abgelegt.

Baugruppen werden in einer Baugruppendatei vom Typ *baugruppenname.CATProdukt* gespeichert. Die Baugruppendatei enthält die Dateipfade und die Namen der Komponenten der Baugruppe und die relative Lage der Komponenten untereinander. Die Geometrie der Bauteile wird nicht mit gespeichert, sondern nur Verweise (*links*) darauf.

Komponenten einer Baugruppe sind entweder Bauteile oder (Unter-)Baugruppen.

Entwickeln von Baugruppen

Baugruppen werden gebildet, wenn bereits vorhandene Komponenten in eine zu Beginn der Entwicklung „leere" Baugruppe eingebaut werden (*Bottom-Up-Methode*). Das Einfügen erfolgt mit der Funktion *vorhandene Komponente* und erzeugt im Strukturbaum einen Knoten mit dem Namen der Komponente. Mehrfachexemplare werden über die Nummer des eingeklammerten Zusatzes unterschieden.

Bauteile lassen sich aber auch in ihrer funktionellen Umgebung direkt in der Baugruppe entwickeln (*Top-Down-Methode*). Diese Vorgehensweise wird später im Kapitel 10 geübt.

So wie sich Bauteile in anderen Konstruktionen als Wiederholteile verwenden lassen (typischer Fall sind die Normteile), können Baugruppen so aufgebaut werden, dass sie für weitere Konstruktionsaufgaben wiederverwendbar sind. Dadurch reduziert sich der Konstruktionsaufwand.

Der Ausgangspunkt für das Einfügen oder Entwickeln von Komponenten in Baugruppen ist immer die aktivierte Stelle im Strukturbaum. Auf diese Art und Weise lässt sich die gewünschte Struktur der Baugruppe aufbauen. Die Struktur kann nachträglich noch verändert werden (siehe dazu unter Kapitel 10.5.1).

Je nach Erfordernis lässt sich die Arbeitsumgebung zwischen Baugruppenkonstruktion und Bauteilkonstruktion austauschen. Dazu muss entweder die Baugruppe oder das Bauteil im Strukturbaum mit einem Doppelklick aktiviert werden. Der im Strukturbaum aktivierte Eintrag erhält einen weißen Rahmen und wird blau unterlegt, die entsprechende Funktionsumgebung wird eingeblendet.

Didaktische Erleichterungen

Der Zusammenbau der Baugruppen muss nicht in der gleichen Reihenfolge wie bei der realen Fertigungsmontage erfolgen, sondern orientiert sich daran, was im CAD-System möglich ist. Dass ein Teil bei der Montage z. B. durch das Material bewegt wird, sollte nicht stören.

Für den Zusammenbau ist eine **aussagekräftige Benennung der Einzelteile und Baugruppen** erforderlich! Nur so kann die Übersicht in einer umfangreichen Baugruppe gewahrt bleiben. Durch farblich verschieden gestaltete Einzelteile lässt sich die Übersichtlichkeit innerhalb der Baugruppe erhöhen.

Die Produktdateien werden zur klaren Kennzeichnung und zur Darstellung der Hierarchie in der Übung mit einem Vorsatz (OBG für Oberbaugruppe, UBG für Unterbaugruppe, MG für Montagebaugruppe) angelegt und abgespeichert. Die oberste Baugruppe ist das Top.

Alle zu einer Baugruppe gehörenden Dateien (Bauteildateien, die Datei *Werkstueck* aus dem Internet(!), Normteildateien, Baugruppendateien und Zeichnungen) sollten im Rahmen der Ausbildung in **ein einziges Verzeichnis** gespeichert werden, das den Namen der Baugruppe (hier *Spannvorrichtung*) trägt. Beim Verschieben von Verzeichnissen bleiben so alle *Links* richtig!

Stukturbaum und weitere Hilfsfunktionen

Das Verfolgen der Konstruktion an Hand des Strukturbaumes gewinnt in der Baugruppenkonstruktion eine noch größere Bedeutung als in der Teilekonstruktion. Nur durch Kontrolle der Eintragungen im Strukturbaum kann die Hierarchie in der Baugruppe richtig geplant und nachvollzogen werden. Die Modelle und die Strukturbäume werden schnell sehr umfangreich. Es empfiehlt sich daher, nicht benötigte Teile des Baumes wegzuklappen und nicht benötigte Unterbaugruppen zu verdecken. Unter *Ansicht* lassen sich folgende weitere Funktionen aufrufen:

Erweiterung des Strukturbaums	Ein- und Ausblenden von Ebenen im Baum.
Spezifikationsübersicht Shift+F2	Der Baum wird in einem Zusatzfenster abgebildet.
Geometrieübersicht	Das Modell wird in einem Zusatzfenster gezeigt.
Q Vergrößerung…	Ein in seiner Größe einstellbarer Rahmen kann über das Modell bewegt werden. In einem Zusatzfenster wird eine ☺ Vergrößerung des Eingerahmten gezeigt.

6.2 Wichtige Funktionen im Zusammenbau

Nur die wichtigsten Funktionen des Zusammenbaus sollen aufgeführt werden. Die meisten dieser Funktionen werden in den ersten Baugruppenübung benutzt. Später werden weitere Funktionen erläutert und angewendet. Der volle Umfang der Funktionen ist für jeden Nutzer in der Funktionsmenüleiste einsehbar.

Funktionen zum Erzeugen einer **Produktstruktur:**

	Produktauswahl		Komponente ersetzen
	Neue Komponente einbauen		Neuordnung des Grafikbaums
	Neues Produkt einfügen		Erstellen von Mehrfachexemplaren
	Neues Teil einfügen		Komponente aus einem Katalog einbauen (im Dauermenü!)
	Vorhandene Komponente einfügen		Vorhandene Komponente mit Positionierung einfügen

Funktionen zum Einbau (im Folgenden **Baugruppenbedingungen** genannt):

	Kongruenz		Komponente fixieren
	Kontakt		Flexible/starre Unterbaugruppe
	Offset		Muster wieder verwenden
	Winkel		Manipulation mit und ohne Bedingungen (die Funktion erzeugt selbst keine Bedingung!)

Verdecken von Komponenten

In der Baugruppenkonstruktion ist es oft sinnvoll, Komponenten während des Modellierungsprozesses zeitweise zu verdecken. Das erfolgt über das Kontextmenü nach Selektion des zu verdeckenden (oder wieder anzuzeigenden) Objektes im Strukturbaum. Bei verdeckten Komponenten erscheinen die Symbole an den Knoten gerastert.

Kontextmenü

6.3 Zusammenbau der Baugruppe Spannvorrichtung

6.3.1 Vorgehensweise

Nachdem in den vorherigen Übungen die Einzelteile erstellt wurden, sollen nun die Teile zu der Baugruppe Spannvorrichtung zusammengebaut werden.

Eingespannt wird ein Werkstück, das an seiner Bogenseite eine Verzahnung erhalten soll. Um die bei der Herstellung der Verzahnung auftretenden Kräfte und Verformungen günstig aufzufangen, wurde die dargestellte Vorrichtung entwickelt. Die Vorrichtung wird über den Aufnahmebolzen (im Bild nicht sichtbar) auf dem Maschinentisch zentriert und über Befestigungsschrauben mit dem Tisch fest verschraubt. Die Schrauben sind nicht dargestellt, nur das Bohrloch dafür ist im Vordergrund in der Grundplatte zu sehen.

Beim Zusammenbau sollte man versuchen, die Funktion der Bauteile innerhalb der Baugruppe zu verstehen. Es erleichtert die richtige Ausführung der Montageoperationen.

Baugruppe Spannvorrichtung

Die folgende Seite zeigt einen Auszug aus der Struktur der Baugruppe und die Bedeutung von Zusatzsymbolen an den Bedingungssymbolen (erkennbar nur beim genauen Hinsehen ⌐⌐). Es wird im Prozess des Zusammenbaus vermutlich vorkommen, dass Unmögliches vom System verlangt wird und dadurch Bedingungen als nicht mehr intakt gekennzeichnet werden (durch ein „!" am Bedingungssymbol). In diesem speziellen Fall sollte die entsprechende Baugruppenbedingung gelöscht und anschließend wieder neu aufgebaut werden. Es ist möglich, Bedingungen zu aktualisieren, zu inaktivieren und umzuwandeln.

Über die Bedeutung der Zusatzsymbole am Bedingungssymbol informiert die folgende Seite.

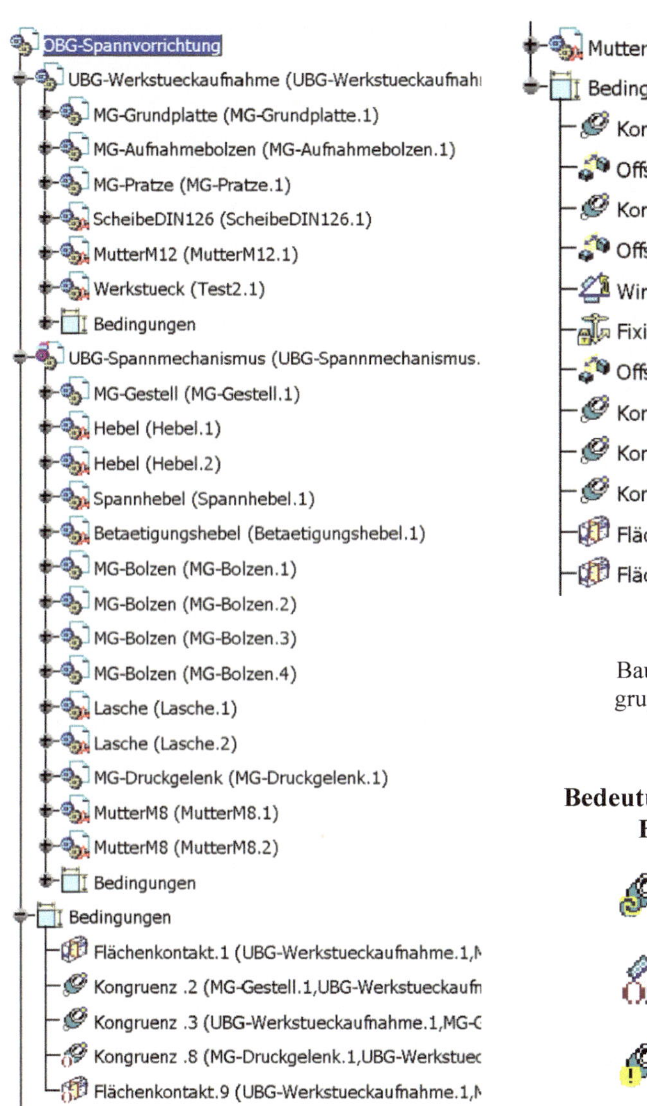

Strukturbaum der Spannvorrichtung
(Oberbaugruppe aktiviert)

Baugruppenbedingungen der Unterbaugruppe Spannmechanismus (Auszug)

**Bedeutung von Zusatzsymbolen an
Bedingungssymbolen:**

Nicht aktualisierte Bedingung *)

Deaktivierte Bedingung *)

Nicht intakte Bedingung *)

*) Zusatzsymbole ⬥ sind die Symbole links
unterhalb des jeweiligen Bedingungssymbols.

Der links in der Abbildung dargestellte Strukturbaum zeigt den Aufbau der Baugruppe *OBG-Spannvorrichtung*. Diese Oberbaugruppe (OBG) enthält die zwei Unterbaugruppen (UBG)

- *UBG-Werkstueckaufnahme* und

- *UBG-Spannmechanismus*.

Die Lagezuordnung der beiden Unterbaugruppen zueinander ist im Strukturbaum auf der Hierarchiestufe der Oberbaugruppe im Eintrag *Bedingungen* (unten im linken Bild) abgelegt.

Die *UBG-Spannmechanismus* enthält ihrerseits weitere Montagebaugruppen und mehrere Bauteile. Die festgelegten Bedingungen für deren Zusammenbau sind auf der Hierarchiestufe der Unterbaugruppe abgelegt (Auszug siehe Bild rechts oben).

Die *UBG-Werkstueckaufnahme* enthält neben Montagebaugruppen und den Bauteilen *Mutter M12* und *Scheibe DIN 126* noch das zu bearbeitende Werkstück, das kein Bauteil der Spannvorrichtung ist, aber für die Funktionsprüfung der Vorrichtung benötigt wird.

Reihenfolge des Zusammenbaus

Zunächst werden nach didaktischen Gesichtspunkten die folgenden 6 Montagegruppen (MG) erstellt und als eigene Produkte (Baugruppen) abgespeichert:

- MG-Gestell
- MG-Grundplatte
- MG-Aufnahmebolzen
- MG-Bolzen
- MG-Pratze
- MG-Druckgelenk.

Anschließend werden die Unterbaugruppen (UBG) montiert. Zuletzt werden die beiden Unterbaugruppen zur Oberbaugruppe (OBG) zusammengesetzt.

Starten des Zusammenbaus (*Assembly Design*)

Für den Zusammenbau ist es notwendig, die zugehörige Arbeitsumgebung, die Baugruppenkonstruktion *(Assembly Design)*, aufzurufen:

⇨ *Start > Mechanische Konstruktion > Assembly Design.*

CATIA öffnet das Programm-Modul Baugruppenkonstruktion mit dem dazugehörigen Funktionsmenü. Gleichzeitig wird eine Baugruppe *Produkt1* im Dateifenster *Produkt* geöffnet.

Alternativ kann die Anwendung auch mit der Funktion *Neu* vom Dauermenü aus gestartet werden.

Um eine Abfrage zur Namensgebung in der Baugruppenkonstruktion (*Assembly Design*) zu initiieren, unter *Tools > Optionen > Infrastruktur > Product Structure > Produktstruktur > Teilenummer > Manuelle Eingabe* aktivieren. Damit kann das auf der nachfolgenden Seite beschriebene Umbenennen des Namens der Baugruppe vermieden werden.

Maßstab

Mit *Tools > Optionen > Allgemein > Anzeige > Darstellung > Aktuellen Maßstab im Parallelmodus anzeigen* auf aktiv stellen kann der aktuelle Maßstab auf dem Bildschirm rechts un-

ten neben dem Koordinatenkreuz dauerhaft angezeigt werden. Beispiel: 0,64
Beim Vergrößern oder Verkleinern des Bildes ändert sich der Maßstab mit, so dass das Gefühl für die tatsächliche Größe des Modells erhalten bleibt.

Hinweise: *Die Anwendung Assembly Design ist beim Starten von CATIA voreingestellt. Zwei*

Zahnräder *symbolisieren die Baugruppenkonstruktion, ein Zahnrad* *die Teilekonstruktion. Der Strukturbaum der vorangegangenen Seite zeigt demzufolge nur die Baugruppen.*

6.3.2 Erstellen der Montagebaugruppen

MG-Gestell

Produkt 1 umbenennen in MG-Gestell

⇨ Im Baum selektieren *Produkt1 > RM > Eigenschaften > Produkt > Teilenummer: MG-Gestell.*

Einfügen der Bauteile

⇨ Mit der Funktion vorhandene *Komponente* die *Distanzplatte* öffnen. Alternativ lassen sich die Teile auch über das Kontextmenü öffnen (*RM* auf *MG-Gestell* im Baum > *Komponenten* > ...).

⇨ Das erste geladene Teil einer Baugruppe sollte sofort mit der Funktion *Komponente fixieren* im Raum fixiert werden. Alle weiteren Teile der Baugruppe richten sich später an diesem Teil aus.

⇨ In gleicher Weise das T-Stück laden (nicht fixieren).

Im Strukturbaum werden nun die beiden Einzelteile angezeigt. Unter dem Eintrag *Bedingungen* erscheint das Fixieren der Distanzplatte.

Hinweis: *Das Ebenensystem des ersten geladenen Teils wird zum Ebenensystem der gesamten Baugruppe. Die Zeichnungsableitung der Baugruppe richtet sich später danach.*

Manipulation von Bauteilen

Zum Verschieben einzelner Komponenten benutzt man die Funktion *Manipulation*.

Empfehlung: Nutzt man die Körperkanten für die Bewegungsmanipulation, kommt man mit der Selektion der Schaltflächen für translatorische und für rotatorische Bewegungen meistens aus. Durch Ziehen des Teiles mit gedrückter linker Maustaste werden die Bewegungen längs oder um die Körperkanten ermöglicht.

Ist der Schalter *In Bezug auf Bedingungen* ausgeschaltet, werden alle Baugruppenbedingungen ignoriert.

Wird der Schalter *In Bezug auf Bedingungen* aktiviert, lassen sich Bewegungen einer ganzen Baugruppe simulieren. Ein fixiertes Teil oder eines ohne Freiheitsgrade kann dann nicht mehr bewegt werden.

Hinweise: *Durch Betätigen der Strg-Taste können mehrere Komponenten gleichzeitig in die Baugruppe eingefügt werden.*

Strukturbaum

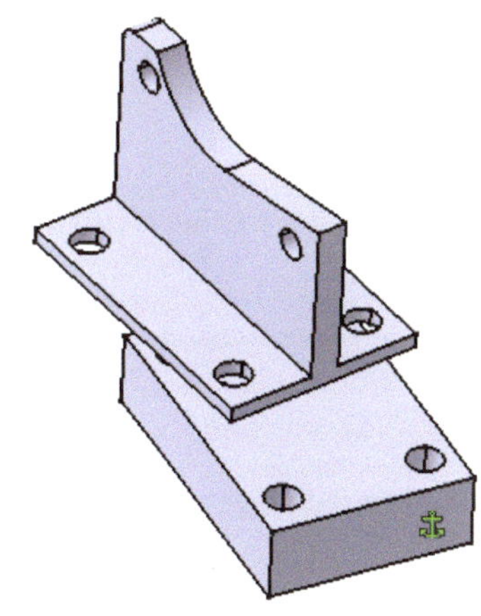

Fixiertes Teil

Beim Bewegen der Teile mit der Funktion Manipulation wird das aktive Objekt(ein Bauteil oder eine Unterbaugruppe) relativ zum Rest bewegt.
Eine grobe Vorpositionierung mit der Funktion Manipulation oder alternativ mit dem Kompass (zum Arbeiten mit dem Kompass siehe unter 10.4.5) kann die Feinpositionierung mittels Baugruppenbedingungen erleichtern.

⇨ Einfügen der *Zylinderschraube M6x30* (wie oben).

⇨ Weitere *Kopien* mit der Funktion 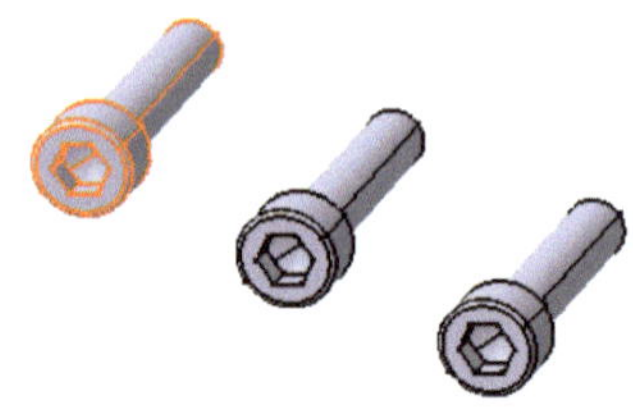 ▾ *Schnelle Erstellung mehrerer Exemplare* erzeugen. Wird das geladene Teil selektiert, so wird in einem voreingestellten Abstand eine Kopie erzeugt. Für die Erstellung von Folgekopien muss die Funktion nur erneut aufgerufen werden.

Kopierte Teile

Bedingungserzeugung

⇨ Im Dauermenü muss in der gleichnamigen Funktionsgruppe der *Standardmodus* aktiv sein.

 ▾ *Standardmodus*

Für die Erzeugung einer Baugruppenbedingung müssen in der Regel zwei Referenzgeometrien selektiert werden. In den Übungen wird **ausschließlich** dieser Modus verwendet!

 *Verkettungsmodus*

Stapelmodus

Um ein Kettenmaß oder ein Stapelmaß zu erzeugen, muss die jeweilige Schaltfläche zweimal selektiert werden. Beide Modi können dazu dienen, die Zahl der Selektionen zu verringern. Die erzeugten Maße sind aber immer Einzelmaße!

Zusammenfügen von T-Stück und Distanzplatte

⇨ Die Funktion *Kongruenzbedingung* wählen und den Mauszeiger auf der Mantelfläche einer (ausreichend vergrößerten) Bohrung der Distanzplatte so lange bewegen, bis die Mittellinie erkannt wird. Anschließend das Gleiche mit einer Bohrung des T-Stücks durchführen. Je nach Voreinstellung *(Tools > Optionen > Mechanische Konstruktion > Assembly Design > Allgemein > Aktualisieren Automatisch* oder *Manuell)* werden die Mittellinien beider Bohrungen jetzt kolinear ausgerichtet, oder es muss erst noch die Funktion *Alles Aktualisieren* im Dauermenü ausgeführt werden. Im Strukturbaum wird unter Bedingungen *Kongruenz* eingetragen.

⇨ Analoge Vorgehensweise für jeweils eine weitere Bohrung in der Distanzplatte und im T-Stück. Anhand von zwei Bohrungsachsen ist die Ausrichtung der beiden Komponenten zueinander bestimmt.

⇨ Mit der Funktion *Kontaktbedingung* das T-Stück auf der Distanzplatte endgültig positionieren. Dazu nacheinander die beiden Flächen anwählen, die sich berühren sollen.

Hinweise: *Die gesetzten Baugruppenbedingungen erscheinen sowohl im Strukturbaum unter dem Eintrag Bedingungen als auch im Modell mit der gleichen (etwas eingeschränkten) Symbolik wie in den Skizzen. Die Stelle, an der die Symbole im Modell eingetragen werden, erscheint für den Anwender willkürlich. Deshalb sollte man bei Bedarf die Baugruppenbedingungen stets im Strukturbaum selektieren.*
Bis auf wenige Ausnahmen sind die Symbole in den abgebildeten Modellen ausgeblendet!

Einfügen der Schrauben

⇨ Die Schrauben können mit der Funktion *Manipulation* (alternativ mit dem *Kompass*) grob vorpositioniert werden, sodass die endgültige Positionierung leichter fällt.

⇨ Positionierung der ersten Schraube durch Kongruenz- (Selektion Mittellinie der Schraube, dann der Mittellinie der Bohrung) und Kontaktbedingung der Anlageflächen.

⇨ Analoges Positionieren der zweiten bis vierten Schraube.

⇨ *MG*-Gestell im Strukturbaum durch Doppelklick aktivieren.

⇨ Speichern des neu erstellten Produktes in das Verzeichnis *Spannvorrichtung* mit *Sichern unter* mit dem Dateinamen *MG-Gestell.*

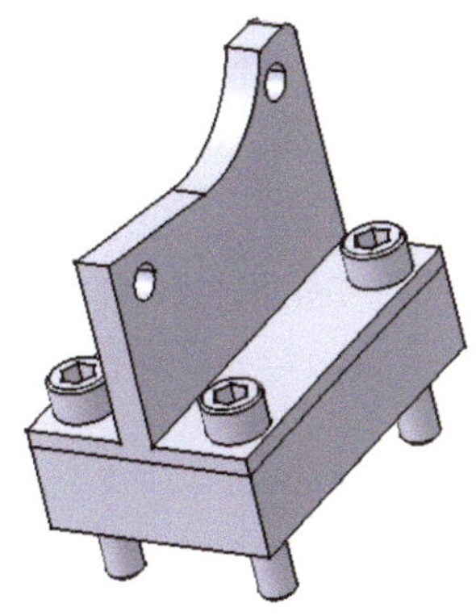

Montagegruppe Gestell

Baugruppenbedingungen umwandeln

Mit der Funktion *Bedingung ändern*   können bestehende Baugruppenbedingungen in andere Bedingungen umgewandelt werden z. B. ein Flächenkontakt in einen Abstand.

⇨ Flächenkontakt im Baum und anschließend die Funktion *Bedingung ändern* selektieren.

⇨ Im erscheinenden Fenster die gewünschte neue Bedingung *Offset* wählen. Mit *Anwenden* wird die Bedingung inaktiviert. Bei *OK* erfolgt die Umwandlung.

⇨ Doppelklick auf die neue Offsetbedingung im Baum. Im erscheinenden Fenster den Abstand 10 mm eingeben, *OK* und Aktualisieren. Der Abstand der Flächen ändert sich im Modell.

⇨ Die Änderungen widerrufen.

Speichern und Ändern

Zu Beginn der Arbeit sollte der vom System vorgeschlagene Baugruppenname (*Produkt.1*) in einen aussagefähigen Namen geändert werden, der beim Speichern auch der Dateiname wird.

Die Baugruppe kann als Ganzes, jedes Teil kann aber auch einzeln gespeichert werden. Der Anwender regelt dies durch Aktivieren des entsprechenden Objekts im Baum. Wird die gesamte Baugruppe aktiviert (oberster Baugruppenname), so wird diese als Produktdatei (*baugruppenname.CATProdukt*) und alle Bauteilgeometrien als Partdateien gespeichert *(bauteilname.CATPart).*

Wird eine Komponente (Teil oder Baugruppe) im Zusammenbau geometrisch verändert, kann diese nach dem Aktivieren auch separat gespeichert werden.

Werden Bauteile separat geometrisch verändert, so werden die Änderungen nach dem Abspeichern auch in den Baugruppen wirksam, die einen Verweis (*Link*) auf dieses Bauteil besitzen.

Hinweis: *Die Benutzung der Funktion: „**Datei > Sicherungsverwaltung**" bietet beim Speichern von Baugruppen mehr Sicherheit und eine bessere Kontrolle (siehe dazu unter 4.2 Dateifunktionen).*

Einfügen mit der Funktion  *Vorhandene Komponente mit Positionierung*

Diese Funktion stellt eine Erweiterung der Funktion *Vorhandene Komponente* einfügen dar. Beim Einfügen kann die Komponente zusätzlich positioniert werden, wodurch die Anzahl der durchzuführenden Montagehandlungen reduziert wird. Verdeckt geladene Teile lassen sich mit dieser Funktion einfacher montieren.

Hinweis: *Es muss bei Anwendung dieser Funktion immer zuerst die Fläche oder Achse der neu einzufügenden Komponente gewählt werden.*

Die Arbeitsweise soll an einem separaten Beispiel gezeigt werden:

⇨ Ein neues Produkt anlegen. Die *Distanzplatt*e mit der Funktion *Vorhandene Komponente mit Positionierung* in das Produkt einfügen und über die angebotene Schaltfläche sofort fixieren. *OK.*

⇨ Das Produkt aktivieren. Die Funktion *Vorhandene Komponente mit Positionierung* aufrufen und die *Zylinderschraube M6x30* öffnen.

⇨ Im Produktfenster erscheint die Zylinderschraube neben oder verdeckt unter der Distanzplatte. Im erscheinenden Fenster *Intelligentes Verschieben* wird das geladene Bauteil ebenfalls dargestellt und ist über die Maus manipulierbar.

⇨ Durch Selektion der Schaltfläche *Mehr>>* das Fenster erweitern.

⇨ Den Schalter *Automatische Bedingungserzeugung* aktivieren. Unter *Schnelle Bedingung* soll die Art der Bedingung, welche erzeugt werden soll (hier die *Kongruenz*), jeweils an erster Stelle stehen (Pfeil selektieren).

⇨ Im Fenster *Intelligentes Verschieben* die Achse der Zylinderschraube, anschließend die Achse der Bohrung selektieren. Ergebnis: Die Zylinderschraube wird automatisch durch eine Kongruenzbedingung kolinear zur Bohrungsachse platziert. Gegebenfalls muss die Montagerichtung durch Selektieren des Pfeils umgekehrt werden.

⇨ Mausklick mit der LM auf den Bildschirm (nicht auf *OK*, sonst wird das Fenster geschlossen!)

⇨ Anschließend den *Flächenkontakt* auf die gleiche Art erzeugen (zuerst den Flächenkontakt an die erste Stelle befördern). Das Fenster jetzt mit *OK* verlassen. Aktualisieren nicht vergessen!

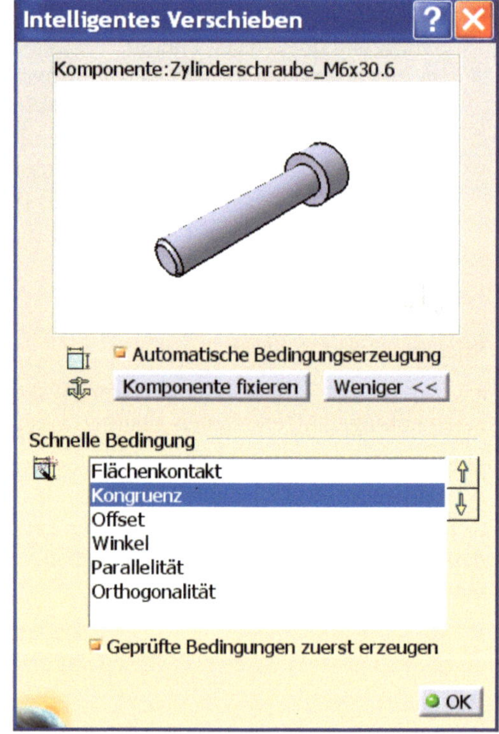

Unter *Bedingungen* erfolgen die entsprechenden Einträge im Strukturbaum.

Bei inaktivem Schalter *Automatische Bedingungserzeugung* wird die Positionierung ohne ⊗ Eintrag im Strukturbaum ausgeführt!

Eine vereinfachte Bauteilmontage (ohne das Anwählen einzelner Funktionen) ist auch mit der

Funktion *Schnelle Bedingung* aus der Funktionsmenüleiste ausführbar. Voraussetzung ist, dass das Bauteil bereits in die Baugruppe geladen wurde.

Hinweise: *Die weiteren Montageanleitungen sind ohne Verwendung der Funktionen „Vorhandene Komponente mit Positionierung" und „Schnelle Bedingung" abgefasst. Es bleibt jedem Anwender überlassen, ob er diese Funktionen benutzt.*

MG-Grundplatte

Die benötigten Bauteile und ihren Zusammenbau zeigt das nebenstehende Bild.

Hinweis: *Die Bearbeitung der Aufgabe ist einfacher, wenn die Einzelteile nacheinander eingefügt und positioniert werden.*

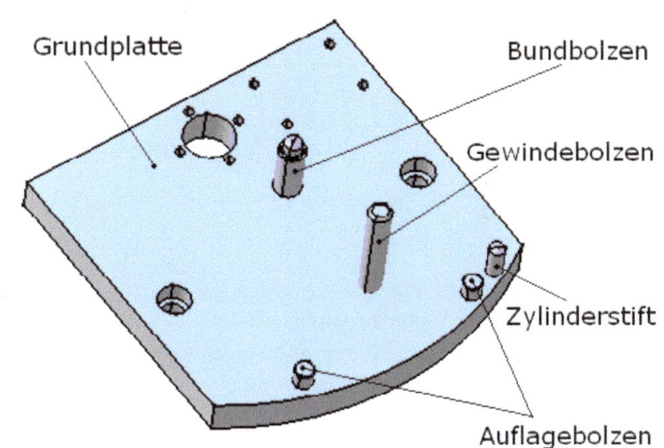

Einfügen der Auflagebolzen in die Grundplatte

⇨ Benennen des Produktes als *MG-Grundplatte.*
⇨ Vorhandene Komponente *Grundplatte* laden und fixieren. Danach den *Auflagebolzen* laden.
⇨ Ausrichten des Auflagebolzens auf seine Bohrung über *Manipulation* und *Kongruenzbedingung.*
⇨ Kontakt der Auflagebolzen an der Oberseite der Grundplatte herstellen.

Einfügen des Zylinderstiftes in die Grundplatte

⇨ Kongruenz mit der Bohrung erzeugen. Die Seite des Bolzens, die mit der Montagefase von 15° versehen ist, gehört in die Bohrung.
⇨ Den Stift bis zur Unterfläche der Grundplatte mit der Funktion *Manipulation* positionieren (ohne Bedingung).

Einfügen des Gewindebolzens in die Grundplatte

⇨ Kongruenzbedingung erzeugen.

⇨ Mit der Funktion *Offset*-Bedingung einen Abstand von 2 mm zwischen der Stiftunterkante und der Unterseite der Grundplatte herstellen.

Einfügen des Bundbolzens in die Grundplatte

⇨ Analoges Arbeiten wie beim Auflagebolzen. Einbau mit der abgerundeten Seite nach oben.
⇨ Aktivieren der Baugruppe im Strukturbaum und diese unter dem Namen *MG-Grundplatte* speichern.

MG-Aufnahmebolzen

⇨ Erzeugen von Mehrfach-
exemplaren der Zylinder-
schrauben M6x12 mit der
Funktion *Schnelle Erstellung
mehrerer Exemplare.*

⇨ Einfügen der Zylinderschrauben mit Kongruenz- und Kontaktbedingung.

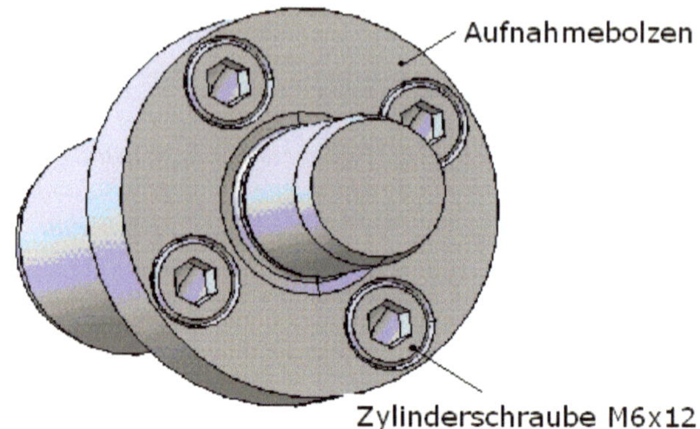

MG-Bolzen

⇨ Einfügen des Sicherungsringes in die Nut mit Kongru-
enz- und Kontaktbedingung
(seitliche Anlagefläche).

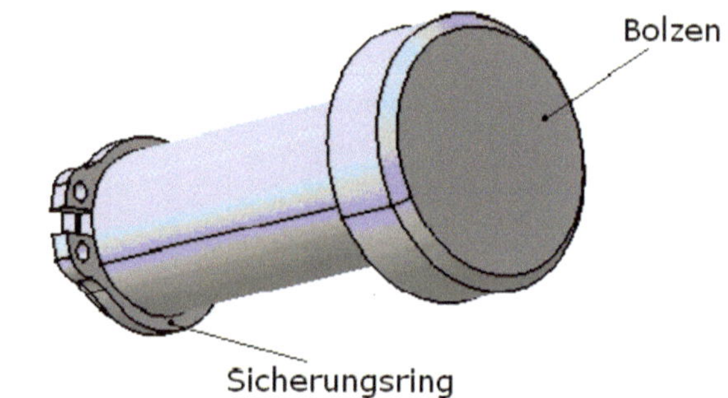

MG-Pratze

⇨ Einfügen der beiden Druckbolzen mit Kongruenz- und
Kontaktbedingung.

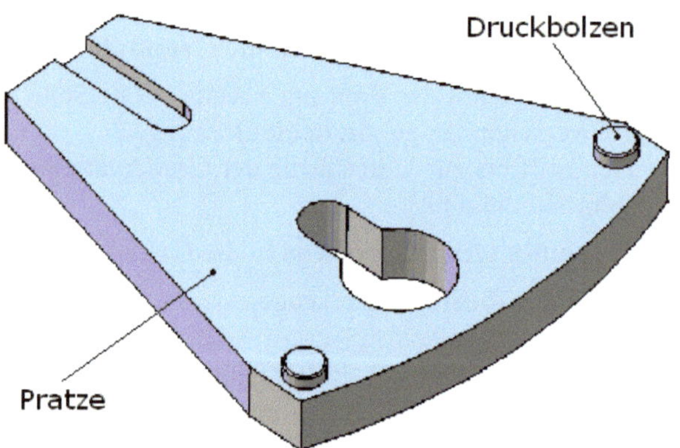

MG-Druckgelenk

Zur Positionierung des Sprengringes in der
Ringnut kann keine Kontaktbedingung verwendet werden, da CATIA diese Funktion
nicht auf unterschiedlich gekrümmte Flächen
anwenden kann (der Radius der Ringnut ist
größer als der des Sprengringes).

Es muss die Offsetbedingung benutzt werden.
Dazu eine Hauptebene des Sprengringes verwenden. Wenn so konstruiert wurde, dass die
Hauptebenen in der Mitte des Sprengringes liegen, gestaltet sich die Positionierung einfach.

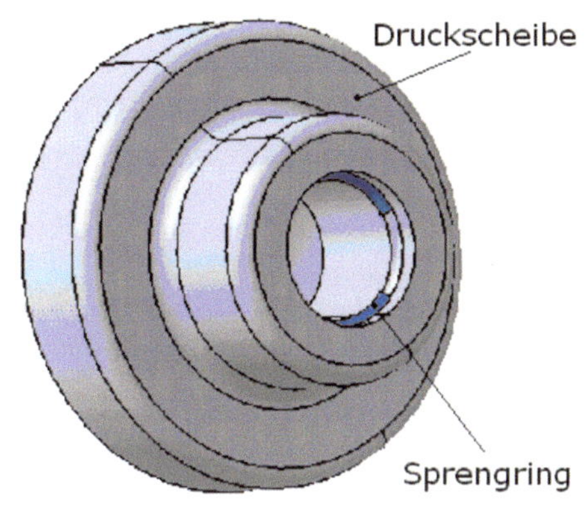

Einfügen des Sprengringes in die Druckscheibe

Entgegen der manuellen Montage wird zuerst der Sprengring montiert. Die Druckschraube
stört (selbstverständlich könnte die Druckschraube aber auch verdeckt werden). Als Referenzebene wird die Ebene der Skizze vom Kreisbogen des Sprengrings benutzt.

⇨ Den Sprengring durch Kongruenzbedingung auf die Mittelachse der Druckscheibe setzen.
⇨ Durch Manipulation den Sprengring ungefähr in die Nähe der Nut platzieren. Die exakte
   Positionierung erfolgt erst anschließend.
⇨ Eine Offsetbedingung zwischen der Außenfläche der Druckscheibe und der Hauptebene
   des Sprengrings mit dem Maß 1,5 mm wählen (errechnetes Maß). Bei einer exakten Lösung müsste man eine Mittelebene in der Nut konstruieren und anschließend diese Ebene
   mit der Hauptebene des Sprengringes deckungsgleich setzen.

Einfügen der Druckschraube in die Druckscheibe

⇨ Über eine Kongruenzbedingung die Druckschraube
   auf die Bohrung in der Druckscheibe vorläufig ausrichten. Zur endgültigen Positionierung wird die
   Kontaktbedingung verwendet (Kugelfläche in Kegelfläche, es entsteht ein Ringkontakt!).
⇨ Inaktivieren der Kongruenzbedingung, um die Bewegung des Gelenkes freizugeben. Dazu *RM* auf
   die Bedingung im Strukturbaum und im Klappmenü

die Funktion *Inaktivieren* selektieren.

⇨ Kontrolle der richtigen Montage vornehmen. Dazu
   die Profilskizze des Sprengrings aktivieren und mit

der Funktion ![] *Teil durch Skizzierer-Ebene
schneiden* (im Dauermenü), die Position der
Druckschraube visuell prüfen.

Aufbau des Druckgelenks

6.3.3 Erstellen der Unterbaugruppen

Erstellen der Unterbaugruppe Spannmechanismus

Ziel: Die Montagegruppen *MG-Gestell, MG-Bolzen und MG-Druckgelenk* werden mit weiteren Bauteilen zu einer Unterbaugruppe *Spannmechanismus* zusammengefasst. Die Bewegungsverhältnisse an diesem Schnellspannmechanismus sollen simuliert werden.

⇨ Neues Produkt öffnen und umbenennen in *UBG-Spannmechanismus.*

⇨ Einfügen der MG-*Gestell* als vorhandene Komponente und diese mit der Funktion  fixieren.

Hinweis: *Mindestens ein Teil oder eine Baugruppe muss im Raum fixiert werden, um später eine Kinematiksimulation eines Mechanismus durchführen zu können!*

⇨ Einfügen des Bauteiles *Hebel* (unterhalb der *UBG-Spannmechanismus!*). Ein Mehrfachexemplar erzeugen und die Bohrungen mit der Bohrung im T-Stück kongruent setzen.

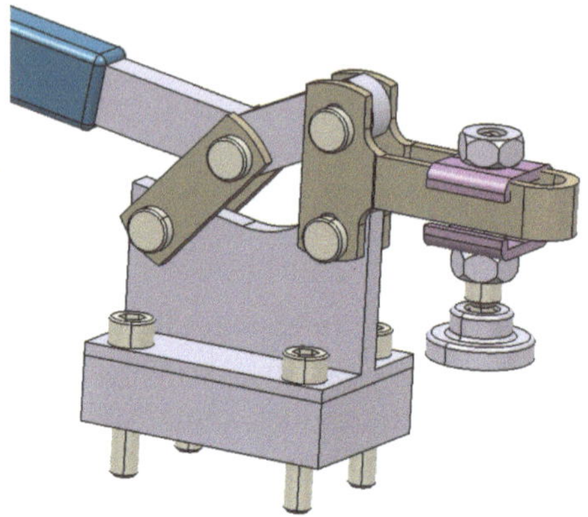

Komplettierte Unterbaugruppe

⇨ Mit der  *Offsetbedingung* die beiden Hebel um die im nebenstehenden Bild dargestellte Bohrung mit einem Abstand von 1 mm positionieren. Hinweis, es gibt nach Selektion der Schaltfläche *Mehr>>* im Fenster mehrere Ausrichtungsmöglichkeiten:

⇨ Die beiden Hebel mit der *Winkelbedingung* (*0deg*) parallel setzen.

⇨ Bauteil *Spannhebel* einfügen.

⇨ *Positionieren* des Spannhebels in der Unterbaugruppe analog zu den beiden einzelnen Hebeln. Hierzu die andere Bohrung des T-Stücks wählen. Der Abstand zum T-Stück beträgt wieder beidseitig 1 mm, eine Offsetbedingung ist allerdings ausreichend.

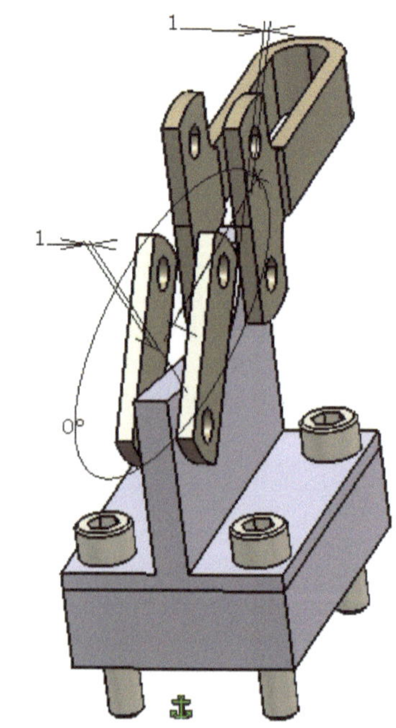

Unterbaugruppe zu Beginn der Montage

⇨ Bauteil *Betaetigungshebel* einfügen.

⇨ Kongruenzbedingungen zwischen den Bohrungen der Hebel bzw. des Spannhebels einerseits und des Betätigungshebels andererseits erstellen.

⇨ Kontaktbedingung zum Hebel und zum Spannhebel herstellen. Es liegt im Unterschied zum Abstand der Hebel zum T-Stück kein messbarer Abstand vor. Toleriert ist die Breite des Betätigungshebels mit − 0,2 mm (siehe Zeichnung) aber so, dass sich ein geringes Spiel ergibt.

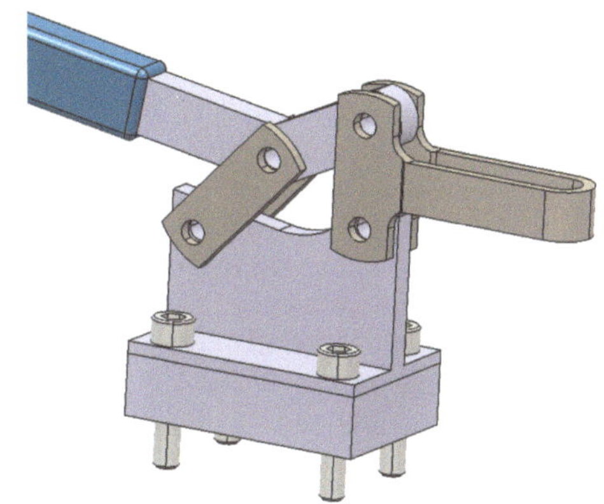

Betätigungshebel eingefügt

Hinweise: *Eine Unterbestimmung von Baugruppenbedingungen ist möglich, kann aber bei einer Aktualisierung des Modells zu Lageproblemen führen.*
Bei Überbestimmung erfolgt eine Meldung, dass eine ähnliche Beziehung schon existiert, die zusätzliche Bedingung wird aber gesetzt. Werden z. B. zwei Flächen mit einem Flächenkontakt verbunden und zusätzlich kongruent gesetzt, so wird das nach einer Nachricht vom System akzeptiert, sollte aber vermieden werden. Redundante Bedingungen werden im Strukturbaum nicht gekennzeichnet und komplizieren so eine eventuell notwendig werdende Fehlersuche.

⇨ Einfügen der *MG-Bolzen* in die Bohrungen mit Kongruenz- und Kontaktbedingung. Für die Kontaktbedingung die Innenseite des Bolzenkopfes benutzen.

⇨ Vervielfältigen der *MG-Bolzen* mittels der Funktion *Erstellung mehrerer Exemplare*

definieren 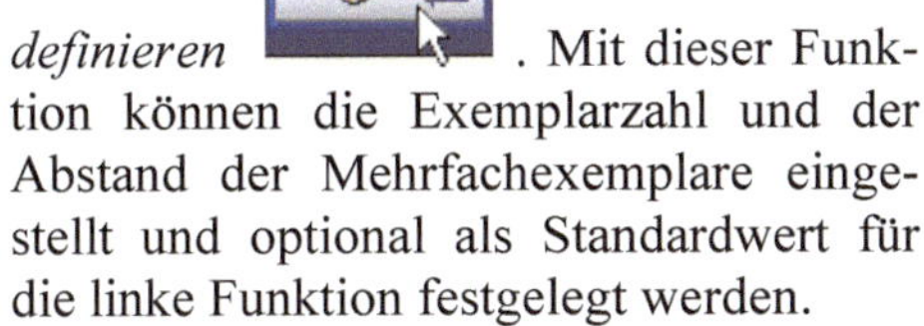 . Mit dieser Funktion können die Exemplarzahl und der Abstand der Mehrfachexemplare eingestellt und optional als Standardwert für die linke Funktion festgelegt werden.

⇨ Die Unterbaugruppe im Strukturbaum aktivieren und unter dem Dateinamen *UBG-Spannmechanismus* speichern.

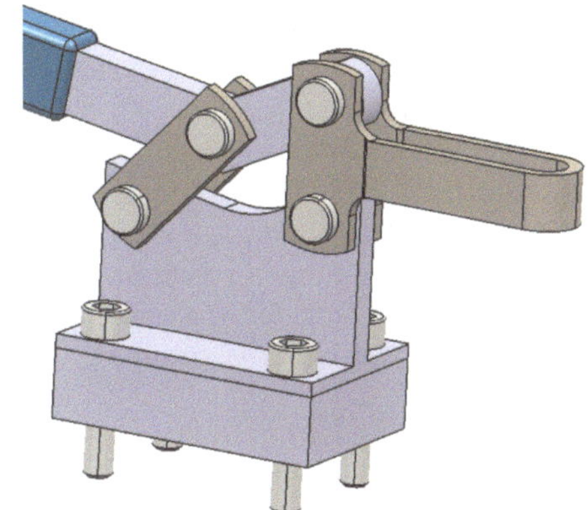

Bolzen eingefügt

Exkurs in die Kinematiksimulation des *Assembly Design*

An dieser Stelle ist es bereits sinnvoll, die Kinematiksimulation des Mechanismus durchzuführen. Je weiter die Montage fortschreitet, umso schwieriger ist die Ausführung der Simulation.

⇨ Dazu in das Kapitel 6.6 wechseln. Den Hebelmechanismus bewegen, um die Funktion zu testen.

⇨ Einfügen des Teiles *Lasche*.
⇨ Die Lasche auf den *Spannhebel* (ca. in der Mitte der Längsausdehnung des Spannhebels) per Kontaktbedingung positionieren. Die Lasche muss über eine zweite Kontaktbedingung noch seitlich in ihrer Lage festgelegt werden.
⇨ Kopieren der Lasche und analoge Vorgehensweise für das Gegenstück.
⇨ Zum Vereinfachen der späteren Montage der Montagegruppe *Druckgelenk* den Spannhebel vorrübergehend parallel zur Distanzplatte ausrichten. Dazu

die Funktion *Winkelbedingung*  benutzen.
⇨ Inaktivieren der Winkelbedingung, um die Bewegung des Hebelmechanismus wieder freizugeben. Dazu *RM* auf die Bedingung im Strukturbaum > *Objekt Winkel … > Inaktivieren*.
⇨ Einfügen der *MG-Druckgelenk*.
⇨ *Kongruenzbedingung* der Bohrung einer Lasche und der Druckschraube erzeugen.

Laschen und Druckgelenk eingefügt

⇨ Die *MG-Druckschraube* vorläufig positionieren. Die endgültige Position der *MG-Druckgelenk* auf dem Spannhebel wird erst später durch Ausrichten auf die Achse des Aufnahmebolzens festgelegt. Den erkennbaren Mangel, dass die Druckschraube etwas zu kurz ist, belassen. Im Kapitel 6.4 wird die Durchführung der Änderung beschrieben.
⇨ Zwei Sechskantmuttern M8 einfügen.
⇨ Kongruenzbedingung zur Druckschraube erstellen.
⇨ Kontaktbedingungen zu den Laschenoberflächen ergeben die Lage der Muttern.
⇨ Speichern der Unterbaugruppe.

Ausblenden von Komponenten

In der Baugruppenkonstruktion ist es oft sinnvoll, Komponenten während des Modellierungsprozesses

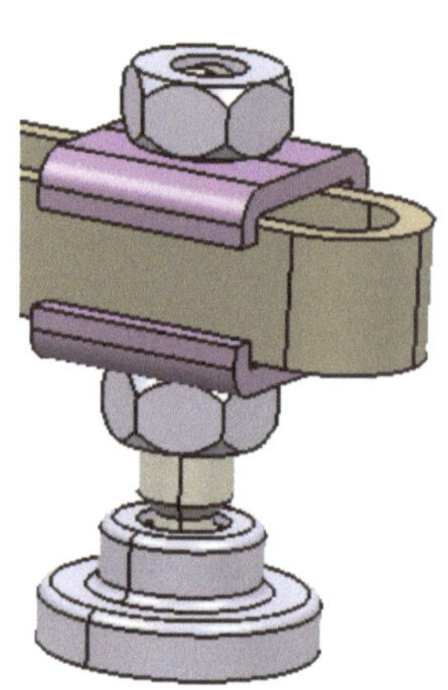

Muttern eingefügt

zeitweise auszublenden. Das geschieht zweckmäßig durch Selektion der Komponente im Strukturbaum mit der *RM*. Im erscheinenden Kontextmenü wird die Komponente ausgeblendet mit:

Verdecken/Anzeigen oder — Das Knotensymbol erscheint jetzt gerastert

Objekt Distanzplatte.1 — Das Knotensymbol erhält das dargestellte
   Komponente aktivieren/inaktivieren oder   Anhängesymbol ⓪

Darstellungen — Der Knoten ⊞ Dist wird nach Selektion
   Knoten inaktivieren   unterdrückt ⊟ Dist

Durch erneute Selektion der Komponente im Baum lassen sich die Ausblendungen aufheben.

Am günstigsten erscheint das Verdecken der Komponente. Das Inaktivieren von Knoten kann dagegen nicht empfohlen werden.

In den folgenden Montageschritten sollte zeitweise vom Verdecken von Bauteilen und Baugruppen Gebrauch gemacht werden.

Erstellen der Unterbaugruppe Werkstückaufnahme

⇨ Neues Produkt öffnen und in *UBG-Werkstueckaufnahme* umbenennen.
⇨ Einfügen und fixieren der *MG-Grundplatte.*
⇨ Einfügen der *MG-Aufnahmebolzen.*
⇨ Positionieren der *MG-Aufnahmebolzen* in der zugehörigen Bohrung.
⇨ Laden des Teiles *Werkstueck* aus dem Internet (siehe Seite 365) in das Baugruppenverzeichnis *Spannvorrichtung.*

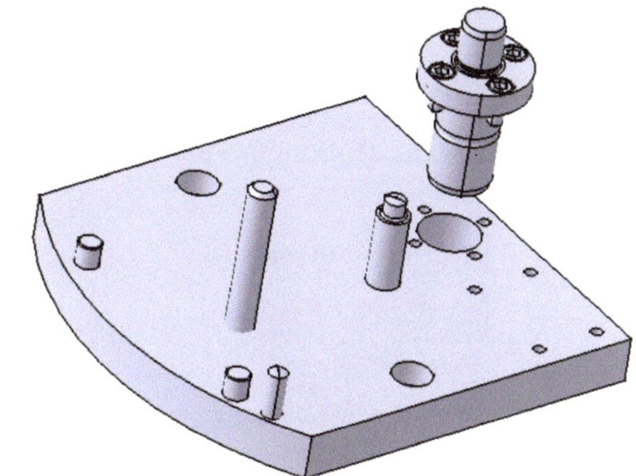

Einfügen des Aufnahmebolzens

⇨ Einfügen des Teiles *Werkstueck.*
⇨ Erzeugen der Kongruenzbedingungen zwischen dem Aufnahmebolzen und der Bohrung des Werkstücks.
⇨ Erstellen einer Kontaktbedingung zwischen Werkstück und Aufnahmebolzen.
⇨ Das Werkstück muss noch seitlich am Zylinderstift anschlagen. Anschlag mit einer Kontaktbedingung der Flächen herstellen (Ebene/Mantelfläche).

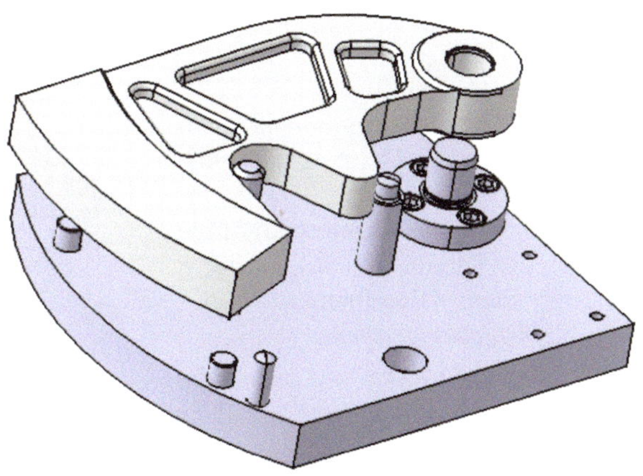

Einfügen des Werkstücks

CATIA stellt fest, dass es sich dabei um einen Linienkontakt handelt. Liegt der Zylinderstift nach Ausführung der Kontaktbedingung innerhalb des Werkstücks, muss außerdem die Schaltfläche *Ausrichtung* umgestellt werden.

⇨ Einfügen der *MG-Pratze.*

⇨ Kongruenzbedingung setzen zwischen der kleinen Bohrung des Schlüssellochs der Pratze und dem Gewindebolzen

⇨ Flächenkontakt zwischen einem der beiden Druckbolzen und dem Werkstück erzeugen.

⇨ Linienkontakt einer Nutseitenfläche der Pratze mit der Mantelfläche des Bundbolzens herstellen.

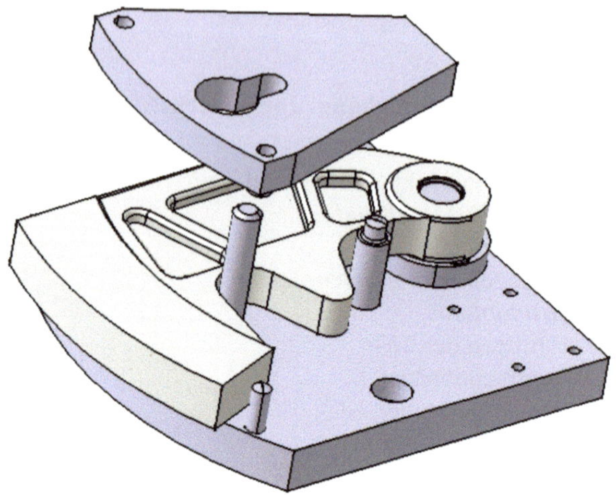

Einfügen der Pratze

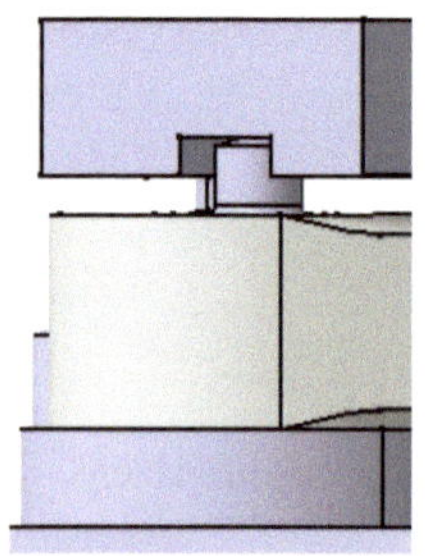

Kontakt des Bundbolzens

⇨ Mutter M12 einfügen.

⇨ *UBG-Werkstueckaufnahme* im Baum durch Doppelklick aktivieren.

⇨ Speichern der Unterbaugruppe mit der Funktion *Sichern unter >* mit dem Dateinamen *UBG-Werkstueckaufnahme.*

Hinweise: *Mit RM > auf das in die Bildschirmmitte geschobene Modell >* **Grafik zentrieren** *wird der Mittelpunkt für ein effektives Drehen wieder in die Mitte des Modells gelegt.*

Alternative: Mit einem Klick auf die MM wird der Zentrierpunkt für die Grafik auf den Ort des Mauszeigers gelegt

⇨ Zum Zentrieren der Grafik Klick mit der *MM* auf die Mutter.

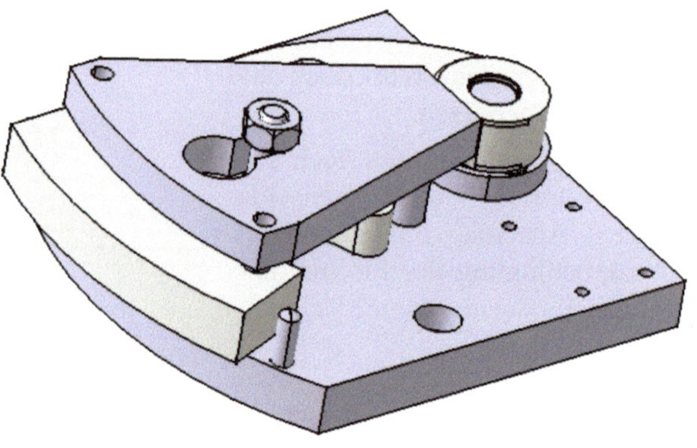

Einfügen der Mutter

6.3.4 Erstellen der Oberbaugruppe

⇨ Erzeugen eines neuen Produktes mit dem Namen *OBG-Spannvorrichtung*.

⇨ Einfügen der *UBG-Werkstueckaufnahme* als vorhandene Komponente. Fixieren.

⇨ Einfügen der *UBG-Spannmechanismus* als vorhandene Komponente.

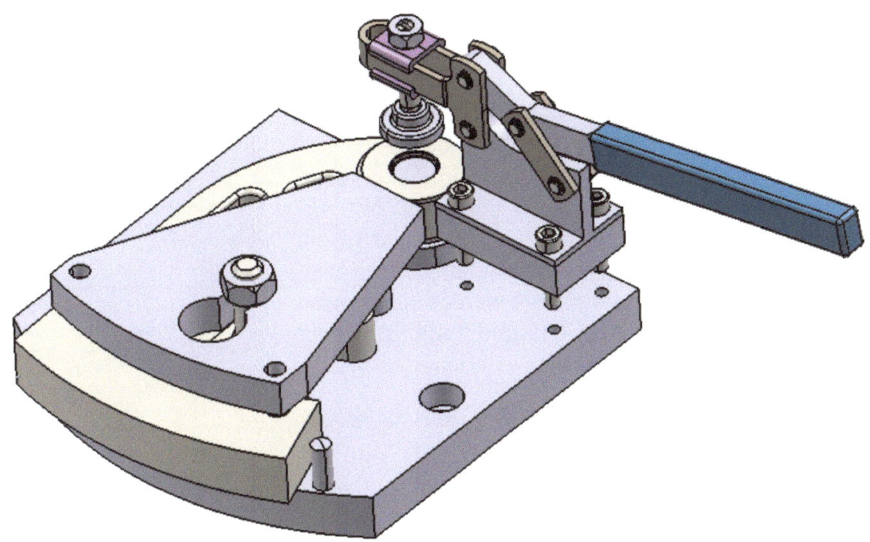

Einfügen der Unterbaugruppe Spannmechanismus

⇨ Positionieren der Unterbaugruppe Spannmechanismus in den zugehörigen Bohrungen der Grundplatte.

⇨ Spannhebel zur Montageerleichterung parallel zur Distanzplatte ausrichten (falls noch nicht geschehen).

⇨ Die Druckschraube war nur vorläufig etwa in der Mitte des Spannhebels positioniert. Jetzt kann die Druckschraube exakt ausgerichtet werden. Dazu die Mittellinien von Druckschraube und Aufnahmebolzen kongruent setzen. Das gelingt aber nur, wenn die Lasche in der Unterbaugruppe Spannmechanismus zuvor mittig im Spannhebel angeordnet wurde. Eventuell müssen auch vorläufig gesetzte Bedingungen wieder entfernt oder inaktiviert werden.

Hinweis: *Um die Manipulation der Bewegung des Spannmechanismus zu ermöglichen, muss noch die UBG-Spannmechanismus zur flexiblen Unterbaugruppe erklärt werden (siehe dazu auch im Kapitel 6.6).*

⇨ Kontaktbedingung zwischen Druckscheibe und Werkstück herstellen.

⇨ *RM* auf ein Teil der Baugruppe. Die Funktion **Bildschirmfüllend anzeigen** im Kontextmenü selektieren. Die Darstellung füllt den Bildschirm aus. Durch Betätigen der *F3*-Taste zusätzlich den Strukturbaum ausblenden.

⇨ Speichern der Oberbaugruppe unter dem Namen *OBG-Spannvorrichtung*.

⇨ Masse- und Schwerpunkt der Spannvorrichtung ermitteln (Erläuterungen in Kap. 10.5.2).

6.3.5 Konstruktionskritik

Erst im Zusammenbau der Bauteile werden die Funktion der einzelnen Teile und die Funktion der Baugruppe als Ganzes sichtbar.

Allerdings werden auch einige Mängel erkennbar. Das ist der Normalfall beim Entwerfen einer Baugruppe. Hier wurden Mängel absichtlich belassen, um das Vorgehen beim Ändern an einem bereits vorhandenen Objekt beschreiben zu können.

Erkennbare Schwachstellen

⇨ Die Funktion 🔍 *Vergrößerung...* eignet sich zum Betrachten von Details. Sie ist leider nicht im Dauermenü enthalten, sondern muss aus dem Hauptmenü mit *Ansicht > Vergrößerung* aufgerufen werden. Es wird ein Rahmen für einen vergrößerten Ausschnitt angeboten, der in Größe und Lage manipuliert werden kann. Man bewegt entweder den Rahmen über die Baugruppe oder die Baugruppe durch den Rahmen.

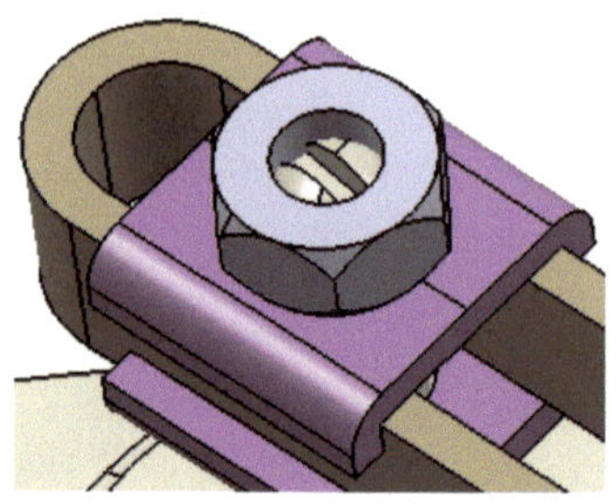

Zu kurze Druckschraube

⇨ Betrachten des rechts dargestellten Details mit der Funktion 🔍 *Vergrößerung...* . Die Druckschraube ist offensichtlich zu kurz! Nicht alle Gewindegänge der Mutter kommen zum Tragen. Dieser Mangel soll im Kapitel 6.4 als Änderungsbeispiel behoben werden.

Zu kurze Druckschraube

Weitere Verbesserung: Um das Justieren (Einstellen) der Druckschraube auf die Einspannstelle zu erleichtern, könnte anstelle des Regelgewindes ein Feingewinde mit geringerer Steigung verwendet werden.

Ungünstige Auflage der Mutter im Schlitz der Pratze

Unterhalb der dargestellten Mutter sollte zur besseren Verteilung der Flächenpressung von der Mutter auf die Pratze eine Unterlegscheibe angeordnet werden. Dieser Mangel soll im Kapitel 6.4 abgestellt werden.

Weitere Verbesserung: Mutter und Scheibe müssen zum Spannen jedes Werkstückes einzeln montiert werden. Lötet oder punktet man die Scheibe an die Mutter oder verwendet man eine sogenannte Bundmutter, so ist der Montagevorgang einfacher (ergonomischer). Der Durchmesser des Bundes oder die angelötete Scheibe müssen dabei im Außendurchmesser kleiner als der Durchmesser des Schlüsselloches sein, damit beim Werkstückwechsel die Mutter nur gelöst aber nicht vom Bolzen abgedreht werden muss. Die Pratze lässt sich somit nach ihrem Verschieben über die Mutter hinweg abheben. Das Konstruktionsprinzip der minimalen Kosten (hier der Montagekosten) wird auf diese Weise besser verwirklicht.

Fehlende Scheibe

Die Betrachtung von Unterbaugruppen kann auch in einem separaten Fenster erfolgen z. B.:

⇨ *RM auf Eintrag im Baum > Objekt UBG-Spannmechanismus > In neuem Fenster öffnen.*

Zu großes axiales Spiel der Bauelemente auf den Bolzen des Spannmechanismus

Es dürfte bei dem Zusammenbau des Spannmechanismus aufgefallen sein, dass zwischen dem 6 mm breiten Steg des T-Stücks und dem Hebel über eine Offset-Bedingung ein Spiel von 1 mm nach beiden Seiten eingestellt wurde. Das ist im Maschinenbau ein recht großes axiales Spiel für die Teile auf dem Bolzen. Es macht den Mechanismus etwas wackelig.

Zwischen Hebel und Betätigungshebel wurde dagegen über eine Kontaktbedingung scheinbar gar kein Spiel für die gleiche Aufgabe vorgesehen. Das ist aber nicht der Fall, da die Breite des Betätigungshebels (8 mm) mit einem Untermaß (-0,2 mm) in der Zeichnung versehen wurde. Am Bolzen ist das Abstandsmaß für den Einstich des Sicherungsringes mit 14+0,2 mm toleriert, was zu einem minimalen axialem Spiel zwischen den auf den Bolzen montierten Teilen führt. Auch die Bleche, die üblich als Halbzeug für die Anfertigung der Hebel dienen, werden mit Untermaß gewalzt, sodass in jedem Fall schon durch die Tolerierung axiales Spiel entsteht.

Behebung: Eine Möglichkeit wäre die Breite vom Winkel des Betätigungshebels ebenfalls auf 6 mm (mit Untermaß von -0,2 mm) zu reduzieren und das Abstandsmaß für den Einstich des Sicherungsringes im Bolzen mit 12+0,2 mm festzulegen.

Wichtig ist, dass sich solche aus funktionellen und wirtschaftlichen Gründen notwendig werdenden Änderungen auch am CAD-Modell ausführen lassen.

Hinweis: *In CATIA lassen sich Toleranzangaben auch in der Teilekonstruktion am 3D-Modell anbringen (siehe dazu auch im Kapitel 5 unter der Übung Grundplatte).*

Vorteile der Konstruktion

Modularer Aufbau der Spannvorrichtung

Die Unterbaugruppe Spannmechanismus lässt sich in anderen Spannvorrichtungen einsetzen. Dazu kann der Höhenabstand des Mechanismus von der Grundplatte über einen Austausch der Distanzplatte reguliert werden. Der Abstand des Druckgelenkes zum zu spannenden Objekt lässt sich über ein Verschieben der Montagegruppe Druckschraube auf dem Spannhebel ebenfalls einstellen. Die Unterbaugruppe Werkstückaufnahme ist dagegen für die Aufnahme eines bestimmten Spannobjektes konstruiert. Die weitere Strukturierung in Montagegruppen ist mehr didaktischer Natur.

Rüttelsicheres Kniehebelprinzip des Spannmechanismus

Das für den Spannmechanismus gewählte Kniehebelprinzip sorgt für eine große Spannkraft bei kleiner Handkraft am Betätigungshebel. Der physikalische Effekt der Kraftverstärkung und das angewendete Wirkprinzip sind in Kapitel 2.3 beschrieben. Wichtig ist aber auch die richtige Einstellung des Kniehebelwinkels α (siehe Kapitel 2.3 Seite 8). Dieser muss unter 6° (z. B. durch Justieren bei 3°) liegen, damit Selbsthemmung auftritt. Rüttelsicher ist damit aber die Hebeleinstellung noch nicht. Deshalb wird der Kniehebel durch seine Totlage hindurch gegen einen Anschlag (die nicht gerundete scharfe Kante des Steges!) am T-Stück gedrückt. Beim Durchdrücken durch die Totlage verformen sich die Bauelemente elastisch.

Hinweis: *Die Elastizität von Bauelementen lässt sich in der Anwendungsumgebung Assembly Design nicht nachvollziehen. Die Bauteile dringen ineinander ein!*

Statisch bestimmte Einspannung des Werkstückes

Eine hohe Qualität der Verzahnung am Werkstück wird nur erreicht, wenn sich das Werkstück sowohl durch die Einspannkräfte als auch durch die beim Bearbeitungsprozess auftretenden Kräfte und Wärmedehnungen nicht unzulässig verzieht. Dazu wurde eine Dreipunktauflage (in der Realität sind es Flächen) des Werkstückes gewählt. Der Aufnahmebolzen besitzt eine Anlagefläche 10 mm über seinem Sitz in der Grundplatte und die Auflageflächen der beiden Druckbolzens befinden sich nach ihrer Montage ebenfalls 10 mm oberhalb der Grundplatte.

Um die Genauigkeit noch zu erhöhen, werden die Auflagebolzen nach ihrer Montage in die Grundplatte durch einen Schleifvorgang auf die gleiche Höhe wie der Bund vom Aufnahmebolzen (Nennmaß 10 mm) gebracht. Für die nahezu im Montagezustand den Auflagebolzen gegenüber liegenden Druckbolzen der Pratze findet der gleiche Einschleifvorgang statt.

Die Pratze liegt nur an zwei Stellen am Werkstück an. Die dritte Auflagestelle ist die gewölbte Fläche des Bundbolzens. Die durch das Anziehen der Mutter auftretenden Spannkräfte werden so auf direktem Weg durch das Werkstück geleitet bzw. gelangen im Falle des Bundbolzens gar nicht erst in das Werkstück, sodass im Werkstück während seiner Bearbeitung keine nennenswerte Biegebeanspruchung entsteht!

Bei aller Anschaulichkeit des 3D-Modelles lassen sich diese Zusammenhänge noch besser an der gebauten, gegenständlichen Spannvorrichtung studieren!

Zur weiteren Veranschaulichung soll noch das Werkstück nach seiner Bearbeitung gezeigt werden.

Das Werkstück ist ein Segmenthebel aus dem Zahnradwerkstoff 16MnCr5. Das Rohteil wurde im Gesenk geschmiedet.

Die hier vereinfacht dargestellte Verzahnung ist die im Maschinenbau übliche Evolventenverzahnung.

Zahnräder mit Evolventen-Schräg-Verzahnungen sind im Kapitel 10.6 dargestellt.

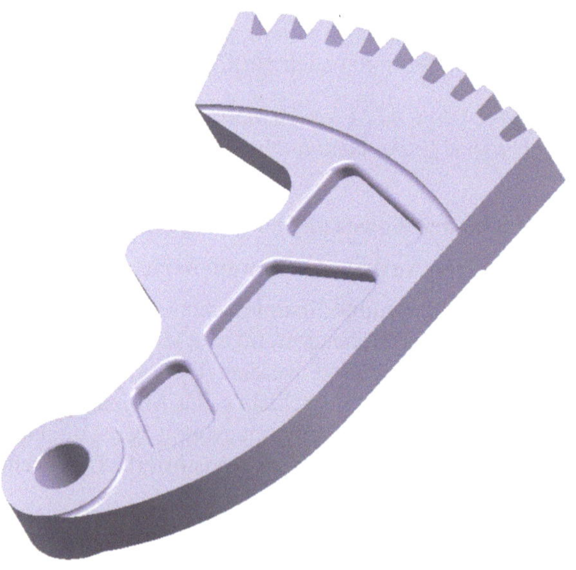

Segmenthebel mit Verzahnung

Hinweis: *Da sich die Geometrie der Zahnflanken bei allen im Wälzverfahren erzeugten Zahnflanken automatisch bei der Fertigung ergibt, genügt im Modell in der Regel eine vereinfachte Darstellung. Wenn keine Ansprüche an eine optische Darstellung gestellt werden, können die Verzahnungen ganz weggelassen werden. Zahnräder werden dann mit ihren Kopfkreisdurchmessern oder mit ihren Teil- bzw. Wälzkreisdurchmessern modelliert.*

6.4 Änderungen an Einzelteilen in der Baugruppenumgebung

Ziel: Das Vorgehen bei Änderungen soll gezeigt werden.

Änderungen an Einzelteilen können in CATIA direkt im Zusammenbau korrigiert werden. Alle Geometriedaten werden dabei in den Teilen, alle Zusammenbaubedingungen in der Baugruppe verändert.

Durch den Zusammenbau wurden zwei Mängel in dieser Konstruktion ersichtlich: Die Druckschraube ist zu kurz, eine Unterlegscheibe fehlt! Diese Mängel sollen nun im Zusammenbau behoben werden.

Anpassen der Druckschraube

⇨ Öffnen des abgebildeten Strukturbaumes bis zur *Skizze.1* der Druckschraube.

⇨ Doppelklick auf *Skizze.1*, um diese zu aktivieren. Vergrößern der Schraubenlänge unter Sicht der benachbarten Teile um z. B. 6 mm (2 Maße müssen geändert werden). Prüfen, ob sich die Gewindelänge automatisch angepasst hat.

⇨ Überprüfen der Auswirkung im Zusammenbau. Eventuell muss auch eine Baugruppenbedingung verändert oder aktualisiert werden!

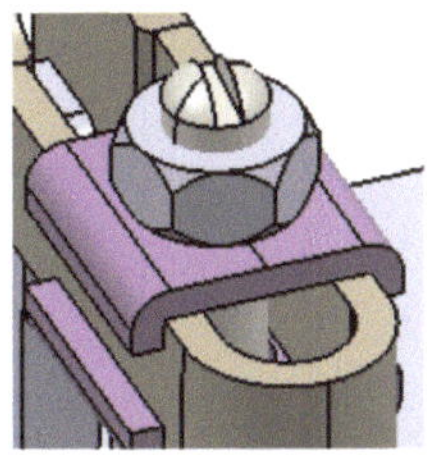

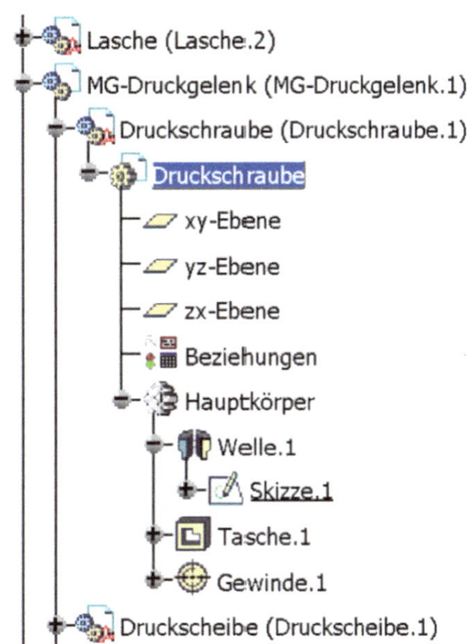

⇨ Teil oder die gesamte Baugruppe speichern.

Alternativen: Eine Veränderung an einem Bauteil kann auch durch eine andere Vorgehensweise erzielt werden. Teil separat öffnen, verändern und speichern. In der anschließend geöffneten Baugruppe sind die Auswirkungen der Änderung im Zusammenbau der Teile zu sehen.

⇨ *RM* auf Eintrag im Baum > *Objekt Druckschraube* > *In neuem Fenster öffnen*. Das Ändern erfolgt in einem separaten Fenster für das Teil ohne direkte Sicht der benachbarten Teile.

Einfügen einer Scheibe

Die Scheibe liegt als Einzelteil im Verzeichnis *Spannvorrichtung* vor.

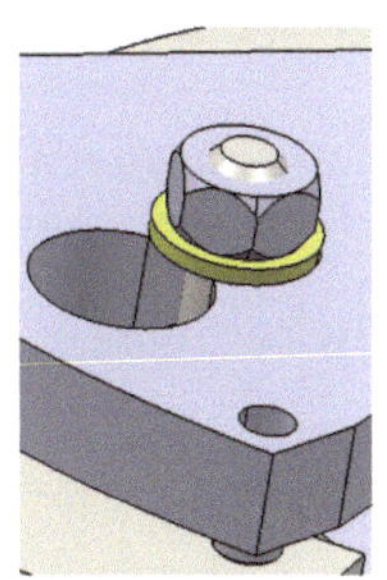

⇨ Den Flächenkontakt zwischen Mutter und Pratze löschen. Die Mutter mit der Funktion *Manipulation, Bezogen auf Bedingungen* in Achsrichtung des Gewindebolzens verschieben.

⇨ Die Scheibe als vorhandene Komponente in die *UBG-Werkstueckaufnahme* einfügen.

⇨ Scheibe mit Kongruenz zur Achse des Gewindebolzens und Kontakt zur Pratze positionieren. Mutter mit Kontakt auf der Scheibe platzieren.

6.5 Optisch ansprechende Darstellung der Baugruppe

In der optischen Darstellung der Baugruppen auf dem Bildschirm stören die eingeblendeten Symbole der Baugruppenbedingungen und die eingeblendeten Symbole für die Ebenen.

Ausblenden der Baugruppenbedingungen

Das Ausblenden der Baugruppenbedingungen aus dem Modell kann über das Kontextmenü einzeln oder über den Eintrag *Bedingungen* im Strukturbaum erfolgen. Mit der Strg-Taste sind Mehrfachselektionen möglich.

Kontextmenü

⇨ *Bedingungen* im Strukturbaum selektieren.
⇨ *RM > Verdecken/Anzeigen.*

Ausblenden der Ebenensymbole

Das Ausblenden der selektierten Ebenensymbole kann über das Kontextmenü (siehe Bild rechts) oder durch die Funktion *Ansicht > Verdecken/Anzeigen* aus der Hauptmenüzeile erfolgen. Mehrfachselektionen sind über die *Strg*-Taste möglich.

Kontextmenü

Im Folgenden soll gezeigt werden, wie man sich alle Ebenen vom System suchen und ausblenden lassen kann.

⇨ In der Hauptmenüzeile > *Bearbeiten > Suchen* selektieren.
⇨ Im sich öffnenden Fenster bei
   Umgebung *Part Design*
   bei Typ *Ebene*
   bei Suchen: *Überall* oder das
   Suchobjekt auswählen.
⇨ Anschließend im Fenster die

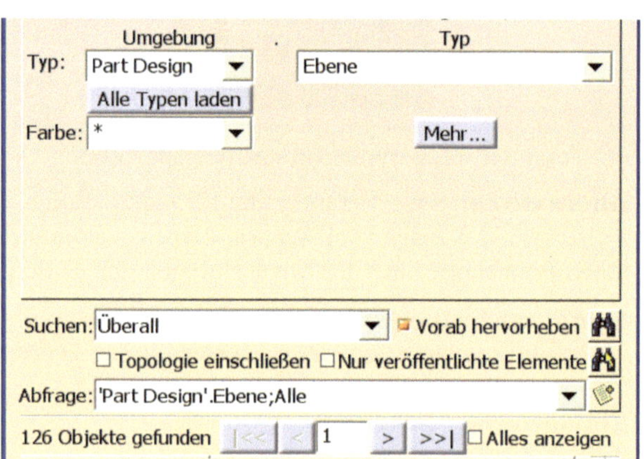

   Funktion *Suchen* aufrufen.
⇨ Nach *OK* sind alle Ebenensymbole selektiert (rot).
⇨ Im Dauermenü mit der Funktion

   Verdecken/Anzeigen die
   Ebenensymbole ausblenden.

Auszug aus dem Dialogfenster *Suche*

Beleuchtung

Unter *Ansicht* aus der Hauptmenüzeile lassen sich mit der Funktion Beleuchtung... Lichteffekte bei der Betrachtung von Bauteilen und Baugruppen erzielen (Beispiel siehe Seite 107).

Verschiedene Lichtquellen (*Kein Licht, Einzelnes Licht, Zwei Lichter, Leuchtstoffröhrenlicht*) und Intensitäten über Schieberegler (*Umgebung, Streulicht, Spiegelnd*) bewirken die Effekte.

6.6 Kinematiksimulation eines Mechanismus im *Assembly Design*

Mechanismen besitzen im Unterschied zu starren technischen Gebilden noch Freiheitsgrade für ihre Bewegung. In der Baugruppenkonstruktion von CATIA ist es möglich, Bewegungen von

Mechanismen in begrenztem Maße zu simulieren. Dies geschieht mit der Funktion *Manipulation* unter Bezug auf die gesetzten Bedingungen.

Die Anwendung der Funktion soll an einem konkreten Beispiel, nämlich der in den vorhergehenden Kapiteln modellierten Spannvorrichtung gezeigt werden. Innerhalb dieser Baugruppe ist die Unterbaugruppe *UBG-Spannmechanismus* kein starres technisches Gebilde sondern ein beweglicher Mechanismus.

⇨ Die Unterbaugruppe Spannmechanismus muss geladen sein. Die Funktion *Manipulation* aufrufen.

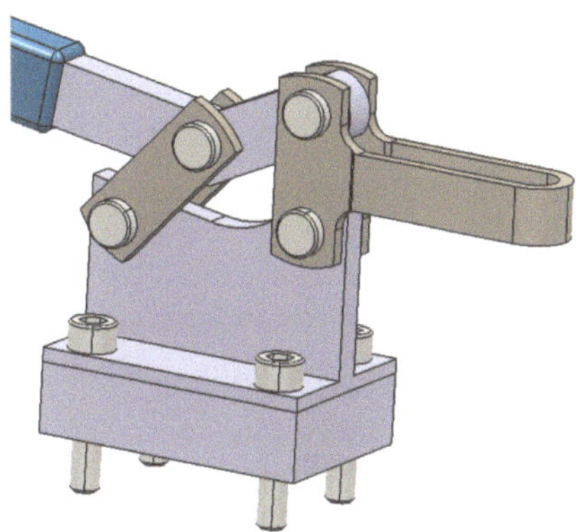

Ausgangsstellung des Mechanismus

⇨ **Wird der Schalter *In Bezug auf Bedingungen* aktiviert,** so werden alle zwischen den Bauteilen gesetzten Bedingungen bei der Bewegung des Mechanismus berücksichtigt. Man wählt im Fenster die Funktion *Um eine beliebige Achse ziehen* und als Drehachse eine Bohrungsachse. Dann (ganz langsam!) den Spannhebel (linke Maustaste gedrückt halten) bewegen. Jetzt bewegt sich der Mechanismus gemäß seiner Bedingungen.

Achtung, das Wiederherstellen der ursprünglichen Position des Mechanismus über die Schaltfläche *Abbrechen* dauert etwas länger ☹, deshalb lieber die Simulation mit *OK* beenden.

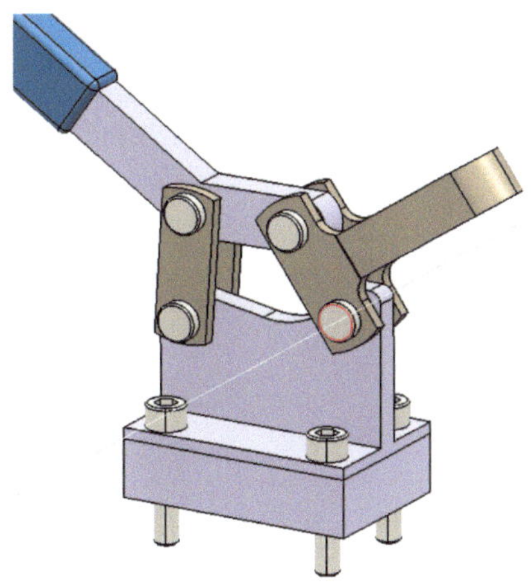

Kinematiksimulation des Mechanismus

Hinweise: *Bewegt sich die gesamte Baugruppe im Raum, so wurde kein Teil fixiert (Maßnahme: MG-Gestell fixieren).*

Bewegt sich der Mechanismus gar nicht, wurden falsche oder zu viele Bedingungen definiert, z. B. eine Winkelbedingung zwischen den Hebelteilen und der Distanzplatte (Maßnahme: Bedingung inaktivieren).

Stoppen der Bewegungssimulation bei Kollision

Wird zusätzlich die Funktion *Manipulation bei Kollision stoppen* aus der gleichen
Funktionsgruppe aktiviert, so wird die Simulation der Bewegung beendet, wenn ein Teil des
bewegten Mechanismus mit einem anderen Bauteil kollidiert.

Bewegung des Spannmechanismus im Einbau in der Oberbaugruppe

Besonders attraktiv ist eine Simulation eines Mechanismus innerhalb seiner Einbauumgebung.
Lassen sich doch dann die Bewegungsverhältnisse besser bewerten und auch Kollisionen und
Kontakte mit benachbarten Bauelementen feststellen.

Die Funktion *Manipulation* soll jetzt auf den gesamten Spannmechanismus der Vorrichtung
angewendet werden. Dazu müssen alle vorläufig oder unbewusst gesetzten Baugruppenbedingungen zwischen der *MG-Druckgelenk* und der *MG-Aufnahmebolzen* sowie dem Werkstück
entfernt oder inaktiviert werden (falls noch nicht geschehen), da sonst eine Bewegung nicht
möglich ist! Diese Aufgabe ist deshalb etwas schwieriger.

Sind Unterbaugruppen in eine übergeordnete Baugruppe eingebaut, so werden sie dort als starre
Gebilde behandelt. Bevor eine Kinematiksimulation stattfinden kann, muss der Mechanismus mit

der Funktion   *Flexible/starre Unterbaugruppe* zur flexiblen   Unterbaugruppe erklärt
werden. Das rechte Symbol stellt den dadurch veränderten ⌇ Strukturknoten dar.

⇨ Die Oberbaugruppe *Spannvorrichtung* laden.
⇨ Die Unterbaugruppe *Spannmechanismus* mit der Funktion *Flexible/starre Unterbaugruppe*
    zum Mechanismus erklären.
⇨ Die Lage einer Lasche auf dem Spannhebel und Lage der *MG-Druckgelenk* zur Unterkante
    des Spannhebels festlegen (Vorschlag: durch je eine geeignete Offset-Bedingung). Sonst
    verschieben sich diese Komponenten bei der folgenden Manipulation!
⇨ Die Oberbaugruppe aktivieren.
⇨ Die Funktion *Manipulation* aufrufen. Im Fenster den Schaltknopf *In Bezug auf Bedingun-
    gen* aktivieren und die Bewegungsmanipulation in schon bekannter Weise ausführen.

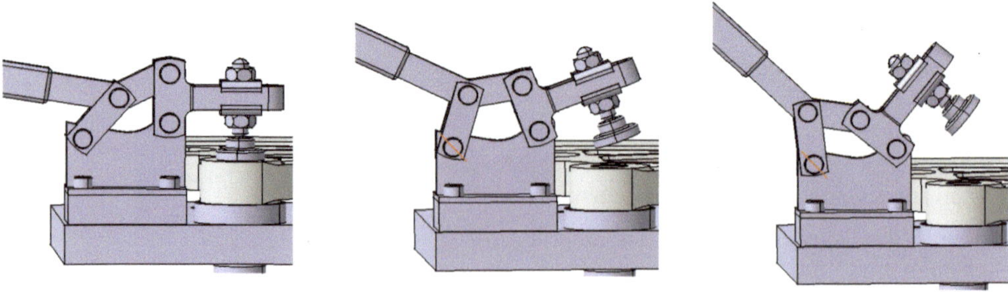

Die Bilder zeigen die Bewegungsverhältnisse des Spannmechanismus. Die große Öffnungs-
weite gestattet ein problemloses Einlegen und Entnehmen des Werkstücks.

In der Realität wird der Spannmechanismus so justiert, dass sich die Hebel beim Spannen
durch ihre Totlage bewegen, bis der Betätigungshebel an der Kante des T-Stücks rüttelsicher
anliegt. Die Hebel verformen sich dabei elastisch. Eine Simulation der Bewegung durch die
Totlage ist im *Assembly Design* nicht möglich.

7 Zeichnungsableitungen

7.1 Grundlagen

Für den Datenaustausch zwischen Konstruktionsbüro und Werkstatt ist es immer noch notwendig, die Datensätze „schwarz auf weiß" vorliegen zu haben. Nicht alle für die Fertigung wichtigen Informationen wie z. B. Angaben zur Oberfläche und Wärmebehandlung, verschiedene Toleranzen und Texte lassen sich im 3D-Modell hinterlegen. Diese Angaben müssen den Zeichnungen hinzugefügt werden. Somit bildet die Zeichnung noch eine wichtige Schnittstelle zwischen Konstruktion und Fertigung.

Für die Darstellung der Bauteile und Baugruppen in Zeichnungen existiert für den Maschinenbau ein in 100 Jahren gewachsenes, bewährtes Regelwerk, das sich in der Ausbildung und in der Praxis nicht so schnell verdrängen lässt.

Die Bedeutung der technischen Zeichnungen geht allerdings zurück. Mit der fortschreitenden Entwicklung der CAD-Systeme lassen sich immer mehr fertigungstechnische Angaben am 3D-Modell anbinden. So können beispielsweise in CATIA ab Version 5 Release 9 Maßtoleranzen in Form der ISO-Toleranzfelder in den Skizzen angegeben werden. Auch die Einbindung von schweißtechnischen Angaben in die Modelle ist inzwischen möglich.

Der Hintergrund für diese Entwicklung ist die Auswertung der digitalisierten fertigungstechnischen Angaben durch die Werkzeugmaschinen.

Aus den erstellten Einzelteilmodellen lassen sich mit CATIA die Einzelteilzeichnungen und aus den Baugruppenmodellen die Baugruppenzeichnungen ableiten. Eine aus einem CATIA-Modell abgeleitete Zeichnung ist assoziativ. Ändert sich das Modell, wird die Zeichnung automatisch aktualisiert. Dazu muss nur die Funktion *Aktualisieren* im Dauermenü selektiert werden. Es gibt jedoch keine Abhängigkeit des Modells von der Zeichnung. Man spricht von einer unidirektionalen Assoziativität. Auf nicht assoziative Zeichnungsänderungen sollte deshalb möglichst verzichtet werden.

Die mit CATIA abgeleiteten Zeichnungen entsprechen nicht in allen Details den Regeln für die Gestaltung von Ansichten und Schnitten nach DIN ISO. War in den ersten Versionen von CATIA V5 die Zeichnungsableitung noch stiefmütterlich behandelt worden, so ist inzwischen eine deutliche Verbesserung eingetreten. Bei genauer Kenntnis der Möglichkeiten des Systems können dem deutschen Regelwerk für Zeichnungen entsprechende technische Zeichnungen durch Zeichnungsableitung (*generative Drafting*) aus den 3D-Modellen erstellt werden. **Darüber hinaus können 2D-Zeichnungen auch separat (*interactive Drafting*) erzeugt werden** (siehe dazu z B. in /14/). **Das entspricht aber nicht dem Anliegen dieses Buches)**[1].

Der Entwicklungsprozess des CAD-Systems verursacht laufend funktionelle Ergänzungen und Veränderungen. Bei Beibehaltung der beschriebenen Grundfunktionalität der Zeichnungserstellung sind Anpassungen im Sinne von Verbesserungen für den Anwender erwünscht. Abweichungen in Einzelheiten von den dokumentierten Funktionen können deshalb nicht ganz vermieden werden.

)[1] Wer ausschließlich Zeichnungen ohne einen Bezug zu einem 3D- Modell herstellen möchte, startet die Zeichnungserstellung wie folgt: Hauptmenüzeile *Start > Mechanische Konstruktion > Drafting >* Zeichnungsstandard und Blattformat einstellen *> OK*. Auf dem erscheinenden Zeichnungsblatt können mit identischen oder ähnlichen Funktionen wie im *Sketcher* (siehe Kapitel 5) und *Drafting* (siehe Folgeseiten) Zeichnungen erstellt werden. Durch Üben kann man die Funktionen relativ leicht erlernen.

Arbeitsumgebung der Zeichnungserstellung (*Drafting*) aufrufen

Mit *Start > Mechanische Konstruktion > Drafting* kann von einem zuvor geladenen Bauteil oder einer Baugruppe ein Standard-Layout ausgewählt werden (siehe nebenstehendes Fenster). Wenn die Standardeinstellungen auf DIN umgestellt wurden, kann auch mit deutschen Zeichnungsnormen gearbeitet werden.

In den folgenden Übungen werden die Ansichten über das Funktionsmenü zweckmäßig selbst zusammengestellt!

Hinweis*: Ist kein Bauteil geöffnet, wird die 2D-Zeichnungserstellung aktiviert! Alle Funktionen mit Bezug zur 3D-Umgebung (z. B. die Schnittansichten) sind im Funktionsmenü deaktiviert.*

Die wichtigsten Funktionen der Zeichnungserstellung befinden sich im Funktionsmenü. Eine Auswahl ist auf der folgenden Seite dargestellt.

Obere Menüleiste

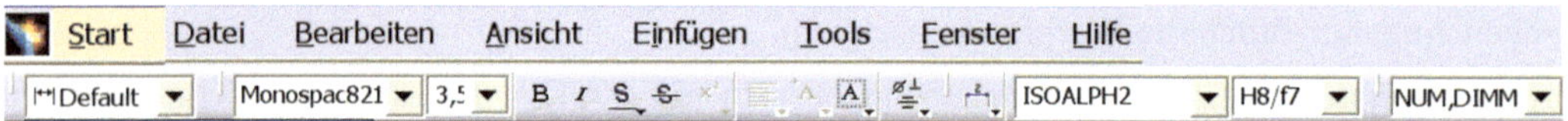

In der Arbeitsumgebung *Drafting* erscheint unter der Hauptmenüleiste zusätzlich zum Funktionsmenü eine weitere horizontal angeordnete Menüleiste (Auszug im obigen Bild) mit verschiedenen häufig benötigten Funktionen zum Einstellen von

- Benutzerstandards
- Texteigenschaften (Schriftart, Schrifthöhe, …, Rahmen, Symbole)
- Bemaßungseigenschaften (Maßlinien, Beschreibung der Maßtoleranz, Toleranzbereich, Beschreibung der numerischen Anzeige, Genauigkeit)
- Grafikeigenschaften (Farbe, Dicke und Art der Linien, …, Schraffurmuster).

Speichern von Zeichnungen

Als Dateiname sollte die Zeichnung den gleichen Namen wie das Einzelteil bzw. die Baugruppe erhalten. Als Dateityp fügt CATIA automatisch die Erweiterung *.CATDrawing* hinzu.

Strukturbaum für Zeichnungen

Wie in der Teilekonstruktion wird auch bei der Zeichnungserstellung ein Strukturbaum angelegt. Er enthält allerdings nur eine Auflistung der Blätter der Zeichnungsdatei und aller erstellten Ansichten. Alle Zeichnungsblätter und Zeichnungsansichten können auch dort selektiert werden.

Voreinstellungen

CATIA bietet die Möglichkeit, die Voreinstellungen mit der Funktion *Tools > Optionen > Mechanische Konstruktion > Drafting* zu verändern. Die Darstellungsoptionen sollten überprüft werden. Zweckmäßige Einstellungen für das Erstellen von Maschinenbau-Zeichnungen sind im Kapitel 3.3.7 (Voreinstellungen) abgebildet. Zu veränderten Standardeinstellungen für Maßhilfslinien und Pfeile auf DIN-Normen gibt Kapitel 7.5 Auskunft.

7.2 Hauptfunktionen

Nur die wichtigsten Funktionen der Zeichnungserstellung sollen aufgeführt werden. Die meisten dieser Funktionen werden in der ersten Übung benutzt. Später werden weitere Funktionen erläutert und angewendet. Die bereits aus dem Skizzierer bekannten Funktionen zum Erzeugen von Geometrieelementen werden nicht verwendet und sind deshalb auch nicht aufgeführt.

Der volle Umfang der Funktionen ist für jeden Nutzer in der Funktionsmenüleiste einsehbar. Zur Funktionsgruppe *Tools* im Dauermenü siehe im Kapitel 7.3.11.

Funktionen zur Ansichterzeugung

	Vorderansicht		Abgesetzte Schnittansicht
	Projizierte Ansicht		Ausgerichtete Schnittansicht
	Isometrische Ansicht		Detailansicht
	Assistent für Ansichtserzeugung		Begrenzungsansicht (auch Clipping-Ansicht genannt)
	Schnelle Begrenzungsansicht (auch Schnelle Clipping-Ansicht)		Abwicklung
	Neues Blatt		Aufbrechen einer Ansicht
	Neue Ansicht		Ausbruchansicht
	Geometrische Bedingungen		3D-Begrenzung hinzufügen

Funktionen zum Einfügen von Bemaßungen und Zeichnungsanmerkungen

	Bemaßungen		Text
	Bemaßungen generieren		Text mit Bezugslinie
	Bezugselement		Rauhigkeitssymbol
	Geometrische Toleranz		Schweißsymbol
	Tabelle		Schweißung
	Symbol einfügen (in der Hauptmenüzeile)		Bezugslinie hinzufügen (über Einfügen > Anmerkungen)

7.3 Einzelteilzeichnungen erstellen

An der Zeichnungserstellung für die im Kapitel 5 modellierte Grundplatte soll die aus dem 3D-Modell abgeleitete Zeichnungserstellung verallgemeinernd gezeigt werden. Beim Erzeugen der Zeichnungen für die Bauteile Lasche und Aufnahmebolzen werden anschließend ergänzende Arbeitstechniken dargestellt.

Die Ausführungen sind dabei so gestaltet, dass sie auch zum Nachschlagen geeignet sind. Die wenigen auf die Übungen zugeschnittenen spezifischen Handlungen stören dabei erfahrungsgemäß nicht.

In Kapitel 7.4 werden weiterführend die Besonderheiten bei der Zeichnungserstellung einer Baugruppe beschrieben.

Für die Darstellung von Bauteilen und Baugruppen in technischen Zeichnungen wird auf die einschlägige Literatur (z. B. /1/, /12/) verwiesen. Das gilt insbesondere für die Anordnung von Ansichten und Schnitten und für die Regeln zum Bemaßen.

Übung: Grundfunktionen der Zeichnungserstellung

In diesem Beispiel werden die Schritte beschrieben, um aus einem dreidimensionalen Körper (hier der Grundplatte) einen zweidimensionalen Zeichnungssatz zu erstellen.

Weiterhin wird erklärt, wie Bemaßungen, Form- und Lagetoleranzen, Oberflächenangaben, Zeichnungsrahmen und Texte in die Zeichnung eingefügt werden.

Das Ergebnis der ersten Übung ist die auf einer der nachfolgenden Seiten abgebildete Zeichnung der Grundplatte.

Empfehlung: Eine Kopie der Zeichnung der Grundplatte sollte während der Übung stets vor dem Nutzer liegen! Um einen nachhaltigen Lerneffekt zu erzielen, sollten alle Erläuterungen gelesen und geübt werden, auch dann, wenn die Ausführungen in einigen Fällen nicht sofort bei der Zeichnungserstellung der Grundplatte Anwendung finden.

Strukturbaum

Nebenstehend ist schon vorauseilend der Strukturbaum für die Zeichnung der Grundplatte abgebildet. Er besteht aus der Hauptansicht und zwei Schnittansichten. Die Ansichten können im Strukturbaum selektiert werden.

Die aktive Ansicht ist unterstrichen. Ist keine Ansicht unterstrichen, wird auf dem Blatt direkt gearbeitet, beispielsweise um eine neue Ansicht zu erzeugen. Wechselt man über *Bearbeiten > Blatthintergrund* in den Hintergrund, in dem sich auch der Zeichnungsrahmen befindet, ist ebenfalls keine Ansicht unterstrichen, zusätzlich ändert sich hier jedoch die Hintergrundfarbe des Bildschirms.

Das Aus- und Einblenden des Baumes erfolgt über Betätigen der F3-Taste oder mit der Funktion *Ansicht > Spezifikationen* aus der Hauptmenüzeile.

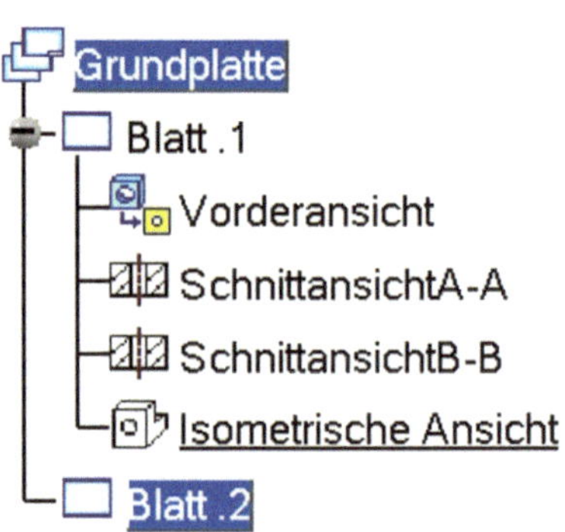

Strukturbaum für Zeichnungen

Zur Erinnerung, es bedeuten:

- ⇨ Handlung
- *LM* Selektion mit der linken Maustaste
- *RM* Rechte Maustaste, Kontextmenü
- > Nächste Menüfunktion.

7.3.1 Zeichnungsblatt zuweisen

⇨ Laden des Teiles *Grundplatte* (aus dem Verzeichnis *Spannvorrichtung*).

⇨ Erstellen einer neuen Datei mit der Funktion *Datei > Neu* im Hauptmenü oder

mit der Funktion ▢ *Neu* im Dauermenü. Es erscheint das abgebildete Dialogfenster.

⇨ *Drawing* auswählen.

⇨ Im erscheinenden Fenster *Neue Zeichnung* Standard, Blattdarstellung und Format wie ausgewählt einstellen. DIN bei Verwendung von DIN-Zeichenstandards einstellen.

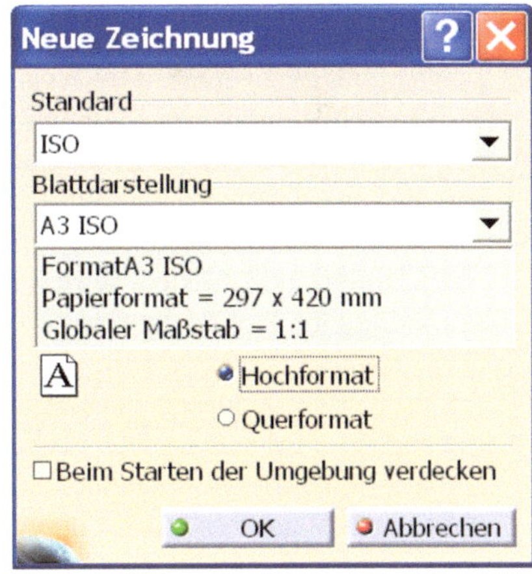

CATIA schaltet die Teilekonstruktion (*Part-Design*) in den Hintergrund und startet automatisch die Zeichnungsableitung (*Drafting*). Auf dem Bildschirm erscheint das definierte leere Blatt.

Mit den Funktionen ▢ *Neues Blatt* und ▣ *Neues Detailblatt* können bei Bedarf zu einem Zeichnungsblatt weitere hinzugefügt werden.

Hinweis*: Ist kein Bauteil oder keine Baugruppe geöffnet, so wird ausschließlich die 2D-Zeichnungserstellung aktiviert! Alle Funktionen mit Bezug zur 3D-Umgebung (z. B. die Schnitt- und Detailansichten) sind im Funktionsmenü nicht aktiv.*

Zeichnungsformat ändern

Das Blattformat für den Zeichnungssatz kann auch nachträglich modifiziert werden.

⇨ Mit der Funktion *Datei > Seite einrichten* in der Hauptmenüleiste lässt sich das Zeichnungsformat neu bestimmen.

7.3.2 Ansichten erstellen

Hauptansichten erzeugen

Zum Erstellen von Hauptansichten stehen folgende Funktionen zur Verfügung:

	Neue Ansicht	Erzeugt eine leere Ansicht ohne Bezug zu einem Modell. **Nur die Funktionen der 2D- Zeichnungserstellung sind aktiv!**
	Vorderansicht	Erzeugt eine Vorderansicht aus dem geöffneten Modell.
	Assistent für Ansichtserzeugung	Erzeugt mehrere Ansichten aus dem geöffneten Modell.

Vorderansicht erstellen

⇨ In der Hauptmenüleiste die Funktion *Fenster > Nebeneinander anordnen* auswählen.

⇨ Die Funktion *Vorderansicht* selektieren (zweite Variante aus der obigen Tabelle).

⇨ Im Fenster *Part Design* eine **ebene** Fläche der Grundplatte (oder eine Hauptebene) selektieren, die als Vorderansicht dienen soll. CATIA führt anschließend wieder zurück zur Zeichnungserstellung.

Mit Hilfe des Bewegungselementes in der Zeichnungsebene kann die Vorderansicht nachträglich verändert werden.

⇨ *LM* auf den grünen Punkt des Bewegungselementes setzen: Die Ansicht kann in 30°-Schritten in der Zeichnungsebene gedreht werden. Dasselbe Verhalten weisen die inneren Pfeiltasten auf.

⇨ *LM* auf die blauen Pfeile rechts/ links / oben / unten: Die Ansicht wird um die körpereigenen Achsen gedreht.

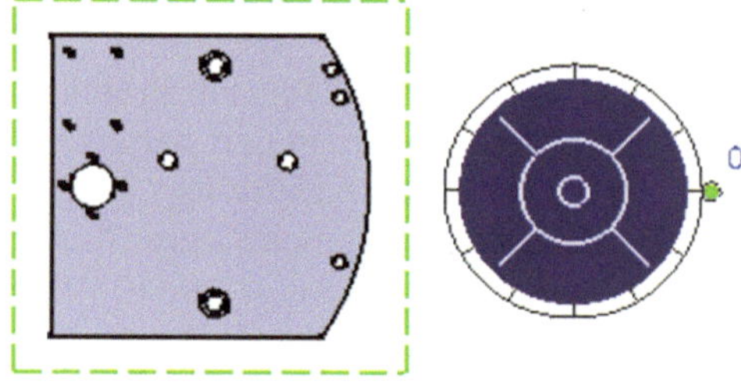

Vorderansicht mit Bewegungselement

⇨ *LM* auf einen beliebigen Punkt der Zeichnungsebene oder auf den Mittelpunkt des Bewegungselementes setzen. Die gewählte Hauptansicht der Zeichnung wird erstellt.

⇨ *LM* auf den aktiven Ansichtsrahmen (rote, unterbrochene Linie) und die Ansicht im Zeichnungsblatt platzieren. Anschließend das *Drawing*-Fenster maximieren.

Die Funktion *Ansichtsumrahmung* im Dauermenü zeigt bzw. verdeckt den Ansichtsrahmen. Diese Funktion muss bei der Zeichnungserstellung aktiv (rot) sein!

Achtung! Ein mit dieser Funktion verdeckter Rahmen lässt sich durch Selektion der Ansicht im Strukturbaum mit *RM > Eigenschaften > Ansicht > Ansichtsumrahmung* nicht wieder anzeigen!

Hinweis: *Um den Ansichtsrahmen zu verkleinern, können die blauen Koordinatenpfeile und der Ursprungspunkt über das Kontextmenü verdeckt werden (sinnvoll, falls diese zu weit außerhalb der Zeichnung liegen).*

Schnittansichten erzeugen

Die Ausgangsansicht für den Schnitt muss aktiv (im Baum unterstrichen, Rahmen in der Zeichnung rot markiert) sein!

⇨ *RM* auf den Rahmen der Ansicht > *Ansicht aktivieren*. Alternativ: Doppelklick auf den Ansichtsrahmen.

Zum Erstellen von Schnittansichten stehen folgende Funktionen zur Verfügung:

Symbol	Schnittart	Schnittweg	Darstellung
	Abgesetzte Schnittansicht	Rechtwinklig	Alle Elemente
	Ausgerichtete Schnittansicht	Winkel beliebig	Alle Elemente
	Abgesetzte Schnittebenenan-sicht	Rechtwinklig	Nur geschnittene Elemente (keine Umlauflinien)
	Ausgerichtete Schnittebenenan-sicht	Winkel beliebig	Nur geschnittene Elemente (keine Umlauflinien)

Empfehlung: Nicht sofort Anfangs- bzw. Endpunkte der Schnittlinien setzen, sondern abwarten, bis CATIA Randbedingungen zur Lagebestimmung der einzelnen Schnittabschnitte zur Verfügung stellt. Die Funktion *An Punkt anlegen* sollte deaktiviert sein. Oftmals ist es hilfreich, das entsprechende Element, zu dem eine Randbedingung entstehen soll, zuvor mit dem Cursor anzufahren. Je nach Element wird eine punktierte oder dünne Linie für den Schnittverlauf sichtbar. Anstelle eines Kreismittelpunktes den Kreisumfang selektieren!

Beim Erstellen des Schnittverlaufs wird dieser im parallel geöffneten 3D-Modell (dynamisch) dargestellt. Schnittansichten A-A und B-B gemäß Zeichnung erzeugen.

⇨ Funktion *Abgesetzte Schnitt- Ansicht* wählen.

⇨ Selektieren des Anfangspunktes. Festlegen des restlichen Schnittverlaufes über die Selektion von Zwischenpunkten. Beenden des Schnittes per Doppelklick auf den Endpunkt.

⇨ Mauszeiger bis unterhalb des Rahmens der Ansicht bewegen (erst außerhalb des Rahmens wird die Schnittansicht sichtbar) und die Schnittdarstellung auf dem Blatt platzieren. Sie ist zur Hauptansicht ausgerichtet. Durch Selektion des Rahmens lässt sich diese Ansicht mit gedrückter linker Maustaste verschieben.

Hinweise: *CATIA erzeugt voreingestellt offene Schnittpfeile. Durch Selektion der entsprechenden Linien kann mit RM > Eigenschaften > Schnittverlaufslinie die Pfeilform auf DIN-Standard geändert werden. Weiteres siehe dazu unter 7.3.11 (Schnittverlaufslinien einstellen, Schnittverlauf ändern).*

Projektionsansichten

Mit der Funktion *Projizierte Ansicht* (unterhalb der Funktion *Vorderansicht*) lassen sich aus einer bereits vorhandenen, aktiven Ansicht weitere durch Projektionen ableiten.

Zeichnung Grundplatte

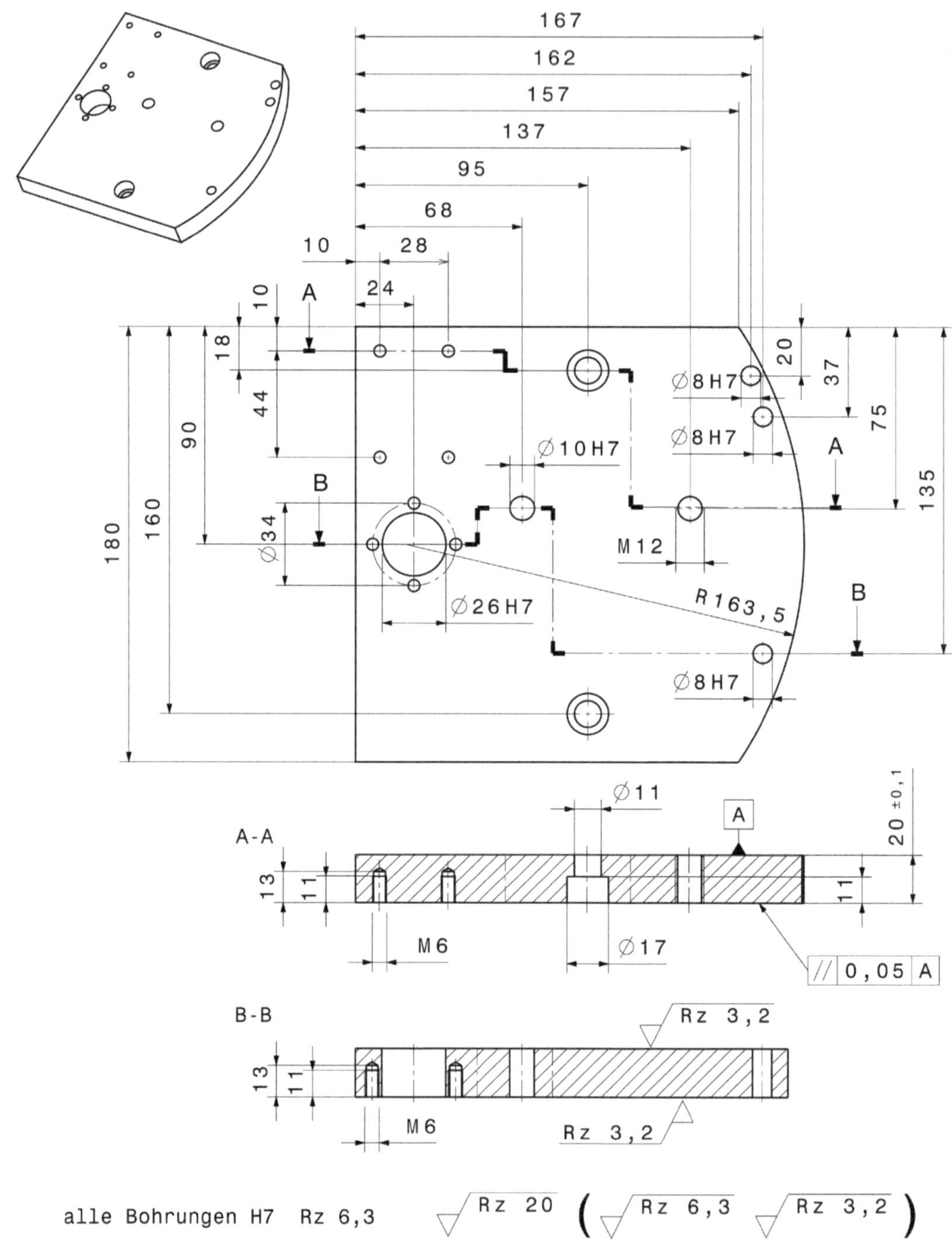

Ausrichten, Umrahmung, Drehen, Maßstabändern von Ansichten

Mit *RM* auf den Rahmen > *Ansichtenpositionierung* > *Positionierung unabhängig von (gemäß) der Referenzansicht* (Wechselschalter) lässt sich ein Schnitt oder eine Ansicht beliebig auf dem Blatt positionieren bzw. wieder ausrichten.

Mit *RM* auf die Eintragung im Baum > *Eigenschaften* > *Ansicht* > *Ansichtsumrahmung anzeigen* (Wechselschalter) lässt sich der Ansichtsrahmen aus- oder einblenden. Das Wiedereinblenden erfolgt dabei über die Selektion der entsprechenden Ansicht im Strukturbaum. Achtung: Im Dauermenü gibt es in der Funktionsgruppe *Tools* eine ähnliche Funktion. Die dort verdeckten Rahmen können über das Kontextmenü nicht wieder angezeigt werden (siehe unter 7.3.11).

Mit *RM* > *Eigenschaften* > *Winkel* > ... *deg* kann ein Schnitt gedreht werden.

Mit *RM* > *Eigenschaften* > *Maßstab* > ... kann der Maßstab geändert werden.

Mit *RM* > *Eigenschaften* > *Aufbereiten*> ... können weitere Zeichnungsaufbereitungen vorgenommen werden. Wichtige Optionen werden später erläutert.

Hinweis: *Die Ansichtsrahmen werden nicht mit gedruckt.*

Detailansichten erstellen

Die Ausgangsansicht muss aktiv sein. Zum Erzeugen von Detailansichten stehen folgende Funktionen zur Verfügung:

Symbol	Art der Ansicht	Umrandung	Darstellung
	Detailansicht	Kreis	Neue Ansicht. Detailrand nicht sichtbar.
	Detailansichtsprofil	Polygon	Neue Ansicht. Detailrand nicht sichtbar.
	Schnelle Detailansicht	Kreis	Neue Ansicht. Detailrand sichtbar.
	Profil für schnelle Detailansicht	Polygon	Neue Ansicht. Detailrand sichtbar.

Clipping-Ansichten (Begrenzungsansichten)erstellen

Die Ausgangsansicht muss aktiv sein. Zum Erstellen von Clipping-Ansichten stehen folgende Funktionen zur Verfügung:

Symbol	Art der Ansicht	Umrandung	Darstellung
	Clipping-Ansicht	Kreis	Ausschnitt. Ausschnittrand nicht sichtbar
	Clipping-Ansicht über Profil	Polygon	Ausschnitt. Ausschnittrand nicht sichtbar
	Schnelle Clipping-Ansicht	Kreis	Ausschnitt. Ausschnittrand sichtbar
	Schnelle Clipping-Ansicht über Profil	Polygon	Ausschnitt. Ausschnittrand sichtbar

Alle vier Funktionen beschneiden eine vorhandene Ansicht.

7.3.3 Bemaßungen hinzufügen

Alle Maße werden aus dem Modell übernommen. Über die Funktionsgruppe *Bemaßung* und die darunter liegende Funktionsgruppe *Bearbeitung der Bemaßung* lässt sich das Erscheinungsbild der Maßeintragungen mit verschiedenen Funktionen beeinflussen. An der Symbolik ist erkennbar, von welcher Art die Funktionen zur Maßeintragung sind, sodass auf weitere erläuternde Angaben verzichtet werden kann.

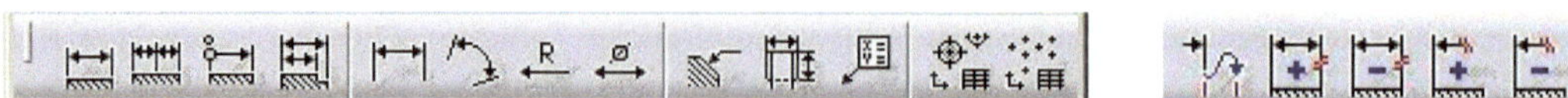

Nur die (links stehende) allgemeine Funktion *Bemaßungen* wird in den Übungen verwendet.

⇨ Aus didaktischen Gründen zunächst nur die beiden Hauptmaße (Breite 180 mm, Radius 163,5 mm), die Bohrung 10H7 und die Gewindebohrung M12 der Grundplatte bemaßen.

Beispiel:

⇨ Selektieren der Funktion *Bemaßungen* und das Maß 180 mm zwischen den parallelen Seiten der Grundplatte erzeugen.

Soll zwischen zwei Elementen bemaßt werden, erfolgt nach der ersten Selektion die Bemaßung des ersten Elementes. Nach Selektion des zweiten Elementes entsteht dann erst die gewünschte Abstandsbemaßung. Die zuvor erstellte, vorläufige Maßeintragung wird verworfen.

Maßlinien und Maßzahl verschieben

⇨ Maßlinie oder Maßzahl selektieren und verschieben. Eine Feinpositionierung der Maßzahl kann Schwierigkeiten bereiten.

Umschalten zwischen Innen- und Außenbemaßung

⇨ Pfeilspitze selektieren.

Manipulatoren erzeugen

⇨ Der rechts abgebildete Bewegungsmanipulator (Doppelpfeil) und die abgebildeten Bemaßungsmanipulatoren (Dreiecke) können mit *Tools > Optionen > Mechanische Konstruktion > Drafting > Manipulatoren* eingeschaltet werden (sinnvoll für *Erzeugung* und(!) *Änderung*). Der Bewegungsmanipulator ermöglicht eine Feinpositionierung der Maßzahl. Alle Manipulatoren sind während des Bemaßens aktiv. Bei schon bestehenden Bemaßungen können die Manipulatoren mittels Selektion auch im Nachhinein aktiviert werden, um eine Änderung durchzuführen.

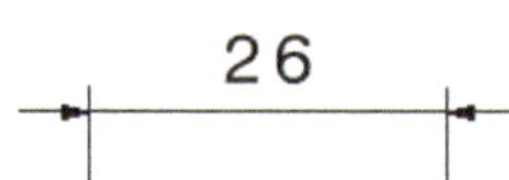

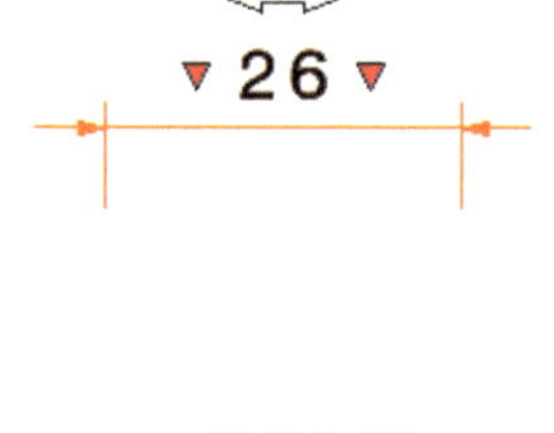

⇨ Selektion des Dreiecks vor oder nach der Maßzahl. Es erscheint eine Dialogbox. Eingabe des gewünschten **Präfix** oder **Postfix**.

Hinweis: *Im gleichen Fenster können auch weitere Manipulatoren für Überstände und Unterbrechungen von Maßhilfslinien aktiviert werden.*

Die wichtigsten Präfixe erreicht man in der oberen Menü-

leiste mit der Funktion *Symbol einfügen* 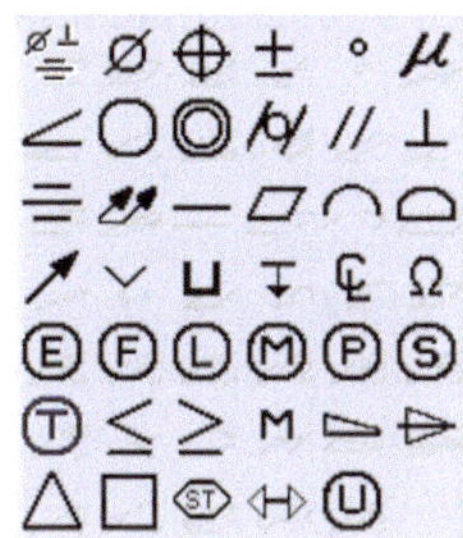. Diese können eingefügt werden, sobald eine Bemaßung aktiv ist. Das eingefügte Symbol wechselt in die Menüleiste.

Löschen eines Präfixes:

Bemaßung aktivieren, das Ursprungssymbol 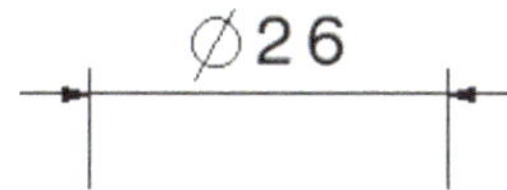 erneut selektieren. Dieses befindet sich jetzt in der Auswahlliste aller Präfixe.

Tabelle der Präfixe

⇨ Einfügen eines Durchmesserzeichens als Präfix.

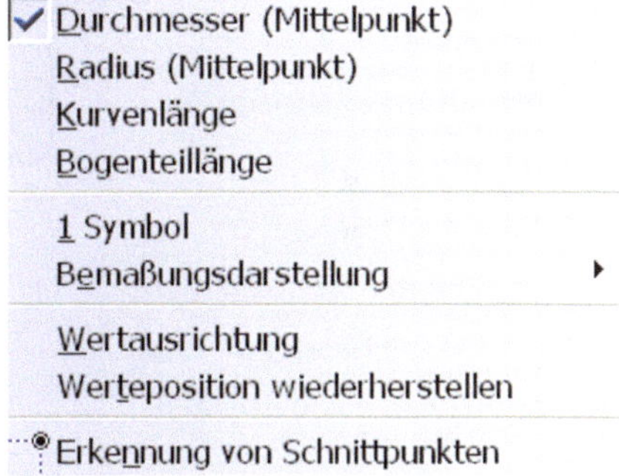

Eine komfortable Eingabe von Präfixen kann über das Kontextmenü erfolgen. Im Dialogfenster *Eigenschaften* ist unter *Maßeinträge* die abgebildete Tabelle der Präfixe integriert. Zusätzlich lassen sich auch Angaben über und unter dem *Hauptwert* einfügen.

⇨ Maßzahl > *RM* > *Eigenschaften* > *Maßeinträge*. Ein Präfix eingeben.

Ändern der Bemaßungsart mit Hilfe des Kontextmenüs

Bei der Bemaßung von Kreisen und Bögen kann zwischen Durchmesser- und Radiusbemaßung gewechselt werden.

⇨ Selektieren der Bemaßung > *RM* > Wechsel zwischen Radius und Durchmesser

Verschiedene weitere Bemaßungsdarstellungen (horizontal, vertikal) können erzwungen werden.

Hinweis: *Diese Optionen bestehen nur während der Erzeugung ⊗ der Bemaßung!*

Kontextmenü beim Bemaßen

Ändern der Bemaßungsausrichtung mit Hilfe des Dauermenüs

Sobald eine Bemaßungsvariante gewählt wurde, erscheint im unteren Dauermenü eine zusätz-

liche Funktionsgruppe *Toolauswahl* mit deren Hilfe die Bemaßungsrichtung gewählt werden kann. Die rechte Funktion dient dem Erkennen von Schnittpunkten. Die letzte aktive Einstellung dieser Funktionsgruppe gilt für das nächste Maß als Voreinstellung.

Hinweise: *Diese Optionen bestehen nur während der Erzeugung der Bemaßung.*

Wenn der Mittelpunkt einer Bohrung beim Bemaßen gefangen werden soll, ist der Kreis (nicht der Mittelpunkt) zu selektieren.

Graue und rote Maße deuten daraufhin, dass keine Assoziativität mehr zum Modell besteht.

Ändern von Maßlinien und Maßbegrenzungen

CATIA erzeugt voreingestellt als Maßbegrenzung offene Pfeile. Mit *RM* auf die Maßlinie > *Eigenschaften* > *Maßlinie* kann u.a. die Form der Maßbegrenzung geändert werden.

Hinweis: Die in früheren Releases mögliche Option *RM* auf die *Maßlinie* > *Als Standardwert festlegen* funktioniert ab Release R9 leider nicht.

Weitere änderbare Eigenschaften sind:

- Wert

- Toleranz

- Maßhilfslinie

- Maßeinträge

- Schriftart und Schriftgröße

-Text

- Grafik

- Komponenteneigenschaften.

(Alle Bezeichnungen sind Schaltflächen aus dem Fenster *Eigenschaften*.)

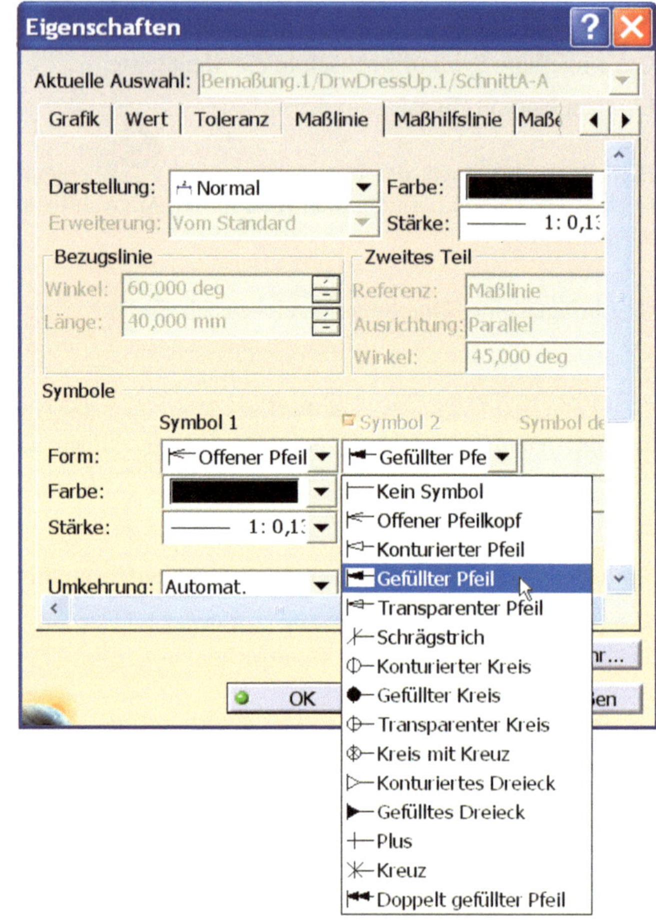

Hinweise: *Es lassen sich auch alle Bemaßungseigenschaften einer Ansicht gleichzeitig modifizieren. Dazu alle Elemente in einem Fangrahmen selektieren und dann an einer beliebigen Bemaßung die Eigenschaften ändern. Achtung, diese Vorgehensweise funktioniert nicht, wenn eine Bemaßung mit selektiert wird, die nur einen Pfeil besitzt, wie z. B. die Radiusbemaßung!*

Das ständig neue Einstellen der Bemaßungseigenschaften kann man durch Verwenden von Zeichnungsvorlagen, in denen alle Einstellungen gespeichert sind, umgehen. Zum Erzeugen der Zeichnungsvorlagen benutzt man eine Zeichnung mit den gewünschten Standardeinstellungen und erklärt diese über das Kontextmenü zum Standard. Wenn man die Zeichnung löscht, bleiben die Einstellungen in der Formatvorlage erhalten. Zweckmäßig erzeugt man in dieser Weise für jedes Zeichnungsformat eine Zeichnungsvorlage.

Noch besser ist eine dauerhafte Einstellung von DIN- Bemaßungseigenschaften wie sie im Kapitel 7.5 für Maßpfeile dargestellt ist.

Einige der Eigenschaften sind auch einfacher über die Funktionen in der oberen Menüleiste abzuändern. Zum Beispiel lassen sich hier Bemaßungseigenschaften und numerische Eigenschaften einstellen.

Im Feld *Beschreibung der Toleranz* kann beim Bemaßen die Toleranzart,

im Feld *Toleranzbereich* die Toleranz selbst oder ein Toleranzkurzzeichen,

im Feld *Beschreibung der numerischen Anzeige* können Maßeinheiten und das Trennzeichen für die Dezimalstelle und

im Feld *Genauigkeit* die Maßgenauigkeit ausgewählt werden.

Mit dem Eintrag **NUM,DIMM** wird das **Komma** für die Maßzahlen eingestellt, leider wieder nur für eine Sitzung (es sei denn, es gibt entsprechende Voreinstellungen).

Unmaßstäbliche Maße eintragen

Hinweis: *Über die Folgen unmaßstäblicher Maßeintragungen sollte sich der Bearbeiter stets im Klaren sein. Es besteht kein Bezug zum Modell! Unmaßstäbliche Maße in Zeichnungen müssen kenntlich gemacht (überstrichen) werden!*

⇨ Maß selektieren > *RM* > *Eigenschaften* > *Wert* > *unmaßstäbliches Maß* (Schiebeleiste betätigen) > numerisches oder alphanumerisches Maß eintragen. Aktion rückgängig machen.

Automatisches Bemaßen

Eine automatische Bemaßungserstellung erfolgt über die Funktion *Bemaßungen generieren.*

Die Schnittdarstellung A-A der Grundplatte (versuchsweise) automatisch bemaßen:

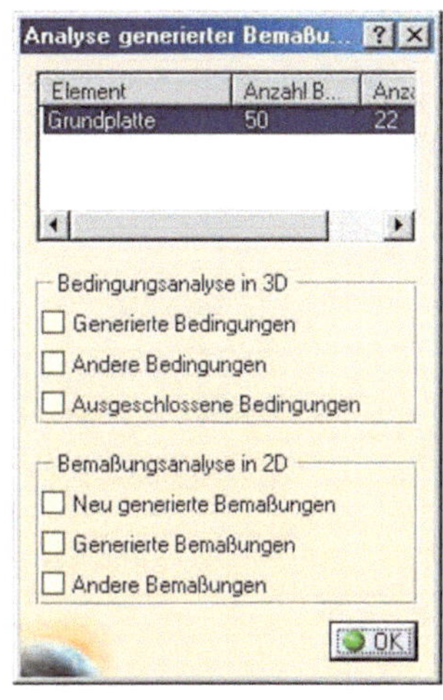

⇨ Selektieren der Schnittansicht A-A.

⇨ Die Funktion ▾ *Bemaßungen generieren* selektieren. Im erscheinenden Analysefilter nichts selektieren, nur mit *OK* bestätigen. Die Bemaßungen für den entsprechenden Schnitt werden erstellt. Die Ansicht enthält jetzt die zur Zeichnungserstellung verwendeten Maße; eine Überarbeitung ist jedoch notwendig. Eine Übertragung der Maße in eine andere Ansicht ist nicht möglich.

⇨ Die Funktion 🔲 *Bemaßung schrittweise generieren* ermöglicht ein schrittweises Generieren der Bemaßung mit einer Übertragung in eine andere Ansicht. Über die im Fenster gezeigten Schaltflächen lässt sich das Erzeugen der Maße steuern ☺ .

⇨ Die Funktion 🔲 *Analyse-Anzeigemodus* im Dauermenü ermöglicht die generierten (ggf. grünfarbigen) Maße auf schwarz umzustellen (siehe 7.3.11).

Ankerpunkte für die Abstandsbemaßung von Bögen

Die Anbindungen von Maßen an Bögen erfolgt über
einen Anker(Bezugs-)punkt.

⇨ Erstellen des Teiles mit Maßen gemäß Abbildung, Dicke z. B. 15 mm. Anschließend die
Zeichnung gemäß Abbildung rechts ableiten.

⇨ Beim Bemaßen der Höhe des Teiles (*Toolaus-*
wahl 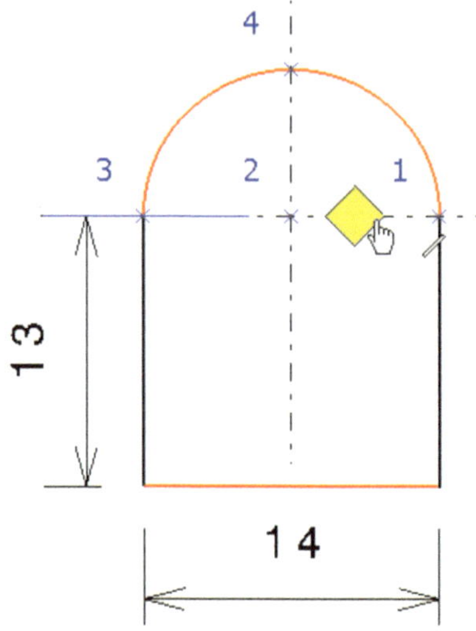) als zweite Begrenzung den Bogen
selektieren. Die Maßbegrenzung zeigt aber auf
den durch ein gelbes Rautezeichen gekennzeichneten Bogenmittelpunkt ☹ (siehe Bild rechts)!
Mit gehaltener *Strg*-Taste kann man nun das gelbe Rautezeichen mit gedrückt gehaltener *LM* auf
den jetzt sichtbaren gewünschten Ankerpunkt
(hier Punkt 4) verschieben. Es erscheint nun das
Maß 20 für die Höhe ☺ (Bild links unten).

⇨ Alternativ (aber umständlicher!) kann der Maßbe-
zugspunkt für den Bogen mit *RM* auf die Maßlinie
des Maßes 13 über das Kontextmenü ausgewählt
werden (siehe Bild rechts unten). Gegebenenfalls
müssen alle im Kontextmenü aufgeführten Be-
zugspunkte bis zum Erscheinen des gewünschten
Maßeintrages durchprobiert werden.

Abstandsmaß bis Bogenmittelpunkt

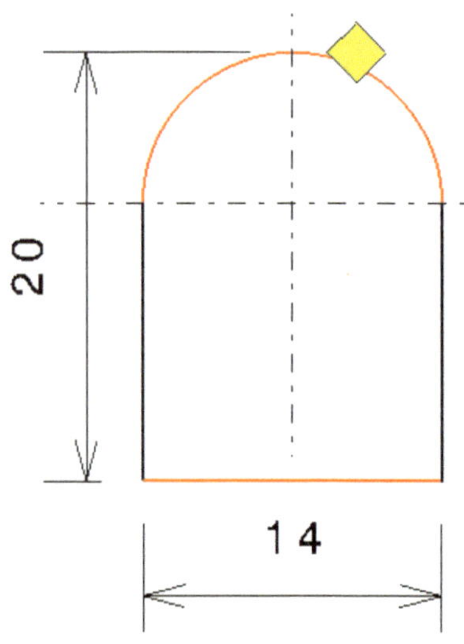

Abstandsmaß für den äußeren Bogenpunkt

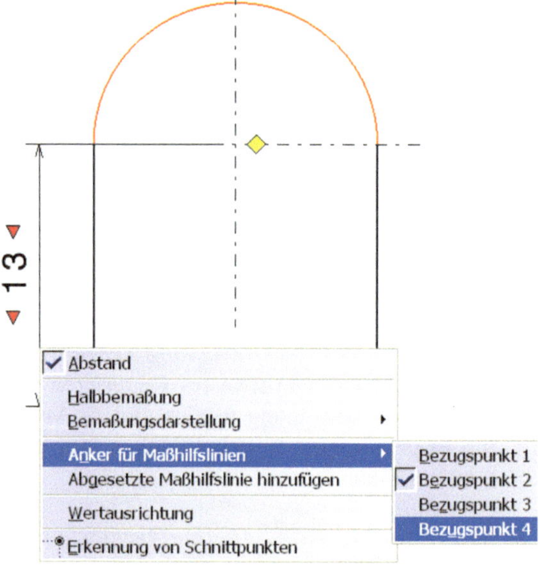

Dialog für das Bemaßen von Bögen

7.3.4 Maßtoleranzen hinzufügen

Die Nennmaße der Bauteile lassen sich bei der Fertigung nicht genau einhalten. Deshalb erhalten funktionswichtige Maße unter Berücksichtigung wirtschaftlicher Gesichtspunkte Angaben über zulässige Abweichungen (Toleranzen). Die Toleranzwerte können numerisch oder alphanumerisch über Toleranzkurzzeichen angegeben werden. Für Maße ohne Toleranzangabe gilt die im Schriftfeld angegebene Allgemeintoleranz.

⇨ An dieser Stelle ist es zunächst zweckmäßig, alle Maße in die Zeichnung der Grundplatte (gemäß Muster-Zeichnungsblatt) einzutragen und daran anschließend alle dargestellten Maßtoleranzen einzufügen.

Einfügen und ändern über das Kontextmenü

⇨ Erstellte Bemaßung selektieren > *RM Eigenschaften* > *Toleranz* und die gewünschte Toleranz numerisch oder alphanumerisch einstellen.

Im Beispiel wurde unter Hauptwert die alphanumerische Eingabe von ISO-Toleranzen (ISOALPH1) eingestellt. Im Feld *Erster Wert* wurde sodann das gewünschte ISO-Toleranzkurzzeichen (H8) für das ausgewählte Maß eingegeben.

Das Feld *Zweiter Wert* ist sinnvoll nur bei Passungsangaben in Baugruppenzeichnungen zu aktivieren. Dazu wird als Hauptwert ISOALPH2 aus der Liste der Möglichkeiten gewählt.

Das obere und das untere Grenzabmaß werden von CATIA ermittelt.

Einfügen und ändern über die obere Menüleiste

Eine Eingabe der Maßtoleranzen kann vereinfacht auch über die obere Menüleiste mit den Funktionen der Leiste *Bemaßungseigenschaften* bzw. *Numerische Eigenschaften* vorgenommen werden (siehe dazu auch unter 7.3.3). Eine Anzeige der Abmaße erfolgt dort allerdings nicht.

Es sei an dieser Stelle wiederholt, mit dem Eintrag NUM,DIMM wird das Komma (anstelle des Punktes) als Trennzeichen für die Dezimalstelle in Maßzahlen eingestellt.

7.3.5 Form- und Lagetoleranzen hinzufügen

Form- und Lagetoleranzen werden in Zeichnungen zusätzlich zu Maßtoleranzen mit Hilfe von Symbolen angegeben, wenn sie für die Funktion und Austauschbarkeit der Bauteile und Baugruppen notwendig sind. Sie begrenzen die Abweichungen von der idealen Form und Lage der Elemente.

Die in der Zeichnung der Grundplatte enthaltene Lagetoleranz soll eingefügt werden.

Erstellen eines Bezugselementes

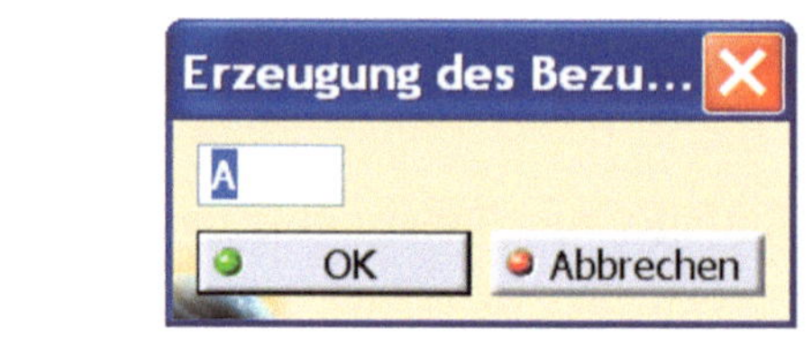

⇨ Mit der Funktion *Bezugselement* eine Körperkante selektieren.

⇨ Das Bezugselement positionieren. Es erscheint das nebenstehende Fenster. Ein Referenzzeichen kann eingetragen werden.

⇨ Falls das Dreieck für das Bezugselement nicht schwarz gefüllt ist, kann man es mit *LM* selektieren und durch *RM* auf den erscheinenden gelben Rautepunkt > *Symbolform* in der aufgerufenen Symboltabelle in ein gefülltes Dreieck umwandeln.

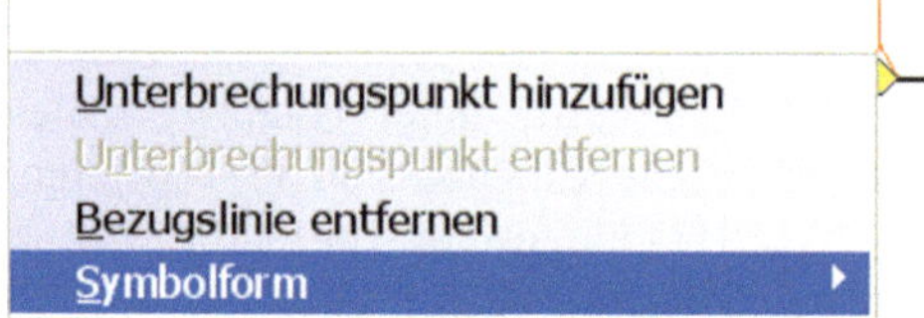

Erstellen einer Form- oder Lagetoleranz

⇨ Mit der Funktion *Geometrische Toleranz* eine Körperkante selektieren. Die Funktion befindet sich unter der Funktion *Bezugselement*.

⇨ Das erscheinende allgemeine Symbol positionieren. Im eingeblendeten Fenster das gewünschte Toleranzsymbol auswählen.

⇨ Den Wert für den Toleranzbereich und das Bezugselement eintragen.

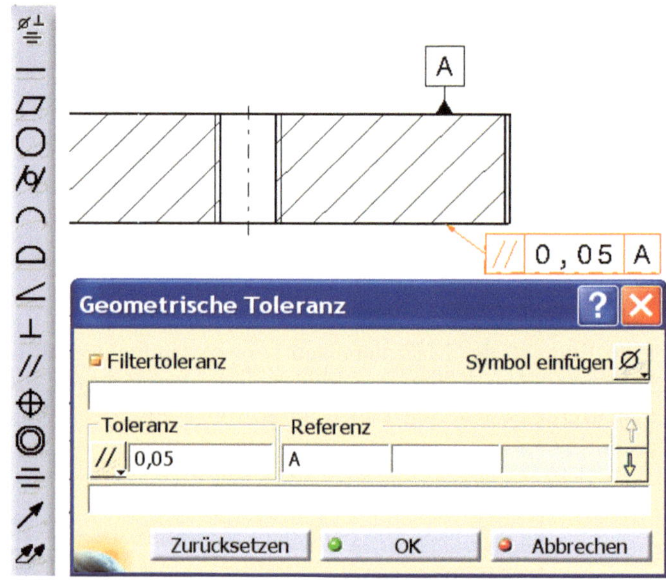

Toleranzsymbole   Erzeugen der Toleranzangaben

Hinweise: *Ein Eingabefeld ist in diesem Fenster immer erst dann aktiv, wenn in das vorherige etwas eingetragen wurde. In den beiden langen leeren Feldern können Texte oberhalb oder unterhalb des Symbols eingetragen werden.*

7.3.6 Zeichnungsrahmen einfügen

Rahmen aus CATIA verwenden

Zeichnungsrahmen mit ihren Schriftfeldern werden stets in den Hintergrund gestellt.

⇨ Hauptmenüleiste *Bearbeiten > Blatthintergrund.* Im Funktionsmenü erscheint die Funktion

 *Rahmen und Zeichnungskopf.*

⇨ Die Funktion selektieren.
⇨ Optionen im Fenster eintragen.

Der erscheinende Rahmen mit Schriftfeld entspricht amerikanischen Standards.

In das Schriftfeld des Rahmens ist der Text einzufügen. Da der Rahmen sich im Hintergrund befindet, sollte auch der zugehörige Text (mit Doppelklick auf die X-Einträge des Schriftfeldes) im Hintergrund erstellt werden.

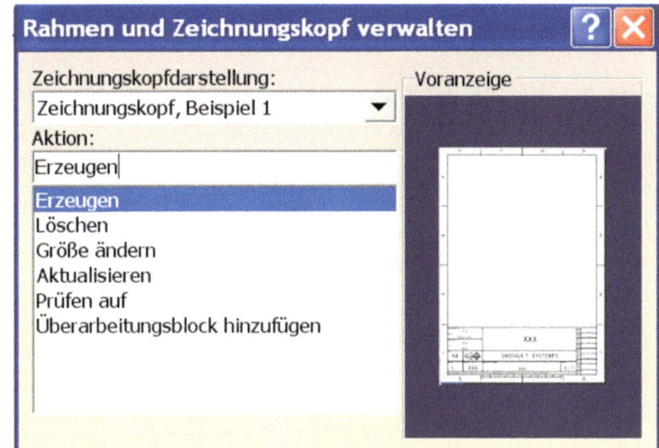

Hinweise: *Der Zeichnungsrahmen wird im Hintergrund bearbeitet. Das ist daran erkennbar, dass im Baum keine Ansicht unterstrichen ist. Außerdem verändert sich die Hintergrundfarbe des Bildschirms. Danach muss wieder mit „Bearbeiten" in die Arbeitsansicht umgeschaltet werden!*

Rahmen aus einer externen Datei verwenden

Alternativ zu den in CATIA vorhandenen Rahmen können auch deutschen Standards entsprechende Rahmen aus externen Dateien geladen werden.

⇨ Hauptmenüleiste *Bearbeiten > Blatthintergrund.*
⇨ *Datei > Seite einrichten > Hintergrund einfügen.*
⇨ Im Fenster *Durchsuchen* selektieren und das Verzeichnis der gespeicherten Rahmen einstellen.

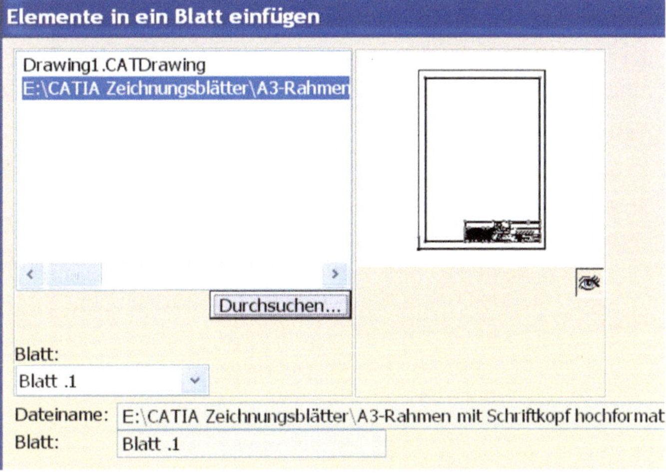

7.3.7 Texte und Tabellen einfügen

Ergänzende Angaben zur Fertigung der Bauteile und Baugruppen werden in Form von Texten und/oder Tabellen auf dem Zeichnungsblatt abgelegt. Bei Texten darf es sich dabei nur um Kurzangaben handeln, die in der Regel in der Nähe des Objektes (mit Bezugslinie) oder des Schriftfeldes anzuordnen sind.

Hinweis: *Da die Rahmen mit ihrem Schriftfeld im Hintergrund eingefügt werden, sind auch die Eintragungen im Schriftfeld dort vorzunehmen. Genauso sollte man mit allen nicht an Ansichten gebundenen Texten und mit Tabellen verfahren.*

Texte hinzufügen

Die zur Verfügung stehenden Funktionen sind rechts abgebildet und nahezu selbsterklärend.

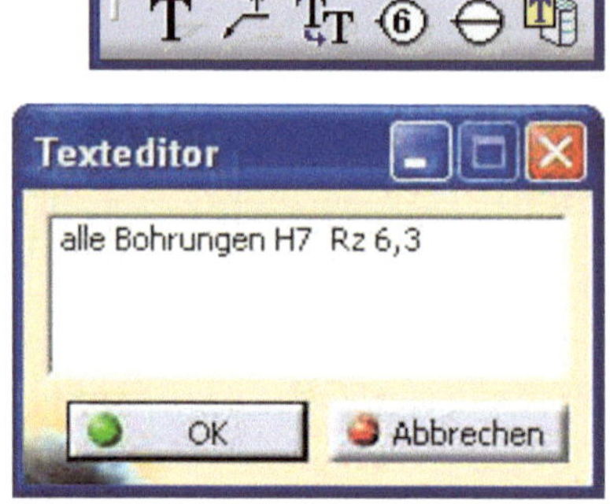

⇨ Mit der Funktion **T** ▾ *Text* die in der Zeichnung der Grundplatte dargestellten Texte einfügen.

⇨ Den Ankerpunkt des Textes selektieren.

⇨ Es erscheint das abgebildete Fenster. In dieses Fenster den Text eintragen.

Die Texte können in der oberen Menüleiste mit den Funktionen der Leiste *Texteigenschaften* modifiziert werden.

Die Funktionen sind teilweise zu Windows konform oder schon bekannt und werden daher hier nicht näher erläutert.

Hinweis: *Das Bewegen der Texte ist auf Rasterpunkte voreingestellt. Durch Betätigen der Umschalttaste kann diese Einstellung aufgehoben werden! Mit Tools > Optionen > Mechanische Konstruktion > Drafting > Anmerkung und Aufbereitung > Schalter „Standardmäßig einrasten" deaktiviert, kann die Einstellung auch dauerhaft ausgeschaltet werden.*

Die Texteigenschaften der Texte in den vorbereiteten Schriftfeldern der Zeichnungen sind in der Regel bereits durch eingetragene X-Zeichen eingestellt. Mit einem Doppelklick auf diese Zeichen öffnet man den Texteditor und überschreibt die Zeichen.

Tabellen hinzufügen

⇨ Mit der Funktion ▦ ▾ *Tabelle* die Verzahnungsangaben eines Stirnrades tabellarisch auflisten. Im Fenster Spalten- und Zeilenzahl angeben. Durch einen Doppelklick auf die Tabelle kann diese nachträglich formatiert werden.

⇨ Um in der Tabelle Texte einzufügen, muss diese aktiv (*LM* auf die Tabelle) sein. Mit einem Doppelklick auf die jeweilige Zelle kann diese beschrieben werden.

Stirnrad	
Modul m_n	2 mm
Zähnezahl	21

Zahnradtabelle

7.3.8 Oberflächenangaben einfügen

Die Rauheit der Oberflächen von Bauteilen wird in Hinblick auf die Funktion der Flächen und ihre wirtschaftliche Fertigung ausgewählt. Die Symbolik für die Oberflächenbeschaffenheit in Zeichnungen ist in DIN EN ISO1302 festgelegt.

In einem Eingabefenster können am Grundsymbol die Rauheitsmessgrößen (Symbol und Wert), Oberfächensymbole (*Rauhigkeitstyp*), Kontaktzonen (*Flächentextur*) und Rillenrichtung (*Lagerichtung*) angeordnet werden (kursiv in Klammern einige der Feldbezeichnungen in CATIA).

Einfügen aller auf der Zeichnung Grundplatte dargestellten Oberflächensymbole.

⇨ Mit der Funktion *Rauhigkeitssymbol* die Rauhigkeitsangabe Rz40 in der Zeichnung platzieren. Das Bild zeigt die dafür notwendigen Angaben im Fenster.

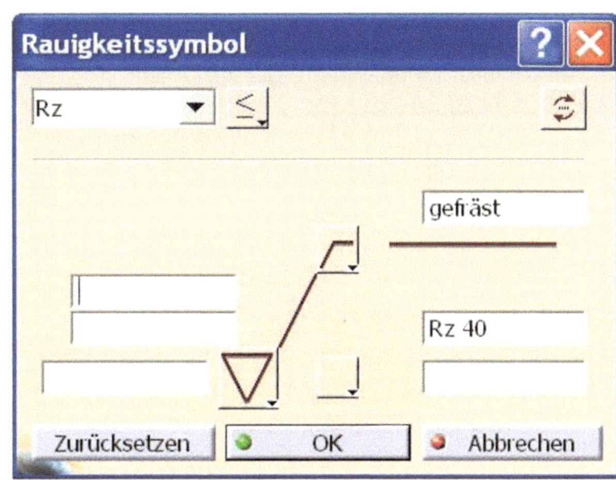

Mögliche Symboleintragungen:

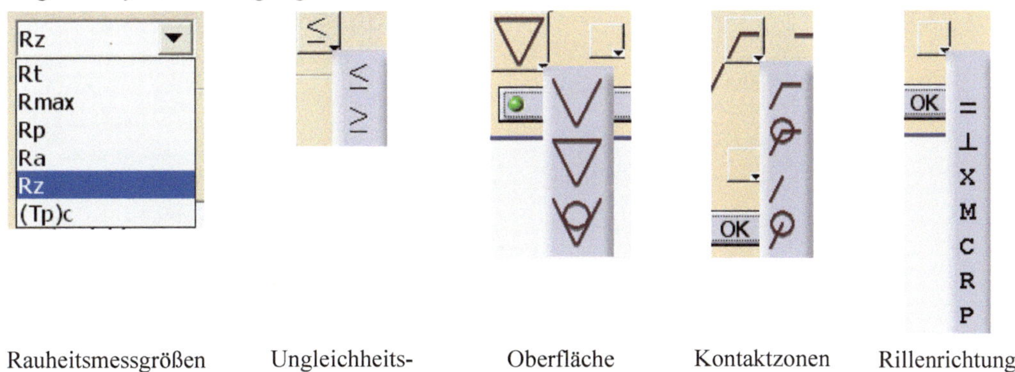

Rauheitsmessgrößen   Ungleichheitssymbole   Oberfläche   Kontaktzonen   Rillenrichtung

Die leeren weißen Felder im Fenster sind für Zusatzangaben (Wert oder Text) vorgesehen. Als Beispiel wurde das Herstellungsverfahren *gefräst* eingetragen.

Mit der Funktion *Umkehren* im Fenster kann die Rauhigkeitsangabe gespiegelt werden.

7.3.9 Bezugslinien erstellen

Mit dieser Funktion wird zu einem bereits bestehenden Hinweistext, einer Bemerkung oder einem Symbol eine Bezugslinie erzeugt. Die Funktion befindet sich in der Hauptmenüleiste unter *Einfügen > Anmerkungen > Bezugslinie hinzufügen* und im Kontextmenü.

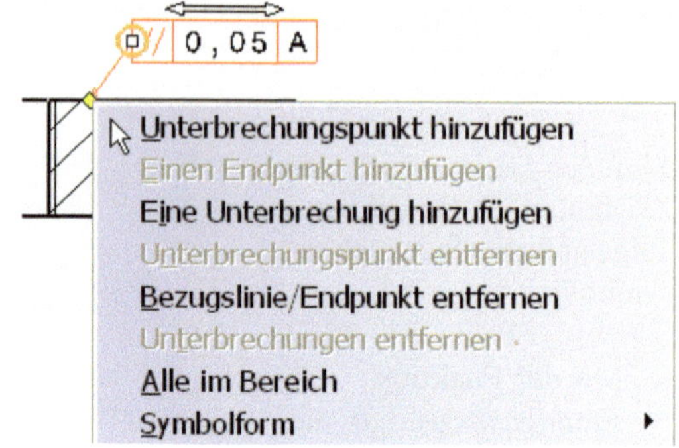

⇨ Symbol oder Text selektieren. *RM > Bezugslinie hinzufügen* selektieren.

⇨ Bezugskante selektieren. Durch Selektion des Bezugspunktes mit der linken Maustaste und Ziehen kann dessen Position noch verändert werden. Zur Feinpositionierung zusätzlich noch die Shift- oder Umschalttaste (⇧) drücken!

Symbolform von Bezugslinien ändern

Die Symbolform kann über das Kontextmenü mit *RM* auf den gelben Rautepunkt (siehe oben) geändert werden.

Unterbrechungspunkt einfügen und Bezugslinie entfernen

⇨ Über das Kontextmenü können in gleicher Weise ein Unterbrechungspunkt eingefügt und eine Bezugslinie entfernt werden.

Ausrichtung von Symbolen und Texten ändern

⇨ Symbol oder Text selektieren. *RM > Eigenschaften > Text > Ausrichtung > Fester Winkel > ...deg.*

7.3.10 Schweißsymbole einfügen

Die zu verschweißenden Bauteile werden am Schweißstoß durch Schweißnähte vereinigt. In Zeichnungen werden Schweißnähte symbolhaft oder bildlich dargestellt. Die Darstellungsregeln sind in DIN EN 22553 festgelegt.

Symbolische Darstellung mit der Funktion 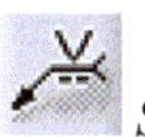 *Schweißsymbol.*

Im Bild rechts werden die Eintragungen im Fenster der Funktion *Schweißsymbol* gezeigt, um eine rundum laufende Hohlkehlnaht mit der Nahthöhe 5 mm symbolhaft in die Zeichnung einzutragen.

Das Klappfenster zeigt die Symbole weiterer Nahtformen.

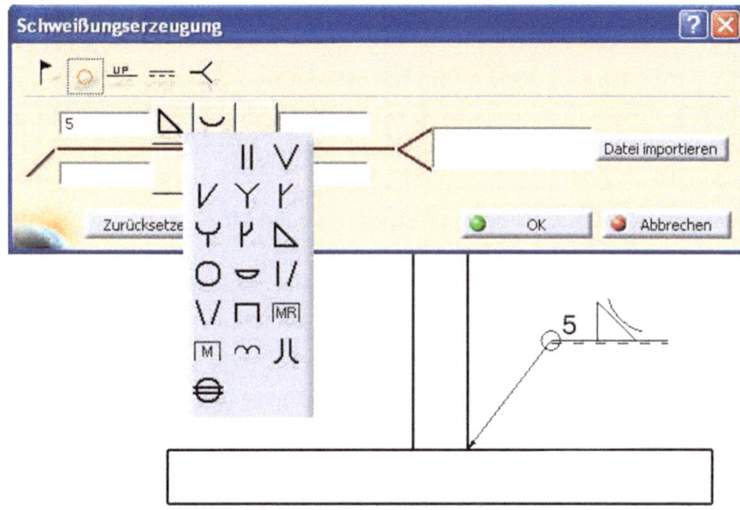

Symbolhafte Darstellung von Nähten

Bildliche Darstellung mit der Funktion  *Schweißung.*

Ist eine symbolhafte Darstellung von Schweißnähten missverständlich, so kann eine bildliche Darstellung gewählt werden. Die Nähte sind dann in der Regel zu bemaßen.

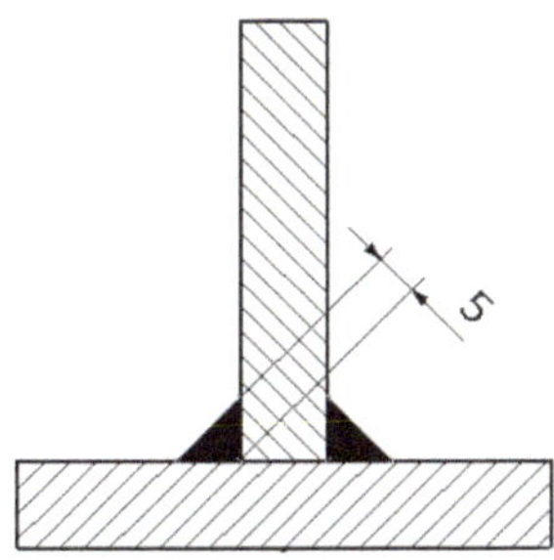

Bildliche Darstellung von Nähten

7.3.11 Ergänzende Funktionen der Zeichnungsbearbeitung

Schraffuren bearbeiten

An den Stellen, an denen ein Schnitt durch den Werkstoff führt, werden die Flächen schraffiert, an Hohlräumen dagegen nicht. Die Schraffurlinien sollen unter einem Winkel von 45° zu den Hauptumrisslinien der Ansicht verlaufen, was bei den Schnittableitungen teilweise nicht der Fall ist. Der Abstand der Schraffurlinien hängt vom Schraffurmuster des gewählten Materials, vom gewählten Maßstab und von der Größe des Bauteils ab.

Beim Zusammentreffen der Schnittflächen benachbarter Teile sollen die Schraffurrichtungen entgegengesetzt sein oder der Abstand der Schraffurlinien wird bei einer Fläche enger gewählt. Schmale Schnittflächen sind zu schwärzen.

Liegen Maßzahlen oder Texte im schraffierten Bereich, so sind die Schraffurlinien an diesen Stellen zu unterbrechen. Da dies in CATIA im Bereich der Maßzahlen und Texte nicht weiträumig genug erfolgt, sollte man auf solche Eintragungen im Schraffurbereich möglichst verzichten.

Ändern des Schraffurwinkels und des Schraffurabstandes

⇨ *RM* auf die Schraffur > *Eigenschaften* >
Winkel > *...*° bzw. *Dichte* > … mm. Verschieben der Schraffur mit *Offset:* … mm

Unsichtbarmachen einer Schraffur

Schraffur doppelklicken oder Schraffur selektieren mit *RM* > *Eigenschaften* > *Muster* > *Typ: Farbe* > *Farbe: weiß*. Alternativ: > *RM* > *Eigenschaften* > *Muster Typ: Kein*. Diese Alternative ist nicht mehr änderbar, da dann zur Selektion keine Schraffurelemente mehr verfügbar sind..

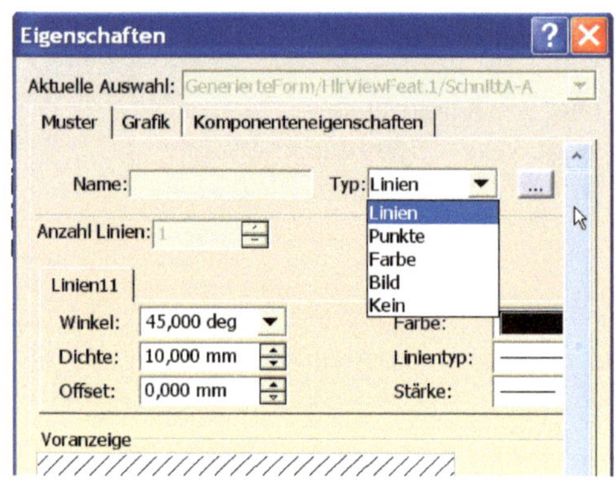

Ändern eines Schraffurmusters

⇨ Auswahl eines Musters über die Schaltfläche ⌷⌷⌷ *Mustertabelle*.
Hinweis: *Wurde dem Körper in der Teilekonstruktion ein Material zugewiesen, so ist bereits ein Schraffurmuster voreingestellt!*

Schwärzen einer Schraffur

⇨ *RM* auf die Schraffur > *Eigenschaften* > *Typ: Farbe* > *Farbe: schwarz*.

Einfügen einer Schraffur

Befindet sich keine Schraffur in einem geschnittenen Teil, so ist der Schraffurabstand (*Dichte*) zu groß und die Konturen des geschnittenen Teiles werden als dicke Linien erzeugt. Behandlung dieses Problems siehe 2 Seiten weiter.

⇨ Mit der Funktion ⌷ *Bereichsfüllung* lassen sich Schraffuren auch für geschlossene Konturen erzeugen (nicht zu empfehlen, da nicht assoziativ!).

Verdeckte Linien darstellen

Verdeckte Linien sollten nur in Ausnahmefällen mit angezeigt werden. Besser zum Kenntlichmachen einer verdeckten Einzelheit ist in der Regel eine zusätzliche Ansicht (Schnittansicht, Detailansicht, ISO-Ansicht, …).

⇨ Übungshalber den Rahmen des Schnittes B-B der Grundplatte selektieren > *RM* > *Eigenschaften* > *Aufbereiten* > Option *Verdeckte Linien* aktivieren. Aktion rückgängig machen.

Schnittverlaufslinien einstellen

Die Darstellung des von CATIA erzeugten Schnittverlaufes entspricht in Pfeilform und Liniendicke nicht deutschen Standards.

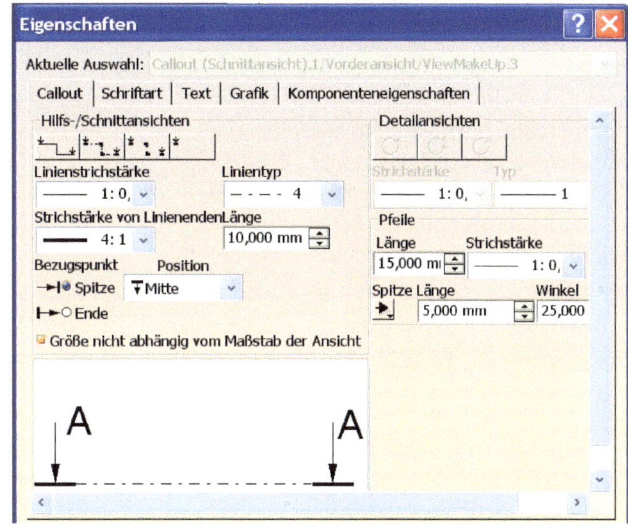

⇨ Über das Kontextmenü können mit *RM* auf die Schnittverlaufslinie > *Eigenschaften* > *Schnittverlaufslinie* entsprechende Einstellungen vorgenommen werden, zum Beispiel:
Strichstärke der Linienenden: 4
Länge der Linienenden: 12
Pfeillänge: 15 mm
Pfeilform: gefüllter Pfeil
Pfeilspitzenlänge: 5 mm
Pfeilwinkel: 25 °.

⇨ *RM* auf die Schnittverlaufslinie > *Als Standardwert festlegen* funktioniert ab Release R9 leider nicht mehr ☹.

Schnittverlauf ändern

Mit einem Doppelklick auf die Schnittverlaufslinie oder über das Kontextmenü lassen sich Schnittverlauf und Schnittrichtung nachträglich verändern. Es erscheint in der Funktionsmenüleiste ein Editiermenü.

Mit der Funktion *Profil ersetzen* kann der Schnittverlauf neu erstellt werden.

Mit der Funktion *Profilbearbeitung beenden* wird das Editiermenü verlassen. Erst dann werden die Änderungen wirksam.

Ergänzungsfunktionen für Achsen und Gewinde

Im Bereich von Achsen, Wellen und Bohrungen sind die Zeichnungsableitungen oft nicht vollständig und regelgerecht. Zur Ergänzung von Zeichnungsangaben dient die folgende Funktionsgruppe:

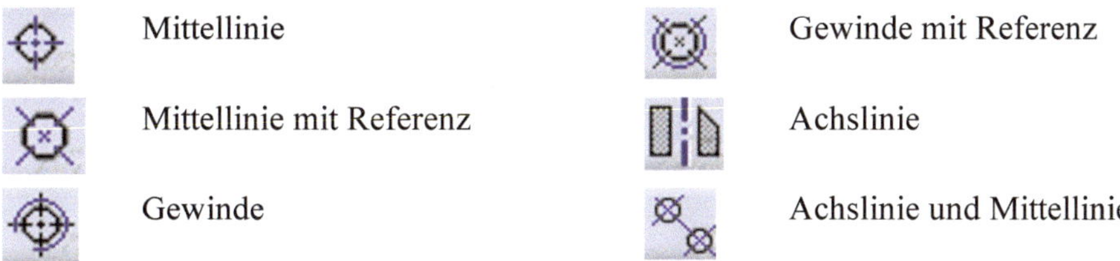

Mittellinie	Gewinde mit Referenz
Mittellinie mit Referenz	Achslinie
Gewinde	Achslinie und Mittellinie

Linien mit zu großer Strichstärke behandeln

Bei der Zeichnungsableitung von Baugruppen kann es unter besonderen Umständen zu fehlerhafter Generierung von Linien kommen. Schraffur- und Konturlinien werden zu dick und damit nicht normgerecht erzeugt. Der abgebildete Ausschnitt einer Wellenlagerung zeigt diesen Fehler exemplarisch für die Konturen der beiden Sicherungsringe bzw. des Rillenkugellagers.

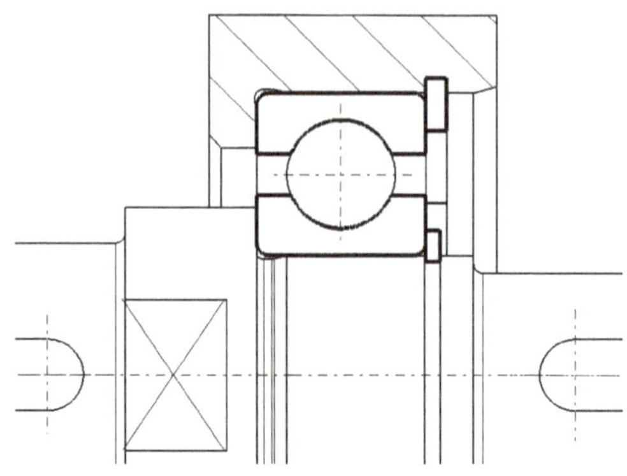

Wellenlagerung mit fehlerhaften Darstellungen

Vorgehen zum Beheben des Fehlers

Die zu breiten Linien deuten in der Regel auf eine Schraffur mit zu großem Schraffurabstand (zu großer *Dichte*) hin. Keine Schraffurlinie befindet sich in der Schnittfläche!

⇨ Den Mauszeiger auf der betroffenen Kontur (hier die des Bohrungssicherungsringes) positionieren.

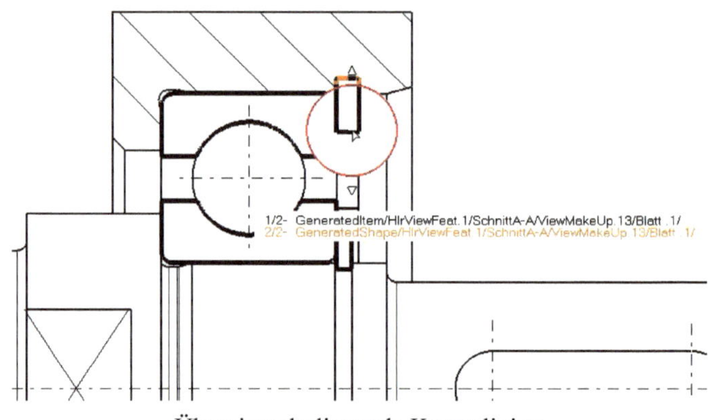

Übereinanderliegende Konturlinien

⇨ Durch Betätigen der Pfeiltasten (↑ bzw. ↓) auf der Tastatur wird die Auswahl einzelner übereinander liegender Elemente (z. B. Konturlinien, Schraffuren, …) möglich. Die aktuelle Auswahl wird in einer Art Lupe (Kreis im Bereich des Bohrungssicherungsring) dargestellt und auch verbal beschrieben (vgl. Text in der vorstehenden Abbildung).

⇨ Das betroffene Element (*GeneretedShape/…*) mit *RM > Eigenschaften* anwählen und den Schraffurabstand soweit verringern, bis die Schraffur zu sehen ist.

Alternativ können zur Bereinigung der Zeichnung die verbal angezeigten (überflüssigen) Elemente mit dem Cursor selektiert und z. B. mit der Taste *ENTF* gelöscht werden.

Hinweis: *In der Regel müssen noch die sehr kleinen Schnittflächen für die Sicherungsringe geschwärzt werden (siehe dazu auch in diesem Kapitel weiter vorne).*

Funktionsgruppe *Tools* und *Darstellung* im Dauermenü

Wichtige Funktionen dieser Funktionsgruppe sind in der untenstehenden Tabelle zusammengestellt und werden dort kurz erläutert.

Für viele Arbeiten an der Zeichnung sollten die ersten beiden Funktionen inaktiv geschaltet sein. Von Bedeutung sind die Funktionen lediglich beim Skizzieren von 2D-Elementen oder beim Anordnen der Maße.

Maße in Zeichnungen werden je nach Art der Erzeugung in unterschiedlichen Farben dargestellt, z. B.

automatisiert erstellte Maße in grün, mit der Funktion

Bemaßungen erstellte Maße in schwarz,
nicht aktualisierte Maße in magenta,
nicht assoziative Maße in grau, usw.

Die aktuelle Zuordnung der Farben kann mit *Tools> Optionen> Drafting> Bemaßung> Typen und Farben* eingesehen werden.

	Fangraster (*An Punkt anlegen*)	Bei aktivierter Funktion ist (auch bei verdecktem Skizziergitter) das Ablegen von Elementen nur auf den Gitterpunkten möglich.
	Skizziergitter	Ermöglicht das Anzeigen bzw. Verdecken des Skizziergitters.
	Farbunterscheidung für Bemaßungen (*Analyseanzeigemodus*)	Mit der Deaktivierung (z. B. vor dem Ausdruck) wird die beschriebene farbliche Unterscheidung der Maße aufgehoben und alle Maße werden einheitlich schwarz dargestellt.
	Visueller Filter für im 2D-Bereich generierte Elemente (*Generierte Elemente filtern*)	Die Aktivierung ermöglicht das Erkennen und Unterscheiden von im Zeichnungsumfeld erzeugten Elementen von denjenigen Elementen, die aus den 3D-Modellen abgeleitet sind. Elemente aus dem 2D-Zeichnungsumfeld sind dabei z. B. Mittel- oder Achslinien aber auch zusätzlich erstellte Diagonallinien im Bereich einer Schlüsselweite.
	Umrahmungen zeigen	Zeigt bzw. verdeckt die Ansichtsumrahmungen. Hinweis: Ein mit dieser Funktion verdeckter Rahmen lässt sich über das Kontextmenü mit *RM > Eigenschaften > Ansicht > Ansichtsumrahmung* nicht wieder anzeigen!
	Auswahlmodus für Bemaßungssystem	Für die Bemaßungsoption *Steigende Bemaßung* wird mit der Aktivierung dieser Funktion z. B. das nachträgliche Verschieben einzelner Bemaßungen ermöglicht.

Übung Zeichnungserstellung für das Bauteil Lasche

Ziele: - Das Arbeiten mit dem *Ansichtenassistent* kennen lernen.

      - Erstellen einer isometrischen Ansicht.

      - Durchführung von Änderungen am Modell.

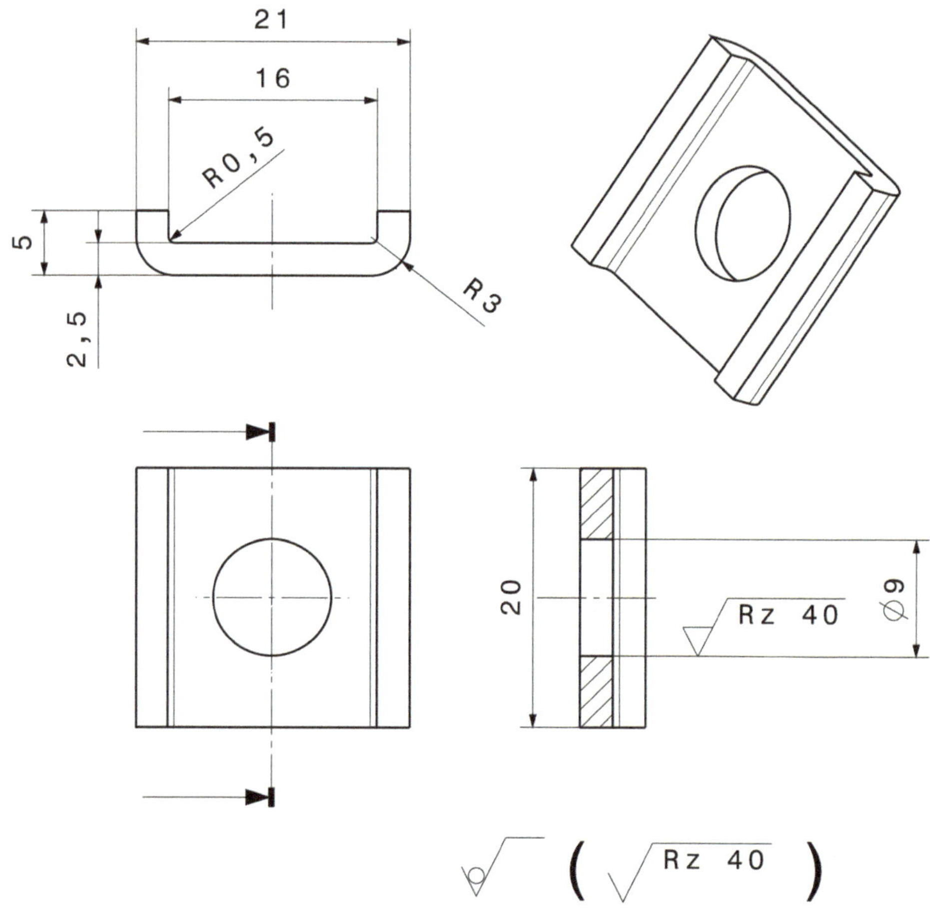

Empfehlungen:

Es ist sinnvoll, allen aus dem Modell abgeleiteten Einzelteilzeichnungen stets eine isometrische Darstellung hinzuzufügen. Sie erleichtert die Vorstellung von dem Bauteil erheblich.

Zum Erzeugen der Ansichten sollte der *Ansichtenassistent* benutzt werden. Damit kann man sich die Zeichnungsansichten auf einfache Weise zusammenstellen.

Die Funktion *Projizierte Ansicht* kann vorteilhaft gewählt werden, falls in schon aufbereiteten Zeichnungen noch eine zusätzliche Ansicht hinzugefügt werden muss. Die schon erstellten Zeichnungsaufbereitungen bleiben erhalten.

Zeichnungsableitung vom Teil Lasche

⇨ Mit *Datei > Öffnen* das Modell *Lasche* aus dem Verzeichnis *Spannvorrichtung* laden.

⇨ Mit *Datei > Neu > Drawing* ein Zeichnungsblatt im A4-Hochformat erstellen.

⇨ Die Funktion *Assistent für Ansichtserzeugung* selektieren.
   Im Schritt 1 von 2 werden einige übliche Zeichnungszusammenstellungen vorgestellt. Diesen Schritt mit *Weiter* überspringen.

⇨ Im *Schritt* 2 besteht die Möglichkeit, sich die Ansichten nach eigenen Wünschen zusammenzustellen. Nebenstehende Anordnung wählen und den *Ansichtenassistent* verlassen.

⇨ In der Hauptmenüzeile *Fenster > Nebeneinander anordnen* wählen und eine Hauptebene im Strukturbaum oder eine ebene Fläche am Modell selektieren.

⇨ Ausrichten der Ansichten mit dem Bewegungselement. *LM* auf einen beliebigen Punkt der Zeichnungsebene oder auf den Mittelpunkt des Bewegungselements setzen.

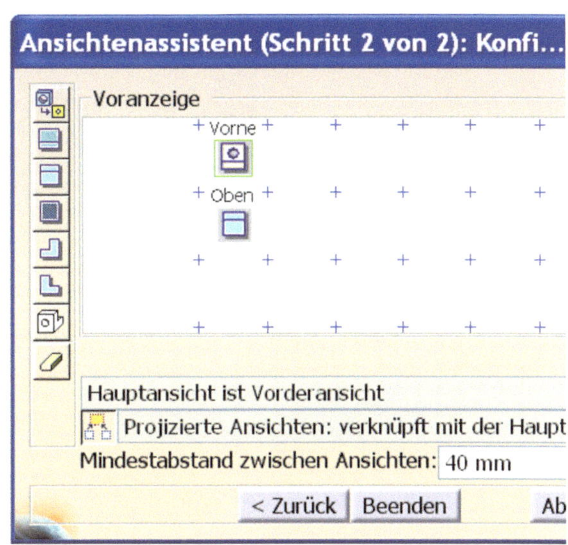

Zusätzliches Erzeugen einer isometrischen Ansicht

⇨ Die Funktion *Isometrische Ansicht* selektieren.

⇨ Das Bauteil im Fenster *Part Design* selektieren. *LM* auf einen Punkt im *Drawing*-Fenster. Die gewünschte *Ausrichtung* der ISO-Ansicht über das Bewegungselement bestimmen.

Hinweis: *Die ISO-Ansicht hätte auch sofort im Fenster Ansichtenassistent ausgewählt werden können.*

Vervollständigen der Zeichnung

⇨ Schnitt durch die Bohrung legen. Schnitt platzieren.

⇨ Ändern des Maßstabes der 4 Ansichten auf 2:1.

⇨ Maße und Rauheitssymbole einfügen (die Klammern müssen als Text erzeugt werden). Ein exaktes Positionieren des Textes wird durch Bewegen der Maus und gleichzeitiges Drücken der Shift- oder Umschalttaste (⇧) und der *LM*-Taste möglich.

Änderungen am Modell vornehmen

⇨ Im Teil Lasche z. B. den Bohrungsdurchmesser von 9 auf 10 mm und die Materialdicke von 2,5 auf 2 mm abändern. In das *Drawing*-Fenster wechseln und das Aktualisierungssymbol im Dauermenü betätigen. Die Geometrien und die Maßzahlen werden auch in der Zeichnung geändert.

⇨ Die Änderungen nicht speichern.

Übung Zeichnungserstellung für das Bauteil Aufnahmebolzen

Ziel: Das Erzeugen von Detail-, Clipping- und Ausbruchansichten üben.

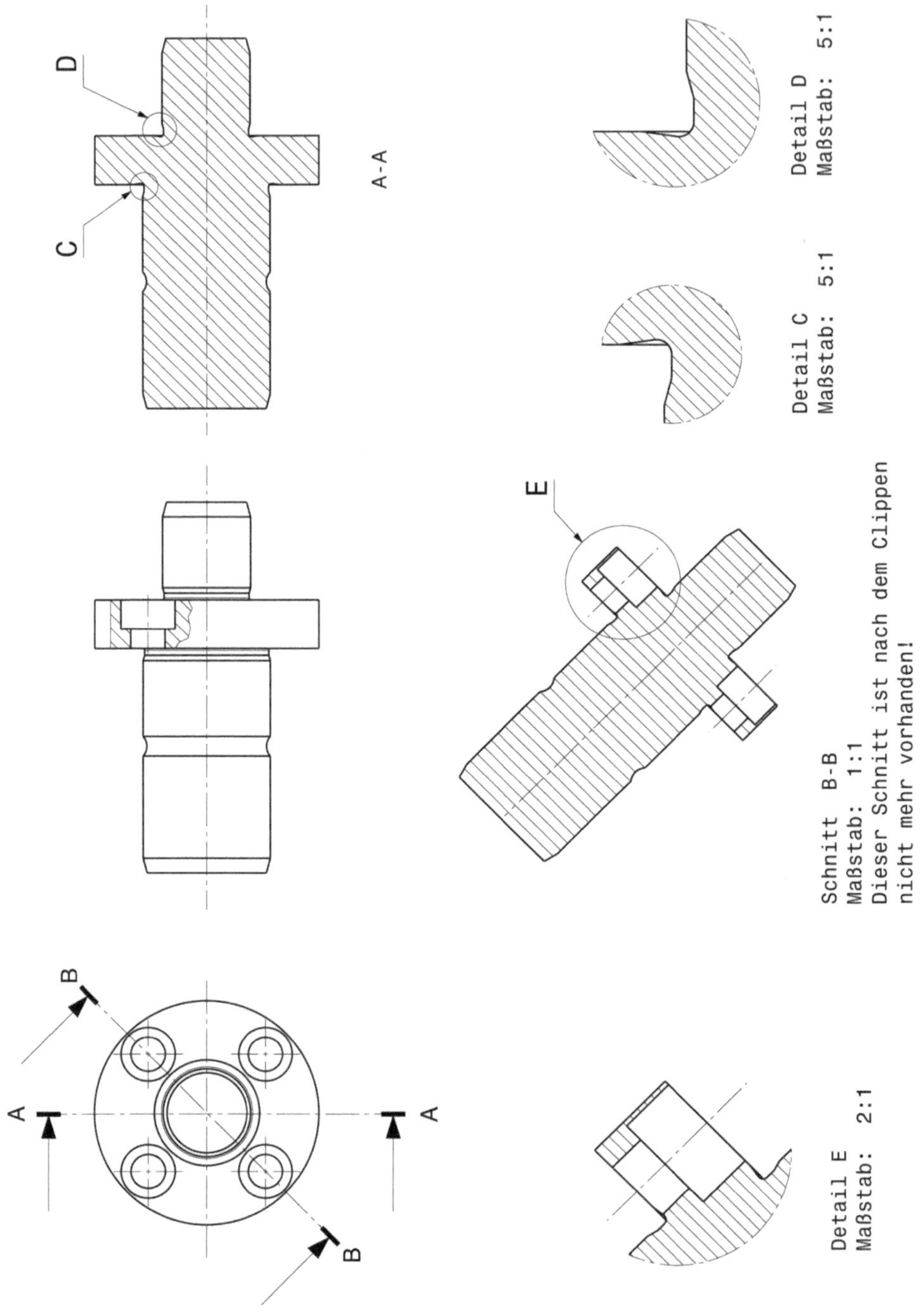

Ansichten erstellen

⇨ Mit *Datei > Öffnen* das Bauteil *Aufnahmebolzen* aus dem Verzeichnis *Spannvorrichtung* laden.

⇨ Mit *Datei > Neu > Drawing* ein Zeichnungsblatt im A4-ISO-Querformat erstellen.

⇨ Mit dem *Assistent für Ansichtenerzeugung* die Vorderansicht (Kreisplatte) und die Seitenansicht von links erstellen. Eine **ebene** Fläche im Modell oder eine Hauptebene selektieren.

⇨ Die Vorderansicht wie auf dem Musterblatt positionieren. Der Winkel für die Ansichtsausrichtung lässt sich über ein Kontextmenü einstellen: *RM* auf den grünen Kreis neben dem Bewegungselement (siehe Bild) > *Aktuellen Winkel setzen auf* > *Winkelwert* z. B. 45°.

⇨ Die Schnittdarstellung A-A erzeugen.

⇨ Die Schnittdarstellung B-B erzeugen. Zum Fangen der Punkte für den Schnittverlauf die Kreislinien der Bohrungen (nicht die Mittelpunkte) selektieren.

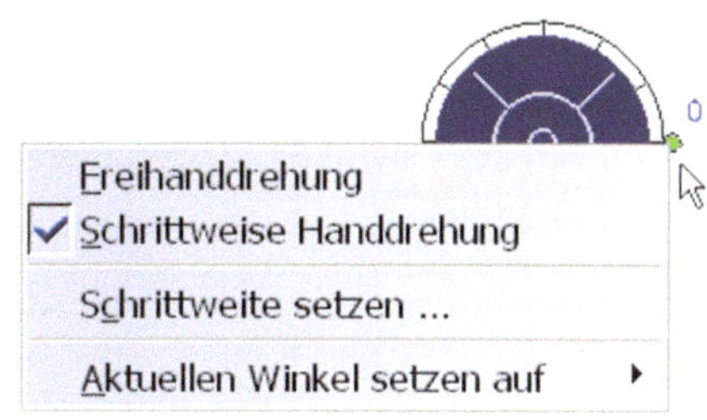

Ausrichten einer Ansicht

Hinweise: Mit *RM* auf den Ansichtsrahmen > *Eigenschaften > Winkel > ... deg lässt sich ein Schnitt auch noch nachträglich drehen.*

Bei der Detailerstellung muss die Ansicht aktiv sein!

Mit RM auf den Ansichtsrahmen > Ansichtenpositionierung > Positionierung unabhängig von der Referenzansicht (Wechselschalter) lässt sich ein Schnitt beliebig auf dem Blatt positionieren.

Erstellen der beiden Detailansichten der Freistiche im vergrößertem Maßstab

⇨ Mit der Funktion *Detailansicht* aus der Schnittdarstellung A-A die beiden Freistich-Details erzeugen. Der Maßstab lässt sich mit *RM > Eigenschaften* ändern.

Erstellen einer Clipping-Ansicht

⇨ Mit der Funktion *Begrenzungsansicht* das Details E aus der Schnittdarstellung B-B im Maßstab 2:1 erstellen. Nach Ausführung der Funktion bleibt von der Schnittdarstellung nur das Detail erhalten!

⇨ Die aktivierte Schraffur mit *RM > Eigenschaften* auf 25 ° ausrichten. Die Ausrichtung der Schraffur erfolgt in allen Schnitten gleich!

Erstellen eines Ausbruches

⇨ Mit der Funktion *Ausbruchansicht* in der ungeschnittenen Seitenansicht über einen geschlossenen Polygonzug einen Ausbruch erzeugen.

⇨ In der erscheinenden 3D-Anzeigefunktion die angezeigte Ausbruchebene in die gewünschte Lage verschieben. Der grüne Pfeil markiert dabei die Seite, von der man auf die Ansicht blickt.

Übung Zeichnungserstellung für einen Gewindebolzen

Ziel: Normgerechte Darstellung von Gewinden, Ausbrüchen und Verkürzungen.

Modell des Bauteils erstellen

⇨ Erzeugen des abgebildeten beidseitig mit Gewinde M20 versehenen Bolzens mit Innengewinde M10 und Querbohrung ∅5.

Zeichnungserstellung

⇨ Ableiten einer Zeichnung aus dem Modell, Erzeugen der Schnitte A-A und B-B und Bemaßen des Gewindebolzens. Erstellen eines Ausbruchs, um den Verlauf der Querbohrung
darzustellen.

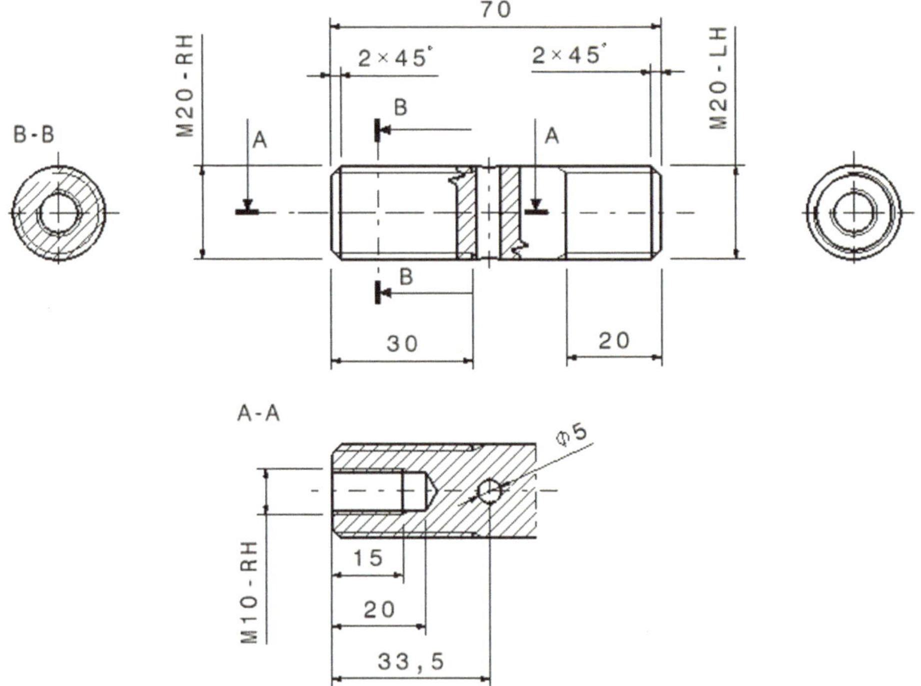

Zeichnung Gewindebolzen

Hinweis: *Falls die Darstellung der Gewindelinien bzw. der Mittellinien deaktiviert ist: RM auf
den Ansichtsrahmen> Eigenschaften> Aufbereitung> Gewinde bzw. Mittellinien.*

Erstellen einer verkürzten Vorderansicht

⇨ Erstellen einer neuen Vorderansicht.

⇨ Mit der Funktion *Aufbrechen einer Ansicht* 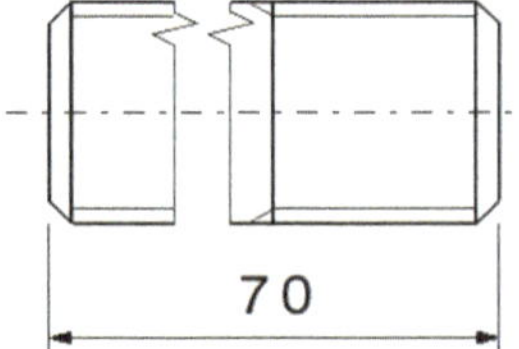 die Ansicht
verkürzen. Es müssen in der erzeugten Vorderansicht drei Punkte
markiert werden: Der erste markiert den Startpunkt, der zweite
die Richtung und der dritte den Endpunkt der Verkürzung.

7.4 Baugruppenzeichnungen erstellen

Ableitung von Baugruppenzeichnungen aus dem Modell

Für die Ableitung von Baugruppenzeichnungen aus Baugruppen (Dateien vom Typ *.CATProduct*) gelten innerhalb von CATIA die gleichen Regeln wie für die Ableitung von Einzelteilzeichnungen aus Bauteilen (Dateien vom Typ *.CATPart*). In beiden Fällen entstehen Dateien vom Typ *.CATDrawing*.

Zeichnungsaufbereitungen und -korrekturen

Die Ansichten und Schnitte werden von CATIA ausschließlich nach geometrischen Gesichtspunkten angelegt. Die Zeichnungsnormen nach DIN ISO (Ansichten und Schnitte) orientieren sich dagegen zusätzlich an einer für den Facharbeiter und Konstrukteur besser interpretierbaren Darstellung. Die Darstellungen nach DIN ISO können in einigen Fällen nur durch manuelles Aufbereiten der Zeichnungsableitungen erzielt werden.

Korrigierende Eingriffe in die Konturen von abgeleiteten Zeichnungen sollten dagegen vermieden oder auf ein Mindestmaß reduziert werden, da sie nicht assoziativ zum Modell sind! Solche Eingriffe können zur Folge haben, dass die Zeichnungen bei Modelländerungen unbrauchbar werden.

Zeitpunkt für Zeichnungsableitungen

Zur Analyse von Baugruppen sollten Zeichnungsableitungen bereits in der Entwurfsphase vorgenommen werden.

Maße, Toleranzen, Texte, … sollten in Zeichnungen in der Regel erst dann eingefügt werden, wenn die Konstruktion durchgebildet wurde, d.h. wenn sie funktionell und geometrisch eindeutig beschrieben ist.

Maßeintragungen in Baugruppenzeichnungen

In der Regel werden in Baugruppenzeichnungen nur Haupt- und Anschlussmaße eingetragen. Es sind Maße, die man nicht aus den Einzelteilzeichnungen entnehmen kann oder möchte.

Die Hauptmaße (Verpackungsmaße) beschreiben die Ausdehnung der Baugruppe (größte Länge, Breite, Dicke). Sie dienen zur raschen Größenabschätzung der oft nicht im Maßstab 1:1 abgebildeten technischen Gebilde.

Die Anschlussmaße einer Baugruppe sind die Maße, die für den Anschluss der Baugruppe an direkt benachbarte Baugruppen oder Bauteile benötigt werden. Das sind zum Beispiel bei einem Standgetriebe die Durchmesser und Längen der An- und Abtriebszapfen und die Höhe der Zapfenmittellinie von der Fußfläche sowie die Anschlussbedingungen für die Fußverschraubung. Oft ergeben sich die Anschlussmaße erst nach der Montage der Baugruppe.

Bei Schweißteilen, die in geringen Stückzahlen gefertigt werden und nur aus wenigen (bis zu 5) miteinander zu verschweißenden Teilen bestehen, ist es üblich, die Einzelteile in der Baugruppenzeichnung zu bemaßen.

Übungen

Die Zeichnungsableitung aus Baugruppenmodellen und die Zeichnungsaufbereitung von abgeleiteten Zeichnungen sollen an drei einfachen Übungsbeispielen demonstriert werden. Im Kapitel 10.2 werden die Ausführungen an dem komplexeren Beispiel Abziehvorrichtung vervollständigt.

Übung Einspannung

Es wird eine neue Baugruppe *Einspannung* erzeugt. Zum Einspannen wird ein
Distanzteil erstellt. Bereits vorhandene
Komponenten werden in die Baugruppe
eingefügt. Danach erfolgt die Ableitung
der Baugruppenzeichnung. Anschließend
werden assoziative Zeichnungsanpassun-
gen vorgenommen.

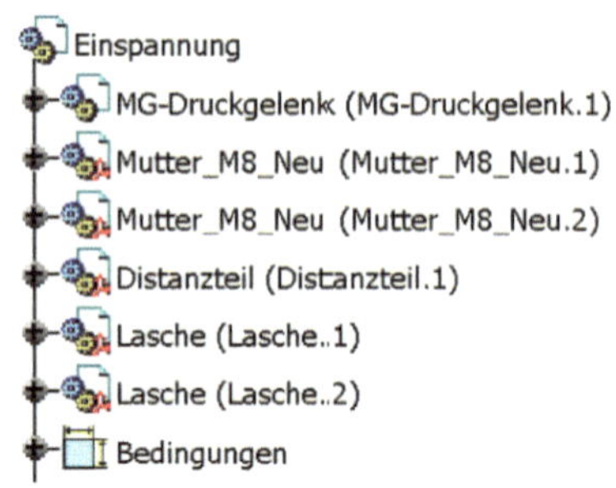

Struktur der Baugruppe

Distanzteil erstellen

⇨ Erstellen des abgebildeten Distanzteils.
   Es gibt mehrere Erstellungsvarianten.
⇨ Speichern in das neu anzulegende
   Verzeichnis *Baugruppenzeichnungen*.

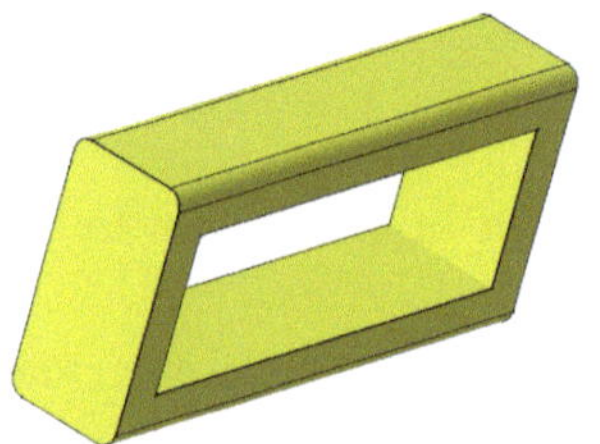

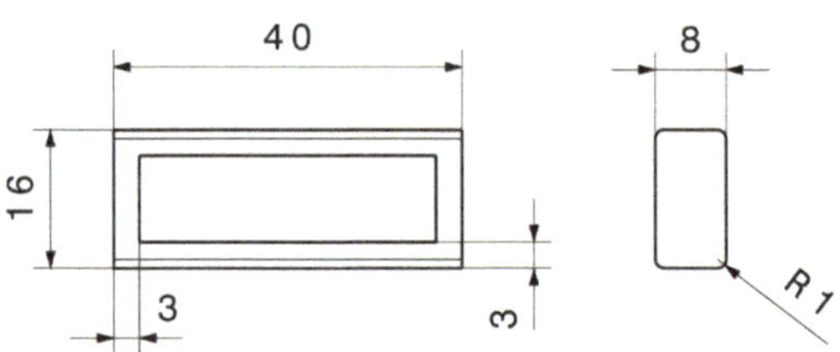

Baugruppe erstellen

⇨ Eine neues Produkt mit dem Namen *Einspannung* anlegen.
⇨ Die Montagegruppe *MG-Druckgelenk* aus dem Verzeichnis *Spannvorrichtung* in die neue
   Baugruppe laden und fixieren. Das Distanzteil laden.
⇨ Eine *Mutter M8* aus dem Verzeichnis *Spannvorrichtung* (alternativ aus einem Normteilka-
   talog) hinzufügen. Das Teil duplizieren.
⇨ Laden der *Lasche* aus dem Verzeichnis *Spannvorrichtung*. Das Bauteil duplizieren.
⇨ Alle Teile wie abgebildet mit Baugruppenbedingungen positionieren. Muttern, Laschen
   und Distanzteil zweckmäßig mit der Funktion *Winkelbedingung* auf den Schlitz der Druck-
   schraube ausrichten.
⇨ Speichern der Baugruppe unter dem Namen *Einspannung* (Verzeichnis siehe oben).

Hinweise: *Die Montagegruppe MG-Druckgelenk und das Teil Lasche besitzen noch Referenzen (Links) auf das Verzeichnis Spannvorrichtung. Wird das Abkoppeln vom alten Verzeichnis
gewünscht, ist anders vorzugehen (siehe dazu im Kapitel 4).*
*Das Aktualisieren der Baugruppenbedingungen kann automatisch oder manuell erfolgen.
Diese Einstellung wird über Tools > Optionen > Mechanische Konstruktion > Assembly Design > Allgemein > Aktualisieren > Automatisch/Manuell vorgenommen.*

*Beim manuellen Aktualisieren ist im Dauermenü die Funktion „Aktualisieren“ zu betätigen. Es
lassen sich vorteilhaft mehrere Baugruppenbedingungen setzen, bevor aktualisiert wird.*

Zeichnungsableitung mit Schnittdarstellung

⇨ Aus dem Baugruppenmodell die nebenstehende Zeichnung erzeugen.

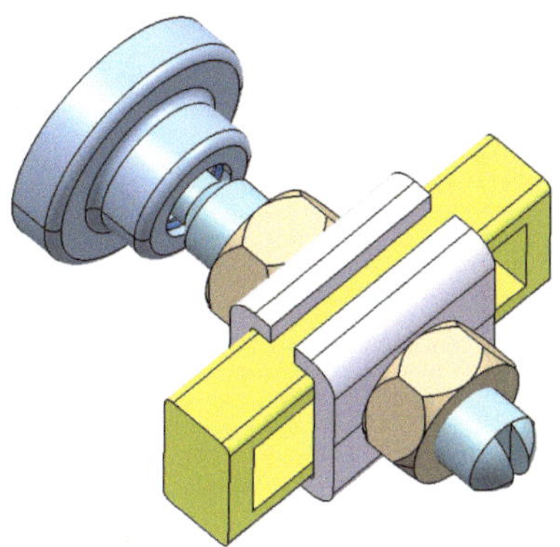

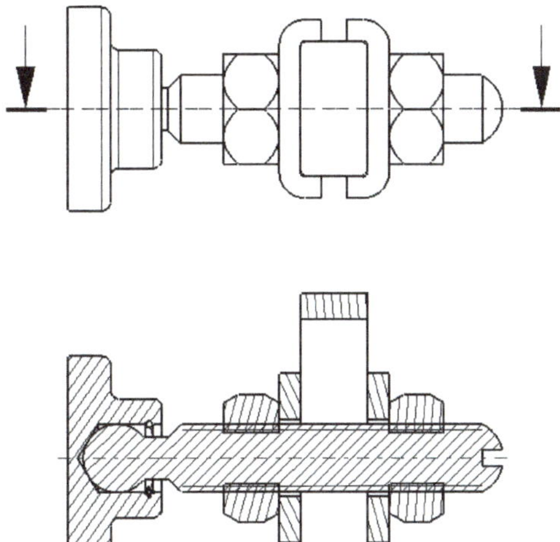

⇨ Speichern der Baugruppenzeichnung in das gleiche Verzeichnis.

Es sind folgende **Abweichungen** zur Darstellung nach DIN ISO festzustellen:

- In der Vorderansicht sind die Gewindelinien nicht dargestellt. Das ist allerdings von der Voreinstellung abhängig.

- Im Schnitt sind die Schraffurausrichtungen nicht DIN ISO-gerecht und die Norm- und Drehteile sind entgegen der Regel geschnitten.

Zeichnungsanpassungen:

Verdecken von Bauteilen

Im Baugruppenmodell verdeckte Teile sind auch in der Zeichnungsableitung verdeckt. Auf diese Weise können z. B. Anschlussbauteile, die für die Modellierung wichtig waren, in der Zeichnungsableitung aber stören, aus den Zeichnungen ausgeblendet werden.

Bauteile vom Schnitt ausnehmen

Das Herauslassen von Teilen aus dem Schnitt kann assoziativ geregelt werden, d.h. bei einer Änderung des Modells bleiben die Einstellungen erhalten.

⇨ Im Zusammenbau (*Assembly Design*) –nicht in der Zeichnungserstellung (!)– mit gedrückter Strg-Taste nacheinander die Knoten der Einzelteile im Strukturbaum (hier Druckschraube und Mutter)

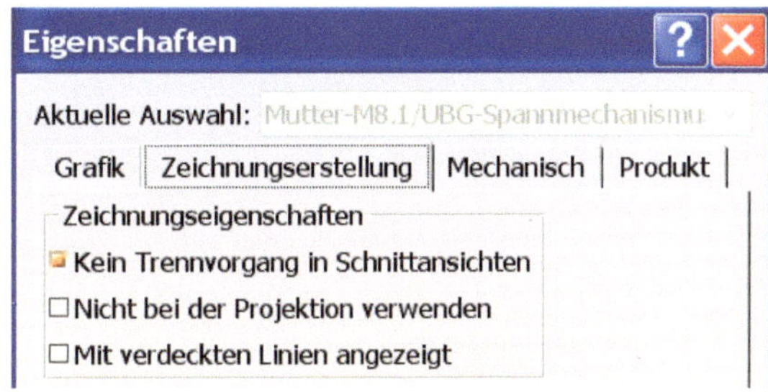

Zeichnungsaufbereitung im *Assembly Design*

selektieren, die nicht geschnitten werden sollen und mit *RM > Eigenschaften > Zeichnungserstellung > Kein Trennvorgang in Schnitten* aktivieren.

⇨ Die Baugruppe abspeichern.

Gewindelinien darstellen

⇨ In der Zeichnung den Rahmen der Schnittansicht selektieren und mit *RM > Eigenschaften >Ansicht > 3D-Spezifikationen* und *Gewinde* aktivieren/deaktivieren. Im Dauermenü die Funktion *Aktualisieren* ausführen.

⇨ Die Wirkung verschiedener Verrundungsoptionen in der Vorderansicht der Duckscheibe ausprobieren.

Hinweise: *Wird die Option 3D-Spezifikationen im Fenster aktiviert, so werden die eingestellten Zeichnungseigenschaften aus dem Assembly Design übernommen.*

Alle Zeichnungseigenschaften sind in der Zeichnungsableitung wahlweise darstellbar und assoziativ zum Modell.

Ist die Option Gewinde nicht aktiv, so werden in der entsprechenden Ansicht keine Gewindelinien dargestellt.

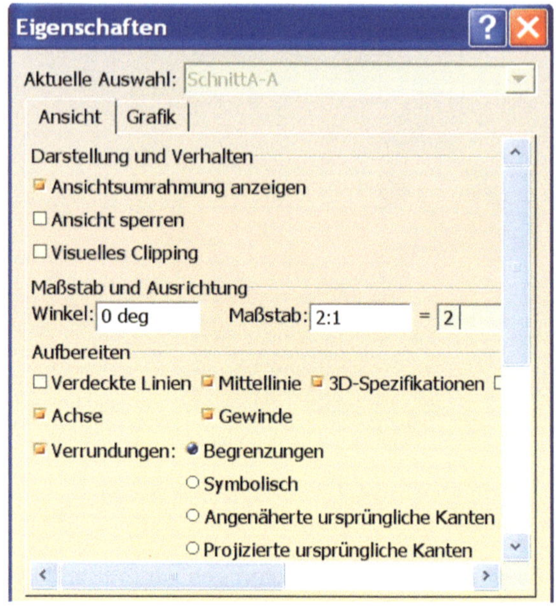

Zeichnungsaufbereitung im *Drafting*

Alternative Vorgehensweise:

Die Eigenschaften einer Ansicht können teilweise auch im 2D-Bereich verändert werden (3D-Spezifikationen im *Assembly Design* vorher entfernen. Mehrfachselektion von Teilen nutzen):

⇨ Beispielsweise über das Kontextmenü mit *RM* auf den Rahmen des aktivierten Schnittes > *Objekt Schnitt A-A > Eigenschaften überlagern.* Es erscheint ein Fenster *Eigenschaften >* das Bauteil in der Zeichnung selektieren > die Schaltfläche *Bearbeiten* selektieren und im Editorfenster die gewünschten Optionen einstellen (*Schnitt in Schnitten* inaktiv).

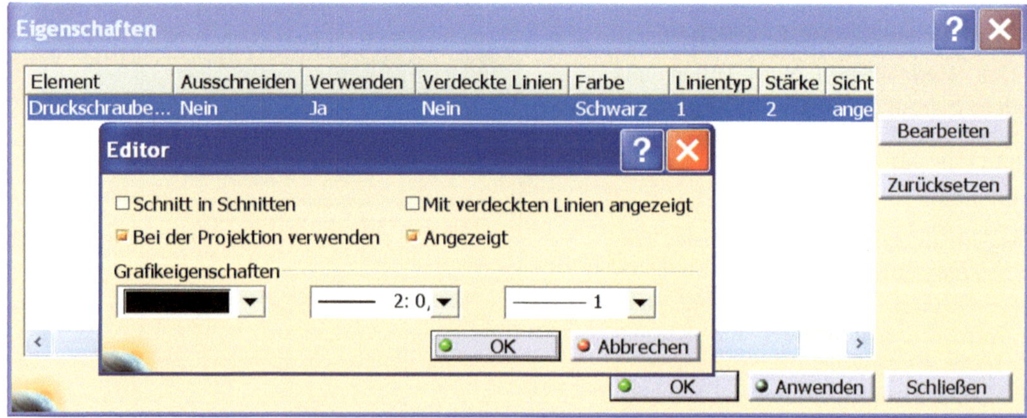

⇨ Mit *Anwenden* die Ausführung starten. Nach wunschgemäßer Ausführung der Zeichnungsaufbereitung die Fenster mit *OK* verlassen.

Zeichnungsgegenüberstellung

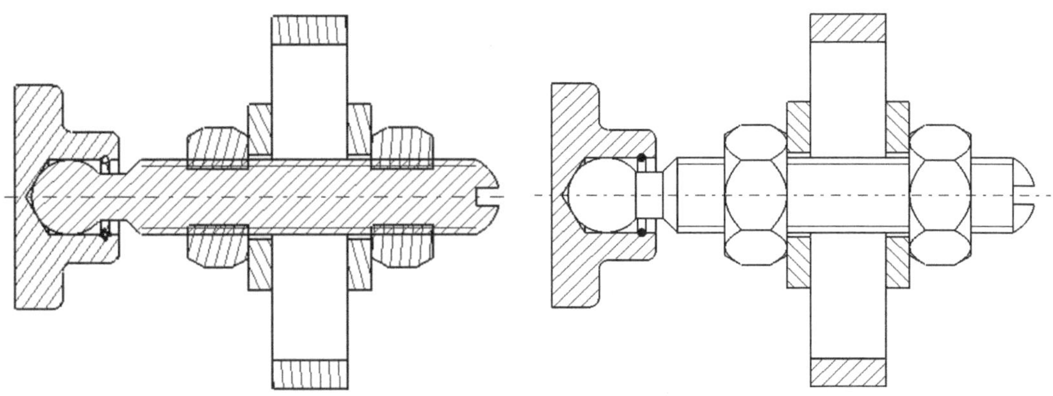

Schnittdarstellung unaufbereitet   Schnittdarstellung aufbereitet

Ergebnis: Muttern und Druckschraube werden jetzt (im Bild oben rechts) ungeschnitten dargestellt. Die Schraffurrichtungen sind besser zueinander ausgerichtet.

Zeichnungsaufbereitungen

⇨ Der Drahtquerschnitt des Sprengringes lässt sich im Schnitt schwärzen (wie nach DIN ISO
   für schmale Schnittflächen empfohlen) mit *RM* auf eine Schraffurlinie > *Eigenschaften* >

   Typ > *Farbe* > *Mustertabelle* [....] > die schwarz gefärbte Schaltfläche wählen.

Hinweis: *Befindet sich keine Schraffur in einem geschnittenen Teil, so ist der Schraffurabstand
(„Dichte") zu groß und die Konturen des geschnittenen Teiles werden als dicke Linien erzeugt. Der Schraffurabstand muss verringert werden. Die Behandlung dieses Problems ist
unter 7.3.11 beschrieben.*

⇨ Zusätzlich sind in eine Baugruppenzeichnung die Haupt- und Anschlussmaße einzufügen.
   Bei der Bemaßung der Länge muss für den Bogen ein Ankerpunkt (siehe dazu unter 7.3.3)
   ermittelt werden! Die Länge der Baugruppe kann gerundet werden (als unmaßstäbliches,
   alphanumerisches Maß, siehe dazu unter 7.3.3).
⇨ Die Bauteile sind mit Positionsnummern zu versehen (siehe nächste Seite). Dazu die Funktion *Text mit Bezugslinie* benutzen (alternative Funktionen in der gleichen Funktionsgruppe
   sind *Referenzkreis* und *Bezugsstelle*). Die Größe der Positionsnummer stellt man über die
   obere Menüzeile ein. Kaufteile (Normteile, Normalien und andere) erhalten zweckmäßig
   zur Unterscheidung von den selbst anzufertigenden Teilen eine Positionsnummer ab 51.
⇨ Zur Änderung des Symbols am Ende einer Bezugslinie selektiert man zunächst mit der
   linken Maustaste das Linienende (standardmäßig ein offener Pfeil). Ein gelber Rautepunkt
   wird sichtbar. Mit *RM* auf den Rautepunkt > *Symbolform* > *Kein Symbol* lässt sich eine
   Bezugslinie ohne Begrenzungssymbol erzeugen.
⇨ Die Schnittpfeile und die Schnittkennzeichnung auf DIN ISO-Regeln abändern (siehe dazu
   Kapitel 7.3.11).

Baugruppenzeichnung der Einspannung

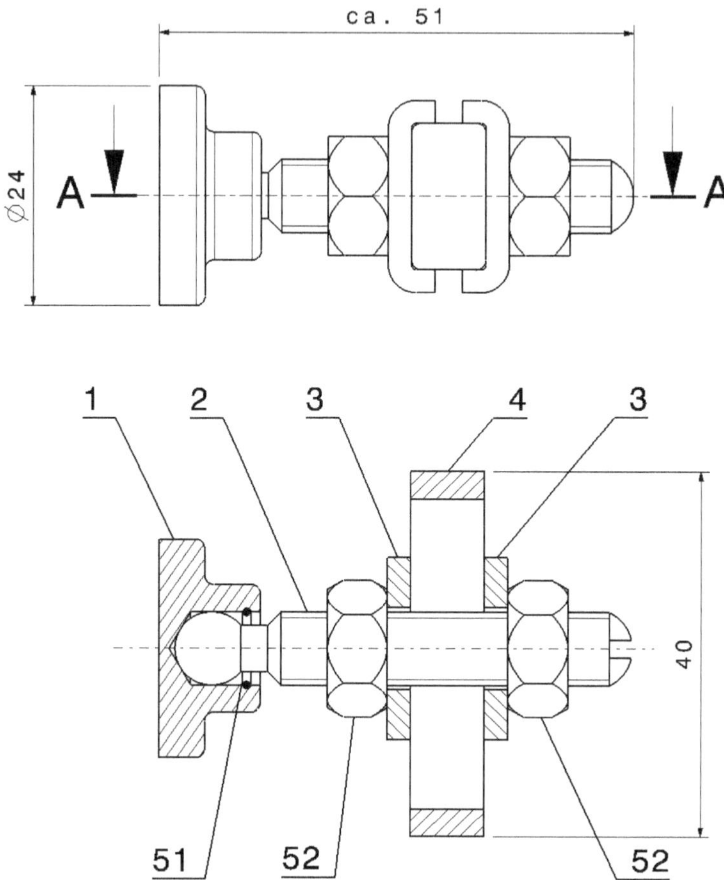

Die Hauptmaße dieser Baugruppe sind die Länge, die Breite und der Durchmesser. Die Länge ergab sich exakt mit 51,09 mm. Da die Länge für die Baugruppe kein wichtiges einzuhaltendes Funktionsmaß ist, wurde sie auf 51 mm gerundet und als unmaßstäbliches (ca.) Maß eingetragen.

Die Baugruppe hat über die Druckscheibe nur Kontakt zu einem Bauteil. Deshalb ist der Durchmesser der Druckscheibe das einzige Anschlussmaß. Es ist schon als Hauptmaß eingetragen.

Hinweise: *Positionsnummern sollten deutlich größer (ca. doppelt so groß) als Maßzahlen sein.*

Schnitte sollten stets ungedreht in Schnittrichtung angeordnet werden.

Die Kennzeichnung des Schnittes durch Buchstaben erfolgt nur zum Üben. Sie ist nur zwingend erforderlich, wenn Verwechselungen von Schnitten möglich sind.

Stück-(Teile-)Liste

Das Erzeugen einer Teileliste mit CATIA wird in Kapitel 10.2 an der Baugruppe Abziehvorrichtung demonstriert.

Übung Schweißteil

Ziel: Die Funktionen für die Darstellung von Schweißnähten in Zeichnungsableitungen üben.

Hinweis: *Schweißkonstruktionen lassen sich als Baugruppe oder alternativ als Teil modellieren. Hier wird die letztere Variante gewählt.*

Damit in den Schnittansichten die Schraffuren gesondert geändert werden können, müssen zwei Körper in einem *Part* erzeugt werden. Diese dürfen nicht miteinander verschnitten werden!

Zur Darstellung der Nähte die folgenden Funktionen benutzen:

 für die symbolhafte Darstellung,  für die bildliche Darstellung.

Schweißteil modellieren

⇨ Erstellen des abgebildeten Schweißteiles. Die Struktur wie gezeigt aufbauen. Die Maße selbst wählen.

Schweißteilzeichnung anfertigen

⇨ Ansichten und Schnitt (nur zum Üben erforderlich) erzeugen. Nahtangaben eintragen. Die Symmetrielinie mit der Funktion *Achslinie* einzeichnen.

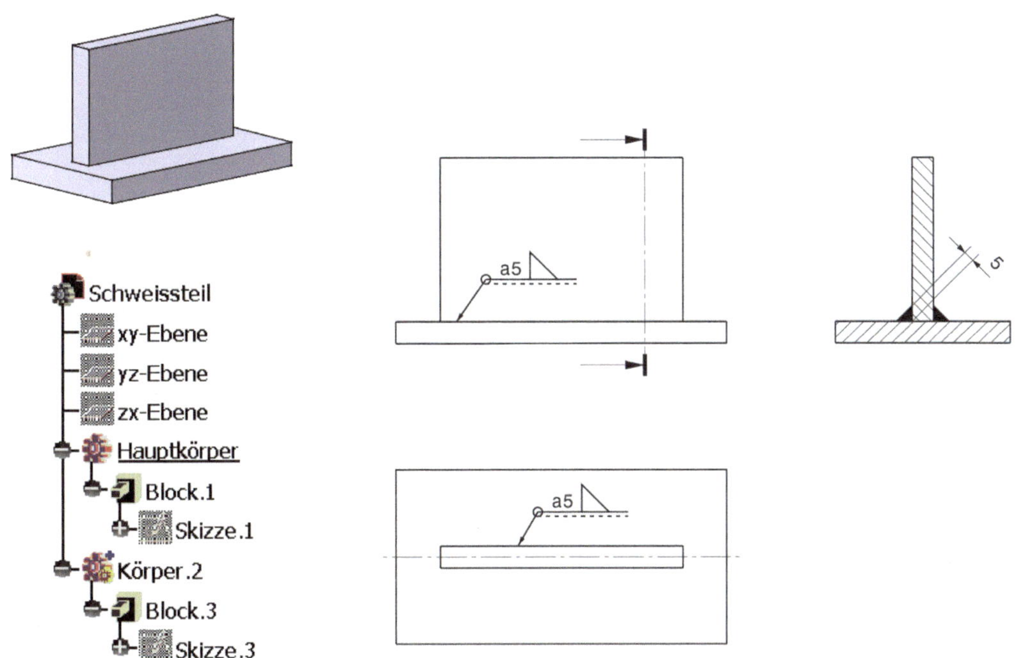

Struktur eines Schweißteils   Zeichnung eines Schweißteils

Weiteres zu Schweißkonstruktionen ist im Kapitel 9.4 zu finden.

Übung Wellenlagerung

Ziele: Festigen des Könnens beim Erstellen von Einzelteil- und Baugruppenzeichnungen. Spezielle Funktionen zur spezifischen Bearbeitung von technischen Zeichnungen kennen lernen.

Für die Betrachtungen wird die nachstehend dargestellte Baugruppe *Wellenlagerung* benutzt. Die im Kapitel 10.4 verwendeten und im Anhang des Buchs dargestellten Normteile (Rillenkugellager 6204 und die dazu passenden Sicherungsringe nach DIN 471 bzw. 472) werden auch hier eingesetzt.

Das Gehäuse des aus drei Teilen (Grundplatte, Lagerschild und Stützrippe) bestehenden Lagerbocks wird aus ebenen Blechen zusammengeschweißt. Die Breiten der Bleche sind sinnvoll zu wählen.

Wellenlagerungen dieser Bauart werden beispielsweise in Prüfstandsbereichen als Teil eines aus mehreren Baugruppen bestehenden Antriebsstrangs eingesetzt. Um die Welle definiert aufzunehmen ist eine zweite Lagerstelle (in der benachbarten Baugruppe) erforderlich.

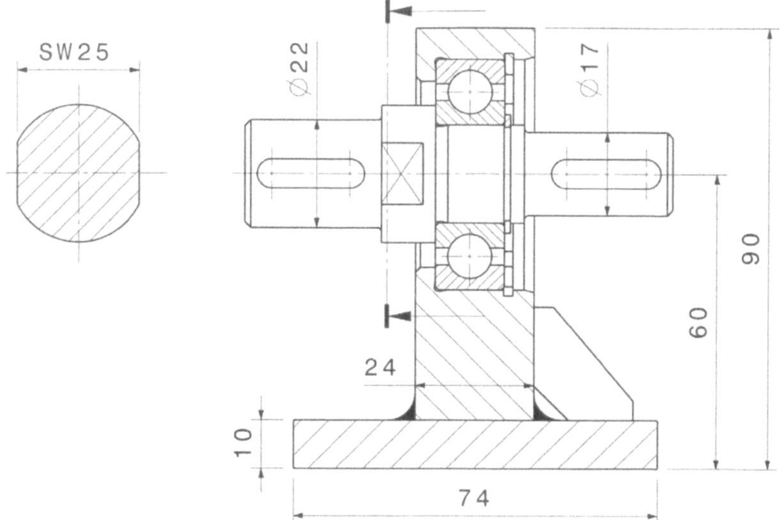

Zeichnung der Baugruppe Wellenlagerung

Die Maße der in diesem Zusammenbau eingesetzten Welle sind auf der nächsten Seite zusammengestellt.

Einzelteile erstellen

⇨ Die Bauteile *Welle* (Zeichnung auf der folgenden Seite) und *Geschweißter Lagerbock* erzeugen. Nur wenn keine Normteilbibliothek zur Verfügung steht, müssen auch das Lager (siehe Kapitel 8) und die Sicherungsringe modelliert werden.

Modell der Baugruppe erstellen

⇨ Erzeugen der oben abgebildeten Baugruppe.

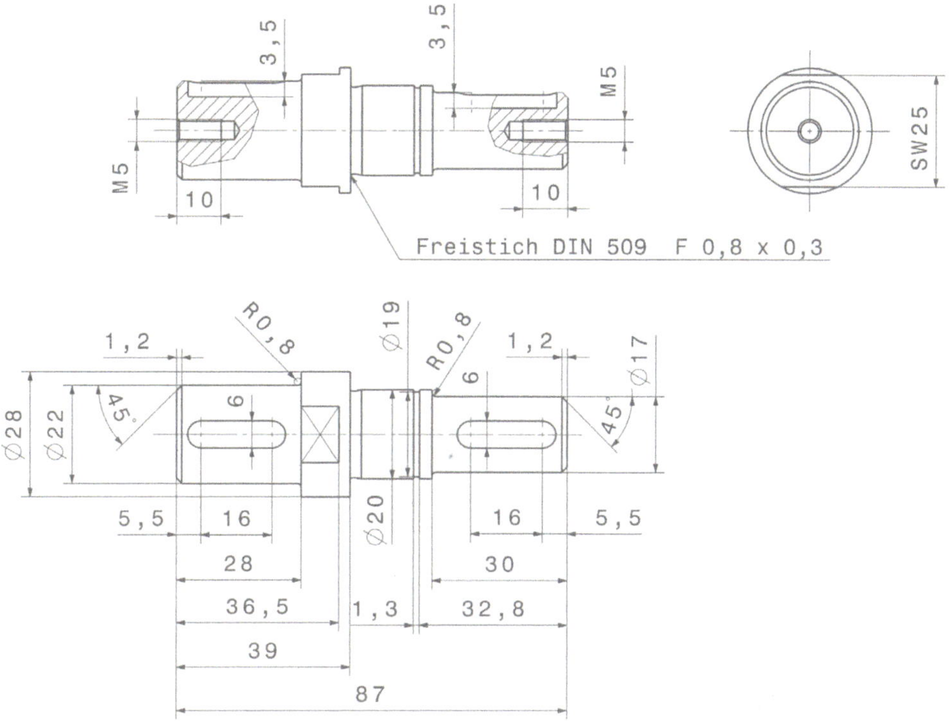

Zeichnungserstellung für die Welle

⇨ Ableiten der Einzelteilzeichnung aus dem Modell der Welle.

⇨ Mit der Funktion ![] *Bemaßungen generieren* soll ein Großteil der Bemaßungen automatisiert erfolgen (siehe unter 7.3.3), weitere Maße müssen manuell eingetragen werden.

⇨ Weiterbearbeiten der Einzelteilzeichnung mit dem Ziel der normgerechten Darstellung der Schlüsselweite (diagonale Linien zur Kennzeichnung der ebenen Fläche) durch Einfügen zweier sich kreuzender 2D-Linien im CATIA-Zeichnungsmodul z. B. mit der Funktion *Linie* ![].

⇨ Im Modell der Welle die beiden äußeren Zapfendurchmesser um je 2 mm reduzieren. Den Zapfendurchmesser, der die Schlüsselweite trägt, von 28 auf 32 mm erhöhen. Die Gewindebohrungen von M5 auf M6 umstellen.

⇨ Die Zeichnung aktualisieren und die farbliche Darstellung der Maße überprüfen.

⇨ Die Farbunterscheidung der Maße (stets vor dem Ausdruck der Wellenzeichnung sinnvoll) mit der Funktion ![] aus der Funktionsgruppe *Tools* im Dauermenü aufheben (siehe dazu auch Kapitel 7.3.11).

Baugruppenzeichnung erstellen

⇨ Aus dem Baugruppenmodell die Baugruppenzeichnung ableiten. Die Kennzeichnung der Schlüsselfläche durch Diagonalen muss wiederum manuell vorgenommen werden. Zur Behandlung von eventuell auftretenden Linien mit zu großer Strichstärke siehe Kapitel 7.3.11.

Erzeugen einer geschnittenen isometrischen Ansicht

Geschnittene isometrische Ansichten sind für technische Beschreibungen des Aufbaus und der Funktion von Baugruppen sehr hilfreich. Auch zu Lehrunterweisungen werden sie gerne eingesetzt.

Sie verbinden die prägnante 2D-Darstellung der Technischen Zeichnung mit der räumlichen 3D-Anschaulichkeit.

⇨ Mit Hilfe des *Assistenten für Ansichtserzeugung* aus dem Baugruppenmodell Wellenlagerung eine Baugruppenzeichnung bestehend aus Vorderansicht (gemäß nebenstehender Skizze), Draufsicht, Seitenansicht und isometrischer Ansicht ableiten.

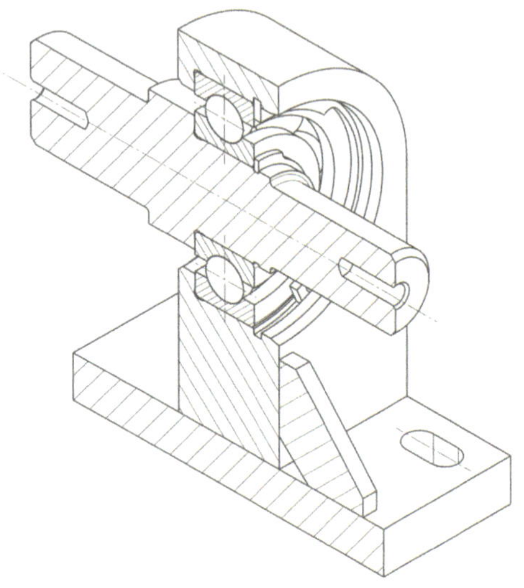

Geschnittene isometrische Ansicht

⇨ Mit der Funktion *Vorderansicht* zusätzlich zur schon generierten Vorderansicht eine zweite (identische) Vorderansicht erzeugen, die ausschließlich zur Steuerung der Lage des Schnittes in der isometrischen Ansicht dient und nicht als 2D-Ansicht in der technischen Zeichnung verwendet werden kann.

Hinweis*: Zur Steuerung der Lage des Schnittes in der Isometrie sind grundsätzlich alle 2D-Ansichten geeignet. Die zum Einsatz kommende 2D-Ansicht ist wie vorstehend beschrieben zu duplizieren.*

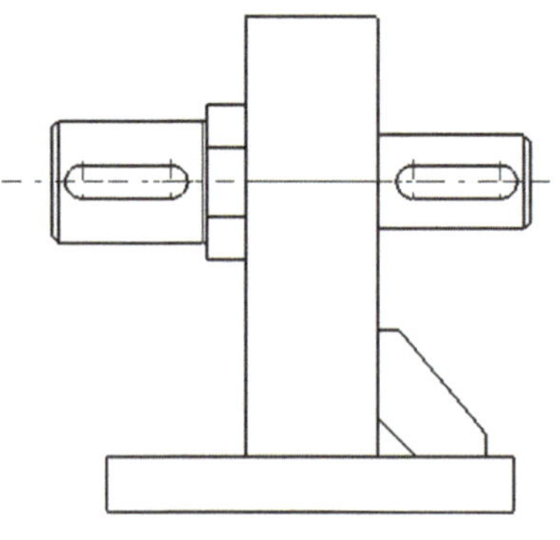

Gewählte Vorderansicht

⇨ Die zweite, nicht zu den drei zugeordneten Ansichten gehörende Vorderansicht durch *RM > Ansicht aktivieren* auf die Ansichtsumrahmung aktivieren.

⇨ Mit der Funktion *3D-Begrenzung hinzufügen* das Fenster *Begrenzungsobjekt* öffnen, in dem die Definition der Schnittfläche möglich wird. Als begrenzende Elemente stehen dabei eine Schnittebene, zwei parallele Schnittsektoren oder eine Begrenzungsbox zur Verfügung. Die Schnittelemente können mit *LM* verschoben bzw. positioniert werden.

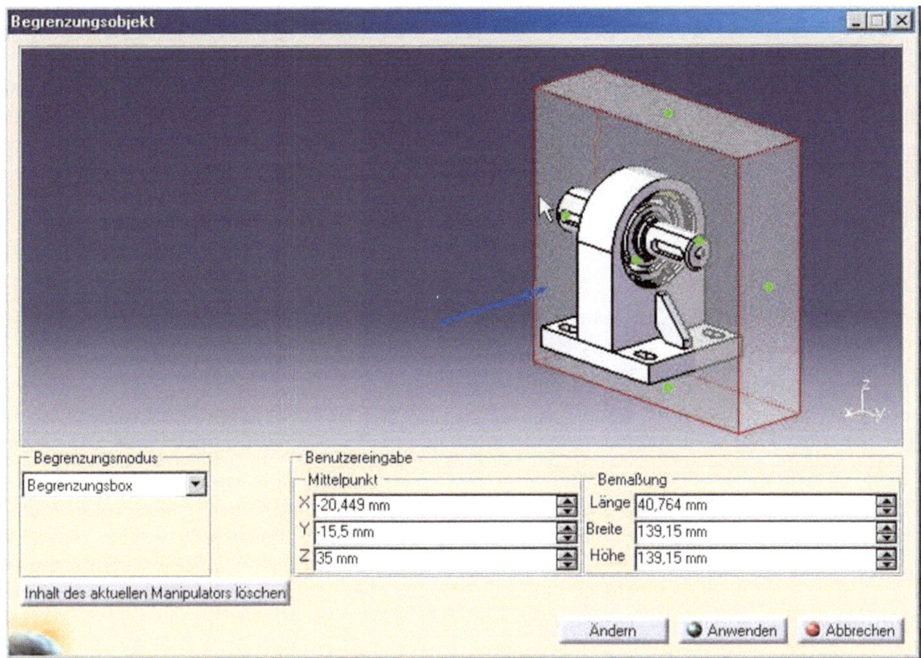

Baugruppe Wellenlagerung mit Begrenzungsbox

⇨ Durch die Begrenzungsbox wird der Teil der Baugruppe geschützt, der nicht weg geschnitten werden soll. Als begrenzende Elemente werden zwei parallele Ebenen gewählt.

⇨ Der blaue Pfeil im Fenster *Begrenzungsobjekt* beschreibt dabei die Blickrichtung auf die geschnittene Baugruppe.

⇨ Abgeschlossen wird der Adaptionsprozess für die Schnittfläche durch *Ändern*. Die selektierte Vorderansicht hat jetzt das Aussehen eines Schnittes.

⇨ Um die geschnittene isometrische Ansicht zu erzeugen, ist für die aktive 2D-Ansicht (hier die zweite Vorderansicht) das Kontextmenu aufzurufen. Dazu den Mauszeiger auf die Ansichtsumrahmung positionieren: *RM > Objekt* (in diesem Fall) *Vorderansicht > 3D-Begrenzung > 3D-Begrenzung anwenden auf*. Nach der Selektion der vorhanden isometrischen Ansicht wird der Schnitt auch in dieser isometrischen Ansicht erzeugt. Gegebenenfalls müssen die Begrenzungslinien für die Schnittflächen bezüglich des Linientyps (mit *Eigenschaften)* umgestellt werden (z. B. von Typ 8 auf Typ 1).

⇨ Das Verändern der Lage der Schnittfläche (in der die Darstellung steuernden 2D-Ansicht) erfolgt durch: *RM > Objekt Vorderansicht > 3D-Begrenzung > 3D-Begrenzung hinzufügen oder ändern*. Auf diese Weise kann der Schnitt auch wieder entfernt werden: (*RM > Objekt Vorderansicht > 3D-Begrenzung > 3D-Begrenzung entfernen*). In der isometrischen Ansicht wird der Schnitt durch analoges Vorgehen entfernt.

⇨ Die Darstellung in der isometrischen Ansicht kann z. B. durch *Einfügen > Aufbereiten > Achse* und *Gewinde* und durch die Anpassung der Schraffur weiter optimiert werden.

⇨ Wenn als Begrenzungsmodus die Begrenzungsbox verwendet wird, sind an der isometrischen Darstellung (durch entsprechendes Einrichten der Begrenzungen) auch (Teil-)Schnitte mit zwei zueinander senkrechten Schnittflächen möglich.

7.5 DIN-Standardeinstellungen für Zeichnungen in CATIA

Die Standardeinstellungen bezüglich der Darstellung von Maßhilfslinien, Pfeilen und anderer Elemente in CATIA-Zeichnungen entsprechen nicht den DIN-Normen. Um sie anzupassen, müssen einige recht umfangreiche und nur für Fortgeschrittene zu empfehlende Einstellungen durchgeführt werden. Die Vorgehensweise erfordert Administratorrechte und soll nachfolgend kurz erläutert werden. Hinweis: *R19* und *B19* sind die Versionsnummern.

⇨ Die CATIA-Startverknüpfung auf dem Desktop kopieren, an gleicher Stelle wieder einfügen und umbenennen in *CATIA Administration*.

⇨ Auf die gerade kopierte Verknüpfung mit *RM > Eigenschaften > Verknüpfung*. Dort unter *Ziel* den Eintrag *-run „CNEXT.exe"* ändern in *-run „CNEXT.exe -admin"*.

⇨ Zwei neue Ordner im CAD-Verzeichnis anlegen mit den Bezeichnungen *ReferenceSettings* und *CollecionStandard*. Dabei ist darauf zu achten, dass das Verzeichnis nicht schreibgeschützt ist. Ist dieses aber der Fall, wird durch eine Fehlermeldung in CATIA darauf hingewiesen. Die Ordner müssen dann verschoben werden, notfalls direkt auf der lokalen Festplatte.

⇨ Die Datei *CATIA.V5R19.B19.txt* im Verzeichnis *C:\Dokumente und Einstellungen\All Users\Anwendungsdaten\DassaultSystemes\CATEnv* öffnen. (Vorausgesetzt CATIA wurde bei der Installation in die vorgegebenen Ordner kopiert/installiert). Dieses Verzeichnis wird eventuell vom System versteckt. In diesem Fall den Pfad manuell in der Adressleiste des Explorers eingeben oder die versteckten Ordner über *Extras > Ordneroptionen > Ansicht > Alle Dateien und Ordner anzeigen* sichtbar machen.

⇨ Den Eintrag *CATReferenceSettingPath=* auf das zuvor erstellte Verzeichnis *ReferenceSettings* setzen. Zum Beispiel: *CATReferenceSettingPath=D:\CAD\ReferenceSettings*.

⇨ Den Eintrag *CATCollectionStandard=* auf das zuvor erstellte Verzeichnis *CollectionStandard* setzen. Zum Beispiel: *CATCollectionStandard=D:\CAD\CollectionStandard*.

⇨ Die Datei speichern und schließen.

⇨ In das Verzeichnis *C:\Programme\Dassault Systemes\B19\intel_a\resources\standard\drafting* wechseln. Dort die Datei *ISO.xml* kopieren, einfügen und umbenennen zu *DIN.xml*.

⇨ CATIA über die Administrationsverknüpfung starten. Nebenstehende Meldung erscheint, wenn alle vorstehenden Schritte korrekt ausgeführt wurden.

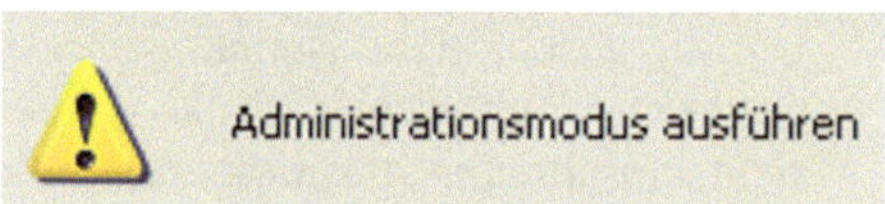

⇨ *Tools > Standards* aufrufen. Unter *Kategorie drafting* wählen und unter *Datei DIN.xml* selektieren.

Nun können die Variablen wunschgemäß verändert werden. Um zum Beispiel von den standardmäßig eingestellten geöffneten Pfeilen auf die DIN-Pfeile umzustellen wie folgt vorgehen:

⇨ Im Strukturbaum den Pfad wählen: *Standard > DIN > Darstellungen > Längen/Abstandsbemaßung > Default > Symbole > Erstes Symbol > Typ*.

⇨ Im rechts erscheinenden Menü den *Typ* ändern von *Offener Pfeil* in *Gefüllter Pfeil* (*SimpleArrow* in *FilledArrow*).

⇨ Gleiches Vorgehen für *Zweites Symbol* sowie für die Darstellung von *Winkelbemaßung, Radiusbemaßung, Durchmesserbemaßung, Fasenbemaßung* und *Koordinatenbemaßung*.

Um den Abstand der Maßhilfslinien zum Bauteil zu ändern:

⇨ *Standard > DIN > Darstellungen > Längen/Abstandsbemaßung > Default > Maßhilfslinie > links > Abstand* auf *0* setzen. Wiederholen für *rechts*, sowie für die anderen Bemaßungen.

⇨ Mit *Start > Drafting* im erscheinenden Fenster den Standard von *ISO* auf *DIN* umstellen.

8 Verwenden und Konstruieren von Normteilen

8.1 Grundlagen

Durch Normung werden Gegenstände und Vorschriften planmäßig zum Nutzen der Allgemeinheit vereinheitlicht. Zu unterscheiden sind internationale (ISO), europäische (EN) sowie deutsche Normen (DIN) als Vertreter der nationalen Normen und firmenspezifische Werknormen.

Genormte Maschinenelemente, kurz Normteile genannt, sind konstruktive Bestlösungen.

Als Kaufteile führt ihre Verwendung zu Einsparungen in Konstruktion und Fertigung.

Normteile und Normalien werden im CAD-System in Katalogen zur Verfügung gestellt.

Da Normteile wie Schrauben, Muttern, Bolzen, Stifte usw. vom Anwender nicht selbst hergestellt sondern einbaufertig bezogen werden, ist die Darstellung im CAD-System im Wesentlichen auf die genormten Anschlussbedingungen beschränkt. Herstellerspezifische Unterschiede der Normteile dürfen keine funktionellen Auswirkungen haben.

Ähnlich verhält es sich mit verschiedenen standardisierten Baugruppen. Besonders zu erwähnen sind hier die Wälzlager, deren Abmessungen international genormt sind und die deshalb in den meisten Normteilkatalogen mit enthalten sind.

Normalien wie Spindeln, Zahnräder, Griffelemente usw. sind Bauteile oder Baugruppen, die nicht genormt sind aber wie Normteile in Katalogen als Kaufteile zur Verfügung stehen.

Die CAD-Normteilkataloge enthalten von jedem Bauteil oder jeder Baugruppe ein über Formeln gesteuertes, parametrisches Modell. Die verschiedenen Maßvarianten sind in einer so genannten Konstruktionstabelle gespeichert. Nach dem Einbau des Normteiles in eine Baugruppe ist es in der Regel von dem Katalog entkoppelt.

Etwas anders verhält es sich mit firmenspezifischen Wiederholteilen. Wiederholteile wie Wellen, Hebel, Deckel usw. sind Teile, die auch in anderen Konstruktionen als der ursprünglichen Verwendung finden können. Ihr Einbau verspricht Kosteneinsparungen. Sie sind keine Normteile und werden in der Regel in der Firma selbst hergestellt. Eine Entkopplung vom Katalog ist problematisch, da Auswirkungen von Änderungen im Baugruppenmodell dann nicht mit erfasst werden. Andererseits können unkontrollierte Änderungen am Wiederholteil zu Störungen in anderen Baugruppen führen, in die das Teil auch eingebaut wurde.

In der Regel werden Normteile in das Baugruppenverzeichnis gespeichert. Damit wird als Vorteil die Unabhängigkeit vom Katalog gesichert. Änderungen am Katalog haben dann keine Auswirkungen an den bestehenden Baugruppenmodellen. Nachteilig ist, dass die Auswirkungen von Normteiländerungen auf die Baugruppe unter Umständen nicht rechtzeitig erkannt werden.

Für die Übungen ist es zweckmäßig, sich ein Verzeichnis *Wiederholteile* anzulegen, in dem mehrfach verwendete Teile abgelegt werden. Damit lassen sich auch die Auswirkungen verschiedener Arbeitsweisen studieren.

8.2 Benutzen systemeigener Kataloge

Im Produktfenster kann mit der Funktion 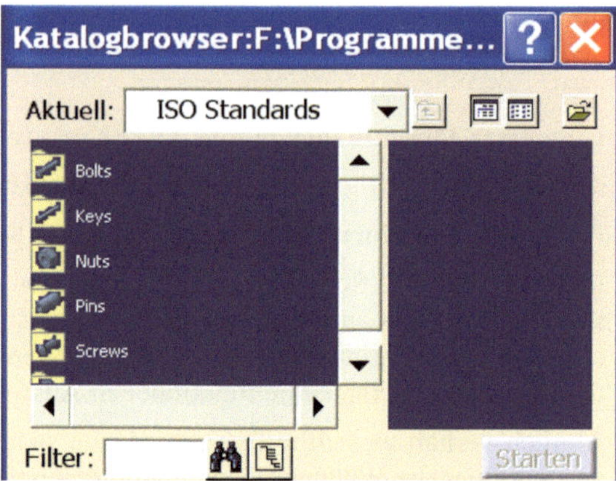 *Katalogbrowser* (im Dauermenü oder unter *Tools* zu finden) ein Standardkatalog aufgerufen werden. Er enthält eine Auswahl von Verbindungselementen (Schrauben, Muttern, Scheiben und Bolzen). Das erscheinende Fenster weist weitgehend windows-konforme Funktionen auf, die nicht weiter erläutert werden müssen.

⇨ Ein Produktfenster öffnen und die Funktion *Katalogbrowser* aktivieren.

⇨ Unter *Aktuell:* den Standard *ISO_Standards* einstellen (möglich sind ISO-, EN-, US-, JIS-Standards) und im Anzeigefenster *Nuts* durch Doppelklick aktivieren. Anschließend durch einen erneuten Doppelklick den Mutternstandard *ISO_4032_ HEXAGON_NUT_STYLE_1* einstellen.

⇨ Im unteren Anzeigefenster über den senkrechten Schieberegler die Mutterngröße M8 ermitteln und durch Doppelklick die Mutter auswählen.

Hinweis: *Wird der waagrechte Schieberegler für das untere Anzeigefenster nach rechts bewegt, so werden auch die Maße des Teiles sichtbar.*

⇨ Das Einfügen in die Baugruppe im erscheinenden Fenster *Katalog* mit *OK* bestätigen.

Über die Funktion *Suchen* kann auch nach Abmessungen eines Standardteils im Katalog gesucht werden. Die Suchangaben werden im Fenster unter der Fläche *Filter:* eingetragen.

Über die Funktion *Anderen Katalog anzeigen* (im Fenster *Katalogbrowser* rechts oben) kann z. B. auch ein eigener Katalog für Wiederholteile aufgerufen werden.

Mit *Start > Infrastruktur > Catalog Editor* lassen sich eigene Teile in Katalogen ablegen.

8.3 Benutzen systemfremder Kataloge

Der systemeigene Katalog von CATIA ist für die Bedürfnisse der Maschinenbaukonstrukteure nicht ausreichend, da wesentliche Gruppen von Maschinenelementen wie z. B. die Wälzlager fehlen.

Von verschiedenen Firmen werden umfangreiche Normteilkataloge angeboten. Nach dem Installieren eines solchen Kataloges werden in der Regel die Katalogfunktionen in der Funktionsmenüleiste der Baugruppenkonstruktion zusätzlich eingeblendet. Such- und Anzeigefunktionen unterstützen den Anwender bei der Auswahl der Normteile. Es empfiehlt sich auch, die Angebote für Normteile, Normalien und sonstige Kaufteile im Internet zu prüfen.

8.4 Konstruieren von Normteilen

Nicht alle benötigten Normteile sind im Normteilkatalog enthalten, sodass der Anwender die fehlenden selbst erstellen muss. Das trifft insbesondere auf die firmenspezifischen Werknormen zu.

Normteile werden vom Anwender gekauft und nicht selbst gefertigt. Es genügt daher, sie vereinfacht zu modellieren. Der Grad der Vereinfachung reicht dabei vom reinen Platzhalter bis zum anschaulichen Modell. In der Regel sollte sowohl im Modell als auch in der Zeichnungsableitung die Funktion des Normteiles oder der Normbaugruppe aus seiner Darstellung heraus für den Fachmann erkennbar sein. Zu viele Details können störend wirken.

Verschiedene Maßvarianten eines Normteiles lassen sich in Konstruktionstabellen hinterlegen. Das Erstellen solcher Variantenkonstruktionen ist nicht Gegenstand dieses Grundkurses. Es kann der auf diesem Gebiet weiterführenden Literatur z. B. /7/ entnommen werden.

Normbaugruppen können im Normalfall wie Normteile im Katalog abgelegt werden und werden hier wie Normteile behandelt.

Erstellungsregeln

- Alle Anschlussmaße des Normteils müssen exakt wiedergegeben werden.
- Vereinfachungen im nicht von anderen Bauteilen beanspruchten Einbauraum des Normteiles sind zulässig, z. B. werden die Käfige bei Wälzlagern weggelassen, die Anzahl der Wälzkörper und der Wälzkörperdurchmesser stimmen nur annähernd.
- Proportionen sind zu wahren.
- Bei der Zeichnungsableitung von Normteilen sollten sich DIN ISO-gerechte Darstellungen ergeben. So sollen sich z. B. die Wälzkörper mittig schneiden lassen, die Sicherungsringe liegen am Nutgrund an, ...

Übung

Einige Normteile wurden bereits im Kapitel 5 erstellt. In der folgenden Übung soll gezeigt werden, wie eine Normbaugruppe „Wälzlager" vereinfacht modelliert werden kann.

Das Wälzlager wird dabei nicht als echte Baugruppe erstellt, sondern als **ein** Teil, bestehend aus mehreren Teilkörpern. Damit lässt sich im Zeichnungsschnitt eine Wälzlagerdarstellung nach DIN ISO erzeugen. Stellvertretend für alle Wälzlager wird ein Kugellager modelliert.

Übung Kugellager als Normteil

Ziele: Vereinfachte Modellierung eines Kugellagers für einen Normteilkatalog und zwar als *Part*, bestehend aus mehreren Körpern. Bereitstellung von Lagermodellen für eine Folgeaufgabe (Abziehvorrichtung).

Empfehlung: Die Hauptebenen zweckmäßig in der Lagermitte anordnen, damit sich bei einer späteren Schnittanalyse definierte zentrale Schnitte führen lassen bzw. um das Lager günstig in die Schnittebene eines Zeichnungsschnittes drehen zu können.

Erstellen des Kugellagers wie folgt:

⇨ Die Struktur wie im nebenstehenden Strukturbaum abgebildet anlegen. Die Nebenkörper mit *Einfügen > Körper* erzeugen. Haupt- und Nebenkörper gemäß Bild umbenennen, um das Auffinden bei Änderungen zu erleichtern.

⇨ Den zu bearbeiteten Körper stets aktivieren! Eine Kugel aus dem halben Querschnitt als Hauptkörper erzeugen (Kugelradius R10 mm im Abstand R47,5 mm von einer Rotationsachse).

⇨ Den Außenring in einem neuen Körper erzeugen. (Der Rillenradius lässt sich mit dem Kugelradius nicht kongruent setzen, deshalb R47,5 mm und den Bogenradius mit R10 mm erneut bemaßen.)

⇨ Den Innenring in einem neuen Körper erzeugen. Die Breite assoziativ zum Außenring setzen (R47,5 mm und den Bogenradius erneut bemaßen).

⇨ Kugeln als Kreismuster 12-fach kopieren: *Kreismusterdefinition > Axialreferenz > Parameter: > Vollständiger Kranz > Referenzelement: > eine geeignete Mantelfläche selektieren.*

Hinweise: *Die Anzahl der Kugeln sollte durch vier teilbar sein. Damit erhält man zwei aufeinander rechtwinklig stehende Ebenen, die in der Regel eine DIN ISO-gerechte Zeichnungsableitung des Kugellagers erlauben.*

Eine versehentlich im falschen Körper erstellte Skizze kann mit RM > Kopieren und RM > Einfügen in den richtigen transportiert werden.

Das Bild rechts zeigt eine Schnittdarstellung des Kugellagers und die Struktur des Modells.

⇨ Speichern des Lagers in ein Verzeichnis *Wiederholteile* unter dem Namen *Radial_Rillenkugellager_6312.*

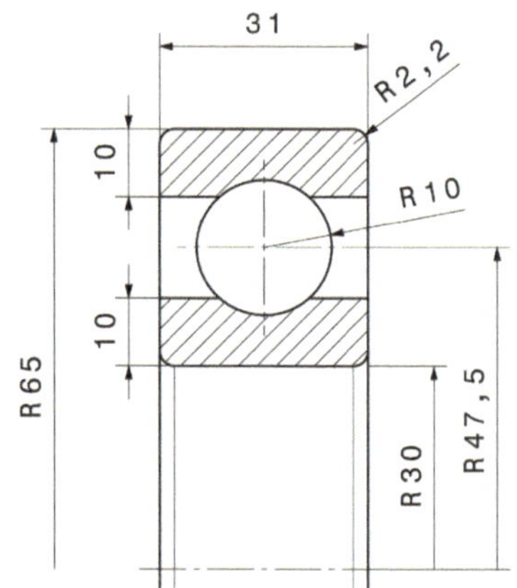

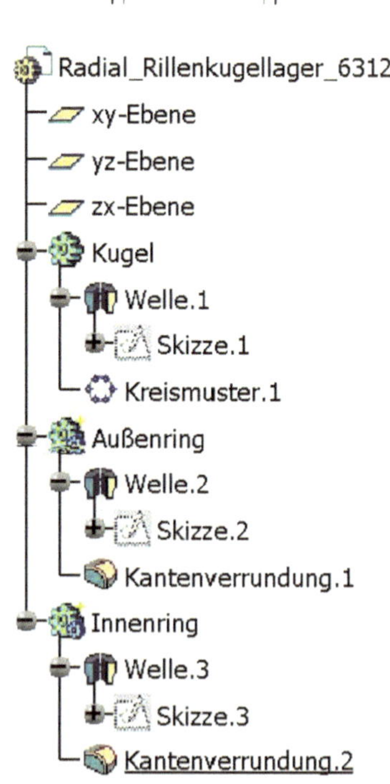

Struktur des Wälzlagermodells

Zeichnungsableitung und Schnittanpassung

⇨ Erzeugen einer Vorderansicht und einer Schnittansicht.

⇨ Zeichnungskorrektur im Schnitt durchführen.

Hinweis: *Das Unsichtbarmachen einer Schraffur erfolgt mit RM auf die Schraffur > Eigenschaften > Muster > Typ: > Linien > Farbe: weiß. Nicht zu empfehlen sind das Löschen der Schraffur und weißes Einfärben der Fläche, da sonst nachträglich keine Schraffuren mehr hinzugefügt werden können.*

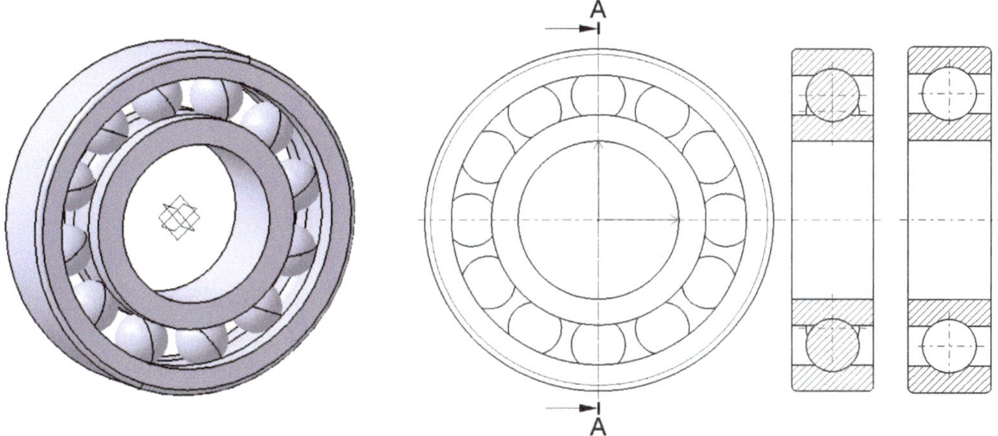

Vereinfachtes Kugellagermodell   Schnitt: unkorrigiert   korrigiert

Hinweis: *Beim Einbau in eine Baugruppe sollte das Kugellager in die geplanten Schnittebenen der Baugruppe gedreht werden. Bei der Schnittableitung erreicht man damit (nach Unsichtbarmachen der Schraffur der geschnittenen Wälzkörper) eine DIN ISO-gerechte Darstellung des Kugellagers.*

Falls keine Normteilbibliothek zur Verfügung steht, sollte noch das Radialrillenkugellager 6210 durch Maßänderung aus dem Lager 6312 erzeugt werden. Die Kugelanzahl ist auf 16 Stück zu ändern.

Beide Lagermodelle werden im Kapitel 10.2 benötigt.

Hinweis: *Es müssen eventuell Maße in den Ausgangsskizzen gelöscht werden, um das neue Modell bemaßen zu können.*

Das Modell eignet sich für eine Variantenkonstruktion mit Angabe der Maßvarianten in einer Konstruktionstabelle.

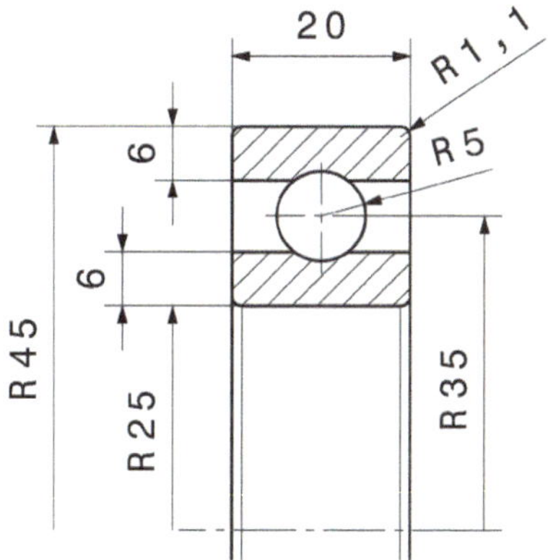

Radialrillenkugellager 6210

Weiter vereinfachte Normteilmodelle

In Zeichnungsschnitten von Baugruppen bereitet die DIN ISO-gerechte Darstellung der Wälz-lager Schwierigkeiten, weil der Schnitt oft nicht zentrisch durch die Wälzkörper verläuft. Kommt es dem Konstrukteur mehr auf das Erzeugen normgerechter Zeichnungen und weniger auf optisch ansprechende Details im Modell an, so können die Wälzlagerkonstruktionen weiter vereinfacht werden. Anstelle der Wälzkörper wird ein Ring erstellt. Dadurch führt jeder Axial-schnitt zu einer normgerechten Zeichnungsdarstellung, wenn die Schraffur des Ringes un-sichtbar gemacht wird.

⇨ Mit der Funktion *Datei > Neu aus* das *Radial_Rillenkugellager_6312* öffnen.
⇨ Das Teil in *Radial_Rillenkugellager_6312_Ring* umbenennen.
⇨ Den Teilkörper *Kugel* in *Ring* umbenennen, das Kreismuster für die Kugeln löschen und die Ringkonstruktion erzeugen.
⇨ Das Teil unter dem neuen Teilenamen abspeichern.

Hinweis: *Das Modell des vereinfachten Lagers 6312 kann bei der Konstruktion der Abzieh-vorrichtung im Kapitel 10.2 benutzt werden.*

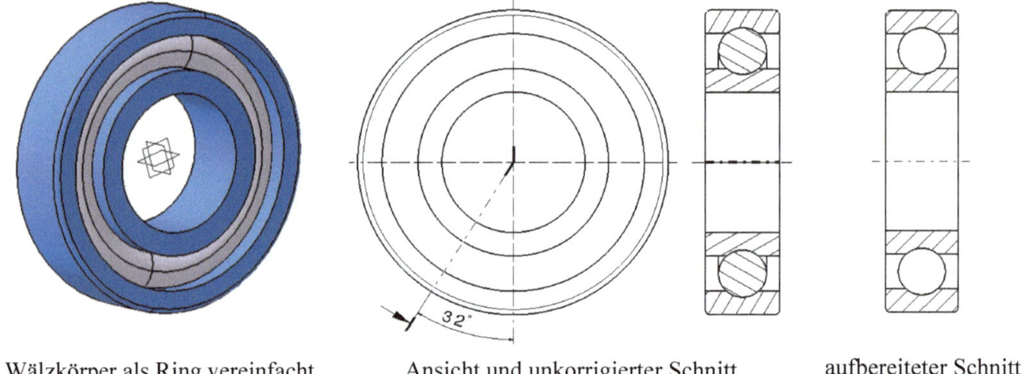

Wälzkörper als Ring vereinfacht   Ansicht und unkorrigierter Schnitt   aufbereiteter Schnitt

Hinweis: *Unter einem Winkel von z. B. 32° würde man in dem Modell auf der vorherigen Seite die Kugel nicht mittig schneiden, was zu unschönen Effekten im Zeichnungsschnitt führt.*

Analoges trifft auf weitere Normteile zu. Zum Beispiel können auch die Sicherungsringe als geschlossene Ringe vereinfacht modelliert werden, sodass es zu keinen Darstellungsschwie-rigkeiten in Zeichnungsschnitten kommen kann.

Verschiedene Normteilkataloge enthalten solche vereinfachten Modelle.

9 Systematische, objektorientierte Teilekonstruktion

9.1 Grundlagen

Ziel

Ein Ziel der Teilekonstruktion mit einem CAD-System sollte es sein, die Bauteile **änderungsfreundlich** zu **gestalten**. Dazu ist konstruktionssystematisches Vorgehen erforderlich.

Aus der Funktion eines Teiles in der Baugruppe ergibt sich seine Gestalt. Es sind meistens mehrere geometrisch unterschiedliche Gestaltungsvarianten möglich. Aus der Funktion und aus der Beanspruchung der Bauteile und aus den Randbedingungen zu benachbarten Teilen ergeben sich die konkreten Abmessungen des Teiles. Im Konstruktionsprozess (besonders in der Entwurfsphase) bleibt es nicht aus, dass die Abmessungen der Bauteile veränderten Belastungen, Werkstoffen, Fertigungsbedingungen, Randbedingungen usw. neu angepasst werden müssen. Der dazu notwendige Änderungsaufwand für die bereits modellierten Teile sollte sich dabei in vertretbaren Grenzen halten.

Minimieren des Änderungsaufwandes für modellierte Bauteile

Die **Gestaltungsvariante wird** nach einem Variantenvergleich **sorgfältig ausgewählt**. Ein Wechsel der Gestaltungsvariante führt in der Regel zu einer Neukonstruktion des Teiles. Das Modell eines Gusshebels lässt sich beispielsweise nachträglich kaum in ein geometrisch anders gestaltetes Modell eines Schweißhebels umwandeln.

Die ausgewählte Gestaltungsvariante wird im CAD-System weitgehend objektorientiert (und nicht koordinatenorientiert) ausgeführt. Nahestehende Begriffe für den hier gewählten Begriff **objektorientiertes Gestalten** sind die Begriffe **assoziatives Gestalten** und parametrisches Gestalten. Bevor mit dem Modellieren begonnen wird, sollte festgelegt werden, welche Parameter unbedingt variabel sein müssen.

Die Grundskizze (Profil) wird auf einer der drei Hauptebenen aufgebaut. Der Grundkörper entsteht durch Ausdehnen des Profils in den Raum. Bei komplexeren Körpern werden weitere Skizzen **nicht an das Koordinatensystem sondern an das bereits erzeugte Objekt durch geometrische Bedingungen gebunden**, z. B. an bereits bestehende Körperkanten. Die Skizzen können auf Körperebenen bereits vorhandener Teile oder auf erzeugten Referenzebenen aufgesetzt werden. Die Profilskizzen der Teilkörper werden (wo es sinnvoll ist) nicht durch Maßangabe sondern in Bezug auf Geometrieelemente von bereits bestehenden Teilkörpern ausgedehnt. Die Bindungen durch geometrische Bedingungen zum bereits bestehenden Objekt sind assoziativ, d.h. bei Maßänderungen passen sie sich vorteilhaft automatisch an. Nicht alle denkbaren späteren Änderungen können bei der Modellierung berücksichtigt werden, wodurch es bei der Ausführung der Änderung zu geometrischen Konflikten kommen kann. Die Grundform einer Gestaltungsvariante sollte gesondert abgespeichert werden und kann als Quelle für eine Veränderung der Variante genutzt werden. Bei symmetrisch aufgebauten Körpern kann der Arbeitsaufwand durch eine günstige Modellierungsstrategie gesenkt werden.

Die **Feingestaltung** (Anbringen von Auszugsschrägen, Verrundungen, Fasen, teilweise auch von Bohrungen) **erfolgt in der Regel zuletzt**. Bei Maßänderungen stellen die feingestalteten Elemente bei komplizierten Teilen oft das größte Konfliktpotential dar. Im Konfliktfall kann auf die Grundform zurückgegriffen werden.

Lage des Koordinatenursprungs

Eine Anbindung der Skizzen an den Koordinatenursprung sowie an die Horizontale und Vertikale sind grundsätzlich nicht erforderlich. Eine günstige Lage des Teiles zum Koordinatensystem kann jedoch bei der Skizzenerstellung Arbeitserleichterungen schaffen (Erzeugen einer geringeren Anzahl von geometrischen Bedingungen, Hilfslinien und Hilfsebenen). In den Übungen dieses Bausteines sollen (mit Ausnahme der Federkonstruktionen und Übergangsteile) die Geometrieelemente beim Skizzieren nicht direkt an den Koordinatenursprung angebunden werden (siehe dazu auch unter *Einführungsbeispiel* im Kapitel 5.4).

Reihenfolge des Objektbezuges

Objektbezüge sollten immer nur vom in Bearbeitung befindlichen Teilkörper auf die Geometrie bereits bestehender Teilkörper vorgenommen werden. Ein (nachträglicher) geometrischer Bezug von einem Teilkörper auf einen später erstellten darf dagegen nicht erfolgen! Das Vererbungsprinzip (Eltern – Kinder) wird verletzt. Da die Geometrie der Modelle im Allgemeinen beim Laden wieder in der Reihenfolge ihrer Entstehung erzeugt wird, können Modelle mit solchen Bezügen nicht mehr aufgebaut werden.

Modellierungsaufwand

Bei objektbezogener Arbeitsweise entsteht ein höherer Modellierungsaufwand, der bei Maßänderungen am Modell aber wieder kompensiert werden kann.

Baureihenentwicklung

Objektbezogen gestaltete Modelle eignen sich zur Entwicklung einer Baureihe. Es genügt, einen Repräsentanten einer Reihe ähnlicher Teile zu modellieren. Zweckmäßig wird dazu ein Modell mit den mittleren Abmessungen entwickelt, aus dem die Baureihe durch Maßänderungen am Ausgangsmodell erstellt wird. Synonyme oder nahestehende Begriffe für den Begriff Baureihe sind Teilegruppe, Teilestamm, Teilefamilie.

Zusammenfassung

Die systematische, objektorientierte Teilekonstruktion ermöglicht die Reduzierung von Maßangaben durch Setzen von geometrischen Bedingungen, minimiert damit den Änderungsaufwand und schafft günstige Vorraussetzungen für die Steuerung der Variantenbildung über Formeln. Der Aufwand für die Modellierung ist höher.

Bemerkung

Die systematische, objektorientierte Teilekonstruktion soll an den vier Themengebieten

- Gusskonstruktionen

- Schweißkonstruktionen

- Schraubenfedern

- Übergangsteile

behandelt werden. Weitere methodische Hinweise finden sich in /10/.

Zunächst soll kurz in die Arbeit mit Referenzelementen eingeführt werden, ohne die eine objektorientierte, assoziative Teilekonstruktion unvollständig wäre.

9.2 Referenzelemente

Zusätzlich zu den Geometrieelementen, die für die Erstellung von Skizzen auf Ebenen benutzt werden, stehen in CATIA V5 folgende **räumliche Elemente** zur Verfügung:

Funktion: *Punkt*   *Linie*   *Ebene*

Diese Funktionen sind Bestandteil der Anwendung *Wireframe and Surface Design (Drahtmodell und Flächenkonstruktion)*, können aber auch mit *Ansicht > Symbolleisten > Referenzelemente (Erweitert)* in das Funktionsmenü der Teilekonstruktion eingeblendet werden.

Mit diesen Funktionen erzeugte Hilfselemente können frei in den Raum gelegt werden. Sie können aber auch an bestehende Körper mit geometrischen Regeln als Referenz- (Bezugs-) - elemente angebunden werden. Sie sind dann assoziativ mit dem Körper verbunden, bleiben also bei Änderungen an diesem Körper haften. Voraussetzung dafür ist, dass die **Funktion**

Bezugselement erzeugen im Dauermenü **inaktiv** ist. Ist die Funktion dagegen aktiv, entsteht fest im Raum liegende Geometrie.

Benutzt werden solche Referenzelemente insbesondere dann, wenn für Anbauten und Abzugskörper an bestehende Objekte keine ebenen Oberflächen zur Verfügung stehen, was z. B. bei Kegeln, Kugeln und Zylindern der Fall ist. In diesem Fall werden Hilfsebenen erzeugt, auf denen die Skizzen für die Anbauten aufgesetzt werden (Anwendung siehe unter Konstruktion eines Lagerbockes). Auch die Ausdehnung von Körpern kann bis zu solchen Referenzelementen erfolgen. Die Hilfsebenen können außerdem als Schnittebenen für Konstruktionsanalysen genutzt werden.

Ebenso wie die Geometrie eines Körpers (Profilskizze und Ausdehnung) wird die Referenzgeometrie standardmäßig (Option *Hybridkonstruktion* ist aktiv) unterhalb der Eintragung *Hauptkörper* oder *Körper* abgelegt (siehe Strukturbaum folgende Seite), wodurch die Entstehungsgeschichte besser wiedergegeben wird, der Strukturbaum allerdings umfangreicher wird. In älteren Versionen wurde die Referenzgeometrie standardmäßig gesondert unter dem Eintrag *Geometrisches Set* (früher auch als *Geöffneter Körper* bezeichnet) abgelegt. Diese Verfahrensweise ergibt sich auch, wenn die Option *Hybridkonstruktion* deaktiviert ist. Es ist auch möglich, die Referenzgeometrie in einem *geordneten geometrischen Set* zusammenzufassen, um den Strukturbaum schlank zu halten. Das geordnete geometrische Set beachtet im Gegensatz zum geometrischen Set die Entstehungsgeschichte der Geometrie, erfordert aber einen höheren Planungsaufwand. In der Übung *Behälter* (im Kapitel 9.6) ist eine Anwendung gezeigt.

Anbindungen über Projektionselemente

Im Skizzierer stehen Funktionen zur Verfügung, mit denen assoziative Anbindungen an nicht ebene Oberflächen von Körpern ähnlich wie mit den oben aufgeführten Referenzelementen ausgeführt werden können. Die Anbindungen sind allerdings nicht so änderungsstabil!

Funktion: *3D-Elemente*   *3D-Elemente*   *3D-Silhouetten-*
                        projizieren   *schneiden*   *kanten projizieren*

Die projizierten Elemente werden im Strukturbaum unter dem Eintrag *Kanten verwenden* abgelegt. Die Funktionen wurden bereits in den Grundübungen benutzt. Bei der später folgenden Gusskonstruktion eines Lagerbockes wird eine Versteifungsrippe mit einer 3D-Projektionslinie (vergleichsweise zu einer Lösung über Referenzelemente) eingefügt.

Übung Referenzelemente; Funktionen *Punkt, Linie, Ebene*

Hinweis: *Im Fenster „Neues Teil" sollte zweckmäßig die Option Hybridkonstruktion aktiv sein, damit die Referenzelemente im Körper abgelegt werden. Ist die Option nicht aktiv, so werden die Referenzelemente in einem gesonderten Set ablegt.*

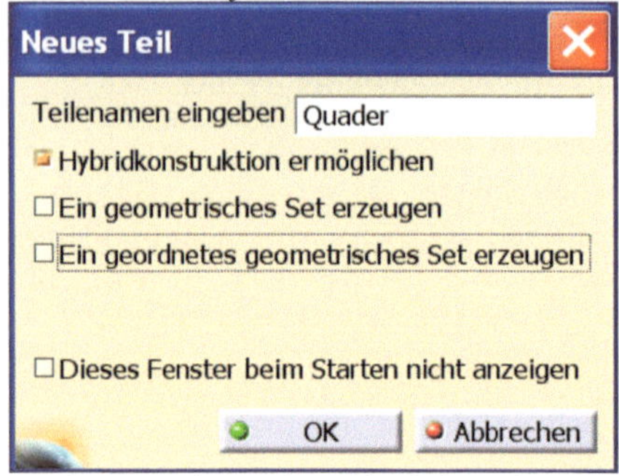

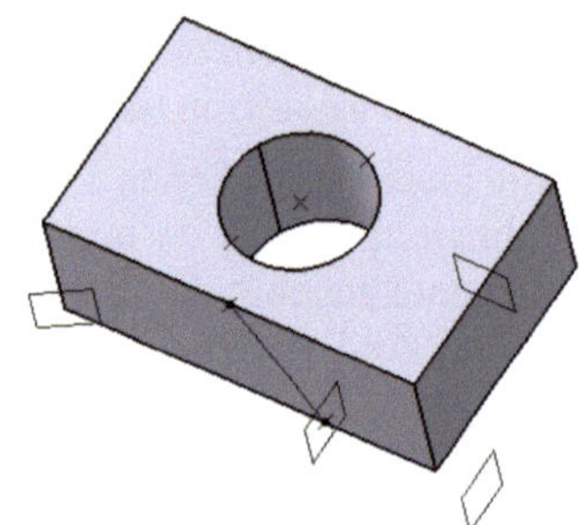
Referenzelemente an einem
Quader mit Bohrung

In der Regel werden die folgenden Modelle als Hybridkonstruktionen erzeugt! Die beiden Optionen *geometrisches Set* bleiben ausgeschaltet.

⇨ Quader (80 x 50 x 20 mm) mit einer in der Mitte liegenden Bohrung (30 mm Durchmesser) außerhalb des Koordinatenursprungs erzeugen.

⇨ Die Referenzelemente mit *Ansicht > Symbolleisten > Referenzelemente (Erweitert)* in das Funktionsmenü der Teilekonstruktion einblenden.

Punkte und Linien

⇨ Kantenmittelpunkt der oberen vorderen Kante (siehe Bild) erzeugen: *Punkt > Punkttyp: Auf Kurve > Verhältnis der Kurvenlänge Faktor: 0,5 (oder Mittelpunkt).*

⇨ Kantenpunkt der unteren vorderen Kante erzeugen: wie zuvor aber *Verhältnis der Kurvenlänge Faktor: 0,7.*

⇨ Startpunkt des oberen Kreises der Bohrung: *Punkttyp: Auf Kurve > Nächstliegendes Ende.*

⇨ Dem *Startpunkt* gegenüberliegender Punkt: *Punkttyp: Auf Kurve > Faktor: 0,5.*

⇨ Kreismittelpunkt des oberen Kreises der Bohrung: *Punkttyp: Kreis-/Kugel-/Ellipsenmittelpunkt.*

⇨ Linie zwischen den beiden erzeugten Kantenpunkten: *Linie > Linienart: Punkt – Punkt.*

Der nebenstehende Auszug aus dem Strukturbaum zeigt, dass die Referenzelemente **im Volumenkörper** in der Reihenfolge ihres Entstehens abgelegt werden.

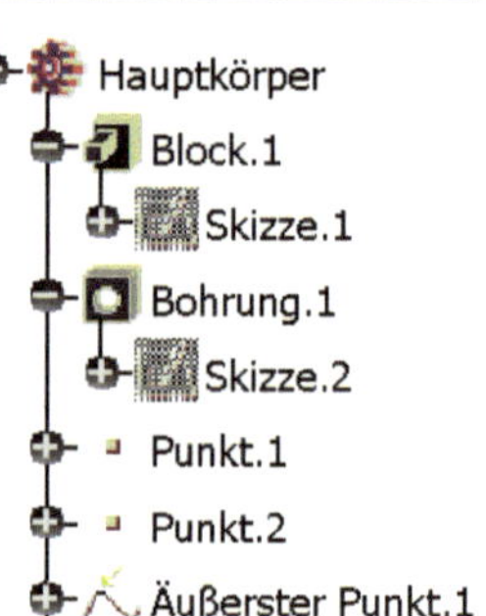

Wird dagegen im Fenster *Neues Teil* die Option *Hybridkonstruktion* ausgeschaltet oder werden ältere Modelle geladen, so werden alle Referenzelemente in einem *Geometrischem Set* (in älteren Versionen auch als *Geöffneter Körper* bezeichnet) abgelegt. Die Entstehungsgeschichte und die Zuordnung der Referenzelemente zum jeweiligen Volumenkörper gehen dabei im Strukturbaum verloren. Beispielsweise ist aus dem nebenstehenden Strukturbaum nicht ersichtlich, in welchem Block die Ebenen erzeugt wurden. Allerdings lassen sich alle Einträge im *Geometrischen Set* vorteilhaft wegklappen!

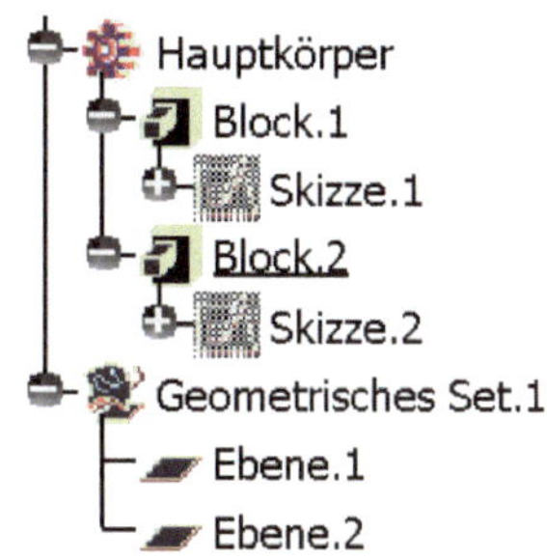

Ebenen

⇨ Ebene mittig und senkrecht zu einer Seitenkante: *Ebene > Ebenentyp: Senkrecht zu Kurve > Standard (Mitte)*.

⇨ Ebene durch einen Punkt(!) der vorderen, unteren Kante: *Ebenentyp: Senkrecht zu Kurve*.

⇨ Offset von einer Ebene: *Ebenentyp: Offset von Ebene >* als Referenz eine Seitenfläche wählen > *Abstand* : 10 mm.

⇨ Ebene durch zwei Eckpunkte und den Kreismittelpunkt: *Ebenentyp: Durch drei Punkte*. Das Ebenensymbol wird am zuerst selektiertem Punkt angezeigt

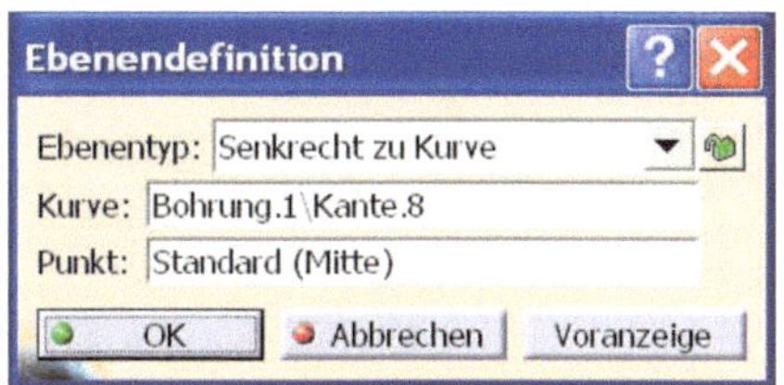

Übung Winkelelemente

Ein typisches Anwendungsbeispiel für vorteilhaftes Arbeiten mit Referenzelementen ist die assoziative Anbindung von Querschnittsprofilen an Führungskurven. Das Profil soll (an einer beliebigen Stelle) senkrecht auf der Führungskurve stehen. Die Maße sind selbst zu wählen.

⇨ Die Referenzelemente mit *Ansicht > Symbolleisten > Referenzelemente (Erweitert)* in das Funktionsmenü der Teilekonstruktion einblenden. Falls noch nicht erfolgt, das Funktionsmenü auf zwei Spalten erweitern (siehe Kap. 3.3.5).

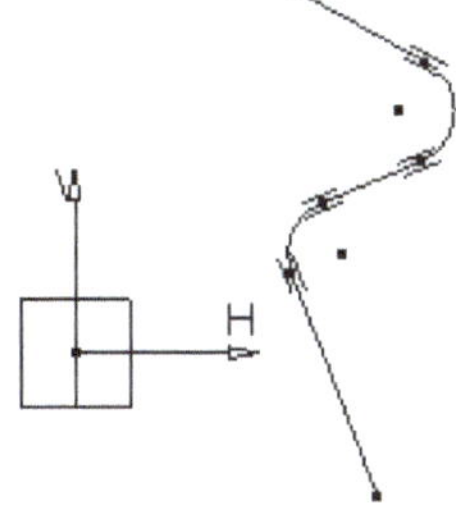

Führungskurve

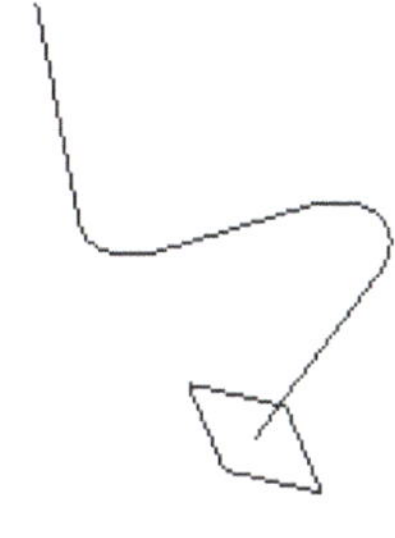

Führungskurve mit Referenzebene

Führungskurve erzeugen

⇨ Auf einer der *Hauptebenen* eine Führungskurve (zweckmäßig mit tangentialen) Übergängen skizzieren. Die Führungskurve soll die Mittellinie eines kreisförmigen Profils sein.

⇨ In die Teilekonstruktion wechseln und die Funktion *Ebene* aufrufen, *Ebenentyp: Senkrecht zu Kurve*, als Kurve die *Skizze.1* wählen und einen Endpunkt der Kurve selektieren.

Profil und Rippe erzeugen

⇨ Die entstandene *Referenzebene* selektieren, in den Skizzierer wechseln, einen Kreis zeichnen und den Mittelpunkt des Kreisprofils mit dem Kurvenendpunkt kongruent setzen. Auch andere assoziative Anbindungen (z. B. an den Profilrand) sind möglich.

⇨ Die Funktion *Rippe* aufrufen. Als Profil den Kreis und als Zentralkurve die Führungskurve wählen.

Kreisprofil auf Ebene

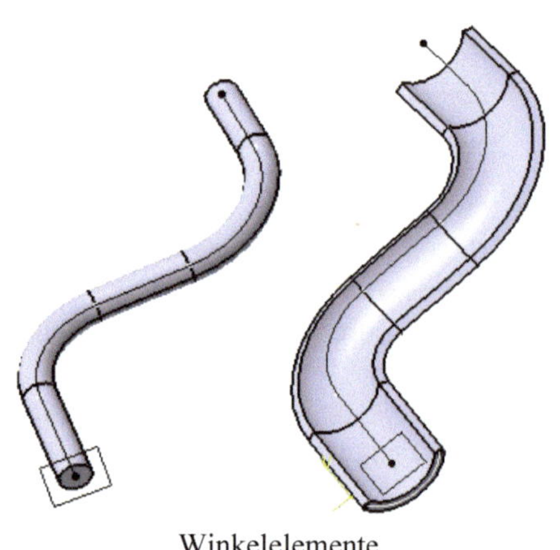

Winkelelemente

Weitere Anwendungsmöglichkeiten der Funktion *Rippe*

Ein Rohr mit ringförmigem Querschnitt wird erzeugt, wenn das Profil aus zwei (konzentrischen) Kreisen besteht.

Bei Verwendung der Option *Dickes Profil* (siehe dazu auch unter 5.5.6) lässt sich ein Rohr auch aus einem Kreis oder einer Linie erzeugen.

Wird als Profilskizze (wie im rechten Beispiel zum Erzeugen einer Rinne) eine offene Kontur verwendet, so muss die Option *Dickes Profil* aktiviert werden. Über ein Aufmaß ist in diesem Fall die Wanddicke festzulegen.

Über die Option *Neutrale Faser* kann man erreichen, dass das Profil mittig liegt.

Hinweise: *Wenn der Durchmesser des Profils zu groß oder die Krümmungsradien zu gering gewählt wurden, lässt sich das Modell in den Krümmungen nicht aufbauen.*

Eine in den Raum abgewinkelte Führungskurve wird bei der Modellierung der Schenkelfeder benutzt (siehe unter Federkonstruktionen).

Referenzgeometrie sollte stets in dem Körper abgelegt werden, für dessen Aufbau sie benötigt wird (siehe dazu auch Übung Laufrad unter Rippe erzeugen)!

Übersicht über die nachfolgend behandelten Themengebiete

Gusskonstruktionen

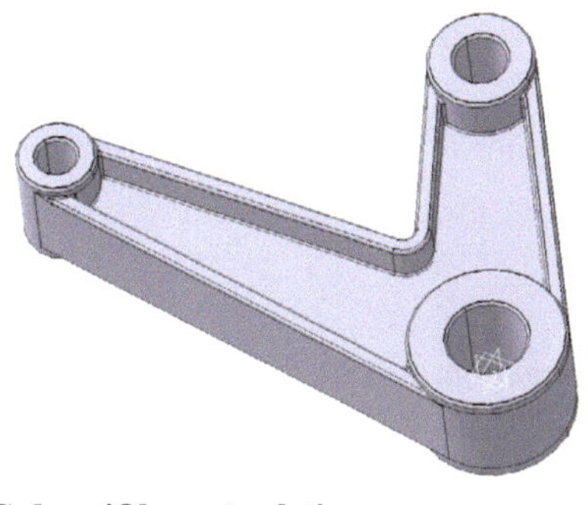

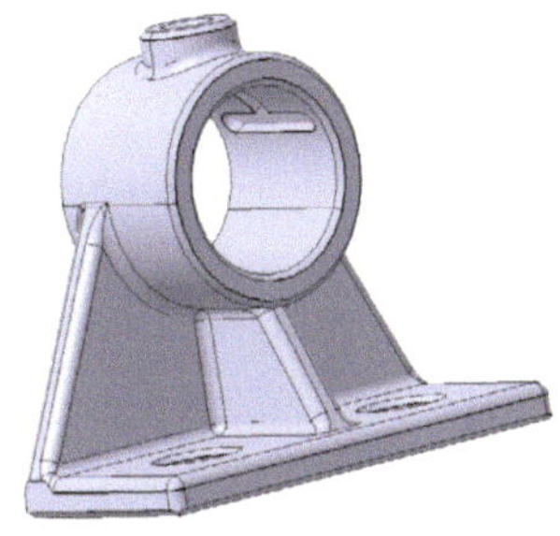

Funktionen:

Referenzelemente
  - Raumpunkte
  - Raumlinien
  - Ebenen im Raum
Versteifung
Verrundung
Fase, Aufmaß
Auszugsschräge
Wandstärke

Schweißkonstruktionen

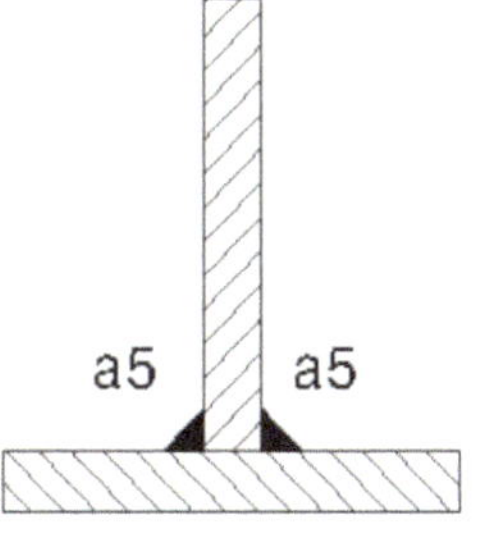

Referenzelemente
Spiegeln
Muster
Tasche
(Ring-)Nut
Rille

Schraubenfedern

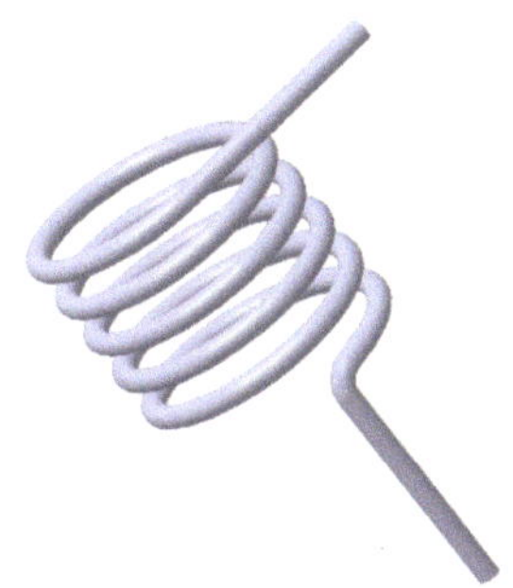

Referenzelemente
Helix
Spline
Zusammenfügen
Verbinden
Trennen
Rippe

Übergangskörper

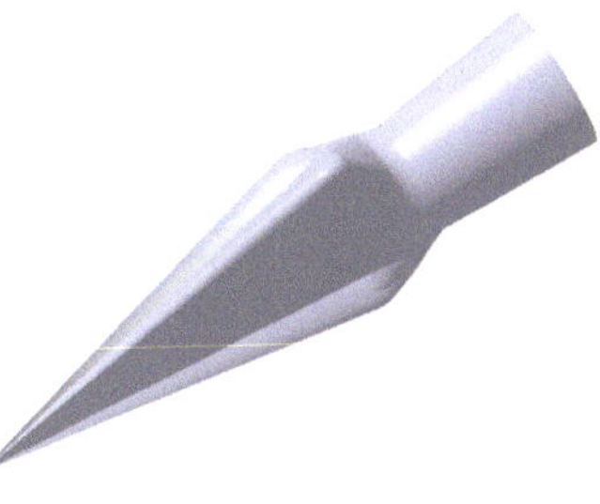

Geometrische Sets
Referenzelemente
Spline
Zusammenfügen
Ableiten
Trennen
Volumenkörper mit
Mehrfachschnitten
(Loft, Entfernter
Loft)

9.3 Gusskonstruktionen

Das Fertigungsverfahren *Gießen*

Das Fertigungsverfahren *Gießen* ermöglicht die wirtschaftliche Herstellung von kompliziert gestalteten Bauteilen.

Der Wanddickenbereich von Gussteilen reicht von 2 bis 200 mm.

Zur Masseeinsparung werden dünnwandige Querschnitte, die durch Rippen und Wölbungen die erforderliche Festigkeit und Steifigkeit erhalten, gegenüber dickwandigen Querschnitten einfacher Gestalt bevorzugt.

Die hohen Genauigkeitsanforderungen, die an die Maschinenteile gestellt werden, können allein durch Gießen nicht erreicht werden, sodass an den Rohgussstücken noch mechanische Bearbeitungen vorgenommen werden müssen.

Das Fließverhalten des flüssigen Werkstoffes erfordert die Einhaltung von gießtechnischen Regeln, von denen die wichtigsten das Einhalten einer weitgehend konstanten Wandstärke, das Verrunden der Kanten, die Entformbarkeit des Gussmodells und das Anbringen von Aufmaßen auf Bearbeitungsflächen sind.

Die Form wird beim Sandgussverfahren mit Hilfe von meistens geteilten Gussmodellen (aus Holz oder Metall) hergestellt.

Das Gussmodell muss sich entformen lassen, Hinterschneidungen sind am Gussstück deshalb zu vermeiden. In Entformungs-(Auszugs-)richtung müssen gegebenenfalls Auszugsschrägen an Flächen vorgesehen werden. Hohlräume an Gussstücken können durch Einlegen von Kernen (aus Sand oder Metall) in die Form erzielt werden.

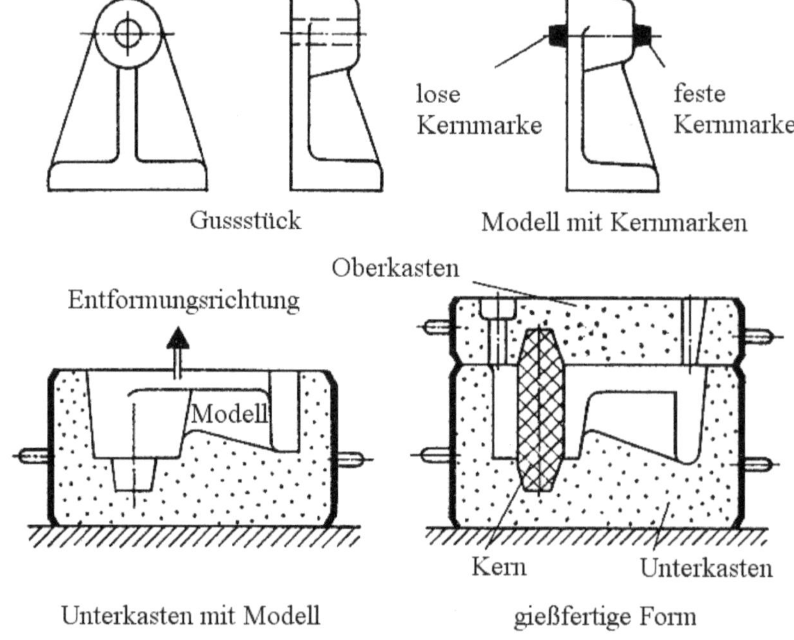

Rohgussstück, Gussmodell und Form beim Sandgussverfahren (nach Wächter)

Die Modellierung von Gussteilen mit CAD-Systemen

Die CAD-Modellierung von Gussteilen erfordert Kenntnisse des Fertigungsprozesses.

In CATIA V5 wird die Gestaltung von Gussstücken, Gussmodellen und Formen durch entsprechende Funktionen wie *Versteifung, Auszugsschräge, Verrundungen, Aufmaß* u.a. unterstützt.

Hinweis: *Das Anbringen von Referenzelementen an mit Auszugsschrägen versehenen Flächen kann zu Problemen führen.*

Arbeitsteiliger Entwicklungsprozess zwischen Maschinen- und Formenbauer

Der Maschinenbauer modelliert zunächst nach funktionellen Gesichtspunkten und unter Kenntnis der fertigungstechnischen Aspekte einen Grundkörper des Gussteiles. Der Grundkörper enthält keine Auszugsschrägen und Verrundungen und auch keine Elemente der mechanischen Feinbearbeitung wie Bohrungen und Nuten. Alle Maßangaben im Grundkörper beziehen sich auf den Endbearbeitungszustand.

Der über genaue verfahrenstechnische Kenntnisse verfügende Formenbauer erarbeitet aus dem CAD-Modell des Grundkörpers unter vollständiger Kenntnis der weiteren mechanischen Bearbeitung (z. B. aus der Fertigungszeichnung) das CAD-Gussmodell. Er berücksichtigt u.a. die Schwindung, legt die Modellteilung fest, bringt Auszugsschrägen und Verrundungen an, versieht die Bearbeitungsflächen mit einem Aufmaß und ordnet Auflageflächen für Kerne (Kernmarken) an. Außerdem wird von ihm die Form gestaltet (Anzahl der Formkästen, Lage von Einguss und Steiger, Kerne usw.).

Vom Maschinenbauer wird das CAD-Modell des Grundkörpers um die Elemente der mechanischen Feinbearbeitung erweitert. Es entsteht das CAD-Komplettmodell. Die nicht durch mechanische Bearbeitung entstandenen Kanten werden vom Maschinenbauer aus optischen Gründen (annähernd richtig) verrundet. Auszugsschrägen sollen dagegen in der Entwurfsphase am Komplettmodell nicht angebracht werden. Der Aufwand dafür ist nicht notwendig. Auszugsschrägen machen die Modelle änderungsempfindlich und stören in der Zeichnungsableitung.

Es sei festgehalten, dass die Entwicklung einer Gusskonstruktion natürlich auch durch eine Person erfolgen kann, die über die Gesamtheit der erforderlichen Kenntnisse verfügt. Ferner lässt sich der Grundkörper auch durch Löschen oder Inaktivieren der entsprechenden Modellierungsschritte aus dem Komplettmodell erzeugen.

Die Operationen der Feingestaltung lassen sich über die Funktion *Objekt in Bearbeitung definieren* auch nachträglich an die geometrisch günstigste Stelle im CAD-Modell einordnen.

Ein Hauptkörper lässt sich von einem Nebenkörper nicht subtrahieren. Soll z. B. die Form durch Abzug des Gussmodells erzeugt werden, so ist es zweckmäßig das Gussmodell sofort in einem Nebenkörper zu modellieren. Der Hauptkörper bleibt dann leer.

Vorteilhaft kann bei der Modellierung von Gussteilen auch sein, wenn die gesamte zerspanende Bearbeitung in einem Nebenkörper zusammengefasst wird. Das Komplettmodell entsteht dann durch Abzug des Nebenkörpers vom Gussmodell (siehe Seite 226).

Bei der CAD-Modellierung von Schmiede- und Kunststoffteilen gelten ähnliche Gestaltungsregeln wie für Gussteile.

Weitere spezielle (in den Übungen dieses Grundkurses nicht behandelte) Funktionen sind im Modul *Core & Cavity Design* (Formenbau) zu finden.

Übung Konstruktion eines Gusshebels

In dieser Übung soll der abgebildete Gusshebel schrittweise erstellt werden. Drei gleich breite Naben sollen
durch ein symmetrisches Doppel-T-Profil verbunden
werden. Der Gusshebel wird von der Teilungsebene des
Gussmodells (hier die Mittelebene) aus entwickelt. Zunächst wird als Grundkörper nur der halbe Körper erzeugt. Der Gesamtkörper entsteht bei einem symmetrischen Teil durch Spiegeln um die Mittelebene.

Auszugsschrägen werden am CAD-Modell in der Entwurfsphase nicht angebracht. Das Teil soll so beschaffen sein, dass sich nachfolgende Werte in sinnvollen
Grenzen ändern lassen.

Variable Maße: Alle Nabendurchmesser,
beide Achsabstände, Öffnungswinkel,
Materialdicken.

Fertiger Gusshebel

Ziele der Übung

Systematischen, objektbezogenen Teileaufbau üben.
Die Symmetrie beim Skizzieren und bei der Körpererstellung nutzen. Grenzen für Maßänderungen an Modellen erkennen.

Hinweis: *Skizze bewusst neben dem Koordinatenursprung anlegen!*

⇨ Das neue Unterverzeichnis *Gusskonstruktionen* anlegen.

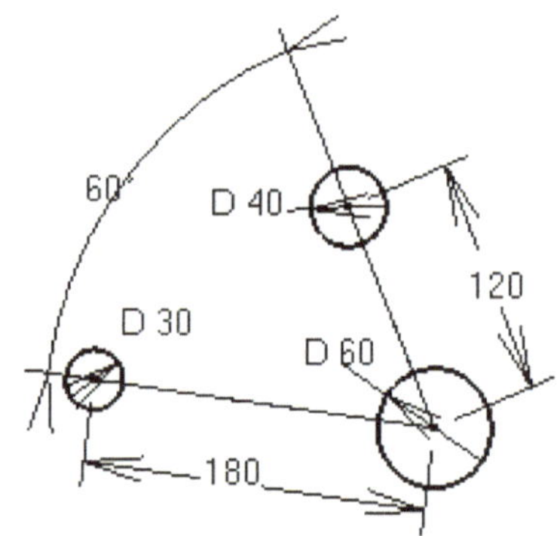

Gusshebel, Grundskizze

Grundskizze wie abgebildet erstellen

⇨ Einen Block um 20 mm ausdehnen.
⇨ Eine neue Skizze auf der gleichen Skizzierebene
   (Mittelebene des Hebels) aufsetzen. Darin die Au-
   ßenkontur des Verbindungsprofils erstellen und mit
   geometrischen Bedingungen an die Naben anbinden.
⇨ Einen Block um 16 mm ausdehnen.

Hinweise: *Mit der Funktion Mehrfachblock* kann
*man bei Bedarf auch drei unterschiedliche Nabenaus-
dehnungen erzeugen.*

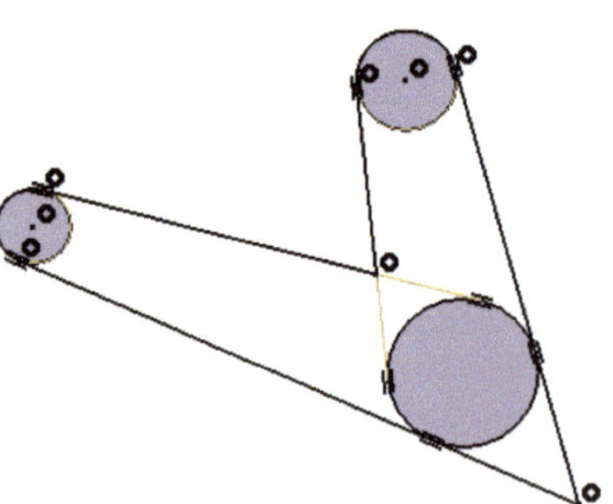

Außenkontur des Verbindungsprofils

*Um die Körperkanten des Modells deutlich zu erkennen, ist es zweckmäßig, im Dauermenü un-
ter Darstellungsmodus die schattierte Darstellung mit Kanten einzustellen.*

*Alle ausschließlich durch mechanische Bearbeitung entstehenden Bohrungen, die Fasen und
die Verrundungen werden erst später eingefügt.*

Gespiegelt wird der Körper in der Regel ganz zuletzt!

Testen verschiedener Ausgangsformen

Die Änderung des Öffnungswinkels sollte nur in kleinen Schrittweiten erfolgen. Eine Änderung von 270° auf zum Beispiel 60° kann zu Geometrieproblemen führen!

Hinweis: *Im Fehlerfall mit der Funktion Widerrufen die Aktion sofort rückgängig machen. Auf keinen Fall versuchen, die (fehlerhafte) Skizze zu bearbeiten!*

⇨ Achsabstände um je 30 mm vergrößern.
⇨ Testen verschiedener Öffnungswinkel-Varianten: 45°, 90°, 180° und 270°.
⇨ Anschließend wieder die alten Werte einstellen.

Taschen erzeugen

Zur Einsparung von Material wird **nacheinander** auf jedem Hebelarm eine Tasche angebracht (zwei separate Taschen sind änderungsstabiler). Bei einem Öffnungswinkel ab ca. 120° entstehen zwei getrennte Taschen.

⇨ Eine neue Skizze auf der Mittelebene aufsetzen und die Kontur der halben Tasche erstellen. Eine Symmetrielinie als Konstruktionshilfslinie erzeugen. Die Materialstärke für den Profilflansch betrage nach Abzug der Tasche 6 mm. Die Skizze spiegeln. Dadurch wird ein zweiter Maßeintrag für die Flanschdicke eingespart.

Hinweise: *Endpunkte der Symmetrielinie der Tasche und den Kreis selektieren und mit geometrischen Bedingungen konzentrisch setzen.*

Für die Erstellung einer parallelen Linie ist die Funktion Offset ▼ *vorgesehen. Die Linienendpunkte durch Kongruentsetzen mit den Kreisbögen an die Kreise anschließen.*

⇨ Die Skizzen als Tasche nacheinander ausdehnen, sodass der halbe Profilsteg die Materialdicke von 3 mm aufweist. Die *Erste Begrenzung* objektorientiert bis zur Fläche, die *Zweite Begrenzung* als Maß festlegen.

Hinweis: *Beim Ausdehnen von Skizzen zum Block oder zur Tasche auf den angezeigten roten Richtungspfeil für jede angegebene Begrenzung achten. Diesen gegebenenfalls umkehren!*

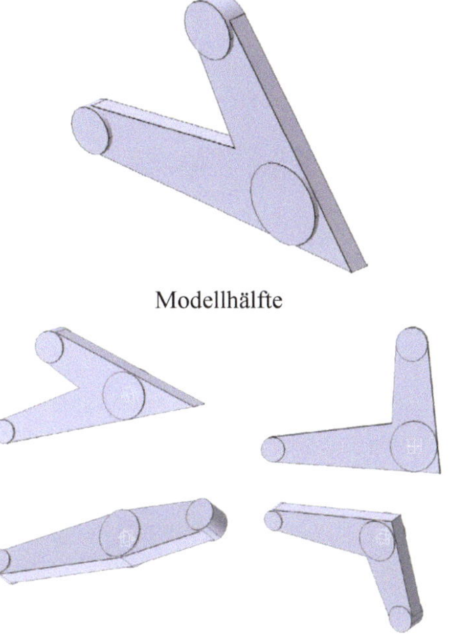
Modellhälfte

Verschiedene Varianten

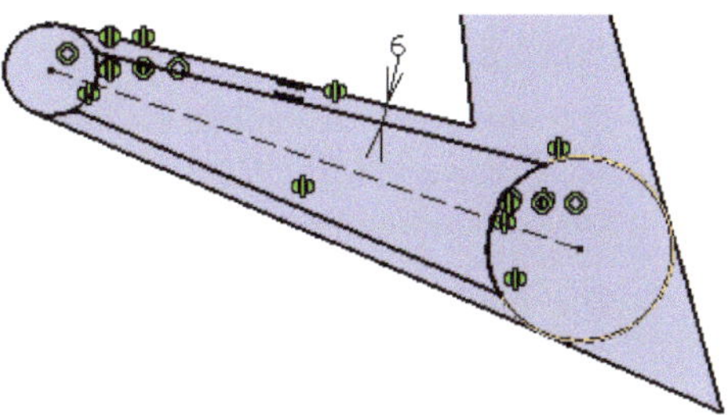
Außenkontur einer Tasche

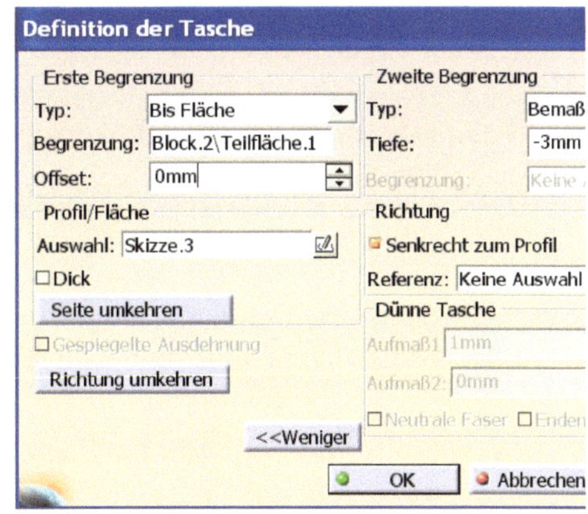

⇨ Modell unter dem Namen
  Gusshebel_Ausgangsform speichern.
⇨ Testen verschiedener Öffnungswinkel-Varianten:
  45°, 90°, 180° und 270°.

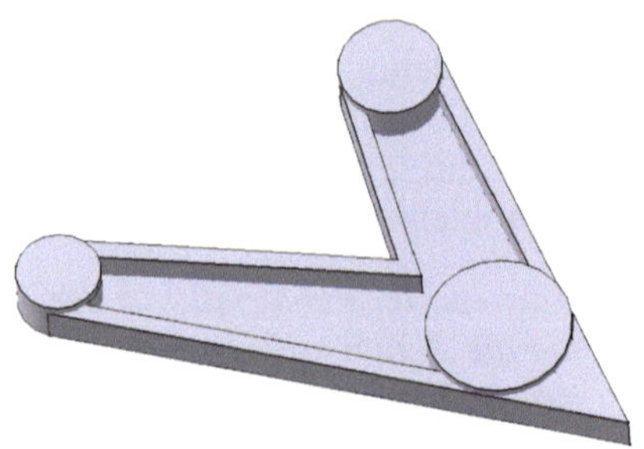
Gusshebel mit beiden Taschen

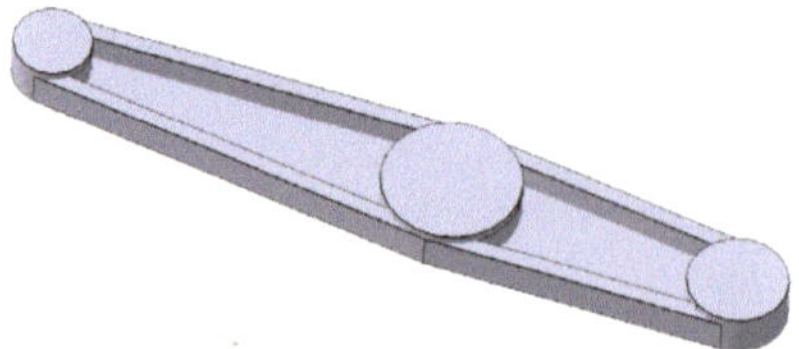
Öffnungswinkel 180°

⇨ Anschließend wieder den alten Wert von 60° einstellen.

Hinweiswiederholung: *Die Änderung des Öffnungs-
winkels sollte nur in kleinen Schrittweiten erfolgen.
Eine Änderung von 270° auf zum Beispiel 60° kann zu
Geometrieprobleme führen!*

*Im Fehlerfall mit der Funktion Widerrufen die Aktion
sofort rückgängig machen. Auf keinen Fall versuchen,
die (fehlerhafte) Skizze zu bearbeiten!*

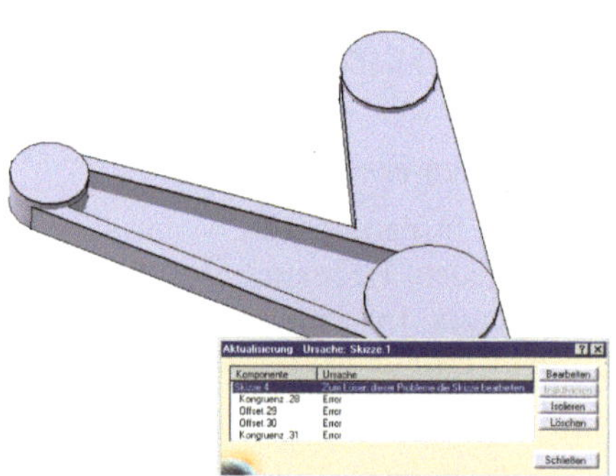
Fehler bei zu großer Schrittweite

Erstellen der Grundform

⇨ Die äußere Winkelspitze ist dem Nabendurchmesser anzupassen. Ihr Rundungsradius entspricht der
  Größe des Nabenradius (30 mm).

⇨ Die beiden Abrundungen des Profilflansches im
  inneren Winkel erhalten unterschiedliche Radien,
  um die Materialstärke konstant zu halten. Der in-
  nenliegende Radius betrage 10 mm. Daraus ergibt
  sich der außenliegende Radius mit 10 mm abzüg-
  lich der Wandstärke.
⇨ Modell speichern unter *Gusshebel_Grundform*.

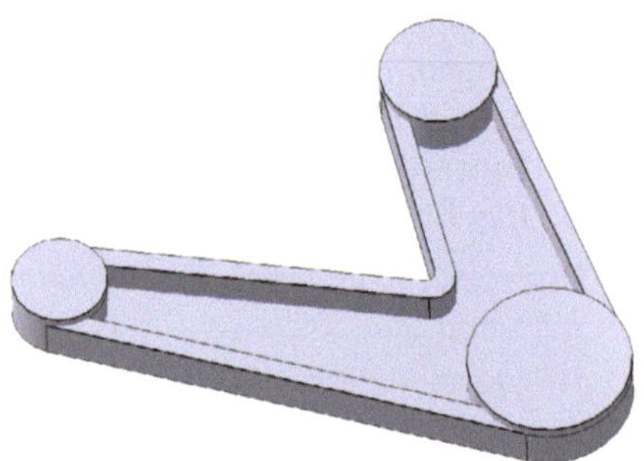
Gusshebel Grundform

Testen verschiedener Grundformen

Hinweis: *Die Varianten sollen nicht abgespeichert
werden. Auf keinen Fall die Grundform überschrei-
ben!*

⇨ Die beiden Achsabstände um je 30 mm erhöhen.
⇨ Die Nabendurchmesser um je 10 mm vergrößern.

Hinweis: *Der äußere Winkelradius müsste wieder an
den neuen Nabendurchmesser angepasst werden
(nicht ausführen).*

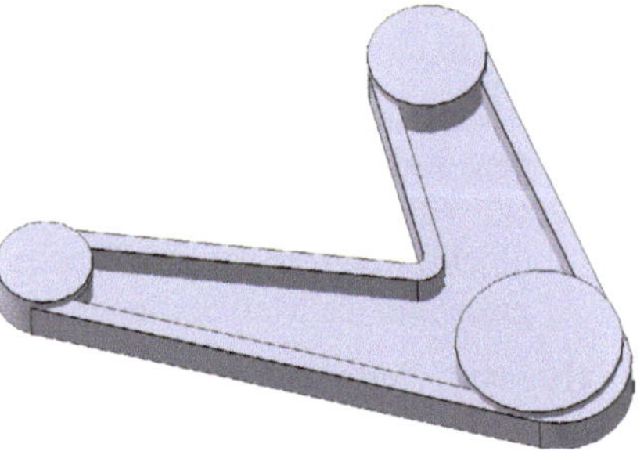
Gusshebel Variante 1, unkorrigiert

⇨ Materialdicke des Profils auf 8 mm vergrößern.
⇨ Winkel auf 90°, 135°, und 180° ändern.

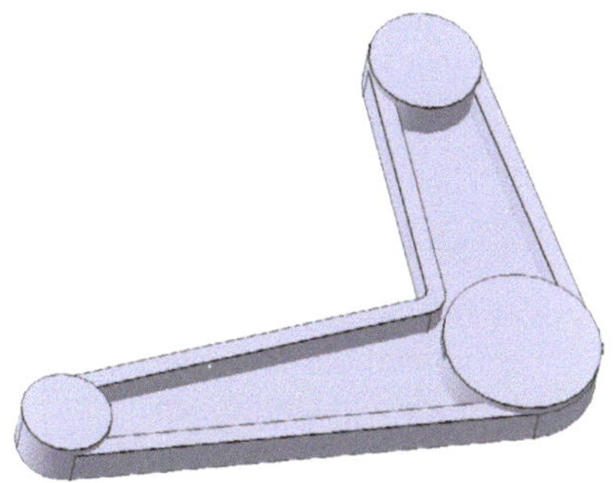

Hinweise: *Einige Verrundungen kann CATIA nicht mehr erstellen z. B. das Eindringen des Winkelradius in die Nabe oder den Wechsel einer Verrundung von konkav in konvex. Diese sind dann im Strukturbaum über das Kontextmenü auf inaktiv zu schalten. Dadurch bleiben die Verrundungen im Modell enthalten und können bei anderen Varianten wieder aktiviert werden.*

Gusshebel Variante 2, korrigiert, 90°

Grundsätzlich lassen sich komplizierte Abhängigkeiten (wie der Objektbezug für den äußeren Winkelradius an die Nabe) besser über Formeln programmieren, sodass bei Änderungen keine Modellfehler entstehen. Die Arbeit mit dem Formeleditor ist in Kapitel 5.8 beschrieben.

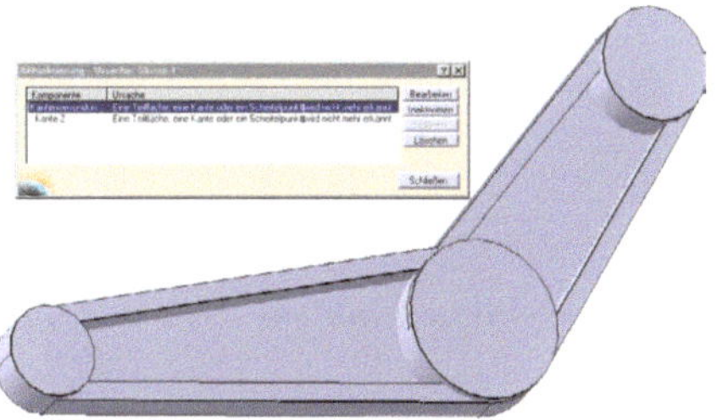

Gusshebel Variante 3, fehlerhaft, 135°

Feingestaltung

Im vorliegenden Modellierungszustand ist der Gusshebel bei weitem noch nicht gießtechnisch durchgebildet! Die Feingestaltung von gegossenen, gespritzten und geschmiedeten Bauteilen kann sehr anspruchsvoll sein. In der Praxis sind genaue verfahrenstechnische Kenntnisse erforderlich. Das Anbringen von Aufmaßen, Auszugsschrägen und Verrundungen kann schnell zu Konflikten bei der Modellierung führen. Deshalb ist zu entscheiden, wie weit die Modellierung zu führen ist und wann die Hilfe des Formenbauers erforderlich wird.

⇨ Die Grundform laden. Alle Bohrungen mit dem halben Nabenaußendurchmesser erstellen

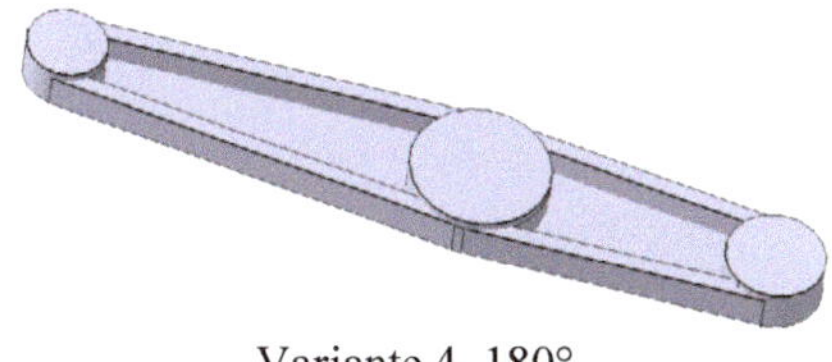

Variante 4, 180°

Abrundungen und Fasen einfügen

Mit den Funktionen *Kantenverrundung* und *Fase* können Körperkanten bearbeitet werden. Mit Hilfe der Strg-Taste können mehrere Kanten selektiert und gleichzeitig verrundet oder angefast werden. Dafür erfolgt dann nur ein Eintrag im Strukturbaum.

An Stelle der Kanten können beim Verrunden und Fasen auch Flächen selektiert werden. Allerdings ist dies nicht in allen Fällen möglich. Außerdem spielt die Reihenfolge der Selektion eine große Rolle (ggf. Selektionsreihenfolge ändern).

Hinweis: *Weitere Informationen zu Verrundungsfunktionen sind auf den Seiten 224 und 225 zu finden.*

⇨ Alle durch mechanische Bearbeitung entstehenden Kanten mit 1x45° fasen.

⇨ Alle Gussradien mit 1 mm verrunden.

⇨ Den (halben) Hebel mit der Funktion

Spiegeln um die körpereigene Mittelebene spiegeln. Als Verbindungsprofil entsteht jetzt das Doppel-T-Profil.

⇨ Stegdicke nachmessen.
(Stegdicke = Flanschdicke = 6 mm).

⇨ Den fertigen Gusshebel unter
Gusshebel_komplett abspeichern.

Gusshebel gerundet, gefast, gespiegelt

Variantenbildung des fertigen Gusshebels (nicht speichern)

⇨ Beide Achsabstände um je 30 mm erhöhen. Nabendurchmesser um je 10 mm vergrößern.

⇨ Materialdicke des Profils auf 8 mm vergrößern. Winkel auf 90°, 135°, und 180° ändern.

Hinweis: *Durch die angebrachten Fasen und Verrundungen ergeben sich neue Konflikte bei einzelnen Varianten. Daher sind diese Operationen (Fase, Verrundungen, ...) stets zuletzt am Modell anzubringen. Die Variantenbildung erfolgt vorteilhafter aus der änderungsstabilen Grundform.*

Wandstärkenanalyse

⇨ Die (durch mechanische Bearbeitung erzeugten) Bohrungen inaktivieren. Mit der Funktion

on *Analyse der Wandstärke* die Wandstärken des Gusshebels untersuchen. Im erscheinenden Fenster unter *Eingaben > Auswahl: Hauptkörper > Methode: Kugel > Genauigkeit > Toleranz: 0,2mm* unter *Optionen > Anzeige der Stärke > Während der Verarbeitung* und *> Diskret* jeweils aktiv *> Grafiken > Transparenz* und *Keine scharfe Kante* jeweils inaktiv, unter *Farben > Anzahl: 10* einstellen und *> Ausführen* selektieren.

Wandstärkenanalyse des Gusshebels

Im Modell werden die Wanddicken jetzt farbig dargestellt. Durch Bewegen des Cursors über das Modell werden einzelne Wanddicken angezeigt. Eine Masseanhäufung (blau eingefärbt) liegt im Bereich der großen Nabe vor, die durch Einlegen eines Kernes beim Gießen vermieden werden kann. Zusätzlich lassen sich noch Volumenschnitte erzeugen.

Zusammenfassung

Durch objektorientiertes Gestalten entstehen Modelle, die sich in sinnvollen Grenzen leicht ändern lassen. Je weiter der Gestaltungsprozess fortgeschritten ist, umso anfälliger wird aber das Modell gegenüber Änderungen. Bei symmetrischen Körpern kann durch das Spiegeln von Skizzen und Körpern Modellierungsaufwand eingespart werden.

Eine leistungsfähige Funktion zur Anzeige der Wandstärke ermöglicht eine genauere Analyse von Gussteilen.

Übung Konstruktion eines Lagerbockes

In dieser Übung soll ein Lagerbock (aus didaktischen Gründen vereinfacht ohne Lagerschale) konstruiert werden. Aus Stabilitätsgründen wird eine Versteifungsrippe hinzugefügt.

Die Lagerbohrung soll beim Gießen durch einen Kern erzeugt werden, ist also im Rohteil bereits (mit etwas geringerem Durchmesser) enthalten.

Zur Schmierung sollen Schmiernuten angebracht werden. Die Schmierstoffzuführung erfolgt durch einen Schraubdom.

Ziel

Objektorientiertes, assoziatives Konstruieren mit Referenzelementen üben.

Hinweise: *Skizze bewusst neben dem Koordinatenursprung anlegen.*

Für die Anbauelemente (Versteifungsrippe, Dom, Schmiernuten) sollen Referenzelemente verwendet werden, die mit dem Grundkörper assoziativ verbunden werden. Damit führt jede sinnvolle Maßänderung zur automatischen Anpassung des Lagerbocks.

Am CAD-Modell werden zunächst keine Auszugsschrägen angebracht.

Als Grundlage für die Konstruktion dient die folgende Zeichnung.

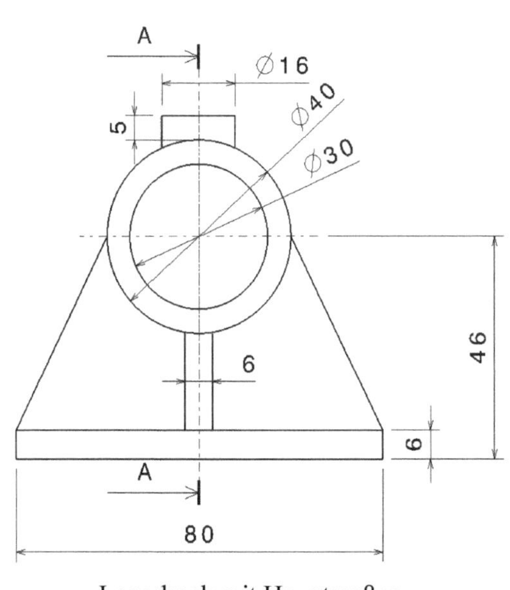

Lagerbock mit Hauptmaßen

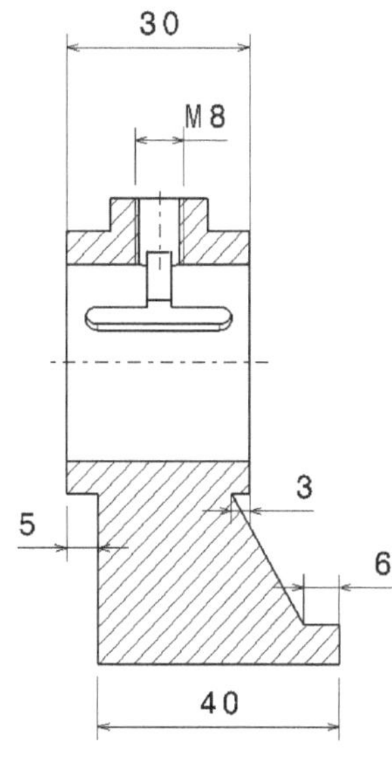

Schnitt A-A

Für das Vorgehen beim Modellieren werden folgende Schritte vorgeschlagen:

Erstellen der Ausgangsform

⇨ Die Grundplatte mit den Maßen 40 x 80 x 6 mm erstellen.

⇨ Auf einer der langen Seitenflächen die Skizze für die Trapezplatte aufsetzen. Die obere kurze Trapezseite hat die Länge des Durchmessers der Nabe (40mm). Die Skizze durch geometrische Bedingungen an die Grundplatte symmetrisch anbinden. Ausdehnung um die Materialdicke von 6 mm.

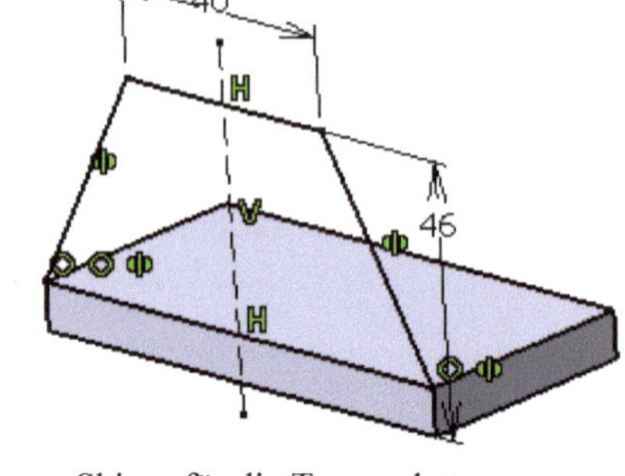

Skizze für die Trapezplatte

⇨ Auf der Rückseite der Trapezplatte die Skizze für die Nabe aufsetzen und durch geometrische Bedingungen an die Trapezplatte anbinden. Einen Block in beide Richtungen (5 mm, 25 mm) ausdehnen.

⇨ Eine Bohrung (Ø30 mm) konzentrisch zum Außendurchmesser anbringen.

⇨ Den Grundkörper unter dem Namen *Lagerbock_Ausgangsform* im Verzeichnis *Gusskonstruktionen* abspeichern.

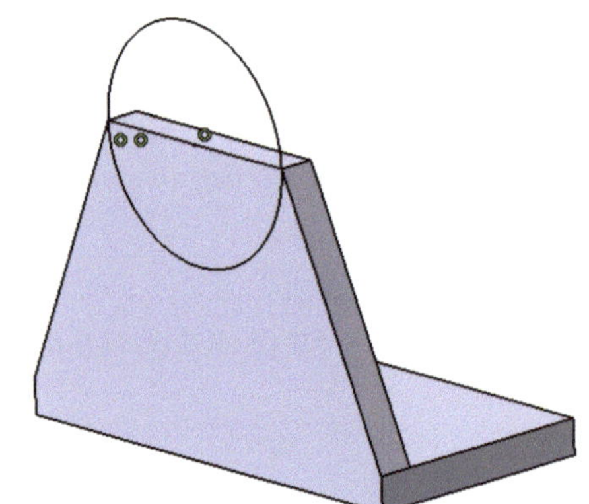

Skizze für die Nabe

Testen der Ausgangsform

Durch Maßänderungen ist der Objektbezug der Teilkörper (Blöcke) zu überprüfen. Eventuell auftretende Fehler durch Setzen geometrischer Bedingungen beseitigen.

⇨ Ändern folgender Maße:
   - Grundplatte auf 60 x120 x 8 mm ändern
   - Lage des Nabenmittelpunktes von der Grundfläche aus gemessen auf 66 mm ändern
   - Naben- und Bohrungsdurchmesser um je 12 mm vergrößern.

⇨ Die Änderungen nicht speichern!

⇨ Die Ausgangsform wieder laden.

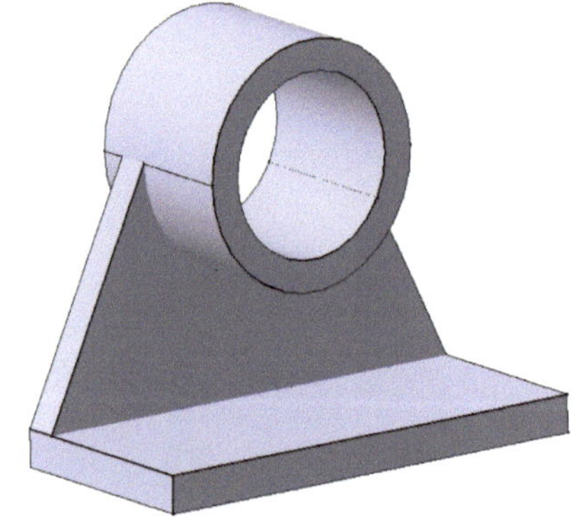

Lagerbock, Ausgangsform

Referenzelemente definieren

Für die Konstruktion der Rippe wird eine Hilfsebene als Referenzelement benötigt. Dazu die Symbolleiste ergänzen (falls noch nicht erfolgt).

⇨ Mit *Ansicht > Symbolleisten > Referenzelemente (Erweitert)* das Funktionsmenü ergänzen.

⇨ Mit der Funktion *Ebene* das Dialogfenster Ebenendefinition öffnen.
Ebenentyp: *Senkrecht zu Kurve*
Punkt: *Standard (Mitte)*.
Als Kurve eine Seitenkante der Grundplatte wählen (siehe Bild).

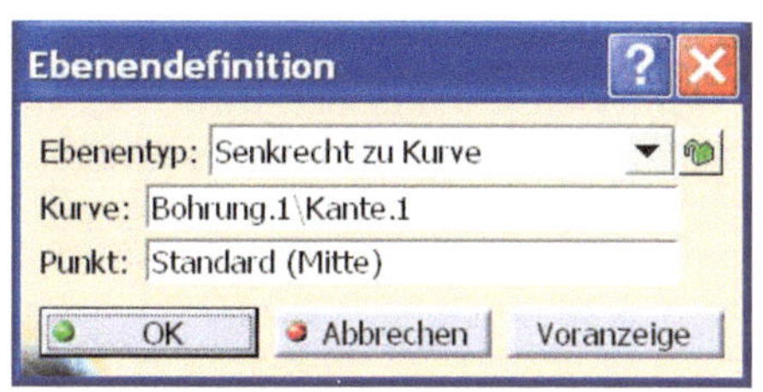

Versteifungsrippe über 3D-Projektionslinien einsetzen (instabile Lösung)

⇨ Eine *Skizze* auf der Hilfsebene aufsetzen.

⇨ Mit der Funktion *Teil durch Skizzierer-Ebene schneiden* (im Dauermenü) zweckmäßig einen Schnitt durch die Hilfsebene legen.

⇨ Basis für die Versteifung ist nur eine Linie! Die Linienendpunkte sind mit geometrischen Bedingungen und Maßen an den Grundkörper anzubinden. Die Anbindung an die Nabe kann über zwei projizierte 3D-Linien des Außendurchmessers der Nabe (in Hilfsgeometrie umwandeln!) und eine an die gelben Projektionspunkte gebundene Hilfslinie erfolgen (siehe Bild).

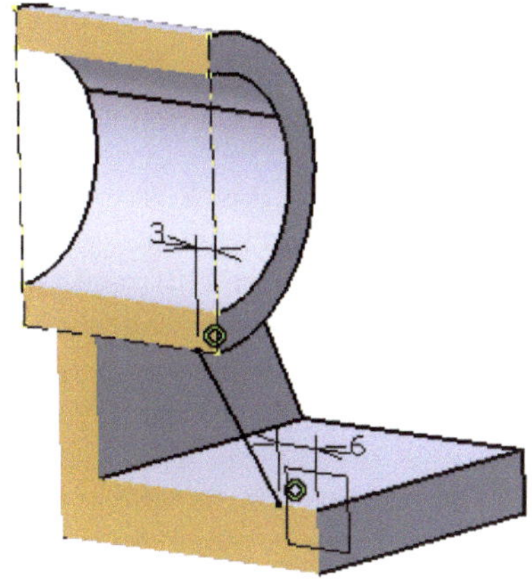

Skizze der Versteifung

⇨ Über die Funktion *Versteifung* (liegt

unter der Funktion ▼) die Rippe 6 mm dick ausführen.

Testen der geometrischen Stabilität

⇨ Ändern der Lage der Bohrung (Höhe vom Fuß aus) nacheinander auf 50 mm und auf 100 mm. Die erste Änderung ist problemlos, die zweite Änderung eventuell fehlerhaft, da die Anbindung an den Kreisbogen nicht eindeutig ist (Anbindung oben oder unten am Kreisbogen).

⇨ Da oftmals mit Projektionslinien keine genügende geometrische Stabilität erreicht wird, die Änderungen **nicht speichern!**

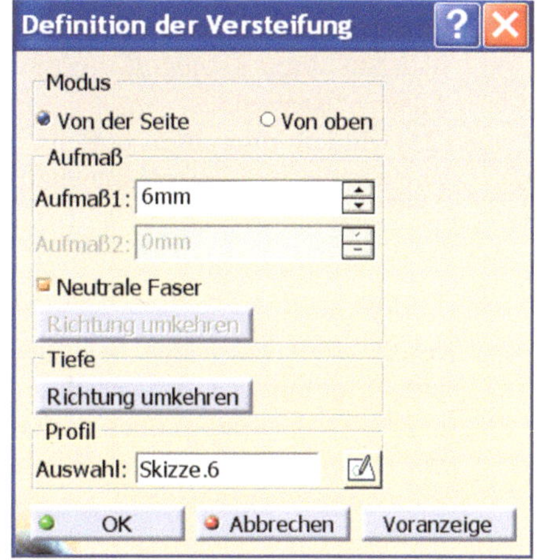

Versteifungsrippe über Raumpunkte und Raumlinie einsetzen (stabile Lösung)

Die Konstruktion der Rippe wird jetzt über Raumpunkte geometrisch mit dem Grundkörper gekoppelt.

⇨ Laden der Ausgangsform.

⇨ Mit der Funktion 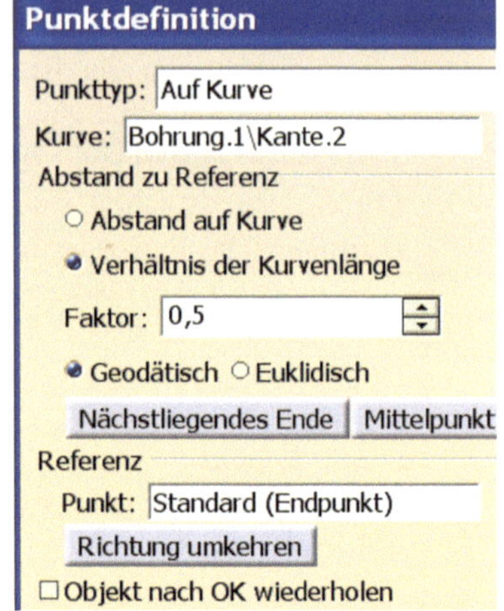 *Ebene* das Dialogfenster Ebenendefinition öffnen.
  Ebenentyp: *Senkrecht zu Kurve*
  Punkt: *Standard (Mitte).*

⇨ Als Kurve eine Seitenkante (siehe Bild rechts unten) wählen.

⇨ Einen Hilfspunkt als Mittelpunkt der Kante, die für die Hilfsebene benutzt wurde, erzeugen.

⇨ Einen weiteren Hilfspunkt auf den Außendurchmesser der Nabe (vorne) projizieren (*Punkttyp: Auf Kurve*). Als *Referenz* ist der vorher erzeugte Hilfspunkt zu wählen.

⇨ Einen weiteren Hilfspunkt auf den Durchmesser der Nabe (hinten) projizieren.

⇨ Eine **Raumlinie** zwischen den beiden zuletzt erzeugten Hilfspunkten ziehen.

⇨ Eine Skizze auf der zuvor erzeugten Hilfsebene aufsetzen. Als Basis für die Versteifung ist nur eine Linie zu erstellen. Die Linienendpunkte mit geometrischen Bedingungen und Maßen an die Grundplatte und an die Raumlinie und den Raumpunkt anbinden (siehe Bild).

⇨ Mit der Funktion *Versteifung* (liegt unter der Funktion) die Rippe 6 mm dick ausführen (*Aufmaß1:* 6 mm, Option *Neutrale Faser* aktivieren).

⇨ Das Modell unter dem Namen *Lagerbock_Grundform* speichern.

Testen der geometrischen Stabilität

⇨ Ändern der Lage der Bohrung auf 100 mm. Die Änderung ist problemlos, die Anbindung ist geometrisch stabil (unten am Kreisbogen).

⇨ Die Blockausdehnung der Nabe von 25 mm auf 70 mm ändern. Das Modell ist gegenüber Änderungen stabil.

⇨ Die Änderungen widerrufen.

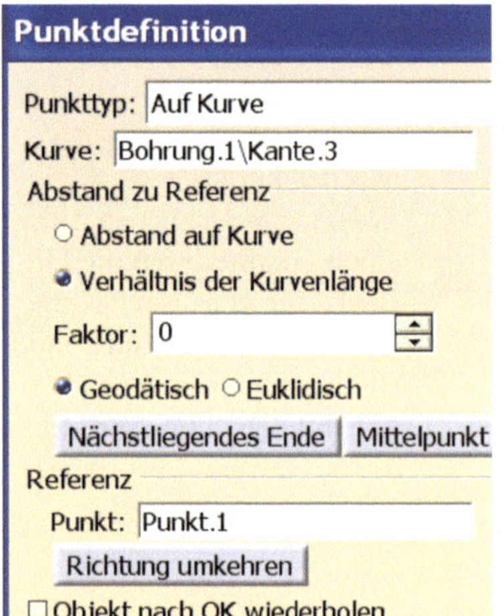

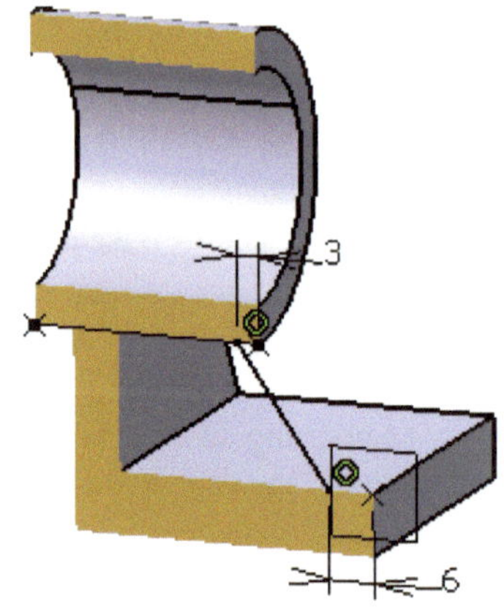

Skizze der Versteifung mit Anbindung über Raumpunkte und eine Raumlinie

Dom anbringen

Zur Schmierstoffzuführung für das Lager wird im oberen Bereich der Nabe ein Dom mit einer Gewindebohrung vorgesehen.

Dazu ist eine Hilfsebene notwendig, die nur über einen weiteren Hilfspunkt erstellt werden kann (siehe Bild rechts unten).

(Die Funktion „Ebene Tangential zur Fläche und parallel zu einer Referenzebene" fehlt noch).

⇨ Einen Hilfspunkt auf den oberen Scheitelpunkt des Zylinders projizieren (Punktdefinition wie in der nebenstehenden Abbildung). Als Kurve die Kante des äußeren Zylinders der Nabe im Modell selektieren (hier *Versteifung.1\Kante.5*) Als Referenzpunkt den definierten Punkt auf der Mitte der Kante der Grundplatte (*Punkt.1*) wählen und unter *Faktor:* 0,5 eintippen..

⇨ Tangential zur Fläche des Zylindermantels eine Hilfsebene durch diesen Punkt legen.

⇨ Auf der Hilfsebene die Skizze für den Dom aufbauen und den Kreis (Durchmesser 16 mm) mittig durch Objektbezug anbinden.

⇨ Den Block über die Tangentialebene ausdehnen.
Erste Begrenzung: äußere Zylinderfläche,
Zweite Begrenzung: Bemaßung 5 mm.

⇨ Änderungsstabiler ist eine Bemaßung von 5 mm nach außen und von z. B. 2 mm (das Maß ist vom Durchmesser abhängig) zum Bohrungsmittelpunkt hin.

⇨ Den Lagerbock unter dem Namen *Lagerbock_Grundform* (über)speichern. Die Grundform ist jetzt vollständig und darf nicht mehr durch einen weiteren Bearbeitungszustand überschrieben werden. Die Grundform bildet die Grundlage für die Gussmodellerstellung!

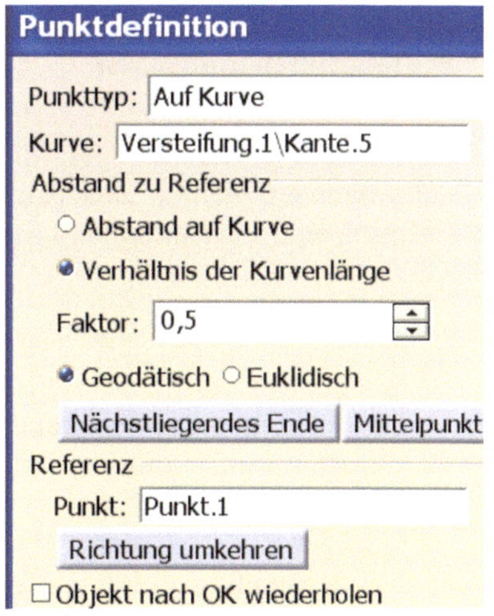

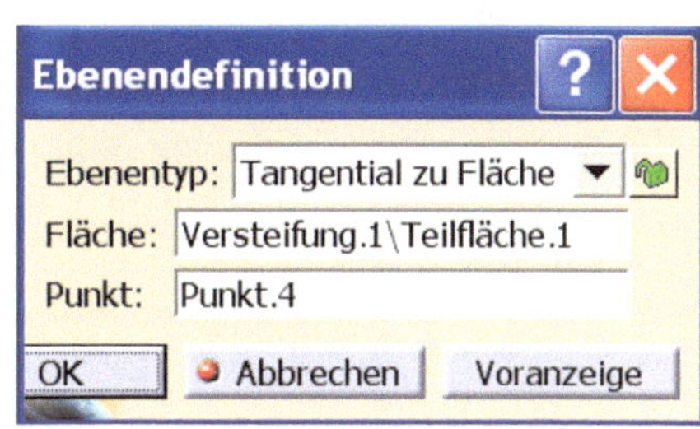

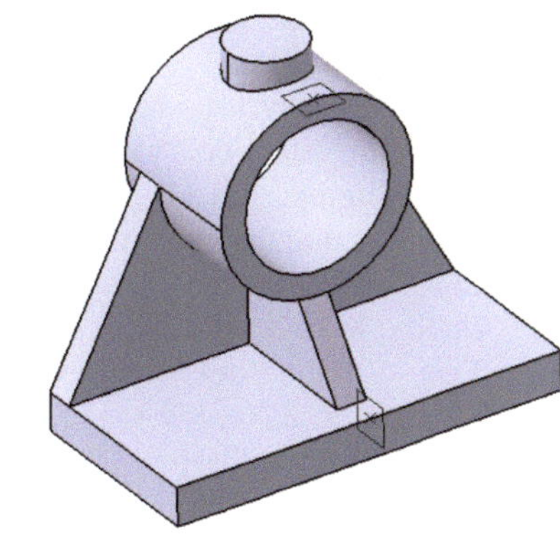
Lagerbock mit Dom und Referenzelementen

Hinweise: *Das Ausnutzen der Symmetrie des Lagerbockes hätte beim Aufbau des CAD-Modells als halber Lagerbock bisher keine Vorteile gebracht, sondern die Gestaltung eher gedanklich erschwert. Bei der folgenden Feingestaltung von Elementen der mechanischen Bearbeitung (Schmiertaschen und Fußbohrungen) kann das jeweils zweite Element durch Spiegeln erzeugt werden. Das Spiegeln der Verrundungen und Fasen kann dagegen für dieses Beispiel nicht empfohlen werden.*

Komplettierung:
Schmiernuten anbringen

An der Innenseite der Lagerbohrung sind zwei Schmiertaschen zu erzeugen, die durch einen Kanal verbunden werden. Der Kanal erhält über eine Bohrung eine Verbindung mit dem Dom.

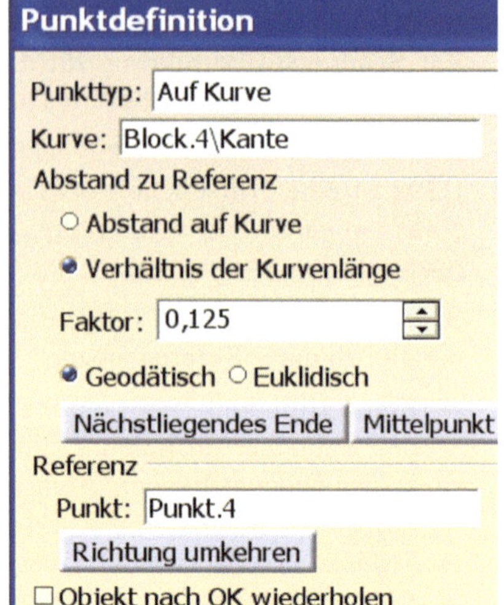

⇨ Einen Raumpunkt auf dem Bohrungskreis im Winkel von 45° zum Scheitelpunkt erzeugen. Da im Dialogfenster kein Winkel definiert werden kann, müssen die 45° in einen Verhältnisfaktor (0,125) umgerechnet und eingegeben werden (360°=1,0). Als Referenzpunkt den zuletzt erzeugten Scheitelpunkt (*Punkt.4*) selektieren.

⇨ Eine Ebene tangential zum Bohrungsmantel auf den neuen Raumpunkt erzeugen.

⇨ Auf dieser Ebene die Skizze der Schmiertasche (Langloch) aufbauen und durch Abstandsmaße an die Kanten der Ränder anbinden (siehe Bild).
Breite = 4 mm, Randabstand 3 mm. Dazu vorteilhaft die Funktion *Teil durch die Skizzier-Ebene schneiden* benutzen.

⇨ Die Skizze als Tasche ausdehnen.
Erste Begrenzung: Innenfläche (Bohrung),
Zweite Begrenzung: Maß 2 mm (Nuttiefe).

⇨ Änderungsstabiler ist eine maßliche Ausdehnung um z. B. 4 mm anstelle der Außdehnung bis zur Innenfläche der Bohrung.

⇨ Die zweite Tasche mit der Funktion *Spiegeln* um die Mittelebene (Hilfsebene) erzeugen.

⇨ Den Lagerbock unter dem Namen *Lagerbock_Komplett* speichern.

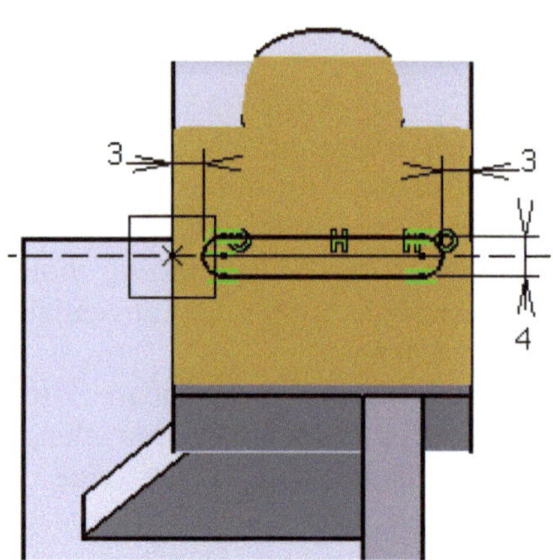

Skizze der Schmiernut

⇨ Über die Funktion *Drahtmodell* in der Funktionsgruppe *Anzeigemodus* im Dauermenü lässt sich die Drahtgeometrie darstellen.

Hinweis: *Die Referenzelemente sind Bestandteil der Drahtgeometrie des Lagerbockes.*

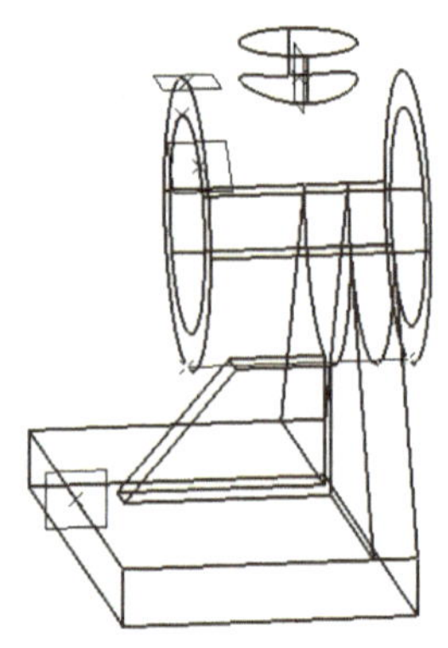

Lagerbock, Drahtgeometrie

Schmierkanal anbringen

⇨ Einen Hilfspunkt als Kreismittelpunkt in der oberen Fläche des Domes erzeugen.

⇨ Eine Hilfsebene, die senkrecht zur Bohrungsachse der Nabe liegt, durch den Hilfspunkt legen (*Parallel durch Punkt*).

⇨ Auf der Hilfsebene die Skizze des Schmierkanals anlegen. Die Geometrie ausschließlich mit geometrischen Bedingungen an die Schmiernuten anbinden.

⇨ Die Skizze als Tasche gespiegelt um 2 mm ausdehnen.

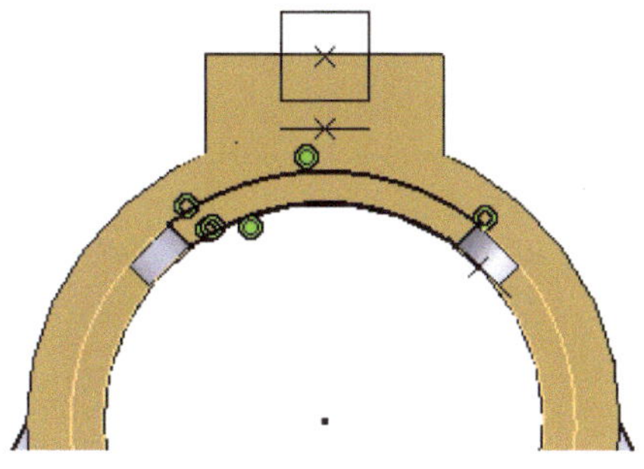

Skizze des Schmierkanals

Bohrungen anbringen

Bohrung im Dom

⇨ Eine Gewindebohrung M8 zentrisch durch den Dom anbringen.

Bohrung im Fuß

⇨ Zwei Durchgangsbohrungen Ø13 mm im Fuß anbringen. Die Bohrungen sind durch geometrische Bedingungen in die Mitte der beiden Teilflächen zu legen.

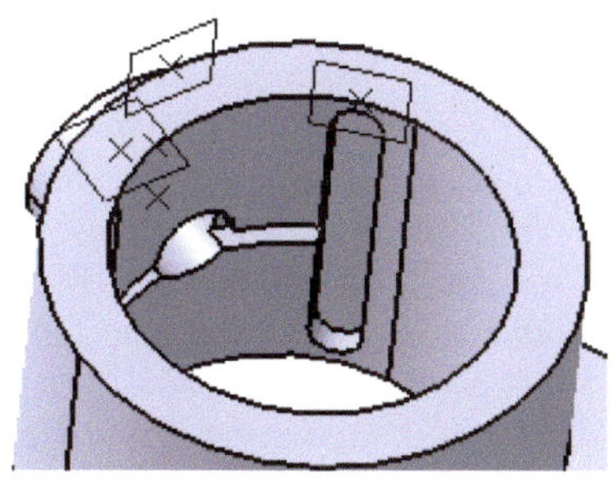

Schmierkanal

Teil speichern

⇨ Den Lagerbock erneut unter *Lagerbock_Komplett* speichern.

Testen des Lagerbocks

⇨ Durch Maßänderungen ist der Objektbezug zu überprüfen. Ändern folgender Maße:
   - Grundplatte auf 60 x 120 x 8 mm ändern
   - Lage der Bohrung auf 66 mm ändern
   - Naben- und Bohrungsdurchmesser um je 12 mm vergrößern
   - Ausdehnung der Nabe von 25 auf 70 mm ändern.

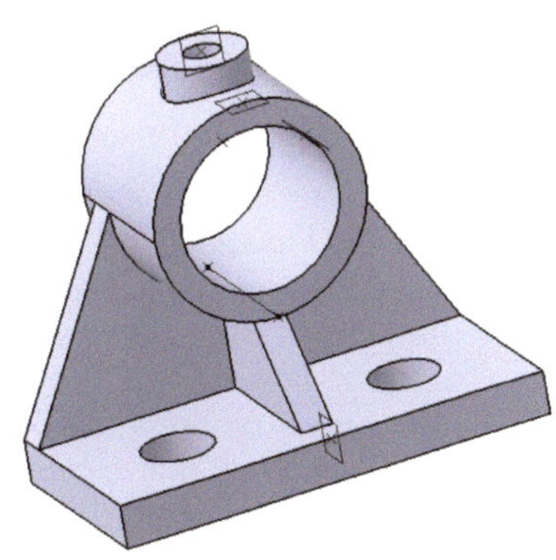

Lagerbock mit Bohrungen

Die Form des Lagerbockes lässt sich in sinnvollen Grenzen ändern, sodass sich aus ihr mit wenigen Maßänderungen verschiedene Formen des Lagerbockes entwickeln lassen.

Die Änderungen nicht speichern!

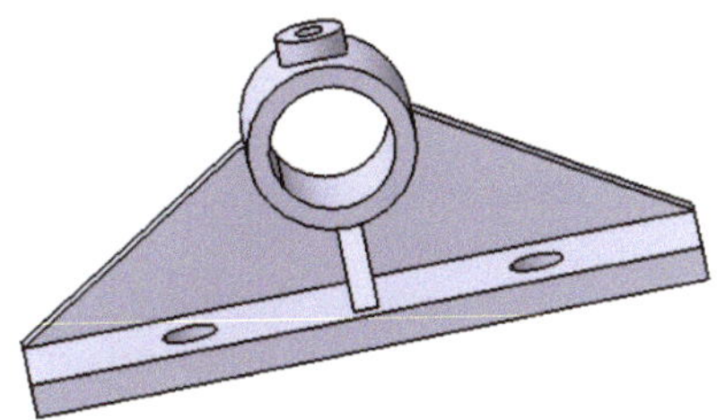

Lagerbock, Variante 1

Abrundungen und Fasen einfügen
⇨ Die Komplettform wieder laden.
⇨ Nicht bearbeitete Kanten mit 2 mm verrunden. Alle Kanten der Bearbeitungsflächen (Zylinderränder und die Grundfläche) 1x45° anfasen. Die Anbindung der Versteifung an die Nabe führt zu einem Konflikt zwischen Fase und Verrundung (normales Problem im Konstruktionsalltag).
⇨ Konflikt durch andere Anbindung beseitigen (zum Beispiel den Abstand der Versteifung vom Nabenrand um 3 mm erhöhen).
⇨ Den Lagerbock unter *Lagerbock_Komplett* speichern.

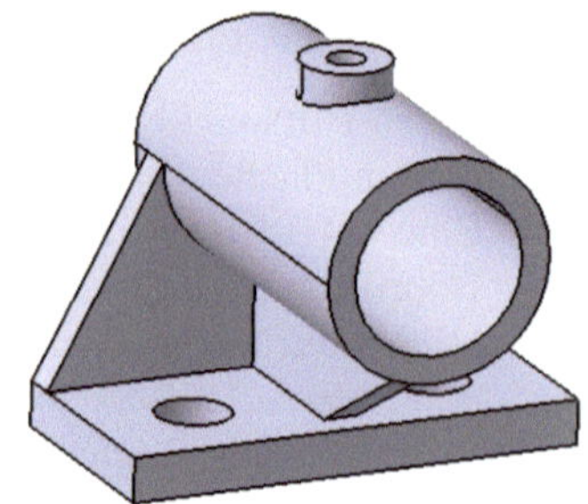

Lagerbock, Variante2

Testen des kompletten Lagerbocks
Hinweise: *Nach der Feingestaltung führen Maßänderungen sehr häufig zu Geometriefehlern an den feingestalteten Elementen. Deshalb müssen die unterschiedlichen Gestaltungsformen oft aus der Grundform entwickelt werden. Erst danach erfolgt eine Feingestaltung. In vielen Fällen hilft auch, die feingestalteten Elemente über das Kontextmenü zu inaktivieren und nach Durchführung der Änderung wieder zu aktivieren.*
Änderungsstabilität durch Ändern von Maßen überprüfen:
⇨ - Grundplatte auf 120 x 60 x 8
　 - Lage der Bohrung auf 66 mm
　 - Nabe- und Bohrungsdurchmesser je 12 mm größer
　 - Ausdehnung der Nabe von 25 auf 70 mm.

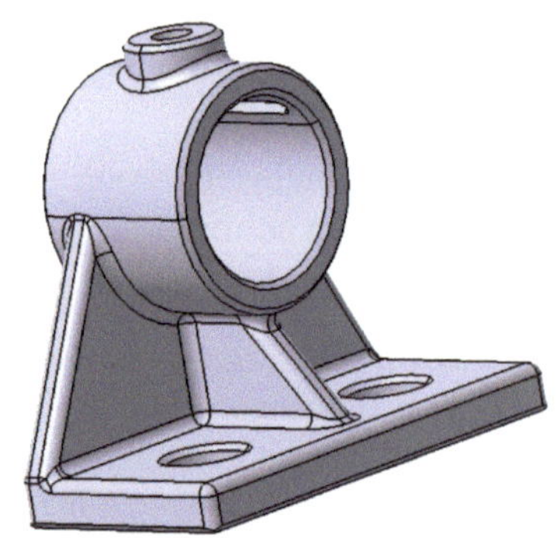

Lagerbock komplett

Die Änderungen nicht speichern!

Wanddickenanalyse

⇨ Mit der Funktion *Analyse der Wandstärke* die Wandstärken des fertigen Lagerbocks untersuchen. Im Fenster unter *Eingaben > Auswahl: Hauptkörper > Methode: Kugel > Toleranz: 0,2mm* unter *Optionen > Anzeige der Stärke > Diskret* (aktiv) *> Grafiken > Keine scharfe Kante* (aktiv), unter *Farben > Anzahl: 10 > Ausführen* einstellen. Im Modell werden die Wanddicken jetzt farbig dargestellt. Beim Bewegen des Cursors über das Modell werden einzelne Wanddicken angezeigt.
⇨ Die Datei *Lagerbock_Grundform* mit den gleichen Einstellungen auf Einhaltung einer annähernd konstanten Wandstärke bzw. auf Masseanhäufungen untersuchen. Die Analyse zeigt eine annähernd gleichmäßige Wandstärke. Eine leichte Masseanhäufung liegt im Dombereich vor. Es ist allerdings für die Bewertung der Analyse zu beachten, dass die Grundform noch keine Bearbeitungszugaben und Auszugsschrägen aufweist!

Wanddickenanalyse des bearbeiteten Lagerbocks mit angezeigter geringer Wanddicke im Schmiernut-Bereich

Übung Funktion *Auszugschräge*

Auszugsschrägen ermöglichen das Erzeugen geneigter Flächen und finden Verwendung im Bereich der Gussgestaltung. Sie ermöglichen ein problemloses Entformen der Modelle. In der Regel werden die Auszugschrägen durch den Formenbauer am Gussmodell angebracht.

Die folgende Übung dient lediglich der Erläuterung der Funktion an einem einfachen Beispiel. Für ein durch Gießen herzustellendes quaderförmiges Teil soll eine Metallform entwickelt werden. Auf das Verrunden der Kanten soll zunächst verzichtet werden.

⇨ Einen Würfel mit der Kantenlänge 100 mm erstellen.

⇨ Mit der Funktion *Schalenelement* eine Schale gemäß Abbildung mit der Wandstärke (innen) 10 mm erstellen.

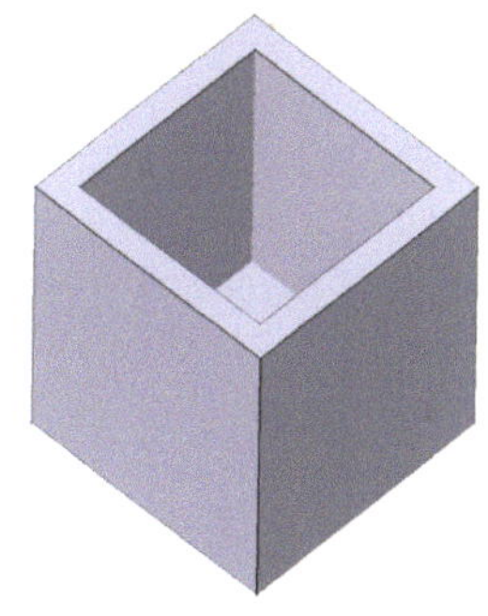

Schale

⇨ Mit der Funktion *Winkel der Auszugsschräge* eine konstante Formschräge außen von 5 Grad erstellen.
Teilfläche(n) der Auszugsschräge: 4 Außenflächen selektieren.
Neutrales Element: Äußere Deckfläche.
Der rote Richtungspfeil muss in die Auszugsrichtung zeigen.

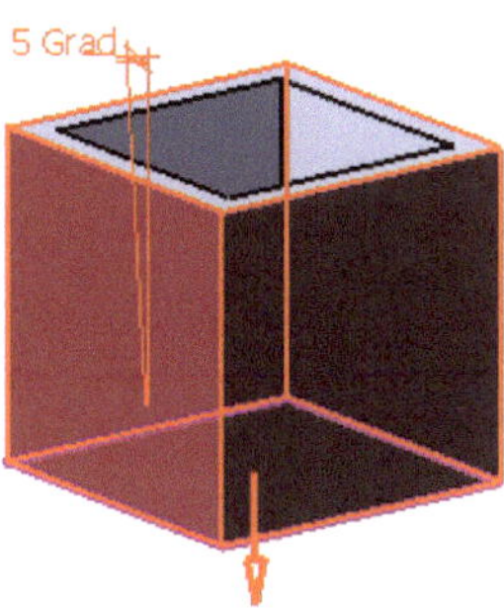

Auszugsrichtung

Schnittdarstellung mit Auszugsschrägen

⇨ Erstellen der Formschräge innen von -5 Grad.
Teilfläche(n) der Auszugsschräge: 4 Innenflächen selektieren.
Neutrales Element: Innere Deckelfläche.

Wird im Definitionsfenster der Auszugsschräge die Schaltfläche *Auswahl nach neutraler Teilfläche* selektiert, so werden selbständig alle an das neutrale Element angrenzenden Flächen mit einer Auszugsschräge versehen. Die Selektion der Teilflächen kann entfallen. Diese Erstellungsvariante sollte bevorzugt werden. Die Funktionsgruppe *Auszugsschräge* enthält weitere

Unterfunktionen (*Auszugsschräge mit variablem Winkel* und *Reflexionslinie der Auszugs-schräge*) und eine Reihe von Optionen (z. B. zur Definition von Trennelementen), die hier nicht erläutert werden können.

Nutzen von Multifunktionen

Diese Funktionen koppeln Auszugsschrägen und Verrundungen.

⇨ Mit den Funktionen  *Verrundeter Block mit Auszugsschräge* und *Verrundete Tasche mit Auszugs-schräge* die gleiche Form verrundet erzeugen.

Übung Funktionen *Aufmaß* und *Auszugschräge* am Lagerbock

Es soll ein in der Mittelebene geteiltes Gussmodell eines Lagerbocks hergestellt werden. Dazu wird die bereits er-zeugte Grundform des CAD-Modells benutzt. Zur Erstel-lung des Gussmodells müssen die Funktionen *Aufmaß* und *Auszugschräge* verwendet werden.

Mit der Funktion *Aufmaß* kann einzelnen Flächen oder dem ganzen Körper ein Aufmaß zugeordnet werden. Dies ist erforderlich, wenn man eine Fläche mit einer Be-arbeitungszugabe für die spanende Bearbeitung versehen will oder wenn man bei der Erstellung von Gussmodellen das Schwindungsmaß berücksichtigen möchte. In dieser Übung soll die Schwindung vernachlässigt werden.

⇨ Den Lagerbock_*Grundform* aus dem Verzeichnis *Gusskonstruktionen* laden.

Lagerbock_Grundform mit Skizze für den Kern

Aufmaße auf alle zu bearbeitenden Flächen anbringen

⇨ Mit der Funktion *Aufmaß* das Dialogfenster *Definition des Aufmaßes* öffnen.
⇨ Mit einem Aufmaß (3 mm) zu versehende Teilflächen:
  - Grundfläche
  - Innenbohrung
  - Seitliche Stirnflächen der Nabe
  - Deckfläche des Schraubdomes.

Gussmodell für den Unterkasten erzeugen

Da die Lagerbohrung (mit um das doppelte Aufmaß ver-ringertem Durchmesser) beim Gießen bereits erzeugt werden soll , müssen am Gussmodell Kernmarken zur Auflage des Kerns vorgesehen werden.

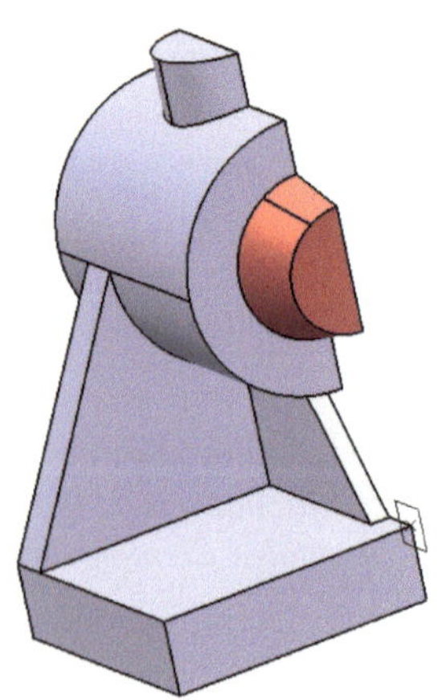

Modell mit Kernmarken

⇨ Die Mittelebene des Modells als Skizzierebene wählen, durch diese schneiden und die Skizze des Kerns aufbauen (z. B. wie links abgebildet).

⇨ Mit der Funktion  *Trennen* den Lagerbock halbieren.

Auszugschrägen anbringen

⇨ Mit der Funktion *Auszugschräge* die Formschrägen erzeugen (Winkel 2°). Alle Flächen, die sich im Formsand befinden, müssen entformbar sein. Die neutrale Fläche ist die Teilungsebene des Gussmodells.

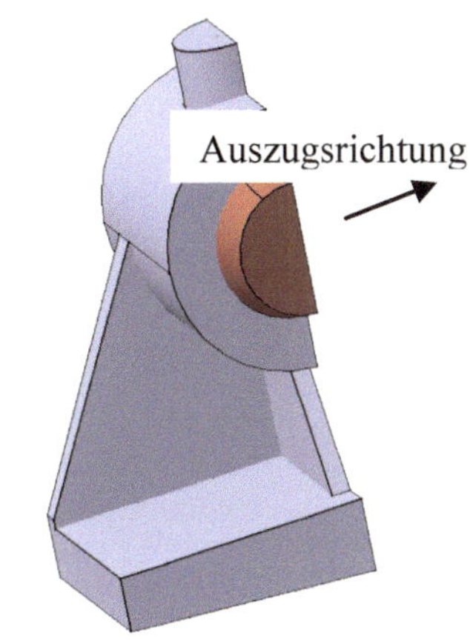

Gussmodell mit Auszugsschrägen

Hinweise: *Im Bereich der Fußbohrungen sind nach dem Gießen die Flächen geneigt. Deshalb sind für die obere Fläche noch so genannte Gussaugen vorzusehen. Nach dem Abfräsen der Gussaugen und der Grundfläche des Lagerbockes ergeben sich die für eine Schraubenverbindung notwendigen planparallelen Flächen. Die Gestaltung der Gussaugen hängt aber von der Lage der Teilungsebene des Gussmodells ab. . Alternativ können angesenkte Bohrungen mit einem Fräser eingebracht werden Die Problematik soll hier nur angedeutet, aber bei der Modellierung nicht weiter verfolgt werden.*

Verrundungen anbringen

⇨ Mit der Funktion *Verrundung* alle Abrundungen mit einem Radius von 1 mm anbringen.

Ergebnis

Das Gussmodell ist jetzt entformbar gestaltet. Zum Erzeugen der Lagerbohrung durch Gießen lässt sich in die Form ein Kern einlegen, der auf dem Abdruck der Kernmarken aufliegt.

Modellierungsreihenfolge

Beim Erstellen von CAD-Gussmodellen aus dem Grundmodell ist folgende Reihenfolge einzuhalten:

- Erzeugen von Aufmaßen
- Anbringen der Auszugsschrägen
- Anbringen der Verrundungen.

Mit Aufmaßen und Auszugsschrägen versehene Flächen, deren Kanten verrundet wurden, bilden bei geometrischen Veränderungen des Lagerbockes ein Konfliktpotential. Bei den noch starken Änderungen ausgesetzten Konstruktionsentwürfen sollten deshalb zunächst keine Auszugsschrägen und Kantenverrundungen erzeugt werden.

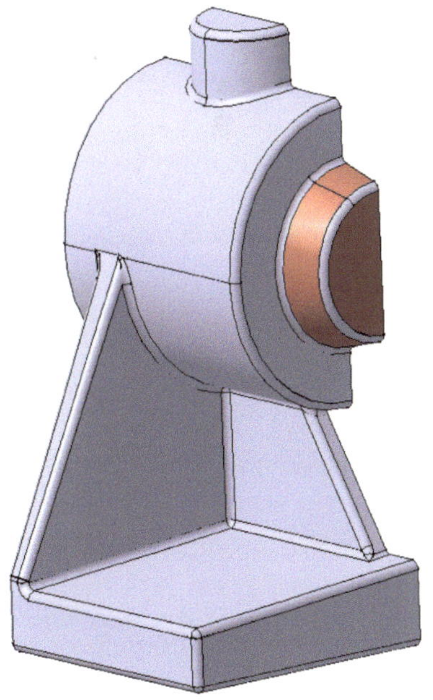

Gussmodell mit Aufmaßen, Auszugsschrägen und verrundeten Kanten

Weitere Funktionen zum Erzeugen von Verrundungen und Auszugsschrägen

Schon als jeweilige Einzelaufgabe sind das Verrunden von Kanten und Ecken sowie das Erzeugen von Auszugsschrägen nicht immer einfach. Bei der Kombination beider Aufgaben wachsen die Schwierigkeiten insbesondere hinsichtlich der Stabilität der Modelle gegenüber Änderungen von Geometrie an den Grundkörpern.

Die große Anzahl der in der Teilekonstruktion implementierten Funktionen für Auszugsschrägen und Verrundungen zeigt das Bemühen des Entwicklers, dem Anwender die Aufgaben zu erleichtern.

Hinweis: *Für den Maschinenbauer ist es oft nicht erforderlich, alle diese Operationen an seinen Modellen vorzunehmen. Hier ist das Zusammenwirken mit dem Formenbauer notwendig.*

Überblick über weitere Funktionen

Bei den Funktionen, zu denen keine Beispiele angegeben sind, kann der interessierte Anwender sich die Beispiele zum Experimentieren selbst ausdenken ☺ .

Funktionsgruppe *Auf Skizzen basierende Komponenten* mit den kombinierten Funktionen:

 *Verrundeter Block mit Auszugsschräge*    *Verrundete Tasche mit Auszugsschräge*

Eine Anwendung für beide Funktionen ist in der Übung *Funktion Auszugsschräge* enthalten.

Funktionsgruppe *Aufbereitungskomponenten* mit den Verrundungsfunktionen

 *Verrundung mit variablem Radius*    *Verrundung zwischen zwei Teilflächen*

 *Abstandsverrundung*    *Verrundung aus drei Tangenten*

und den Funktionen für Auszugsschrägen:

 *Reflexionslinie der Auszugsschräge*    *Auszugsschräge mit variablem Winkel*

Die Funktionsgruppe *Erweiterte Aufbereitungskomponenten* enthält vier Funktionen:

 *Erweiterte Auszugsschräge*   Diese Funktion erweitert die Grundfunktion um Trennelemente u. a.

Bei den drei folgenden komplexen Funktionen auf der nächsten Seite wird in einem Fenster anschaulich ☺ Hilfestellung für die jeweilige Anwendung gegeben. Die beiden Funktionen *Auszugsschräge an beiden Seiten* (im Beispiel ein um die xy-Ebene gespiegelter Zylinder) und *Automatische Auszugsschräge* führen nur bei einfachen Geometrien zum Erfolg. Die Funktion *Automatische Verrundung* ist dagegen sehr leistungsfähig.

Auszugs-schräge an beiden Seiten

Mit dieser Funktion lassen sich Auszugsschrägen an einem Modell in zwei entgegen gesetzten Richtungen anbringen. Die Teilung geht von einem definierten Trennelement aus.

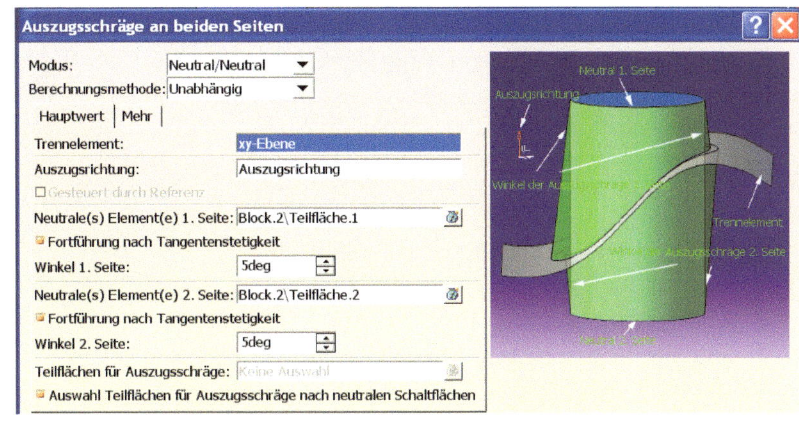

Automatische Auszugsschräge

Nur geometrisch einfache Körper können bearbeitet werden. Die Erzeugung von Auszugsschrägen für die Grundform des Lagerbockes gelingt mit der Funktion nicht ☹ .

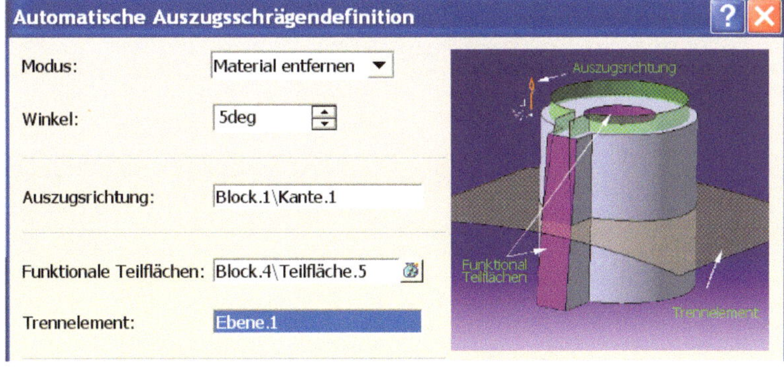

Automatische Verrundung

Die Verrundung der Grundform des Lagerbockes gelingt ☺ mit den im Fenster definierten Parametern.

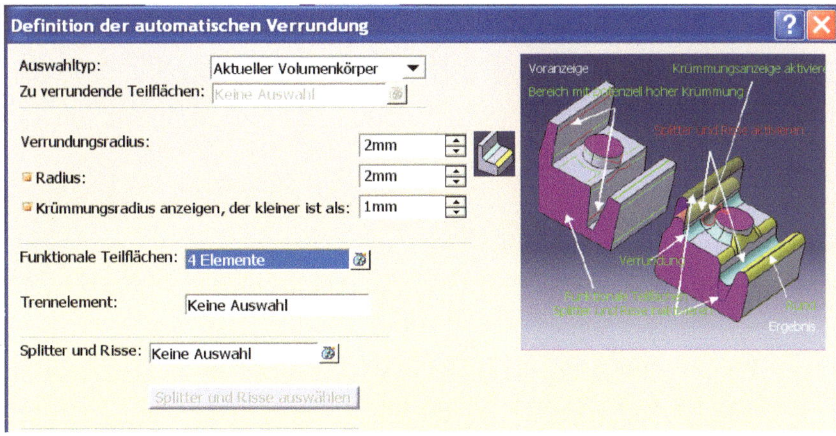

Beim Verrunden lassen sich außerdem die ausgewählten Splitter und Risse mit Material füllen.

Erstellen einer Modellbaueinrichtung

Für den Lagerbock kann eine komplette Modell-
baueinrichtung in einer einzigen (Ober-) Baugruppe entwickelt werden. Der Vorteil ist, dass
bei geeignetem Aufbau des CAD-Modells der
Baugruppe Änderungen am Lagerbock durch einfaches Aktualisieren sofort zu entsprechenden
Änderungen am Kern und an der Gussform führen. Hier soll nur ein prinzipieller Aufbau erläutert werden.

Die Struktur eines solchen Modells kann wie
folgt aussehen:

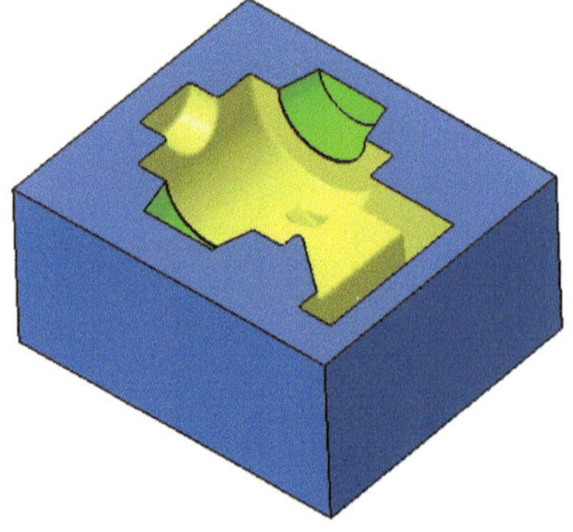

Abdruck des Modells im Unterkasten

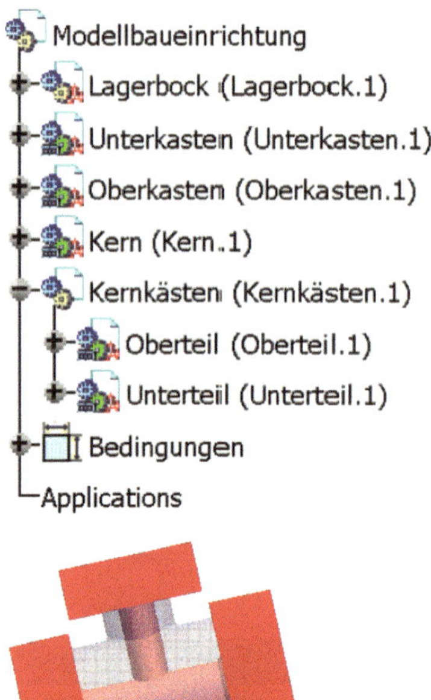

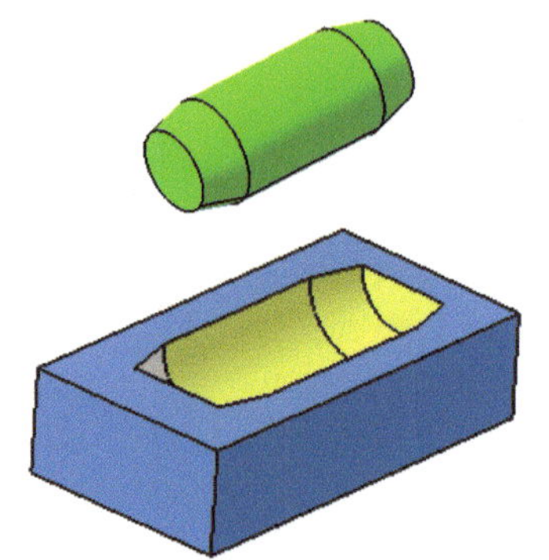

Kern und Kern-Unterkasten mit Abdruck

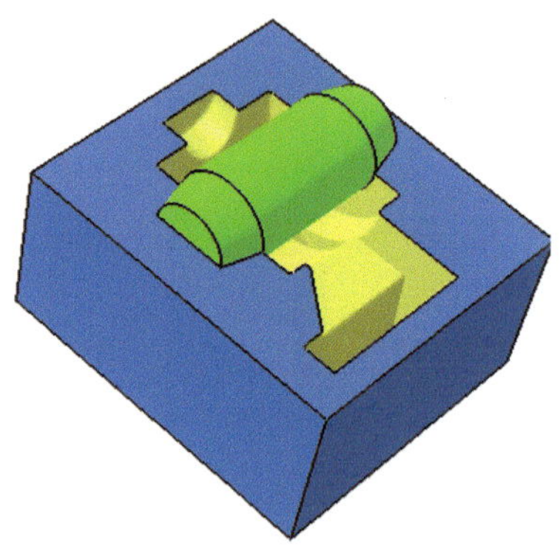

Abzugskörper für die spanende Bearbeitung

Unterkasten mit eingelegtem Kern

Im CAD-Modell werden die Abdrücke des Gussmodells im Unterkasten und Oberkasten der
Form erzeugt, indem mittels boolescher Operation jeweils eine Lagerbockhälfte vom vollen
Kasten entfernt wird. Für das Erzeugen der Abdrücke in den Kernkästen wird in analoger Wei-
se verfahren. Die Teile werden dabei innerhalb der Baugruppe in geeigneter Weise assoziativ
miteinander verknüpft (siehe dazu auch Kapitel 11).
Die gesamte zerspanende Bearbeitung kann in einem Abzugskörper zusammengefasst werden.

9.4 Schweißkonstruktionen

Schweißkonstruktionen weisen die Besonderheit auf, dass sie sowohl Baugruppe als auch Bauteil sind.

Eine Schweißbaugruppe entsteht aus Einzelteilen, die vorwiegend aus Halbzeugen wie Walzprofilen und Blechen hergestellt werden und die durch das Fertigungsverfahren Schweißen unlösbar stoffschlüssig miteinander verbunden werden. Nach dem Zusammenfügen kann diese Baugruppe deshalb wieder als ein Teil aufgefasst werden.

Bei der Modellierung von Schweißkonstruktionen kann unterschiedlich vorgegangen werden:

1. Gestaltung in der Teilekonstruktion (*Part Design*)

Jedes Teil, das verschweißt wird, ist ein Teilkörper im Gesamtkörper (*Part*)!

Vorteil: Eine feste, weitgehend assoziative Anbindung der Teile ist möglich.

In den aus dem Modell abgeleiteten Zeichnungsschnitten kann für jeden Teilkörper die Schraffur gesondert eingestellt werden.

Nachteil: Es liegen keine Einzelteilmodelle vor. Bei mehr als 5 Bauteilen werden die abgeleiteten und mit Maßen (auch für die Einzelteile) versehenen Zeichnungen unübersichtlich. Sind zusätzlich gesonderte Einzelteilmodelle und -zeichnungen erforderlich, so sind diese nicht mehr assoziativ zur Baugruppe.

2. Gestaltung in der Baugruppenkonstruktion (*Assembly Design*)

Jedes Teil, das verschweißt werden soll, ist ein gesondertes Bauteil (*Part*). Die Baugruppe entsteht durch den Zusammenbau der Teile. Ihre Lage zueinander wird durch (nicht-assoziative) Baugruppenbedingungen festgelegt.

Eine assoziative Anbindung ist alternativ möglich, wenn anstelle der Baugruppenbedingungen *Externe Referenzen* (siehe Kapitel 11) zwischen den Teilen angebracht werden.

Vorteil: Für jedes Teil besteht ein separates Modell.

Nachteil: Es entsteht in der Regel ein höherer Modellierungsaufwand.

3. Erzeugen von Schweißnähten im Modell

Weitere spezielle (in den Übungen hier nicht behandelte) Funktionen für Schweißkonstruktionen sind im Modul *Weld Design* (Schweißkonstruktion) enthalten. Mit diesen Funktionen können Schweißnähte im 3D-Bereich erzeugt werden. Vorraussetzung dafür ist eine Gestaltung des Modells im *Assembly Design*.

Bei den beiden ersten Modellierungsvarianten werden die Schweißnähte nicht mit erzeugt, sondern symbolisch in der Zeichnungsableitung der Schweißkonstruktion angegeben.

Die verbindlichen Regeln über die zeichnerische Darstellung von Schweißnähten können DIN EN 22553 oder der einschlägigen Fachliteratur (z. B. /1/) entnommen werden. Gestaltungsregeln von Schweißverbindungen sind in der Literatur über Maschinenelemente (z. B. in /8/) oder in der Spezialliteratur über das Schweißen enthalten.

Übung Schweißkonstruktion eines Laufrades als Teil

In dieser Übung soll ein geschweißtes Laufrad (Rohteil) für das Fahrwerk einer Abraumförderbrücke erstellt werden (Maße siehe Zeichnung auf der nächsten Seite). Es sind Kehlnähte und eine Stumpfnaht zu erzeugen.

Ziel

Das Laufrad soll objektorientiert als **ein Bauteil,** bestehend **aus mehreren Teilkörpern,** aufgebaut werden. Die Teilkörper werden nicht durch boolesche Operationen verknüpft. Dadurch lassen sich die einzelnen Teile in dem abgeleiteten Zeichnungsschnitt unterschiedlich schraffieren. Die Modellierung ist relativ einfach.

Zur Versteifung des Laufrades werden Rippen eingefügt. Bei Änderungen an Nabe, Spurkranz und Steg sollen sich die Rippen assoziativ der neuen Konstruktion anpassen!

⇨ Ein neues Verzeichnis *Schweißkonstruktionen* anlegen.

⇨ Ein neues Teil *Laufrad* anlegen, den Hauptkörper in *Nabe* umbenennen, drei neue Teilkörper einfügen (mit *Einfügen > Körper*) und diese in *Spurkranz, Steg* und *Rippe* umbenennen.

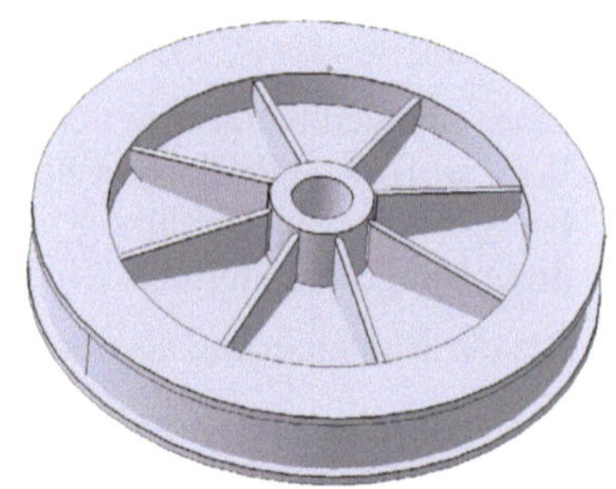

Laufrad geschweißt

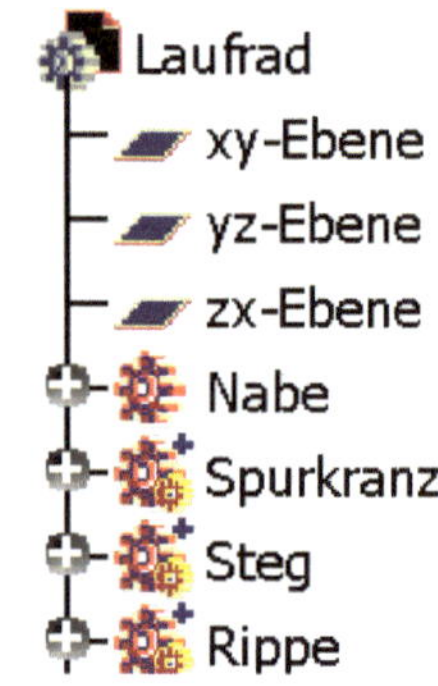

Bauteilstruktur des Laufrades

Hinweise: *Den Radmittelpunkt bewusst neben den Koordinatenursprung legen!*

Es ist zweckmäßig, Nabe, Spurkranz und Steg auf der Mittelebene zu erzeugen und gespiegelt auszudehnen.

Der Teilkörper, mit dem gearbeitet wird, muss aktiv (unterstrichen) sein.

Die Hilfsgeometrie, die zum Erzeugen der Rippe benötigt wird, sollte zweckmäßig unterhalb des Teilkörpers Rippe abgelegt werden!

Nabe, Spurkranz und Steg als Blöcke erzeugen

⇨ Nacheinander die Teilkörper *Nabe, Spurkranz* und *Steg* aktivieren und auf der gleichen Hauptebene als konzentrische Blöcke und um die Mittelebene gespiegelt erzeugen. Fugenabstand des Steges zur Nabe und zum Spurkranz jeweils 2 mm.

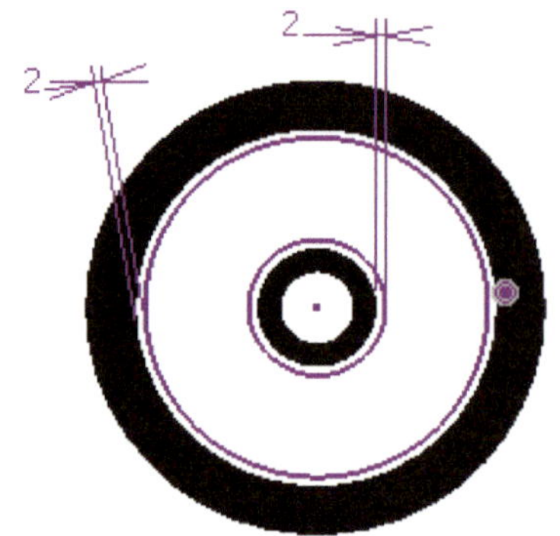

Skizze des Steges

Hinweis: *Die Ringnut für die Lauffläche im Spurkranz zunächst nicht erstellen.*

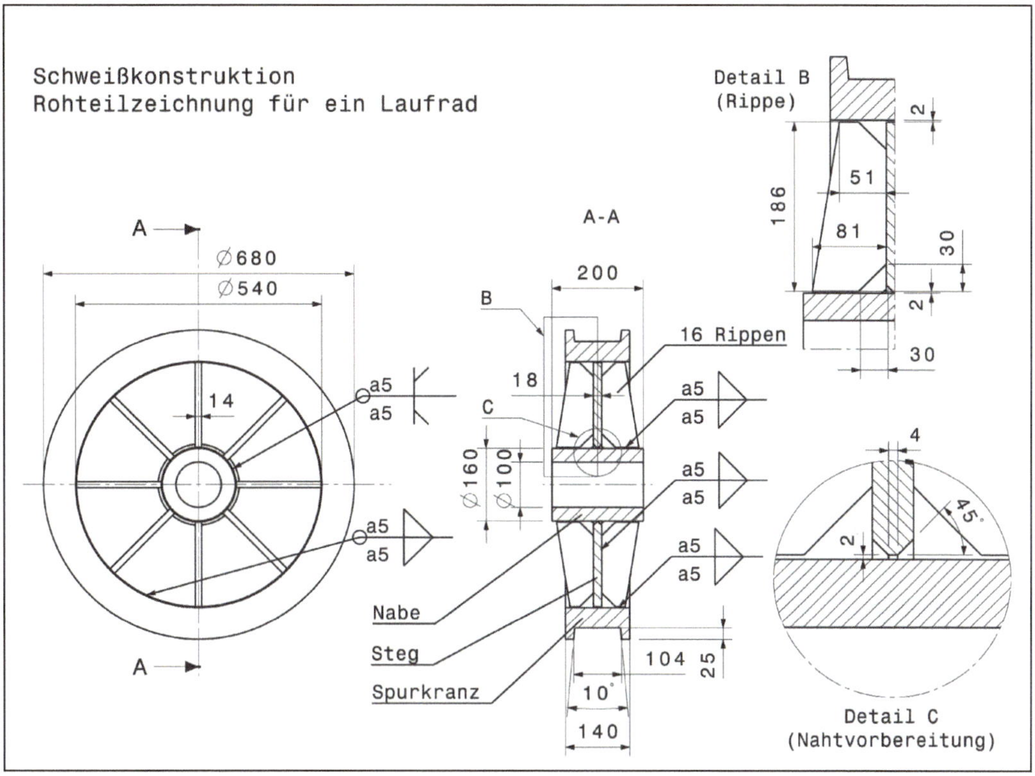

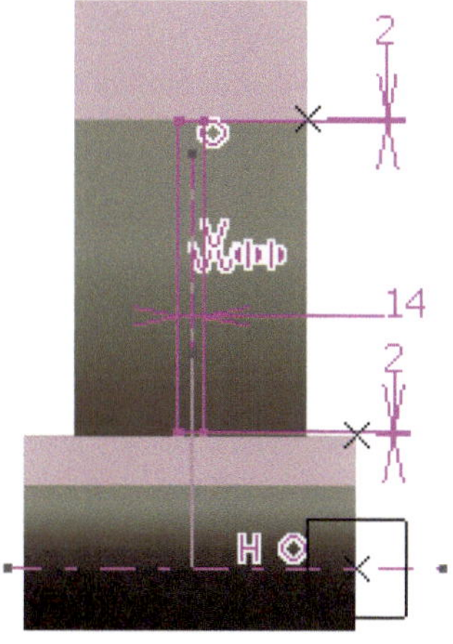

Alternative Erstellungsvariante: Nabe, Spurkranz und Steg als Rotationskörper erzeugen
(Optional, erst später zum Vergleich ausführen.)

Zunächst nacheinander auf der gleichen Hauptebene Nabe und Spurkranz als Teilkörper erzeugen. Für den Spurkranz die Rotationsachse der bereits erzeugten Nabe selektieren.

Eine radiale Ebene durch drei Raumpunkte für die Anbindung des Steges erzeugen (als 3. Punkt wurde im Unterschied zur Blockvariante der Kreismittelpunkt der Nabe gewählt). Auf dieser Ebene die Skizze des Steges mit maßlicher Anbindung von 2 mm an die Raumpunkte erzeugen (siehe Bild).

Die Rippe in ähnlicher Weise wie folgt beschrieben erzeugen.

Konstruktion mit Rotationskörpern

Rippe erzeugen

Die Rippe nur einmal erstellen und mit den Funktionen *Muster* und *Spiegeln* vervielfachen.

Die Skizze für die Rippe muss an die vorhandene Geometrie assoziativ angebunden werden. Eine stabile Anbindung an die vorhandenen Mantelflächen erfolgt in bekannter Weise mittels Raumpunkten und Hilfsebene. Die Hilfsebene muss in radialer Richtung liegen.

⇨ **Achtung!** Alle Hilfsgeometrie, die zum Erstellen der Rippe benötigt wird, sollte auch im Körper *Rippe* abgelegt werden. Deshalb diesen mit *RM > Objekt in Bearbeitung definieren* für die Aufnahme der Hilfsgeometrie vorbereiten.

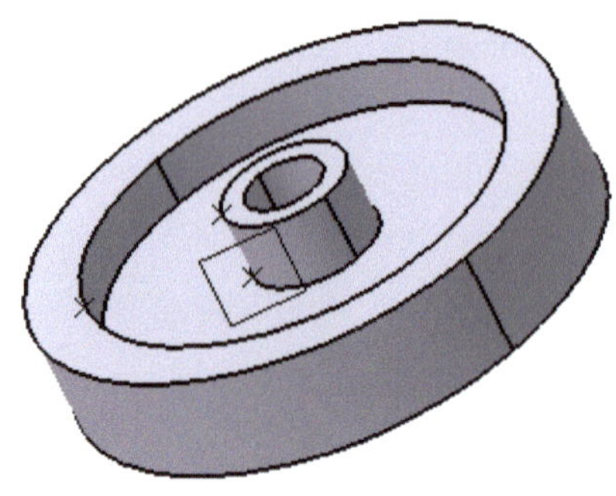

Raumpunkte auf konzentrischen Kreisen

Hinweise: *Kreise haben einen Startpunkt, der bei konzentrischen Kreisen stets die relativ gleiche Lage auf dem Kreis aufweist.*

Wird im Fenster „Punktdefinition, Punkttyp: Auf Kurve", die Schaltfläche „Nächstliegendes Ende" selektiert, so wird der zu definierende Punkt auf den Startpunkt gelegt.

Eine radial liegende Ebene erhält man, in dem man auf drei konzentrischen Kreisen je einen Punkt auf den Startpunkt des Kreises legt und eine Ebene durch diese drei Punkte erzeugt (siehe Bild Raumpunkte).

⇨ Auf je einem der konzentrischen Kreise jedes Teiles einen Raumpunkt setzen. Eine Ebene durch diese drei Punkte definieren. Die Ebene liegt in radialer Richtung, auf ihr wird die Skizze der Rippe aufgebaut.

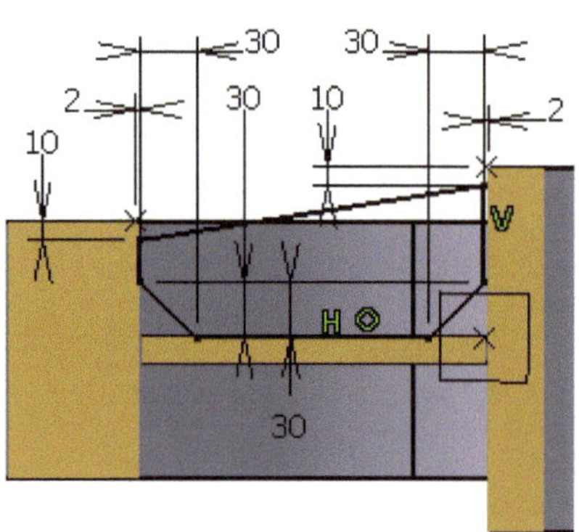

Skizze der Rippe auf der Hilfsebene

⇨ Skizze der Rippe gespiegelt als Block ausdehnen.

⇨ Modell unter *Laufrad_Ausgangsform* speichern.

Objektbezogenheit des Modells testen

⇨ Den Außen- und den Innendurchmesser des Spurkranzes z. B. um je 100 mm erhöhen, Nabenaußendurchmesser auf 200 mm, Nabenbreite auf 400 mm erhöhen.

Ergebnis

Steg und Rippe passen sich den Änderungen an.

⇨ Änderungen rückgängig machen.

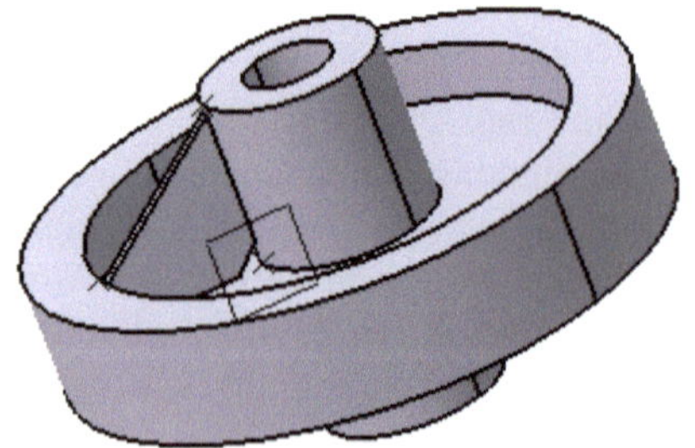

Angepasste Rippe

Hinweis: *Das Ausklinken der Rippenecken ist mit 30 mm Kantenlänge so groß gewählt worden, um in den Abbildungen die Ecken deutlich sichtbar zu machen. Konstruktiv besser sind etwa 15 mm.*

Schweißfuge am Steg erzeugen

Während Kehlnähte keine Nahtvorbereitung benötigen, müssen Stumpfnähte durch Bearbeiten von Kanten am Bauteil vorbereitet werden. Wird lediglich beabsichtigt, eine Baugruppenzeichnung einer Schweißkonstruktion zu erzeugen, so genügt für die Fertigung die sinnbildliche Angabe der Nähte durch Schweißsymbole in der Zeichnung. Die sinnbildliche Darstellung enthält auch die Angaben zur Nahtvorbereitung (nach DIN EN 29692, Auszüge in /1/).

Ist es notwendig, in der Baugruppenzeichnung Details darzustellen oder sollen Einzelteilzeichnungen angefertigt werden, so muss bei Stumpfnähten die Nahtvorbereitung auch im Modell vollzogen werden.

In diesem Übungsbeispiel ist an der Innenkontur des Steges eine Nahtvorbereitung vorgesehen. Diese soll in der Zeichnung in einem Detail dargestellt werden (siehe Zeichnung).

⇨ Den Teilkörper *Steg* aktivieren.
⇨ An beiden inneren Kanten des Steges Fasen anbringen (bei a = 5 mm z. B. Fasen von 7 x 45°).

Rippe vervielfältigen

⇨ Den Teilkörper *Rippe* aktivieren.
⇨ Über die Funktion  *Kreismuster* den Block 8-fach vervielfältigen.
⇨ Die Rippen um die Mittelebene auf die andere Stegseite spiegeln.

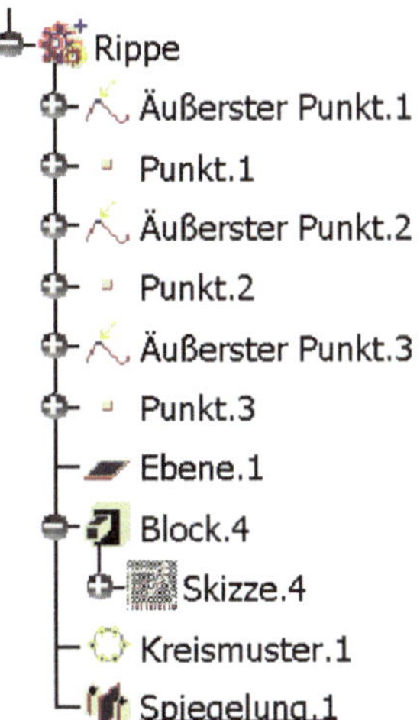

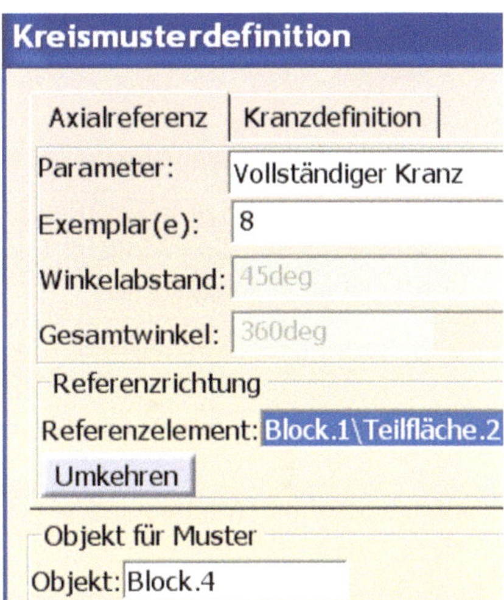

Lauffläche im Spurkranz erzeugen

⇨ Die Skizze für die Lauffläche auf einer radialen Hilfsebene erzeugen und objektbezogen anbinden.
⇨ Mit der Funktion *Nut* die Lauffläche erzeugen.
⇨ Das Laufrad abspeichern unter *Laufrad_Grundform*.

Alternative Lösungen:

- Die Nut mit der Funktion *Rille* (objektbezogen) erstellen.

- In die Skizze des Spurkranzes auch die Lauffläche einarbeiten (für die Erstellungsvariante als Rotationskörper).

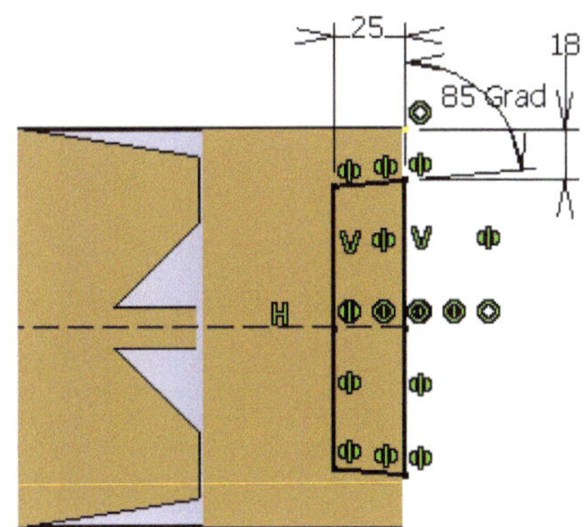

Skizze der Ringnut für die Lauffläche

Hinweise: *Es empfiehlt sich wieder, die Grundform (Rohteil) der Schweißkonstruktion gesondert abzuspeichern. Aus der Grundform werden das Modell des Fertigteiles und daraus die
Fertigteilzeichnungen mit den Angaben zur mechanischen Bearbeitung entwickelt.*

*Eine andere Variante ist, alle Operationen für die mechanische Bearbeitung in einem Abzugs-
körper zusammenzufassen.*

**Zur Drehmomentübertragung eine Längsnut in
die Radnabe einbringen** (optional)

⇨ Die *Nabe* aktivieren.
⇨ Eine Skizze auf der Stirnseite der Nabe erzeugen. Die Skizze objektbezogen anbinden
   (Rechteck 28 mm breit, 6,4 mm vom Innendurchmesser nach außen und z. B. bis zum Na-
   benmittelpunkt reichend).
⇨ Mit der Funktion *Tasche* die Längsnut erzeugen.

Testen von Maßvarianten

⇨ Mit verschiedenen Maßvarianten die geometrische Stabilität des Modells testen. Die Änderungen nicht speichern.

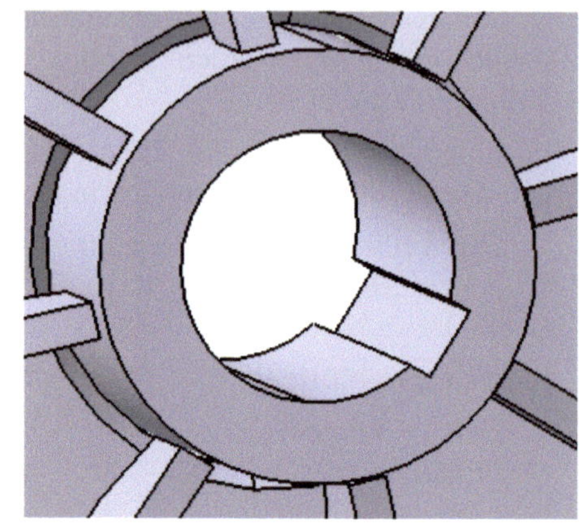

Längsnut in der Nabe

Hinweise zum Erzeugen von Nuten mit den Funktionen für Abzugskörper

Längsnuten: Längsnuten können mit der Funktion *Tasche* erzeugt werden. Die Ausdehnung erfolgt senkrecht zur Profilskizze (Standard)
oder geneigt zu einer Referenzkante oder –ebene.

Ringnuten: Ringnuten lassen sich über die Funktion *Nut* erstellen.
Die Ausdehnung der Profilskizze erfolgt um eine Rotationsachse.

Beliebig gezogene Nuten: Diese Nuten werden mit der Funktion *Rille* erzeugt. Die
Ausdehnung der Profilskizze erfolgt in Richtung einer Führungs-
kurve (*Zentralkurve*). Anstelle einer gesondert skizzierten Führungskurve kann die Ausdehnung auch in Richtung einer Körperkante oder Ebene erfolgen.

Quasi sind die Funktionen *Tasche* und *Nut* eine Untermenge der
Funktion *Rille*.

Übung Schweißkonstruktion des Laufrades als Baugruppe

In dieser Übung soll das gleiche Laufrad optional als echte Baugruppe gestaltet werden.

Ziel

Unterschiede zur Modellierung des Laufrades als Teil erkennen.

Einzelteile erstellen

⇨ Die 4 Teile *Nabe, Spurkranz, Steg* und *Rippe* gemäß Zeichnung getrennt modellieren und speichern.

⇨ Baugruppe erstellen.

⇨ Den Zusammenbau mit Baugruppenbedingungen herstellen und unter *Laufrad_Baugruppe* speichern.

Hinweis: *Die Rippen sind nur aufwändig zu positionieren. Mit etwas Geschick reicht es eine Rippe zu positionieren und diese mittels Ebenen zu spiegeln.*

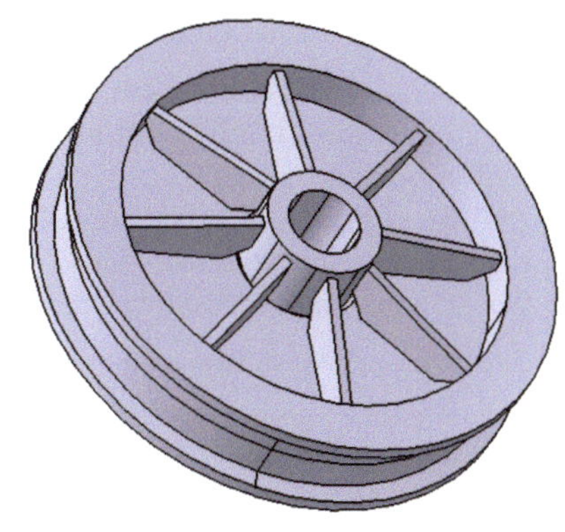
Laufrad als Baugruppe

Änderungsaufwand testen

⇨ Den Außendurchmesser der Nabe auf 180 mm erhöhen und die Nabenbreite auf 116 mm verringern.

Ergebnis: Die Änderungen erfordern eine größere gedankliche Arbeit als die am objektorientierten Teilkörpermodell des Laufrades.

Hinweis: *Sollen die Schweißnähte im Modell erzeugt werden, so ist in die Anwendung „Weld Design" zu wechseln. In einer Zeichnungsableitung von diesem Modell werden die Schweißnähte bildlich dargestellt.*

Übung Schweißzeichnung vom Laufrad

Ziel

Nahtangaben in Zeichnungen und Erstellen von Details üben.

⇨ Von dem vorhandenen Laufrad die weiter vorne abgebildete Schweißzeichnung im Format A3 erstellen.
Hauptansichten: 10:1
Detailansichten: 5:1 bzw. 2:1

Hinweis: *Es ist gleichgültig, ob das Modell Laufrad_Grundform oder das Modell Laufrad_Baugruppe zur Zeichnungsableitung benutzt wird.*

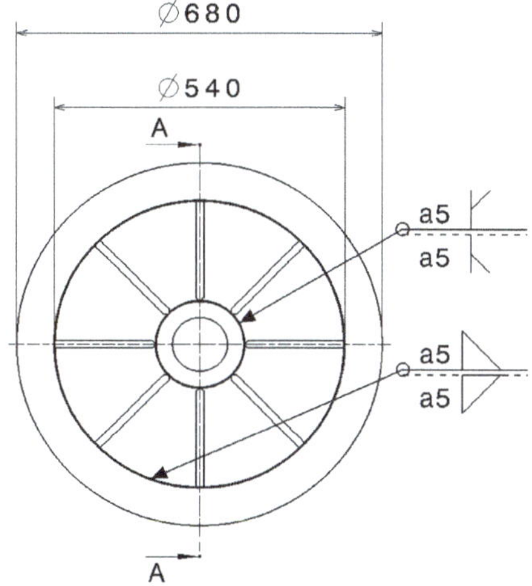

Symbolische Nahtangabe einer Stumpf- und einer Kehlnaht

9.5 Schraubenfedern

Federn sind Maschinenelemente, die sich durch ihre spezielle Formgebung bei Belastung stark elastisch verformen können.

Bei Schraubenfedern wird ein Federdraht mit Kreis- oder Rechteckquerschnitt auf einer Schraubenlinie (Helix) aufgewickelt. Die Schraubenlinie kann zylindrisch (zylindrische Schraubenfeder) oder konisch sein (Kegelfeder). Die Federn können entsprechend ihrer äußeren Beanspruchung als Zug-, Druck- oder Biege(Schenkel)federn eingesetzt werden. Die Schraubenfeder ist der im Maschinenbau am häufigsten eingesetzte Federtyp. Einsatzbeispiele für Schraubenfedern sind auf der folgenden Seite gezeigt.

Einbau und Modellierung von Federn

In einer Baugruppe sind die Federn meistens im belasteten Zustand eingebaut, wobei oft mehrere Belastungszustände geprüft werden müssen.

Das CAD-Modell muss so beschaffen sein, dass verschiedene Einbauzustände mit wenigen Änderungen am Modell nachgebildet werden können. Es wird empfohlen, Schraubenfedern im Anlieferungszustand zu modellieren, das ist bei Druck- und Schenkelfedern der entspannte Zustand und bei Zugfedern meist der vorgespannte Zustand mit anliegenden Windungen.

Ziele

Bei der Konstruktion des Lagerbockes wurden die Funktionen *Raumpunkt*, *Raumlinie* und *Raumebene* aus der Anwendung Drahtmodell und Flächenkonstruktion *(Wireframe and Surface Design)* zum Erzeugen von Referenzelementen genutzt.

Aus der gleichen Umgebung sollen in diesem Baustein die Funktionen für spezielle Raumlinien

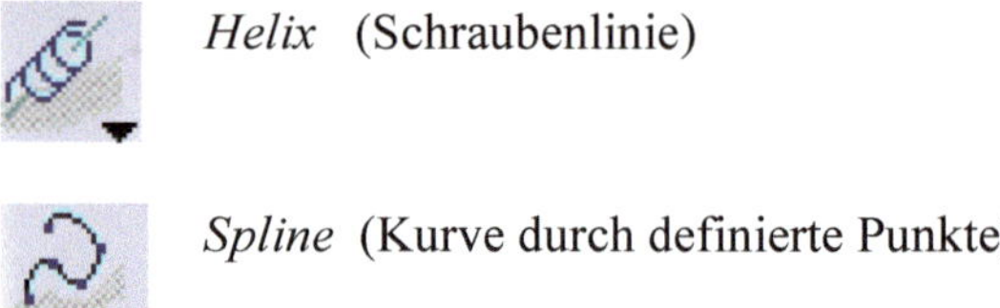

Helix   (Schraubenlinie)

Spline (Kurve durch definierte Punkte)

sowie die Funktionen

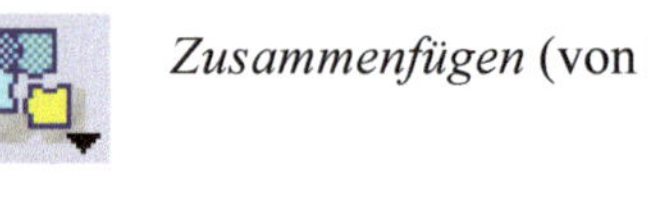

Zusammenfügen (von Raumlinien)

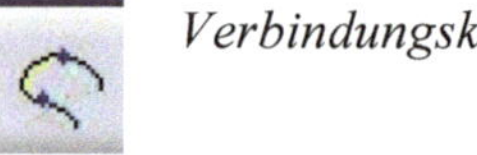

Verbindungskurve (für Raumlinien)

angewendet werden.

Weitere Anwendungen der Funktion *Helix*

- Erzeugen von Gewinderippen und Gewinderillen (siehe dazu unter Behälterkonstruktion im Kapitel 9.6)
- Erzeugen der Rillen von Seiltrommeln.

Einsatzbeispiele

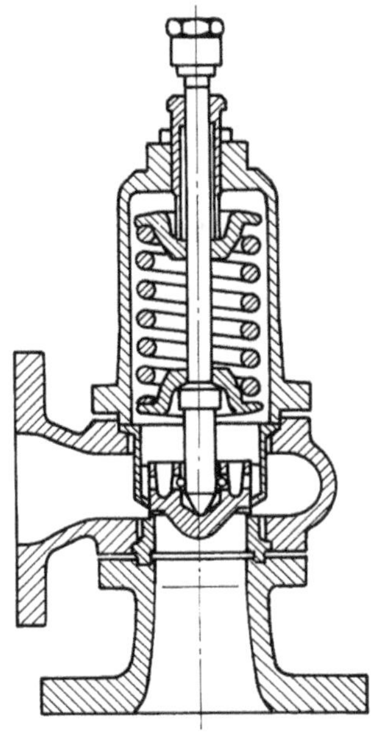

Schraubenfeder als Druckfeder in einem
Sicherheitsventil /8/

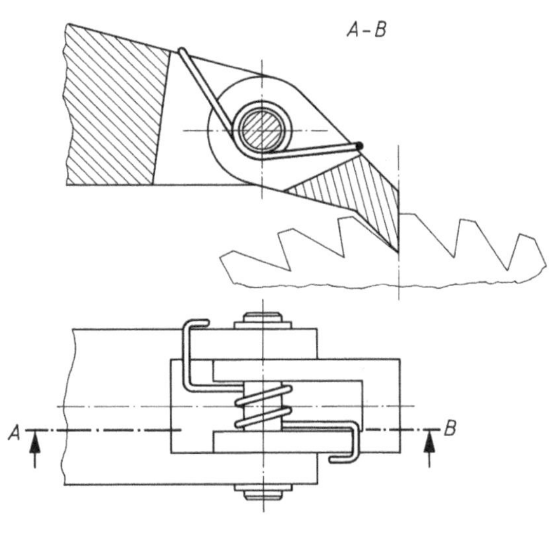

Schenkelfeder als Andrückfeder für eine
Sperrklinke /8/

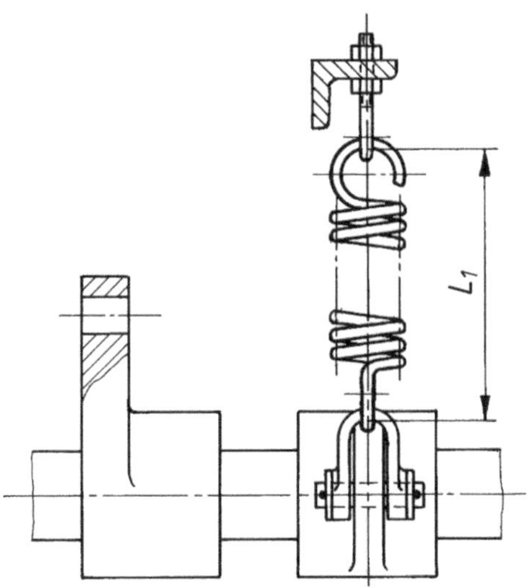

Schraubenfeder als Zugfeder für eine
Bremswelle /8/

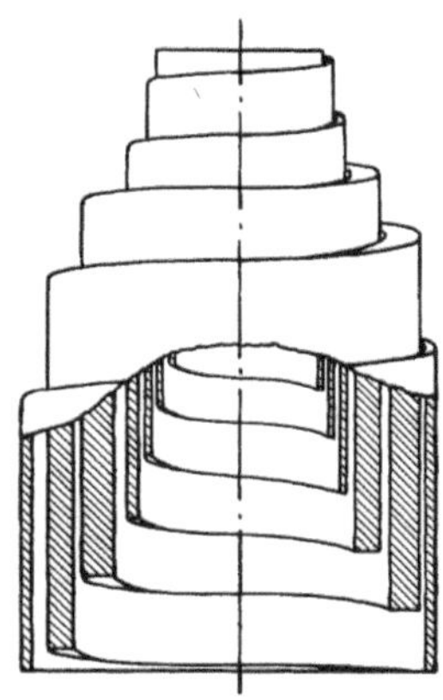

Keglige Schraubenfeder mit abnehmenden
Rechteckquerschnitt als Pufferfeder /8/

Übung Konstruktion einer zylindrischen Druckfeder

In dieser Übung soll eine zylindrische Druckfeder mit kreisrundem Drahtdurchmesser erzeugt werden, deren Enden um 180° versetzt
und angeschliffen sind. Zur Arbeitserleichte-
rung die Achse der Skizze bewusst auf den
Kreuzungspunkt der Hauptebenen legen.

Maße: Windungsdurchmesser: 60 mm
        Drahtdurchmesser: 3 mm
        Steigung: 4 mm
        Höhe 24 mm.

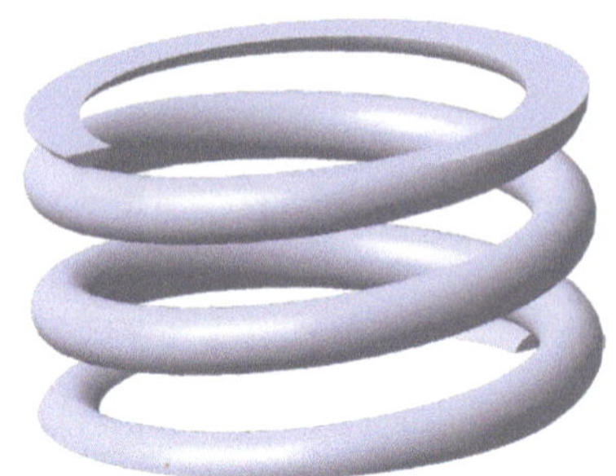

Beispiel für eine Druckfeder

⇨ Ein neues Verzeichnis *Federn* anlegen.
⇨ Die Umgebung *Mechanische Konstruktion
> Wireframe and Surface Design* (Draht-
modell und Flächenkonstruktion) aufrufen.
⇨ Als Teilenamen *Druckfeder* wählen.

Achse für die Feder erzeugen

⇨ Mit der Funktion *Linie* eine 3D-Raumlinie
mit der Länge von z. B. 30 mm auf den
Koordinatenursprung erzeugen. Dazu im
Fenster *Liniendefinition* mit *RM* das Feld
Keine Auswahl selektieren. Im erscheinenden Zusatzfenster *Punkt erzeugen* selektieren.
⇨ Im erscheinenden Fenster *Punktdefinition*
die drei Raumkoordinaten eingeben
(0,0,0mm).
⇨ Die Eingabe des 2. Punktes (0,0,30mm)
analog vornehmen und mit *OK* abschließen.

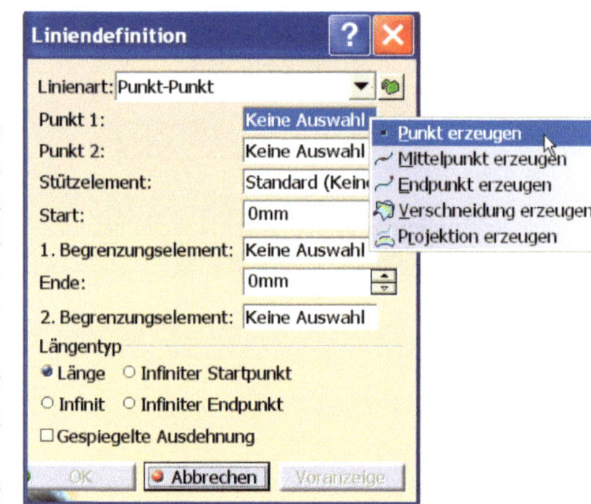

Schraubenlinie (Helix) erzeugen

⇨ Mit der Funktion *Punkt* einen weiteren
Raumpunkt als Startpunkt in der Ebene
rechtwinklig zur Achse im Abstand des
Windungsradius von 30 mm definieren.
(30, 0, 0 mm).

⇨ Die Funktion *Helix* ▾ aus der
Funktionsgruppe *Drahtmodell* aufrufen.
Die Funktion findet man unter

der Funktion *Spline* ▾. Im Definitionsfenster Startpunkt und Achse auswählen.
Definition der Steigung und *Höhe:* wie dargestellt. *Anfangswinkel:* auf 180° setzen,
damit die Federenden versetzt werden.

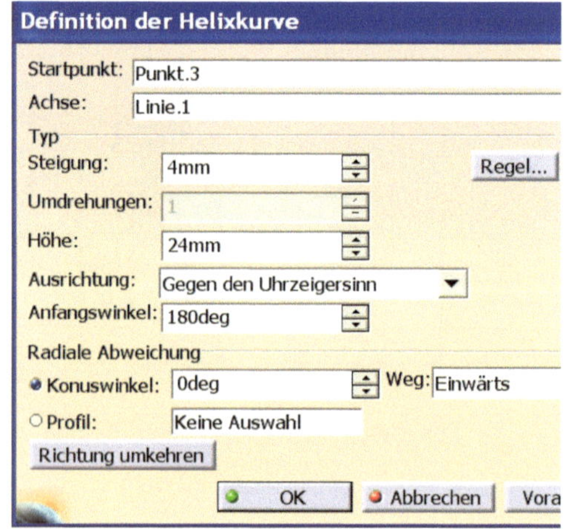

Hinweise: *Alternativ können Startpunkt und Achse im Fenster Definition der Helixkurve durch Selektion der entsprechenden Felder über das Kontextmenü erstellt werden. Für spätere Änderungen den Punkt 3 in Windungsradius umbenennen.*

Drahtquerschnitt und Rippe erzeugen

⇨ Eine Hilfsebene *Senkrecht zu Kurve* auf den neuen versetzten Startpunkt der *Helix* setzen.

⇨ Wechsel in die Teilekonstruktion mit *Start > Mechanische Konstruktion > Part Design*

⇨ Auf der Hilfsebene den Drahtquerschnitt d = 3 mm aufbauen, Mittelpunkt assoziativ durch Kongruenz anbinden. *Skizze.1* in *Drahtprofil* und *Skizze.2* in *Helix.1* umbenennen.

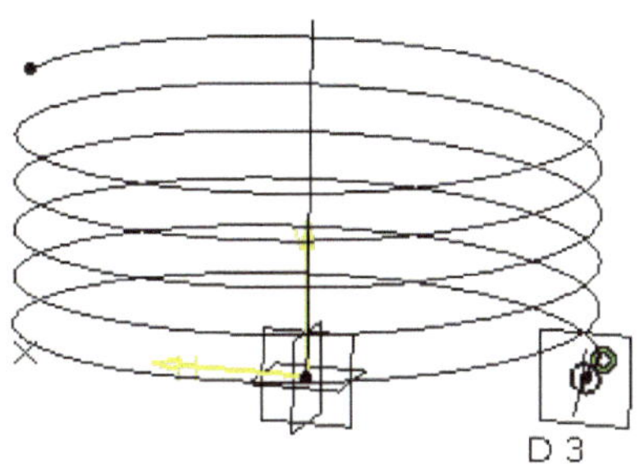
Drahtquerschnitt auf Hilfsebene

⇨ Mit der Funktion *Rippe* die Feder erstellen.

⇨ Im Dialogfenster *Definition einer Rippe* ist unter *Profilsteuerung* die Option *Auszugsrichtung* einzustellen. Dann unter *Auswahl* die Achse der Helix als Auszugsrichtung selektieren.

Durch Vorgabe der *Profilsteuerung* über *Auszugsrichtung* wird das Verwinden des Profils verhindert!

⇨ Objektbezogenheit des Modells testen: Windungsradius: 6 mm, Steigung beibehalten, Drahtdurchmesser: 2 mm, Höhe: 12 mm.

Die Änderungen beibehalten!

Beide Federenden abflachen

Um eine gute Anlage zu erreichen, werden die Druckfedern an beiden Enden angeschliffen.

⇨ Zwei Hilfsebenen auf den Start- und Endpunkt der Helix (mit *Verdecken/Anzeigen* sichtbar machen) rechtwinkelig zur Mittelachse setzen.

⇨ Mit der Funktion *Trennen* aus der Funktionsgruppe *Auf Flächen basierende Komponenten* die beiden Enden an den Hilfsebenen abschneiden.

Hinweis: *Die erstellte Druckfeder erfüllt nur die grundlegenden Funktionen. Gemäß DIN 2095 ist bei den dort optimierten Federn jeweils die letzte Windung stets angelegt und auf d/4 abgeschliffen, um eine gleichmäßige Beanspruchung des Drahtquerschnittes zu erreichen. Die jeweils letzte Windung bekommt dadurch eine andere Steigung.*

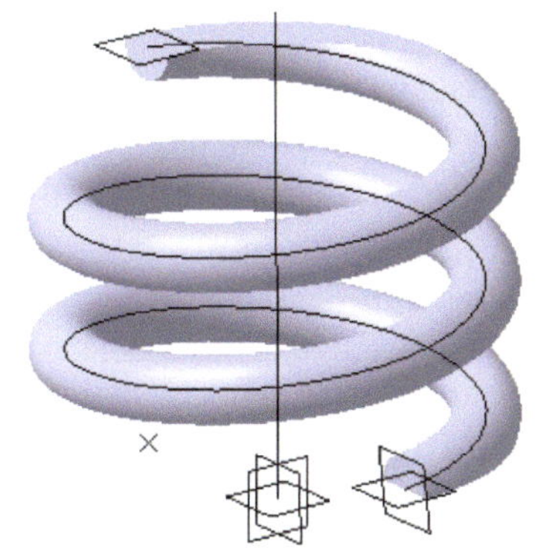
Feder mit Abflachung

Optimierte Feder nach DIN 2095

Die vorhandene Feder wird an beiden Enden um je eine Windung mit geringerer Steigung erweitert. Der Endwert der Steigung für die angefügten Teilkurven muss so eingestellt werden, dass die letzten Windungen anliegen.

⇨ Die beiden Abflachungen (*Trennen.1* und *Trennen.2*) mit *Eltern* (zugehörige Ebenen) rückgängig machen und die *Rippe.1* löschen. In die Umgebung *Wireframe and Surface Design* wechseln.

⇨ Am oberen Ende der ursprünglichen Helix eine weitere Helix mit der gleichen Steigung (4 mm) anfügen. Zum Anfügen einer Helix muss jetzt die *Regel* auf *S-Typ* (variable Steigung) umgeschaltet werden. *Regelfenster* wieder schließen! Das Programm trägt in das *Helixfenster* eine Umdrehung ein. Das Gleiche am unteren Ende wiederholen (Richtung umkehren!). Ergebnis siehe Bild rechts.

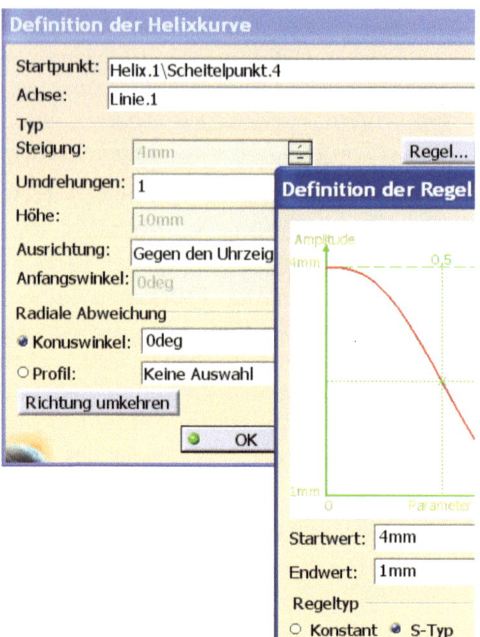

Hinweise: *Die angefügte Helix muss tangential zur vorhandenen ausgeführt werden. Deshalb muss die Anfangs-Steigung mit der Steigung der ursprünglichen Helix übereinstimmen.*

⇨ Bevor eine Rippe erstellt werden kann, sind die drei Teilkurven mit der Funktion *Zusammenfügen* zu einer Helix zu verbinden.

⇨ Eine Rippe (mit d = 2mm für Kreis auf der Hilfsebene) über die zusammengefügte Helix erzeugen. Die angefügten Teilstücke durch einen Doppelklick auf die „*2. Steigung*" im Baum auf Anlage einstellen (hier 0 mm).

Hinweis: *Profilsteuerung: Winkel beibehalten*

Beide Federenden auf d/4 abflachen

⇨ Hilfsebenen auf den Start- und Endpunkt der zusammengefügten Helix senkrecht zur Achse erzeugen. Jeweils eine weitere Hilfsebene im Abstand von d/4 mm (hier 0,5mm) zum Drahtmittelpunkt hin setzen. Mit der Funktion *Trennen* die beiden Enden an den zuletzt erzeugten Hilfsebenen abschneiden.

⇨ Teil unter *Druckfeder_Grundmodell* speichern.

Hinweis: *Die Abflachung auf d/4 lässt sich auch assoziativ lösen.*

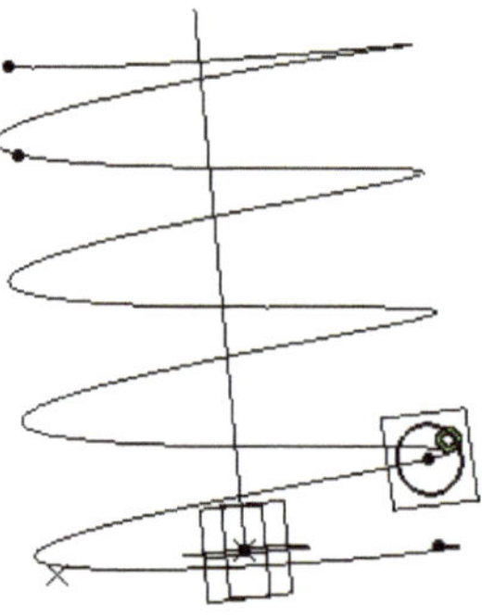

Zusammengefügte Helix

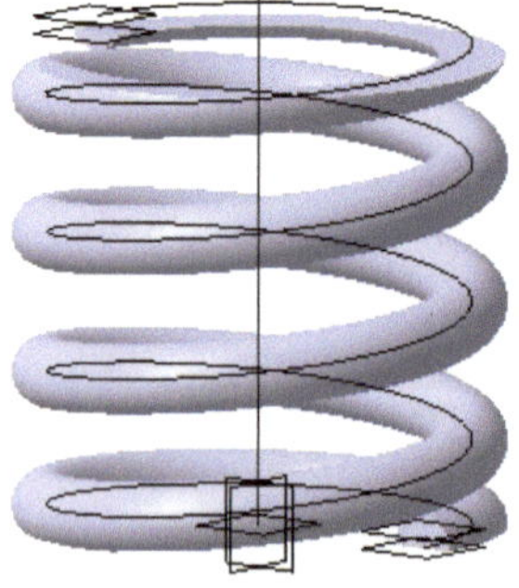

Druckfeder Grundform

Gesamthöhe der Feder

Die Gesamthöhe der Feder ist die Summe der Höhen der drei Teilstücke.

⇨ Messen der Gesamthöhe der Feder als Abstand der beiden abgeschliffenen Endflächen.

Bilden von Feder-Varianten

Für das Ändern bewährt sich das Umbenennen der Steuergrößen im Strukturbaum (Windungsradius, Drahtprofil). Die Steuerparameter der Helix sind schon vom System her aussagefähig benannt.

Alle drei Helix-Kurven müssen wieder an der Verbindungsstelle die gleiche Steigung aufweisen!

Die beiden Abflachungen sind bei verändertem Drahtdurchmesser ebenfalls zu erneuern (Offset-Werte ändern)!

⇨ Erstellen von Varianten mit folgenden Werten (nicht speichern!):

Variante 1
Mittlerer Windungsradius: 20 mm
Drahtdurchmesser: 2 mm
Steigung Startwert: 3 mm (Helix 1, 2, 3)
Steigung Endwert: unverändert (Helix 2 und 3)
Höhe: 21 mm (Helix1).

Variante 2
Mittlerer Windungsradius: 20 mm
Drahtdurchmesser: 5 mm
Höhe: 20 mm (Helix1)
1. Steigung: 10 mm (Helix 1, 2, 3)
2. Steigung: anliegend ca. 0,4 mm (Helix 2 und 3).
Die Gesamthöhe dieser Schraubenfeder ergibt sich durch Ausmessen mit 24,4 mm.

Hinweise: *Die letzte Windung tritt beim Ändern an ihrem Ende entweder ins Material ein (z B. bei Variante1) oder hat Abstand zur vorletzten Windung. Über die 2. Steigung (Helix 2 und 3) muss eine Anpassung (Anlegen des Federdrahtes an die vorletzte Windung) vorgenommen werden.*

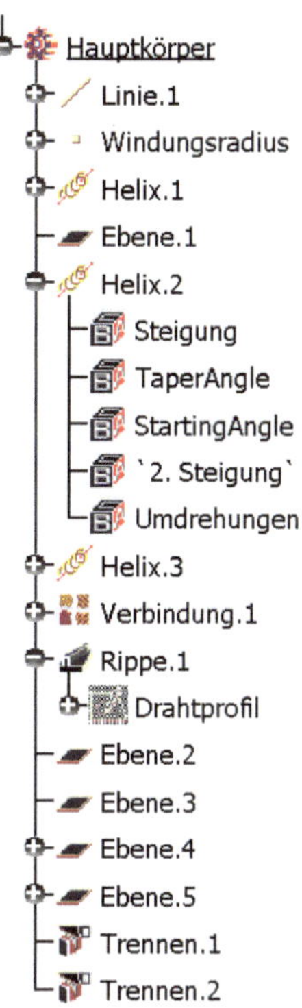

Auszug aus dem Strukturbaum

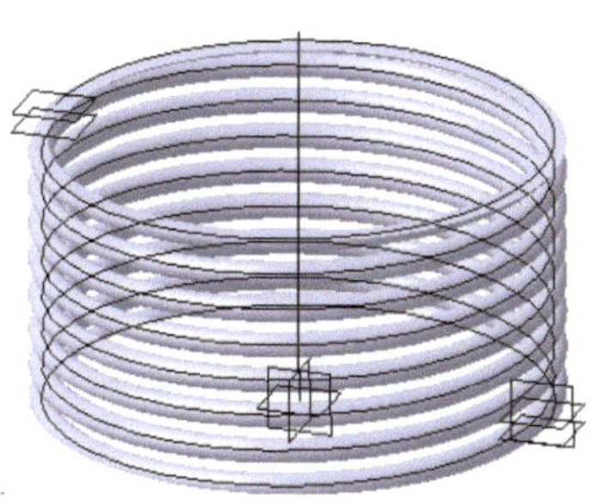

Feder Variante 1

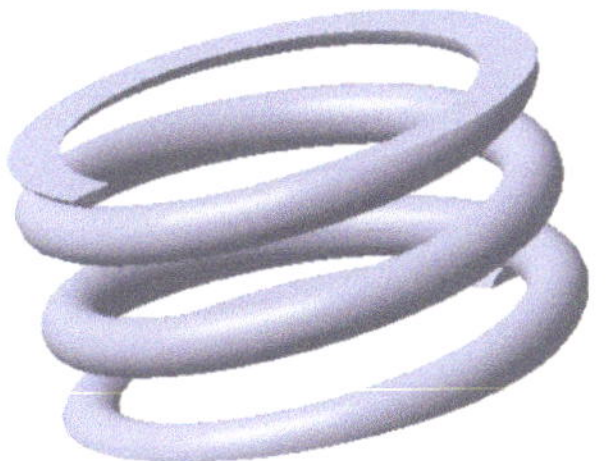

Feder Variante 2

Übung Konstruktion einer Schenkelfeder

Erstellen einer Schenkelfeder gemäß Abbildung mit folgenden Maßen:

Mittlerer Windungsdurchmesser(!): 20 mm
Drahtdurchmesser: 2 mm
Höhe: 20 mm
Steigung: 4 mm
Anfangswinkel: 0° (Enden nicht versetzt)

Ein Drahtende tangential 20 mm auslaufen lassen, das andere Ende rechtwinklig in Achsrichtung abwinkeln (Länge 20 mm).

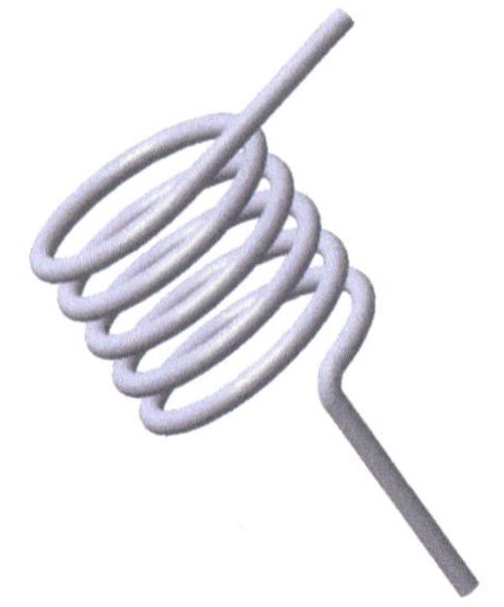

Schenkelfeder

⇨ Als Teilenamen *Schenkelfeder* wählen.
⇨ Eine Helix in der Umgebung *Wireframe and Surface Design* erzeugen (Vorgehen analog zur Druckfeder).

Tangentiale Verlängerung

⇨ Eine Raumlinie von 20 mm tangential zur Helix am oberen Ende anschließen.
Liniendefinition wie im nebenstehenden Fenster gezeigt vornehmen.

Abgewinkeltes Ende

⇨ Im *Part Design* die Skizze für das abgewinkelte Drahtstück (Linie mit Länge 20 mm, Abstand zum Startpunkt der Helix 2 mm) auf der Hauptebene erzeugen, in die abgewinkelt werden soll.

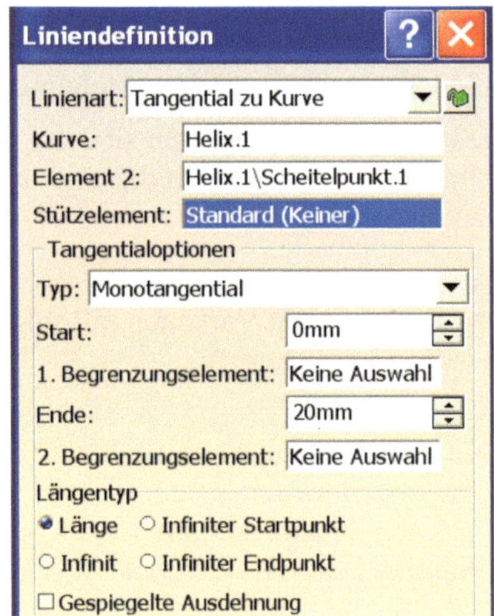

Krümmung für das abgewinkelte Drahtende erzeugen

Neuer Anfangswinkel der Helix

⇨ Den Anfangswinkel der Helix von 0 auf 11° verändern. Das ergibt etwa den gleichen Abstand des Krümmungsbeginns auf der Helix zum ursprünglichen Startpunkt (1,921 mm) wie von der Geraden zum ursprünglichen Startpunkt der Helix (2 mm).

Hinweis: *Für größere Drahtdurchmesser ist der Krümmungsradius der Abwinkelung zu gering. Gegebenenfalls müssen der Anfangswinkel der Helix und der Abstand der Geraden zum ursprünglichen Startpunkt im gleichen Verhältnis vergrößert werden.*

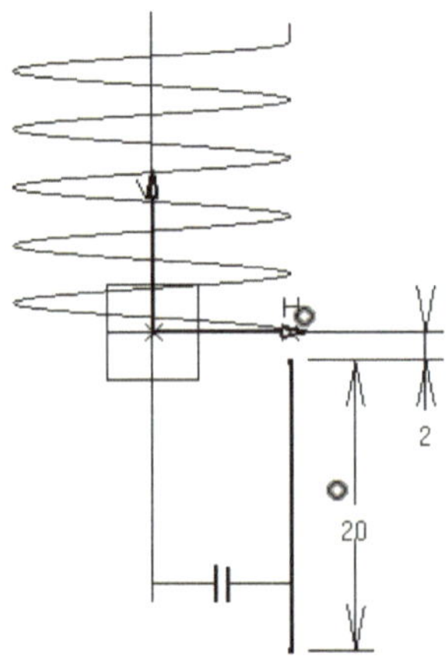

Skizze mit Linie für Abwinkelung

Spline definieren

⇨ Mit der Funktion *Spline* im *Wireframe and Surface Design* eine Kurve zwischen dem Linienendpunkt und dem neuen Startpunkt der Helix erzeugen, wobei auf jeder Seite eine Tangentenrichtung vorgegeben werden muss. Dabei ist der Tangentenverlauf in Kurvenrichtung einzustellen. Beide Pfeile müssen daher in die (gleiche) Steigungsrichtung zeigen.

Selektionsreihenfolge:

1. Neuer Startpunkt der Helix

2. Helix, Pfeilrichtung sollte von der Helix weg zeigen (ggf. Tangente um kehren)

3. Endpunkt der Geraden

4. Gerade (ggf. Tangentenrichtung umkehren).

Hinweis: *Durch Veränderung der Spannung und durch Zwischenpunkte kann ein Spline individuell gestaltet werden.*

Führungskurve bearbeiten

Alle vier Teilkurven mit der Funktion

Zusammenfügen verbinden. Die zusammengefügten Punkte werden weiß.

Körper erzeugen

⇨ Eine Hilfsebene senkrecht auf der Führungskurve erzeugen (zweckmäßig einen Endpunkt wählen) und darauf das Profil des Drahtquerschnittes (d = 2 mm) erstellen. Mittelpunkt des Profilkreises kongruent zum Punkt der Führungskurve setzen.

⇨ Die Rippe im *Part Design* mit Profilsteuerung *Winkel beibehalten* erzeugen.

⇨ Die Schenkelfeder speichern.

Varianten bilden

⇨ Varianten nach eigener Wahl testen.

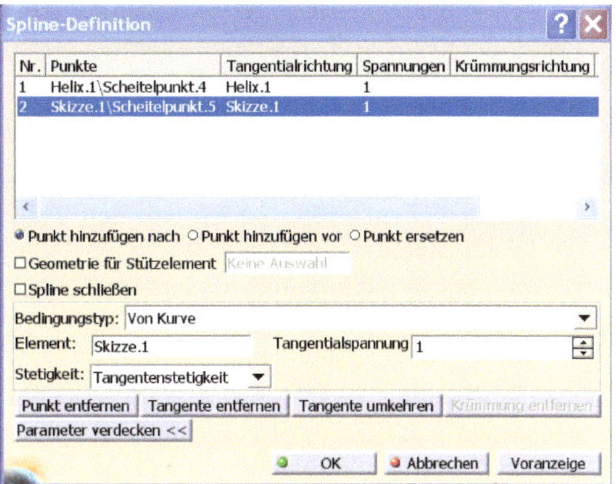

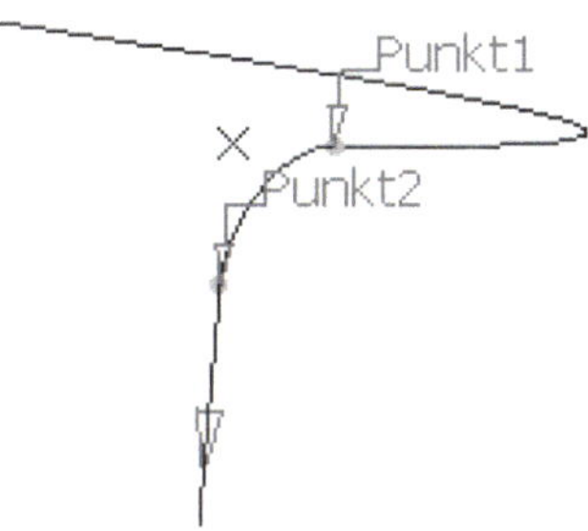

Skizze der Abwinkelung mit Spline

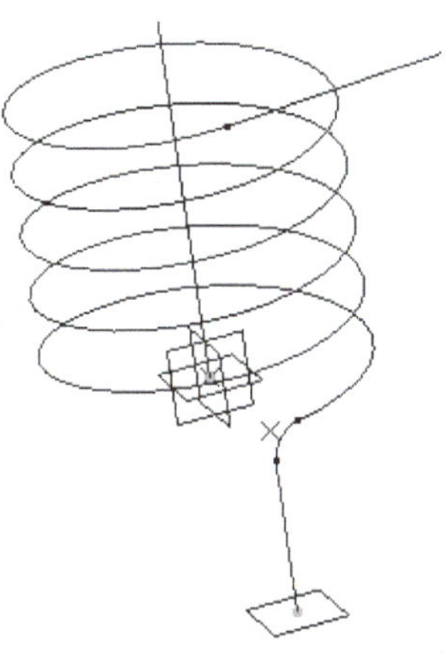

Ebene auf Führungskurve

Alternative Anbindung zwischen der Schraubenlinie und der abgewinkelten Schenkellinie

Zwischen der *Helix* und der in Richtung der Federachse abgewinkelten Linie kann auch eine *Verbindungskurve* anstelle eines *Splines* erzeugt werden.

Die Wirkung der Funktion *Verbindungskurve* soll am gleichen Beispiel gezeigt werden.

⇨ Mit der Funktion *Datei > Neu aus* die zuvor erzeugte Schenkelfeder laden und den Teilenamen umbenennen.

⇨ Im Strukturbaum den *Spline „Mit allen Kindern"* löschen (die *Verbindung* und die *Rippe* werden damit auch aus dem Modell entfernt).

Die Verbindung zwischen der *Helix* und der abgewinkelten Geraden (in *Skizze.1*) soll jetzt auch einen größeren Krümmungsradius ermöglichen. Dazu müssen neue Verbindungspunkte definiert werden.

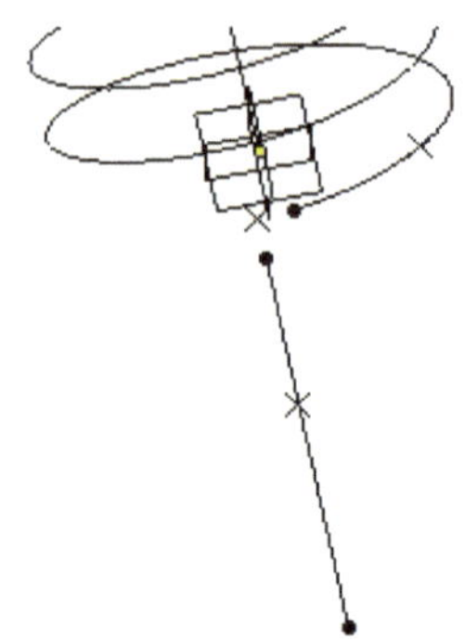

Zwei neue Verbindungspunkte(x) auf der Geraden und der Helix

⇨ Mit der Funktion *Punkt* (im *Wireframe and Surface Design*) den ersten Verbindungspunkt erzeugen *Punkttyp: Auf Kurve >* als Kurve die abgewinkelte Gerade selektieren > unter *Länge:* 8 mm eintragen. Mit der Helixkurve analog verfahren (*Länge:* ebenfalls 8 mm).

⇨ Mit der Funktion [icon] *Verbindungskurve* (liegt

unter der Funktion [icon] *Kreis*) die Verbindung zwischen den beiden neu erzeugten Punkten herstellen. Die Selektion der beiden Punkte genügt! Als *Stetigkeit* (eine konstante) *Krümmung* wählen. Wird eine größere *Spannung* gewählt, verschiebt sich die Krümmung stärker in die Mitte der Verbindungskurve. Gegebenfalls muss die Kurveneintrittsrichtung umgekehrt werden. Durch Aktivieren der Schaltfläche *Elemente trimmen* werden die überstehenden Kurventeile entfernt ☺.

Durch die Funktion entsteht aus den beiden Kurven eine neue, zusätzliche, gemeinsame Kurve.

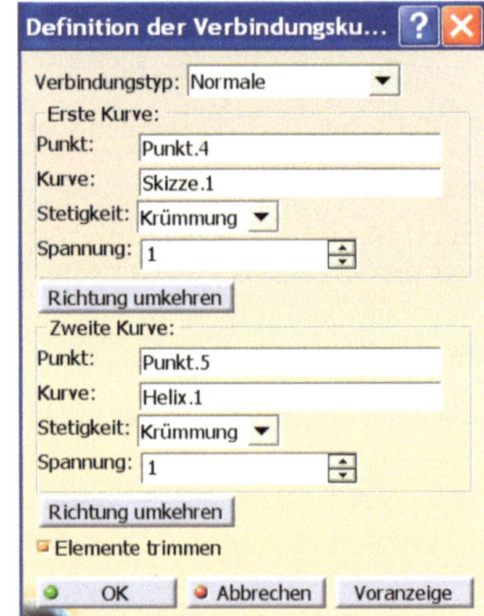

⇨ Die sich auf der anderen Helixseite tangential anschließende Gerade muss noch mit der Funktion *Zusammenfügen* an die gemeinsame Kurve angeschlossen werden. Danach den Volumenkörper der Feder in der gleichen Weise (wie auf der vorhergehenden Seite beschrieben) erzeugen. Rechts ist der sich aus der beschriebenen Modellierungsreihenfolge ergebende Strukturbaum abgebildet.

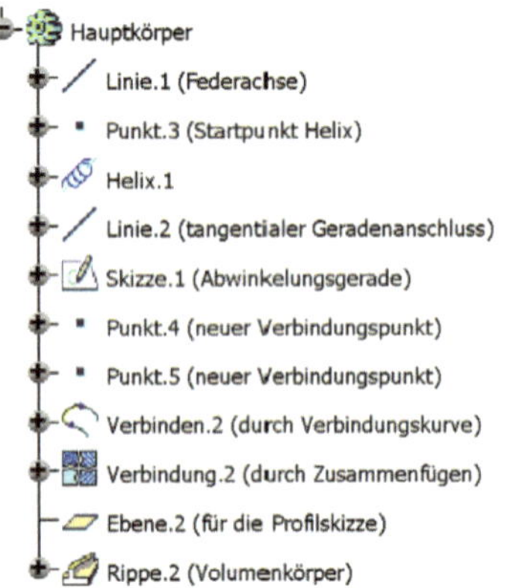

9.6 Übergangskörper

Grundlagen

Mit den Funktionen 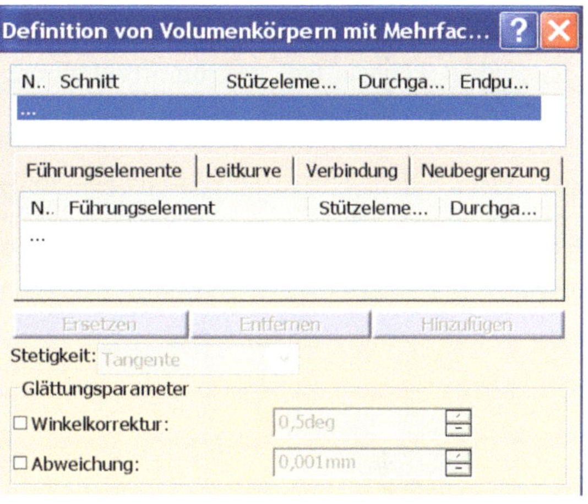 *Volumenkörper mit Mehrfachschnitten* (*Loft*) und *Entfernter Volumenkörper mit Mehrfachschnitten* (*Entfernter Loft*) können Volumenkörper mit veränderlichem Querschnitt erzeugt werden. Solche Körper werden im Maschinenbau und in anderen Bereichen als Übergangsstücke von einem Querschnitt auf einen anderen benötigt. Die Funktion *Loft* erzeugt Positivkörper, die Funktion *Entfernter Loft* Negativ-(Abzugs-)Körper.

Vor dem Aufrufen der Funktionen müssen im Skizzierer mindestens die Konturen von zwei ebenen Querschnitten (ab Version R21 ein Querschnitt und ein Punkt) in definiertem Abstand erzeugt sein. Die Verbindung zwischen den Querschnitten kann im Dialog beeinflusst werden.

Das nebenstehende Definitionsfenster eines Lofts zeigt die Eingabeparameter.

Schnitt

Unter *Schnitt* werden die ausgewählten **Querschnitte** eingegeben. Die Skizzen der Querschnitte müssen die gleichen Anforderungen erfüllen wie die Skizzen für die Funktion *Block* (eben, geschlossen, keine Kreuzungen und Berührungen), außerdem dürfen sich die Querschnitte nicht gegenseitig durchdringen. Ansonsten können die Skizzen aus beliebigen Geometrieelementen aufgebaut sein. Benachbarte Querschnitte können (soweit das sinnvoll ist) ganz anders gestaltet werden.

Bei der Eingabe der Querschnitte (durch Selektion der Skizzen oder des Eintrages im Baum) erscheint ein Drahtmodell. Alle Querschnitte müssen den gleichen Drehsinn (angezeigt durch einen roten Pfeil) aufweisen. Die Anordnung der vom Programm vorgeschlagenen Endpunkte der Skizzenprofile soll gegenüberliegend sein, andernfalls verwindet sich der erzeugte Loftkörper! Die Handhabung von erforderlichen Änderungen wird in den Übungsbeispielen erläutert.

Verbindung

Der Algorithmus der Loftfunktion muss entscheiden, welcher Punkt des Querschnittes mit welchem Punkt des Folgequerschnittes gekoppelt werden soll. Bei gleicher Anzahl von Kopplungspunkten auf den Querschnitten werden die Verbindungskurven automatisch gefunden.

Die Auswahlmöglichkeit ***Faktor*** erlaubt es, neben einer gleichen Anzahl auch eine ungleiche Anzahl von Kopplungspunkten aufeinander abzubilden. Eckpunkte sind die elementaren Kopplungspunkte. Ein Kreis hat keine Kopplungspunkte. Bei einem rechteckigen Querschnitt kann der Algorithmus die vier Eckpunkte des Rechteckprofils an Hand ihrer Entfernung vom Endpunkt (gemessen am Umfang) auf einem Kreis entsprechend abbilden. Bei gleichmäßigen Querschnitten funktioniert diese Option gut.

Die Auswahlmöglichkeit ***Tangentenstetigkeit*** erkennt nur Kopplungspunkte als solche an, bei denen das Profil nicht stetig ist (also eine Ecke hat). Es muss auf beiden Querschnittsprofilen die gleiche Anzahl von Kopplungspunkten vorliegen. Ein Rechteckprofil kann demnach mit dieser Option nicht auf einem Kreis abgebildet werden. Bei der Option *Tangentenstetigkeit, dann Krümmung* müssen in beiden Profilen gleich viele Unstetigkeitsstellen in Tangente und Krümmung vorliegen. Die Auswahl *Scheitelpunkte* bewirkt, das jeder Übergang zwischen Geometrieelementen als Kopplungspunkt erkannt wird.

Bei einer unterschiedlichen Anzahl von Kopplungspunkten der Profile kann der Anwender in einer Liste *Verbindung* durch die Eingabe von Punktfolgen angeben, welche Kopplungspunkte aufeinander abgebildet werden sollen. Eine Alternative stellen Führungselemente dar.

Leitkurve

Eine Leitkurve muss tangentenstetig sein und steuert übergeordnet den Verlauf der Krümmung der Oberfläche zwischen zwei Querschnitten analog zur Funktion *Rippe* (siehe dort). Wird keine Leitkurve verwendet, so wird automatisch eine vom Programm gebildet.

Führungselemente

Zusätzlich können **frei gekrümmte** Führungselemente als Zwangsbedingungen formuliert werden, über die die Mantelfläche des zu erzeugenden Übergangskörpers aufgespannt wird. Führungselemente benutzen die Querschnittsprofile als Stützgeometrie, müssen diese schneiden und verbinden die Kopplungspunkte. Untereinander dürfen sie sich nicht schneiden, dagegen können sie tangentiale Unstetigkeitstellen enthalten und über den ersten und letzten Querschnitt hinausragen. Ideal schneiden sie für eine nachvollziehbare Konstruktion das Profil im rechten Winkel.

Ausgewählte Beispiele für Lofts

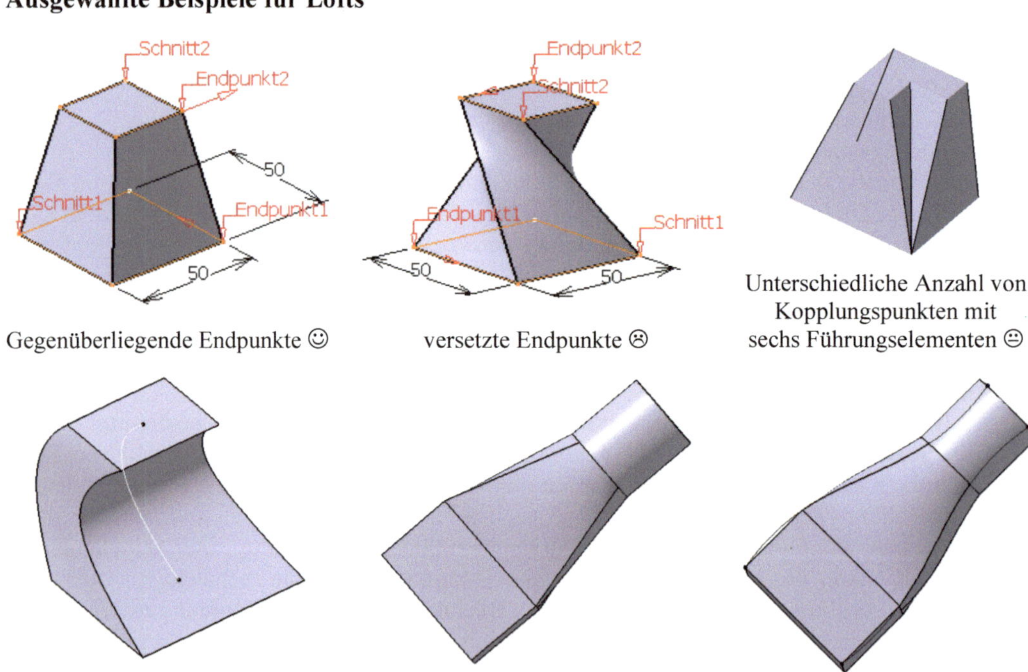

Gegenüberliegende Endpunkte ☺	versetzte Endpunkte ☹	Unterschiedliche Anzahl von Kopplungspunkten mit sechs Führungselementen ☺
Verwendung einer selbst definierten Leitkurve ☺	Unterschiedliche Querschnitte ohne Führungskurven ☹	Unterschiedliche Querschnitte mit Führungskurven ☺

Neubegrenzung
Um einen harmonischen Verlauf eines gekrümmten Körpers zu erreichen, können Leit- und Führungskurven über die äußeren Querschnittsprofile hinausragen. Durch Deaktivieren der Optionen für den Start- und Endbereich des Lofts wird der Loft bis zu den Ebenen ausgebildet, die zur Kurve in den Kurvenendpunkten senkrecht stehen (Anwendungsmöglichkeit im Übungsbeispiel *Surfbrett*). Die Ausbildung des Körpers über den Start- und Endbereich hinaus erfolgt dann mit konstantem Querschnitt.

Glättung
Die *Glättungsparameter* gleichen geringfügige Unsauberkeiten der Stützgeometrie aus. Mit der Option *Winkelkorrektur* werden tangentiale Unstetigkeiten der Leitkurve, die kleiner als der eingestellte Wert sind, automatisch geglättet. Durch die Option *Abweichung* werden Führungselemente bis zum vorgegebenen Wert ausgeglichen.

Assoziativität der Loftkörper
Der Dialog der Loftfunktion enthält (abgesehen von der Möglichkeit, die eingestellten Glättungsparameter ändern zu können) keine Wertangaben! Die Funktion verhält sich also völlig assoziativ ☺ zur konstruierten Stützgeometrie.

Entfernter Loft
Mit der Funktion *Entfernter Loft* wird ein Abzugskörper basierend auf zwei oder mehr Querschnitten (ab Version R21 mindestens ein Querschnitt und ein Punkt) erzeugt. Das Definitionsfenster enthält die gleichen Angaben wie das Fenster für die Loftfunktion. Intern werden die gleichen Algorithmen verwendet. In der Übung *Pfeilspitze* wird die Funktion zur Bildung einer konischen Bohrung benutzt.

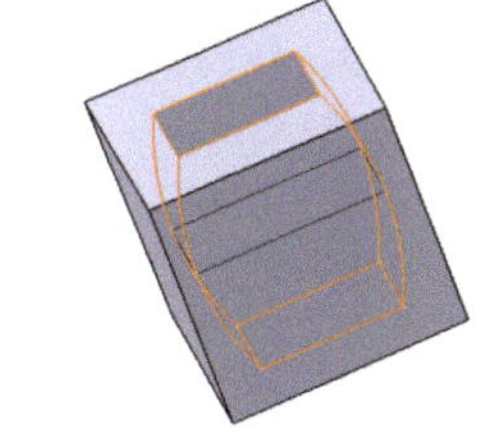
Entfernter Loft über 3 Querschnitte ☺

Ausführungsvarianten für komplexe Körper
Wird die Loftfunktion dazu benutzt, komplexe Körper mit mehreren Übergängen zu modellieren, muss entschieden werden, ob nur Start- und Endquerschnitt verwendet werden können oder ob die Ausprägung des Volumenkörpers in einzelnen Abschnitten erfolgt. Die Übungsbeispiele zeigen je nach Modell unterschiedliche Vorgehensweisen. So gelingt beispielsweise die Ausprägung eines Volumenkörpers für ein Surfbrett nur unter Einbeziehung des Heckquerschnittes und von Führungselementen ohne Selektion weiterer Querschnittsprofile. Allerdings dienen die weiteren Querschnitte als Stützgeometrie für die Führungselemente und sind insofern ebenfalls einbezogen. In vielen Fällen ist dagegen eine abschnittsweise Modellierung günstiger.

Anwendungen - Übungsbeispiele
Mit den aus dem Flächen- in den Volumenbereich übertragenen Funktionen lässt sich ein breites Spektrum an Bauteilen des allgemeinen Maschinenbaus konstruieren, ohne den Funktionsumfang der Umgebung *Generative Shape Design* nutzen zu müssen. Bestimmte Klassen von Teilen (z. B. Karosserien) müssen aber nach wie vor in dieser Umgebung konstruiert werden.

Typische Anwendungen sind Übergänge in Behältern und Strömungskanälen. Dazu dienen die Übungen: *Behälter, Kranhakenspitze, Rohrverzweigung, Luftschacht.*
Ab Version R21 können auch spitz zulaufende Körper ohne Anstückelung von Spitzen auf direktem Weg mit der Loftfunktion erstellt werden. Damit beschäftigen sich die Übungen *Tetraeder, Pfeilspitze, Surfbrett, Kranhaken.*

Voraussetzung für das Gelingen der folgenden Übungen sind gute Kenntnisse über Spline- und Verbindungskurven, die die Grundlage der Erstellung von Führungselementen für frei geformte Körper bilden.

Spline- und Verbindungskurven

Um qualitativ gute Übergänge zwischen Körpern unterschiedlicher Querschnitte zu schaffen, müssen Führungselemente häufig als Spline- oder Verbindungskurven erzeugt werden. Bereits im Kapitel 9.5 Schraubenfedern wurde mit diesen Kurven gearbeitet. An dieser Stelle soll an einfachen Beispielen die grundlegende Arbeitsweise mit den beiden entsprechenden Funktionen vertieft werden.

Splinekurven und Verbindungen im Skizzierer

Im Skizzierer lassen sich mit den Funktionen *Spline* und *Verbinden* **nur ebene Kurven** in der Skizzierebene erzeugen. Während mit der Funktion *Spline* Polynomkurven durch beliebig viele (bestehende oder durch Anklicken erzeugbare) Punkte erstellt werden können, gestattet die Funktion *Verbinden* nur zwei Punkte auf bereits **bestehenden** Kurven zu verbinden. Der Übergang erfolgt tangential (es sei denn, als *Stetigkeit* wurde *Punkt* eingestellt).

⇨ Eine **Splinekurve** aus fünf Punkten durch Anklicken erzeugen. Die harmonisch erstellte Kurve fixieren. Durch einen Doppelklick auf die Kurve öffnet sich das Definitionsfenster. *Spline schließen* aktivieren (die Kurve wird geschlossen), *Tangentenstetigkeit* und *Krümmungsradius* aktivieren. DerVerlauf der Kurve kann an dem **im Definitionsfenster(!)** aktiven Punkt über den Krümmungsradius beeinflusst werden. Tangente probeweise umkehren.

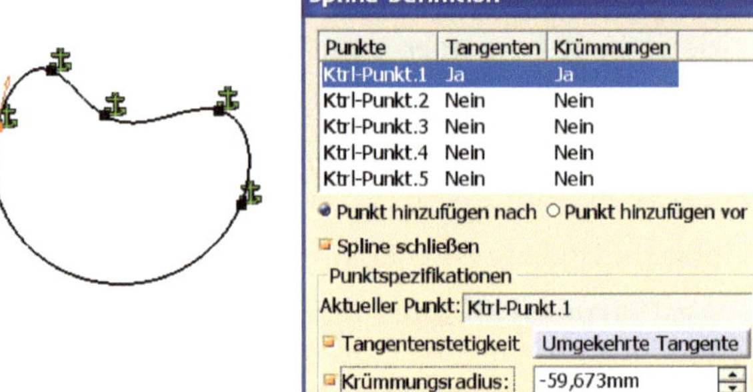

⇨ Eine **Verbindung** zwischen den Punkten 5 und 1 des zuvor erstellten noch offenen Spline herstellen und die Verbindung mit Doppelklick selektieren.

⇨ Unter *Erste Kurve* für Punkt 5 als *Stetigkeit: Krümmung* wählen und als *Spannung:* z. B. 0,5 einstellen.

⇨ Unter *Zweite Kurve* für Punkt 1 als *Stetigkeit: Tangentenstetigkeit* wählen und die *Spannung:* z. B. auf 1,4 stellen.

⇨ Tangenten-Richtung probeweise umkehren.

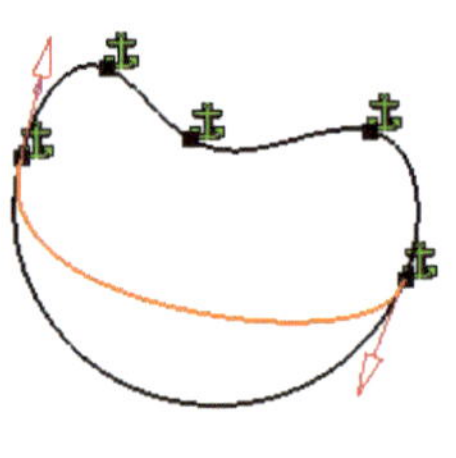

Die Nachbarkurven werden mit einer Übergangskurve stetig in Krümmung oder Tangente verbunden. Mit *Stetigkeit: Krümmung* erreicht man eine möglichst glatte Kurve (keine *Stetigkeit* mit *Punkt*). Mit höherer *Spannung* wird die Anfangskrümmung weiter in die Kurve hineingetragen.

Das Kurvenstück des Splines zwischen den Punkten 5 und 1 löschen (z. B. mit der Funktion *Schnelles Trimmen*) und die geschlossene Kurve zum Block ausdehnen. Auf diese Weise entsteht ein an den Splinepunkten in der Form noch beinflussbares nierenförmiges Teil.

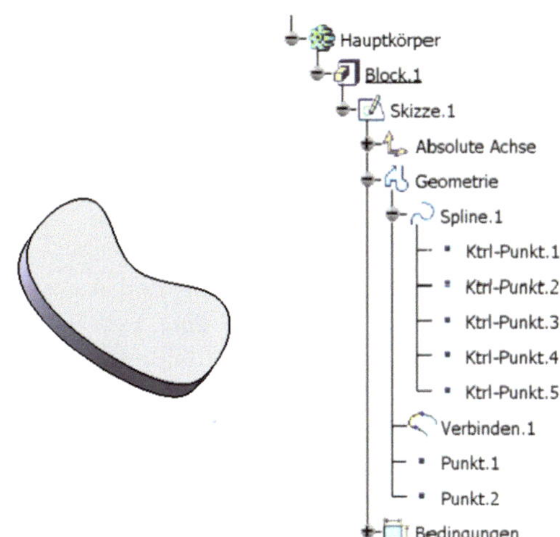

Spline- und Verbindungskurven im *Wireframe and Surface Design*

Mit den Funktionen *Spline* und *Verbindungskurve* (liegt unter Funktion) lassen sich im *Wireframe and Surface Design* **Raumkurven** erzeugen, also auch Kurven, die nicht in einer Ebene liegen. Eine solche spezielle, schon vorgefertigte Kurve ist die *Schraubenlinie*, für die es in CATIA die Funktion *Helix* gibt (siehe Kapitel 9.5).

Die Punkte, durch die der **Spline** laufen soll, müssen bereits vorhanden sein. Es sind definierte Raumpunkte oder Punkte eines Volumenkörpers, die in Skizzen erzeugt wurden.

Ein Beispiel mit willkürlich gesetzten Raumpunkten soll die Handhabung der Funktionen zeigen.

⇨ Folgende vier Raumpunkte über Koordinaten (x, y, z) erzeugen:
(10, 30, 60), (50, 50, 50),
(40, 90, 60), (10, 70, 30)

⇨ Die Punkte mit der Funktion *Spline* in der definierten Reihenfolge verbinden. Spline durch Doppelklick aktivieren. Im sich öffnenden Definitionsfenster punktweise die Verbindung beeinflussen. Bei allen Punkten wurde als *Bedingungstyp: Explizit* gewählt und als *Tangentialrichtung* die xy-Ebene, und außerdem als *Krümmungsrichtung* für die Punkte 3 und 4 die zx-Ebene selektiert. Eingegebene Spannungen und Krümmungsradien siehe Definitionsfenster.

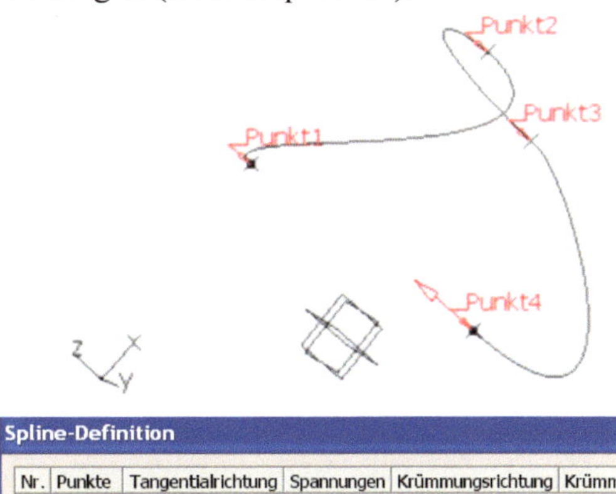

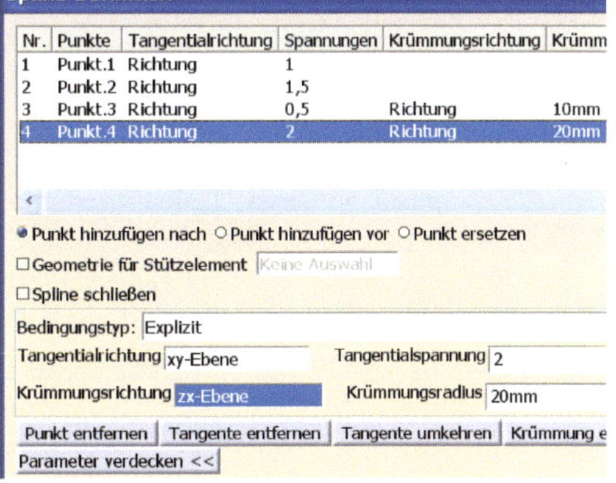

Spline-Definition

Nr.	Punkte	Tangentialrichtung	Spannungen	Krümmungsrichtung	Krümm
1	Punkt.1	Richtung	1		
2	Punkt.2	Richtung	1,5		
3	Punkt.3	Richtung	0,5	Richtung	10mm
4	Punkt.4	Richtung	2	Richtung	20mm

● Punkt hinzufügen nach ○ Punkt hinzufügen vor ○ Punkt ersetzen

☐ Geometrie für Stützelement [Keine Auswahl]

☐ Spline schließen

Bedingungstyp: Explizit

Tangentialrichtung: xy-Ebene		Tangentialspannung: 2

Krümmungsrichtung: zx-Ebene		Krümmungsradius: 20mm

Punkt entfernen | Tangente entfernen | Tangente umkehren | Krümmung e
Parameter verdecken <<

Hinweis: *Im Beispiel wurden in Ermangelung von Körperkanten als Tangential- und Krümmungsrichtung die Hauptebenen gewählt.*

Mit der Funktion **Verbindungskurve** können zwei auf Kurven liegende Raumpunkte stetig in Krümmung oder Tangente oder nichtstetig in einem Punkt (Gerade) durch eine Übergangskurve verbunden werden.

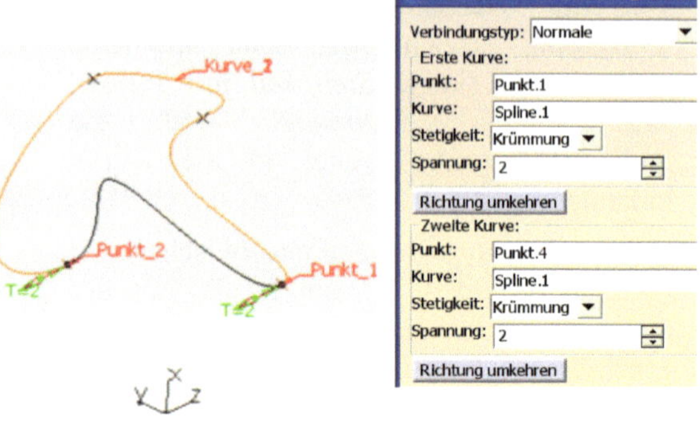

⇨ Zwischen Kurvenpunkten 1 und 4 aus dem obigen Beispiel eine Verbindung herstellen. Einstellungen aus dem Definitionsfenster übernehmen. *Richtungen* gegebenenfalls umkehren. Der Verlauf ist über *Spannung* und *Radien* beeinflussbar.

Hinweise: *Bevor mit den folgenden Übungsaufgaben begonnen wird, sollten die Übungen des Kapitels 9.2 (**Referenzelemente**) und 9.5 (Federn) durchgearbeitet worden sein.*

Zur Erinnerung: Mit den Funktionen (Punkt, Linie, Ebenen) erzeugte Hilfselemente können frei in den Raum gelegt werden. Sie können aber auch an bestehende Körper mit geometrischen Regeln als Referenz- (Bezugs-) Elemente angebunden werden. Sie sind dann assoziativ mit dem Körper verbunden, bleiben also bei Änderungen an diesem Körper haften. Voraussetzung dafür ist, dass die Funktion „Bezugselement erzeugen" im Dauermenü inaktiv ist. Ist die Funktion dagegen aktiv, entsteht fest im Raum liegende Geometrie.

Übung Behälter

Zur optimalen Raumausnutzung in Kartons, Kisten, Regalen usw. weisen Behälter oft eine rechteckige Grundform auf. Für den Behälterverschluss wird aber meistens ein kreisförmiger Gewindestutzen erforderlich.

Der Übergang der Querschnitte soll mit der Funktion *Loft* erzeugt werden.

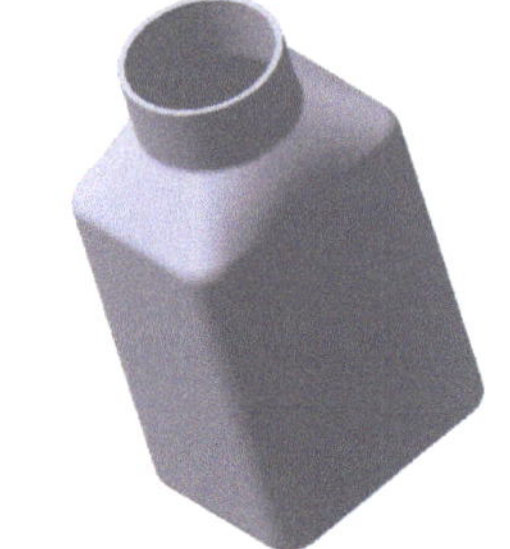

Querschnittsprofile und Führungskurven erstellen

⇨ Auf der xy-Ebene das Skizzenprofil für den Grundquerschnitt erzeugen. Das Ebenenkreuz mittig in der Skizze anordnen. In die Teilekonstruktion wechseln.

⇨ Mit der Funktion *Ebene* eine Hilfsebene im Abstand von 20 mm zur xy-Ebene erstellen. Gegebenfalls muss die Funktion noch mit *Ansicht > Symbolleisten > Referenzelemente (Erweitert)* in das Funktionsmenü einfügt werden (oder in die Anwendung *Wireframe and Surface Design* wechseln).

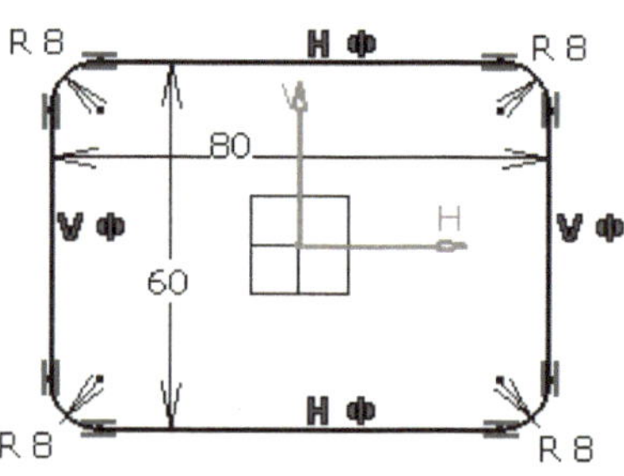

Skizze des Grundquerschnitts

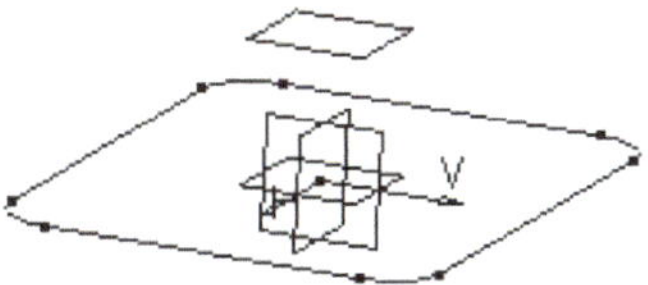

Erzeugte Hilfsebene

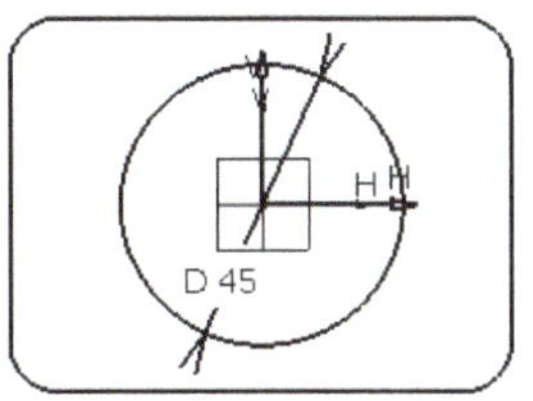

Skizze des Kreises für den Gewindestutzen

⇨ Die Hilfsebene selektieren und darauf die Skizze des Kreises (D = 45 mm) für den Gewindestutzen erzeugen.

⇨ Mit der Funktion ▾ *Punkt durch Anklicken* auf dem Kreis jeweils zwei Punkte gegenüberliegend zu den Radien des Grundquerschnitts erzeugen.

⇨ Symmetriebedingungen zur H-Achse setzen (im nebenstehenden Bild sind die geometrischen Bedingungen verdeckt) und die Maße (11, 16) eintragen.

⇨ In die Teilekonstruktion wechseln.

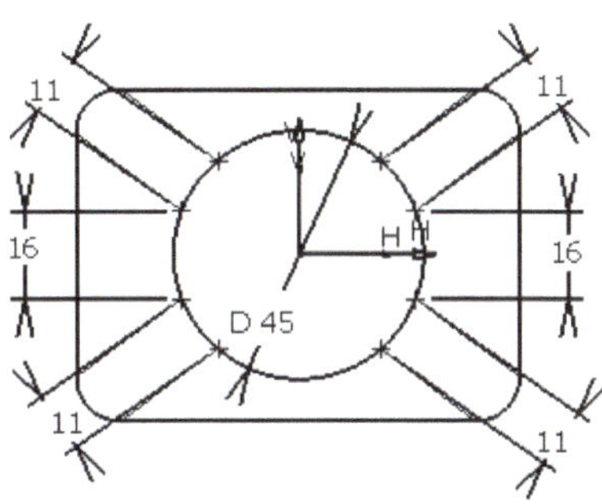

Definierte Punkte auf dem Kreis

⇨ Über die Funktion / *Linie* mit der Linienart *Punkt-Punkt* die gegenüberliegenden Punkte der beiden Skizzen durch eine Raumlinie verbinden (siehe Bild rechts). Die Raumlinien sind die Führungskurven. An ihnen wird zwangsweise die Mantelfläche des Übergangskörpers begrenzt.

Falls die Punkte in der Teilekonstruktion nicht selektieren oder nicht sichtbar sind: Den Punkten im Skizzierer über das Kontextmenü mit *RM > Eigenschaften > Grafik > Symbol* ein „+" (deutlicher als der „Punkt") zuweisen. Zusätzlich mit *RM > Objekt Punkt.n > Ausgabekomponente* die Punkte veröffentlichen (oder einfacher

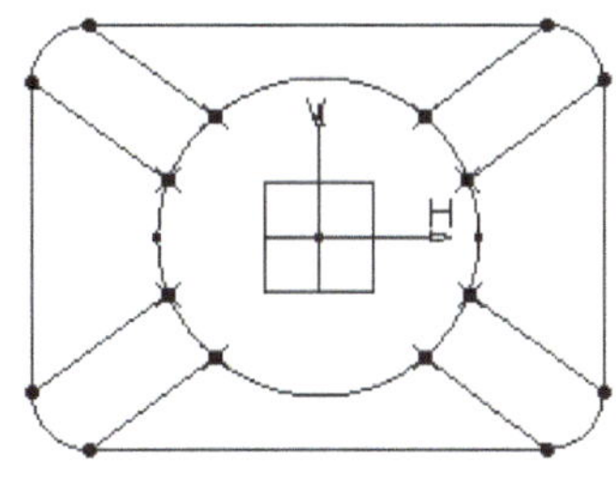

Führungskurven zwischen den Querschnitten

über dieselbe Funktion *Ausgabekomponente* im Dauermenü).

Volumenkörper mit Mehrfachschnitten erzeugen

⇨ Die Funktion *Loft* aufrufen und nacheinander die beiden Profilskizzen selektieren. Bei nur zwei Querschnitten ist die Reihenfolge beliebig.

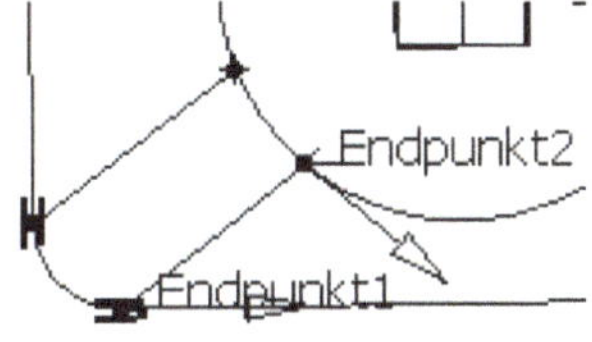

Endpunkte auf der Führungsgeraden

Die Funktion kann ohne weitere Einstellungen nicht ausgeführt werden (Fehlermeldung)!
Voraussetzung für das Erzeugen des Lofts sind:
Die Richtungspfeile an den angezeigten Endpunkten der beiden Skizzenkonturen weisen den gleichen Drehsinn auf (Richtungsumkehr durch Mausklick auf den Pfeil). Beide Endpunkte befinden sich gegenüberliegend (z. B. wie im Bild) auf einer Führungsgeraden.

In der Regel setzt das Programm aber die Skizzenendpunkte nur bei gleichartigen Querschnitten (z. B. bei zwei Kreisen) gegenüberliegend (auf der Führungskurve), sodass bei unterschiedlichen Querschnitten eine Einstellung über das Kontextmenü vorgenommen werden muss:

⇨ Nach dem Aufrufen der Loftfunktion erscheint ein Drahtmodell. Mit *RM* auf den Endpunkt der Kreiskontur (einfacher auf den Text *Endpunkt2*) > *Ersetzen* kann man anschließend den neuen Endpunkt mit der *LM* selektieren und in dieser Weise auf einen gegenüberliegenden Punkt setzen (Ergebnis siehe unteres Bild auf der vorhergehenden Seite).

⇨ Stellt man jetzt im Definitionsfenster die *Verbindung* auf *Faktor*, so wird der Loftkörper ohne Benutzung der Führungskurven erzeugt! Bei entsprechender Vergrößerung und nicht verdeckten Führungskurven kann man erkennen, dass die Oberfläche des erzeugten Volumenkörpers allerdings konkav ist (siehe Bild).

⇨ Um die Oberfläche zu verbessern, sollen jetzt die Führungskurven verwendet werden. Zunächst das Erzeugen des Körpers widerrufen. Die Funktion *Loft* erneut aufrufen, die Skizzenendpunkte wieder(!) gegenüberliegend auf einer Führungsgeraden anordnen und unter *Verbindung* die *Abschnittverbindung* auf *Tangentenstetigkeit, dann Krümmung* stellen. Jetzt unter *Führungselemente* nacheinander alle acht Führungskurven selektieren. Nach Ausführung der Funktion ist jetzt eine verbesserte, konvexe Oberfläche entstanden.

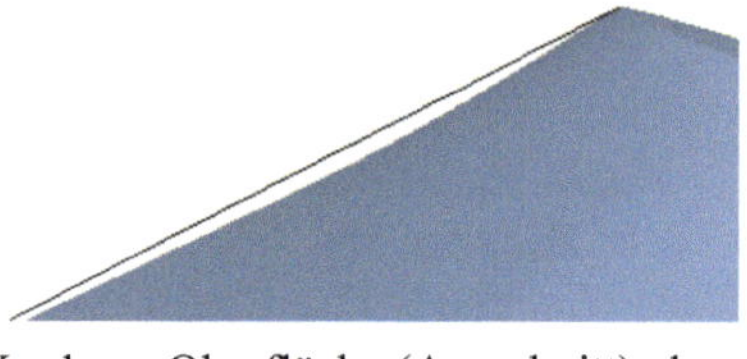

Konkave Oberfläche (Ausschnitt) ohne Benutzung von Führungselementen

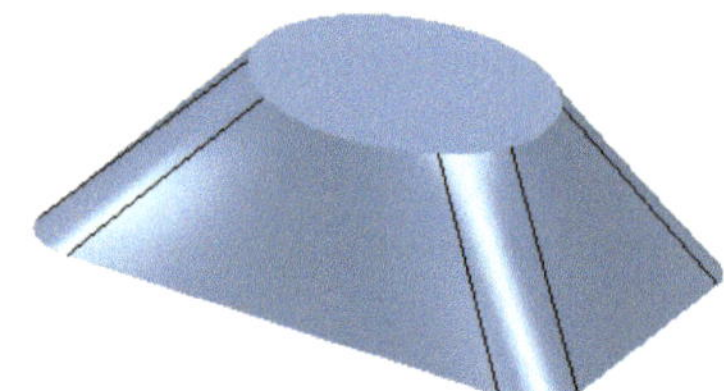

Übergangskörper unter Benutzung von Führungslinien

⇨ Änderungsstabilität des Modells testen. Im Strukturbaum unter dem Eintrag *Ebene.1* im Hauptkörper den Offsetwert auf 30 mm erhöhen. Bei richtiger Modellierung wird die Änderung ausgeführt. Änderung anschließend widerrufen.

Vollkörper des Behälters erzeugen

Die (abgerundete) Rechteckfläche des Übergangskörpers als Skizzierebene wählen. Die äußere Kontur in die Skizzenebene projizieren und als Block um z. B. 115 mm ausdehnen. Auf die gleiche Weise den Gewindestutzen mit 25 mm Länge erzeugen. Das Modell vor dem Verrunden der Kanten erneut auf Stabilität testen (z. B. Höhe des Überganges 30mm, Breite des Grundkörpers 90 mm, Durchmesser des Gewindestutzens 40 mm). Das Modell kann in sinnvollen Grenzen geändert werden.

⇨ Die Änderungen widerrufen. Die scharfen Übergänge mit z. B. R = 5 mm und Tangentenstetigkeit verrunden.

⇨ Mit der Funktion *Schalenelement* 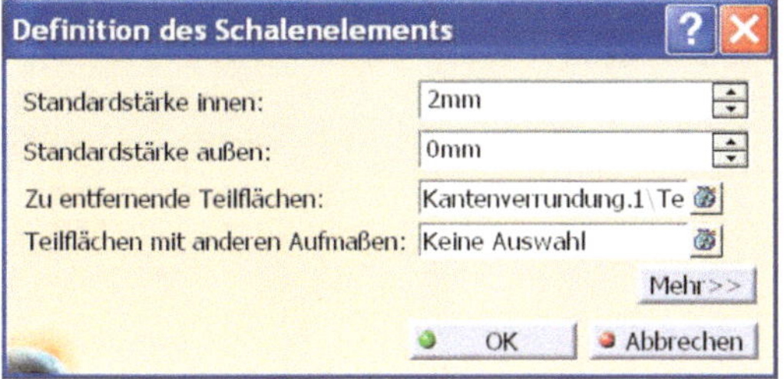 den Hauptkörper zum Hohlkörper mit einheitlicher Wanddicke gestalten. Als zu entfernende Teilfläche die Kreisfläche des Stutzens wählen.

Hinweis: *Weiteres zu Schalenelement im Kapitel **5.5.7***

Verbessern des Designs

Bei Konsumgütern spielt das Design des Behältnisses für den Absatz des Inhaltes eine erhebliche Rolle. Deshalb soll der Grundkörper in der Breite etwas verjüngt werden. Das wird mit einem weiteren Loftkörper über (mindestens) drei Querschnitte erreicht.

Konstruktion

⇨ Im bisherigen Modell das Schalenelement, die Kantenverrundungen und den unteren Block (Grundkörper) entfernen.

⇨ Ausgehend von der Bodenfläche des Übergangstückes zwei Hilfsebenen im Abstand von 57,5 und 115 mm erzeugen und darauf zwei weitere abgerundete Rechteckprofile (siehe Bild rechts) mit assoziativer Anbindung an das Profil der Bodenfläche skizzieren (z. B. mittlere Skizze jeweils 5 mm kleiner als Skizze der Bodenfläche).

⇨ Nach dem Ausrichten der Kontur-Endpunkte der Profile und der Richtungspfeile kann der zweite Loftkörper bereits aus den drei Profilskizzen (mit der Option *Faktor* als Verbindung) erzeugt werden. Die Reihenfolge der Selektion der Skizzenprofile darf dabei nur in einer Richtung erfolgen.

Durch das Verwenden von Führungskurven (mit der Funktion *Spline* im *Wireframe and Surface Design* erzeugt) und dem Nutzen verschiedener Optionen kann die Qualität der Mantelfläche weiter verbessert werden.

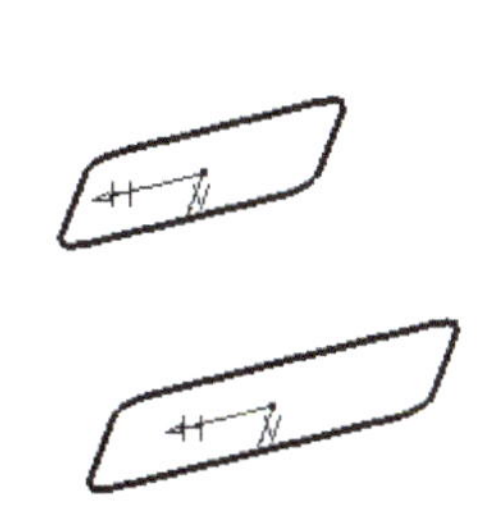

Drei variierbare Skizzenprofile
für den Grundkörper

⇨ Mit der Funktion *Teil durch Skizzierebene schneiden* im Dauermenü des *Skizzierers* einen Volumenschnitt durch den Behälter legen.

Schwachstellenanalyse

Ein häufig erst im Schnitt feststellbarer Fehler: Im Verrundungsbereich von Kanten ist die Wandstärke zu dünn ⊗. Ursache: Die Kantenverrundung wurde nach der Funktion *Schalenelement* vorgenommen! Abhilfe: Neuordnen der Struktur (siehe dazu im Kapitel 5.7).

Die Behälterkonstruktion ist assoziativ. Durch Ändern von Maßen an den Skizzenprofilen und der Ausdehnungen der Blöcke können auf einfache Weise ☺ verschiedene Behältervarianten erzeugt werden (siehe Bild unten).

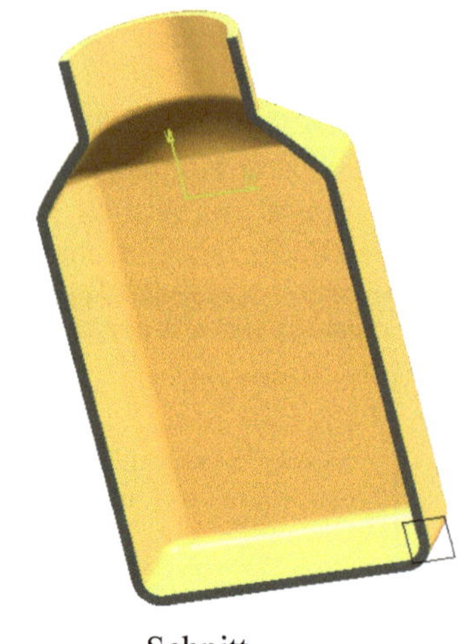

Schnitt

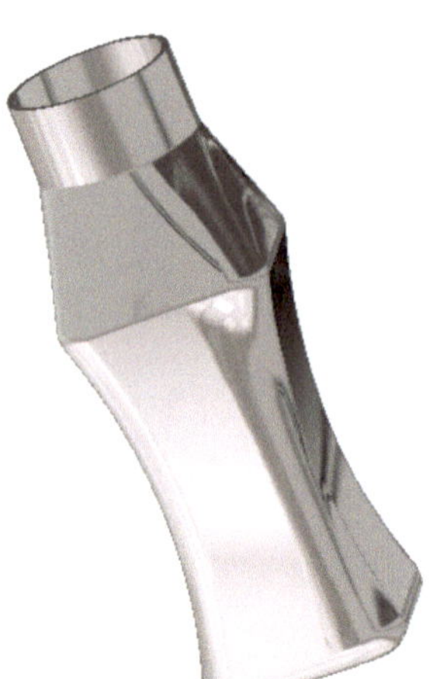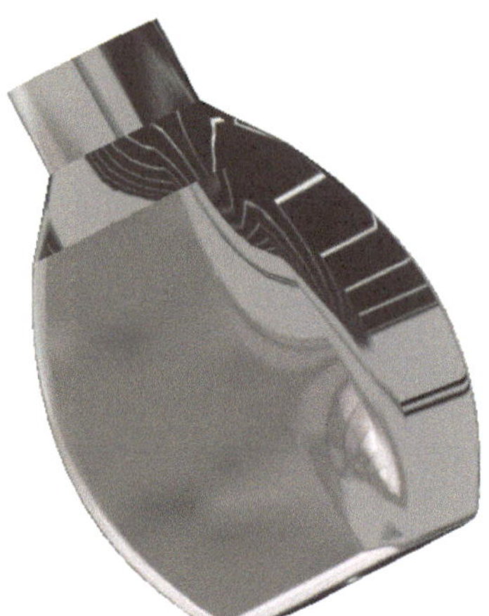

Behältervarianten durch Ändern von Parametern

Hybridmodellierung

Die Hybridmodellierung verbindet die Vorteile der Volumenmodellierung (einfache Handhabung) mit den Vorteilen der Flächenmodellierung (Erzeugen qualitativ hochwertiger, frei gekrümmter Oberflächen). Innerhalb eines Körpers kann bei Hybridkonstruktionen mit Funktionen zur Volumenkörpermodellierung aber auch mit Drahtgeometrie- und Flächenfunktionen gearbeitet werden. Die Erzeugung des Bauteiles wird dabei genau in seiner Entstehungsfolge im Strukturbaum dokumentiert. Für den Konstrukteur wird es dadurch leichter, die Konstruktionsschritte auch bei für ihn fremden Teilen nachzuvollziehen.

Als Nachteil entstehen lange, nicht wegklappbare Passagen in den Strukturbäumen. Mit Hilfe von *geordneten geometrischen Sets* (ggS) kann man diesen Nachteil (wenn auch mit Überlegungsaufwand) weitgehend beseitigen, einfache *geometrische Sets* sind dazu wenig geeignet.

Übersichtliche Gestaltung der Struktur mit Hilfe von geordneten geometrischen Sets

Die Verwendung von Hybridkonstruktion beim Erzeugen von Volumenkörpern mit Mehrfachschnitten hat auch folgenden Nachteil: Die verwendeten Skizzen (in diesem Beispiel das abgerundete Rechteck und der Kreis) werden im Strukturbaum nicht wie sonst üblich unterhalb des Volumenkörpers abgelegt, weil andere Geometrieelemente (wie im Beispiel die Führungskurven) zwischen Skizze und Körper liegen.

Am Beispiel des Behälters lässt sich sehr gut der sinnvolle Einsatz von geordneten geometrischen Sets (ggS) in der Hybridkonstruktion zeigen. Diese widerspiegeln im Gegensatz zu einfachen geometrischen Sets die Entstehungsgeschichte der Geometrie.

CATIA V5 ermöglicht ab Release 16 bereits bei der Neuerstellung eines Bauteils ein oder mehrere ggS einzufügen. Dies kann jedoch auch nachträglich geschehen. Wird zuvor selektierte Geometrie (Aufbaulogik beachten!) mit der Funktion *Einfügen > Geordnetes geometrisches Set* aus der Hauptmenüzeile in einem (sinnvoll benannten) ggS abgelegt, kann der Strukturbaum des Bauteiles schlank und übersichtlich gehalten werden.

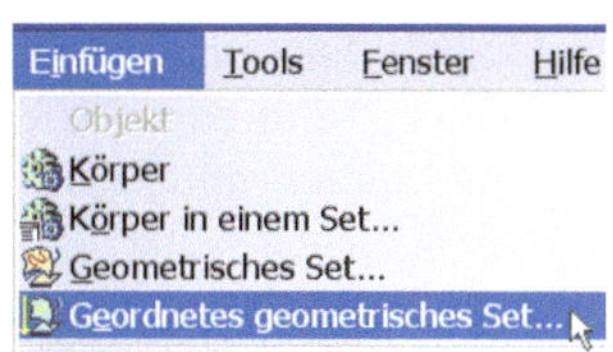

Die Geometrie unterhalb des ggS kann jetzt weggeklappt werden.

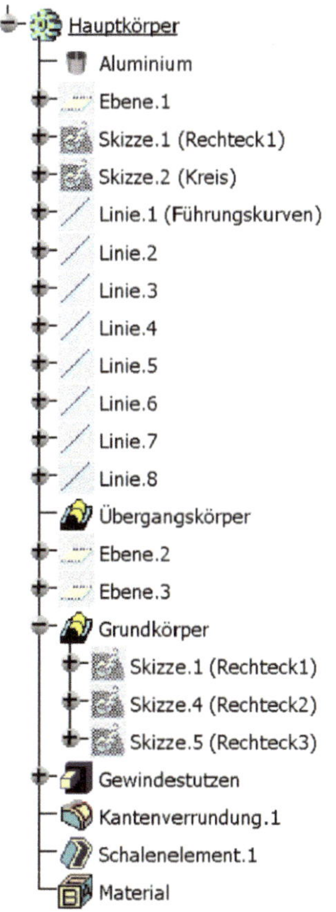

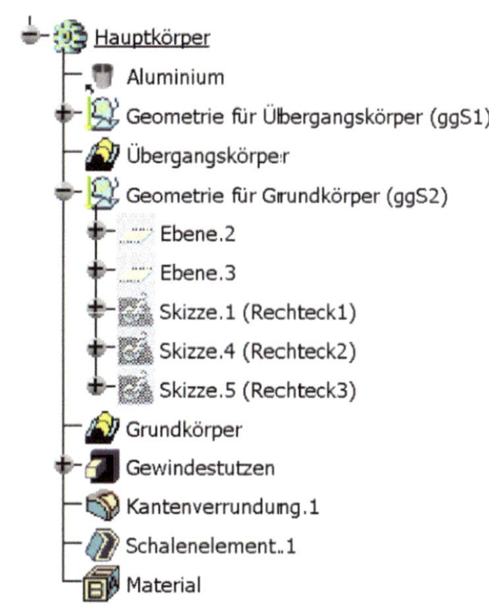

Die Abbildung links zeigt den Strukturbaum des Behälters als Hybridkonstruktion ohne geordnete geometrische Sets. Er ist im Vergleich zum Baum in der Abbildung rechts unübersichtlicher. Rechts wurde die Geometrie der Volumenkörper in zwei ggS (*Geometrie für Übergangskörper* und *Geometrie für Grundkörper*) zusammengefasst, deren Inhalte sich wegklappen lassen.

Fortführung der Behälterkonstruktion für Fortgeschrittene ☺ :

Für interessierte Anwender soll die Behälterkonstruktion komplettiert werden. Die Anleitung ist bewusst knapp gehalten.

Erzeugen einer Aushöhlung am Boden

Am Boden eines Behälters befindet sich zumeist eine Aushöhlung, um eine bessere Standfestigkeit zu erzielen. Diese Aushöhlung kann z. B. mittels eines Abzugskörpers erstellt werden.

Dazu in einem neuen Körper auf einer Hilfsebene mit 10 mm Abstand zur Bodenfläche nebenstehende Skizze anlegen. Die halbe Ellipse mit den Funktionen *Ellipse* und *Schnelles Trimmen* erzeugen. Aus der Skizze mit der Funktion *Welle* einen eiförmigen Volumenkörper erzeugen und diesen mittels boolescher Operation vom Hauptkörper abziehen.

Hinweis: *Die Aushöhlung muss in der Reihenfolge vor der Operation Schalenelement angeordnet werden! (Neuanordnung von Elementen siehe im Kapitel 5.7)*

Skizze der Aushöhlung

Aufbringen eines Gewindes

Auf den Behälterstutzen soll ein Gewinde aufgebracht werden, wobei dieses am unteren und am oberen Ende verrundet (in der Praxis verjüngt) werden soll. Dazu muss ein Körper erzeugt werden, welcher zur besseren Übersicht in *Gewinde* umbenannt wird. Er wird später zum Hauptkörper hinzugefügt. Das Gewinde muss separat erzeugt werden, da es eine Verdickung des Behälters darstellt und somit nicht in die Operation *Schalenelement* einbezogen werden kann. Ausgeführt werden soll ein Rundgewinde nach DIN 168. Dieses Gewinde wird vorzugsweise für Glasbehälter in der Lebensmittelindustrie eingesetzt. Das Gewinde soll mittels einer Schraubenlinie (siehe dazu im Kapitel 9.5) über die Funktion *Rippe* erzeugt werden.

Den Durchmesser des Gewindestutzens auf den genormten Kerndurchmesser des Gewindes von 42,3 mm ändern. Anschließend wird in einem neuen Körper die Geometrie für das Gewinde erzeugt. Dazu muss in die Umgebung *Mechanische Konstruktion > Wireframe and Surface Design* gewechselt werden.

Dort werden zuerst die Punkte (0; 0; 0) und (0; 0; 50) für die Achse der Schraubenlinie erzeugt und mittels einer Raumlinie verbunden. Dann wird der Startpunkt (22,5; 0; 28) der Schraubenlinie erstellt. Mit dem Startpunkt und der Raumlinie wird die Schraubenlinie über die Funktion *Helix* wie in nebenstehendem Bild dargestellt definiert. Sie windet sich um den Stutzen.

Anschließend eine Hilfsebene senkrecht zur Helix (Schraubenlinie) auf deren Startpunkt legen.

Zurück in die Umgebung *Part Design* wechseln und auf diese Ebene die nebenstehende Skizze des Gewindeprofils legen. Der äußerste Punkt der Kurve mit dem Radius 0,99 mm muss zum Startpunkt der Helix kongruent gesetzt werden. Die Vertikale des Profils liegt am Gewindestutzen an bzw. dringt leicht in ihn ein.

Mit der Funktion *Rippe* 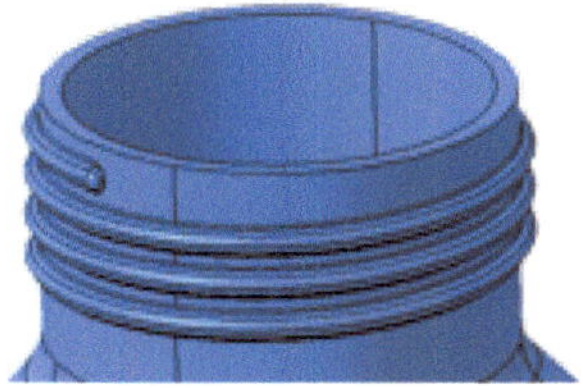 wird anschließend das Gewinde erzeugt. *Profil* ist dabei die Kontur des Gewindequerschnitts und *Zentralkurve* ist die Helix. Mit *Profilsteuerung: Auszugsrichtung* und der Achse der Helix als *Auswahl* wird verhindert, dass sich das Profil verwindet. Die Enden des Gewindes mit Radius 1 mm verrunden. Danach mittels boolescher Operation die Körper vereinigen.

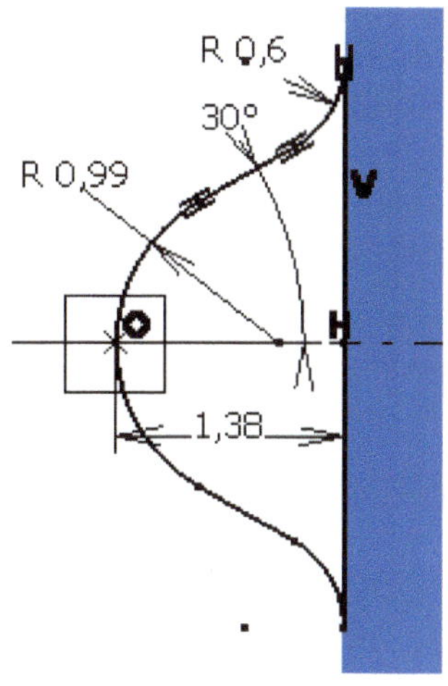

Skizze des Gewindeprofils

Modellierung eines Deckels

In analoger Weise kann nun auch ein Deckel mit Innengewinde erstellt werden. Ein Beispiel für seine Gestaltung zeigt das untere Bild. Wieder wird das Gewinde in einem separaten Körper erzeugt, in diesem Fall aber vom Grundkörper abgezogen.

Die Grundskizze sei ein Achteck (auf der xy-Ebene), in dem mittig das Koordinatenkreuz liegt. Notwendig für die korrekte Erstellung des Gewindes sind eine Grundbohrung im Volumenkörper mit dem Durchmesser 42,6 mm, eine Mittelachse und der Startpunkt der Helix mit den Koordinaten (22,65 ; 0 ; x), wobei mit x (z. B. 8) etwas experimentiert werden muss, um einen sauberen Gewindeauslauf zu erhalten.

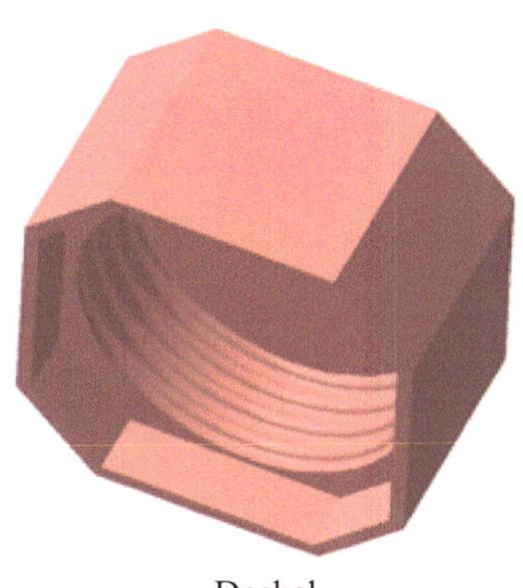

Deckel

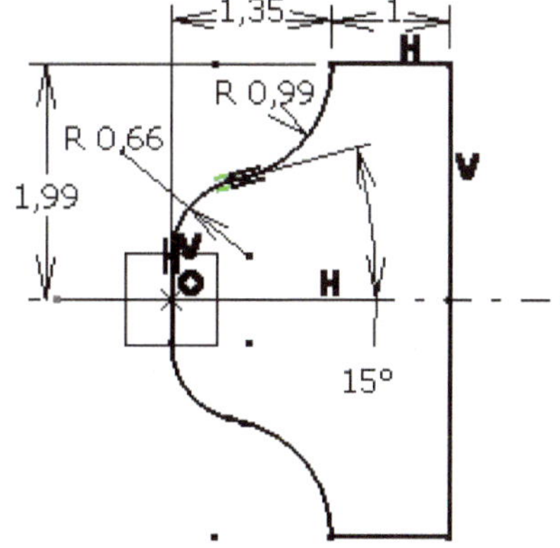

Skizze vom Abzugsprofil des Innengewindes

Die Helix muss die gleiche Steigung aufweisen wie diejenige des Außengewindes. Auch die Höhe der Helix ist zu variieren, bis sie die gewünschten Maße aufweist. Erneut muss eine Hilfsebene auf dem Startpunkt der Helix senkrecht zur Kurve erzeugt werden, auf dem die Skizze des Innengewindes angelegt wird. Der linke äußerste Punkt ist mit dem Startpunkt der Helix kongruent zu setzen.

Das Profil für das Innengewinde wird mit der Funktion *Rille*  vom Grundkörper abgezogen. Unter *Profilsteuerung* wird *Auszugsrichtung* und als Achse wird die Mittellinie der Helix ausgewählt.

Hinweis: *Der Deckel ist ein Kunststoffteil. Es ist darauf zu achten, dass im Gewindebereich genügend Material vorhanden ist, damit es nicht ausbricht. Die sonstigen Wandstärken sollten aber klein gehalten werden.*

Zusammenbau von Behälter und Deckel

Vor der Durchführung dieses Übungsteils sollte das *Kapitel 6* durchgearbeitet worden sein!

Den Behälter und den Deckel in ein neues Produkt einfügen. Den Behälter fixieren und den Deckel mittels Baugruppenbedingungen am Behälter anbinden. In der Baugruppe, die nebenstehende Schnittansicht zeigt, wurden eine Kongruenzbedingung der Mittelachsenachsen und ein Flächenkontakt zwischen der Grundfläche der Bohrung im Deckel sowie der Stirnfläche des Gewindestutzens gewählt.

Kollisionsanalyse

Mit der Funktion 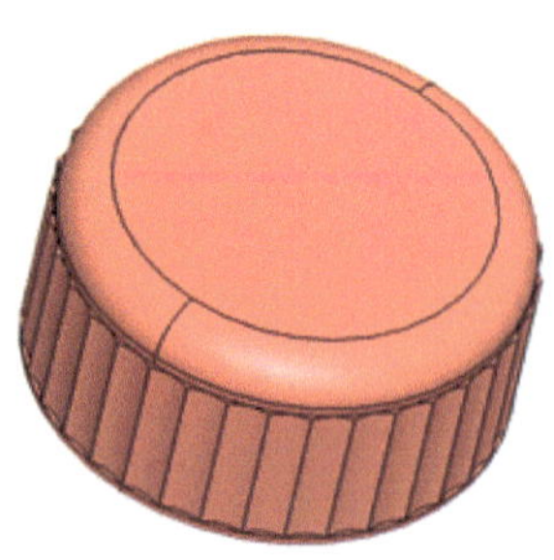 *Überschneidung* kann geprüft werden, ob die Gewindekonstruktionen richtig ausgeführt wurden. Das Arbeiten mit dieser Funktion ist im *Kapitel 10.5.4 Kollisionsanalysen* beschrieben. Bei korrektem ☺ Zusammenbau zeigt diese Analyse nur den Kontakt zwischen den beiden Stirnflächen aber keine Überschneidung der Gewinde!

Hinweis: *Die Übungen zur Gewindeerstellung wurden bewusst sehr allgemein und knapp formuliert. Sie richten sich an den fortgeschrittenen Leser. Es entspricht der Arbeitsweise eines Konstrukteurs, dass in der Regel nicht alles exakt durch Skizzen oder Beschreibungen vorgegeben ist, sondern sich vieles erst während der Modellierung ergibt. Denkbar wäre zum Beispiel auch, dass ein runder Deckel ausgeführt wird. Diese Entscheidung wird hier dem Übenden überlassen.*

Es gilt die Regel

Entwerfen und Verwerfen!

In der Praxis ist eine Absprache mit Designern und Vertriebsexperten zur Feinabstimmung bei Gestaltung und Farbgebung sinnvoll.

Übung Kranhakenspitze

Das *gebogene* Endstück mit einem (etwas vereinfacht) kreisförmigen Querschnitt eines Kranhakens soll erzeugt werden. Die Übung dient auch zur Durchführung von Krümmungsanalysen.

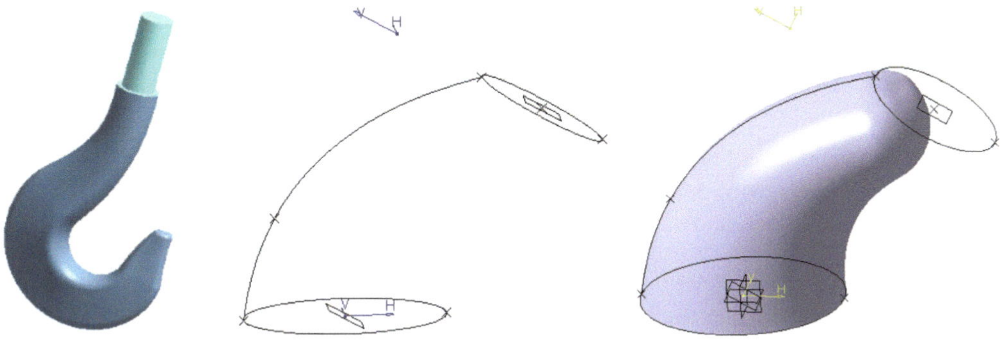

⇨ Auf der xy-Ebene einen Kreis (Mitte im Koordinatenursprung) mit D=30mm und zwei gegenüberliegenden Skizzenpunkten (kongruent zur H-Achse) erzeugen.

⇨ Im *Part Design* Raumpunkt mit den Koordinaten xyz (30, 0, 30) definieren. Eine um 20° zur xy-Ebene geneigte Ebene erstellen. Parallel zu dieser Ebene eine weitere Ebene durch den definierten Raumpunkt legen. Auf dieser Ebene einen Kreis mit D = 20 (Mittelpunkt kongruent zum Raumpunkt) skizzieren und zwei gegenüberliegende Skizzenpunkte kongruent zur V-Achse erzeugen.

⇨ Einen Raumpunkt (-10, 0, 15) definieren. In die Anwendung *Wireframe and Surface Design* wechseln und mit der Funktion *Spline* eine Raumlinie durch je einen Skizzenpunkt auf den Kreisen und durch den zuletzt definierten Raumpunkt legen (Ergebnis: Bild oben Mitte).

⇨ In das *Part Design* wechseln und mit der Loft-Funktion einen Volumenkörper erzeugen (beide Kreise selektieren, *Verbindung > Tangentenstetigkeit, dann Krümmung, Führungselemente* und dann den Spline selektieren) *OK*.

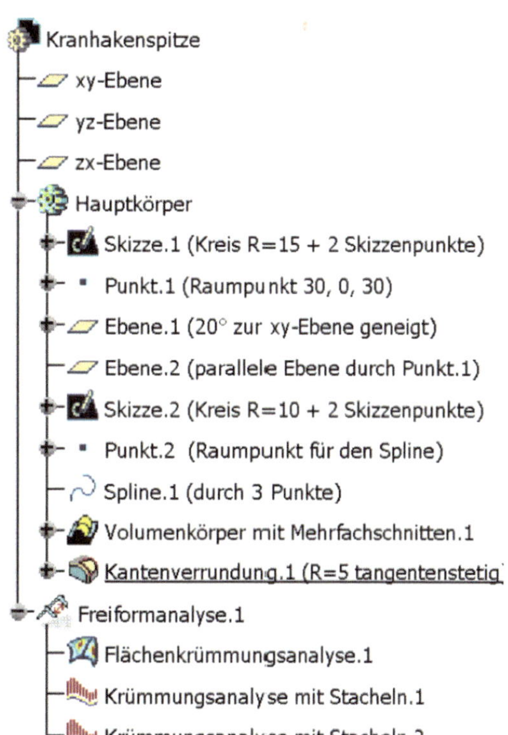

Strukturbaum der Hakenspitze

⇨ Die Kreiskante (D=20) mit R=5 und *Tangentenstetigkeit* verrunden (Ergebnis: Bild oben).

Hinweis: *Skizzenpunkte lassen sich in der Regel (mit der Funktion Punkt durch Anklicken) einfacher als die Raumpunkte platzieren, müssen aber über das Dauermenü zu Ausgabekomponenten erklärt werden, damit sie im Part Design sichtbar sind.*

Krümmungsanalyse

Die Krümmung ist der Kehrwert des Krümmungsradius (1/R). Durch Krümmungsanalysen lässt sich die Güte von Oberflächen bewerten.

⇨ Im Dauermenü des *Part Design* die

Funktion 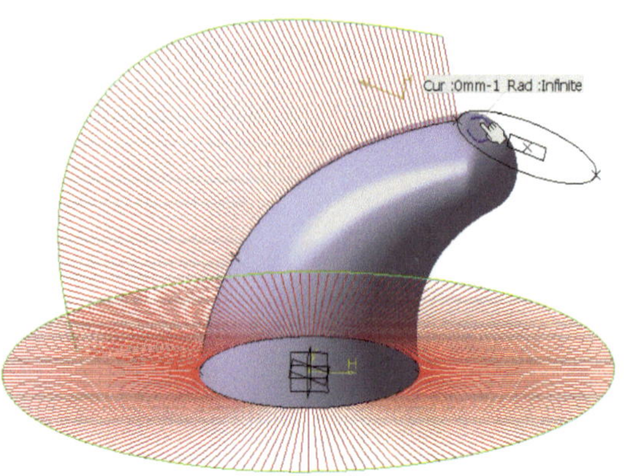 Flächen-*Krümmungsanalyse* aufrufen. Im Fenster den Schaltknopf *während der Verarbeitung* aktivieren und mit dem Mauszeiger die Oberfläche analysieren. An der Hakenspitze wird ein nicht gekrümmtes Flächenstück (siehe Bild, *Cur: 0mm-1 Rad: Infinite*) entdeckt ☺. Der Radius kann also etwas größer gewählt werden.

Krümmungen an einer Hakenspitze

⇨ Im Dauermenü des *Wireframe and Surface Design* die Funktion  *Krümmungsanalyse mit Stacheln* aufrufen und nacheinander (*Strg*-Taste) den Spline (im Baum sicherer) und die Kreiskante selektieren. Die Krümmung eines Kreises ist konstant, während die Krümmung der Hakenspitze variiert (siehe Bild oben). Verschiedene Optionen im Fenster einstellen.

Hinweis: *Krümmungen sollten möglichst gleichmäßig sein. Wendepunkte und Richtungswechsel in der Krümmung deuten auf einen welligen Verlauf der Oberfläche hin.*

Übung Rohrverzweigung

⇨ Auf der xy-Ebene einen Viertelkreis mit d=60mm (der Einfachheit wegen im Koordinatenursprung beginnend) skizzieren. Der Viertelkreis stellt die Leitkurve für die Erzeugung des Loftkörpers dar. Auf den Endpunkt und in Kurvenmitte je einen Raumpunkt setzen. Durch beide Punkte senkrecht zur Kurve eine Hilfsebene erzeugen. Auf die zx-Hauptebene und die beiden Hilfsebenen Profilkreise mit d=40, 30 und 20mm zeichnen (siehe Bild). Kreismittelpunkte an die Raumpunkte anbinden.

⇨ Loftkörper über 3 Profilskizzen bilden (Konturpfeile einheitlich ausrichten, *Verbindung: Tangentenstetigkeit, dann Krümmung*).

Symmetrische Rohrverzweigung

⇨ Erzeugtes Rohrstück um die yz-Ebene spiegeln. Mit *Schalenelement innen: 2 mm* den Körper aushöhlen. Durch die Mittelebene im Skizzierer einen Kontrollschnitt legen (siehe Bild). Änderungsstabilität erkunden.

Hinweise: *Nicht immer gelingt das Aushöhlen mit der Funktion Schalenelement! Eine zu spitze Kante (wie im Bild) kann den Erfolg verhindern. In diesem Fall den Loftkörper **vor** dem Spiegeln aushöhlen, an der Mittelebene **abtrennen** (Funktion 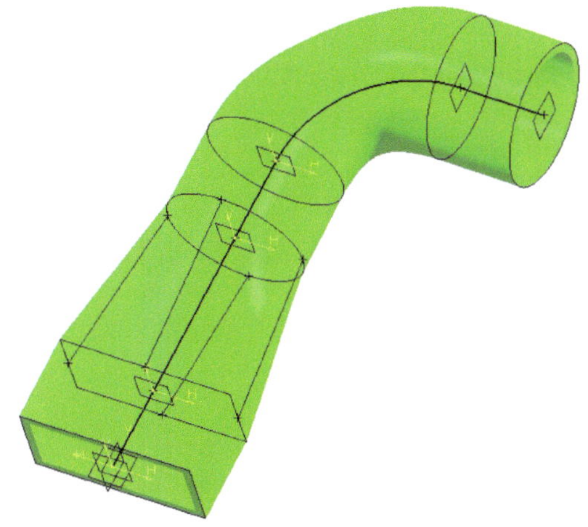 Trennen) und dann erst **spiegeln**. Auch eine Kantenverrundung vor dem Aushöhlen kann gegebenenfalls vorteilhaft sein.*

Übung Luftschacht (als Hybridkonstruktion mit ggS)

Hinweise: *ggS erst nachträglich im Part Design erzeugen. Ebenen, Linien und Punkte schwärzen.*

⇨ Auf der xy-Ebene die Kurve der Profilmittelpunkte skizzieren. Abschnittslängen z. B. 30, 50, 30, R=40, 30mm. Die Abschnittspunkte im *Skizzierer* zu Ausgabekomponenten(!) erklären und im *Part Design* senkrecht zur Kurve Hilfsebenen durch die Punkte errichten, darauf die Profilskizzen mittig legen (2 Rechtecke 40x20, 4 Kreise d=32mm).

⇨ Für das Übergangsstück in den beiden Skizzen jeweils 4 Punkte gegenüberliegend erstellen und mit Raumlinien verbinden (siehe nebenstehendes Bild).

Es ist zu entscheiden, ob die Teilkörper mit oder ohne Führungselemente erstellt werden können. Bei einer Verbindung mit *Faktor* muss die Anzahl der gegenüberliegenden Punkte gleich sein. Die angezeigten Endpunkte müssen gegenüber liegen und der Richtungspfeil muss den gleichen Drehsinn aufweisen (siehe dazu Seite 250), ansonsten kann der Körper nicht erzeugt werden oder er verwindet sich.
Die Profilskizzen selektiert man im Baum.

⇨ Zuerst den Loftkörper des Rechteckschachtes (Selektion der beiden Profile genügt) erzeugen.

Teil eines Luftschachtes

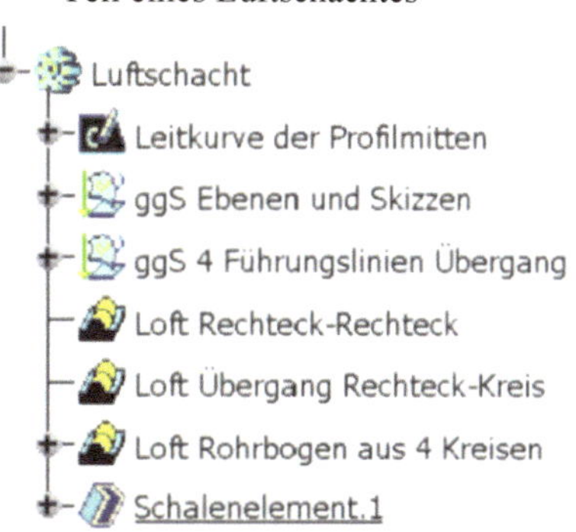

Strukturbaum mit ggS

⇨ Das Übergangsstück zunächst versuchen ohne Führungselemente zu erstellen ⊗, dann mit *Abschnittsverbindung: > Faktor > Führungselemente >* die 4 Führungslinien selektieren ☺.

⇨ Der dem Übergangstück folgende Rohrkrümmer lässt sich durch Selektieren der vier Kreisprofile in einem Zug erzeugen.

⇨ Die Stabilität des Modells durch Längen- und Profiländerungen erkunden.

Durch Kantenverrundungen in der Skizze(!) der Rechteckprofile kann die Oberflächenqualität des Übergangsstückes gesteigert werden (siehe Übergangsteil in der Behälterübung).

Hinweise: *Zur Abwinkelung von Körpern in den Raum siehe Kapitel 9.5 (Übung Schenkelfeder).*

Volumenmodelle mit punktförmiger Spitze

Ab der Version R21 können mit der Loftfunktion auch Körper erzeugt werden, die zu einer punktförmigen Spitze auslaufen. Die Modellierung solcher Körper wird dadurch einfacher ☺.

Hinweis: *Wer nicht über diese Funktionalität verfügt, kann sich in vielen Fällen anstelle eines Punktes für die Spitze mit einem zusätzlichen Querschnitt in dessen unmittelbarer Nähe behelfen (siehe auch Übung Kranhakenspitze). Auch die Modellierung des Kranhakens am Schluss dieses Kapitels erfolgt zunächst ohne diese Funktionalität!*
Im Folgenden sind mehrere Beispiele von spitz zulaufenden Körpern aufgeführt. Bedingung für das Gelingen der Modellierung sind mindestens ein ebener Querschnitt und ein Raumpunkt zu dem mindestens zwei Führungslinien verlaufen.

Übung Tetraeder

Lässt sich ein Kegel auch durch Rotation eines Skizzenprofils erstellen, so ist das beim Tetraeder nicht der Fall. Er könnte aus einem Prisma durch Abzugskörper entstehen. Ab Version R21 ist die Modellierung aber einfacher.

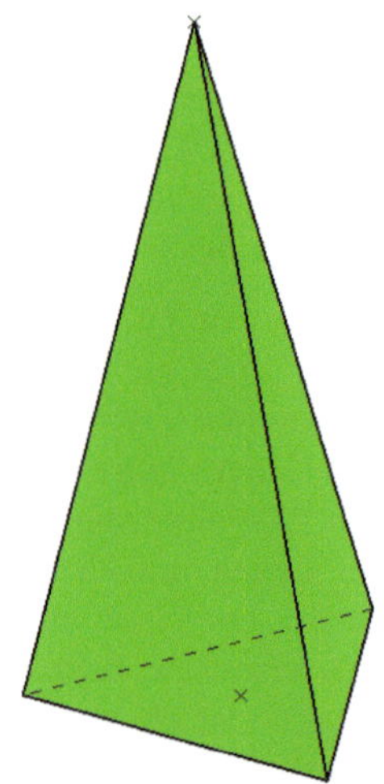

⇨ Im Skizzierer des *Part Design* ein gleichseitiges Dreieck auf der xy-Ebene erzeugen. Den Flächenmittelpunkt ermitteln (unter *Eigenschaften* dafür als *Symbol* das *x* wählen) und den Punkt zur Ausgabekomponente erklären.

⇨ Im *Part Design* über dem Flächenmittelpunkt als Referenzpunkt einen Raumpunkt erzeugen (*Punktyp: Koordinaten*) und von dort anschließend zwei (Minimum) Raumlinien zu zwei Eckpunkten der Grundfläche definieren.

⇨ Die Loftfunktion aufrufen und die Grundfläche selektieren. Im Definitionsfenster unter *Verbindung > Faktor* einstellen. Im Definitionsfenster *Führungselemente* selektieren und die beiden Raumlinien im Drahtmodell nacheinander selektieren.

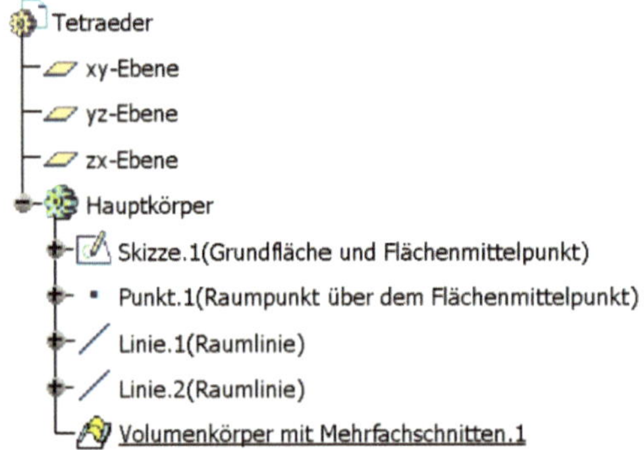

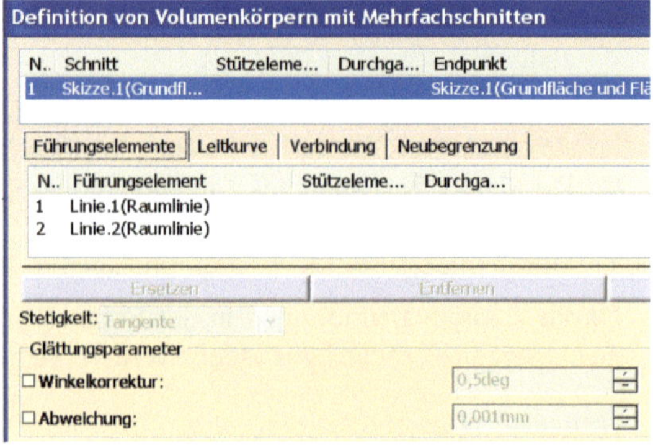

Übung Pfeilspitze

Bei der Volumenmodellierung dieser gegenüber
den vorangegangenen Beispielen komplizierter ge-
formten Pfeilspitze kann besonders der **Einfluss
von mit Splines definierten Führungskurven** geübt werden.

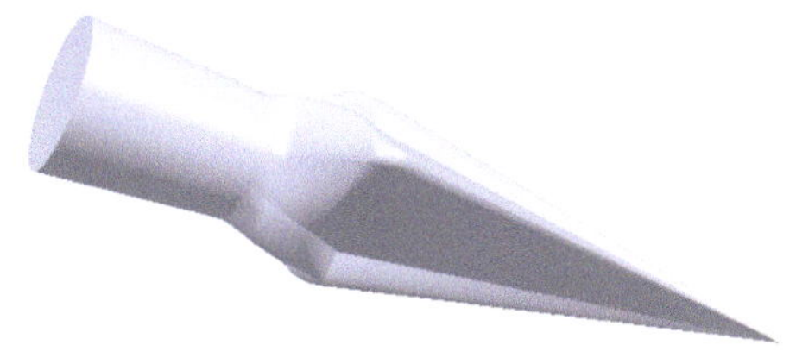

Es ist stets vorteilhaft, vor Beginn der Modellierung
eine zweckmäßige Vorgehensweise zu planen.

Zunächst sollte man sich die mittels Skizzen festzulegenden ebenen **Querschnittsprofile** in
Form und ungefähren Abmessungen ausdenken. Wird das Modell assoziativ aufgebaut, lassen
sich Form und Abmessungen später noch in sinnvollen Grenzen ändern.

In diesem Fall sind es von links betrachtet zwei Kreisquerschnitte für den (später
auszuhöhlenden) Schaft und ein im dichten Abstand sich anschließendes kreuzartiges
Querschnittsprofil. Vom letzteren Querschnitt ausgehend, soll eine scharfe Spitze erzeugt
werden. Hierfür ist ab der Version R21 nur ein Punkt in etwas größerem Abstand erforderlich.

⇨ Auf einer Hauptebene die
  nebenstehende Skizze des
  Pfeiles erzeugen (die untere
  Hälfte spiegeln).
⇨ Zwei Hilfsebenen parallel
  zur (rechtwinkligen) Hauptebene gemäß unten stehen-
  der Abbildung erstellen.

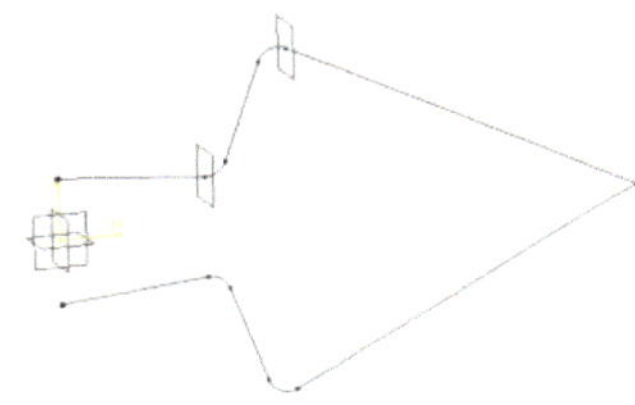

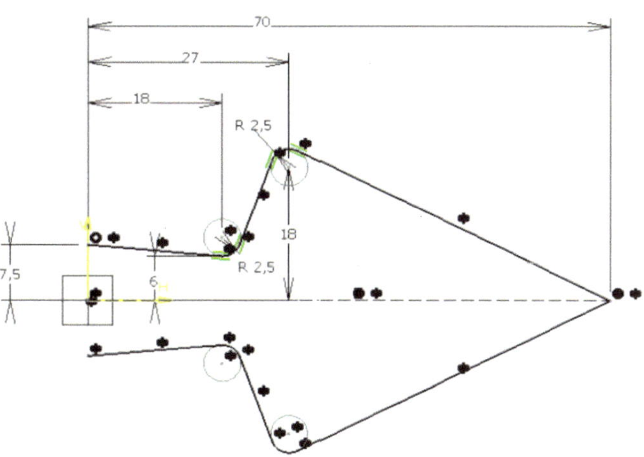

⇨ Auf der Hauptebene und den zwei
  Hilfsebenen die Querschnitte für die Pfeilspitze skizzieren. Die Mittelpunkte der beiden
  Kreise liegen auf der Symmetrieachse und
  sind an ihrem Umfang mit der Skizzenkontur
  des Pfeiles kongruent zu setzen (dadurch
  keine Durchmesserangabe notwendig).
⇨ Die Skizze für den kreuzförmigen Querschitt
  ist auf der folgenden Seite abgebildet. Die
  untere Hälfte kann durch Spiegeln an der
  großen Ellipsenachse erzeugt werden. Die
  Skizze wird an ihrem äußeren Bogen wieder
  mit der Kontur des Pfeiles kongruent gesetzt.

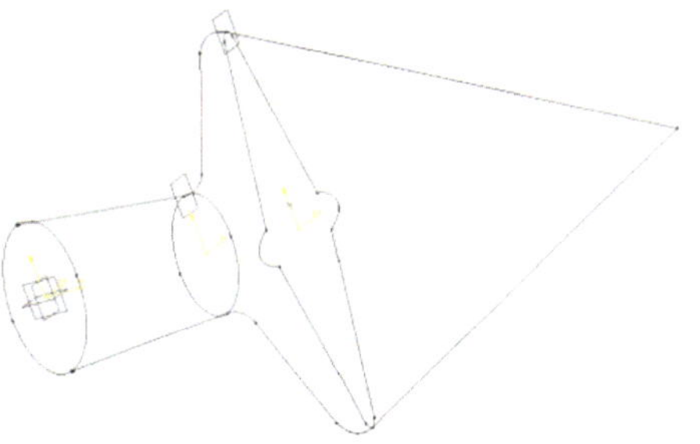

⇨ Zum Bemaßen ist ein Punkt auf die kleine Halbachse der Ellipse zu setzen und als Symbol zweckmäßig das x zu wählen.

Querschnittsprofile sind mit den Funktionen 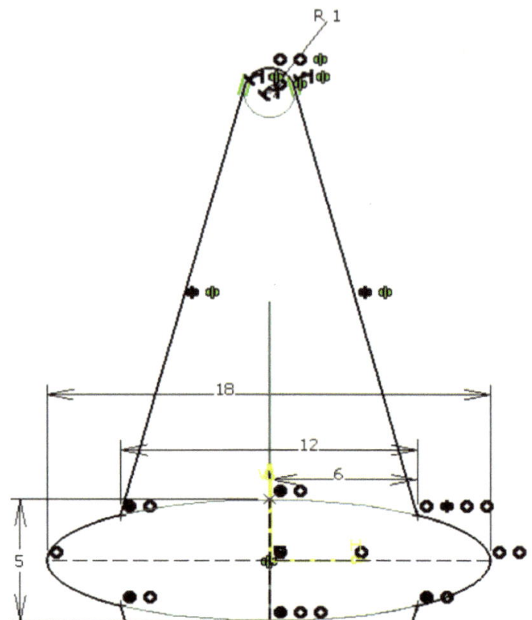 *Zusammenfügen* oder *Ableiten* beide aus dem *Wireframe and Surface Design* zu verbinden (bei den Kreisen nicht unbedingt erforderlich). Die Funktion *Ableiten* befindet sich unter der Funktion *Begrenzung*.

⇨ Zunächst die drei Querschnitts-profile mit der Funktion *Zusammen-fügen* verbinden.

Das Erzeugen eines Volumenkörpers an dieser Stelle ergibt keine befriedigende Lösung!

Definition von Führungskurven

Die Kontur der Pfeilspitze eignet sich als Führungslinie. Dazu müssen die einzelnen Kurvenstücke verbunden werden. An der Pfeilspitze darf jedoch keine Verbindung entstehen.

⇨ Mit der Funktion *Ableiten* die obere halbe Kontur (in einem Zug!) verbinden. Wird als *Fortführungstyp: Tangentenstetigkeit* gewählt, so wird die Führungskurve an der Pfeilspitze beendet (es erfolgt ein Eintrag *Ableiten.1* im Strukturbaum).

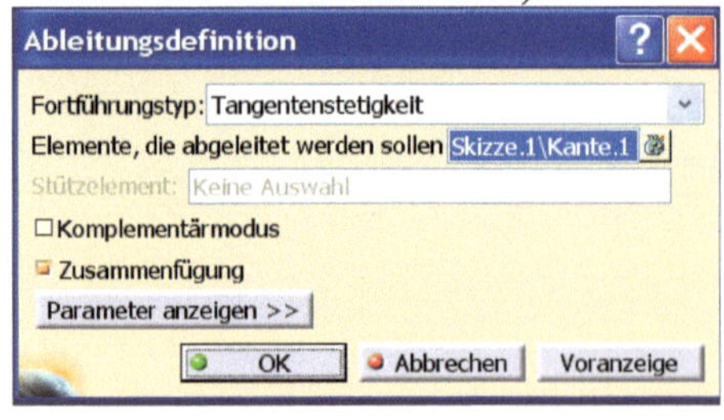

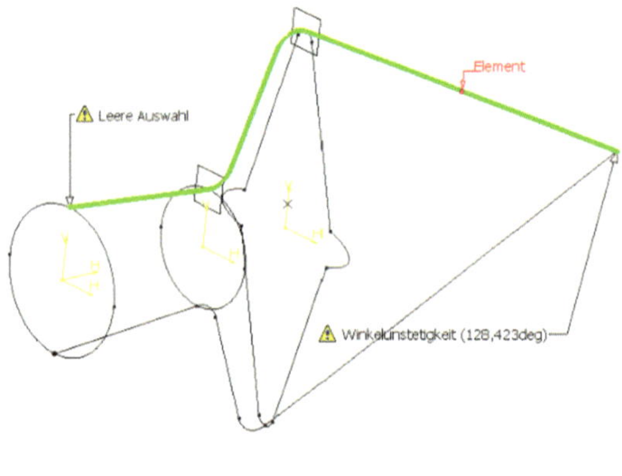

Die obere dickere (grüne) Kurve wird später als Führungskurve bei der Loftdefinition benutzt.

⇨ Das gleiche mit der unteren Konturhälfte der Pfeilspitze wiederholen (Eintrag *Ableiten.2* im Strukturbaum).

Um weitere Führungskurven zu erhalten, müssen geeignete Punkte für Splines erzeugt werden. Das erfolgt am Einfachsten in den Skizzen der Querschnitte.

⇨ Zunächst Punkte (*Symbol x*) an den beiden äußeren rechtwinklig zur Pfeilkontur sich befindenden Stellen der drei Querschnitte bilden. (siehe Bild). Die Punkte im Schaft durch zwei Linien verbinden. Ebenfalls zwei Linien von den Punkten im Querprofil zur Pfeilspitze erzeugen.

⇨ Zwischen den zu koppelnden Punkten am kleinen Kreisprofil und den Punkten am Querprofil werden jetzt mit der

Funktion *Verbindungskurve* 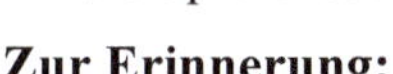 zwei harmonische Übergangskurven erzeugt. Das Erstellen der Geraden ist Voraussetzung (!) für das Funktionieren (siehe vorn unter 9.6 Grundlagen). Einstellungen aus dem Definitionsfenster übernehmen. Die beiden Führungskurven *Zusammenfügen*.

⇨ *Loft* > *Schnitt:* > großes Kreisprofil selektieren > *Verbindung: Faktor* > *Führungselemente: Ableiten.1, Ableiten.2, Verbindung.5, Verbindung.6*. Das Modell befriedigt noch nicht! Die Übergänge sind zwar harmonisch aber die Spitze ist zu klobig ☹.

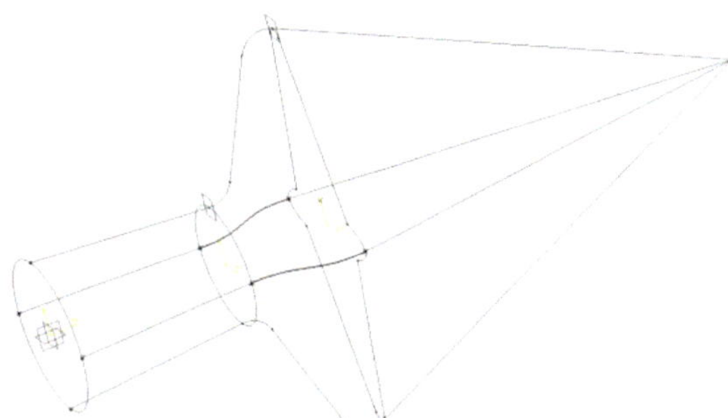

Verbindungskurven dicker dargestellt

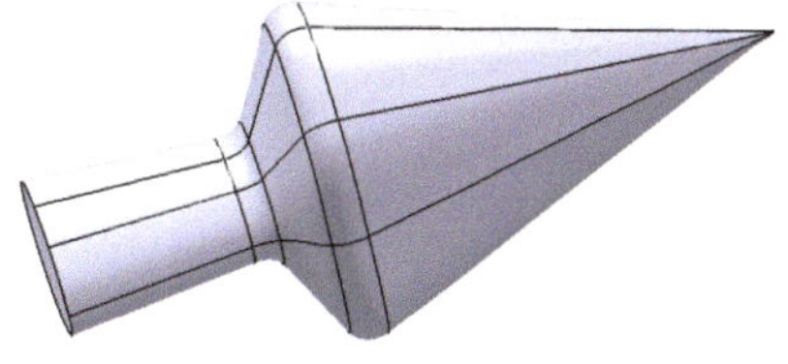

Zur Erinnerung:

Beim Aufruf der Loftfunktion erscheint ein
Drahtmodell. Mit *RM* auf den Endpunkt (einfacher auf den Text *Endpunkt2*) > *Ersetzen* muss man anschließend den neuen Endpunkt mit der *LM* selektieren und in dieser Weise auf einen dem anderen Querschnitt gegenüberliegenden Punkt setzen (sonst verwindet sich das Profil ☹). Die Richtungspfeile müssen außerdem den gleichen Drehsinn aufweisen (Richtungsumkehr durch Mausklick auf den Pfeil). **Noch einfacher**: Nach Anklicken eines Querschnittes **sofort** den Punkt anklicken, der neuer Endpunkt werden soll.

Die Volumenmodellierung in Abschnitten verspricht in diesem Fall einen besseren Erfolg.

1. Abschitt (Schaft):

⇨ *Loft* > *Schnitt:* > beide Kreisprofile selektieren > im erscheinenden Drahtmodell die beiden Endpunkte auf den Splinepunkt setzen > *Verbindung:* > *Faktor* (keine Führungselemente verwenden!).

2. Abschnitt (Übergang):

⇨ *Loft* > *Schnitt:* > kleines Kreisprofil und Querprofil selektieren > beide Endpunkte gegenüberliegend auf den Splinepunkt legen > *Verbindung:* > *Faktor* > *Führungselemente: Ableiten.1, Ableiten.2, Verbindung.4, Verbindung.5*.

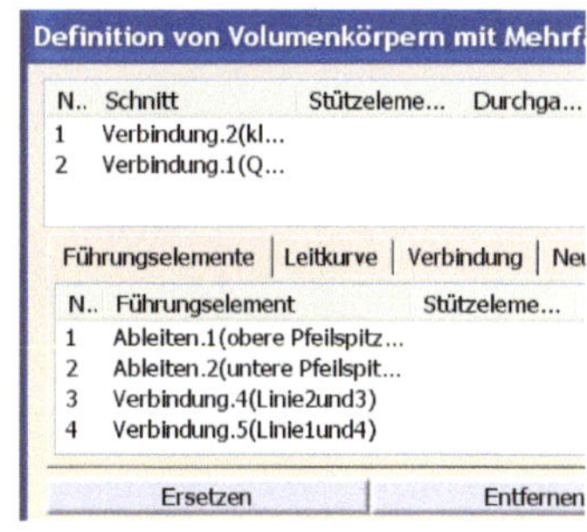

3. Abschnitt (Spitze):

⇨ *Loft > Schnitt:* > Querprofil selektieren > *Verbindung:* > *Faktor* > *Führungselemente: Ableiten.1, Ableiten.2.*

Es genügen wie bei der Übung *Tetraeder* das Grundprofil und zwei Führungskurven!

Das Modell in wahrer Größe darstellen. Dazu den Maßstab unten rechts auf den Bildschirm durch Zoomen auf etwa 1 stellen. (Voreinstellungen siehe unter 3.3.7)

1,03

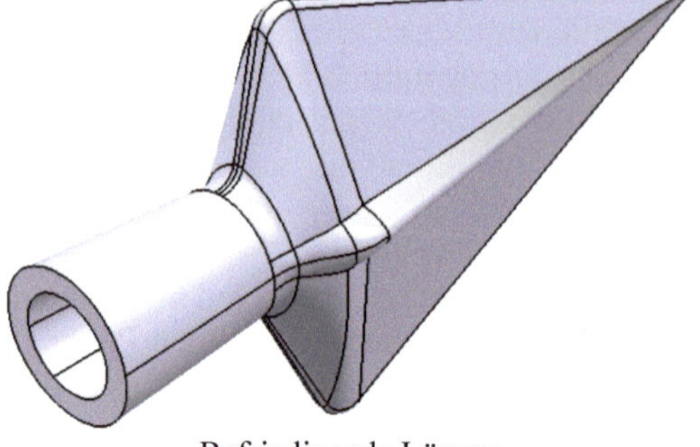

Befriedigende Lösung

Schaft konisch aushöhlen:

⇨ Auf die Stirnfläche des Schaftes zentrisch einen *Kreis* mit D = 10 mm und auf die Skizze des kleinen Kreises zentrisch einen weiteren Kreis mit D = 8 mm einfügen.

⇨ Die Funktion *Entfernter Loft* aufrufen und beide Kreise selektieren.

⇨ Stabilität des Modells durch sinnvolle Maßänderungen testen.

⇨ Den äußeren Schaftradius z. B. von 7,5 auf 12 mm ändern, die Breite des Querprofiles von 18 auf 25 mm erhöhen.

Qualitätsverbesserungen des Modells lassen sich gegebenfalls mit weiteren Führungskurven und weiteren Querschitten sowie mit verschiedenen Verrundungsfunktionen erzielen. Letzeres macht die Modelle aber gegenüber Änderungen sehr instabil!

Eine sehr effektive Möglichkeit besteht außerdem darin, die Ausprägung der Spline- und Verbindungskurven an den Punkten in ihren Krümmungsradien und in der Tangentenspannung zu beeinflussen (siehe dazu unter Grundlagen am Beginn dieses Kapitels). In diesem Beispiel wurde von dieser Möglichkeit nur bei den Verbindungskurven Gebrauch gemacht!

Hinweise:

Strukturbaum

Mit der Funktion Zerlegen *(unterhalb der Funktion Zusammenfügen) können die Verbindungen wieder aufgehoben werden.*

Mit den Funktionen ▾ *Trennen und Trimmen* *können Führungskurven beschnitten werden.*

Übung Surfbrett

Der Grundkörper eines Surfbretts soll modelliert werden. Ziel ist es, die Anwendung von Splines und Verbindungskurven zu üben. Vorgehensweise:

- Lage und Anzahl der Querschnitte festlegen
- Querschnitte skizzieren und bemaßen
- Splinepunkte in den Skizzen setzen
- Führungskurven über Splines erstellen
- Volumenmodell erzeugen

Querschnitte

⇨ xy-Ebene als Ebene für den Heckquerschnitt wählen. Vier weitere Ebenen in den Abstän-
den von 400, 1100, 1800 für drei weitere Querschnitte und einen Raumpunkt für die Bugspitze im Abstand von 2400 mm erzeugen. Alle Querschnitte haben am Unterboden von der
zx-Ebene einen konstruktiv bedingten Abstand, der die Krümmung des Schwimmkörpers in
Strömungs-(Längs-)richtung bewirkt. Wichtig für die Stabilität der Modelle ist, dass bereits
bei der Skizzenerstellung der Querschnitte die Rundungen für die seitlichen Begrenzungen
mit ihren Radien vorgesehen werden.

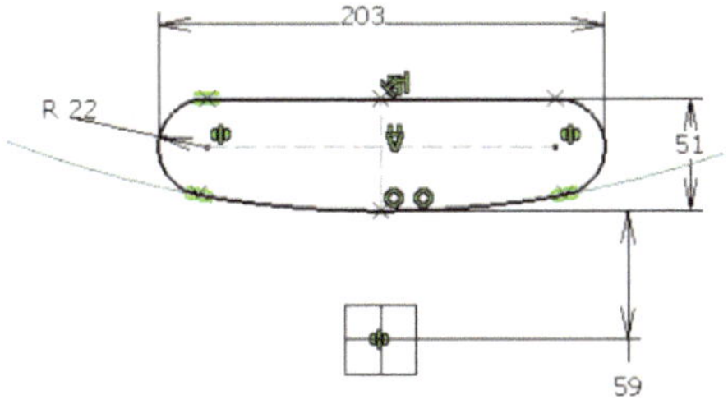

Heckquerschnitt 0

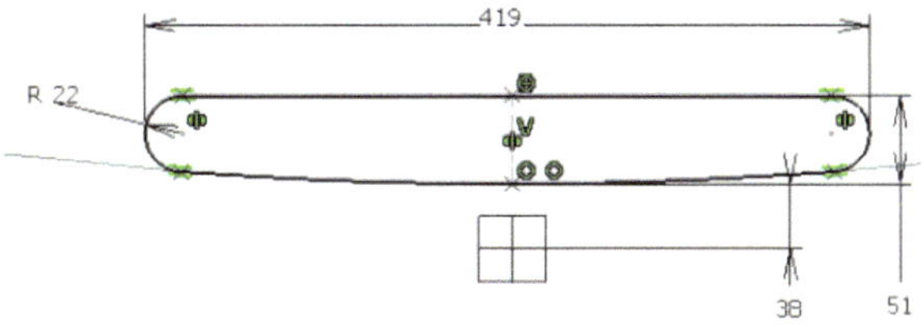

Querschnitt 400

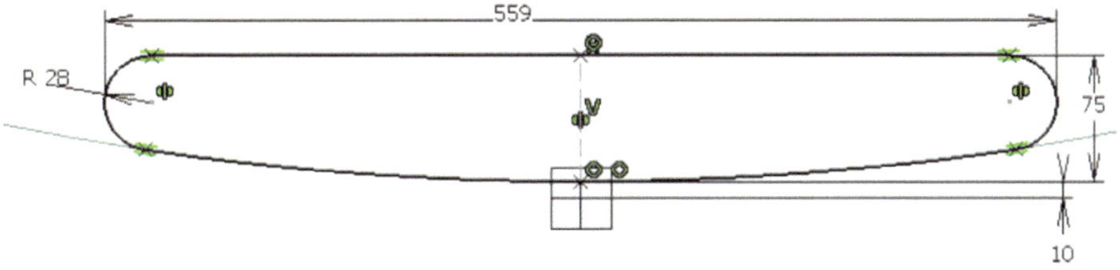

Querschnitt 1100

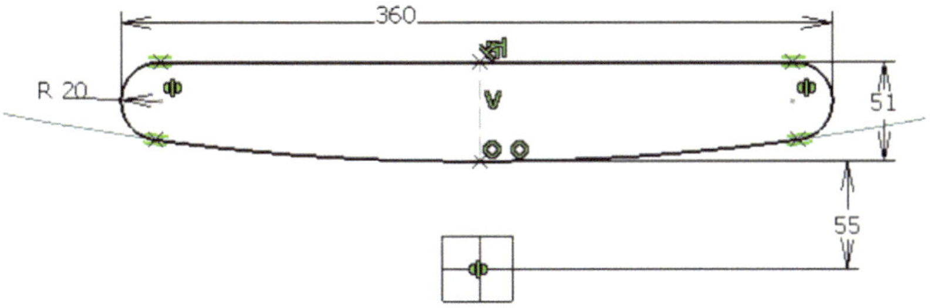

Querschnitt 1800

Querschnitt 2400

Führungskurven

⇨ In der Skizze des jeweiligen Querschnitts die zum Erzeugen der Führungslinie vorgesehenen Punkte selektieren, über *RM > Eigenschaften >* mit dem *Symbol x* versehen (wie in den Abbildungen der Querschnitte zu sehen) und im Dauermenü zur Ausgabekomponente erklären.

⇨ In das *Wireframe and Surface Design* wechseln und mit der Funktion *Spline* die gegenüberliegenden Punkte vom Heck bis zur Bugspitze selektieren, um das abgebildete Drahtmodell zu erhalten. Das Drahtmodell wird durch sechs Splines definiert, die als Stützgeometrie die vier Querschnitte und einen Punkt nutzen.

Volumenkörper

⇨ Das Volumenmodell mit der Loftfunktion erzeugen. Als *Schnitt* nur den Heckquerschnitt wählen. Als *Verbindung: Tangentenstetigkeit, dann Krümmung* belassen. Sodann *Führungselemente* und danach die sechs erzeugten Splinekurven anklicken. Der Krümmungsverlauf des Volumenkörpers wirkt harmonisch. Die Einbeziehung der Querschnitte verbessert **in diesem Fall** die Oberflächengüte nicht. Eine Modellbildung nur mit den Querschnitten ergibt dagegen einen deutlichen Qualitätsverlust.

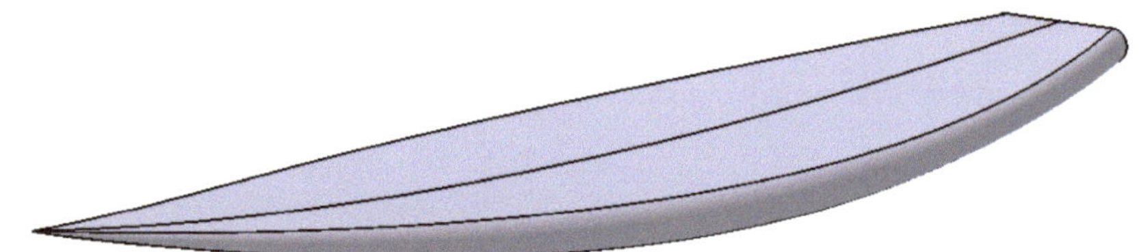

⇨ Test des Parameters *Neubegrenzung*: Das Volumenmodell nur aus den drei mittleren Querschnitten und den sechs Führungskurven bilden. Im Definitionsfenster *> Neubegrenzung >* die Begrenzungen für den Start- und Endbereich inaktivieren.

Brettformen

Die Längskrümmung (Aufbiegung) des Brettkörpers ist durch den Abstand der Querschnittsskizzen von der Bezugsebene bestimmt (Maße siehe Querschnittsskizzen). Das Brett besitzt in der vorliegenden Form eine geringe Heck- und eine größere Bugaufbiegung.

Der Bug hat eine spitze Nase, während das Heck eine gerade Endfläche aufweist. Für verschiedene Wind- und Wellenverhältnisse und den persönlichen Bedürfnissen entsprechend werden Bretter mit spitzer und gerundeter Nase und mit geraden, gespaltenen und runden Heck konstruiert. Die Bug- und Heckaufbiegungen variieren.

Leichtbau

Der Grundkörper, der für den Auftrieb sorgt, ist nach Leichtbau-Prinzipien gestaltet. Er besteht in der Regel aus Hartschaum, seltener aus Styropor oder Balsaholz. Mittig wird in Längsrichtung zur Stabilisierung eine Sperrholzplatte (Stringer) eingebaut. Der Grundkörper wird anschließend in dünnen Lagen mit polyester- oder epoxydharz- getränktem Glasfasergewebe beschichtet.

Gestaltung eines gerundeten Bugs

Ein gerundeter Bug kann am Einfachsten unter Beibehaltung des bisherigen Modells mit einem weiteren Loft ausgebildet werden.

Vorgaben: Das Deck der runden Nase soll dem Krümmungsverlauf in Längsrichtung folgen. Der Unterboden soll strömungstechnisch günstig nach oben in Richtung Deck eingezogen werden.

Im Folgenden wird dafür eine Modellierungsmöglichkeit beschrieben, bei der aus dem bisherigen Modell ein Brett mit einer Gesamtlänge von etwa 2150 mm entstehen soll.

Schritt 1:

⇨ Den Querschnitt 1800 um 200 mm in Richtung Bugspitze verschieben (über eine Änderung der Offset-Bedingung für die entsprechende Ebene auf jetzt 2000 mm Abstand zum Heck). Im *Part Design* die Spitze des Volumenkörpers an der Querschnittsebene mit der Funktion

Trennen (liegt unter der Funktion *Aufmaßfläche*) abschneiden. In das *Wireframe and Surface Design* wechseln und alle sechs Splines an der gleichen Stelle mit der Funktion

▾ *Trennen* ebenso beschneiden.

Hinweise: *Ein korrektes Ansetzen der Nase an die Trennstelle des Surfbrettes gelingt nur, wenn sich dort auch eine Querschnittsskizze befindet, auf die der Loft aufbauen kann.*
Eine ähnliche, alternative Lösung wäre ein Trennen des Modells mit dem Parameter „Neubegrenzung" (siehe dazu weiter vorn).

Schritt 2:

⇨ Den Vorgaben entsprechend eine Verbindungskurve zwischen den beiden oberen Splinepunkten auf der Schnittfläche am Brettrand bilden (*Verbindungstyp: Normale, Stetigkeit: Tangentenstetigkeit* und *Spannung: 2* für beide Punkte, die *Kurven:* sind die Splines). Auf der Verbindungskurve mit der Funktion *Punkt* den Mittenpunkt erzeugen (*Punkttyp: zwischen, Faktor: 0,5,* als *Stützelement:* die Verbindungskurve anklicken). Es kann (nicht zwingend) noch eine Linie von dem Mittenpunkt zum mittleren oberen Splinepunkt auf dem Querschnitt erstellt werden (siehe Bild unten). Um die Verbindungskurve als Führungselement verwenden zu können, muss sie am Mittenpunkt mit der Funktion *Trennen* geteilt werden (als *zu schneidendes Element:* die Verbindungskurve, als *Schnittelemente:* den Mittenpunkt wählen und die Option *Beide Seiten behalten* aktivieren). Beide Teilstücke der Verbindungskurve sind jetzt als Führungselemente verwendbar.

Schritt 3:

⇨ Mit der Loftfunktion die gerundete Nase erzeugen (*Abschnittsverbindung: Faktor*, als Führungselemente die beiden Hälften der Verbindungskurve und die gegebenenfalls definierte Linie (siehe Schritt 2) wählen. Die nebenstehenden Bilder zeigen die gerundete Bugspitze in Drauf- und Seitenansicht. Die Bugaufbiegung kann man durch den Abstand des Punktes der Spitze von der Bezugsebene beeinflussen.

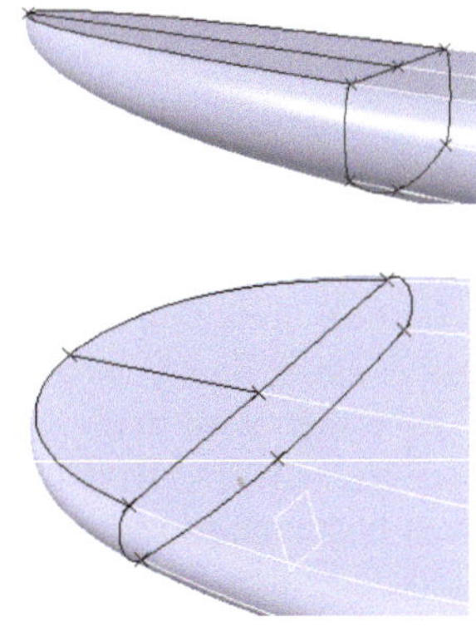

Stabilitätstest

In sinnvollen Grenzen ändern: Maße in Skizzen, Abstände der Querschnitte, Krümmung in Längsrichtung (dazu Abstand der Querschnittsskizzen von der Bezugsebene variieren).

Übung Kranhaken

Die Modellierung des abgebildeten Hakens ist eine **anspruchsvolle Aufgabe**. Sie kann hier nur in Grundzügen sowohl für die Version R19 als auch für die Version R21 beschrieben werden. Das **Modell R19** wird **im Internet bereitgestellt** (siehe unter *Anwenderhinweise* am Ende des Buches).

Kranhaken dienen zur Aufnahme von Lasten an Hebezeugen. Der Haken ist materialsparend ☺ als **Bauteil gleicher Festigkeit** dimensioniert. Im kreisförmigen Schaft liegt nur eine Zugspannung vor (minimaler Querschnitt). Der Querschnitt A-B erfährt bei Belastung die größte Beanspruchung (Zug- und Biegespannung) und weist deshalb den maximalen Querschnitt auf. Auf der Innenseite addieren sich 2 Normalspannungen während auf der Außenseite die Druckspannung aus der Biegung um die Zugspannung vermindert wird. Deshalb kann auf der Außenseite des Querschnittes weniger Material angeordnet werden!

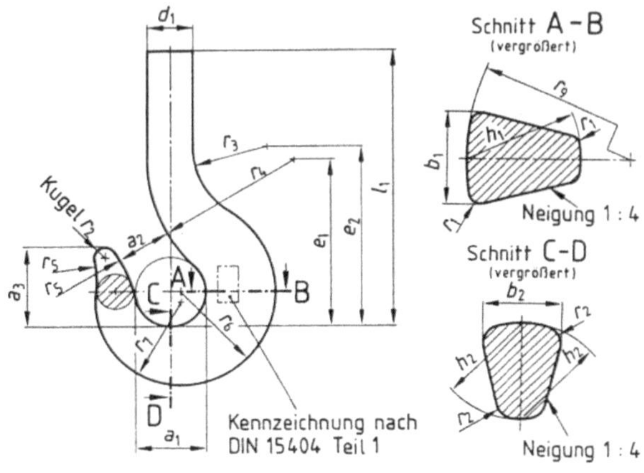

Maße für Einfachhaken Nr. 10 nach DIN 15404:

$a_1 = 112$, $a_2 = 90$, $a_3 = 127$ mm

$b_1 = 100$, $b_2 = 85$, $d_1 = 75$, $l_1 = 460$ mm

$e_1 = 256$, $e_2 = 286$, $h_1 = 125$, $h_2 = 106$ mm

$r_1 = 12$, $r_2 = 20$, $r_3 = 65$, $r_4 = 165$ mm

$r_5 = 236$, $r_6 = 163$, $r_7 = 140$, $r_9 = 250$ mm

Masse: ca. 40 kg

Hinweis: Einige Geometrieelemente nutzen Funktionen der Umgebung *Wireframe and Surface Design*. Daher ist es zweckmäßig, die gesamte Konstruktion bis zur Verwendung der Loftfunktion dort durchzuführen.

Aufbau des Modells in R19

Zunächst wird der Hakenumriss als Skizze gezeichnet und daraus die innere und äußere Führungskurve des Übergangskörpers abgeleitet. Danach werden die Querschnitte einzeln auf entsprechend zu erzeugenden Ebenen skizziert. Gegenüber der Zeichnung werden noch zwei Hilfskreise (für Schaft und eine Kugel am Hakenende) benötigt.

Zur Konstruktion der beiden seitlichen Führungskurven werden Extrempunkte auf jedem Querschnitt definiert, durch die dann ein Spline gelegt wird (zweiten Spline spiegeln).

Der Haken wird in diesem Fall als ein einziger Übergangskörper über diese Querschnitte gelegt und von den Führungskurven begrenzt. Eine Aufteilung in mehrere Übergangskörper ist möglich, aber nicht immer sinnvoll. Die Hakenspitze wird im letzten Schritt separat als Rotationskörper aufgesetzt.

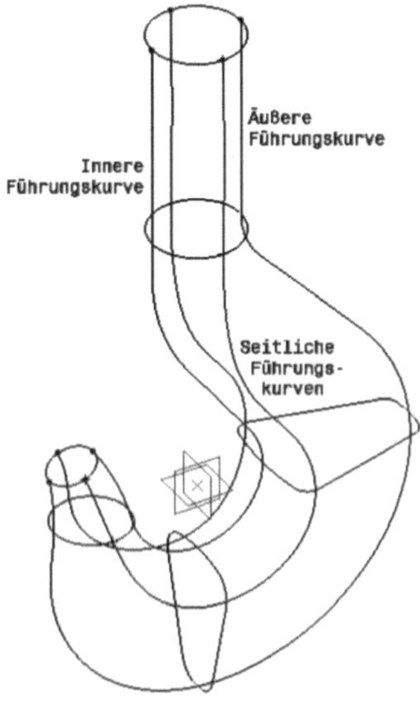

Aufbau des Hakens aus 6 Querschnitten und 4 Führungskurven

Die nebenstehende Abbildung zeigt den Hakenumriss (fast wie in der Zeichnung in DIN 1504). Die
Kontur für die kugelförmige Hakenspitze ist als
Hilfsgeometrie eingezeichnet. Die Verbindungslinie
an dieser Stelle zwischen den Enden des inneren und
des äußeren Hakenumrisses wird die Rotationsachse
einer zu erzeugenden Ebene unter 45° zur Horizontalen (*Ebenentyp: Winkel/rechtwinkelig zu Ebene*) zum
Erstellen des Kreises für den Endquerschnitt.
Die innere und auch die äußere Umrisslinie sind an
den Enden durch Hilfslinien unterbrochen und können damit als Führungskurven verwendet werden.

Hinweis zum Einfügen der Querschnitte:
Die *Längskanten von zwei Schnitten haben eine Steigung von 1:4. Da Winkel nur in Grad bemaßt werden können, im Eingabefenster der Winkelbemaßung
rechtsklicken und „Formel bearbeiten...." wählen.
Im Editor die Formel „atan(1/4)" eingeben. Die
Steigung wird in Gradmaß umgerechnet.*

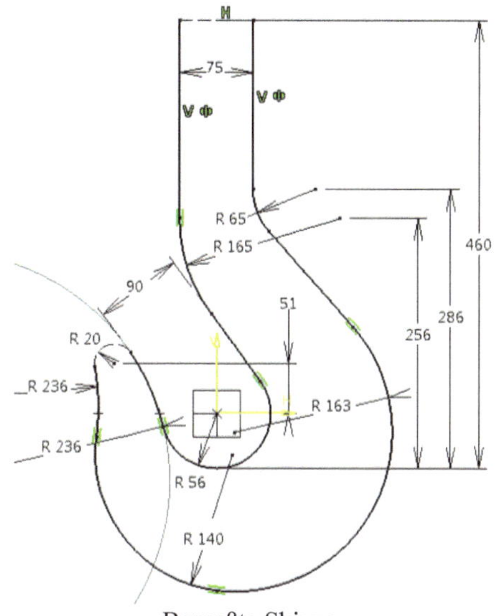

Bemaßte Skizze
des Hakenumrisses

Nach Einfügen der Querschnitte wird ein Spline
durch die seitlichen Extrempunkte jedes Querschnittes gelegt (siehe Bild oben rechts) und gespiegelt.
Um einen harmonischen Verlauf zu erzielen, können
die Tangentialrichtungen in einigen Punkten mit dem
Parameter *Tangentialspannung* gewichtet werden.

Extrempunkte auf einem Kreisbogen können konstruiert werden, indem zunächst in der Skizze ein
Punkt auf den Bogen gesetzt wird.

Nun wird mit der Funktion   *Achse* eine Hilfslinie vom Bogenmittelpunkt zum gesetzten Punkt gezeichnet. Diese Achse wird mit der Bedingung vertikal (bzw. horizontal) versehen, der Punkt liegt jetzt
im Maximum/Minimum des Bogens.

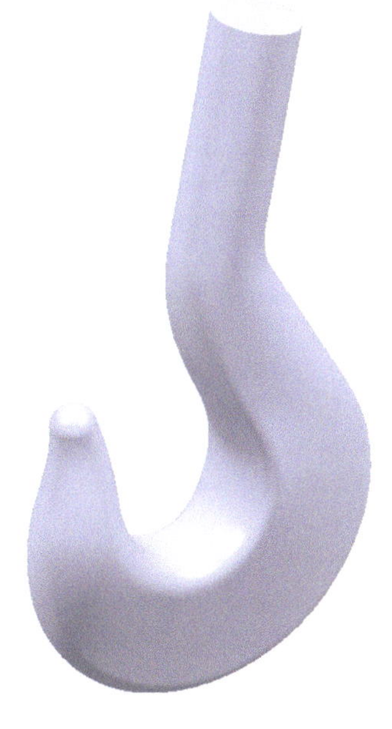

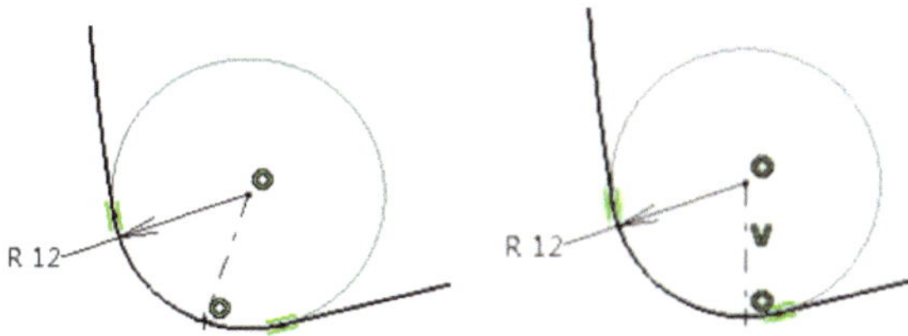

Im *Part Design* die Loftfunktion aufrufen. Den Anfangsquerschnitt im Drahtmodell und danach (am besten den zugehörigen seitlichen) Extrempunkt selektieren. Die Endpunkte der Profile liegen dadurch alle gegenüber. Diesen Schritt für alle Querschnitte wiederholen, auf gleiche Laufrichtung (durch rote Vektoren angezeigt, Umkehrung durch Anklicken) der Profile
achten.

Im Definitionsfenster *Verbindung:* auf *Faktor* setzen, *Führungselemente* anklicken und die vier Führungskurven nacheinander selektieren. Der Haken sollte wie im Bild auf voriger Seite ☺ aussehen (die Hakenspitze durch Rotation eines Halbkreisprofils um 180° auf dem Endquerschnitt 6 erstellen).

Entfernt man im Definitionsfenster probeweise die beiden seitlichen Führungslinien ☹, erkennt man deutlich deren positiven Einfluss auf die Übergänge zwischen zwei Querschnitten.

Flächenanalysen mit den Funktionen *Flächenkrümmungsanalyse*, *Krümmungsanalyse mit Stacheln* und *Ansicht > Beleuchtung > 2 Lichter* durchführen.

Aufbau des Modells in R21

Bis auf das Bilden der Hakenspitze ist der Aufbau identisch zum beschriebenen Modell in R19. Deshalb wird dieses Modell modifiziert.

Vorgehen: > Volumenkörper der Hakenspitze entfernen

> Loft entfernen, sodass nur noch die Querschnitte und die vier Führungslinien zu sehen sind

> eine Verbindungskurve an der Hakenspitze zwischen inneren und äußeren Hakenumriss auf dem Endquerschnitt erzeugen

> Spannungen so einstellen, dass sich ein Radius von etwa 20 mm ergibt (z. B. an beiden Punkten auf 1,8)

> mit Punktdefinition *zwischen* einen Punkt auf der Kurvenmitte erzeugen

> an diesem Punkt die Verbindungskurve in zwei Hälften trennen (im Fenster *Beide Seiten beibehalten* aktivieren)

> zwei weitere Verbindungskurven zwischen den Endpunkten der seitlichen Führungskurven und dem Mittenpunkt erzeugen (Spannungen z. B. 1,8 und für den Mittenpunkt 0,1). Alle Kurvenstücke enden jetzt am Mittenpunkt (〰 prüfen!)

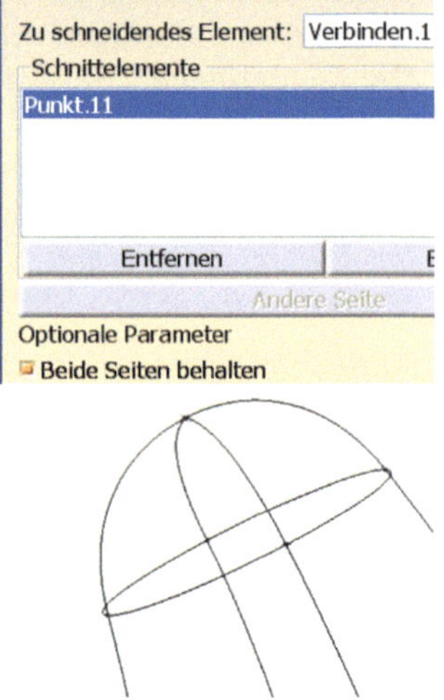

Vier neue Führungskurven
auf dem Endquerschnitt

> Hakenspitze als weiteren Loft auf dem Endquerschnitt mit den vier Führungskurven (*Verbindung: Faktor*) erstellen.

> Den Loft für den Haken wie bereits beschrieben erzeugen. Als Endquerschnitt muss jetzt die Kreisfläche für die zuvor erstellte Hakenkappe angeklickt werden.

Der Übergang vom Haken an die Hakenspitze ist jetzt deutlich besser (siehe Bild rechts) als der Übergang zur als Kugel erstellten Hakenspitze im Modell R19 (siehe Seite vorher).

Das Erzeugen des gesamten Hakens einschließlich der Spitze in einem Loft bereitet Schwierigkeiten und wird nicht weiter verfolgt.

Qualitätsverbesserungen der Oberflächen lassen sich in der Regel durch das Einfügen von weiteren Querschnitten und Führungskurven erzielen. Der Modellierungsaufwand steigt allerdings. Für das in diesem Beispiel vorgesehen Fertigungsverfahren Freiformschmieden erscheint die Qualität ausreichend und weiterer Aufwand nicht notwendig. Bei Herstellung durch Gießen oder Gesenkschmieden sollte im Modell ein weiterer Querschnitt zwischen dem *Hilfsquerschnitt_1(Kreis)* und dem *Schnitt A-B* eingefügt werden, um in diesem kritischen Bereich ein genaueres Gussmodell oder Gesenk zu erhalten.

10 Baugruppenkonstruktion

10.1 Grundlegende Gesichtspunkte und allgemeine Empfehlungen

Die Teile werden in der Regel in der Umgebung der Baugruppe (*Assembly Design*) **konstruiert.** Das bedeutet, es werden nicht erst alle Einzelteile konstruiert und anschließend zusammengefügt, sondern die Einzelteile (*Parts*) werden innerhalb der Baugruppe erstellt. Hierbei ist es dann auch möglich, schon erstellte Teile als Stütze für das zu konstruierende Teil zu verwenden.

Alle bereits konstruierten Teile sind gleichzeitig auf dem Bildschirm zu sehen. Teile, die bei der Konstruktion eines neuen Teiles stören, lassen sich aber auch ausblenden.

Allgemeine Ausführungen zum Zusammenbau von Baugruppen enthält bereits Kapitel 6 (Zusammenbau von Bauteilen zu Baugruppen).

Der Unterschied zur bisherigen Vorgehensweise soll wie folgt verdeutlicht werden. Man unterscheidet:

a) **Zusammenbau einer Baugruppe aus Einzelteilen** (bottom up)

Die Einzelteile werden zuerst konstruiert und anschließend zu einer Baugruppe zusammengefügt.

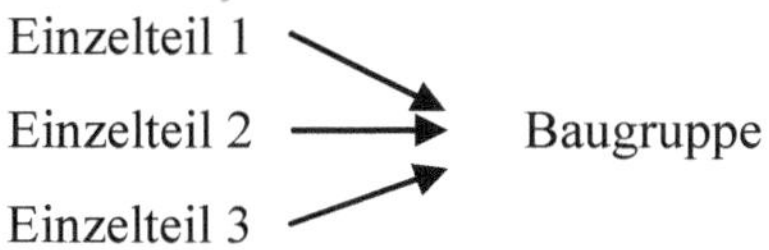

Diese Arbeitsweise wird bei einer Neu- oder Anpassungskonstruktion in der Praxis seltener angewendet, da sie nicht der Denkweise beim Konstruieren entspricht. Nur beim Hinzufügen von Normteilen, Normalien und Wiederholteilen aus Katalogen und beim Arbeiten nach dem Baukastenprinzip wird so vorgegangen.

In der Übung Spannvorrichtung wurde ausschließlich deshalb so gearbeitet, weil hier lediglich die CAD-Funktionen beim Modellieren von Einzelteilen und beim Zusammenbau von Komponenten erklärt und geübt werden sollten. Dazu lagen die Konstruktionen der Einzelteile bereits in Form von Zeichnungen vor.

b) **Entwerfen einer Baugruppe** (top down)

Die Baugruppe wird zuerst leer angelegt und in dieser werden die Einzelteile im funktionellen Zusammenhang der Teile zueinander gestaltet. Diese Vorgehensweise ist typisch für die Entwurfsphase. Neben den neu zu gestaltenden Teilen können auch bereits vorhandene Teile oder Normteile und Normalien in die Baugruppe eingefügt werden.

Erstellen und Zuordnung der Bauteile in der Baugruppe

In der Baugruppenkonstruktion (*Assembly Design*) lassen sich Teile unter CATIA V5 nach prinzipiell unterschiedlichen Gesichtspunkten erstellen:

1. **Ein Teil bleibt geometrisch völlig unabhängig von anderen Teilen** (Normalfall)

2. **Ein Teil basiert auf Kopien von vorhandener Geometrie anderer Teile** (Vermeiden wegen nur bedingt nutzbarer kopierter Geometrieelemente)

3. **Ein Teil wird auf ein vorhandenes dauerhaft referenziert, es wird in seiner Geometrie von einem anderen abhängig** (Sonderfall *Externe Verweise*).

Der erste Fall ist der in der Regel anzustrebende Normalfall. Beim Aufbau des Bauteiles wird nur körpereigene Geometrie verwendet. Anschlussmaße der Nachbarteile werden durch Nachziehen von Konturen, Ablesen aus 2D-Entwurfsskizzen oder durch Ausmessen bereits modellierter Teile übernommen. Auf diese Weise konstruierte Teile sind unabhängig und lassen sich ohne Schwierigkeiten in anderen Baugruppen einsetzen. Die Teile bleiben stets unabhängig, wenn unter *Tools > Optionen > Infrastruktur > Teileinfrastruktur > Allgemein > Externe Verweise >* die **Option** *Verknüpfung mit ausgewähltem Objekt beibehalten* **ausgeschaltet** ist.

Im zweiten Fall)[1] werden beim Skizzieren eines neuen Bauteiles in der Baugruppe z. B: durch Kongruentsetzen von Linien des neuen Bauteils mit den Körperkanten eines Nachbarteils Bezüge zu diesem hergestellt. Das gleiche gilt auch für die Ausdehnung in die dritte Dimension, beispielsweise bis zu einer Ebene eines Nachbarteiles. Es entstehen dadurch im neuen Teil Kopien von Geometrieelementen des Nachbarn. Das neue Teil bleibt zwar unabhängig, die kopierten Geometrieelemente verlieren aber vollständig ihre Verbindung zum Bezugsteil und sind deshalb für die weitere Arbeit nur bedingt nutzbar. In solcher Weise erzeugte Skizzen und darauf aufgebaute Teile sind schlecht änderbar und geometrisch instabil. Deshalb sollte in der Regel so nicht gearbeitet werden. Falls die Kopien ungewollt erzeugt wurden, sollten sie wieder gelöscht werden. Ansonsten verbleiben sie als Ballast.

Im dritten Fall kann die Geometrie eines neuen Bauteils teilweise oder völlig von der Geometrie der Nachbarn mit so genannten *Externen Verweisen* (Referenzen auf ein anderes Teil) abhängig gemacht werden. Voraussetzung ist, dass die **Option** *Verknüpfung mit ausgewähltem Objekt beibehalten* **eingeschaltet** ist (siehe dazu auch Seite 274).

Zuordnung der Bauteile in der Baugruppe

Bei der Zuordnung von Teilen in Baugruppen sind zwei Bedingungstypen möglich. Baugruppenbedingungen (*assembly constraints*) beschreiben die Bedingungen für den Zusammenbau der Teile. Geometrische Bedingungen (*geometric constraints*) beschreiben dagegen geometrische Zwänge, die sich durch Referenzieren auf ein Nachbarteil ergeben (Fall 3). Ihre Anwendung ist an bestimmte Voraussetzungen geknüpft, erfordert genaue Kenntnisse und ist für die üblichen Baugruppen nicht anzustreben. Weitere Ausführungen dazu siehe im Kapitel 11.

)[1] **Anmerkungen zum zweiten Fall:** Die kopierte Geometrie wird im *Körper* (*Haupt-* oder *Nebenkörper*) des neuen Bauteils abgelegt, wenn die Option *Hybridkonstruktion* aktiv ist, andernfalls in einem *Geometrischen Set* (am Ende des Strukturbaumes). Die kopierten Elemente können das Ausmessen der benachbarten Teile ersetzen. Für spätere Änderungen ist es aber notwendig, diese Elemente zu bemaßen. Dabei treten Überbestimmungen (magentafarbene Maße) auf. Die den kopierten Elementen anhaftenden geometrischen Bedingungen müssen also wieder entfernt werden, um ein Bemaßen zu ermöglichen. Die kopierte Geometrie selbst verbleibt (überflüssig) im neuen Teil. Die sich aus den Veränderungen am Bauteil ergebenden verändernden Bedingungen für den Zusammenbau lassen sich in der Regel ebenfalls nicht durch das Programm aktualisieren sondern müssen ersetzt werden.

Das Arbeiten mit dem Fenster *Auswahl im Kontext*

Ziel: Kontrolle der Eintragungen von Referenzgeometrie

Bei der üblichen Standardeinstellung der Optionen wird nicht mit *Externen Verweisen* gearbeitet. Das unten abgebildete Fenster *Auswahl im Kontext* erscheint generell nicht. Externe Referenzen lassen sich dadurch gewollt nicht anlegen. Es besteht jedoch eher die Möglichkeit, dass beim Skizzieren ungewollt Bezüge auf ein anderes Bauteil in das sich in Bearbeitung befindliche Teil übernommen werden (siehe Fall 2 auf der vorangegangenen Seite).

Deshalb erscheint es entgegen der ursprünglichen Absicht des Herstellers sinnvoll, solche in der Regel ungewollten Referenzen über das Fenster *Auswahl im Kontext* ständig zu kontrollieren. Im Weiteren wird gezeigt, wie die Steuerung erfolgen kann. Wiederholungen zur vorangegangenen Seite sind beabsichtigt, da die Thematik dem Anfänger erfahrungsgemäß Schwierigkeiten bereitet.

Voraussetzung: Unter *Tools > Optionen > Infrastruktur > Teileinfrastruktur > Allgemein > Externe Verweise* sind die Optionen *Verknüpfung mit dem ausgewählten Objekt beibehalten* und *Bestätigen, wenn eine Verknüpfung mit einem ausgewählten Objekt erzeugt wird* **aktiv**

(siehe dazu folgende Seite).

Das abgebildete *Kontext-Fenster* erscheint jetzt, sobald auf ein Element eines anderen Teils referenziert wird.

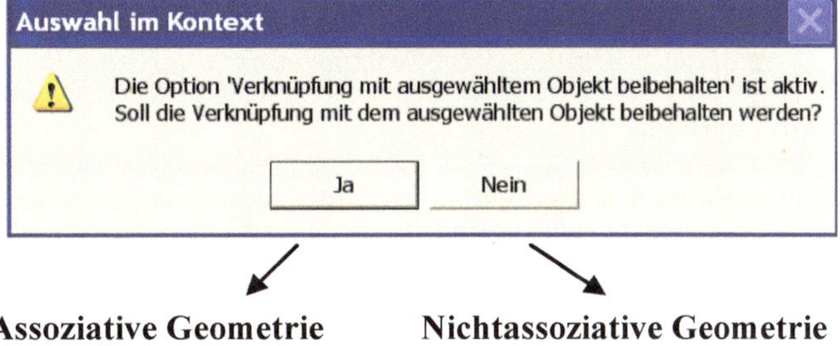

Assoziative Geometrie
(Externe Verweise)

Nichtassoziative Geometrie
(Kopierte Geometrie)

Erscheint das Fenster nicht, obwohl es unter *Tools > Optionen ...* aktiviert wurde, so werden auch keine Referenzen auf andere Bauteile angebracht. Das ist der anzustrebende Normalfall.

Wird mit *Ja* geantwortet, erstellt das System im Strukturbaum des neuen Teils einen Verweis (*link*) unter dem Eintrag *Externe Verweise* im Strukturbaum. Das neue Teil wird dadurch über geometrische Bedingungen (*geometric constraints*) vom benachbarten abhängig (Fall 3).

Wird mit *Nein* geantwortet, erstellt das System im neuen Teil eine Kopie des selektierten Geometrieelementes (Fall 2). Das neue Teil bleibt unabhängig, die kopierten Geometrieelemente verlieren aber vollständig ihre Verbindung zum Bezugsteil und sind deshalb für die weitere Arbeit nur bedingt nutzbar. Solche Teile sind nur umständlich änderbar und geometrisch instabil. Deshalb sollte so in der Regel nicht gearbeitet werden. Die Einträge sollten wieder gelöscht werden (die Funktion *Abbrechen* fehlt leider im Fenster). Schutz vor ungewollt kopierter Geometrie beim Skizzieren bieten Funktionen der Funktionsgruppe *Darstellung* im Dauermenü!

Verfahrensweise in den nachfolgenden Übungen

In den folgenden Übungen (Abziehvorrichtung, Schalengehäuse) soll zunächst generell ohne externe Referenzen gearbeitet werden. Auf der folgenden Seite befinden sich die dazu notwendigen Voreinstellungen.

Ab Kapitel 10.4 (Zahnradgetriebe) soll dann mit dem Fenster *Auswahl im Kontext* gearbeitet werden, um ungewollte Kopien von Geometrieelementen zu verhindern.

In den Übungen des Kapitels 11 werden schließlich *Externe Verweise* bewusst zur Modellierung genutzt.

Veränderte Standardvoreinstellungen

⇨ Die rechts gezeigten Einstellungen sind unter *Tools > Optionen > Infrastruktur > Teileinfrastruktur > Allgemein* zu finden.

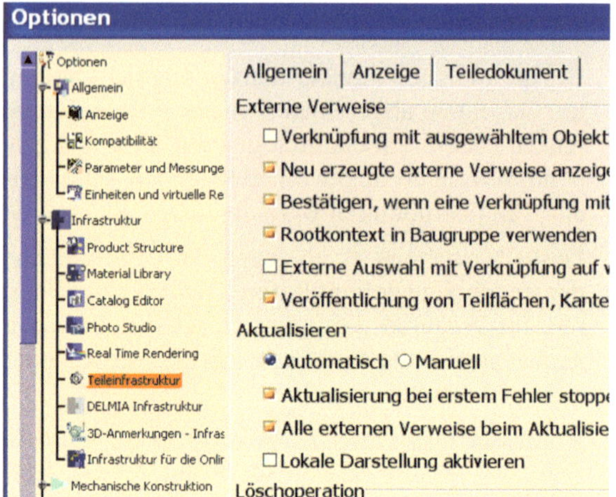

⇨ In den folgenden Übungen zu den **Kapiteln 10.2 und 10.3** wird die **Option** *Verknüpfung mit ausgewähltem Objekt beibehalten* wie im nebenstehenden Fenster gezeigt **inaktiviert!**

In den Übungen zu den **Kapiteln 10.4 und 11** wird die **Option** *Verknüpfung mit ausgewähltem Objekt beibehalten* dagegen ***aktiviert.***

⇨ Kontrolle: Im Strukturbaum sollten unter *Tools > Optionen > Infrastruktur > Teileinfrastruktur > Anzeige > Im Strukturbaum anzeigen* alle Optionen aktiviert sein.

Alternativen

Zum Schutz vor ungewollt kopierter Geometrie aus einem Nachbarteil beim Skizzieren gehören neben dem Verdecken von Teilen weitere Funktionen.

Im Skizzierer kann mit den folgenden Funktionen aus der Gruppe *Darstellung* im Dauermenü gearbeitet werden: Die Funktionen existieren nicht im Part Design.

 *Normal*

Die Hintergrundgeometrie der Skizze ist sichtbar und Nachbargeometrie anwählbar.

 *Normale Helligkeit*

Die Hintergrundgeometrie wird abgedunkelt. Nachbargeometrie aber auch bereits vorhandene Geometrie des aktuell aufzubauenden(!) Körpers sind nicht anwählbar.

 *Kein 3D-Hintergrund*

Alle 3D-Geometrie wird ausgeblendet. Es kann nun aber nicht unter Sicht der Nachbargeometrie konstruiert werden.

Im Skizzierer und im Part Design existieren in der Funktionsgruppe *Darstellung* noch weitere

Funktionen mit gleichen oder ähnlichen Wirkungen, die innerhalb der Baugruppenkonstruktion nicht oder nur mit Einschränkungen zu empfehlen sind und deshalb hier nicht beschrieben werden.

Hinweise zur Folgeseite

Auf der folgenden Seite sind allgemeingültige Empfehlungen für die Entwicklung einer Baugruppe in einer Übersicht zusammengestellt. Darlegungen zur Verwendung von Skelett- oder Strukturmodellen in der Baugruppenkonstruktion finden sich im Kapitel 10.6 .

Allgemeine Empfehlung für das Modellieren einer Baugruppe

Hauptziel ist das Erzeugen anpassungsfähiger, änderungsstabiler Baugruppenmodelle!

Objektorientiertes, assoziatives Gestalten jedes einzelnen Teiles

Die erste Skizze eines Teiles sollte stets auf einer der drei Hauptebenen aufgebaut werden. Bei der weiteren Konstruktion des Teiles wird beim Erstellen von Skizzen, beim Ausdehnen von Körpern usw. auf bereits erzeugte Körperkanten, Flächen usw. desselben Objektes durch Setzen von geometrischen Bedingungen, Setzen von Maßen, Erzeugen von Raumpunkten, Projektionslinien usw. Bezug genommen. Dadurch entstehen änderungsfreundliche Teilekonstruktionen.

Teile unabhängig voneinander konstruieren

Die Teile sollten in der Baugruppe in der Regel so konstruiert werden, dass in den Skizzen und beim Ausdehnen in die dritte Dimension keine geometrischen Abhängigkeiten zu anderen Teilen geschaffen werden. Jedes Teil besitzt von anderen Teilen unabhängige Skizzen. Bei entsprechend eingestellten Optionen darf beim Skizzieren das Fenster *Auswahl im Kontext* nicht erscheinen. Die so konstruierten Teile sind gegenüber Änderungen stabil und lassen sich (gegebenenfalls nach Anpassung) in anderen Baugruppen verwenden.

Zuvor konstruierte Teile als Basis nutzen

Bei der Teilekonstruktion dienen die zuvor konstruierten Teile als gedankliche Stütze für das neu zu konstruierende Teil. Das neue Teil wird dabei möglichst lagerichtig (oder nahezu lagerichtig) zu den benachbarten konstruiert. Geometrische Abhängigkeiten zu anderen Teilen werden aber nicht geschaffen. Bei dieser Arbeitsweise können nicht benötigte Teile verdeckt oder alle Teile gemeinsam auf nicht anwählbar geschaltet werden.

Geometrische Zuordnung der Teile im Zusammenbau

Alle zur Positionierung der Teile in der Baugruppe notwendigen geometrischen Beziehungen erfolgen mit Baugruppenbedingungen (*assembly constraints*) im Zusammenbau. Die Bedingungen werden dabei so strukturiert wie die Baugruppe. Das erste geladene oder konstruierte Teil einer Baugruppe sollte stets sofort fixiert werden, um unerwünschte Zuordnungseffekte zu vermeiden.

Detailarbeiten separat in der Teilekonstruktion ausführen

Detailarbeiten an Bauteilen sollten separat in der Teilekonstruktion erfolgen. Diese Arbeitsweise ist bei komplexeren Baugruppen übersichtlicher und schneller als die Konstruktion im Zusammenbau. Nachdem das feingestaltete Teil gespeichert wurde, werden die Änderungen auch im Zusammenbau wirksam.

Modularen Aufbau der Baugruppen anstreben

Ein modularer Aufbau in Unterbaugruppen macht die Konstruktionen übersichtlicher und ermöglicht die Wiederverwendung der Module in anderen Baugruppen.

Über den Strukturbaum die Baugruppenentwicklung laufend verfolgen

Nur über den Strukturbaum lassen sich die Entwicklungen in der Baugruppe nachvollziehen und Veränderungen kontrollieren. Insbesondere muss das Aktualisieren nach dem Ändern von Teilen sowie das Ändern von Baugruppenbedingungen und geometrischen Bezügen zwischen den Teilen und Baugruppen über den Strukturbaum durchgeführt und verfolgt werden.

Aussagefähige Namen für die Eintragungen im Strukturbaum erleichtern die Durchführung von Änderungen an den Konstruktionen. Der dafür betriebene Aufwand zahlt sich später aus.

10.2 Konstruktion einer Abziehvorrichtung

10.2.1 Aufgabenstellung

In der folgenden Übung soll eine mechanisch wirkende Abziehvorrichtung für Wälzlager konstruiert werden. Mit der Vorrichtung sollen sich größere und kleinere Lager von Hand abziehen lassen.

Die Konstruktionsidee wird in einer Prinzipskizze dargestellt. Aus dieser lässt sich das Funktionsprinzip entnehmen. Die Abziehkraft kann über hydraulische oder mechanische Maschinenelemente erzeugt werden.

Eine auf mechanischen Bauelementen basierende Prinzipkonstruktion zeigt das Bild.

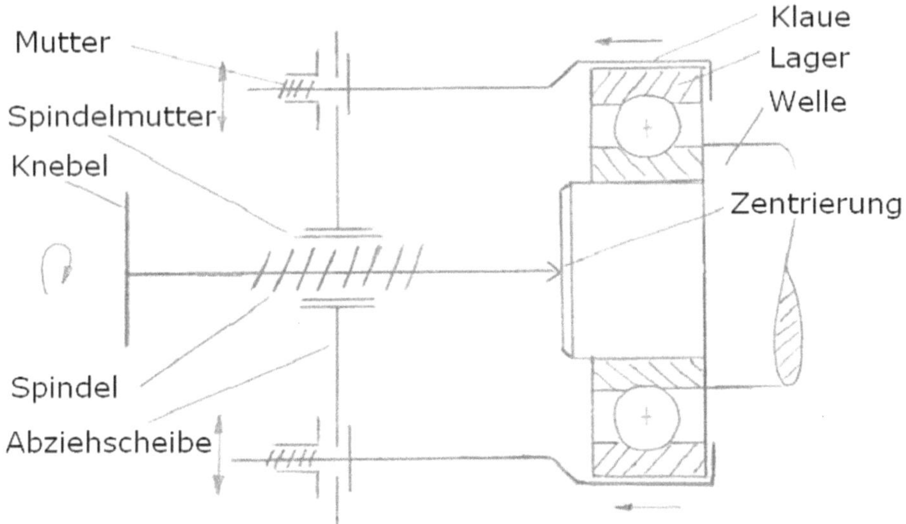

Prinzipskizze der Abziehvorrichtung

Funktionsbeschreibung

Klauen umfassen den Außenring des Wälzlagers und sitzen in einer Abziehscheibe. Diese lässt sich über eine Spindel in axialer Richtung bewegen, wodurch das Lager vom Zapfen gezogen wird. Die Spindel stützt sich in einer Zentrierbohrung des Wellenzapfens ab. Die Klauen lassen sich auf die Lagergröße einstellen, indem sie in radialer Richtung verschoben werden. Über eine Mutter können sie in ihrer Lage fixiert werden.

Das dargestellte Funktionsprinzip lässt noch mehrere Gestaltvarianten zu (z. B. Anzahl der Klauen zwei oder drei, Abziehträger bei zwei Klauen, Abziehscheibe bei drei Klauen, Gestaltung der Verdrehsicherung der Klauen, Knebelgestaltung u.a.). Um diese Fragen zu klären und um wichtige Abmessungen festzulegen, ist es zumindest für den über wenig Erfahrungen verfügenden Studienanfänger sinnvoll, perspektivische Skizzen und/oder maßstäbliche 2D-Grobentwürfe (beides vorteilhaft frei Hand auf Papier) anzufertigen. Erst danach sollte in der Ausbildung mit der Modellierung im 3D-Bereich begonnen werden. Diese Arbeitsweise ist mit Einschränkungen auch in der Praxis üblich.

Entwurfsvarianten

Die beiden Bilder rechts zeigen zwei Varianten der Abziehvorrichtung als räumliche Entwurfsskizzen.

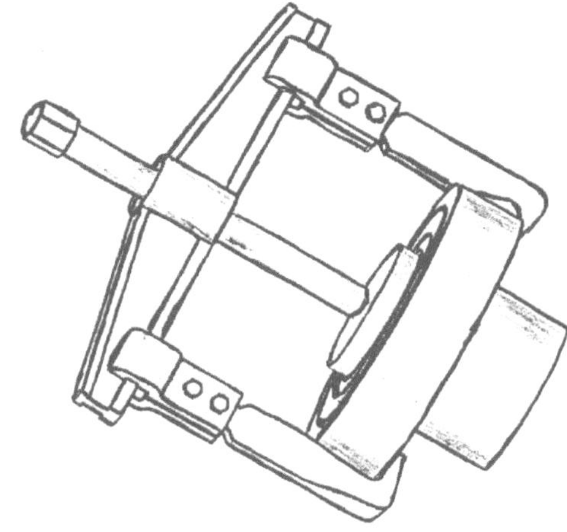

Variante 1: Zweiklauen-Abziehvorrichtung

Hinweise: *Viele Konstrukteure können Teile und Baugruppen nicht so gut perspektivisch darstellen und benutzen deshalb 2D-Darstellungen als Grundlage für die 3D-Modellierung.*

Der erfahrene Konstrukteur ist in der Lage, die Abziehvorrichtung in dem von ihm beherrschten CAD-System bereits aus der Prinzipkonstruktion bzw. aus einem analogen (dreidimensionalen) Konstruktionsgedanken heraus zu entwickeln.

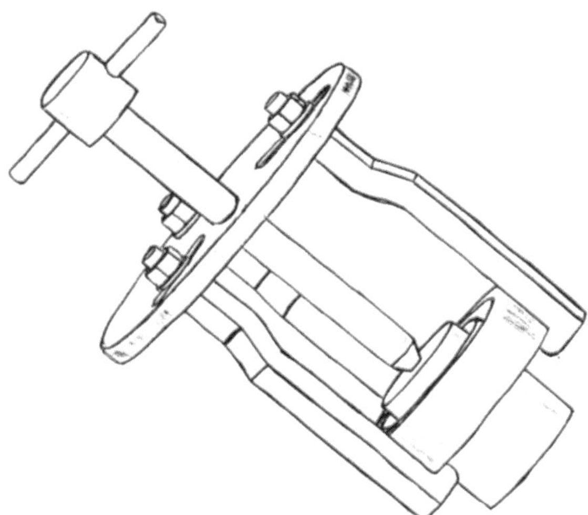

Variante 2: Dreiklauen-Abziehvorrichtung

Um sich für eine der beiden Varianten entscheiden zu können, ist ein **Variantenvergleich** z. B. über eine gewichtete Punkttabelle sinnvoll (relative Bewertung). Als Bewertungskriterien werden die Konstruktionsprinzipien nach Kapitel 2.6 herangezogen. Die Bewertungskriterien werden relativ zueinander gewichtet. Die Zuverlässigkeit des Abziehens soll den höchsten Gewichtungsfaktor erhalten (0,5), die anderen Kriterien entsprechend weniger. Für jede der Varianten werden Punkte vergeben.

5 Punkte = ideal	2 Punkte = brauchbar
4 Punkte = gut	1 Punkt = unbefriedigend
3 Punkte = weniger gut	

Alternativ oder zusätzlich könnte auch eine verbale Beschreibung der Vor- und Nachteile der Varianten zur Entscheidungsfindung herangezogen werden.

Gewichtete Punktbewertungstabelle

Kriterium	Gewich-tung	Variante 1		Variante 2	
		Pkt.	Pkt. x Gewichtg.	Pkt.	Pkt. x Gewichtg.
Herstellungskos-ten	0,15	4	0,60	3	0,45
Zuverlässigkeit	0,50	2	1,00	5	2,50
Masse	0,10	4	0,40	3	0,30
Handhabung	0,25	4	1,00	3	0,75
Gesamt:	1,00		**3,00**		**4,00**

Die Zuverlässigkeit ist wichtigstes Bewertungskriterium. Deshalb erhält Variante 2 in der Summe die meisten (gewichteten) Punkte. Durch ein großes Übermaß und durch Passungsrost am Lagersitz zwischen Lager-Innenring und Welle können erhebliche Abziehkräfte erforderlich werden. Bei dieser Variante mit drei Klauen sind kein Platzen des Außenringes und kein Verkanten des Innenringes beim Abziehen zu befürchten.

Um den Konstruktionsaufwand auf den für die CAD-Ausbildung erforderlichen Umfang zu reduzieren, wird für Variante 2 ein 2D-Grobentwurf der Vorrichtung bereitgestellt, der allerdings noch verschiedene Schwachstellen aufweist. Das kleinste Lager, das mit dieser Vorrichtung abgezogen werden soll, ist ein Radialrillenkugellager 6210, das größte ein Radialrillenkugellager 6312. Beide Lager sind aus Vorübungen (siehe Kapitel 8) bereits in einem Verzeichnis *Wiederholteile* vorhanden oder können einer Normteilbibliothek entnommen werden.

Die Teile werden innerhalb der Baugruppe konstruiert.

Mit dieser Übung sollen außerdem nochmals der Umgang mit dem Skizzierer, die Teilekonstruktion, der Zusammenbau und die Zeichnungserstellung vertieft werden.

Speziell soll das Konstruieren einer Baugruppe in der Entwurfsphase geübt werden. Ein erstellter Grobentwurf wird feingestaltet.

Voreinstellungen

In der Rubrik *Teileinfrastruktur* wird mit den Standardeinstellungen der Optionen gearbeitet. Unter *Tools > Optionen > Infrastruktur > Teileinfrastruktur > Allgemein > Externe Verweise > bleibt die Option *Verknüpfung mit ausgewähltem Objekt beibehalten* ausgeschaltet! (Weitere Einstellungen in diesem Fenster wie auf Seite 274 abgebildet)

Falls die Option *Verknüpfung mit...* vom Administrator gegen das Ausschalten gesperrt ist, wird mit dem Fenster *Auswahl im Kontext* gearbeitet (siehe unter 10.1).

Zur Entwurfsskizze

Die folgende Seite zeigt einen maßstäblichen Grobentwurf der Abziehvorrichtung mit den Hauptabmessungen. Die Abmessungen der Einzelteile können für die Modellierung ebenfalls der Entwurfsskizze entnommen werden.

Der Grobentwurf wurde bereits durch eine Entwurfsstückliste komplettiert.

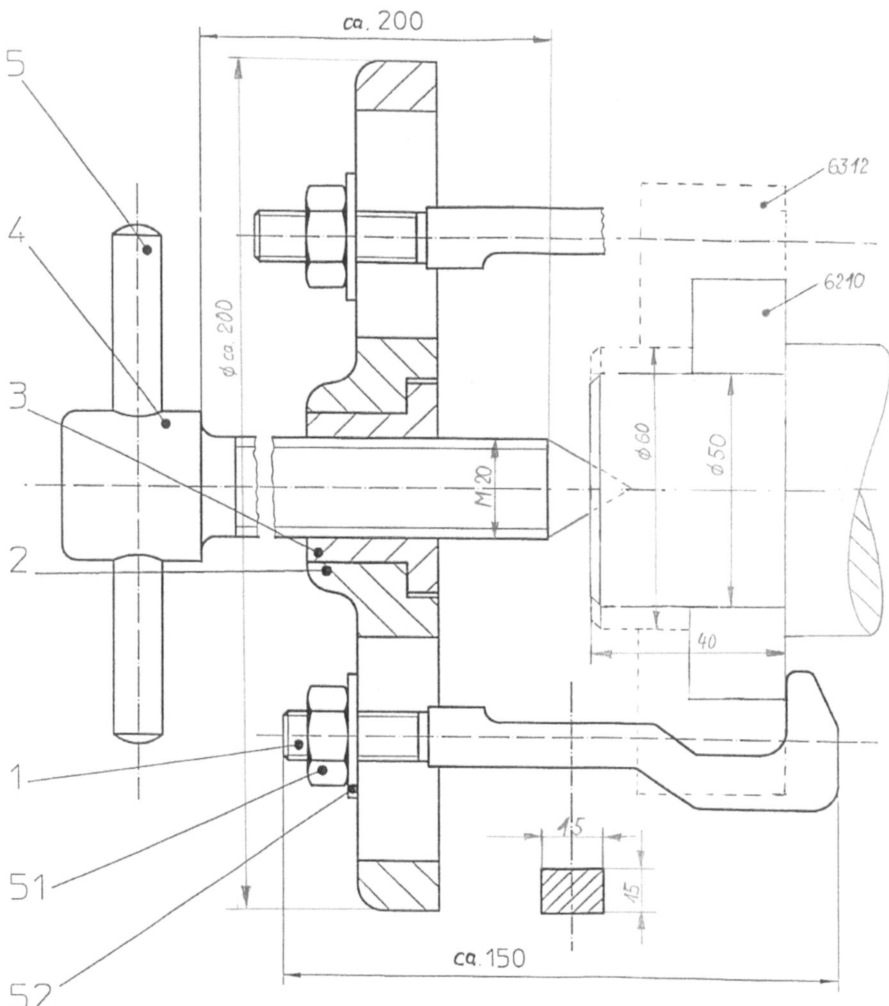

Bez.: Abziehvorrichtung			Bearbeiter: Meier	Z-Nr.: MB04/03/00	Datum: 7.3.04
Pos.	Menge	Einheit	Benennung	Sachnummer	Bemerkung
1	3	Stück	Abziehklaue	MB04/03/01	
2	1	Stück	Abziehscheibe	MB04/03/02	
3	1	Stück	Spindelmutter	MB04/03/03	
4	1	Stück	Spindel	MB04/03/04	
5	1	Stück	Knebel	MB04/03/05	
51	3	Stück	Sechskantmutter	DIN 934-M12	
52	3	Stück	Scheibe	DIN 125-13	

10.2.2 Konstruktionssystematische Vorgehensweise

*Methodisch richtige Vorgehensweisen senken den Arbeitsaufwand
und fördern Kreativität und Arbeitsfreude!*

Schrittfolge im Überblick:

Aufgabenbearbeitung   Aufgabenstellung analysieren und präzisieren.

Prinzipkonstruktion   Entwickeln einer oder mehrerer **unmaßstäblich**en Prinzipdarstellungen (siehe Bild Seite 276). Auswahl des optimalen Prinzips. Bei vorgegebenem Prinzip ist eine Funktionsanalyse durchzuführen.

Grobgestaltung   In der Ausbildung werden aus der Prinzipkonstruktion zweckmäßig zunächst ein oder mehrere **maßstäbliche** 2D-Grobentwürfe (siehe Bild Seite 279) oder annähernd maßstäbliche, perspektivische Skizzen (siehe Seite 277) auf Papier entwickelt. Die Maße ergeben sich im Wesentlichen aus den Anschlussmaßen für das größte abzuziehende Lager. Auswahl der optimalen Gestaltvariante und anschließendes Überführen der Entwurfsskizze in ein 3D-Grobmodell:

Abziehscheibe als kreisrunde Scheibe, Klaue vereinfacht, keine Abrundungen und Fasen, assoziative Gestaltung der Einzelteile.

Konstruktion an den entscheidenden Wirkstellen beginnen: Entweder mit der Spindel oder mit der Klaue anfangen. Anschlussbedingungen zur benachbarten Baugruppe beachten! Werkstoffe zuweisen.

Feingestaltung   Teile hinsichtlich Funktion, Festigkeit, Masse, Raumbedarf, Fertigung, Handhabung und Aussehen **optimieren.**

Die Arbeitsschritte Spindelkonstruktion bis Klauenkonstruktion mehrfach durchlaufen.

Schwachstellenanalyse   Die Teile **systematisch** auf Fehler und Unzulänglichkeiten hin überprüfen und verbessern. Funktionstüchtigkeit der Vorrichtung für das größte und das kleinste abzuziehende Lager nachweisen. Verwendung von Norm- und Wiederholteilen anstelle von Neuteilen prüfen.

Zeichnungsableitung   Baugruppenzeichnung und Teilezeichnungen aus den Modellen ableiten. Erneut eine Schwachstellenanalyse durchführen.

Zeichnungsaufbereitung   Anbringen von Bemaßungen, Toleranzen, Passungen, Oberflächenangaben, Schraffuren, Zeichnungsrahmen mit Schriftfeld, Positionierung der Teile, …   Einhaltung der Zeichnungsstandards prüfen.

Teileliste   Zur Materialbedarfsermittlung die Teileliste (Stückliste) anlegen.

10.2.3 Erstellen der Anschlussbaugruppen

Vorbereitung der Übung

⇨ Das neue Verzeichnis *Abziehvorrichtung* anlegen. Darin werden alle Teile (zweckmäßig auch die Normteile), der Zusammenbau der Baugruppe, die Baugruppenzeichnung und die Einzelteilzeichnungen abgelegt.

⇨ Folgende Normteile in das Verzeichnis laden:

- Sechskantmutter M12 DIN 934 (z. B. aus dem Verzeichnis *Spannvorrichtung*)
- Scheibe 13 DIN 125 (desgl. bzw. neu erstellen)
- Radialrillenkugellager 6210 (aus dem Verzeichnis *Wiederholteile* oder einem Normteil-katalog)
- Radialrillenkugellager 6312 (desgl. bzw. neu erstellen).

Hinweis: *Die Normteile können auch erst während der Baugruppenkonstruktion aus einem Normteilkatalog geladen werden.*

Erstellen der Anschlusszapfen

⇨ Erstellen der beiden Anschlusszapfen als Einzelteile.
Maße des Kegels der Zentrierbohrung:
Winkel: 60 Grad;
Öffnungsdurchmesser an der Stirnfläche 8,5 mm.
Alle anderen Maße sind entsprechend der Entwurfs-zeichnung zu wählen.

⇨ Mit der Funktion *Speichern unter* die beiden Teile unter den Namen *Zapfen_Max* und *Zapfen_Min* in das Ver-zeichnis *Abziehvorrichtung* speichern.

Anlegen der Anschlussbaugruppen (ABG)

Jede Anschlussbaugruppe besteht aus einem Radialrillenku-gellager und dem zugehörigen Zapfen.

⇨ Montieren der Teile zur Anschlussbaugruppe *ABG_Max* und speichern unter diesem Namen.

⇨ Montieren der Teile zur Anschlussbaugruppe *ABG_Min* und speichern unter diesem Namen.

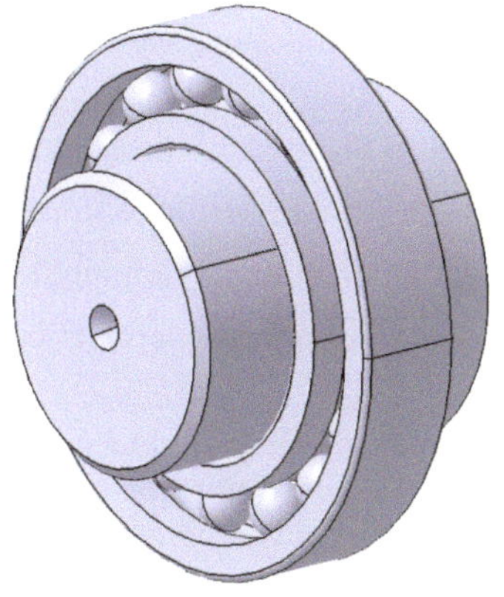

Anschlussbaugruppe

Hinweise: *Mit der Funktion* ⚓ *Komponente fixieren stets das erste in die leere Baugrup-pe geladene Teil (z. B. den Zapfen) im Raum fixieren.*

Zum Positionieren des Lagers auf den Zapfen genügen nicht nur eine Kongruenzbedingung der Rotationsachsen und eine Kontaktbedingung der Flächen zwischen Lagerinnenring und

Wellenabsatz. Über die Funktion ⬀ *Winkelbedingung sollte noch zusätzlich das Verdrehen des Lagers gegenüber dem Zapfen verhindert werden. In Ermangelung körpereigener Ebenen sind die Hauptebenen der Körper zur Ausrichtung zu wählen. In der Regel werden zwei in Achsrichtung liegende Ebenen deckungsgleich unter dem Winkel 0° oder rechtwinkelig zuei-nander ausgerichtet. Bei entsprechender Gestaltung des Modells des Kugellagers geht jeweils die gleiche Hauptebene mittig durch zwei Kugeln. Wenn diese Ebene Schnittebene wird, führt das später zu einer DIN ISO-gerechten Darstellung des Kugellagers im Zeichnungsschnitt.*

Modellerstellung

Bei der Erstellung der Teile wird keine Hilfestellung gegeben, da der Umgang mit den notwendigen Funktionen vorausgesetzt wird.

Die allgemeine Vorgehensweise beim Entwerfen dieser Baugruppe wird kurz beschrieben. Alle notwendigen neuen Schritte werden in einer(!) zweckmäßigen Reihenfolge aufgeführt.

Alle Teile sollen in dieser Übung so konstruiert werden, dass sie nicht durch geometrische Bedingungen miteinander verknüpft werden. Die *Externen Verweise* in den Voreinstellungen bleiben geschlossen. Jedes Teil kann völlig unabhängig von anderen Teilen geändert werden. Die Passfähigkeit der Teile muss vom Konstrukteur nach jeder Änderung neu kontrolliert werden.

Bauteile sind völlig unabhängig von anderen, wenn der Strukturbaum keine Einträge von kopierten Geometrieelementen wie ⊢ Fläche.1 oder ⊢ Kurve.2 usw. im *Hauptkörper* (bei Hybridkonstruktion) oder im *Geometrischen Set* (keine Hybridkonstruktion) enthält.

Die richtige Lagezuordnung der Teile erfolgt in der Baugruppe durch Baugruppenbedingungen (*assembly constraints*).

Allgemeines Vorgehen

1. Teil in Nachbarschaft zu den bereits erstellten Teilen grob gestalten. Erforderliche Maße der Anschlussteile aus der Entwurfszeichnung ablesen oder im Modell ausmessen.

2. Teil in der Baugruppe über Baugruppenbedingungen richtig positionieren.

3. Schnittanalysen im Skizzierer durchführen.

4. Konstruktionsfehler beseitigen.

Hinweise: *Beim Speichern der Baugruppe muss die Baugruppe aktiv (Baugruppenname im Strukturbaum blau und gerahmt) sein. Alle Einzelteile werden dann automatisch mit gespeichert. Ist ein Teil aktiv, wird nur dieses Teil gespeichert.*
Einigen Teilen sollte eine andere Farbe zugewiesen werden, damit die Baugruppe auch optisch übersichtlicher wird.

Anlegen der neuen Baugruppe Abziehvorrichtung

⇨ Neues Produkt öffnen und in *BG-Abziehvorrichtung* umbenennen.

Einfügen der Anschlussbaugruppe

Die Abziehvorrichtung wird für das größte Lager ausgelegt und abschließend mit dem kleinsten Lager überprüft.

⇨ Aktivieren der *BG-Abziehvorrichtung* im Strukturbaum.
⇨ Mit > *RM* > *Komponenten* > *Vorhandene Komponente* > *ABG_Max* die Anschlussbaugruppe einfügen (alternativ existiert die gleiche Funktion ▣ im Funktionsmenü).
⇨ Erstes Teil oder hier die Anschlussbaugruppe fixieren.

Hinweis: *Das Koordinatensystem des zuerst konstruierten Teiles wird bekanntlich als Ursprungskoordinatensystem der Baugruppe verwendet. Für alle weiteren hinzukonstruierten Teile muss entschieden werden, ob zweckmäßig als Ursprung das Koordinatensystem des zuerst konstruierten Teiles (im Fenster Ursprungspunkt mit **Nein** antworten) oder das eines anderen Teiles verwendet wird (im Fenster mit **Ja** antworten, Teil selektieren).*

10.2.4 Grobgestaltung

Einfügen eines neuen Teiles *Spindel*

⇨ Einfügen eines neues Teils mit der Funktion

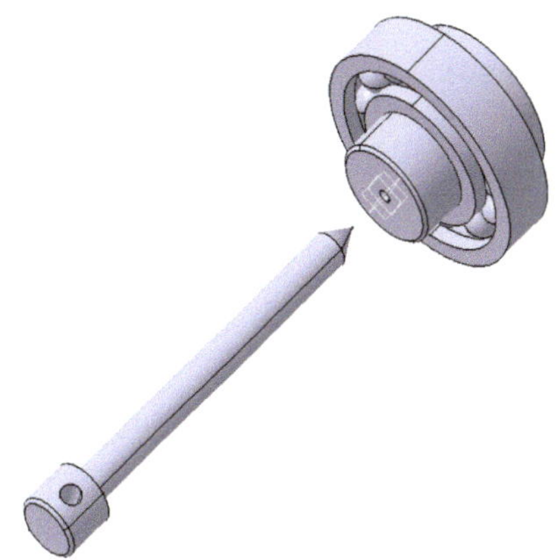

Teil. Dazu ist das Produkt *BG-Abziehvorrichtung* im Baum zu aktivieren. In die erscheinende Dialogbox den Namen *Spindel* eingeben.

Hinweise: *Wenn das Dialogfenster für den Teilenamen nicht erscheint, kann dieses über Tools > Optionen > Infrastruktur > Produkt Strukture > Teilenummer > Manuelle Eingabe und Infrastruktur > Teileinfrastruktur > Teiledokument > Beim Erzeugen eines Teils das Dialogfenster „Neues Teil" anzeigen geändert werden.*

Spindel vor dem Einfügen

Teilenamen eines bereits vorhandenen Teils können außerdem mit > RM > Eigenschaften > Produkt > Teilenummer verändert werden.

⇨ Das erscheinende Fenster *Ursprungspunkt* zweckmäßig mit **Nein** schließen, um den Koordinatenursprung der *ABG* zu übernehmen.
⇨ Aktivieren des Gruppenknotens der *Spindel* im Spezifikationsbaum durch **Selektieren des „+"-Zeichens im Baum**. Die Funktionsumgebung der Teilekonstruktion wird durch einen Doppelklick auf den Namen *Spindel* im Baum eingeblendet und die Spindel kann erstellt werden. Dazu muss zunächst eine in Achsrichtung der Anschlussbaugruppe liegende Hauptebene der Spindel im Strukturbaum als Skizzierebene selektiert und der Skizzierer aufgerufen werden.

Hinweis: *Die erste Skizze eines neuen Teiles sollte stets auf einer der Hauptebenen dieses Teiles aufgebaut werden. Um Verwechslungen mit den Ebenen anderer Körper zu vermeiden, sollte die Selektion der Hauptebene deshalb immer im Strukturbaum erfolgen.*

⇨ Zur Erleichterung der Konstruktion der Spindel ist ein Schnitt mit der Funktion *Teil durch Skizzierer-Ebene schneiden* zu legen, wodurch der Zentrierkegel im Zapfen sichtbar wird.
⇨ Die Spindelskizze mit geringem Abstand zur Anschlussbaugruppe erstellen und daraus den Körper erzeugen. Außengewinde anbringen. Da als Gewindebeginn eine ebene Fläche verlangt wird, muss mit geeigneten Funktionen eine Hilfsebene auf den Kreis des Kegelfußes senkrecht zur Spindelachse erzeugt werden (Punkt auf Kreismittelpunkt setzen, darauf eine Ebene senkrecht zur Achse erzeugen, weiteres dazu siehe im Kapitel 9.2 unter Referenzelemente).
⇨ Die Bohrung für den Knebel erstellen.
⇨ Die Baugruppe *BG-Abziehvorrichtung* im Baum durch Doppelklick aktivieren.
⇨ Flächenkontakt zwischen Kegelfläche der Spindel und Kegelfläche der Zentrierbohrung herstellen (nur bei gleichem Kegelwinkel erfolgreich). Eine Kongruenzbedingung ist nicht unbedingt erforderlich. Eine Ausrichtung der in Achsrichtung liegenden Hauptebenen des Wälzlagers und der Spindel ist in Hinblick auf die spätere Zeichnungsableitung zu überdenken, lässt sich aber auch noch später realisieren.

⇨ Speichern der Baugruppe unter dem Namen *BG-Abziehvorrichtung* mit der Funktion *Speichern unter* oder mit der Funktion *Sicherungsverwaltung*.

Hinweise: *Beim Speichern der Baugruppe mit der Funktion „**Speichern unter**" muss die Baugruppe aktiv (Baugruppenname im Strukturbaum blau und gerahmt) sein. Alle Einzelteile werden dann automatisch mitgespeichert. Den Baugruppennamen auch als Dateiname verwenden. Ist ein Teil (z. B. „Spindel") aktiv, wird nur dieses Teil gespeichert!*

*Beim Verwenden der Funktion „**Sicherungsverwaltung**" erscheint im Dialogfenster vorteilhaft eine Übersicht aller geöffneten Teile und Baugruppen sowie die Anzahl aller ungespeicherten Dokumente (siehe dazu auch Kapitel 4.2).*

Einfügen eines neuen Teiles *Knebel*

⇨ Durch einen Doppelklick auf den Baugruppennamen *Abziehvorrichtung* gelangt man wieder in den Zusammenbau. Dort analog zum vorherigen Teil wieder ein neues Teil einfügen. Es sollte dabei erneut das Ursprungskoordinatensystem gewählt werden. (Das erscheinende Fenster *Ursprungspunkt* mit *Nein* schließen.)

⇨ Das Teil erstellen und mit Baugruppenbedingungen positionieren. Es genügt in der Regel eine Kongruenzbedingung. Eine mögliche Drehung des Knebels in der Bohrung der Spindel stört nicht und muss daher auch nicht durch Setzen einer Bedingung verhindert werden.

⇨ Speichern der Baugruppe.

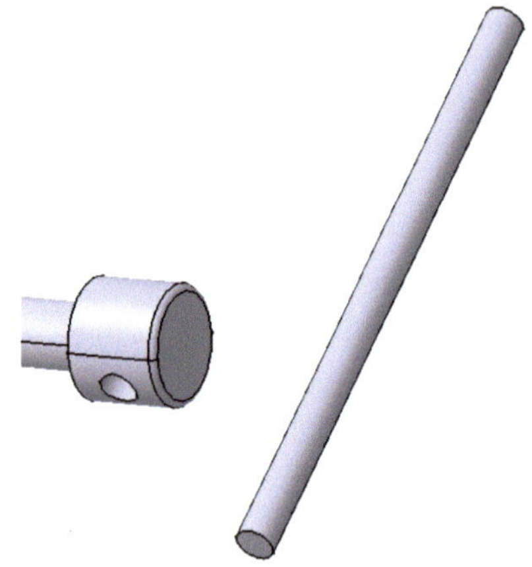

Knebel vor dem Einfügen

Hinweis: *Positionierung der folgenden Teile den jeweiligen Notwendigkeiten entsprechend vornehmen. Gegebenenfalls muss auch einmal eine unzweckmäßig gesetzte Baugruppenbedingung wieder entfernt werden, um das Teil neu positionieren zu können.*

Einfügen eines neuen Teiles Abziehscheibe

⇨ Die Skizze für die Abziehscheibe mit der Bohrung M20 für die Spindel zweckmäßig in der Hauptebene erstellen, die quer zur Mittelachse der Spindel steht. Die Hauptebene vorteilhaft im Strukturbaum der Abziehscheibe selektieren, damit nicht die Ebene eines anderen Teiles versehentlich gewählt wird!

⇨ Mit der Funktion *Langloch* ein Langloch in radialer Richtung auf der Scheibenebene skizzieren und dann als Tasche erzeugen. Das Langloch muss mindestens 1 mm breiter als der Gewindeaußendurchmesser sein.

⇨ Das Langloch mit der Funktion *Kreismuster* (im *Part Design*) vervielfachen.

Eingefügte Abziehscheibe

⇨ Als Sicherung gegen Verdrehen und Herausfallen der Klauen zweckmäßig weitere drei Taschen gemäß Bild auf der Abziehscheibe anbringen (die Klaue soll sich bei gelöster Mutter verschieben aber nicht verdrehen lassen). Die Tasche muss mindestens 1 mm breiter als die Klaue sein.

⇨ Kongruenzbedingung zwischen Abziehscheibe und Spindel erstellen. Die Scheibe lässt sich jetzt noch längs auf der Spindel verschieben und außerdem noch verdrehen. Die Scheibe auf der Spindel mit Handmanipulation (ohne Bedingungen) in die funktionell richtige Lage verschieben.

⇨ Speichern der Baugruppe.

Hinweis: *Über die Funktion Winkelbedingung können Ebenen deckungsgleich ausgerichtet werden. Im Hinblick auf die Schnittführung bei der Zeichnungsableitung sind die Ebenen von Abziehscheibe und Kugellager so auszurichten, dass ein Langloch und die Mitte der geschnittenen Kugeln in einer Ebene liegen.*

Einfügen eines neuen Teiles *Klaue*

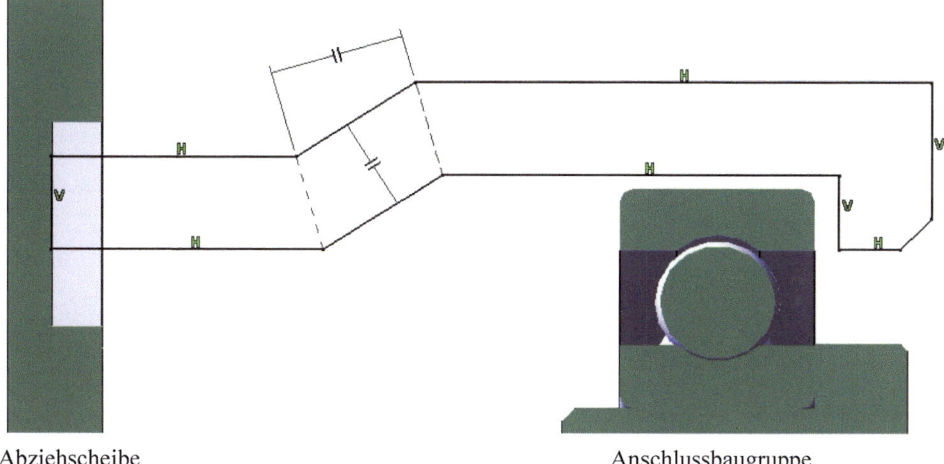

Skizze der Klaue

⇨ Die Skizze für die Klaue in der geeigneten Hauptebene erstellen. Zweckmäßig die geschnittene Darstellung wählen. Dieses Teil wird einmal erzeugt und im Zusammenbau vervielfacht. Ungefähre Maße der Entwurfszeichnung entnehmen. Der Umgriff der Klauenspitze ist im Bild in deutlichem Abstand zu den Konturen des Außenringes des Lagers skizziert. Die Konturen können sich auch decken (wie links die Senkrechte im Bild bei der Abziehscheibe), solange kein Fangen geometrischer Bedingungen stattfindet. Eventuell gefangene oder erzeugte Bedingungen wieder löschen.

⇨ Erstellen des Zapfens (d = 12 mm) mit Gewinde auf der Stirnseite des Klauenendes.

⇨ Die Klaue in der Tasche vollständig positionieren. Alle 6 Freiheitsgrade der Bewegung beseitigen (z. B. Flächenkontakt mit Anschlag herstellen, zentrische Ausrichtung durch Parallelität der Seitenfläche der Klaue zur Seitenfläche des Langloches, Kongruenz zwischen Gewindezapfen und äußerer Langlochmitte). Anschließend radiale Verstellbewegung wieder durch *Inaktivieren* (im Kontextmenü) der Kongruenzbedingung ermöglichen.

Einfügen von Scheibe und Sechskantmutter

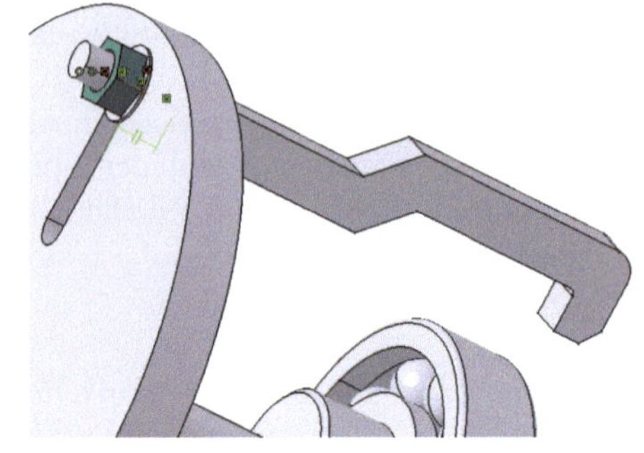

⇨ Scheibe und Sechskantmutter mit der Funktion *vorhandene Komponente* einfügen. Die Teile mit den jeweiligen Bedingungen positionieren.

Hinweis: *Alternativ kann die Funktion „Vorhandene Komponente mit Positionierung" benutzt werden (siehe dazu im Kapitel 6.3.2), die durch ein zusätzliches Fenster besonders bei verdeckt geladenen Teilen Vorteile bietet .*

Eingefügte Scheibe und Sechskantmutter

Positionieren und Vervielfachen der Mehrfachteile

⇨ Klaue mit Anschlag auf den Lageraußenring positionieren (die Abziehscheibe muss die axiale Bewegung der Klaue mitmachen).

Es gibt mehrere Möglichkeiten Teile zu vervielfachen:

- Funktion *Erstellung mehrerer Exemplare definieren*
  In einem Fenster Mehrfachexemplare können die Anzahl und die Richtung der Kopien definiert werden.

- Funktion *Schnelle Erstellung mehrerer Exemplare*
  Durch einfaches Selektieren des zu vervielfachenden Teiles wird eine Kopie in einer vom System vorgegebenen Richtung mit einem vordefinierten Abstand erzeugt.

  Wird für die Scheibe die Anzahl und Richtung der Kopien durch die Funktion *Erstellung mehrerer Exemplare definieren* bestimmt, kann für die Mutter die Funktion *Schnelle Erstellung mehrerer Exemplare* verwendet werden. Diese erscheinen dann in gleicher Anzahl und gleichem Abstand wie die Scheibe.

- Funktion *Muster wiederverwenden*
  In einem Fenster *Exemplarerzeugung* können vorteilhaft ein vorhandenes Muster und Bedingungen für die Kopien gewählt werden. Sinnvoll ist hier die Wahl des Musters der drei Langlöcher der Abziehscheibe. Die gewünschte Exemplarerzeugung wird eventuell erst durch einen Doppelklick auf die Baugruppe im Strukturbaum wirksam.

- Gewünschtes *Teil* aktivieren, *RM > Kopieren > BG-Abziehvorrichtung* im Strukturbaum aktivieren > *RM > Einfügen*
  Das neue Teil wird deckungsgleich über das vorhandene geladen.

- Gewünschtes Teil mehrmals laden.

⇨ Die Variante ▨ *Muster wieder-verwenden* wählen. Reihenfolge: *BG-Abziehvorrichtung* aktivieren > Klaue selektieren > Funktion *Muster wiederverwenden* > *Kreismuster* im Baum der Abziehscheibe selektieren.

Hinweis: *Das Vervielfachen muss für Klaue, Mutter und Scheibe nacheinander durchgeführt werden. Wird für diese drei Teile eine Montagegruppe gebildet (in der Anleitung nicht vorgesehen), kann vorteilhaft die gesamte Montagegruppe vervielfacht werden.*

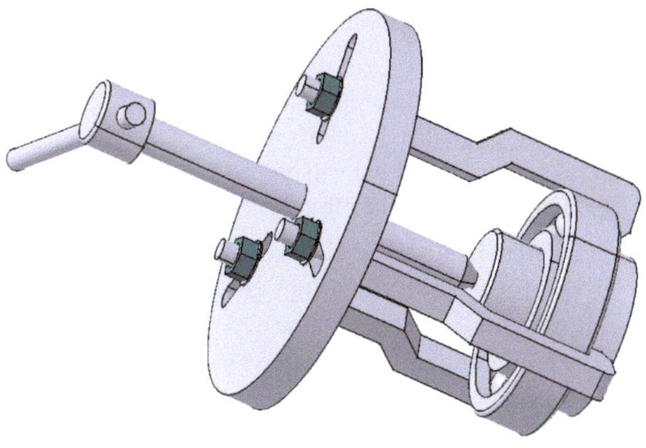

Vervielfachte Montagegruppe Klaue mit Mutter und Scheibe

Hinweis: *Mit RM > auf das in die Bildschirmmitte geschobene Modell >* Grafik zentrieren *wird der Mittelpunkt für ein effektives Drehen wieder in die Mitte des Modells gelegt.*

10.2.5 Feingestaltung

Bei der Feingestaltung alle Änderungen, die keine Auswirkungen auf benachbarte Teile haben, zweckmäßig in der Teilekonstruktion durchführen. Dazu das Teil in einem neuen Fenster öffnen und nach der Änderung speichern. *RM auf Eintrag im Strukturbaum > Objekt ... > in neuem Fenster öffnen.*

⇨ **Teile** hinsichtlich Funktion, Festigkeit, Masse, Fertigung und Ergonomie **optimieren**.

Hinweis: *Ob die Klaue und die Spindel in ihren Abmessungen noch minimiert werden können, muss eine genauere Festigkeitsuntersuchung ergeben. Das ist hier jedoch nicht Gegenstand der Ausführungen.*

Beispiele:

- Die Spindel von der Zentrierspitze aus mit Gewinde versehen (siehe Übung *Druckschraube* in Kapitel 5.5). Es muss dazu eine Hilfsebene erzeugt werden!

- Klaue beanspruchungs-, funktions- und fertigungsgerecht gestalten. Zum Beispiel sollte die Mitte des Hakens mit der Mittellinie des Gewindestückes der Klaue fluchten, damit im Gewindestück keine Biegung auftritt. Kanten verrunden oder anfasen.

- Masse der Abziehscheibe durch Formgebung und Ändern der Materialdicke reduzieren. Verstärkung im Gewindebereich anbringen. Verrundungen vorsehen.

- Zur Verbesserung der Gleiteigenschaften eine Gewindebuchse (Spindelmutter) aus geeignetem Material einfügen (siehe Zeichnung).

- Knebel gegen Herausfallen sichern (falls eine Spielpassung zwischen Knebel und Spindelbohrung vorgesehen wird) und ergonomisch gestalten.

Die Arbeitsschritte Spindelkonstruktion bis Klauenkonstruktion dazu gegebenenfalls mehrfach durchlaufen.

Schwachstellenanalyse (Beispiel):

Bei der im Bild gezeigten Abziehvorrichtung ist der Knebel etwas zu kurz.
Die Sicherung des Knebels gegen Herausfallen mit Sicherungsringen ist für
die Handhabung nicht günstig.

⇨ Die Knebelkonstruktion verbessern.

⇨ Die Abziehvorrichtung (mit dem
   größten Lager) abspeichern.

⇨ Die Funktion 🔍 Vergrößerung… eignet sich zum Betrachten von Details.
   Sie ist leider nicht im Dauermenü
   enthalten, sondern muss aus dem
   Hauptmenü mit *Ansicht > Vergrößerung* aufgerufen werden. Es wird ein
   Rahmen für einen vergrößerten Ausschnitt angeboten, der in Größe und
   Lage manipuliert werden kann. Man
   bewegt entweder den Rahmen über
   die Baugruppe oder die Baugruppe
   durch den Rahmen.

Beispiel einer feingestalteten Abziehvorrichtung

Funktionstüchtigkeit der Abziehvorrichtung für das kleinste Lager überprüfen (optional)

⇨ Dazu z. B. mit der Funktion *Komponente ersetzen* die Anschlussbaugruppe
   ABG_Max gegen die *ABG_Min* austauschen.

Hinweis: *Der Aufwand für den Austausch ist recht hoch. Die Baugruppenbedingungen werden
zerstört und müssen neu erzeugt werden. Über die Funktionalität „Veröffentlichen" lässt sich
das mit besonderen (hier nicht aufgeführten) Maßnahmen vermeiden.*

⇨ Abziehvorrichtung (mit dem kleinstem Lager) unter einem **anderen Namen** abspeichern.

Ausblenden aller Ebenen- und Bedingungssymbole aus dem Modell (optional)

Die Ebenenkreuze lassen sich im Teil (einzeln) oder effektiver gemeinsam für die gesamte
Baugruppe über die *Funktion Bearbeiten > Suchen > …* ausblenden.

⇨ In der Hauptmenüzeile *Bearbeiten > Suchen* selektieren.

⇨ Im erscheinenden Fenster *Suche* bei *Umgebung: Part Design* eintragen, bei *.Typ: Ebene*
   anwählen, bei *Suchen: Überall* auswählen.

Im Fenster die Funktion *Suche*  selektieren.

> OK. Alle Ebenensymbole sind jetzt selektiert (rot).

⇨ Im Dauermenü(!) die Funktion *Verdecken/Anzeigen* selektieren. Sämtliche selektierten Ebenensymbole werden ausgeblendet.

⇨ Die im Strukturbaum angezeigten Baugruppenbedingungen können über das Kontextmenü
   verdeckt werden. Damit werden die Bedingungssymbole im Modell ausgeblendet.

Kontrollausdruck

⇨ Zur Kontrolle das feingestaltete Modell mit der Infozeile (Name und Datum) im Format DIN A4 ausdrucken.

Anfertigen einer Sicherheitskopie

⇨ Ein Verzeichnis *Save* anlegen.

⇨ Die Baugruppe aktivieren und mit der Funktion *Datei > Senden an* in das *Save*-Verzeichnis speichern. Mit der Funktion *Datei > Schreibtisch* die Dateiablagestruktur sich anzeigen lassen und über das Kontextmenü die Eigenschaften und Verknüpfungen überprüfen (siehe auch Kapitel 4). Alternativ eignet sich zum Anfertigen einer Sicherheitskopie die Funktion *Datei > Sicherungsverwaltung* (siehe Kapitel 4).

Erstellen von Explosionsdarstellungen siehe Kapitel 10.4.5

10.2.6 Ableiten des Zeichnungssatzes

Beispiele für die Gestaltung einer Baugruppenzeichnung, einer Einzelteilzeichnung sowie einer Entwurfsstückliste sind auf den folgenden Seiten dargestellt.

Baugruppenzeichnung als 2D-Schnittdarstellung erstellen

Die Baugruppenzeichnung unter dem gleichen Namen *BG-Abziehvorrichtung* speichern!

⇨ **Ansicht, 3D-Darstellung** und **Schnittdarstellung** (letzteres mit der Funktion *Ausgerichteter Schnitt*) ableiten. Im Knickpunkt des Schnittes zweckmäßig den Kreisbogen anstelle des Kreismittelpunktes auswählen!

⇨ **Rahmen mit Schriftfeld** (im Hintergrund) hinzufügen
Bearbeiten > Hintergrund > Datei > Seite einrichten > Hintergrund einfügen > Durchsuchen > (hier das Verzeichnis der vorgefertigten Zeichnungsrahmen einstellen) *> A2-Querformat auswählen > Öffnen > Einfügen > OK >* Schriftfeld im Hintergrund ausfüllen. Anschließend mit *Bearbeiten > Arbeitsansichten* wieder auf die Ansichten umschalten.

⇨ **Zeichnungsaufbereitung** vornehmen (siehe auch im Kapitel 7 *Zeichnungsableitungen*) Teile vom Schnitt ausnehmen:
1. Im *Assembly Design*: Vom Schnitt auszunehmende Teile im Baum selektieren (Mehrfachselektion mit *Strg*-Taste) *> RM > Eigenschaften > Zeichnungserstellung > Kein Trennvorgang in Schnitten* aktivieren, zur Zeichnung wechseln und *Aktualisieren*.
2. Kontrolle der Zeichnungseinstellungen: Den Rahmen der Schnittansicht wählen *> RM > Eigenschaften > Ansicht > Aufbereiten > 3D-Spezifikationen, Gewinde* usw. ggf. aktivieren, im Dauermenü die Funktion *Aktualisieren* ausführen.

Alternatives Vorgehen:
⇨ Im *Assembly Design*: *Kein Trennvorgang in Schnitten* rückgängig machen
⇨ Im Zeichnungsschnitt: Zeichnung aktualisieren, *RM* auf den Rahmen *> Objekt Schnitt A-A > 3D-Begrenzung > 3D-Begrenzungen entfernen* (ggf. 2 x ausführen).
⇨ *RM* auf Rahmen des Schnittes *> Objekt Schnitt A-A > Eigenschaften überlagern*. Im erscheinenden Fenster *Eigenschaften* die vom Schnitt auszunehmenden Teile nacheinander selektieren, alle Teile blau unterlegen, Schaltfläche *Bearbeiten* wählen und im Editorfenster die gewünschten Optionen einstellen (*Schnitt in Schnitten* inaktiv). 2 x *OK*.

Das folgende Bild zeigt als Beispiel den Schnitt durch die grobgestaltete Baugruppe ohne Zeichnungskorrekturen. Die Bauteile Mutter, Scheibe, Spindel und Klaue wurden aus dem Schnitt herausgenommen.
Wenn die abgeleitete Zeichnung z. B. wie im Bild aussieht, dann die folgende Aufbereitungen durchführen:

Schraffur unsichtbar machen   Gewindelinien aktivieren!

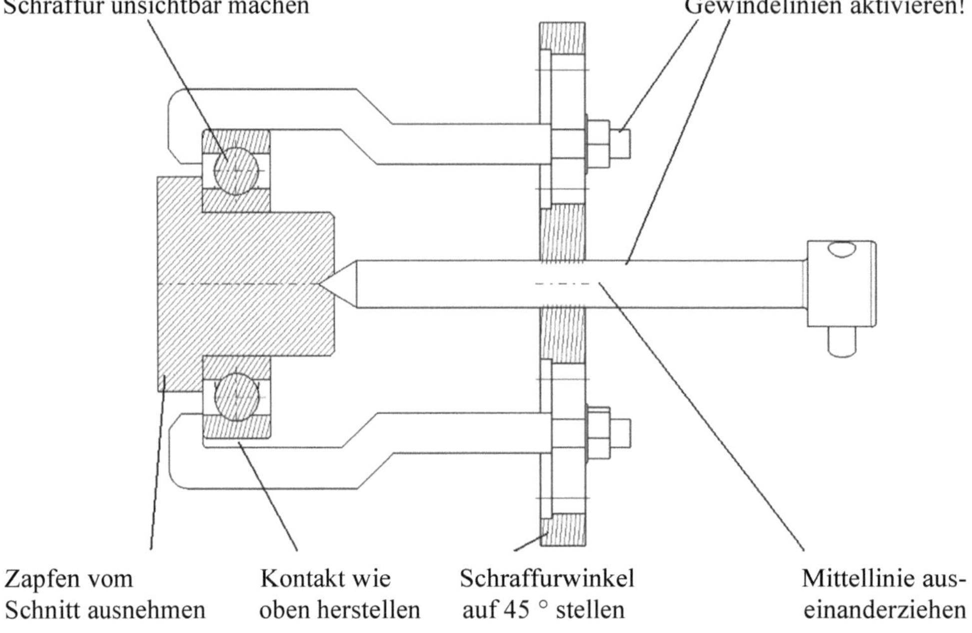

Zapfen vom   Kontakt wie   Schraffurwinkel   Mittellinie aus-
Schnitt ausnehmen   oben herstellen   auf 45 ° stellen   einanderziehen

Hinweise: *Ausgerichtete (geklappte) Schnitte erfordern leider z. Z. noch (allerdings beherrschbare) Zeichnungskorrekturen, hier im Knebelbereich und bei der Gewindedarstellung der Spindel (nur eine Gewindelinie wird erzeugt).*

Das Problem, dass gegebenenfalls die Schnittführung nicht durch die Mitte der Wälzkörper geht, kann man vermeiden, wenn die in Achsrichtung liegenden Hauptebenen der Spindel und des Lagers zueinander ausgerichtet werden oder (einfacher) wenn anstelle der Wälzkörper ein Ring im Lager modelliert wurde (siehe dazu unter Kapitel 8 Normteile).

⇨ **Positionsnummern** einfügen
   - Übersichtliche waagerechte oder senkrechte Anordnung (wie Muster), Schriftgröße 7,5.
   - Positionsnummern der zu fertigenden Teile von 1 beginnend.
   - Positionsnummern der Kaufteile ab 51 beginnend (zweckmäßige Festlegung).

Funktion *Text mit Bezugslinie* (unter Text) ⬛ wählen. Pfeilspitze selektieren > *RM* > *Symbolform* > ein Symbol auswählen bzw. *kein Symbol.*

⇨ **Bemaßung** (siehe Beispiel)
   - *Tools > Optionen > Mechanische Konstruktion >Drafting > Manipulatoren* > Alle
     gewünschten Bemaßungsmanipulatoren einschalten.
   - Hauptmaße eintragen (größte Länge/Breite/Höhe).

- Anschlussmaße zu den benachbarten Baugruppen eintragen (Durchmesser des größten abziehbaren Lagers, Durchmesser des kleinsten abziehbaren Lagers).
- Darstellung unmaßstäblicher Maße (Vorsicht!):
  RM auf Maßzahl > *Eigenschaften* > *Wert* > *Unmaßstäbliches Maß* > *Numerisch* > unter *Hauptwert* Maß eintragen.

⇨ **Zeichnungsnummer** (Beispiel; im Schriftfeld in den Hintergrund eintragen)

Allgemeiner Aufbau:	Auftrags-Nr./BG-Nr./UBG-Nr./Pos.-Nr.
In der Ausbildung z. B.:	Kursbezeichnung/Semester-Nr./nn/zz
Baugruppenzeichnung:	Kursbezeichnung/Semester-Nr./nn/00
	(zz = 00 für Baugruppenzeichnungen)
Unterbaugruppen-Nr.:	Kann entfallen, falls keine UBG vorhanden ist.
Beispiel:	MB04/03/00 (keine UBG vorhanden)

⇨ **Zeichnungskontrolle**
An einem übersichtlichen Zeichnungsausdruck mit definierten Schnitten sind Konstruktionsfehler und Mängel oft besser erkennbar als am 3D-Modell.

Die Schwachstellen können vorteilhaft auf dem Papier per Hand markiert werden, Änderungsskizzen lassen sich eintragen.

Erstellen der Einzelteilzeichnungen

⇨ Für die zu fertigenden Teile sind die Einzelteilzeichnungen zu erstellen. Alle zur Fertigung notwendigen Angaben sind einzutragen. Alle Einzelteilzeichnungen unter ihrem Teilenamen abspeichern!
⇨ Zeichnungskorrekturen vornehmen.
⇨ Schriftfeld im Hintergrund ausfüllen, Werkstoff eintragen.
⇨ Zeichnungsnummer eintragen.
  Beispiel für die Spindel-Zeichnung: MB04/03/04
  (04 = Positionsnummer des Teiles in der Baugruppe).
Zeichnungskontrolle durchführen.

Erstellen von Stücklisten (Teilelisten)

Stücklisten werden zur Fertigungsvorbereitung benötigt und dienen der Planungsabteilung zur Ermittlung des Materialbedarfes (Halbzeuge, Werkstoffe) für die zu fertigenden Teile und zur Bestellung der Kaufteile (Normteile und sonstige Zulieferteile). Bei den Angaben für Stücklisten sind die betrieblichen Vorschriften einzuhalten.

Hinweis: *In der Stückliste sollte als Bezug zur Zeichnung stets die Zeichnungsnummer der Baugruppe mit angegeben werden.*

Stücklisten mit CATIA generieren

Eine Stücklistengenerierung ist unter CATIA mit der Funktion *Analyse > Stückliste* aus der Hauptmenüzeile möglich. *Dazu muss wieder in die Umgebung des Assembly Designs gewechselt werden* (Beispiel siehe dazu auch im Kapitel 10.5 *Analysefunktionen für Baugruppen*): Es können verschiedene Formate definiert werden. Die Stückliste lässt sich als Text-, Excel- und Html-Datei abspeichern. Der Vorteil besteht in der maschinell kontrollierten Übereinstimmung mit dem Baugruppenmodell (Mengenangaben und Bezeichnungen).

Stücklisten mit CATIA in die Baugruppenzeichnung einfügen

Stücklisten werden meistens auf separaten Blättern angelegt (bei aktiver Arbeitsansicht mit *Einfügen > Zeichnung > Blätter > Neues Blatt*). Sie können jedoch auch direkt in Zeichnungen eingefügt werden, was besonders bei Entwürfen vorteilhaft ist. Bei Entwürfen genügt für Ausbildungszwecke eine einfache Stückliste.

⇨ Hauptmenüzeile: *Bearbeiten > Blatthintergrund >* Hauptmenüzeile: *Einfügen > Zeichnung > Stückliste > Erweiterte Stückliste* oder *Stückliste*

⇨ Im Strukturbaum des geöffneten Produktfensters die Baugruppe aktivieren und anschließend im Drawingfenster (ggf. auf neuem Blatt) den Zielpunkt für die Stückliste anklicken.

⇨ Die erscheinende Stückliste sollte über den integrierten Texteditor (mit Doppelklick auf den Tabelleneintrag) noch vervollständigt und modifiziert werden. So sollte dem jeweiligen Teilenamen die Positionsnummer vorangestellt werden. Unter *Nomenklatur* sind für die zu fertigenden Teile die Zeichnungs-Nr. sowie für die Kaufteile die Bestellangaben einzutragen.

Die Funktionen *Stückliste* und *Erweiterte Stückliste* sind (nur im Blatthintergrund!) auch einfacher über das Funktionsmenü aufrufbar.

Mit *Einfügen > Erzeugung > Stückliste* kann eine Stückliste auch in die Arbeitsansicht einfügt werden (ungünstig, da die Position der Stückliste abhängig von der Position der Ansicht wird).

Stückliste: BG-Abziehvorrichtung

Menge	Teilenummer	Typ	Nomenklatur	Überarbeitg.
1	ABG_Max	Baugruppe		
1	Spindel	Teil		
1	Knebel	Teil		
1	Abziehscheibe	Teil		
3	Klaue	Teil		
3	Scheibe DIN 125 - 13	Teil		
3	Sechskantmutter ISO 4032 - M12	Teil		
1	Gewindebuchse	Teil		
2	Gummikappe	Teil		

Mit CATIA generierte Stückliste der Abziehvorrichtung

Hinweise: *Die Anschlussbaugruppe (ABG_Max) diente als Konstruktionsstütze. Sie gehört nicht zur Abziehvorrichtung und muss deshalb noch aus der Stückliste entfernt werden.*
Für jede Unterbaugruppe lässt sich eine eigene Stückliste anlegen.

Zeichnungsrahmen und Zeichnungskopf mit CATIA einfügen

Hauptmenüzeile *> Bearbeiten > Blatthintergrund >* Funktionsmenü *Rahmen und Zeichnungskopf >* Im erscheinenden Fenster werden Zeichnungsrahmen und -köpfe des Entwicklers zum Erzeugen und Aktualisieren angeboten (siehe dazu auch Kapitel 7.3.6).

Zusammenfassung

Die Art und Weise des Vorgehens bei der Konstruktion der Abziehvorrichtung ist typisch für die Baugruppenkonstruktion im Maschinenbau.
Die Einzelteile werden im Zusammenbau (*Assembly Design*) gestaltet und mit Baugruppenbedingungen untereinander in funktionell richtiger Lage positioniert. Die Teile sind in ihrer Konstruktion unabhängig voneinander. Jede Änderung an einem Teil kann funktionelle oder geometrische Auswirkungen an anderen Bauteilen haben. Diese Auswirkungen müssen vom Konstrukteur selbst vorgenommen und kontrolliert werden.

Beispiel Baugruppenzeichnung

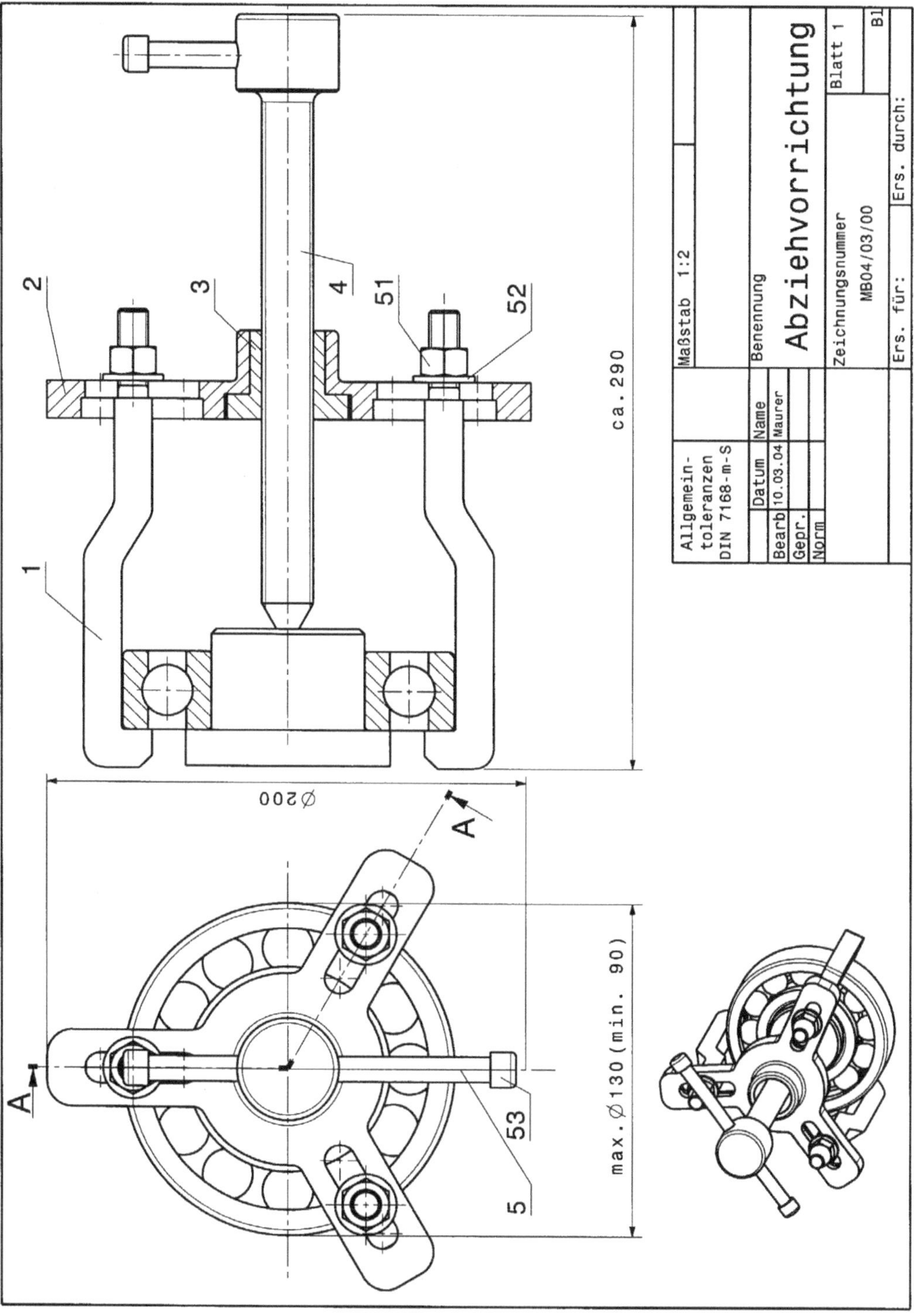

Beispiel Einzelteilzeichnung

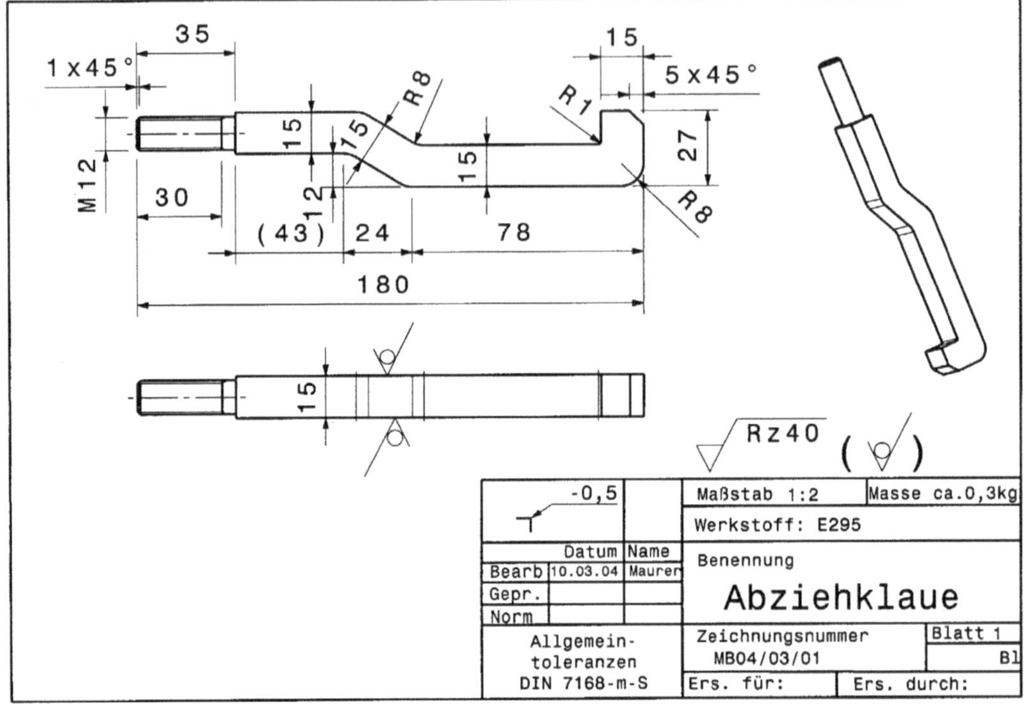

Beispiel Entwurfsstückliste

1	2	3	4	5	6
Pos.	Menge	Einh.	Benennung	Sachnr./Norm-Kurzbez.	Bemerkung
1	3	Stck	Abziehklaue	MB04/03/01	E295
2	1	Stck	Abziehscheibe	MB04/03/02	Gs-38
3	1	Stck	Gewindebuchse	MB04/03/03	CuZn40
4	1	Stck	Spindel	MB04/03/04	E295
5	1	Stck	Knebel	MB04/03/05	E295
51	3	Stck	Sechskantmutter	DIN 934 - M12	8.8
52	3	Stck	Scheibe	DIN 125 - 13	
53	2	Stck	Kunststoffkappe		PUR

		Datum	Name	(Benennung)		
	Bearb.	10.03.04	Maurer			
	Gepr.			**Abziehvorrichtung**		
	Norm					
				(Zeichnungsnummer)		Blatt
				MB04/03/00		Blätter
Zust	Änderung	Datum	Nam.	Urspr.	Ers. für:	Ers. durch:

10.3 Konstruktion von Gehäusen

10.3.1 Grundlagen

Zur Funktion und Gestaltung von Gehäusen

Gehäuse sind Baugruppen, die Maschinenelemente umhüllen. Sie weisen vielfältige geometrische Formen auf und müssen im Außenbereich ästhetischen Anforderungen genügen.

Aufgaben: - Stützfunktion (Leiten von Kräften und Momenten)
            - Schutzfunktion (Verhüten von Gefahren)
            - Verhindern des Austretens von Schmierstoff und des Eindringens von
              Schmutz
            - Erleichtern der Wärmeabfuhr
            - Mindern von Geräuschen.

Spezielle Gehäuse (Pumpen- und Turbinengehäuse) stehen unter Innen- oder Außendruck.

Während Behälter lediglich zur Aufnahme von Flüssigkeiten, Gasen, körnigen oder pulverförmigen Feststoffen dienen, umhüllen Gehäuse oft rotierende oder sich translatorisch bewegende Maschinenteile. Die Antriebselemente ragen dabei aus dem Gehäuse heraus. Um die innenliegenden Maschinenteile montieren zu können, werden die Gehäuse geteilt ausgeführt. Bei der Teilung in Achsrichtung (siehe Bild unten) entstehen Gehäuse in Schalenbauweise, bei einer Teilung quer zur Achsrichtung Gehäuse in Topf- oder Tunnelbauweise. Die mechanischen Bearbeitungen in der Teilungsebene erfolgen im Zusammenbau. Die Lage der Teile zueinander muss genau fixiert werden.

Um die mannigfaltigen Funktionen erfüllen zu können, weisen die Gehäuse Schraubdome, Verstärkungen und Versteifungen, Füße, Flansche, Einfüll- und Abflussöffnungen, Kühlrippen usw. auf.

Gehäuse werden aus Metallen durch Gießen (bei hohen Stückzahlen) oder durch Schweißen (bei geringen Stückzahlen) hergestellt. Darüber hinaus lassen sich Gehäuse durch Blechumformen erzeugen. Weniger belastete Gehäuse werden aus Kunststoffen (z. B. durch Spritzgießen) gefertigt.

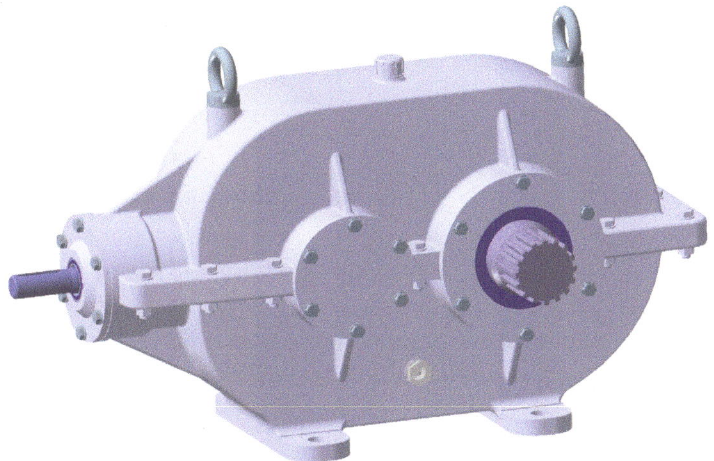

Beispiel für die Gehäusegestaltung eines Kegelstirnradgetriebes

Zur Fertigung von (Guss-) Getriebegehäusen

Bei der Modellierung von Gehäusen sind neben den funktionellen auch fertigungstechnische Gesichtspunkte zu berücksichtigen.

Die Abbildung zeigt ein Gehäuse eines zweistufigen Stirnradgetriebes mit montiertem Radsatz. Die Lagerung der Wellen erfolgt schwimmend beidseitig mit Stützlagern.

Fertigungsreihenfolge:

Gehäuseherstellung (Rohteile)

- Modellherstellung für Unterteil und großen und kleinen inneren Deckel (mit
  Aufmaßen und Formschrägen)
- Gießen von Unterteil und beiden Deckeln (Sandguss).

Mechanische Bearbeitung

- Unterteil: Planfräsen von Fuß- und
  Flanschfläche (Parallelität)
- Deckel: Planfräsen der Flanschflächen
- Verspannen der Deckel mit dem Unter-
  teil (z. B. durch Schraubzwingen)
- Bearbeitung auf dem Bohrwerk (im Zu-
  sammenbau):
    - Je zwei Stiftlöcher diagonal durch die
      Flansche bohren
    - Stifte einschlagen (Übermaßpassung)
    - Löcher für die Befestigungsschrauben
      in die Flansche bohren
    - Beide Deckel mit dem Unterteil ver-
      schrauben
    - Für die Lager die horizontalen La-
      gerbohrungen in einer Werkstück-
      aufspannung einbringen (keine
      Fluchtungsfehler).

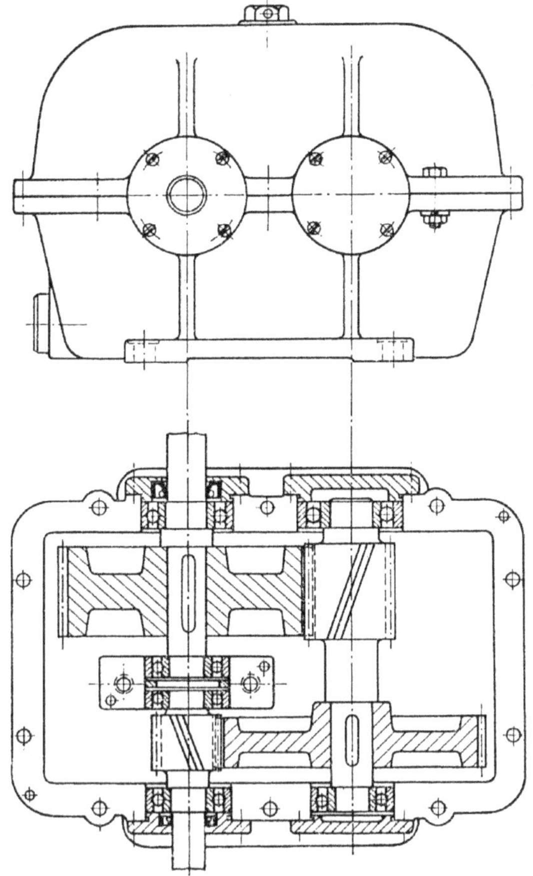

Zeichnung eines Getriebes (nach Zirpke)

Montage
- Stifte herausschlagen, die Deckel demontieren
- Drei vormontierte Unterbaugruppen Zahnrad/Welle/Lager in das Unterteil einsetzen, Ge-
  häuseflansch mit flüssiger Dichtmasse bestreichen
- Den inneren und anschließend den äußeren Gehäusedeckel lagerichtig aufsetzen und erneut
  verstiften. Die Fertigungslage zwischen Unterteil und den Deckeln ist damit ganz genau
  wiederhergestellt
- Die Gehäusedeckel verschrauben (die Schrauben leiten Auflagerkräfte vom den Deckeln in
  das Unterteil)
- Die vier Lagerdeckel einbauen, Nebenfunktionselemente montieren, Öl einfüllen.

Zur Modellierung von Gehäusen

Bei den einzelnen Gehäuseteilen handelt es sich in der Regel um 3D-Modelle, die aus einem Hauptkörper und aus mehreren Aufsatz- und Abzugskörpern erzeugt werden. Darüber hinaus stehen in der Teilekonstruktion (*Part Design*) einige spezielle Funktionen wie *Schalenelement, Kantenverrundung, Versteifung, Aufmaß* und *Auszugsschräge* zur Verfügung. Als wertvolles Hilfsmittel zum Erzeugen der Körper erweist sich das objektorientierte Arbeiten mit Hilfsebenen.

Das komplette Gehäuse ist eine aus mehreren Teilen (Unter- und Oberteil, Lagerdeckel, Einfüll- und Ablassschraube, ...) bestehende Baugruppe. Diejenigen mechanischen Bearbeitungen, die bei geteilten Gehäusen im zusammengebauten Zustand der Teile ausgeführt werden, können auch bei der Modellierung im Zusammenbau erfolgen! Dafür stehen im Zusammenbau (*Assembly Design*) wiederum spezielle Funktionen, die *Baugruppenkomponenten*, zur Verfügung. Diese Funktionen schaffen Abhängigkeiten der Teile, die bei Änderungen schwerer beherrschbar sind. Deshalb soll diese Funktionalität im Rahmen der Übung dieses Kapitels nicht genutzt werden. Ausführungen dazu erfolgen im Kapitel 11.

Getriebegehäuse bilden den Schwerpunkt der Ausführungen.

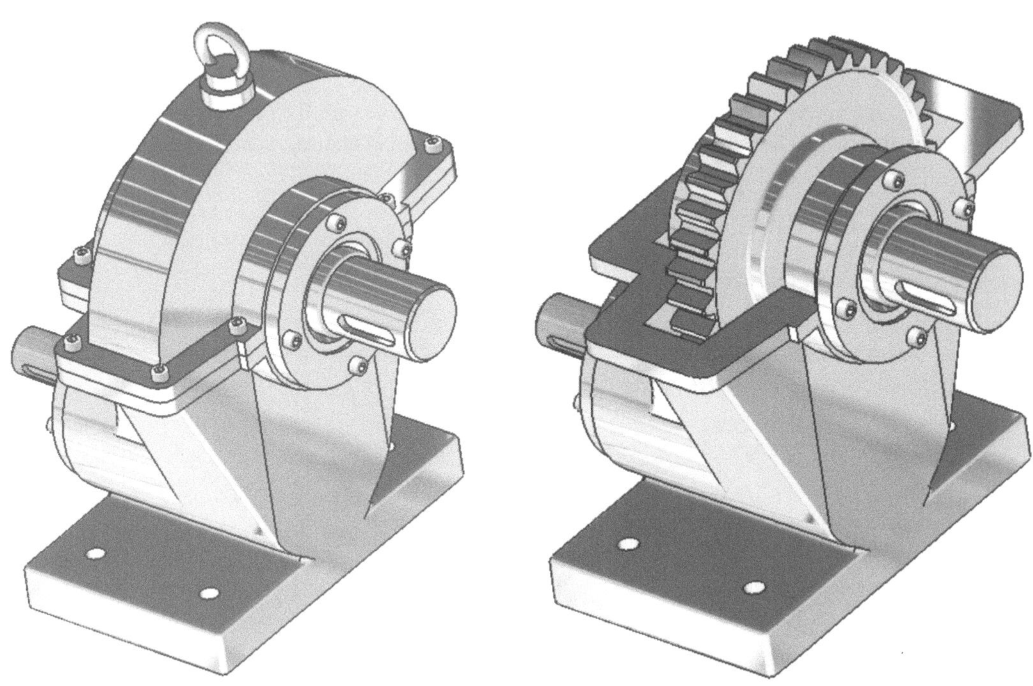

Stirnradgetriebe mit untenliegender Antriebswelle

Gehäusekonstruktionen wurden im 2D-Bereich seitens der Maschinenbauer oft nicht feingestaltet. Die Feingestaltung wurde weitgehend dem Formenbauer überlassen. Im 3D-Bereich ist dagegen eine genauere räumliche Durchbildung erforderlich. Sie stellt den Anfänger vor komplexere Probleme als bei der Konstruktion von prismatischen und rotationssymmetrischen Bauteilen. Nicht zu unterschätzen ist außerdem der größere Zeitaufwand für die 3D-Modellierung.

Um die Entwicklungszeiten zu verkürzen, wird bei komplizierten Getrieben die Gehäusemodellierung vom Formenbauer parallel zur Konstruktion des Radsatzes vorgenommen, wobei der Gehäusekonstrukteur zweckmäßig Mitglied des Entwicklungsteams ist. Die Entwürfe müssen dann untereinander mehrfach abgestimmt werden, was zu besonderen Arbeitsweisen führt.

Zu den Übungen

In den Übungen zu den Kapiteln 10.3 bis 10.4 soll die Aneignung von zweckmäßigen Vorgehensweisen bei der Konstruktion von Gehäusen in Verbindung mit der Gestaltung der Einbauten unterstützt werden.

Zunächst wird in (diesem) Kapitel 10.3 eine einfache Grundaufgabe für ein geteiltes Getriebegehäuse in Schalenbauweise mit simulierten Zahnrädern in zwei Varianten bearbeitet.

Anschließend wird im Kapitel 10.4 ein Gehäuse in Topfbauweise entwickelt. Um den vorhandenen Radsatz eines einfachen Zahnradgetriebes herum wird die Gestaltung des Gehäuses vorgenommen.

Ein Gehäuse in Tunnelbauweise ist in Kapitel 2.7 zu sehen (Umlaufrädergetriebe).

Ein Ventilgehäuse (mit Einbauten) wird in diesem Kapitel ebenfalls gezeigt und ist in den Auflagen 1-6 dieses Buches auch gestaltet. Die Vorgehensweise unterscheidet sich von der der Zahnradgetriebe. Zuerst wird das Gehäuse modelliert. In das Gehäuse werden die Einbauten hinein konstruiert.

Im Kapitel 11 werden geteilte Gehäuse entwickelt, bei denen die Getriebedeckel in ihrer Geometrie vom Getriebeunterteil abhängen.

Hinweise: *Alle Übungen beziehen sich vordergründig auf Gusskonstruktionen von Gehäusen. Für Kunststoffgehäuse und Gehäuse in Schweißausführungen sowie Konstruktionen aus Gesenkschmiedeteilen ergeben sich aber eine Reihe analoger Arbeitsweisen.*

Mit den Kenntnissen aus diesen Bausteinen lassen sich keine Gehäuseteile mit Freiformflächen erzeugen.

Die Operationen der Feingestaltung sind weitgehend weggelassen. Sie können über die Funktion Objekt in Bearbeitung definieren nachträglich an die in Hinblick auf Veränderungen günstigste Stelle im Strukturbaum des Volumenmodell eingeordnet werden (siehe dazu auch im Kapitel 5.7).

10.3.2 Konstruktion von Getriebegehäusen in Schalenbauweise

Die in diesem Grundkurs modellierten Gehäuseteile entstehen aus Vollkörpern, die mit der Operation *Schalenelement* oder mit booleschen Operationen über Abzugskörper ausgehöhlt werden (komplizierter geformte Gehäuseteile werden mit Flächenfunktionen erzeugt). Mit Hilfe der Operationen *Aufmaß*, *Auszugsschräge*, *Trennen* und *Kantenverrundung* (siehe dazu unter 9.3 und ausführlicher in /10/) werden die Gehäuseteile fertigungsgerecht gestaltet.

Neues Verzeichnis anlegen

⇨ Unterhalb des Hauptverzeichnisses *CATIA* das Verzeichnis *Getriebe* und darin das Unterverzeichnis *Grundfunktionen* anlegen. In dieses Verzeichnis die Gehäusemodelle aus diesem Kapitel speichern.

In diesem Kapitel sollen **zwei** Lösungsansätze zum Erstellen eines Gehäuses für ein Zahnradgetriebe, bei dem die Lagerstellen der Getriebewellen in der Teilungsebene liegen, gezeigt werden.

Auszugschrägen werden nicht angebracht. Die beiden Gehäuseteile sollen unabhängig voneinander änderbar sein. Nur eine Lagerstelle wird exemplarisch modelliert.

Modellierungsmethode:

Die Innenkontur des Gehäuses wird der als Hilfsgeometrie erzeugten Kontur der Zahnräder angepasst. Kopierte Skizzen erleichtern (nur) während der Entstehungsphase die Anpassung zwischen den Bauteilen.

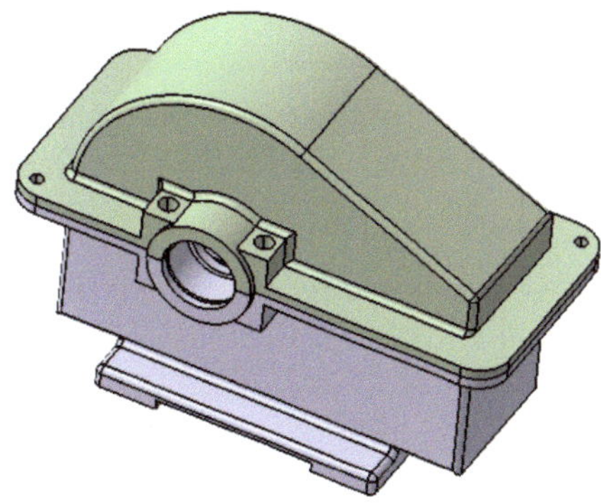

Getriebegehäuse geteilt
(angearbeiteter Zustand)

⇨ Neues Produkt *Schalengehaeuse* anlegen.

⇨ Im Produkt Schalengehaeuse ein neues Teil mit dem Namen *Unterteil* anlegen. Der Deckel wird später modelliert (**Lösungsansatz 1**).

Erstellen des Gehäuseunterteils

Die Skizze zunächst außerhalb des Koordinatenursprungs erstellen. Die beiden Zahnräder werden durch Hilfslinien simuliert und haben einen Mittelpunktsabstand von 70 mm sowie 10 mm Abstand zur Innenwand des Gehäuses. Hilfsgeometrie wird von CATIA zur Modellerstellung nicht benutzt!

Anschließend den Mittelpunkt des Großrades mit den Hauptebenen (nicht mit den Koordinatenachsen) kongruent setzen. Dazu kann die Skizze etwas geneigt werden.

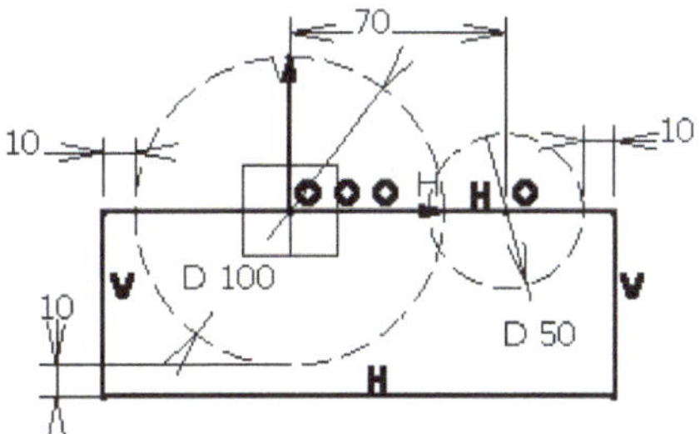

Skizze mit Hilfsgeometrie

Die Hauptebenen befinden sich jetzt in dem gewählten Entwicklungszentrum und stehen als zentrale Orientierungshilfe und für später zu führende Schnitte zur Verfügung. Dadurch, dass die Skizze an den Hauptebenen und nicht am Koordinatenursprung festgesetzt wurde, könnte das Entwicklungszentrum nach dem Lösen der Kongruenzbedingungen noch (z. B. in die Ritzelmitte) verschoben werden.

⇨ Erstellen der Skizze gemäß nebenstehender Abbildung ohne Achsenanbindung. Radmittelpunkt anschließend mit den Hauptebenen(!) kongruent setzen.

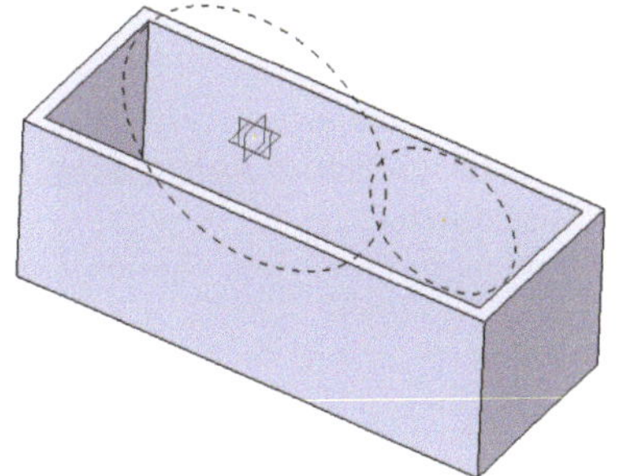

Unterteil mit Hilfskontur für die
Kopfkreise der Zahnräder

⇨ Erstellen des Blockes in gespiegelter Ausdehnung (Breite: 2 x 30 mm).
⇨ Erstellen des Schalenelementes (Achtung!) von der Radseite wie abgebildet. Wandstärke 5 mm (nach außen), 0 mm (nach innen).

Fußgestaltung

⇨ Erstellen folgender Skizze auf der Mittelebene mit Anbindung an den Unterkasten:

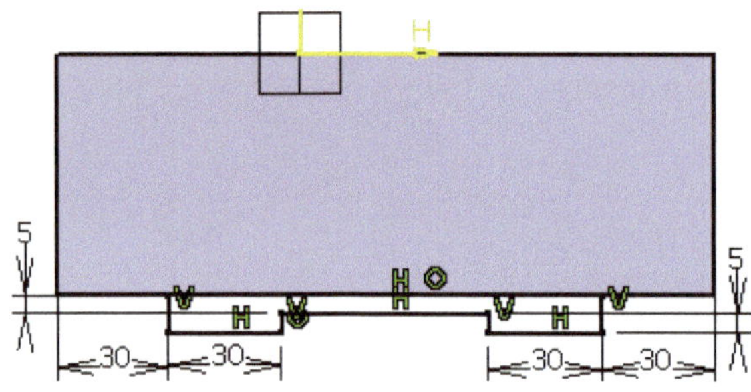

Skizze des Fußes

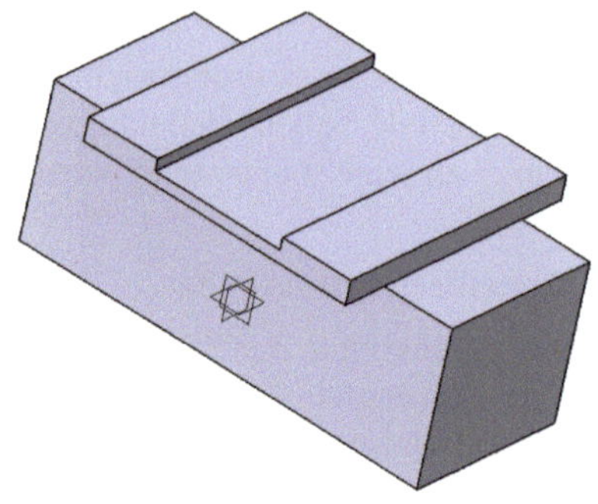

Fußgestaltung

⇨ Die Skizze zum Block ausdehnen. Im Dialogfenster *Definition des Blocks* die Schaltfläche *Mehr* anwählen, als Begrenzungstyp *Bis Ebene* anwählen und als Begrenzung die beiden seitlichen Außenflächen des Gehäusekastens wählen. Die über den Gehäusekasten hinausgehende Ausdehnung wird jeweils als *Offset* von 20mm im selben Fenster definiert.

⇨ Objektbezug testen. Ändert man die Breite des Unterteils, so bleibt der Fußabstand zur Seitenwand erhalten.

Flanschgestaltung

⇨ Die obere schmale Randfläche ist als Skizzierebene zu wählen. Ein Rechteck mit der Innenkontur des Randes kongruent setzen. Die Außenkontur des Flansches im Abstand von 25 mm zur Innenkontur erstellen.
⇨ Die Funktion *Block* aufrufen. Den Block 5 mm in Richtung des Fußes ausdehnen.
⇨ Speichern unter dem Namen *Unterteil*.

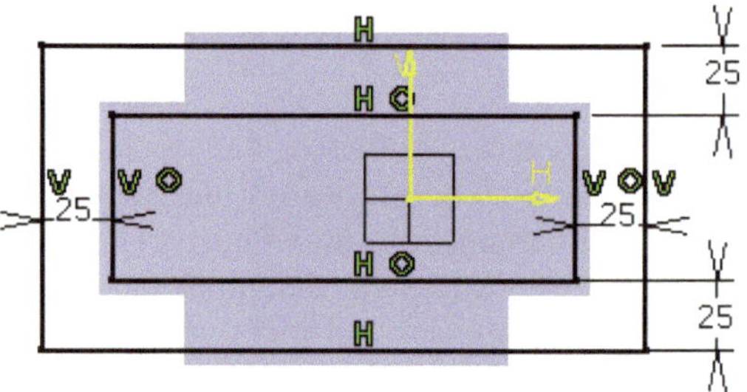

Flanschskizze Unterteil

Blockdefinition für Hohlkörper

Alternativ kann der Flansch auch einfacher aus der Innen- oder Außenkontur mit der Option *Dick* erzeugt werden.

Wird im Fenster *Definition des Blockes* die Option *Dick* aktiviert, so genügt es, nur einen Konturzug z. B. hier die Innenkontur zu skizzieren. Die gewünschte Flanschbreite des Hohlkörpers lässt sich dann über zwei Aufmaße festlegen.

Bei der benutzten Version gab es jedoch dabei nach einem Versionswechsel instabile Anbindungen bei Modelländerungen! Da das Modell noch mehrfach weiter verwendet wird (auch im Kapitel 11), kann diese Erstellungsvariante zunächst hier nicht empfohlen werden.

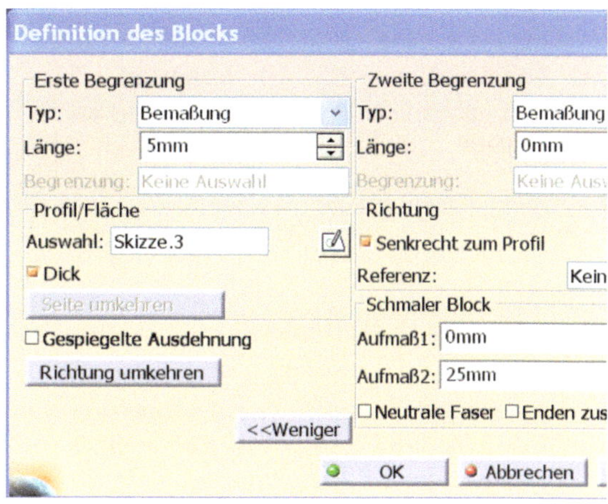

Erstellen des Deckels

Ziele: Der Deckel soll sich der Kontur der Kopfkreise der Räder anpassen (wieder mit dem Abstand von 10 mm). Außerdem muss der Flansch des Deckels genau die Kontur des Flansches des Unterteiles aufweisen.

Das Deckel-Modell soll geometrisch eigenständig bleiben (unabhängig vom Unterteil).

⇨ Im Produkt *Schalengehaeuse* ein neues Teil mit dem Namen *Deckel* anlegen. Als Ursprungspunkt den des ersten Teiles (Unterteil) wählen, d. h. im erscheinenden Fenster mit *Nein* antworten.

Deckelskizze aus der Kopie der Unterteilskizze entwickeln

⇨ Zur Vereinfachung und um Fehler zu vermeiden die Skizze nicht völlig neu erstellen, sondern aus dem Unterteil die *Skizze.1* in den Hauptkörper des Deckels kopieren. *Skizze.1* im Unterteil selektieren > *RM* > *Kopieren*, *Deckel* selektieren > *RM* > *Einfügen*.

⇨ Das *Unterteil* verdecken. Das zeitweise Verdecken des Unterteils verhindert, dass zum Modellieren des Deckels versehentlich Ebenen des Unterteils verwendet werden.

⇨ Die Innenkontur des Getriebedeckels erstellen. Die Unterteilkontur in Hilfsgeometrie umwandeln (siehe Abbildung).

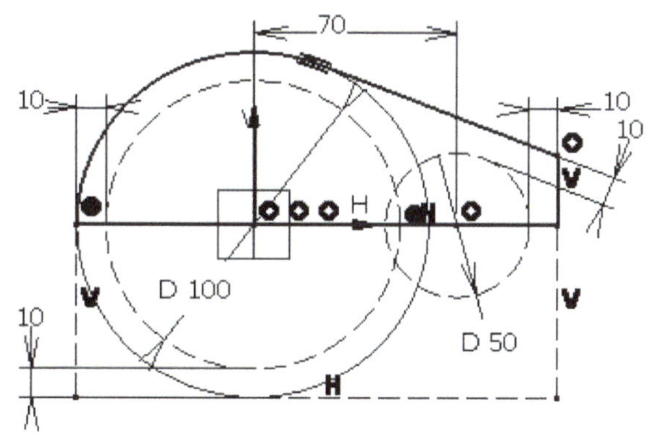

Deckelskizze

Deckel als Schalenelement erstellen

⇨ Block 30 mm gespiegelt wie im Unterteil ausdehnen.

⇨ Schalenelement mit der Wandstärke 5 mm nach außen (nach innen 0 mm) erstellen.

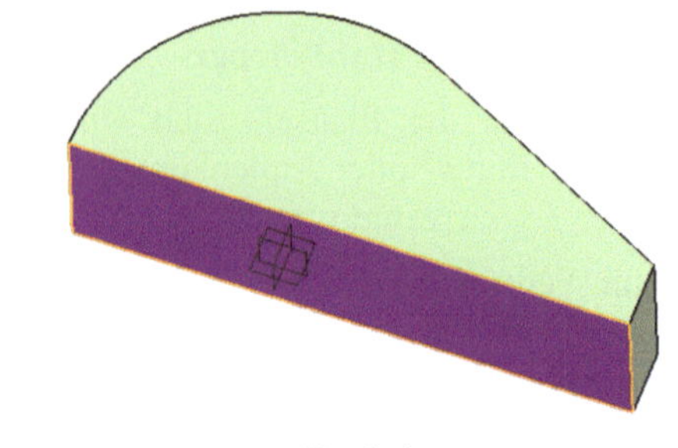

Deckel

Erstellen des Deckelflansches

⇨ Eine Skizze auf die Randfläche der offenen Seite setzen. Die Innenkontur durch Kongruentsetzen der Seiten eines Rechteckes mit dem Innenrand erzeugen. Die Außenkontur im Abstand von 25 mm erzeugen.

⇨ Den Block 5 mm in Richtung des Deckels ausdehnen.

⇨ Speichern unter dem Namen *Deckel*.

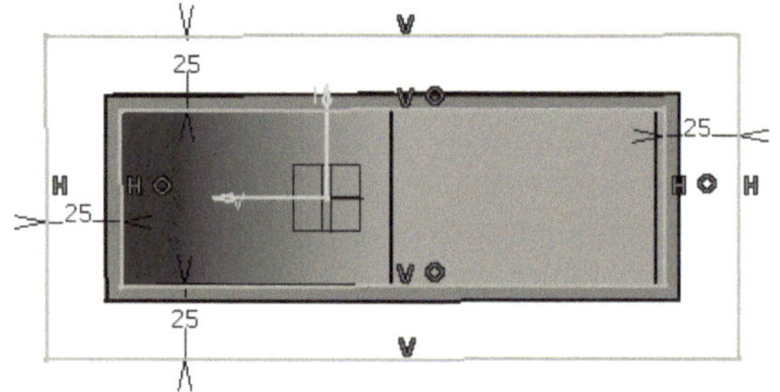

Flanschskizze Deckel

Baugruppenbedingungen setzen

Der Deckel wurde zwar lagerichtig zum Unterteil konstruiert, muss aber noch mit Baugruppenbedingungen stabil angebunden werden!

⇨ Den Deckel in der Baugruppe gegenüber dem Unterteil mit der Funktion *Manipulieren* verschieben und verdrehen.

⇨ Den Deckel mit Baugruppenbedingungen lagerichtig positionieren.

⇨ Testweise den Achsabstand des Unterteils auf z. B. 80 mm ändern. Der Deckel bleibt unverändert. Die in das Deckelteil kopierte Skizze der Räder ändert sich nicht mit, sondern muss separat angepasst werden.

⇨ Operation rückgängig machen.

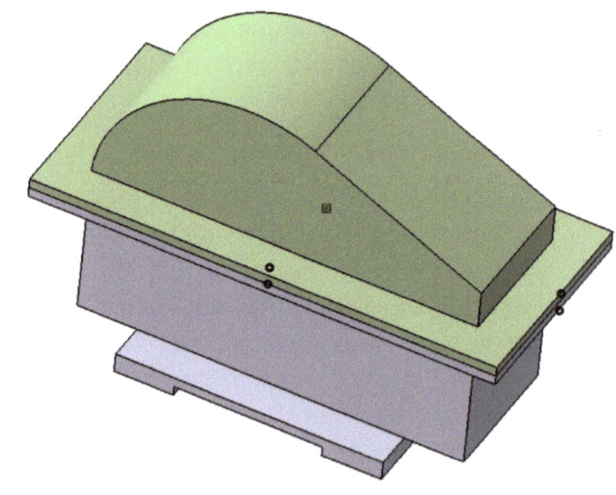

Gehäuseausgangsform

Hinweise: *Alle Änderungen in einem Teil erfolgten unabhängig vom anderen Teil.*

Kopierte Skizzen verringern den Modellierungsaufwand bei der erstmaligen Erstellung eines Teiles und schaffen keine Abhängigkeiten der Teile, erbringen bei Änderungen der Baugruppe aber auch keine automatische Anpassung.

Gestalten einer Lagerstelle (getrennte Vorgehensweise für Unterteil und Deckel)

Im Bereich der Lagerstellen muss Material angehäuft werden, um die Wälzlager unterzubringen.

⇨ Den Deckel im Strukturbaum über das Kontextmenü verdecken oder inaktivieren *(RM > Darstellungen > Knoten inaktivieren > das + im Strukturbaum wird ausgeblendet).*

⇨ Eine Skizze auf die seitliche Flanschfläche legen (Halbkreis D= 50 mm). Kreismittelpunkt mit Deckelkante und Vertikalebene kongruent setzen.

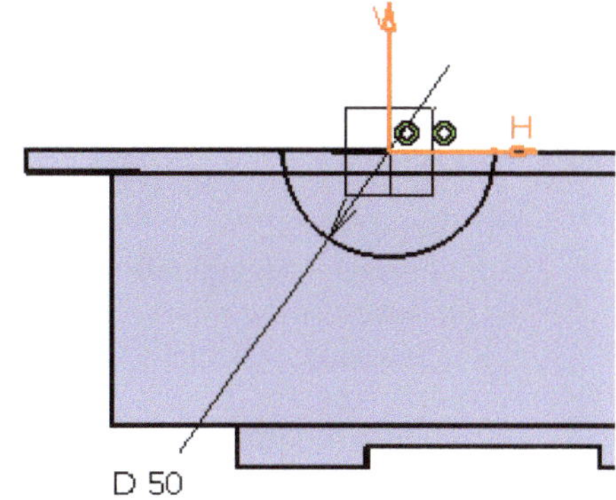

Skizze für die Nabe

⇨ Den Block nach außen 3 mm, nach innen bis zur nächstliegenden Innenfläche des Gehäuses ausdehnen.

⇨ Im Bereich der Lagerstellen müssen die Verschraubungen für die beiden Deckelhälften möglichst dicht neben dem Lager angebracht werden, um eine hohe Verwindungssteife zu erreichen. Dazu ein Rechteck 60 x 20 mm auf den Deckelrand skizzieren und assoziativ anbinden. Den Block bis zur Außenwand ausdehnen.

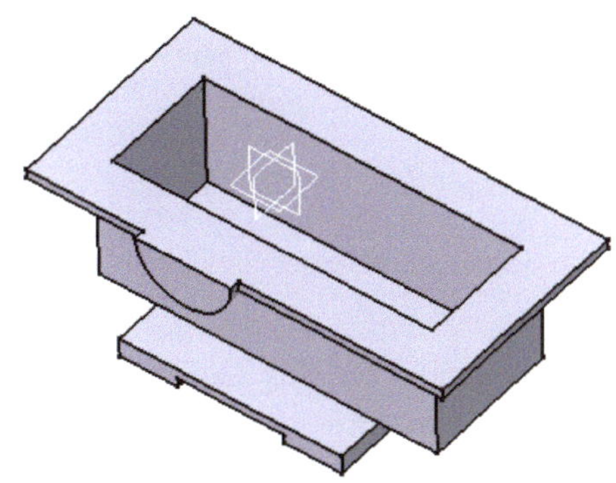

Unterteil mit Nabe

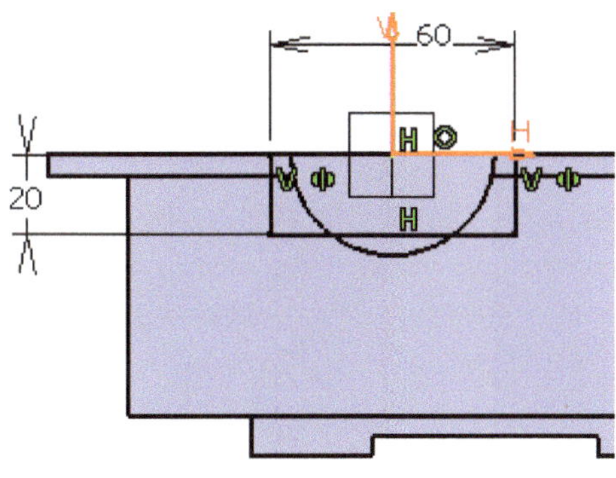

Skizze für Verstärkung

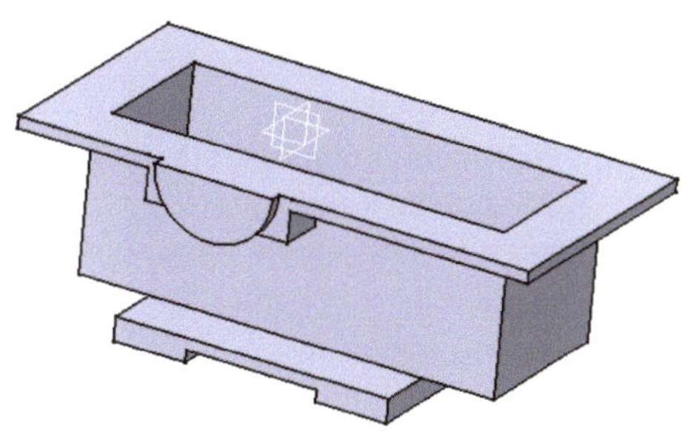

Verstärkte Nabe

⇨ Analog zum Unterteil die gleiche Lagerstelle für den Deckel gestalten.

Anbringen der Bohrungen für Stifte und Deckelschrauben im Unterteil

Die Bohrungen im *Part Design* einbringen. **Keine** Baugruppenkomponenten (Baugruppenbohrungen des *Assembly Design*) verwenden!

⇨ Bohrungen erstellen
Stiftbohrungen (diagonal)
   Durchmesser 6 mm
   Randabstand 10 mm

⇨ Befestigungsbohrungen (zwei):
   Durchmesser   9 mm
   Randabstand: 10 mm
   Mittenabstand 23 mm.

Alle Bohrungen sind Durchgangsbohrungen.

Hinweis: *Bohrungen für Verschraubungen sollten zweckmäßig mit der Funktion Muster vervielfältigt werden. Das Bohrungsmuster kann bei der Positionierung der Schrauben wieder verwendet werden!*

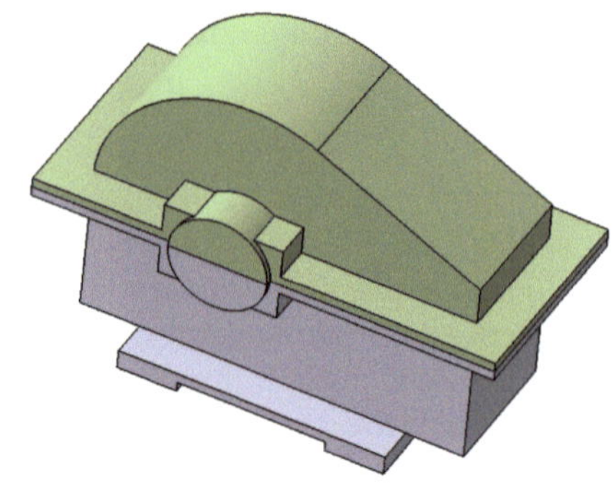

Gehäuse mit Nabe

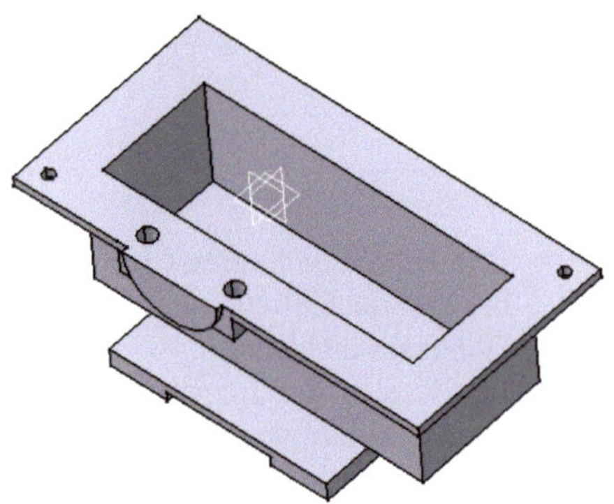

Unterteil mit Flanschbohrungen

Senkbohrung für das Lager und Einstich für einen Sicherungsring im Unterteil anbringen

Um ein Wälzlager einbauen zu können, sollen zunächst in das Unterteil (und später in den Deckel) eine Senkbohrung und ein Einstich für einen Sicherungsring eingefügt werden.

⇨ Einfügen einer planeingesenkten Bohrung von der Außenseite aus:
   Senkungsdurchmesser D = 35 mm
   Tiefe = 23 mm
   Bohrlochdurchmesser D = 30 mm.

⇨ Einfügen des Einstiches.
Dazu eine Hilfsebene im Abstand von 17,1 mm (Lagerbreite + 0,1 mm) vom Anschlag des Lagers einfügen, eine weitere Hilfsebene im Abstand von 1,6 mm (Einstichbreite für einen 1,5 mm breiten Sicherungsring) erstellen.

⇨ Skizze (Kreis mit D = 38 mm) auf eine der beiden Hilfsebenen legen.

⇨ Eine Tasche zwischen den Ebenen abziehen.

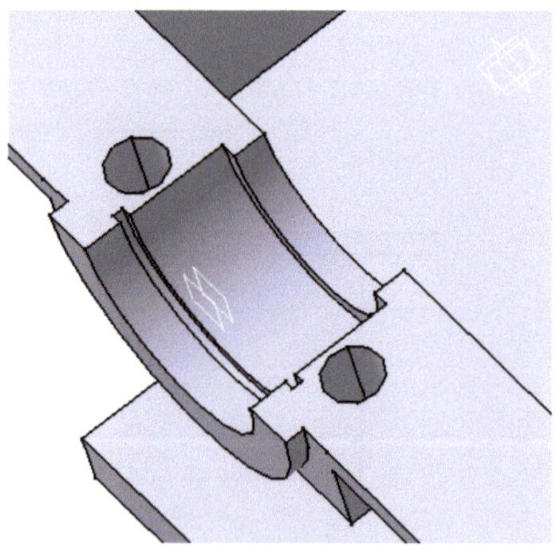

Lagerstelle (Detail)

Anbringen der Bohrungen für Stifte und Deckelschrauben im Deckel

⇨ Die Bohrungen in der gleichen Weise wie im Unterteil anbringen.

Senkbohrung für das Lager und Einstich für einen Sicherungsring im Deckel anbringen

⇨ Die Bohrung und den Einstich in der gleichen Weise wie im Unterteil anbringen.

⇨ Das Modell mit der Funktion *Speichern unter* mit dem Namen *Schalengehaeuse_Grundform* speichern.

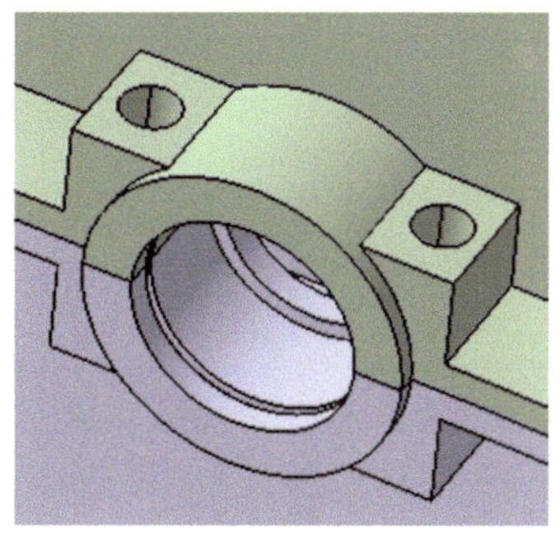

Lagerstelle mit Bohrungen und Einstich

Test

⇨ Den Achsabstand in der entsprechenden Skizze des Unterteils auf 80 mm ändern, anschließend das gleiche im Deckel durchführen. Weitere Anpassungen müssen immer in beiden Teilen ausgeführt werden.

⇨ Auf die gleiche Weise lässt sich eine Anpassung des Gehäuses an die Raddurchmesser realisieren. Durchmesser des Großrades auf 120 mm ändern.

Hinweis: *Falls das Modell nicht stabil ist, liegt die Ursache meistens in fehlenden assoziativen Anbindungen von Skizzenelementen.*

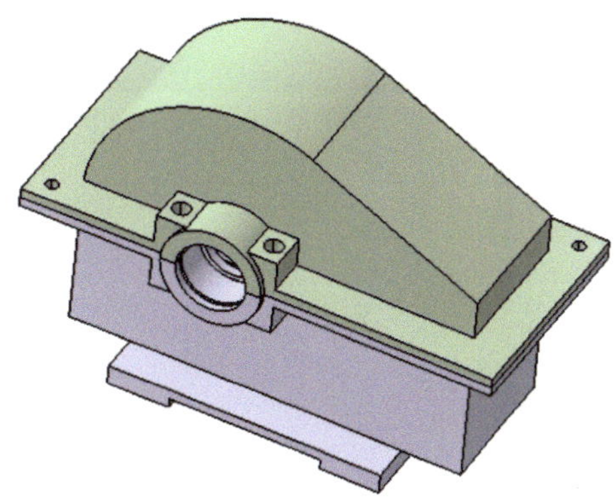

Grundform des Gehäuses

Verrundungen

⇨ Die 4 Flanschecken mit dem Radius 15 mm verrunden.

Hinweise: *Alle weiteren Verrundungen nur ausführen, wenn genügend Zeit zur Verfügung steht. Immer bedenken, dass feingestaltete Elemente das Modell gegenüber Änderungen empfindlicher machen und deshalb zuletzt angebracht werden sollten.*

Es empfiehlt sich stets, die Innenkanten vor den Außenkanten zu verrunden, um Wanddickenunterschreitungen zu vermeiden.

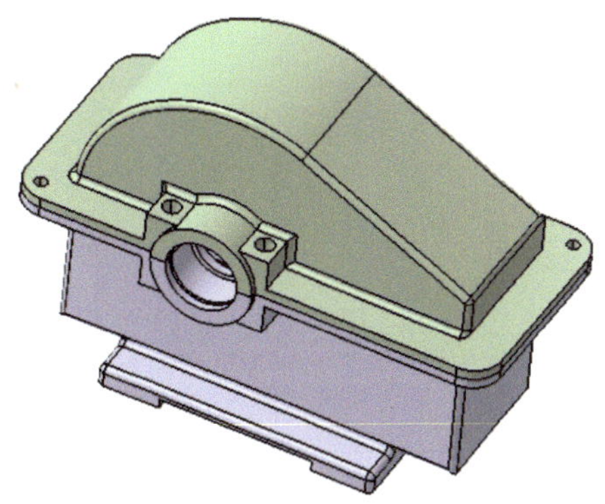

Gehäuse teilweise verrundet

Ändern einer Struktur

Die Reihenfolge von Komponenten im Strukturbaum kann nachträglich verändert werden. Das darf nur erfolgen, wenn die Logik des Aufbaues der Baugruppe nicht verletzt wird. Zum Beispiel müssen die Baugruppenbedingungen nach der Umstrukturierung noch stimmig sein.

Im vorliegenden Fall kann die Reihenfolge der Bauteile *Deckel* und *Unterteil* übungshalber vertauscht werden. Kein Teil ist in seinem Aufbau von dem anderen abhängig. Auch die Baugruppenbedingungen bleiben in der gleichen Weise bestehen.

Reihenfolge von Unter- und Oberteil vertauschen

Ausgangsstruktur

⇨ Das Produkt im Baum aktivieren (rot).

⇨ Die Funktion ![] *Neuordnung des Grafikbaums* im Funktionsmenü aufrufen. Im erscheinenden Fenster den *Deckel* selektieren und mit der Funktion ![] *Pfeil* nach oben verschieben.

Neue Reihenfolge

Zusammenfassung

Unterteil und Deckel eines Gehäuses wurden als angepasste aber voneinander unabhängige Bauteile modelliert. Durch seine Unabhängigkeit ist jedes Bauteil in sich stabil und lässt sich (ggf. modifiziert und mit Namensänderung) separat in eine andere Baugruppe verbauen.

Die vollständige Reihenfolge beim Konstruieren eines Getriebes mit geteiltem Schalengehäuse nach dieser Methode wäre: Radsatz modellieren > Gehäuseunterteil unter Sicht des Radsatzes gestalten > Gehäuseoberteil gestalten > Komplettierung und Feingestaltung.

Der Aufwand für die Gestaltung der Lagerstellen ist hoch, da er sowohl im Unter- als auch im Oberteil entsteht. Seitens der Konstrukteure besteht der Wunsch nach gemeinsamer Modellierung von Aufsätzen, Bohrungen und Taschen. Mit den Funktionen der Baugruppenkomponenten (siehe unter Kapitel 11) wird diesem Wunsch dem Ansatz nach Rechnung getragen. Als Nachteil entstehen abhängige und weniger übersichtliche Baugruppenmodelle.

Alternative Erstellungsmethode für geteilte Schalengehäuse (Lösungsansatz 2)

In dieser Übung wird das Gehäuse zunächst **als ein Teil** entwickelt. Nach der Grundmodellierung wird das Gehäuse mit der Funktion  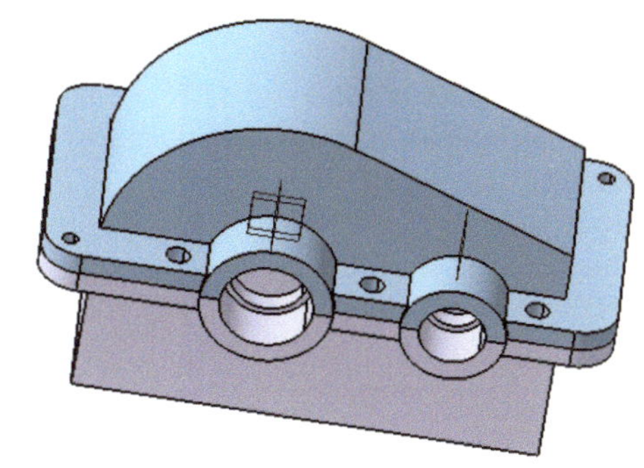 *Trennen* in Unter- und Oberteil geteilt. Es entstehen zwei unabhängige Teile, die anschließend zur Baugruppe *Schalengehäuse* zusammengesetzt werden. Der Vorteil liegt in der gemeinsamen Gestaltung der Lagerstellen für Unter- und Oberteil des Gehäuses. Nachteilig ist, dass in einen geschlossenen Hohlkörper hinein modelliert werden muss.

Zielzustand

Hinweis: *Die Funktion Trennen gehört zur Funktionsgruppe der auf Flächen basierenden Komponenten und ist unter der Funktion* Aufmaßfläche *zu finden.*

⇨ Ein neues Teil mit dem Namen *Gesamtgehaeuse* anlegen.
⇨ Skizze der Außenkontur für das Gesamtgehäuse erzeugen. Räder wieder als Hilfsgeometrie darstellen.

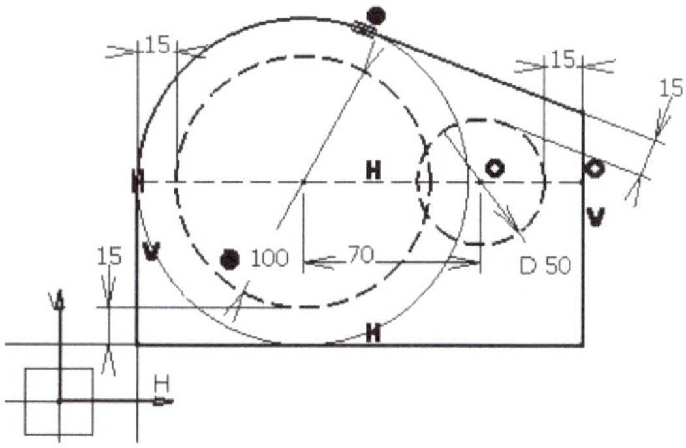

Skizze für das Gehäuse

⇨ Den Mittelpunkt des Rades mit den Hauptebenen kongruent setzen. Die Hauptebenen befinden sich jetzt im Entwicklungszentrum des Getriebes.

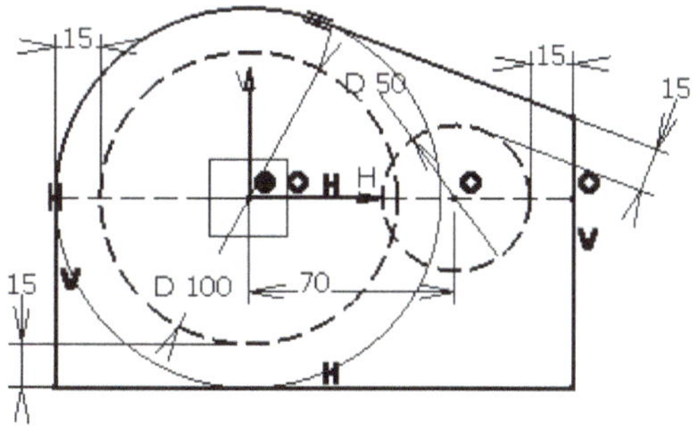

Radmittelpunkt an die Hauptebenen gebunden

⇨ Die Skizze zum Block ausdehnen (35 mm gespiegelt).

Der Block kann mit der Funktion *Schalenelement* ausgehöhlt werden. Alternativ wird im Folgenden dasselbe über einen Abzugskörper erzielt.

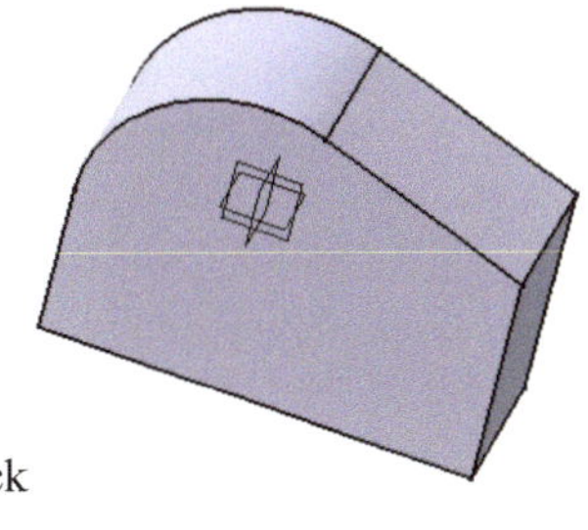

Gehäuseblock

⇨ Den Block aushöhlen. Dazu eine Skizze auf die vertikal liegende Hauptebene legen (Wandabstand 5 mm) und eine Tasche erzeugen (gespiegelt 30 mm oder assoziativ bis zu einer erzeugten Hilfsebene oder durch einen *Offset* mit einem Wandabstand von 5 mm).

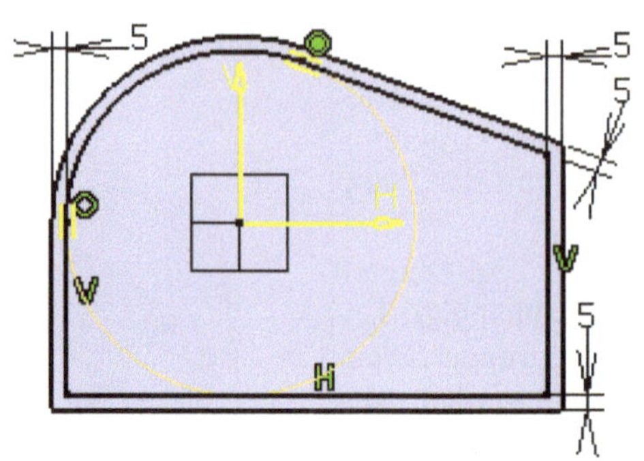
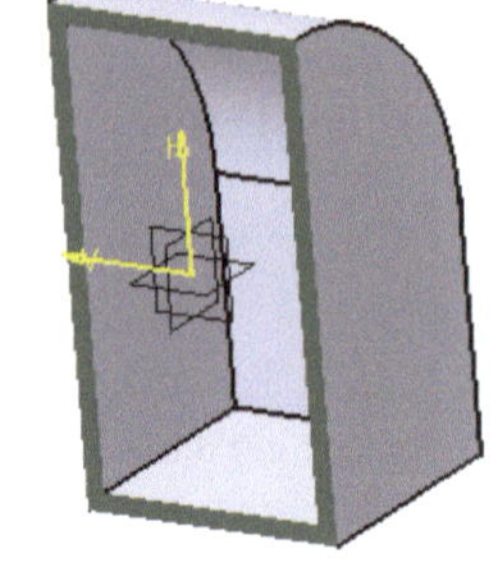

Erzeugen des Hohlkörpers

⇨ Auf die horizontal liegende Hauptebene die Skizze für den Flansch legen. Den Block 8 mm gespiegelt ausdehnen.

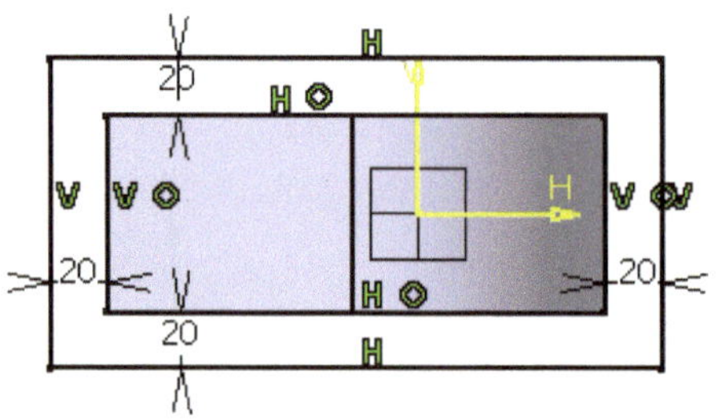
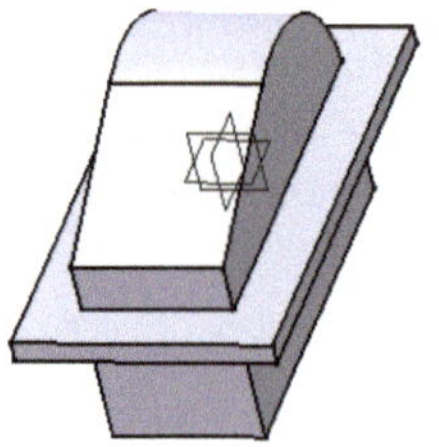

Erzeugen des Flansches

⇨ Material für die Lagerstellen vorsehen. Dazu eine Skizze (zwei Kreise) auf den Flanschrand legen. Kongruenzbedingungen mit den Hauptebenen erzeugen.

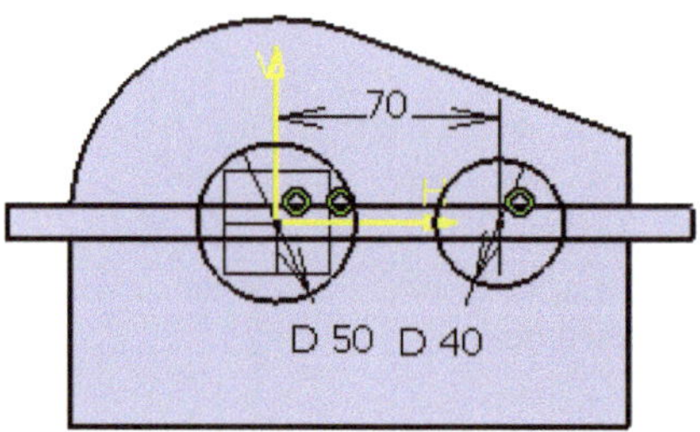

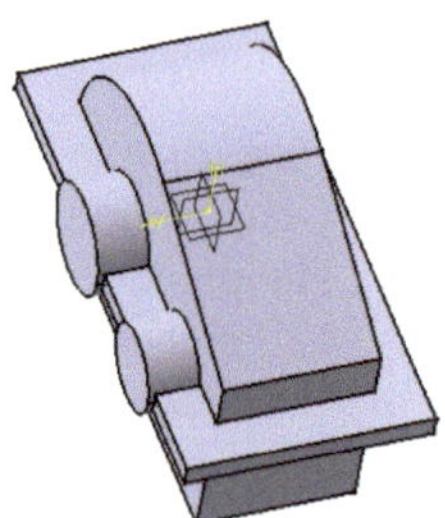

Erzeugen der Naben

⇨ Den Block nach außen 3 mm und nach innen bis zur Gehäusewand ausdehnen.

⇨ Planangesenkte Bohrungen axial in die Naben einbringen (Maße selbst wählen). Exemplarisch einige Bohrungen für die Flanschverschraubung vorsehen. Um einen definierten Schnitt durch die zweite Lagerstelle legen zu können, eine Hilfsebene erzeugen.

⇨ Das Gehäuse unter dem Namen *Gesamtgehaeuse* speichern.

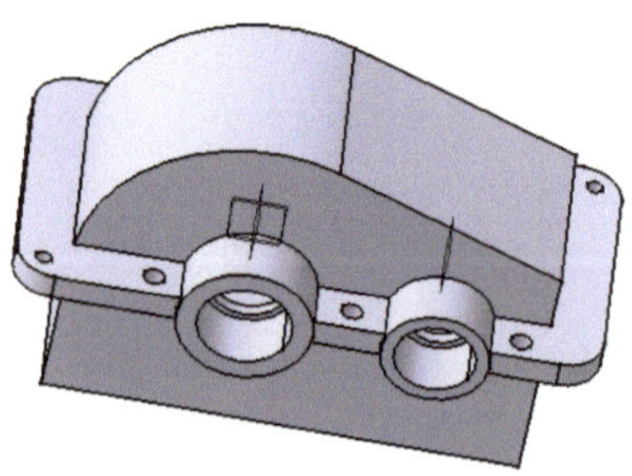

Anbringen von Bohrungen

⇨ Das Gesamtgehäuse mit der Funktion
   Trennen an der horizontalen Hauptebene abschneiden.
⇨ Den Teilenamen *Gesamtgehaeuse* in *Ober-
   teil_2* ändern und die obere Gehäusehälfte unter
   diesem Namen speichern.

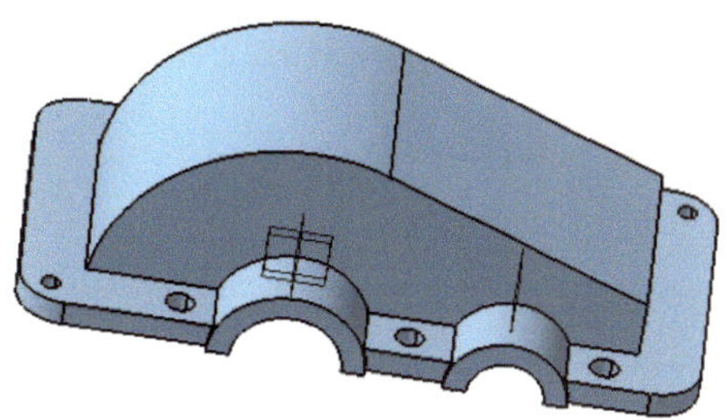

Abtrennen des Oberteiles

⇨ Das Gesamtgehäuse erneut laden und den
   Trennvorgang in umgekehrter Richtung wiederholen. Den Teilenamen in *Unterteil_2* ändern und die untere Gehäusehälfte unter diesem
   Namen speichern.

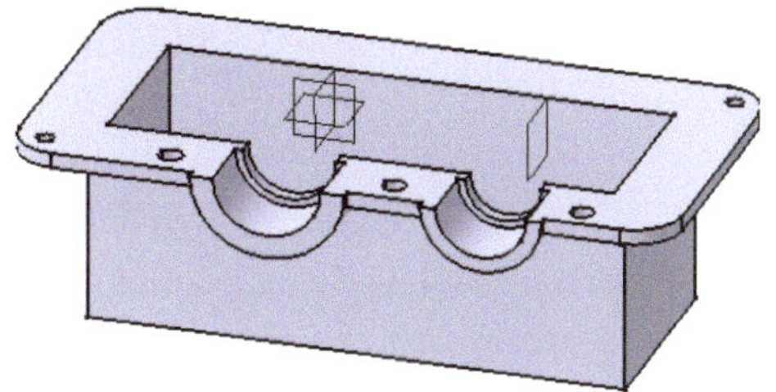

Abtrennen des Unterteiles

⇨ Eine Baugruppe *Schalengehaeuse_2* anlegen.

⇨ In diese Baugruppe die Gehäuseteile *Unter-
   teil_2* und *Oberteil_2* als vorhandene Komponenten laden und mit Baugruppenbedingungen
   zusammenbauen.
⇨ Den Strukturbaum der Teile ansehen. Bis zu
   der Eintragung *Trennen* sind beide Teile in ihrer Entstehungsgeschichte gleich.
⇨ Testweise den Achsabstand verändern. Alle dazu notwendigen Änderungen müssen in beiden
   Teilen vorgenommen werden. Ab dem Zeitpunkt des Trennens verläuft die weitere Entwicklung beider Gehäusehälften getrennt und
   unabhängig voneinander.

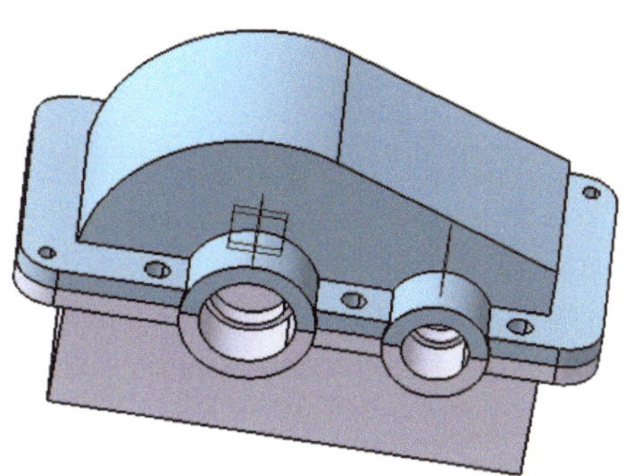

Zusammengefügtes Gehäuse

Zusammenfassung

Die beschriebene Modellierungsstrategie hat den Vorteil, dass die Gestaltung des Flansches
und der Lagerstellen für Ober- und Unterteil des Gehäuses gemeinsam erfolgen und damit der
Modellierungsaufwand gesenkt wird. Nach dem Trennen besteht der Vorteil nicht mehr! Die
Teile sind unabhängig voneinander. Jede Änderung an einem Teil muss im anderen nachvollzogen werden. Ungewohnt ist, dass sich die Innenflächen des erzeugten Hohlkörpers vor dem
Trennen nicht selektieren lassen. Dadurch ändert sich die Modellierungsstrategie etwas. Gegebenenfalls können auch Hilfsbohrungen in den geschlossenen Hohlkörper eingebracht werden,
die nach Fertigstellung des Modells wieder gelöscht oder inaktiviert werden.

Die vollständige Reihenfolge beim Konstruieren eines Getriebes mit geteiltem Schalengehäuse
nach dieser Methode wäre: Radsatz modellieren > Gesamtgehäuse separat von einem 2D-
Getriebeentwurf ausgehend oder unter Sicht des 3D-Radsatzes gestalten > Gesamtgehäuse in
Ober- und Unterteil trennen > Komplettierung und Feingestaltung.

10.4 Konstruktion eines Zahnradgetriebes mit einem Topfgehäuse

10.4.1 Grundlagen

Ziele der Übung

1. Zweckmäßige Arbeitsmethoden bei der 3D-Modellierung eines Zahnradgetriebes kennen lernen und üben. Das Gehäuse wird um die Antriebselemente herum gestaltet. Die Bauteile sollen unabhängig voneinander bleiben. Es sollen keine Bezüge (Referenzen) der Bauteile untereinander erfolgen, die Kontrolle erfolgt über das Fenster *Auswahl im Kontext*. Dazu müssen die unter 10.3.1 beschriebenen Voreinstellungen erfolgt sein (unter *Tools > Optionen > Infrastruktur > Teileinfrastruktur > Allgemein > Externe Verweise >* ist die Option ***Verknüpfung mit ausgewählten Objekt beibehalten*** eingeschaltet).

2. Speziell die Methoden für die Gestaltung von Wälzlagerstellen kennen lernen.

3. Das Modellieren einer größeren Baugruppe beherrschen lernen.

4. Verschiedene Analysefunktionen zum Erkennen von Konstruktionsfehlern am modellierten Getriebe anwenden.

Zur Funktion von Zahnradgetrieben

Die Aufgabe eines Übersetzungsgetriebes ist es, die Drehzahl (n) und das Drehmoment (T) zu wandeln. Bei verlustfreier Betrachtung gilt für die Leistung (P)

$$P = T_1 \cdot \omega_1 \ = \ T_2 \cdot \omega_2$$

wobei die Winkelgeschwindigkeit der Räder $\omega = 2\pi \cdot n$ ist.

Bei Rädergetrieben dominieren im Maschinenbau die Zahnradgetriebe, mit denen hohe Leistungen übertragen werden können. Die Räder werden von einem Gehäuse umhüllt.

Die am Getriebeeingang von schnelllaufenden Motoren erzeugte hohe Drehzahl wird im Allgemeinen Maschinenbau durch Getriebe auf in der Regel niedrigere Drehzahlen (bei höherem Drehmoment) gewandelt.

Der Modul (m) ist die charakteristische Kenngröße für die im Maschinenbau übliche Evolventen-Verzahnung. Der Teilkreisdurchmesser (d) eines geradverzahnten Zahnrades ergibt sich aus der Multiplikation von Zähnezahl (z) und Modul.

$$d = z \cdot m$$

Das Kleinrad (Ritzel) wird stets etwas breiter als das Großrad (Rad) ausgeführt, um ein minimales axiales Spiel der Wellenlagerung und um Fertigungstoleranzen auszugleichen. Die Zähne des Rades bleiben so immer auf ihrer vollen Breite mit den Zähnen des Ritzels im Eingriff.

Die Schmierung der Zahnräder erfolgt (wie die Schmierung der Lager) im Allgemeinen durch Öl, in das ein Zahnrad im Gehäuse eintaucht.

Die Lagerung der Wellen erfolgt im Normalfall in Wälzlagern, die in das Getriebegehäuse eingebaut sind. Die aus dem Gehäuse austretenden, rotierenden Wellenenden werden in der Regel mit Radialwellendichtringen gegen Schmiermittelaustritt abgedichtet.

10.4.2 Aufgabenstellung

Technisches Konzept eines einstufigen Zahnradgetriebes mit Topfgehäuse

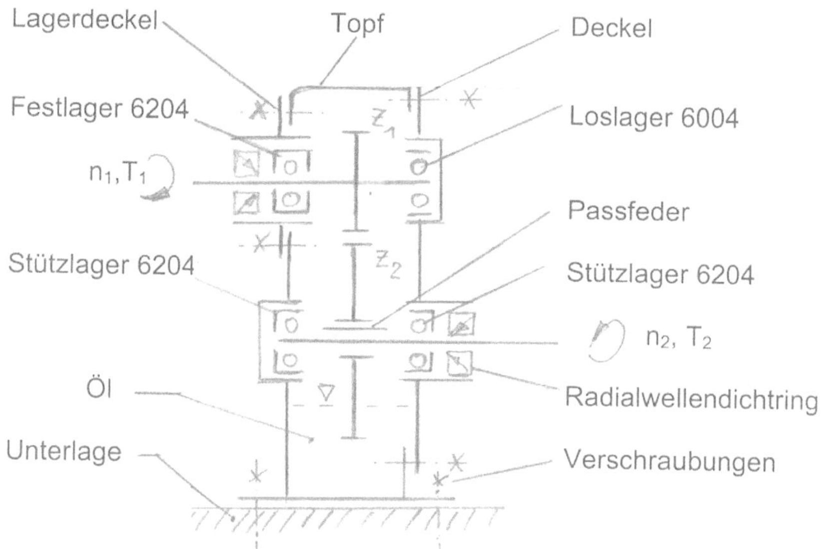

Für dieses Getriebe ist ein gegossenes Gehäuse in der konzipierten Bauweise zu konstruieren. Das Gehäuse soll platzsparend und verwindungssteif als Topfgehäuse mit großem Montagedeckel ausgeführt werden. Das gießtechnisch erforderliche Prinzip der konstanten Wandstärken soll weitgehend eingehalten werden.

Für den Radsatz sind alle Bauteile als Zeichnungen dem Anhang zu entnehmen. Die Modellierung der Teile dürfte keine Schwierigkeiten bereiten. Aus didaktischen Gründen und um den Modellierungsaufwand zu senken, wird die Konstruktion vereinfacht (keine Verzahnung der Räder, An- und Abtriebswelle nahezu identisch, keine Auszugsschrägen am Gehäuse).

Technische Daten

Modul der Zahnräder	3 mm	Teilkreisdurchmesser Ritzel	51 mm
Breite für das Ritzel	24 mm	Teilkreisdurchmesser Rad	153 mm
Breite für das Rad	20 mm	Kopfkreisdurchmesser Ritzel	57 mm
Zähnezahl des Ritzels z_1	17	Kopfkreisdurchmesser Rad	159 mm
Zähnezahl des Rades z_2	51	Achsabstand	102 mm
Übersetzungsverhältnis	3	Konstante Gehäusewanddicke	8 mm

Festlager-Loslager-Anordnung der Antriebswelle. Schwimmende Lagerung für die Abtriebswelle.

Bei den verwendeten Radial-Rillenkugellagern kann der Außenring gegenüber dem Innenring nicht verschoben werden. Sie sind deshalb bei entsprechendem Einbau als Los-, Fest- und Stützlager einsetzbar. Die Innenringe sitzen mit einer Übermaßpassung auf den Wellen, die Außenringe haben zum Gehäuse in radialer Richtung hin Spiel.

Es ist wieder sinnvoll, einen maßstäblichen 2D-Grobentwurf auf Papier anzufertigen. Die Dimensionierung der Zahnräder, Wellen, Welle-Nabeverbindungen und Lager erfolgt dabei parallel zur Gestaltung. In dieser Übung werden die Bauteile für einen aus didaktischen Gründen vereinfachter Radsatz mit zugehörigen Wellen und Lagern im Anhang zur Verfügung gestellt, sodass der Grobentwurf während der Modellierung entsteht. Für die Lagerstellen sind Entwurfsskizzen an geeigneter Stelle in die Modellierungsanleitung eingefügt.

Die Modellierung des Getriebes gelingt leichter, wenn man sich die Prinzipkonstruktion genauer einprägt oder bei der Modellierung vor sich liegen hat.

10.4.3 Erstellen des Radsatzes

Vorbereitung der Übung, Teilemodellierung

⇨ Erstellen des Unterverzeichnisses *Topfgetriebe* im Verzeichnis *Getriebe*.

⇨ Zunächst sind die unten dargestellten Teile selbst zu modellieren und in das Verzeichnis *Topfgetriebe* zu speichern. Die dazu erforderlichen Zeichnungen befinden sich im Anhang des Buches. Die Wälzlager und Sicherungsringe können auch vereinfacht modelliert werden (siehe dazu Kap. 8). Die Normteile können aber auch einer Normteilbibliothek entnommen werden. Zur besseren Unterscheidung einigen Teilen unterschiedliche Farben zuweisen.

Achtung! Die Teile des Radsatzes können zur Abkürzung der Modellierung (sinnvoll!) auch **aus dem Internet geladen** werden (siehe dazu unter Anwenderhinweise Seite 364).

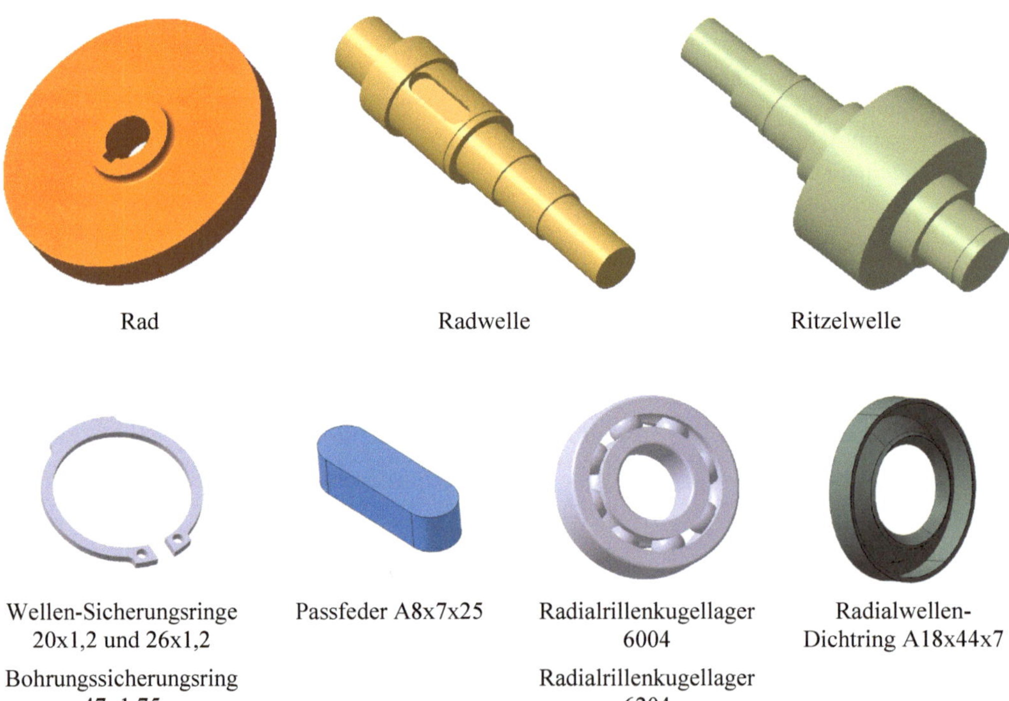

Rad	Radwelle	Ritzelwelle

Wellen-Sicherungsringe 20x1,2 und 26x1,2	Passfeder A8x7x25	Radialrillenkugellager 6004	Radialwellen-Dichtring A18x44x7
Bohrungssicherungsring 47x1,75		Radialrillenkugellager 6204	

Erstellen der Unterbaugruppe *Radsatz*

Die Unterbaugruppe *Radsatz* wird durch Zusammenfügen und Positionieren vorhandener Teile und Normteile erzeugt.

Hinweise: *Die Teile als vorhandene Komponenten in die Baugruppe Radsatz laden. Die Ritzelwelle fixieren. Seitenrichtige Montage vornehmen (siehe dazu auch Prinzipdarstellung). Radialwellendichtringe auf dem Wellenabsatz ungefähr wie abgebildet platzieren. Die Räder berühren sich beim angegebenen Achsabstand an ihren Teilkreisdurchmessern. Dort aber **keine** Kontaktbedingung setzen, sonst ergeben sich Konflikte bei Achsabstandsänderungen. Das Ritzel ragt beidseitig im gleichen Abstand (2 mm) über die Radbreite hinaus.*

Ferner sollten die Wellen und die auf den Wellen sitzenden rotierenden Teile über eine Winkelbedingung zwischen den Hauptebenen (Winkel in der Regel 0 oder 90°) zueinander ausgerichtet werden. Sie können sich dann nicht gegenseitig verdrehen. Wenn die Winkelbedingung zweckmäßig gesetzt wird, lassen sich die Teile im Zeichnungsschnitt dann auch entsprechend normgerecht darstellen, z. B. werden bei einem Schnitt durch ein Kugellager die Kugeln zentrisch geschnitten. Für den Radialwellendichtring ist das Ausrichten ohne Bedeutung, da jeder Schnitt die gleiche Darstellung liefert.

➪ Zusammenbau der Teile mit Baugruppenbedingungen zur Unterbaugruppe *Radsatz*. Erst die Teile des Antriebs (Ritzelwelle, 1 Lager 6204, 1 Lager 6004, 2 Sicherungsringe 20 mm, 1 Radialwellendichtring) montieren. Als Bezugsebene für alle Rotationsteile zweckmäßig eine in Achsrichtung liegende Hauptebene der Ritzelwelle wählen.

➪ Dann die Teile des Abtriebs (Radwelle, Passfeder, Rad, Sicherungsring 26 mm, 2 Lager 6204, 1 Radialwellendichtring) montieren.

➪ Den Achsabstand der beiden Wellen (102 mm) mit einer Offsetbedingung (zusätzlich die Schaltfläche *Parallele Achse* im erweiterten Fenster aktivieren) herstellen. Die Stirnseiten der Zahnräder sind ebenfalls mit einem Offset (2mm) zueinander auszurichten.

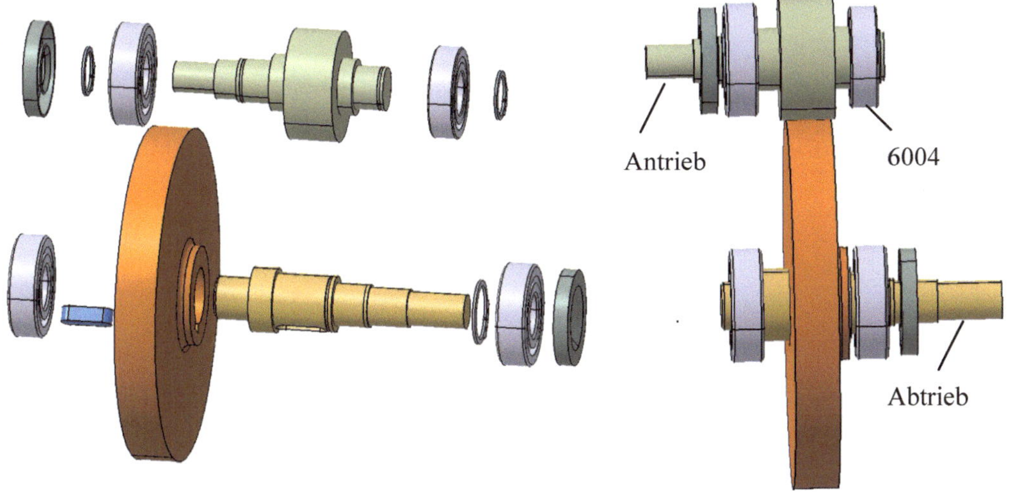

Radsatz (Explosionsdarstellung)   Radsatz (Zusammenbau)

➪ Richtige Montage der Teile durch einen Schnitt durch die Skizzierebenen der beiden Wellen nacheinander überprüfen. Unter anderem kontrollieren, ob die Einstichbreite der Nut für den Sicherungsring breiter ist als der Sicherungsring. Die Differenz soll 0,1 mm betragen. Diese Differenz durch Zoomen zunächst sichtbar machen und dann den Abstand durch Messen oder Bemaßen ermitteln.

➪ Abspeichern der Unterbaugruppe *Radsatz* im Verzeichnis *Topfgetriebe*.

10.4.4 Erstellen des Gehäuses

Ziele für die Gestaltung dieses Gehäuses

Das Gehäuse soll so modelliert werden, dass es unabhängig vom Radsatz bleibt! Dadurch kann das Gehäuse später verändert und in einer anderen Baugruppe mit einem anderen Radsatz verwendet werden. Der Deckel soll seinerseits unabhängig vom Topf bleiben. Alle Lagezuordnungen der Bauteile werden über Baugruppenbedingungen hergestellt.

Struktur des Getriebes anlegen

⇨ Neue, leere Baugruppe *Topfgetriebe* erstellen.

⇨ Anlegen der neuen Unterbaugruppe *Gehaeuse* (unterhalb der Baugruppe *Topfgetriebe*).

⇨ Unterhalb der Unterbaugruppe *Gehaeuse* die neuen Teile *Topf* und *Deckel* anlegen.

⇨ Aktivieren der Baugruppe *Topfgetriebe*. Laden der vorhandenen Unterbaugruppe *Radsatz*.

Es ergibt sich der folgende Strukturbaum. Dem aktuellen Modellierungsstand vorauseilend sind bereits die Baugruppenbedingungen für das Gehäuse und für das Topfgetriebe angelegt!

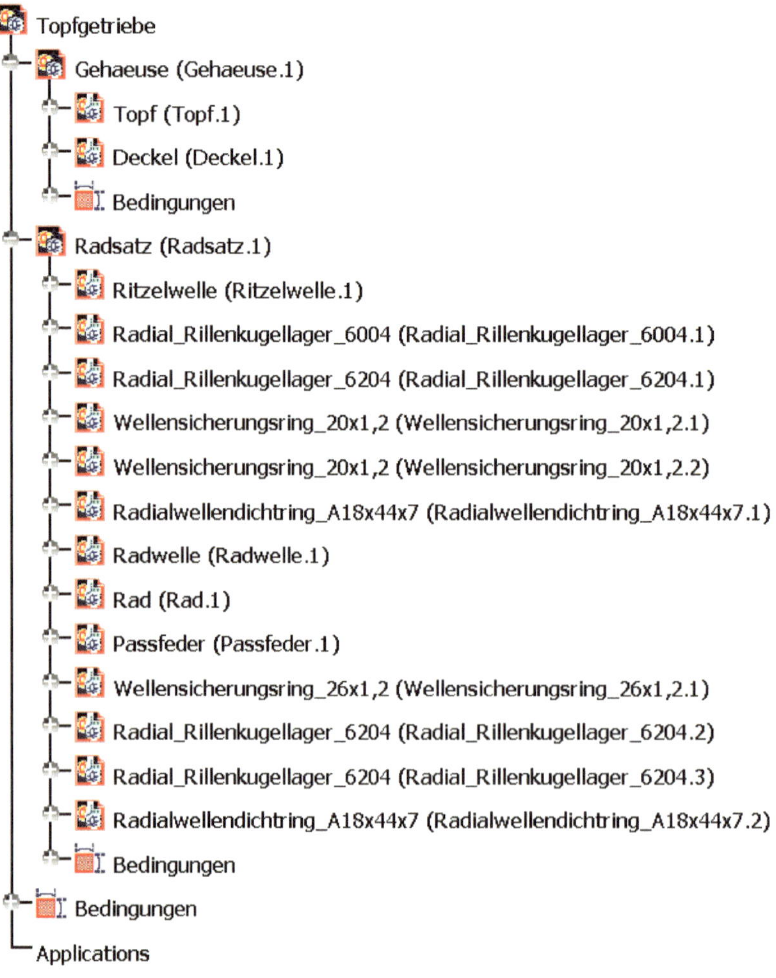

Hinweis: *Die Baugruppenbedingungen für den Zusammenbau der Teile zu Unterbaugruppen werden in den Bedingungen der Unterbaugruppen (Gehaeuse und Radsatz) abgelegt. Die Baugruppenbedingungen für den Zusammenbau aller Unterbaugruppen zur Baugruppe sind hingegen unter den Bedingungen der Baugruppe (Topfgetriebe) abgelegt.*

Erstellen des Topfes (ohne Referenzen auf andere Teile)

⇨ Den Knoten *Topf* im Strukturbaum öffnen und die Teilekonstruktion (*Part Design*) durch Doppelklick auf den Teileknoten *Topf* im Strukturbaum öffnen.

⇨ Eine **geeignete Hauptebene** im Strukturbaum des Teils *Topf* für die Skizze des Topfes wählen.

⇨ Beide Kopfkreisdurchmesser (57 mm, 159 mm) in Nachbarschaft zum Radsatz mit Konstruktionshilfslinien zeichnen und bemaßen. Achsabstand 102 mm.

⇨ Im Abstand von 5 mm zu den Kopfkreisen die Innenkontur des Topfes gemäß Abbildung zeichnen. Geometrische Bedingungen (Tangentenstetigkeit, Konzentrizität) setzen.

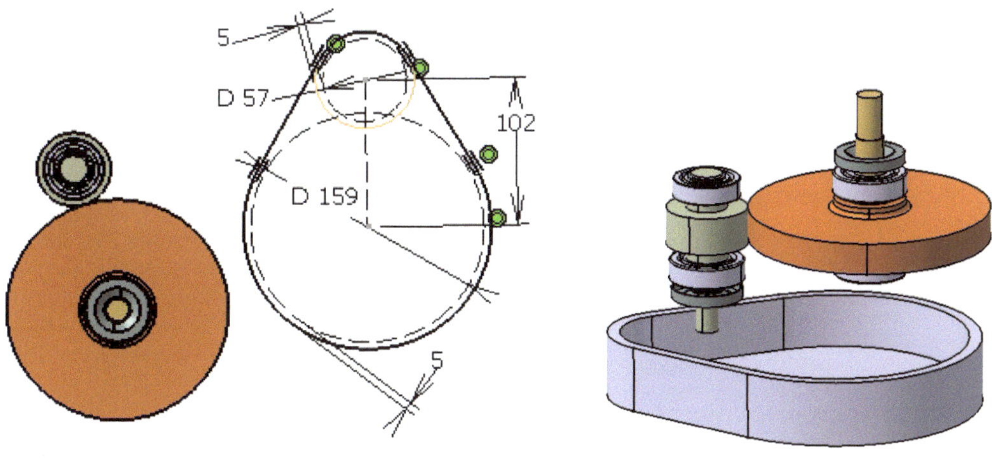

Grundskizze für den Topf   Topf mit Radsatz

⇨ Den Block ausdehnen auf insgesamt 34 mm. Dieses Maß ergibt eine günstige Lage der Teilungsebene, wie später ersichtlich wird.

⇨ Ein Schalenelement mit 0 mm Stärke innen und 8 mm Stärke außen erzeugen. Die entstandene Schale (Topf) auf die für die Montage richtige Seite platzieren (siehe Bild).

⇨ Den Topf als erstes Bauteil der Baugruppe *Gehaeuse* fixieren.

⇨ Der Topf muss jetzt noch mit Baugruppenbedingungen zum Radsatz so, wie auf der nächsten Seite abgebildet, positioniert werden. Die weitere Anleitung basiert darauf.
Dazu muss die Baugruppe *Topfgetriebe* aktiv sein, anderenfalls werden die Baugruppenbedingungen falsch strukturiert! 2 Kongruenzbedingungen zwischen dem Topf und den Wellenachsen sowie eine Offsetbedingung von 6 mm zwischen der zum Antrieb hin zeigenden Stirnseite des Rades(!) und der Gehäuseinnenwand des Topfes erzeugen.
Die Teilungsebene des Gehäuses liegt jetzt so, dass sich die beiden Wälzlager der Abtriebseite im noch zu konstruierenden Deckel günstig einbauen lassen.
Noch kontrollieren, ob alle Eintragungen im Strukturbaum an der logisch richtigen Stelle erfolgten.

Die erzeugten Baugruppenbedingungen
zwischen dem Gehäuse und dem Radsatz sind am Ende des Strukturbaumes
eingetragen (hier *Offset.5*, *Kongruenz.7*
und *Kongruenz.8*).

⇨ Das Getriebe mit *Datei > Sichern
unter* mit dem Dateinamen *Topfgetriebe* abspeichern.

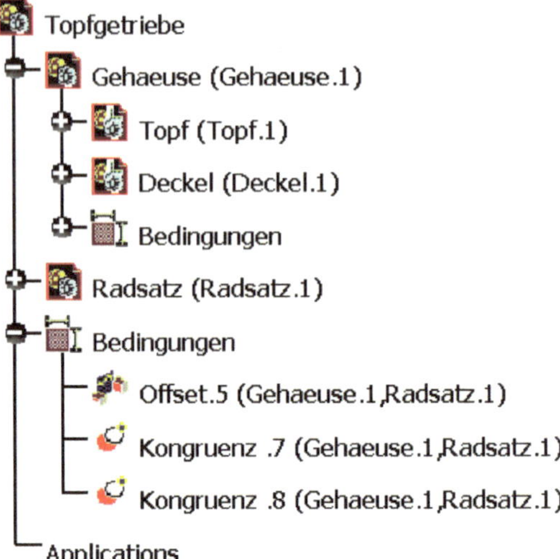

Erstellen des Fußes für den Topf

⇨ Als Skizzenebene die schmale Randfläche der Schale wählen und darauf die Kontur des
Fußes gemäß Abbildung erstellen. Die Kontur mit Hilfsgeometrie und geometrischen Bedingungen rechtwinklig zum Topf ausrichten!

Hinweis: *Ausrichten der Symmetrie-Hilfsgeraden: Selektieren der Hilfsgeraden und einer der
gekrümmten Mantelflächen des Topfes (Mittelpunkt wird gefangen!) > Geometrische Bedingungen > Kongruenz. Das Gleiche mit der zweiten gekrümmten Mantelfläche wiederholen.*

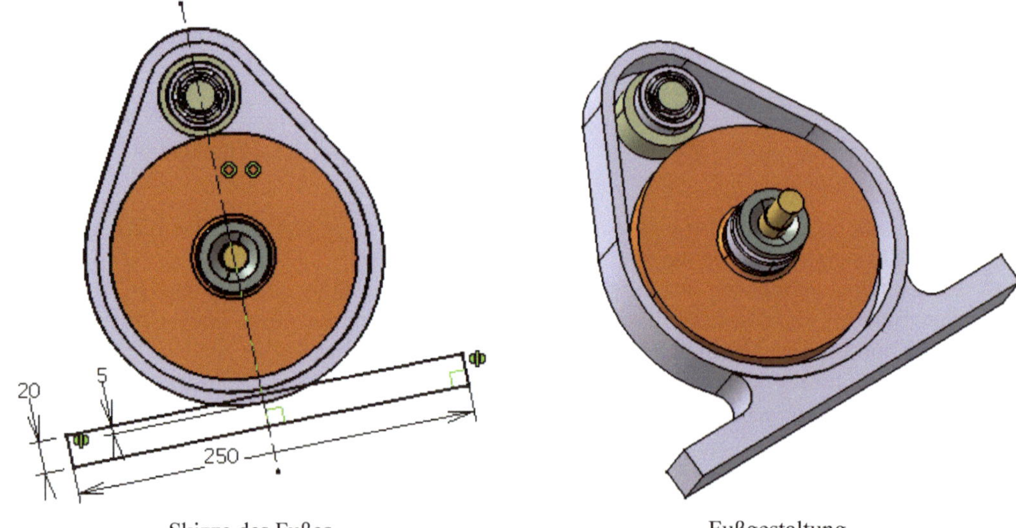

Skizze des Fußes   Fußgestaltung

⇨ Den Block von –2 mm bis zur rückseitigen Stirnfläche der Schale ausdehnen.
⇨ Die beiden Kehlen mit 15 mm ausrunden.

Alternative Erstellungsvariante: Skizze auf der rückseitigen Schalenfläche aufbauen und mit
einem Offset von –2 mm bis zur schmalen Stirn-(Rand-)Fläche ausdehnen.

Erstellen des Flansches für den Topf

⇨ Den Radsatz ausblenden.

⇨ Erstellen einer neuen Skizze auf die schmale Stirn-(Rand-)Fläche der Schale.

⇨ Die Innenkontur der Schale neu erzeugen und kongruent zum inneren Rand setzen.

⇨ Eine Äquidistante im Abstand von 22 mm zweckmäßig mit der Funktion *Offset* 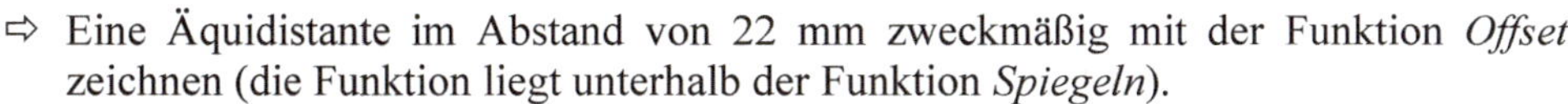 zeichnen (die Funktion liegt unterhalb der Funktion *Spiegeln*).

⇨ Block mit einer Ausdehnung von 8 mm (konstante Wandstärke auch für den Flansch beibehalten!) zur geschlossenen Seite des Topfes erstellen.

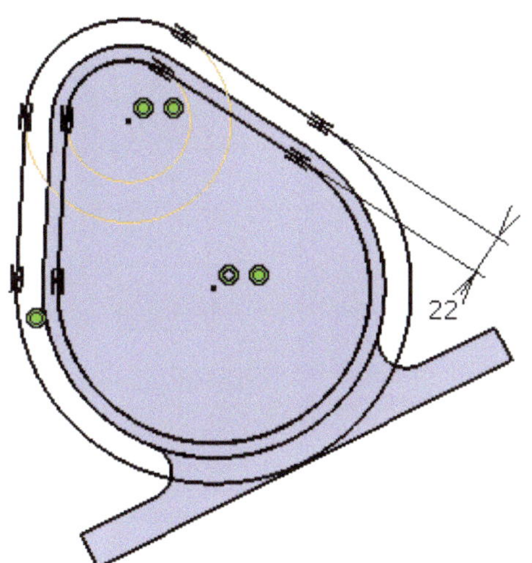

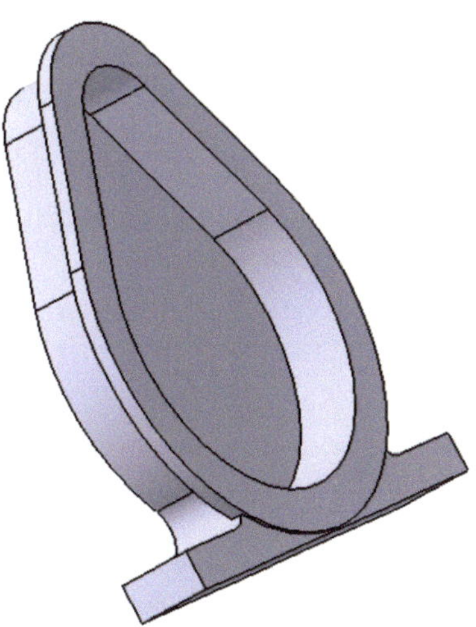

Skizze des Flansches   Flanschgestaltung

Erstellen des Deckels (ohne Referenzen zum Topf!)

⇨ Den Knoten *Deckel* im Strukturbaum öffnen und die Teilekonstruktion durch Doppelklick auf den Teileknoten *Deckel* im Strukturbaum öffnen.

⇨ Im Bauteil *Topf* mit der Funktion *Element messen* (im Dauermenü) die beiden Außenradien des Topfrandes ausmessen (106,5 mm und 55,5 mm).

⇨ Die Skizze für den Deckel auf einer geeigneten Hauptebene des Deckels mit diesen Maßen und dem Achsabstand (102 mm) neu in Nachbarschaft zum Topf erstellen. Die Skizze sollte im Raum fixiert sein (grün werden).

⇨ Den Block mit 8 mm Ausdehnung erzeugen.

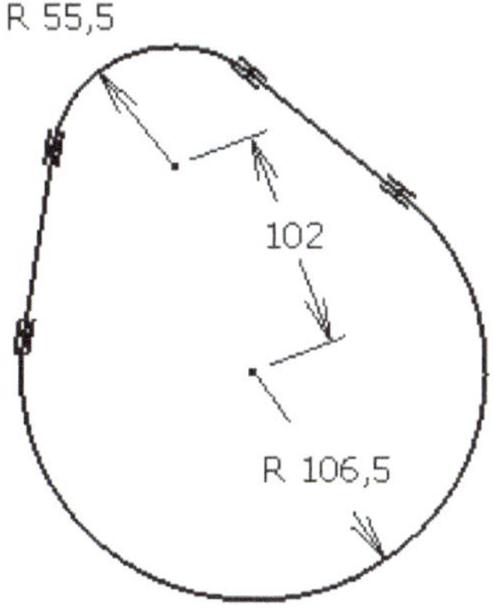

Skizze des Deckels

⇨ Das *Gehaeuse* im Baum aktivieren und den Deckel mit Baugruppenbedingungen an den Topf anbinden. Den *Radsatz* einblenden.

Kontrolle

⇨ Kontrolle, ob bei den Teilen *Topf* und *Deckel* kopierte Geometrie vorliegt. Im Strukturbaum werden in diesem Fall *Externe Verweise* angezeigt, da vermutlich Geometrie eines benachbarten Teiles zur Erstellung des Teiles benutzt wurde (siehe dazu unter 10.1).

⇨ Eine *mittige* Hilfsebene im *Topf* erstellen (z. B. auf der Unterkante des Fußes) und einen Schnitt durch diese Skizzierebene zur Kontrolle erzeugen (siehe Bild rechts unten). Kein Lager sollte durch die Gehäusewände in den Innenraum eindringen.

⇨ Das gesamte Baugruppenmodell mit der Funktion *Sichern unter* abspeichern!

Hinweis: *Topf und Deckel sind als Teile völlig eigenständig. Jede Änderung an der Außenkontur des Topfes muss in gleicher Weise am Deckel erfolgen.*

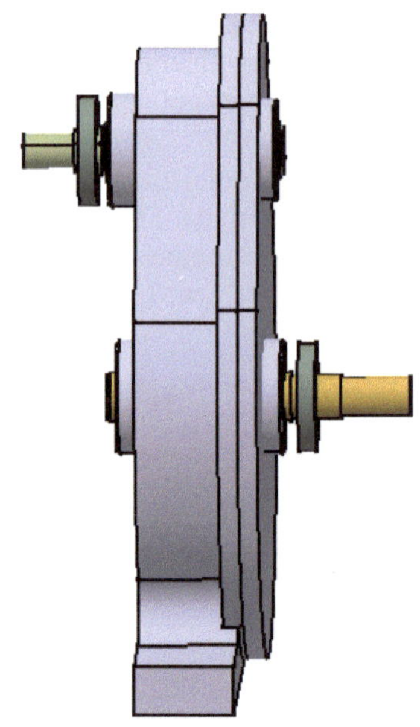

Deckel montiert

Änderungsbeispiel

Bei Änderungen muss man die Stelle im Strukturbaum kennen, an der die Änderung vorzunehmen ist (Zusammenbau, Skizze, Block, …).

⇨ Den Achsabstand der Wellen in den Bedingungen des Radsatzes von 102 mm auf 120 mm ändern (auf die Änderung der Zahnräder soll verzichtet werden).

⇨ In der Skizze des Topfes die gleiche Änderung vornehmen. Anschließend auch den Achsabstand in der Deckelskizze ändern.

⇨ Die Baugruppe *Topfgetriebe* aktivieren und im Dauermenü die Funktion *Alles Aktualisieren* ausführen. Kontrollieren, ob alle Veränderungen einschließlich der Baugruppenbedingungen fehlerfrei erfolgt sind.

⇨ Das geänderte **Modell nicht speichern**, sondern verwerfen und das zuvor gespeicherte Modell wieder aufrufen.

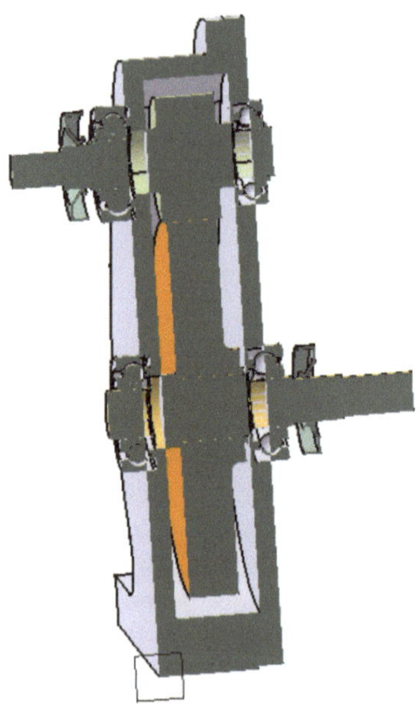

Schnitt durch das Getriebe

10.4.5 Explosionsdarstellungen

Die Gehäuseteile können in der Baugruppe bewegt (verschoben und verdreht werden). Dazu wird die Funktion *Manipulation* (die Schaltfläche *In Bezug auf Bedingungen* ist inaktiv) benutzt. Alternativ kann man den Kompass dafür verwenden. Die Funktionalität kann zum Erzeugen von Explosionsdarstellungen dienen.

⇨ Wird der Kompass nicht versetzt, so bewegt sich die gesamte Baugruppe, sobald an den Achsen bzw. Bögen des Kompasses gezogen oder gedreht wird.

⇨ Die oberste Baugruppe im Baum aktivieren. Den Kompass am roten Rechteck selektieren und bei gedrückt gehaltener linker Maustaste auf dem Topf absetzen (die Kompasselemente färben sich dabei grün!). Jetzt kann das gesamte Gehäuse über die Kompasselemente bewegt werden. Der Rücktransport des Kompasses in die rechte obere Bildecke erfolgt analog.

⇨ Durch Widerrufen den ursprünglichen Einbauzustand wieder herstellen.

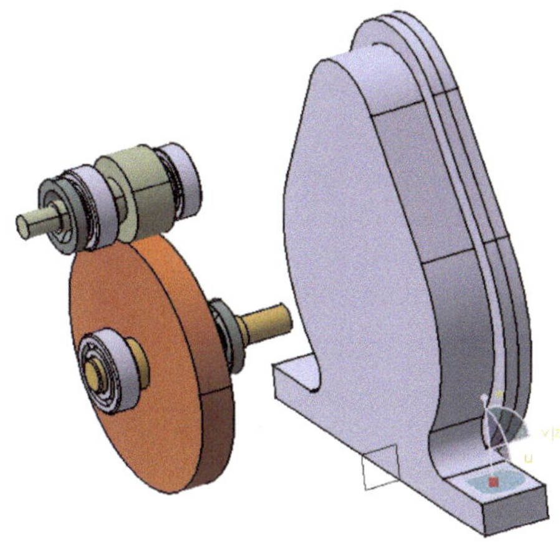

Bewegen des Gehäuses mit dem Kompass

Hinweis: *In der Regel können größere Verschiebungen oder Verdrehungen nur durch Widerrufen und nicht durch Aktualisieren beseitigt werden und sind deshalb zu vermeiden. Beim Verdrehen lösen sich die Skizzen von der Skizzierebene!*

⇨ Die Unterbaugruppe *Gehäuse* im Baum aktivieren. Nacheinander den Kompass auf den Topf und den Deckel absetzen und die beiden Teile nach links bzw. rechts mit den Kompassachsen auseinander ziehen.

Hinweise: *Mit der Funktion „Zerlegen"
(im Funktionsmenü!) lassen sich Explosionsdarstellungen schneller erzeugen .Der Zerlegungsabstand kann über einen Schieberegler variiert werden,   die Zerlegungsrichtungen lassen sich allerdings nicht selbst bestimmen.*

Mit Funktionen der Funktionsgruppe „Szenen"
lassen sich verschiedene Szenarien
einer Zerlegung erzeugen und mit einem Szenenbrowser verwalten.

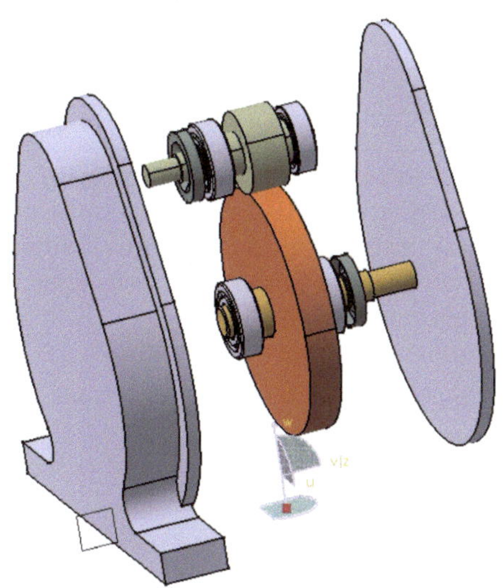

Bewegen der Gehäuseteile mit dem Kompass

10.4.6 Interaktive Gestaltung der Lagerstellen

Im aktuellen Modellierungszustand durchdringen sich Wellen und Lager mit den Gehäuse-
wänden von Topf und Deckel (siehe Seite 318 im Bild *Schnitt durch das Getriebe*). Die Anpassung der Lagerstellen an die Lager, Wellen und Dichtringe erfolgt nach funktionellen und
geometrischen Gesichtspunkten. Bei interaktiver Gestaltung werden Lagerbreiten und Lagerdurchmesser, Absatzlängen usw. der benachbarten Teile ausgemessen und die Lagerstelle unter Sicht dieser Teile gestaltet. Der Vorteil ist, dass Konstruktionsfehler sofort und nicht erst
nach dem Zusammenbau erkannt werden.

Die interaktive Gestaltung der Lagerstellen ist der schwierigste Teil der Modellierung! Entwurfsskizzen der Lagerstellen dienen als Orientierung und zur Eintragung von Maßen. Falls
der Ausbildungsstand im Lehrgebiet Maschinenelemente die Gestaltung von Wälzlagerungen
noch nicht beinhaltet, sollte man sich den maschinenbaulichen Hintergrund an Hand der Ausführungen und Abbildungen zu dieser Übung vor der CAD-Modellierung selbst aneignen.

Kurzunterweisung: Im vorliegenden Einbaufall sitzen die Innenringe der Wälzlager mit einer
Übermaßpassung fest auf der Getriebewelle. Die Außenringe der Lager sitzen dagegen mit ra-
dialem Spiel im Gehäuse. Der Außenring kann sich dadurch axial in der Bohrung verschieben
(z. B. bei einer Wärmedehnung der Welle). Bei einem Loslager einer Getriebewelle wird der
Innenring gegen axiales Verschieben in der Regel noch mit einem Sicherungsring gesichert.
Bei einem Festlager wird zusätzlich der Außenring gegen axiales Verschieben gesichert. Bei
einem Stützlager kann auf axiale Sicherungselemente verzichtet werden. Der Radialwellendichtring muss so montiert werden, dass die Dichtlippe zum Getriebeinneren zeigt. Er sitzt in
der Regel mit einer leichten Übermaßpassung in der Gehäusebohrung.

1. Konstruieren der Lagerstellen des Deckels

a) Hut-Lagerstelle für die Ritzelwelle

Es wird sich für den Anfänger nicht vermeiden lassen, dass beim interaktiven
Modellieren versehentlich geometrische
Bezüge zu Nachbarteilen (meist durch
Anwählen von Ebenen) hergestellt werden. Wie unter 10.1 erwähnt, erscheint bei
den vorgenommenen Voreinstellungen
dann das Fenster *Auswahl im Kontext*. Die
unbeabsichtigten Kopien von Geometrieelementen gegebenenfalls wieder löschen.

Die beste Methode sich vor diesen Bezügen zu schützen ist, alle für das Modellieren nicht benötigten Teile zu verdecken
oder das Teil an dem feingestaltet wird,
gesondert zu laden und eventuell in zwei
Fenstern zu arbeiten. Da anderseits in vielen Fällen aber das Gestalten unter Sicht
der benachbarten Teile vorteilhaft ist,
muss selbst abgewogen werden, wie gearbeitet wird.

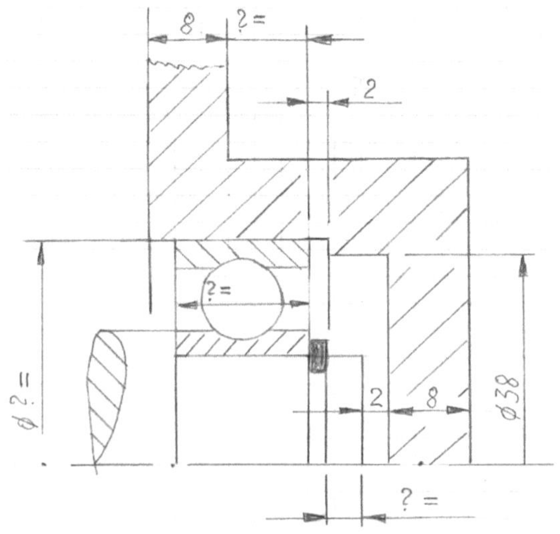

Lagerung des Loslagers der Ritzelwelle

Die für die Ausbildung der Lagerstelle notwendigen Maße werden vorher ausgemessen. Eine einheitliche Wandstärke von 8 mm beibehalten.

⇨ Außendurchmesser des Lagers mit der Funktion *Element Messen* bestimmen und notieren.
⇨ Die weiteren in der Skizze mit „?" markierten Maße mit der Funktion *Messen zwischen* bestimmen und dort eintragen.

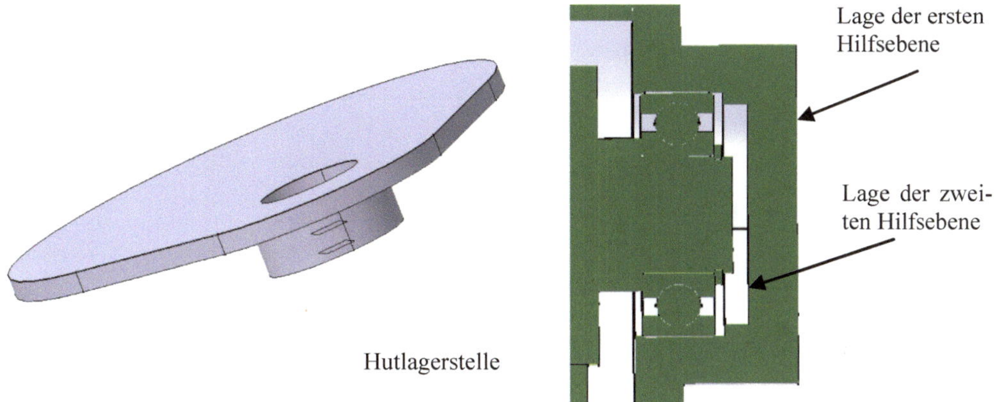

Modellierungsvorschlag A (für einfache Hut-Lagerstellen)

Erzeugen der Außenkontur: Als Zylinderblock.
Erzeugen der Innenkontur: Über Bohrungen.

⇨ Deckel aktivieren. Außenfläche des Deckels zum Erstellen einer neuen Skizze selektieren.
⇨ Darauf die Außenkontur des Lagers als Hilfskreis (Konstruktionshilfslinie) mit dem gemessenen Lagerdurchmesser konzentrisch zum äußeren Randkreis des Deckels erzeugen.
⇨ Einen Kreis konzentrisch zum Hilfskreis mit dem Abstand von 8 mm nach außen (Wanddicke) erstellen. Dieser Kreis wird zum Erzeugen des Zylinderblocks für den Hut benötigt.
⇨ Eine Hilfsebene als Begrenzung für die Auszugtiefe in einem berechneten Abstand (ca. 19 mm) von der äußeren Deckelseite erzeugen. Es stört etwas, dass das Hilfsebenensymbol außerhalb der zu erzeugenden Bohrung liegt, deshalb dieses in die Mitte bewegen.
⇨ Den Block bis zur Hilfsebene ausdehnen.
⇨ Eine zweite Hilfsebene als Begrenzung für die Lagerbohrung im Abstand der Materialdicke von 8 mm zum (äußeren) Hutrand nach innen erstellen.
⇨ Die Lagerbohrung von der Deckelinnenseite aus anbringen. Störende Teile verdecken.
⇨ Die Bohrung konzentrisch zur Kreiskante mit dem Durchmesser von 38 mm *Bohrtyp: bis Ebene* (als Ebene die innere Hilfsebene wählen), *Typ: Planeingesenkt* (Senkung mit Lagerdurchmesser: ..... und Tiefe: …. selbst errechnen) anbringen. Lagerstelle durch einen geeigneten Schnitt im Skizzierer überprüfen.
⇨ Die Baugruppe aktivieren und abspeichern.

Alternative Erstellungsvarianten

- Block mit aufgesenkter Bohrung ohne Hilfsebenen.
- Block erstellen, Skizze für einen Abzugskörper anlegen, Körper subtrahieren (s. Variante B).
- ...

Bewertung der Modellierungsvariante A

Diese Modellierungsvariante ist nur bei einfacher Außen- und Innenkontur günstig.

b) Lagerstelle für die Radwelle

Die rotierende Radwelle tritt an dieser Lagerstelle aus dem Gehäuse heraus. Zur Abdichtung gegen Schmierstoffverluste ist ein Radialwellendichtring vorgesehen. In der Skizze ist der Radialwellendichtring symbolisch dargestellt. Die Dichtlippe muss in das Getriebeinnere zeigen.

⇨ Die Lagerstelle wie nebenstehend abgebildet erstellen. Die mit „?" versehenen Maße ausmessen und in die Skizze eintragen.

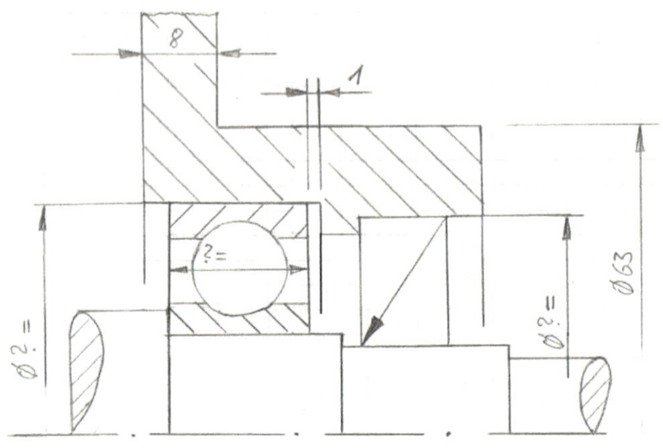

Stützlagerung der Radwelle auf der Abtriebsseite

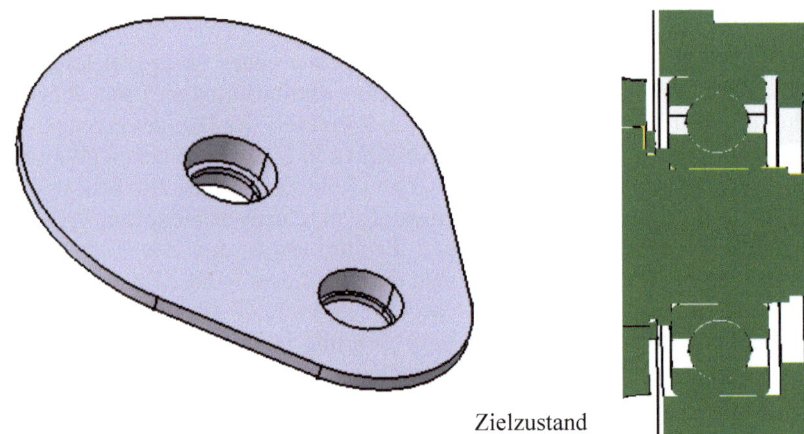

Zielzustand

Modellierungsvorschlag B

Erzeugen der Außenkontur: Als Zylinderblock.
Erzeugen der Innenkontur: Über eine Skizze für einen Abzugskörper.

⇨ Block auf die äußere Randfläche des Deckels aufbauen. Dazu einen Kreis mit dem ausgemessenen Außendurchmesser des Lagers plus zweimal Wanddicke konzentrisch zum äußeren Randkreis des Deckels legen, Ausdehnung je nach erforderlicher Position des Radialwellendichtringes (ca. 23 mm).

Falls keine Hauptebene mittig durch den erzeugten Zylinderblock verläuft, muss eine Hilfsebene in Achsrichtung (siehe Bild rechts unten) durch den Mittelpunkt des Zylinderkreises des Deckels gelegt werden. Auf dieser Ebene wird die Skizze für die Innenkontur der Lagerstelle aufgebaut.

⇨ Hilfspunkt in die Mitte des Zylinderkreises legen, *Punkttyp: Kreismittelpunkt*.

⇨ Hilfsebene durch den Kreismittelpunkt in Achsrichtung legen, *Ebenentyp: Senkrecht zu Kurve*, *Punkt:* Kreismittelpunkt anwählen, *Kurve:* Zylinderkreis wählen. Diese Reihenfolge einhalten.

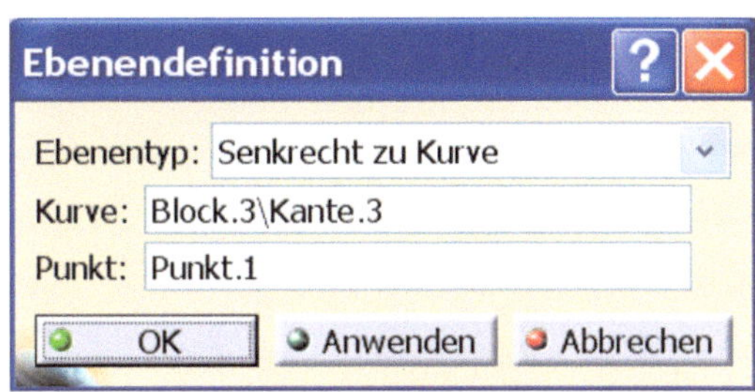

⇨ Neuen Körper in den Deckel(!) einfügen (*Einfügen > Körper*).

⇨ Skizze für die Innenkontur der Lagerstelle auf der erzeugten Hilfsebene aufbauen. Die Rotationsachse der Skizze kongruent zu dem erzeugten Kreismittelpunkt des Zylinders legen. Alternativ kann auch anstelle des Kreismittelpunktes der Zylindermantel selektiert werden. Die Kontur der Skizze dem Lager und dem Dichtring anpassen. Die Länge des Abzugskörpers z. B. mit 38 mm festlegen.

⇨ Den Rotationskörper erzeugen und vom Hauptkörper mittels boolescher Operation abziehen.

⇨ Die Lagerstelle durch einen Schnitt (durch die erzeugte Hilfsebene) im Skizzierer überprüfen.

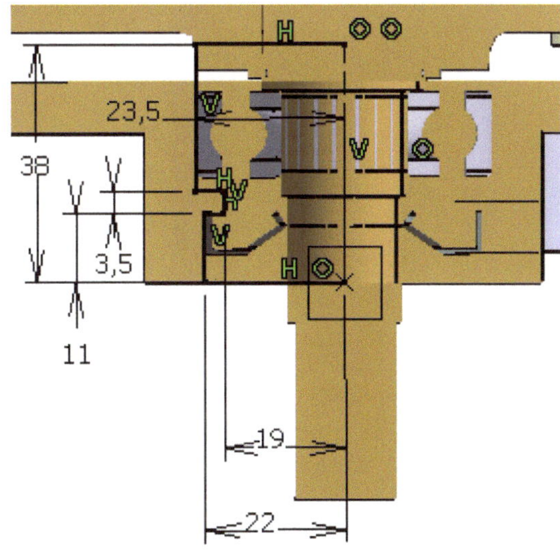

Skizze für die Innenkontur der Lagerstelle

Alternative Erstellungsvarianten

- Den Abzugskörper durch eine implizite boolesche Operation mit der Funktion *Nut* erzeugen (einfacher!).
- Block mit Sacklochbohrung von der einen und aufgesenkter Bohrung von der anderen Seite.
- ...

Bewertung der Modellierungsvariante B

Die Modellierungsvariante B eignet sich bei einfachen Außenkonturen und komplizierten Innenkonturen.

2. Konstruieren der Lagerstellen des Topfes

a) Lagerstelle für die Ritzelwelle

Im Unterschied zu den anderen Lagerstellen wird das Festlager der Ritzelwelle in einem **neu-en**, **eigenständigen Teil** (*Lagerdeckel*) untergebracht. Die Vorgehensweise beim Modellieren ist dadurch anders. Die gesamte Einbausituation ist aus der untenstehenden Skizze ersichtlich. Das Modell des neu zu gestaltenden Lagerdeckels ist links neben der Skizze abgebildet.

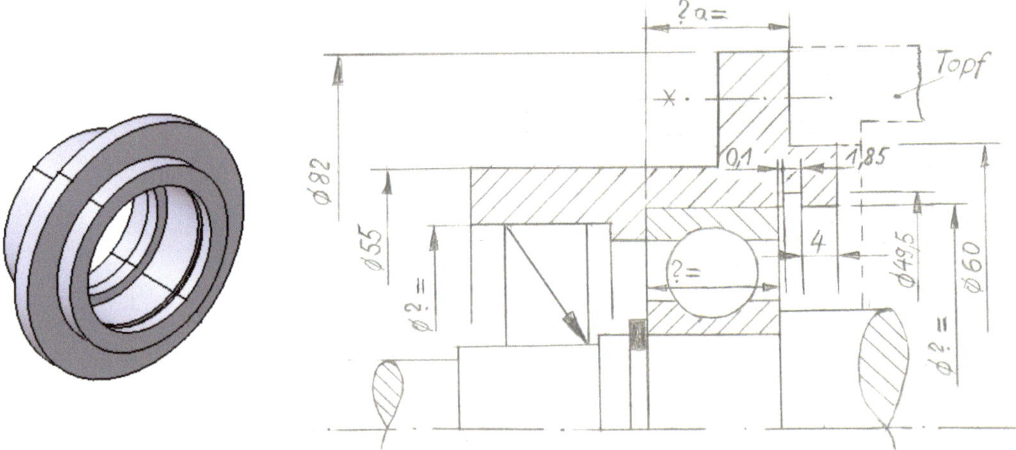

Einbausituation im Lagerdeckel für das Festlager der Ritzelwelle

Anpassung des Topfes an den Lagerdeckel

Das Gehäuse wird durch Gießen hergestellt. Die Außenfläche des Topfes ist dadurch nicht eben. Um den Lagerdeckel plan an den Topf anlegen zu können, muss der Topf durch mechanische Bearbeitung eine eingesenkte Fläche erhalten, die senkrecht zur Wellenachse steht.

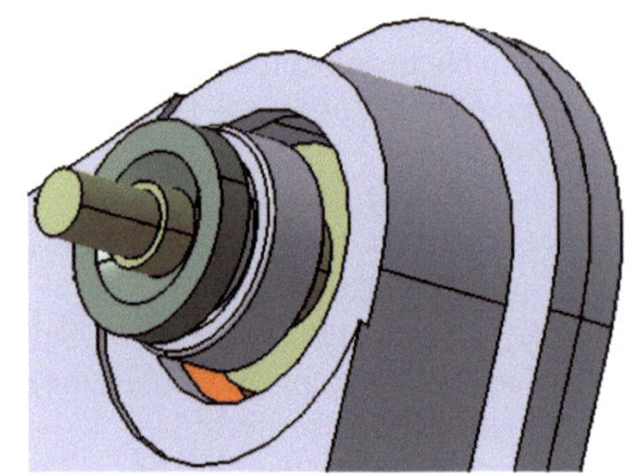

Ansenkung am Topf

⇨ Anbringen einer konzentrischen Ansenkung als Tasche mit dem Durchmesser 86 mm und einer Tiefe von 2 mm.

⇨ Anbringen einer konzentrischen Bohrung auf die Senkfläche mit dem Durchmesser 60 mm. Diese Bohrung muss so groß sein, dass die mit allen Teilen vormontierte Ritzelwelle bei der Montage des Getriebes eingeschoben werden kann.

Erstellen des Lagerdeckels

Um den Lagerdeckel als eigenständiges Teil richtig konstruieren zu können, muss das technische Konzept für diese Lagerstelle gedanklich genau erfasst werden! Sehen Sie sich deshalb das technische Konzept und die Skizze genau an.

Modellierungsvorschlag C

Außen- und Innenkontur werden in **einer** Skizze erstellt. Der Lagerdeckel wird durch Rotation des Skizzenprofils erzeugt.

⇨ Unterhalb der Unterbaugruppe *Gehaeuse* das neue Teil *Lagerdeckel* erstellen.

⇨ Die in die Entwurfsskizze mit „?" versehenen Maße ausmessen und eintragen.

⇨ Skizze für den Lagerdeckel (in Nachbarschaft zum Topf) auf eine **geeignete Hauptebene** des Lagerdeckels legen.

⇨ Die Rotationsachse der Skizze fixieren (*Geometrische Bedingungen > Fixieren*), damit sich sie sich beim Bemaßen der Durchmesser nicht mehr in radialer Richtung verschieben kann. In die Skizze zunächst nur die nebenstehenden vom Entwurf her bekannten Maße eintragen. Den Skizzierer mit der unterbestimmten Skizze verlassen.

⇨ Den Rotationskörper erstellen.

⇨ Das Gehäuse aktivieren. Den erzeugten Lagerdeckel mit Baugruppenbedingungen (Kongruenz- und Kontaktbedingung) lagerichtig an den Topf anbinden.

⇨ Die Skizze für den Lagerdeckel wieder öffnen. Das Teil durch die Skizzierebene schneiden. Anschließend sofort die Kontaktlinie, mit welcher der Lagerdeckel an der Senkfläche des Topfes anliegt, fixieren (*Geometrische Bedingungen > Fixieren*). Die Skizze verschiebt sich dadurch beim Bemaßen der Absatzlängen nicht mehr in axialer Richtung von der fixierten Kontaktstelle weg.

⇨ Unter Sicht der benachbarten Bauteile die restlichen Maße eintragen. Das Maß 4,5 ist von der Position des Radialwellendichtringes abhängig.

Bewertung der Modellierungsvariante C

Die Modellierungsvariante C ist bei komplizierten Außen- und Innenkonturen am günstigsten. Änderungen sind bei dieser Variante besser überschaubar. Es muss nur an einer Stelle (nämlich nur in einer Skizze) geändert werden.

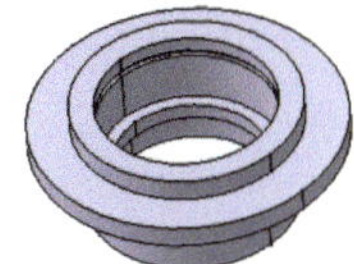

Lagerdeckel

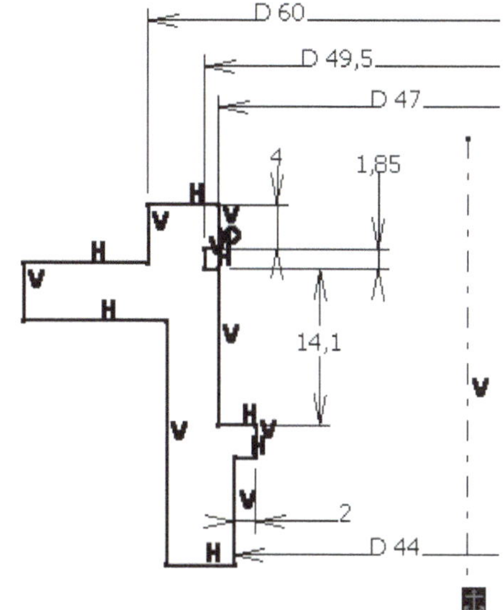

Grobgestaltete Skizze mit Hauptmaßen

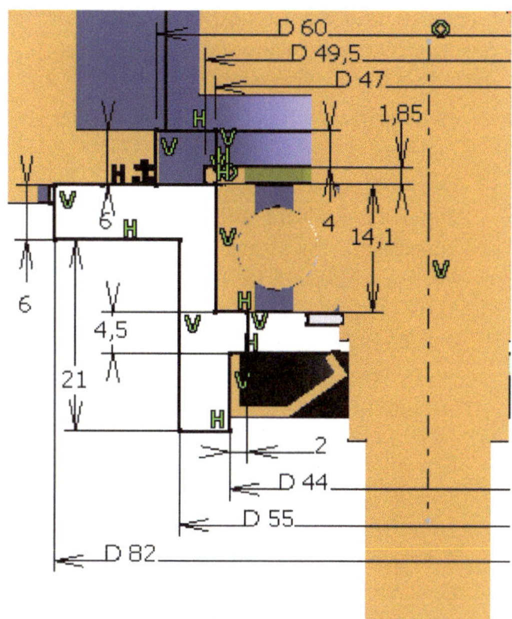

An die Einbausituation angepasste Skizze

b) Einbau eines Bohrungssicherungsringes

Das Festlager soll durch einen Bohrungssicherungsring im Lagerdeckel axial gesichert werden.

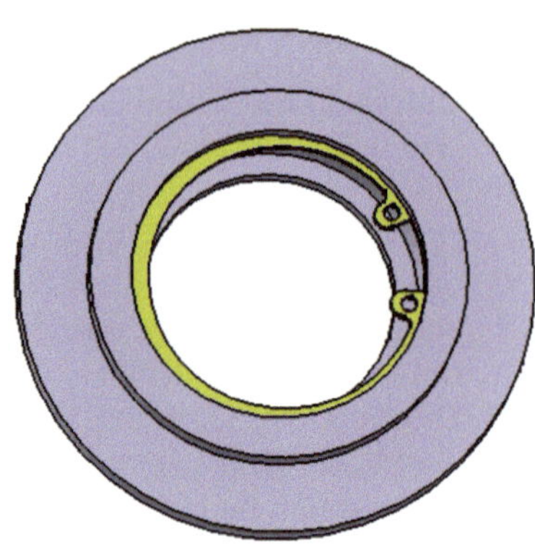

⇨ Das Gehäuse aktivieren. Alle Komponenten bis auf
den Lagerdeckel verdecken. Den Bohrungssicherungsring 47x1,75 vorteilhaft mit der Funktion
Vorhandene Komponente mit Positionierung aus
dem Verzeichnis *Topfgetriebe* in diese Unterbaugruppe laden. Zur besseren Unterscheidung das
Teil gelb färben und im Lagerdeckel mit Kongru-
enz- und Kontaktbedingungen positionieren. Mit
einer Winkelbedingung die Hauptebenen des Ringes an den Hauptebenen des Lagerdeckels so ausrichten, dass eine günstigen Darstellung des Bohrungssicherungsringes im Zeichnungsschnitt erreicht wird.

Bohrungssicherungsring montiert

⇨ Den Einbau bei eingeblendetem Radsatz und Gehäuse durch einen Schnitt im Skizzierer überprüfen.

⇨ Die Baugruppe *Topfgetriebe* abspeichern.

c) Radsatz am Festlager des Lagerdeckels positionieren

Die Lage des Radsatzes im Gehäuse
wird genau genommen durch das Festlager der Ritzelwelle bestimmt. Die bishe-
rige axiale Lagebestimmung als Offset
von 6 mm zwischen der Innenwand des
Gehäuses und der Seitenfläche des Rades war vorläufig (obwohl zielgerichtet
daraufhin konstruiert wurde).

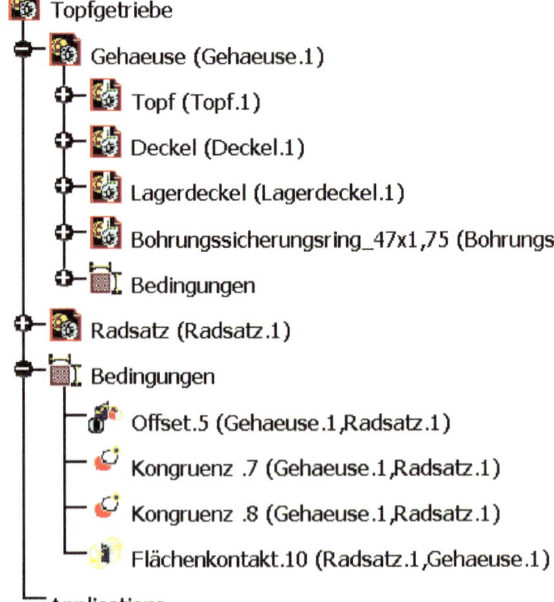

⇨ Den Radsatz einblenden. Das *Topfgetriebe* aktivieren.

⇨ Die Offsetbedingung 6 mm Abstand
zwischen Radsatz und Gehäuse, nebenstehend hier mit *Offset.5 (Ge-
haeuse.1,Radsatz.1)* bezeichnet, inaktiv setzen oder entfernen, bevor
der Radsatz am Festlager im Gehäuse positioniert wird (sonst Überbestimmung).

⇨ Den Außenring des Festlagers seitlich am Lagerdeckelabsatz mit einer
Kontaktbedingung anbinden. Dazu
zum Beispiel den Radsatz bei ver-
decktem Deckel etwas verschieben.

⇨ Den Abstand zwischen der Seitenfläche des Rades und der Gehäusewand nachmessen. Es
ergibt sich z. B. mit 6,05 mm eine geringfügige Abweichung anstelle der geplanten 6 mm.

⇨ Das Modell durch einen geeigneten Schnitt im Skizzierer überprüfen.

Hinweis: *Aus didaktischen Gründen ist es an dieser Stelle sinnvoll, eine Kollisionsanalyse (siehe Kapitel 10.5.4) durchzuführen. Da die Hut-Lagerstelle der Radwelle noch nicht gestaltet ist, ergeben sich tatsächlich Überschneidungen des Radsatzes mit der Gehäusewand.*

d) Hut-Lagerstelle für die Radwelle

Bevor mit der genaueren Gestaltung einer Lagerstelle begonnen wird, sollte zur Kontrolle stets eine Schnittanalyse im Skizzierer durchgeführt werden. Bei der Konstruktion der Welle ließ sich nicht jedes Maß genau im Voraus bestimmen. Erst im Zusammenwirken mit dem Gehäuse ergibt sich eine optimale Wellenkonstruktion. Deshalb können zu diesem Zeitpunkt im Konstruktionsprozess Korrekturen an der Welle erforderlich werden. Je weiter die Modellierung fortgeschritten ist, umso größer wird später der Änderungsaufwand.

Es ist im Modell offensichtlich, dass das Kugellager zu weit aus der Gehäusewand des Topfes herausragt.

Gestaltet man die Hut-Lagerstelle in diesem Zustand, ergibt sich die nebenstehende Konstruktion (hier wurden auch bereits die Gussradien hinzugefügt). Den Prinzipien des minimalen Raumbedarfes und der minimalen Masse wird mit dieser Gestaltung nicht entsprochen! Der Kraftfluss von der Welle über das Kugellager in die Gehäusewand nimmt einen größeren Umweg.

Der Wellenabsatz zwischen dem Wälzlager und dem Rad ist zu lang. Die Länge des Lagerzapfens wurde ebenfalls im Wellenentwurf etwas zu groß gewählt.

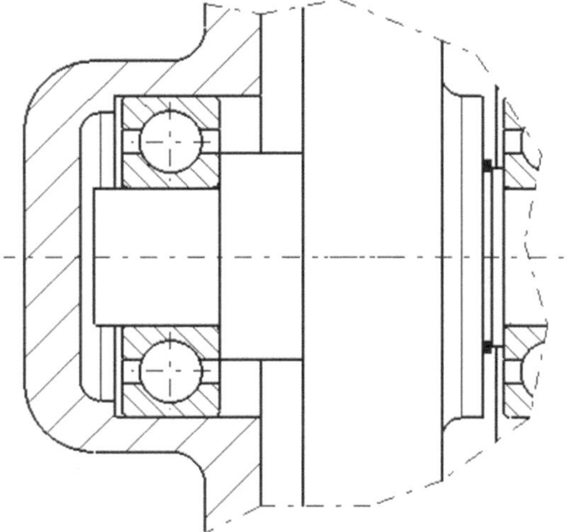

Ohne Wellenkorrektur gestaltete Hut-Lagerstelle

Konstruktive Maßnahmen

⇨ Die Skizze der Radwelle öffnen und durch die Skizzierebene schneiden.

⇨ Um die Ausdehnung in der Skizze beim Ändern in die gewünschte Richtung zu zwingen, die Linie in der Skizze, die den Anschlag des Rades darstellt, fixieren (das Rad dazu verdecken). Die sich eventuell ergebende Überbestimmung der Skizze abstellen.

⇨ Die Absatzlänge zwischen Wälzlager und Rad (von 12 mm) auf z. B. 7 mm verringern. Es muss dabei berücksichtigt werden, dass sich die Radwelle durch die gewählte schwimmende Lagerung der Radwelle axial etwas verschieben kann. Das Wälzlager sollte nicht in den Gehäuseinnenraum wandern können. Die Länge des Lagerzapfens (von 18 mm) auf z. B. 16,5 mm reduzieren. Den Skizzierer verlassen.

⇨ Durch diese Änderungen werden die Baugruppenbedingungen zum Wälzlager verändert und sind deshalb zu aktualisieren. Dazu den Radsatz durch einen Doppelklick auf den Namen im Strukturbaum aktivieren. Anschließend die Funktion *Aktualisieren* im Dauermenü ausführen und die Auswirkungen durch einen erneuten Schnitt im Skizzierer überprüfen.

⇨ Jetzt im Topf die Hut-Lagerstelle gestalten. Die Modellierung des Gehäuses an dieser Stelle kann ähnlich wie bei der bereits gestalteten Hut-Lagerstelle des Deckels erfolgen und dürfte keine Schwierigkeiten bereiten. Es sollte sich für die Lagerstelle etwa eine Gestaltung wie auf der folgenden Seite ergeben.

10.4.7 Zeichnungsschnitt und Schwachstellenanalyse

Ein aus dem Modell abgeleiteter Zeichnungsschnitt (möglichst im Maßstab 1:1) gestattet eine genauere Analyse und eine Optimierung des gestalteten Grobentwurfes.

⇨ Einen Zeichnungsschnitt durch beide Achsmitten des Getriebes legen und nach einer Schnittaufbereitung eine Analyse des eigenen Getriebes durchführen.

Nebenstehend ist ein aufbereiteter Schnitt vom Grobentwurf des Getriebes zu sehen.

Folgende Zeichnungsaufbereitungen wurden vorgenommen:

Verschiedene Bauteile (Ritzel- und Radwelle, Rad) wurden den DIN ISO-Zeichnungsregeln entsprechend vom Schnitt ausgenommen. Die Schraffur der Kugeln wurde unsichtbar gemacht, für die schmalen Schnittflächen der Sicherungsringe wurde ein „schwarzes Schraffurmuster" gewählt (siehe Kapitel 7.3.11).

Hinweis: *Befindet sich keine Schraffur in dem geschnittenen Sicherungsring, so ist der Schraffurabstand („Dichte") zu groß und die Konturen des geschnittenen Teiles werden als dicke Linien erzeugt. Der Schraffurabstand muss verringert werden. Die Behandlung dieses Problems ist unter 7.3.11 beschrieben.*

Diese Änderungen bleiben bei Änderungen am Modell erhalten.

Achtung! Wird der Schnitt verworfen und ein gänzlich neuer Schnitt hergestellt, so müssen die Zeichnungsaufbereitungen erneut vorgenommen werden!

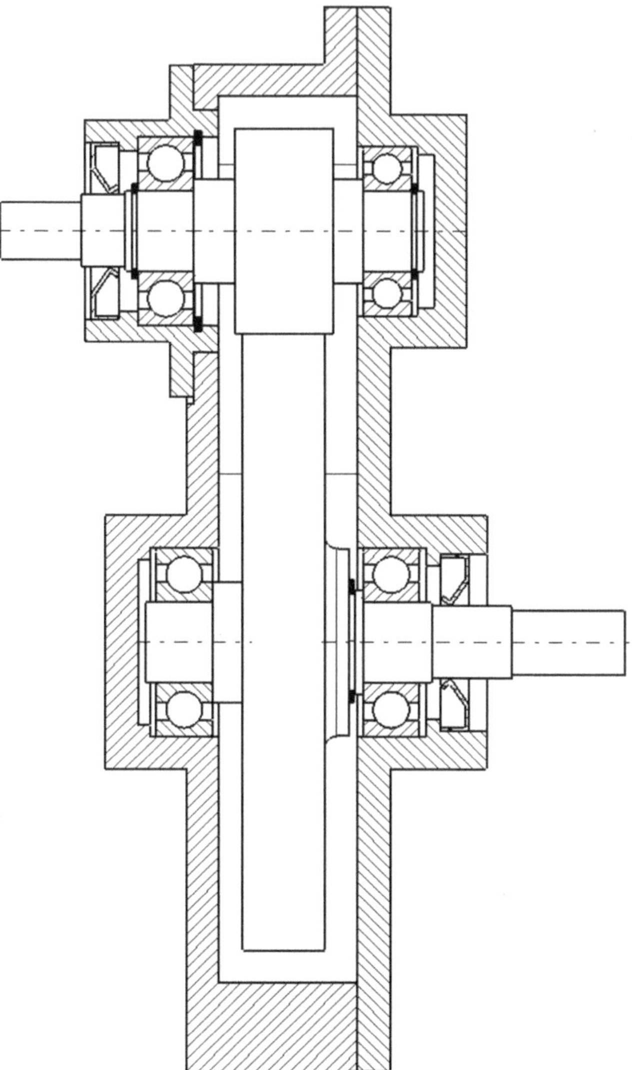

Schnitt durch das grobgestaltete Getriebe

Der Schnitt dient der Ermittlung von Schwachstellen (die bei einem Grobentwurf immer vorhanden sind) und der gedanklichen Vorbereitung auf die nachfolgende Feingestaltung des Getriebes.

Hinweis: *Weitere Analysen für das Getriebe siehe im Kapitel 10.5.*

Schwachstellenanalyse, Optimierungsbetrachtungen

Bei einer Schwachstellenanalyse sind alle Bauteile und ihr funktionelles Zusammenwirken in der Baugruppe kritisch ᴡ zu überprüfen.

Der Zweifel ist die Methodik!

An dieser Stelle sollte man konsequent die Einhaltung der im Kapitel 2 aufgeführten Konstruktionsprinzipien kontrollieren. Es hilft, sich folgende Fragen zu stellen: Wurden die Prinzipien der minimalen Masse und des minimalen Raumbedarfes eingehalten? Wurde das Prinzip der optimalen Sicherheit verletzt? Wurde das Prinzip … usw.

Durch Beseitigen von Schwachstellen optimiert man das Getriebe.

Hierzu sollen einige Kritikpunkte genannt werden, soweit sie auch für die weitere Modellierung interessant sind.

Wie im Zeichnungsschnitt auf der vorangegangenen Seite rechts unten leicht zu ersehen ist, können an der Abtriebswelle z. B. die Länge des Wellenzapfens für den Dichtring und die Länge der Nabe verkürzt werden.

Jeder eingesparte Millimeter reduziert die Masse und den Raumbedarf.

Bei der Fußgestaltung ist das gießtechnisch erforderliche Prinzip der konstanten Wandstärke nicht eingehalten. Es liegt eine Masseanhäufung vor, die zur Bildung von Lunkern beim Gießen führen kann. Ein Aushöhlen des Fußes durch eine Tasche löst das Problem. Die Masse wird reduziert und gleichzeitig wird bezüglich des Fertigungsverfahrens Gießen fertigungsgerecht gestaltet.

Die Anlageflächen zwischen Topf und Deckel müssen spanabhebend bearbeitet werden. Beim Deckel müsste nach der vorliegenden Konstruktion die gesamte Deckelfläche abgefräst werden. Es werden Bearbeitungskosten gespart, wenn ein Deckelflansch vorgesehen wird, bei dem nur die Flanschfläche zu bearbeiten ist.

Fertigungsgerechtes Konstruieren senkt die Kosten.

Wichtig ist an dieser Stelle auch die Frage:

Welche Schwachstellen besitzt mein CAD-Modell?

Ist mein Modell so aufgebaut, dass sich die stets erforderlich werdenden Änderungen ohne größere Schwierigkeiten verwirklichen lassen?

Was muss geschehen, wenn beispielsweise die Wandstärke des Gehäuses von 8 auf 6 mm reduziert werden soll? Wo muss im Modell geändert werden, welches Bauteil ist betroffen, welche Skizze, welche Ausdehnung muss geändert werden? Welche Baugruppenbedingungen sind betroffen?

Ist mein CAD-Modell so systematisch aufgebaut und im Strukturbaum so deutlich dokumentiert, dass Änderungen auch von einem anderen Konstrukteur noch nach Jahren durchgeführt werden können?

10.4.8 Feingestaltung (optional)

Folgende Arbeiten sind noch durchzuführen:

1. Bohrungen für die Verbindungselemente der Gehäuseteile
   - Erstellen der Flanschbohrungen für Topf und Deckel:
     - Zwei Stiftlöcher für Topf und Deckel einbringen
     - Bohrungen für Befestigungsschrauben einbringen.
   - Erstellen der Bohrungen für die Lagerdeckelverschraubungen.

2. Schrauben und Stifte
   - Passende Normteile in die Verbindungsstellen einfügen.

3. Fußgestaltung des Topfes
   - 2 angesenkte Befestigungsbohrungen einbringen
   - Fußunterseite auf konstante Wandstärke umgestalten.

4. Fasen und Verrundungen
   - Alle durch spanabhebende Bearbeitung entstehenden Kanten anfasen
   - Alle Kanten der durch Gießen erzeugten Bauteile verrunden.

5. Anpassung der Wellen
   - Reduzieren der Länge des Dichtungsabsatzes auf der Abtriebsseite
   - Passfedernuten auf den An- und Abtriebszapfen anbringen.

6. Deckelgestaltung optimieren
   - Bearbeitungsfläche für den Deckel reduzieren, indem ein Deckelflansch erzeugt wird (wie unter 11.2 ausgeführt). Die Teilungsebene des Gehäuses sollte in diesem Fall um die Flanschdicke zum Getriebeinneren hin verschoben werden. Damit sind durch diese Änderung außer den Bauteilen *Topf* und *Deckel* keine weiteren Bauteile betroffen.

7. Gestaltung der Gussmodelle

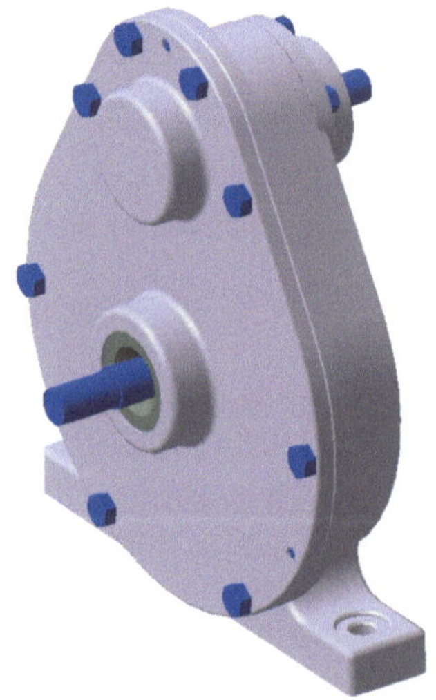

Das nebenstehende Bild zeigt ein **Beispiel** für ein feingestaltetes Topfgetriebe (**Beleuchtung**smöglichkeiten siehe Seite 107).

Hinweise: *Aus ästhetischen Gründen wären Innensechskantschrauben den gewählten Außensechskantschrauben vorzuziehen.*
Aus didaktischen Gründen (Reduzieren der Teileanzahl und des Modellierungsaufwandes) wurden für die Abtriebswelle die gleichen Zapfendurchmesser wie für die Antriebswelle verwendet. Nach den Bemessungsregeln müsste der Durchmesser des Abtriebszapfens infolge des höheren Drehmomentes aber größer sein als der Durchmesser des Antriebszapfens.

Gesamtanzeige

Mit *Ansicht > Gesamtanzeige* wird der gesamte Bildschirm zur Darstellung des Modells genutzt. Alle CATIA-Menüleisten werden ausgeblendet (Rückkehr über das Kontextmenü).

Feingestaltetes Topfgetriebe

10.5 Analysefunktionen für Baugruppen

Zur Unterstützung der Konstruktionsarbeit stehen in CATIA V5 verschiedene Analysefunktionen zur Verfügung, mit denen Konstruktionsfehler und Zuordnungsprobleme in Baugruppen erkannt werden können.

Die wichtigsten Analysefunktionen findet man unter der Funktion *Analyse* in der Hauptmenüzeile (Bild rechts).

Die unteren sechs Funktionen sind auch im Dauermenü der Funktionsumgebung *Assembly Design* enthalten.

Nachfolgend werden die Analysemöglichkeiten für Baugruppen (einschließlich der nicht in der Hauptmenüleiste enthaltenen Möglichkeiten) systematisiert und kurz erläutert.

10.5.1 Strukturanalysen

Struktur der Dateiablage

Die Dateiablage und die Verknüpfungen von Bauteilen und Baugruppen werden von CATIA überwacht. Für Analysen steht in der Hauptmenüleiste die Funktion *Datei > Schreibtisch* zur Verfügung. Diese Funktion ist im Kapitel 4 (Umgang mit Dateien) beschrieben.

Strukturbaum

Der Strukturbaum ist ein hervorragendes Mittel zum Verfolgen der Konstruktionsentwicklung von Bauteilen und Baugruppen. Das gilt sowohl für die Synthese als auch für die Analyse.

Ein Strukturbaum wird von CATIA V5 immer angelegt. Er lässt sich mit der F3-Taste oder mit der Funktion *Ansicht > Spezifikationen* aus- und wieder einblenden. In den vorangegangenen Kapiteln und in den Übungen wurde die Rolle des Strukturbaumes ausführlich erläutert, sodass an dieser Stelle nicht näher darauf eingegangen werden muss.

Die Funktionen *Analyse > Mechanische Struktur* und *Analyse > Abhängigkeiten* bieten eine gegenüber dem Strukturbaum modifizierte Darstellung der Struktur.

Ändern der Struktur einer Baugruppe

Die Reihenfolge von Komponenten im Strukturbaum (sowohl Bauteile als auch Baugruppen) kann nachträglich verändert werden. Das darf nur erfolgen, wenn die Logik des Aufbaues der Baugruppe nicht verletzt wird. Zum Beispiel müssen die Baugruppenbedingungen nach der Umstrukturierung noch stimmig sein.

Im Fall des in Kapitel 10.4 konstruierten Zahnradgetriebes kann die Reihenfolge der Unterbaugruppen *Gehaeuse* und *Radsatz* beispielsweise vertauscht werden. Beide Unterbaugruppen sind in ihrem geometrischen Aufbau unabhängig. Auch die Baugruppenbedingungen bleiben durch das Vertauschen der Reihenfolge in der gleichen Weise bestehen.

⇨ Das Produkt aktivieren. Danach die Funktion *Neuordnung des Grafikbaums*  aufrufen. Im erscheinenden Fenster den *Radsatz* selektieren und mit der Funktion ⬆ *Pfeil* nach oben verschieben.

Alte und neue Reihenfolge

Stückliste (im Assembly Design)

Die Funktion *Analyse > Stückliste* liefert eine Stückliste mit Mengenangaben. Das Listenformat kann modifiziert werden.

Das Bild rechts zeigt einen Auszug aus der Stückliste des im Kapitel 10.4 konstruierten Zahnradgetriebes. Im oberen Teil der Liste sind die beiden Unterbaugruppen aufgeführt. Die nachfolgenden Stücklisten der Unterbaugruppen enthalten ihre jeweiligen Bauteile.

Die Stückliste lässt sich als Text-, Excel- und als *Html*-Datei abspeichern.

Der Vorteil einer über das CAD-System hergestellten Stückliste besteht in der maschinell kontrollierten Übereinstimmung mit dem Baugruppenmodell hinsichtlich Struktur, Mengenangaben und Bezeichnungen.

Hinweis: *Das Erzeugen von Stücklisten in Zeichnungsableitungen einer Baugruppe ist in Kapitel 10.2 erläutert.*

Stückliste	Listenbericht

Stückliste: Topfgetriebe

Menge	Teilenummer
1	Gehaeuse
1	Radsatz

Stückliste: Gehaeuse

Menge	Teilenummer
1	Topf
1	Deckel
1	Lagerdeckel
1	Bohrungssicherungsring_D47X1,75

Stückliste: Radsatz

Menge	Teilenummer
1	Ritzelwelle
1	Radial_Rillenkugellager_6004
3	Radial_Rillenkugellager_6204
2	Wellensicherungsring_D20x1,2
2	Radialwellendichtring_A9x22x7
1	Radwelle
1	Rad

Wiederholung: Topfgetriebe
Verschiedene Teile:13
Teile gesamt: 17

10.5.2 Masse und Schwerpunkt einer Baugruppe

Mit der Funktion *Trägheit messen* können die Gesamtmasse einer Baugruppe und der Schwerpunkt einer Baugruppe ermittelt werden, indem der Knoten der Baugruppe im Strukturbaum bei Ausführung der Funktion selektiert wird. Falls unterschiedliche Materialien verwendet werden, ist die Zuweisung von Materialien für alle einzelnen Bauteile Voraussetzung!

Erfolgt für alle Bauteile keine Materialzuweisung, weil alle Bauteile aus dem gleichen Material bestehen, so kann die Dichte bequemer auch im Feld *Dichte* eingegeben werden. Ein anschließender Klick auf das Feld *Masse* führt dann zur Ermittlung der Gesamtmasse ☺. Falls unterschiedliche Materialien zugewiesen wurden, erscheint im Feld *Dichte* die Meldung *Nicht uniform*.

⇨ Ermittlung der Gesamtmasse der Spannvorrichtung ohne *Werkstueck* (gehört nicht zur Vorrichtung) und ohne *Scheibe* (aus Messing, Masse aber vernachlässigbar). Beide Bauteile deshalb inaktivieren! Ergebnis: 7,3 kg bei einer eingegebenen Dichte von 7860kg/m^3.

⇨ Ermittlung des Schwerpunktes der Vorrichtung mit *Werkstueck* und *Scheibe*: Funktion *Trägheit messen* > *OBG-Spannvorrichtung* im Strukturbaum selektieren > *Geometrie erzeugen* > *Ein neues CATPart erzeugen unter* > *OK* > *assoziative Geometrie* > *Schwerpunkt* > *Achsensystem* > 2 x *OK* > der Schwerpunkt ⊕ mit Achsensystem wird im Modell eingeblendet > Ausmessen der Koordinaten des Schwerpunktes zu einer Ecke der Grundplatte.

10.5.3 Schnittanalysen

Für den Konstrukteur sind Schnittanalysen das wichtigste Mittel zum Erkennen von Schwächen und Fehlern in seiner Konstruktion.

Schnittanalyse im Skizzierer

Im Entstehungsprozess von Konstruktionen sind Schnittanalysen durch die Skizzierebenen eine wertvolle Kontrollmöglichkeit. Die Schnittebenen können die vorhandenen Hauptebenen oder Körperebenen sein oder für diesen Zweck an den interessierenden Stellen platzierte Hilfsebenen.

In den Übungen wurde das Arbeiten mit der Funktion *Teil durch die Skizzier-Ebene schneiden* häufig angewendet, sodass auf weitere Erklärungen an dieser Stelle verzichtet werden kann.

2D-Zeichnungsschnitt

Die aus dem 3D-Modell abgeleiteten 2D-Schnittansichten von Teilen und Baugruppen sind zusammen mit den Ansichten das übliche Mittel für Fehleranalysen und Optimierungsbetrachtungen. Bei einer Ausgabe der Schnittzeichnung auf Papier erhält man eine für den Fachmann deutbare, klare 2D-Darstellung der Geometrie. Die erkennbaren Fehler und die geplanten Verbesserungen können als Freihanddarstellungen in der Regel mit Bleistift auf dem Papier leicht eingetragen werden. Wichtig erscheint bei dieser Kontrollmöglichkeit auch, dass der Konstrukteur sich für eine umfassende, kritische Analysebetrachtung von der Arbeit am Bildschirm löst!

In den im Kapitel 10 konstruierten Baugruppen ist eine Analyse der Baugruppe im 2D-Zeichnungsschnitt stets Bestandteil der jeweiligen Konstruktion.

Schnittanalysen in der Umgebung der Baugruppenkonstruktion

In der Umgebung *Assembly Design* sind dynamische Schnitte durch eine Baugruppe möglich. Bei dynamischen Schnitten lässt sich eine gewählte Schnittebene durch die Baugruppe bewegen. Damit werden komplexe Betrachtungen über die Raumsituation in verschiedenen Ebenen einer Baugruppe möglich.

Am Beispiel des in Kapitel 10.4 sich im Entwurfsstadium der Konstruktion befindlichen Zahnradgetriebes sollen die für eine Schnittanalyse notwendigen Funktionen angewendet und erläutert werden. Alternativ können auch die Baugruppe *Einspannung* aus Kapitel 7.4 oder eine andere Baugruppe verwendet werden.

Dynamischer Schnitt durch eine Baugruppe

⇨ Die Baugruppe *Topfgetriebe* öffnen.

⇨ Die Funktion 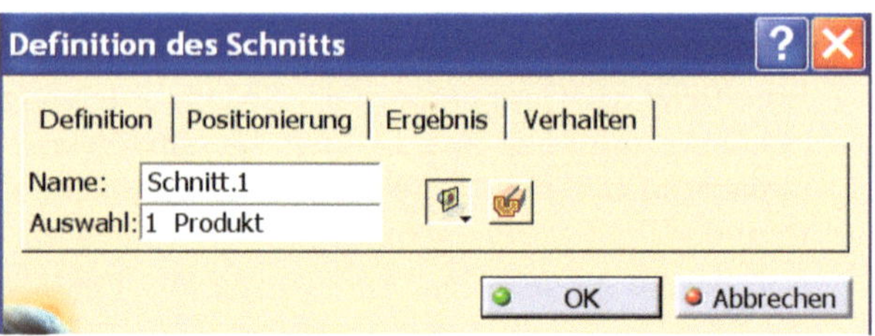 *Schnitte* im Dauermenü aufrufen.

Im Produktfenster wird eine Schnittebene angezeigt, die an einem (roten) Kompass manipuliert werden kann. Außerdem erscheint ein Fenster *Definition des Schnitts* mit Schnittfunktionen. Der Schnitt kann im Fenster benannt werden.

Hinweis: *In einem zweiten hier nicht abgebildeten Fenster Voranzeige erscheint eine für eine Analyse weniger aussagefähige 2D-Schnittkontur.*

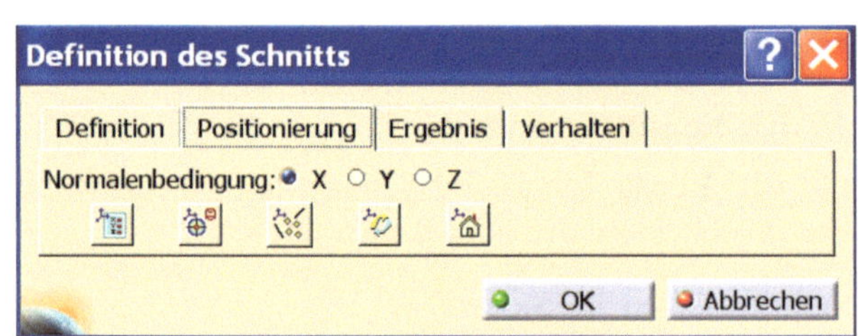

⇨ Die Funktion 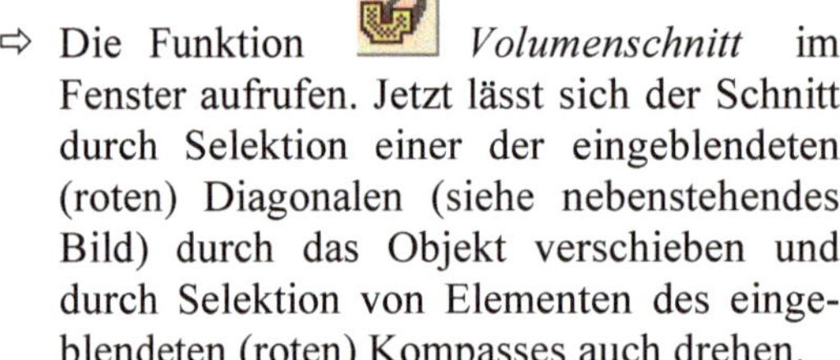 *Volumenschnitt* im Fenster aufrufen. Jetzt lässt sich der Schnitt durch Selektion einer der eingeblendeten (roten) Diagonalen (siehe nebenstehendes Bild) durch das Objekt verschieben und durch Selektion von Elementen des eingeblendeten (roten) Kompasses auch drehen.

⇨ Im Fenster *Definition des Schnitts* die Schaltfläche *Positionierung* selektieren. Die Funktionen wechseln (siehe unteres der beiden Fenster).

⇨ Die Funktion *Geometrisches Ziel* wählen und eine beliebige Ebene selektieren. Diese Ebene wird jetzt Schnittebene!

⇨ Die Funktion *Normale umkehren* dient zur Umkehrung der Schnittnormalen.

⇨ *OK* im Fenster *Definition des Schnitts*. Der Schnitt wird gespeichert. Im Strukturbaum erscheinen unter *Applications* die Einträge *Schnitte* und *Schnittname*. Doppelklick auf S*chnittname* im Strukturbaum. Der Schnitt wird wieder aktiv und lässt sich manipulieren.

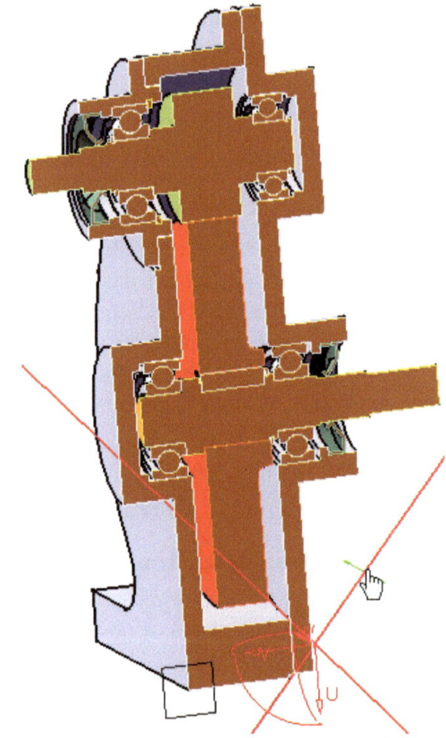

Dynamischer Schnitt durch das Topfgetriebe

10.5.4 Kollisionsanalysen

In der Umgebung *Assembly Design* sind **Überschneidungen, Kontakte und Abstandsunter-schreitungen** (in CATIA zusammenfassend mit Kollisionen bezeichnet) von Bauelementen innerhalb der Baugruppe analysierbar. An Beispielen sollen die Funktionen erläutert werden.

Kontakte und Überschneidungen

⇨ Die Baugruppe *Topfgetriebe* (alternativ die Baugruppe *Einspannung* aus Kapitel 7.4 oder eine andere Baugruppe) öffnen und aktivieren.

⇨ Die Funktion 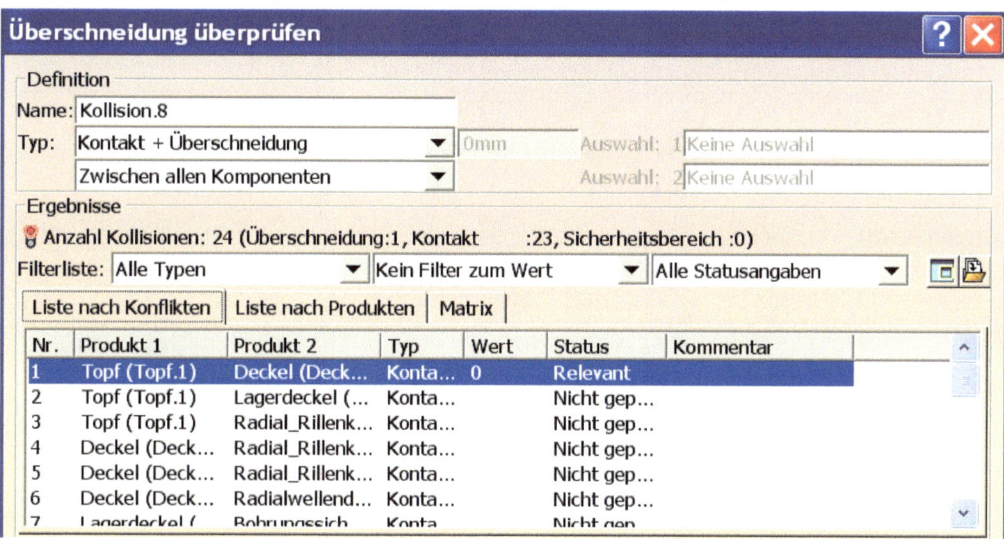 *Überschneidung* im Dauermenü aufrufen und im erscheinenden Fenster *Überschneidung überprüfen* die Analyse durch *Anwenden* (!)starten.

Nr.	Produkt 1	Produkt 2	Typ	Wert	Status	Kommentar
1	Topf (Topf.1)	Deckel (Deck...	Konta...	0	Relevant	
2	Topf (Topf.1)	Lagerdeckel (...	Konta...		Nicht gep...	
3	Topf (Topf.1)	Radial_Rillenk...	Konta...		Nicht gep...	
4	Deckel (Deck...	Radial_Rillenk...	Konta...		Nicht gep...	
5	Deckel (Deck...	Radial_Rillenk...	Konta...		Nicht gep...	
6	Deckel (Deck...	Radialwellend...	Konta...		Nicht gep...	
7	Lagerdeckel (...	Bohrungssich...	Konta...		Nicht gep...	

Nun kann man an Hand des Fensters überprüfen, ob die Kontakte zwischen Bauelementen oder ob die Überschneidungen ihre Richtigkeit haben. Überschneidungen an elastischen Elementen können durchaus auch gewollt sein. Die Dichtlippe eines Wellendichtringes kann z. B. der Realität entsprechend im Durchmesser geringer als der Wellendurchmesser gestaltet werden.

Hinweis: *Die Ampel zeigt grün an, wenn es weder Überschneidungen noch Kontakte gibt, gelb wenn es Kontakte aber keine Überschneidungen gibt und rot, wenn es auch Überschneidungen gibt.*

Mit der Funktion *Ergebnisfenster* (befindet sich rechts im *Fenster Überschneidungen überprüfen*) können zuvor in den Listen und Tabellen selektierte Kollisionen bildlich über ein Gitternetz im Modell angezeigt werden.

⇨ Im geöffneten Fenster *Liste nach Konflikten* selektieren. Die Kollisionen werden zeilenweise aufgelistet (siehe oben). Überprüfen einzelner Kollisionen durch Selektion der Zeile.

⇨ Im geöffneten Fenster *Liste nach Produkten* selektieren. Die Kollisionen werden zeilenweise, geordnet nach Bauteilen, angezeigt.

⇨ Im geöffneten Fenster *Matrix* selektieren. Die erscheinende Matrix durch Zoomen deutlicher darstellen. Gelbe Quadrate bedeuten Kontakt, rote Quadrate bedeuten Überschneidung.

⇨ *OK*, die *Kollision.1* wird gespeichert und unter *Applications* im Strukturbaum angezeigt.

Abstandsanalysen

Ermitteln, ob ein bestimmter Abstand zwischen Bauelementen (hier des Rades vom Topf) unterschritten wurde.

⇨ Die Funktion *Überschneidung* aufrufen.

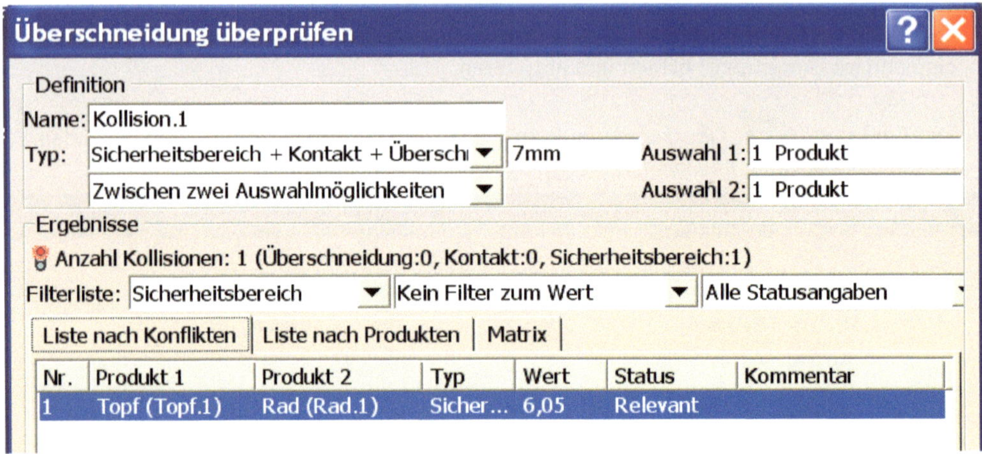

⇨ Im Fenster *Überschneidung überprüfen* die oben stehenden Eintragungen vornehmen. Unter *Auswahl 1:* den *Topf* im Strukturbaum selektieren, unter *Auswahl 2:* das *Rad* im Strukturbaum selektieren. Als zulässigen Abstand z. B. 7 mm eintragen. In der Ergebnisliste wird eine (!) Unterschreitung des Abstandes ermittelt. Durch Selektion der Zeile wird vom System in der Statusspalte *Relevant* eingetragen. Gleichzeitig wird das Fenster *Voranzeige* (Bild rechts) geöffnet, in dem Lage und Größe des Abstandsminimum ausgewiesen werden.

Hinweis: *Bei dem Maß 6,05 mm handelt es sich um den Abstand der Seitenfläche des Rades zur Gehäusewand des Topfes.*

Mit der Funktion 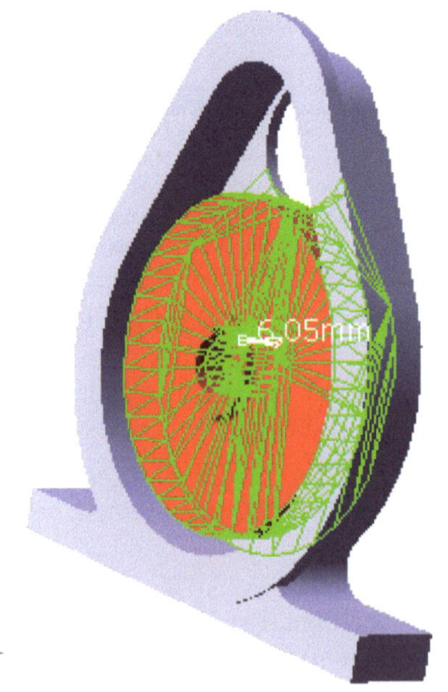 *Abstands- und Bandanalyse* im Dauermenü können u.a. Abstände zwischen Bauteilen direkt ermittelt werden.

Abstandsanalyse

⇨ Den Abstand zwischen dem Rad und dem Deckel sich über die Funktion *Abstands- und Bandanalyse* anzeigen lassen. Das Ergebnis fällt mit ca. 2 mm kritisch aus. Abhilfe schafft eine Reduzierung des Bunddurchmessers am Rad von 47 auf z. B. 45 mm, wodurch ein Anlaufen des Rades am Deckel in jedem Fall verhindert wird.

10.5.5 Analyse der Baugruppenbedingungen

Mit der Funktion *Analyse > Aktualisieren* aus der Hauptmenüzeile kann geprüft werden, ob alle Baugruppenbedingungen einer Komponente aktualisiert sind.

Mit der Funktion *Analyse > Freiheitsgrade* aus der Hauptmenüzeile können die Freiheitsgrade der eingebauten Komponenten ermittelt werden.

⇨ Die Baugruppe *Topfgetriebe* öffnen und aktivieren.

⇨ Die Baugruppenbedingungen des *Topfgetriebes* auf Aktualität prüfen und anschließend die Freiheitsgrade der vorher aktivierten Unterbaugruppe *Radsatzes* ermitteln. Ist der Radsatz fixiert, erscheint die Meldung, dass kein Freiheitsgrad vorhanden ist.

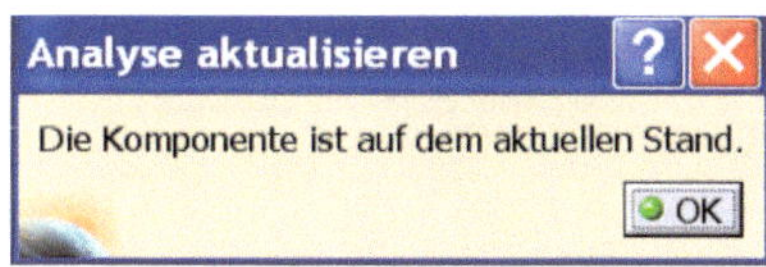

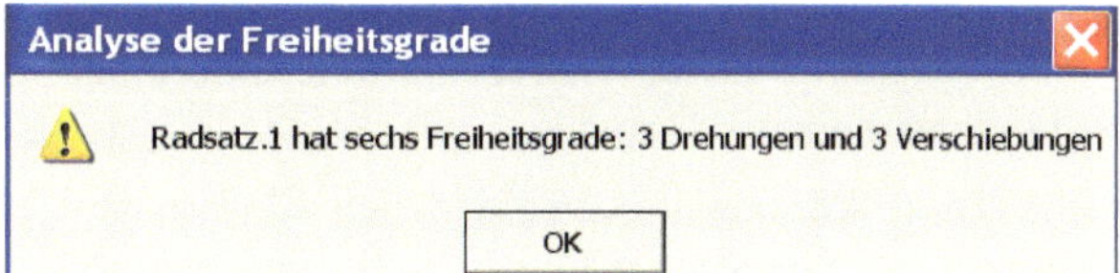

Mit der Funktion *Analyse > Bedingungen* aus der Hauptmenüzeile kann der Status der Baugruppenbedingungen angezeigt werden. Die nicht auflösbaren und die inaktiven Bedingungen lassen sich detailliert in weiteren Fenstern ermitteln.

⇨ Von der Baugruppe *Topfgetriebe* den Status der Baugruppenbedingungen sich anzeigen lassen. Ergebnisfenster siehe unten links.

⇨ Das Gleiche für die Unterbaugruppe *Radsatz* durchführen. Ergebnisfenster siehe unten rechts.

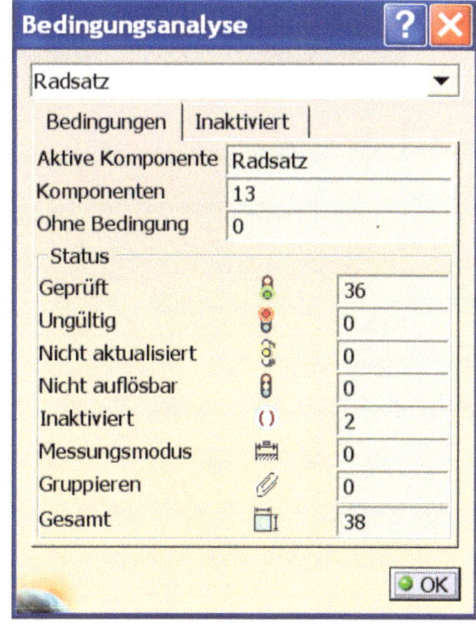

10.5.6 Anmerkungen am 3D-Modell

Funktionen zum Anbringen von Anmerkungen an 3D-Modellen sind für den Entwickler keine Analysefunktionen. Dem Nutzer des Modells können Sie aber wichtige Informationen liefern und aus seiner Sicht die Analyse der Baugruppe und der Bauteile erleichtern.

Mit der Funktion ⬛ *Text mit Bezugslinie* lassen sich Texte am Modell anbringen.

Mit der Funktion ⬛ *Flaggenanmerkung mit Bezugslinie* lassen sich Texte innerhalb einer Flagge erzeugen.

Die Texte können in verschiedenen Ebenen angeordnet werden. Die Texteigenschaften (Schriftgröße, Liniendicke, …) lassen sich über das Kontextmenü einstellen.

Im Strukturbaum werden die Anmerkungen in einem *Anmerkungsset* unter *Notizen* abgelegt.

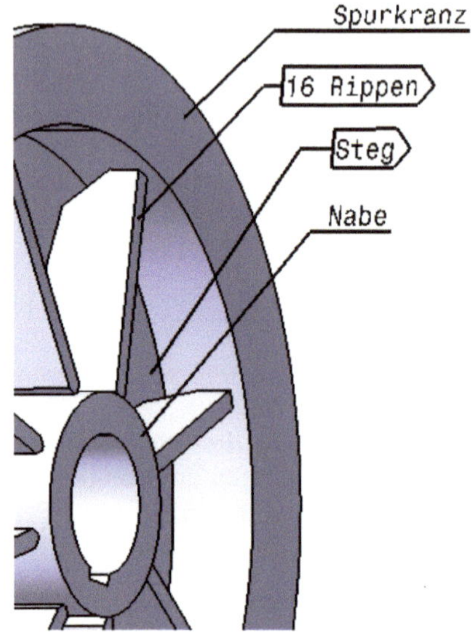

Textanmerkungen an einem Laufrad

Mit der Funktion ⬛ *Schweißkomponente* können dem 3D-Modell Schweißnahtangaben mit der gleichen Symbolik wie bei Schweißteilzeichnungen hinzugefügt werden.

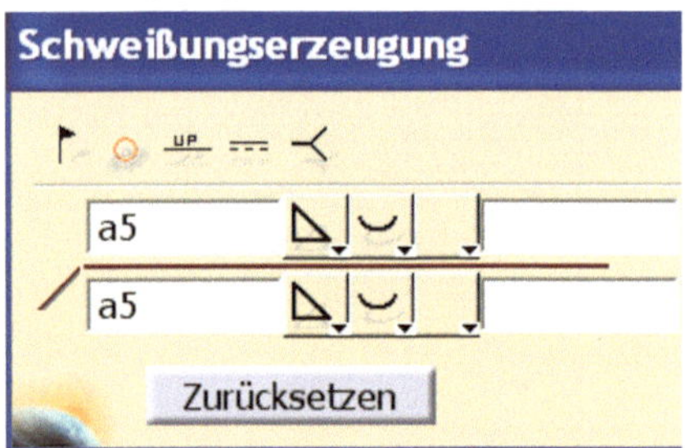

Das obenstehende Bild zeigt einen Teil des Eingabefensters. Im Strukturbaum werden die Schweißnahtangaben in einem *Anmerkungsset* unter *Schweißungen* abgelegt.

Eine übersichtlich angeordnete Darstellung der Nahtangaben am 3D-Modell in Verbindung mit den für Schweißbaugruppen erforderlichen Texten kann durchaus die Zusammenbauzeichnung einer Schweißbaugruppe ersetzen.

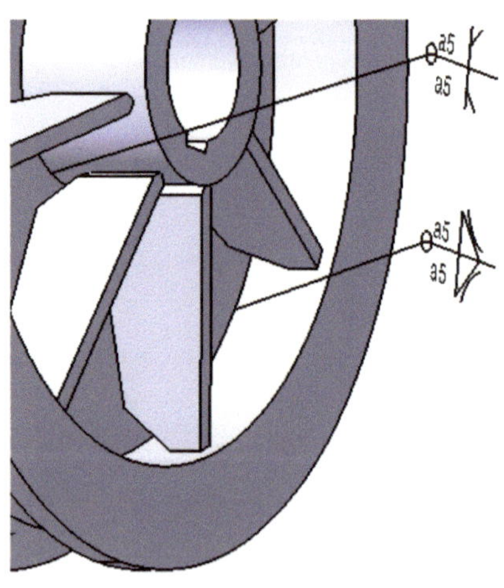

Schweißnahtangaben

10.6 Skelettmodellierung in Baugruppen

Notwendigkeit und Vorteile

Für größere aus vielen Einzelteilen bestehende Baugruppen kann das sich ergebende Geflecht aus geometrischen Bedingungen und Referenzen zwischen den einzelnen Teilen sehr komplex werden. Mit Blick auf die sich über Jahre oder sogar Jahrzehnte ausdehnende Serienbetreuung solch komplexer Baugruppen kann die Notwendigkeit, sich immer wieder in die Beziehungsstrukturen der Baugruppe einzuarbeiten, einen nicht unerheblichen Aufwand bedeuten.

Bei Baugruppen, wie einem zweistufigen schräg verzahnten Getriebe, kommt erschwerend hinzu, dass z. B. die Beschreibung des Kontakts der einzelnen Zahnräder (Berührung der Zahnflanken auf dem jeweiligen Betriebswälzkreis) in der CAD-Umgebung gar nicht so einfach durch Bedingungen umzusetzen ist.

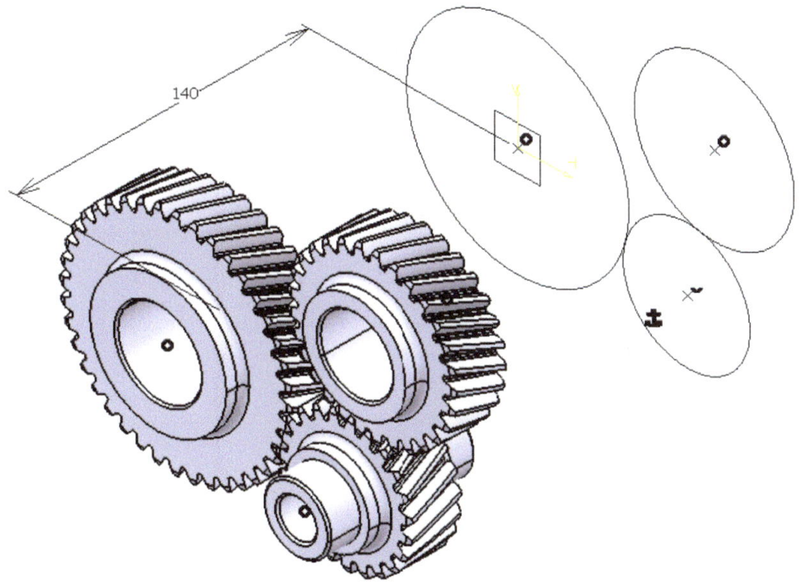

Radsatz eines zweistufigen Stirnradgetriebes mit Skelettmodell

Die Verwaltung der Baugruppe komplizierend kann noch hinzukommen, dass die Einzelteile der Baugruppe von verschiedenen Bearbeitern beigestellt werden.

Im Zuge des Entwicklungsprozesses wird sich (zum Teil auch mehrfach) der Bedarf ergeben, die Baugruppe durch Austausch einzelner Teiledateien auf einem aktuellen Stand zu halten.

Zur effizienten Steuerung und Verwaltung größerer Baugruppen kann es somit hilfreich sein, sich Verfahren zu bedienen, die zur Gliederung der Baugruppe ein Skelett- oder auch Strukturmodell genanntes Element zu verwenden. In der Fachliteratur wird diese Vorgehensweise auch mit dem Begriff „Design in context" (DiC) beschrieben.

Praktisch umgesetzt wird dieser Gedanke durch die Definition eines Skelett-Teils (Part), das im Unterschied zu den anderen Bauteilen (Parts) keine die Baugruppe beschreibenden Volumina, sondern nur ein die Struktur der Baugruppe beschreibendes Punkte-, Linien- oder auch

Flächengerüst enthält. Für das Skelett-Teil ist an Hand der spezifischen Anwendung des CAD-Modells gründlich zu klären, welche Informationen in das Skelett übernommen werden sollen.

Die Verwendung eines sorgfältig definierten Skelett-Teils bietet folgende Vorteile:

- Ein möglichst großer Teil der Referenzen zwischen den die Baugruppe bildenden Komponenten bezieht sich auf das Skelett. Bezüge zwischen den Einzelteilen (Parts) werden weitestgehend vermieden. So können z. B. Eltern-Kind-Beziehungen vermieden werden.

- Mit Hilfe des Skelett-Teils können für die Einzelteile schnell und einfach Einfügepunkte und/ oder Einbauräume definiert und verwaltet werden.

- Der Austausch von Komponenten (Parts) gestaltet sich sehr einfach.

Als Nachteil dieser Vorgehensweise ist sicherlich der vergleichsweise hohe Aufwand zu bewerten, der zur Definition des Skelettmodells zu betreiben ist.

Grundsätzliches zur Steuerung einer Baugruppe mit Hilfe eines Skelett-Teils

Nachfolgend wird das Vorgehen beim Einsatz eines Skelett-Teils in den Grundzügen erläutert:

Vorausgesetzt wird dabei, dass drei die Zahnräder näherungsweise beschreibende Dateien (Parts) vorliegen. Für die Betrachtungen ausreichend sind dabei gebohrte Kreiszylinder mit dem Teilkreisdurchmesser als äußerer Begrenzung, konstanter Breite (z. B. 25mm) und beliebig gewähltem Bohrungsdurchmesser. Die relevanten Maße können der nebenstehenden Skizze entnommen werden.

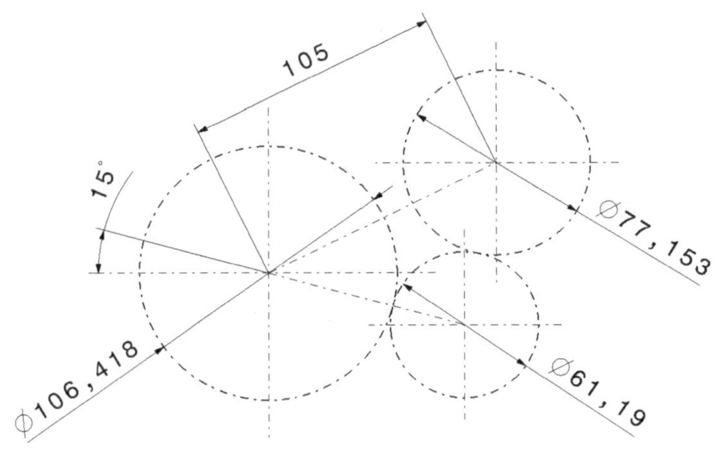

Zum Aufbau des Skeletts notwendige Maße

Ausgangpunkt für das weitere Vorgehen ist der nebenstehende Strukturbaum, der den Aufbau eines zweistufigen Stirnradgetriebes beschreibt.

Aus dem Strukturbaum ist zu erkennen, dass in die Baugruppe als erstes Teil das Skelett-Teil eingebaut ist, das (als Besonderheit) nur Skizzen, Punkte und eventuell Flächen, aber keine Volumina enthält.

Exemplarische Modellierung einer Baugruppe mit einem Skelett-Teil

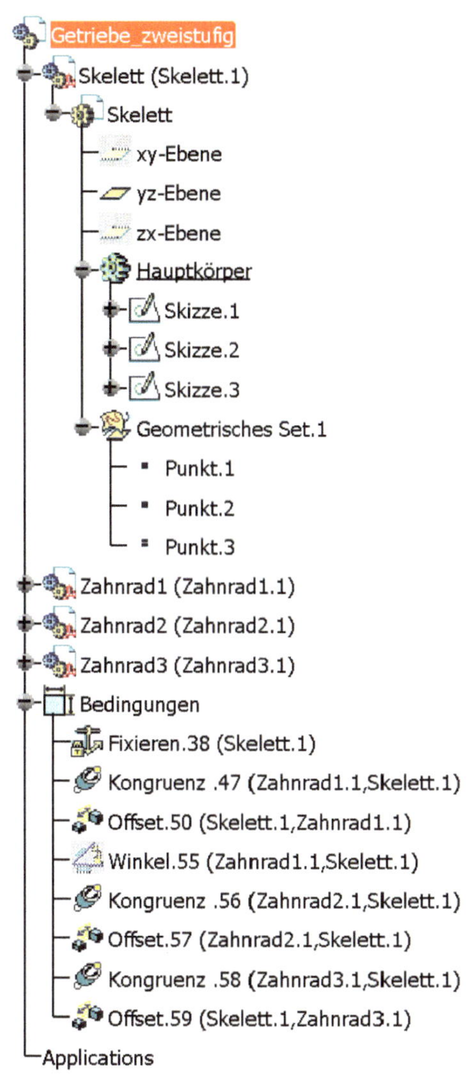

Strukturbaum der Baugruppe mit einem Skelett
(*Hybridkonstruktion* inaktiv)

Handlungen

⇨ Neues Teil (Part) *Skelett* erstellen.

⇨ In diesem Teil nacheinander z. B. auf der yz-Ebene drei Skizzen anlegen. In diesen Skizzen abgelegt ist jeweils ein dem Betriebswälzkreisdurchmesser der jeweiligen Verzahnung entsprechender Kreis.

⇨ Zwischen den Skizzen sind gemäß den oben genannten Vorgaben weitere Bedingungen (z. B. Abstand der Mittelpunkte, Winkel, Tangentenstetigkeit an den Berührungspunkten der Kreise, ...) zu definieren.

⇨ Um die Kreismittelpunkte der Skizzen für die weitere Arbeit nutzbar zu machen, müssen im Hauptkörper mit der Funktion *Punkt > Punkttyp: Kreis-/ Kugelmittelpunkt* die Mittelpunkte definiert werden.

⇨ Datei *Skelett* speichern.

⇨ Neue Baugruppe (Produkt) *Getriebe_zweistufig* erstellen.

⇨ Das Skelett-Modell als erstes Teil einfügen und fixieren.

⇨ Weitere schon bekannte Arbeitsschritte sind dann das Einfügen der Zahnräder in die Baugruppe und die Definition von Bedingungen: Um die relative Lage der Zahnräder festzulegen, muss zwischen den Zahnradachsen und den definierten Punkten eine Kongruenzbedingung eingeführt werden.

⇨ Mit Hilfe der Bedingung *Offset* können die Zahnräder schließlich in einem definierten Abstand (hier 140 mm) zum Skelett eingebaut werden.

⇨ Baugruppe *Getriebe_zweistufig* speichern.

Einsatz mehrerer Skelette

Falls es bei einer Baugruppe stärker (als bei dem vorstehenden Beispiel) auf die räumliche Anordnung der Teile ankommt, kann mit zwei Skelett-Teilen gearbeitet werden. Die Skizzen dieser Skelett-Modelle sollten dann in zwei zueinander senkrechten Skizzierebenen abgelegt sein.

Übung zur Skelettmodellierung am Beispiel der Spannvorrichtung

Am Beispiel der aus den Kapiteln 5 und 6 bekannten Spannvorrichtung kann der Einsatz eines Skelettmodells vertiefend geübt werden. Für die Vorrichtung soll dabei die Kinematik des Hebelmechanismus durch ein Skelettmodell beschrieben werden. Im Zusammenhang mit solchen Untersuchungen zur Kinematik einer Baugruppe zeigt sich ein weiterer Vorteil der Verwendung von Skelettmodellen: Die Gelenkabmessungen in dem Koppelgetriebe können eindeutig beschrieben werden. Die Darstellung von End- oder Grenzlagen wird damit sehr einfach.

Vorbereitung der Übung

⇨ Im Verzeichnis CATIA/ *Spannvorrichtung* das Unterverzeichnis /*mitSkelett* erstellen.

⇨ In diesem Unterverzeichnis die nachfolgend abgebildeten Teile bzw. Montagebaugruppen bereitstellen. Hinweise: Kopieren von Daten unter CATIA immer mit dem Befehl *Datei > Senden an > Verzeichnis*. Die Montagegruppen *MG-Hebel* und *MG-Spannhebel* müssen neu gebildet werden.

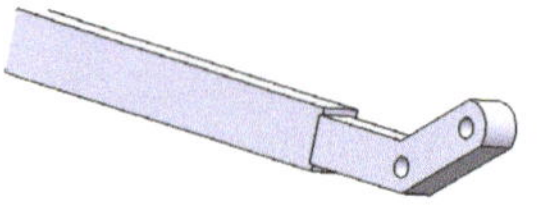

Betaetigungshebel

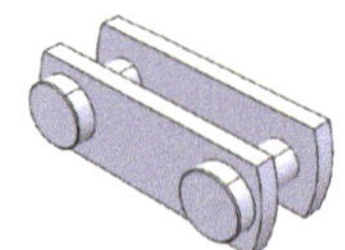

Montagegruppe *MG-Hebel*

Montagegruppe *MG-Spannhebel*

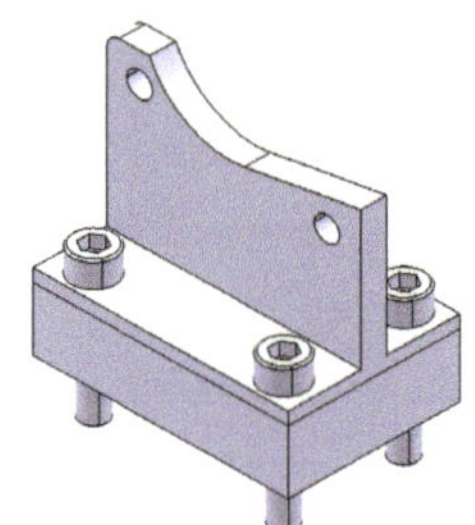

Montagegruppe *MG-Gestell*

Definition des Skelettmodells

Nachfolgend ist die Kinematik der bekannten Spannvorrichtung dargestellt. Dabei wurden alle nicht für die Umsetzung der Spannfunktion notwendigen Teile ausgeblendet.

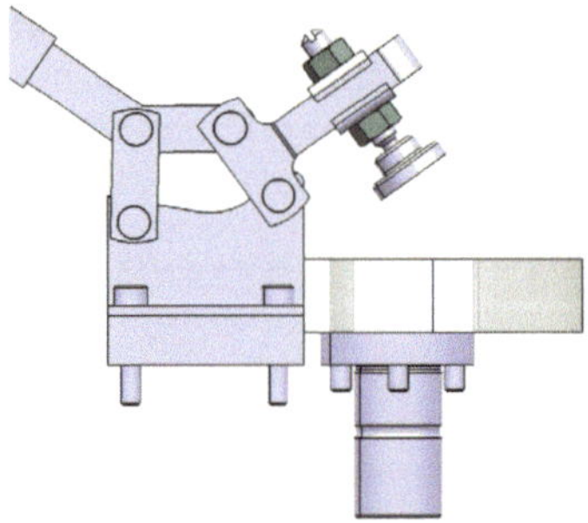

Hebelmechanismus ungespannt

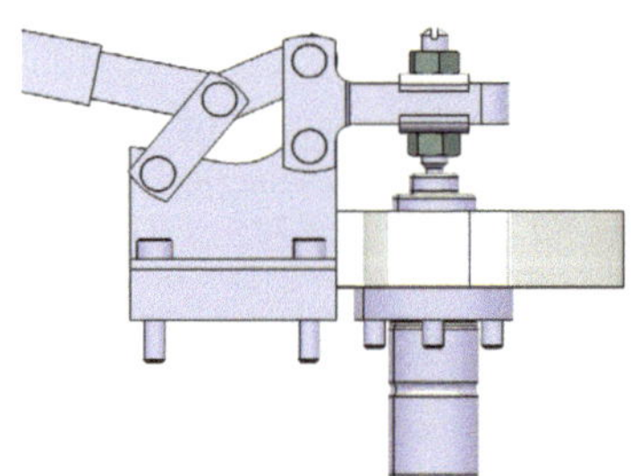

Hebelmechanismus gespannt

Die durch die Baugruppe *MG-Gestell* beschriebenen Gelenkpunkte sind feste, d.h. sich bei der Bewegung in ihrer Lage nicht verändernde Punkte des Viergelenks. Für Untersuchungen der Kinematik eines solchen ebenen Gelenkvierecks ist es sinnvoll, durch das Skelett die Lage der Gelenkpunkte und die Länge der Lenker und des Koppelgliedes zu beschreiben. Die Definition bestimmter Einbaulagen wird damit sehr einfach.

Handlungen

⇨ Neues Teil (Part) *Skelett* erstellen.

⇨ Erzeugung einer (in Bezug auf die Bemaßung) zunächst noch unterbestimmten Skizze in der *yz-Ebene*. Der Freiheitsgrad besteht in einer noch zu defi-
nierenden Winkelbeziehung zwischen
zwei beliebigen Koppelgliedern.

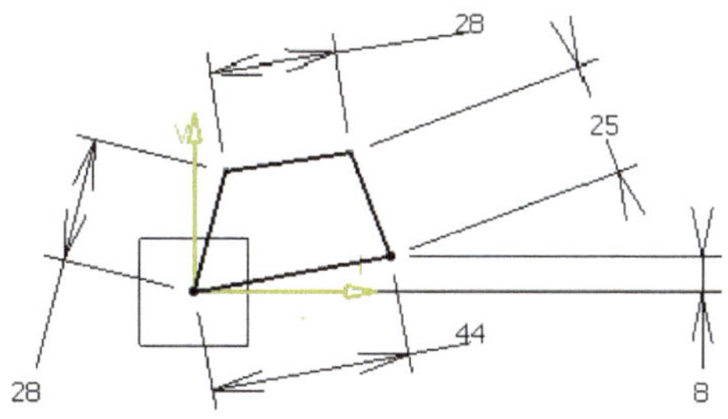

Skizze des Skelettmodells (unterbestimmt)

⇨ Die Eindeutigkeit der Skizze kann z. B.
durch die Forderung „Rechter Winkel"
zwischen dem Abtriebslenker (der Länge 25 mm) und der Horizontalen erreicht
werden.
(Für die Untersuchung der „gestreckten
Lage" des Gelenkvierecks wäre dagegen
die Forderung der Parallelität der Koppelglieder mit der Länge 28 mm sinnvoll.)

⇨ Skizzierer verlassen.

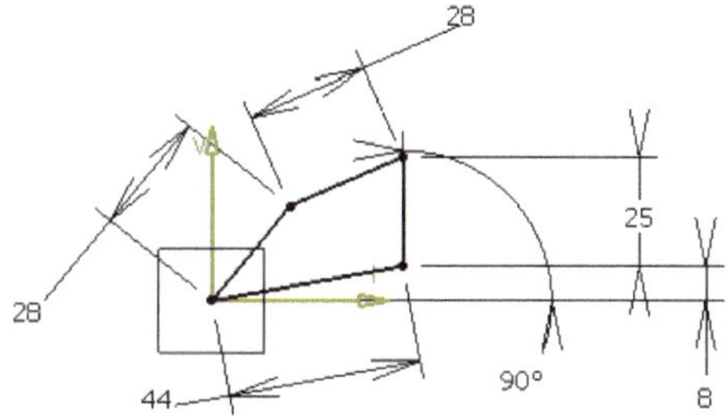

Skizze des Skelettmodells (eindeutig bestimmt)

⇨ Selektion eines Gelenkpunktes des skizzierten ebenen Gelenkvierecks.

⇨ Mit der Funktion 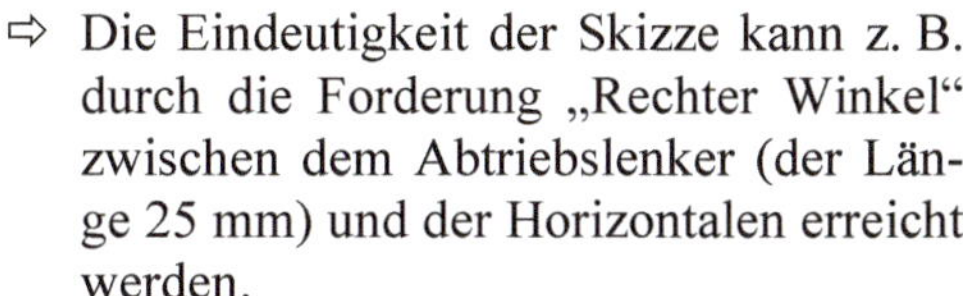 *Linie > senkrecht zur Fläche* (dazu die Skizzierebene
selektieren) kann die Skizze um die die
Gelenkachsen beschreibenden Linien-
stücke ergänzt werden.

⇨ Mit der (willkürlichen) Festlegung der
Längen: *Start -10 mm/ Ende +10 mm*
entstehen an allen vier Gelenkpunkten
symmetrische (Achs-)Linien mit der Gesamtlänge 20 mm.

⇨ Speichern der Datei Skelett.

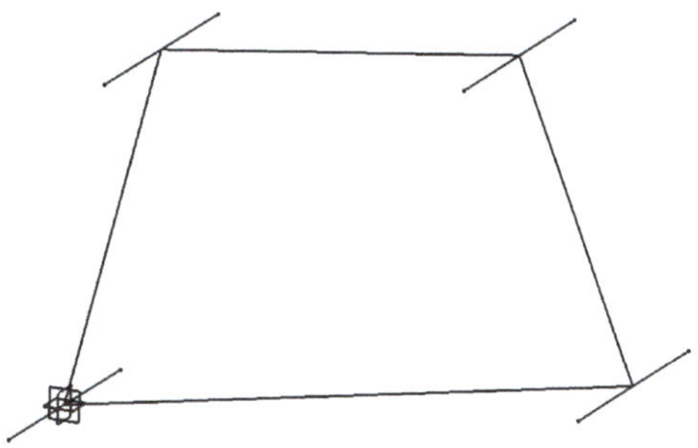

Skelettmodell mit Achslinien

Erstellen der Unterbaugruppe Spannmechanismus

Um die Vorteile der Verwendung eines Skelettmodells zu untersuchen, wird nachfolgend die schon bekannte Unterbaugruppe für den Spannmechanismus auf einem Skelettmodell aufbau-end nochmals erstellt.

Handlungen

⇨ Neue Baugruppe (Produkt) *UBG_Spannmechanismus* erstellen.

⇨ Laden der vorhandenen Komponenten *Skelett, Betaetigungshebel* und *MG-Gestell*.

⇨ Fixieren des Skelettmodells in der Baugruppe.

⇨ Der *Betaetigungshebel* wird durch zwei Kongruenzbedingungen (Bohrungsachsen/ Achslinien im Skelett) bezüglich des Skelettmodells orientiert. Eindeutig wird die Lage des Betätigungshebels z. B. durch die symmetrische Ausrichtung auf das Skelettmodell.

⇨ Analog erfolgt die Anbindung der Montagegruppe *MG-Gestell* an das Skelettmodell.

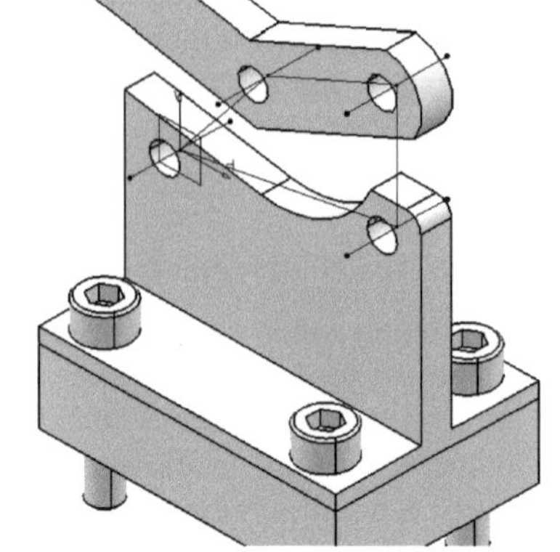

Auf das Skelettmodell referenzierte Teile

⇨ Laden der vorhandenen Komponenten *MG-Hebel* und *MG-Spannhebel*.

⇨ Auch diese Komponenten werden zunächst durch zwei auf die Achsen bezogene Kongruenzbedingungen an das Skelettmodell angebunden.

⇨ Durch einen *Offset* von 1 mm zwischen einer der Innenflächen der Baugruppe *MG-Hebel* bzw. *MG-Spannhebel* und der korrespondierenden Außenfläche der Baugruppe *MG-Gestell* wird die Lage eindeutig definiert.

⇨ Speichern der Datei *UBG_Spannmechanismus*.

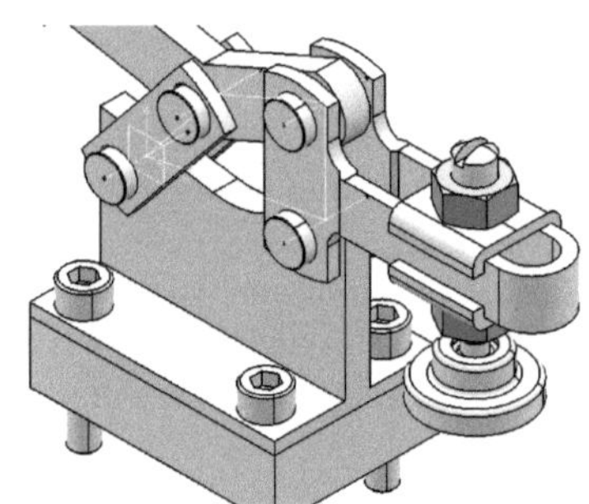

Baugruppe mit Skelettmodell

Variation von Maßen im Skelettmodell

⇨ Öffnen der Datei *Skelett* durch Selektion des Skeletts im Strukturbaum der Baugruppe. *RM > Objekt Skelett > in neuem Fenster öffnen*.

⇨ Verändern von Maßen in der Skizze des Skeletts. Exemplarisch:

• Winkel von 90° auf 120° verändert: Der Spannmechanismus wird geöffnet.

• Ersatz der Winkelbedingung durch eine Parallelitätsforderung für die Koppelglieder der Länge 28 mm: Darstellung des Koppelgetriebes in gestreckter Lage (siehe Abbildung rechts).

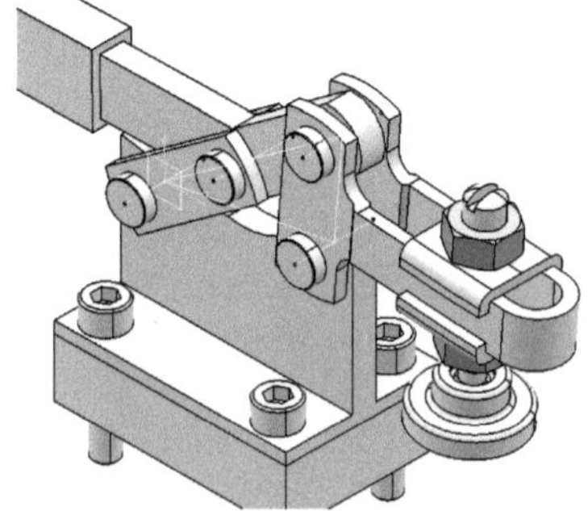

Spannmechanismus in gestreckter Lage

⇨ **Hinweis**: *Nach der Änderung von Maßen im Skelettmodell ist der Wechsel in die Baugruppe notwendig. Um den Einfluss der maßlichen Änderungen zu begutachten, muss die Baugruppe mit der Funktion „Alles aktualisieren"*  *auf den dann aktuellen Stand gebracht werden.*

11 Konstruieren von Baugruppen mit Abhängigkeiten der Teile

11.1 Grundlagen

Werden die Bauteile einer Baugruppe voneinander unabhängig modelliert, so müssen die Auswirkungen von Änderungen in einem Teil anschließend im benachbarten Teil unter Kontrolle des Konstrukteurs nachvollzogen werden.

Werden dagegen Bauteile oder Elemente eines Bauteiles innerhalb einer Baugruppe von einem anderen Bauteil abhängig konstruiert, so führen Änderungen im Ursprungsteil automatisch unter Kontrolle des CAD-Systems zur Anpassung im abhängigen Bauteil. Anpassungsfehler sind dadurch vermeidbar. Nachteilig dagegen ist, dass abhängig konstruierte Bauteile in der Regel nicht in anderen Baugruppen verwendet werden können.

Die Abhängigkeiten können je nach Formulierung das ganze Bauteil oder nur Elemente des Bauteiles betreffen. Für das Formulieren der Abhängigkeiten von Bauteilen werden eine Reihe von Begriffen (Links, Bezüge Verknüpfungen, Referenzen, Verweise) benutzt, die Synonyme sind oder Ähnliches in anderem Zusammenhang aussagen. Die Entwicklung auf diesem Gebiet des Konstruierens ist noch stark in Bewegung.

Das abhängige Konstruieren hat besonders dann Vorteile, wenn

- abhängige Bauteile nicht in anderen Baugruppen Verwendung finden
- gemeinsame Bearbeitungen (z. B. Durchgangsbohrungen) gleichzeitig in mehreren Bauteilen erfolgen
- aus einem flexiblen Baugruppenmodell eine geometrisch gestufte Baureihe entstehen soll.

Als Mittel zum Konstruieren mit Abhängigkeiten stehen in CATIA V5 Funktionen für folgende Arbeitsweisen zur Verfügung:

- Einfügen mit Verknüpfungen
- Konstruieren mit *Externen Verweisen*
- Konstruieren mit *Baugruppenkomponenten*
- Konstruieren unter Verwendung von Formeln.

Das abhängige Konstruieren von Bauteilen über Formeln ist aufgeführt, nicht aber Gegenstand dieses Grundkurses (Einführungsbeispiel mit der Funktion *Formel* aus der Funktionsgruppe *Ratgeber* siehe im Kapitel 5.8). Die Aufzählung ist nicht vollständig.

Abhängiges Konstruieren erfordert eine genaue Planung und ist in der Regel aufwändiger. Das Einarbeiten in die Modellkonstruktion fällt anderen Konstrukteuren schwerer als das Einarbeiten in übliche Modelle. Die folgenden Übungen sind als Einstiegsübungen in die kompliziertere Problematik des abhängigen Konstruierens anzusehen. Sie dienen der Darstellung der Funktionalität und als Grundlage für eine **Diskussion über das Für und Wid**er.

Das Isolieren von abhängigen Teilen ist über das Kontextmenü möglich. Die Bezüge zur Ursprungsgeometrie gehen dabei verloren. Das isolierte Teil wird zwar unabhängig, aber die aus Referenzen auf ein anderes Teil entstandene Geometrie ist nicht oder nur schwierig änderbar.

Als Beispiele für abhängiges Konstruieren wurden Getriebegehäuse gewählt. Die Deckelkonstruktion soll sich der Konstruktion des Gehäuseunterteiles anpassen. Da der Deckel eines Getriebes im Normalfall nur zu **einem** bestimmten Gehäuseunterteil gehört, kann er nicht in einer anderen Baugruppe eingesetzt werden. Insofern sind die gewählten Beispiele sinnvoll.

Als Grundlage dienen bereits in den vorangegangenen Übungen modellierte Bauteile. Um Verwechslungen zu vermeiden, werden den Datei- und Teilenamen Suffixe angefügt. Damit keine Verbindungen zur Ursprungsdatei mehr bestehen bleiben, sollten die Ursprungsteile stets mit der Funktion *Datei > Neu aus* geladen werden.

Vorbereitung der Übungen

⇨ Ein neues Verzeichnis *Konstruktionen_abhaengig* anlegen, in das die Übungsergebnisse aus diesem Kapitel abgelegt werden.

11.2 Einfügen mit Verknüpfungen

Funktionalität: *Einfügen Spezial*

Mit der Funktion *Einfügen Spezial* in der Variante *Als Ergebnis mit Verknüpfungen* lassen sich Abhängigkeiten der Teile über Körper, Skizzen, Flächen, Linien und Punkte erzeugen. Ein mit dieser Funktion eingefügtes Objekt ist von dem Ursprungsobjekt abhängig, Änderungen sind nur dort möglich.

Das Einfügen von Volumenkörpern (Blöcke, Taschen, Versteifungen usw.) ist mit dieser Funktionalität dagegen nicht möglich.

Beispiel: An der Kontaktstelle der Verbindungsflansche sollen zwei Gehäuseteile die gleiche Geometrie aufweisen. Die Verknüpfung soll über Skizzen erfolgen. Das im Kapitel 10.4 erzeugte Gehäuseteil *Topf* soll verwendet werden.

⇨ Neues Verzeichnis *Topfgehaeuse_Sk* anlegen.

⇨ Aus dem Verzeichnis *Topfgetriebe* mit *Datei > Neu aus* das bereits erstellte Bauteil *Topf* laden. Falls die Übung *Topfgetriebe* nicht bearbeitet wurde, kann auch das im Internet bereitgestellte 3D-Modell verwendet werden (siehe dazu unter Anwenderhinweise Seite 365).

⇨ Das Teil in *Topf_Sk* umbenennen und unter dem gleichen Dateinamen in das Verzeichnis *Topfgehaeuse_Sk* speichern.

⇨ Neue Baugruppe *Topfgehaeuse_Sk* anlegen.

⇨ Das Teil *Topf_Sk* in die Baugruppe laden.

⇨ Ein neues, leeres Teil *Deckel_Sk* **außerhalb(!)** der Baugruppe anlegen.

⇨ Beide Fenster (Baugruppe und Teil) nebeneinander anordnen.

⇨ Die Skizze des Topfflansches (*Skizze.3* im Strukturbaum des Topfes) mit *RM > Kopieren* in die Zwischenablage kopieren.

⇨ Im Baum des Teils *Deckel_Sk* den *Hauptkörper* selektieren, und über das Kontextmenü mit *RM > Einfügen Spezial > Als Ergebnis mit Verknüpfung* (Selektion im erscheinenden Fenster) die Skizze einfügen. Mit der Funktion *Verdecken/Anzeigen* die Skizze sichtbar machen.

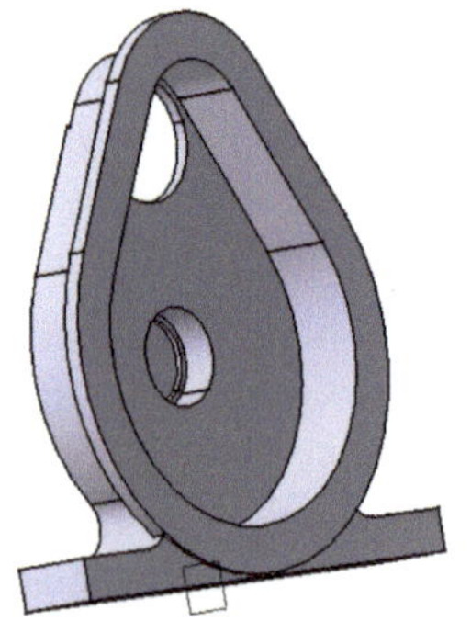

Topf

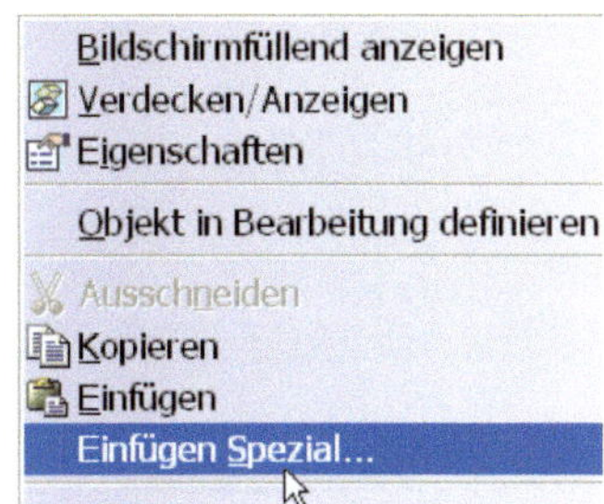

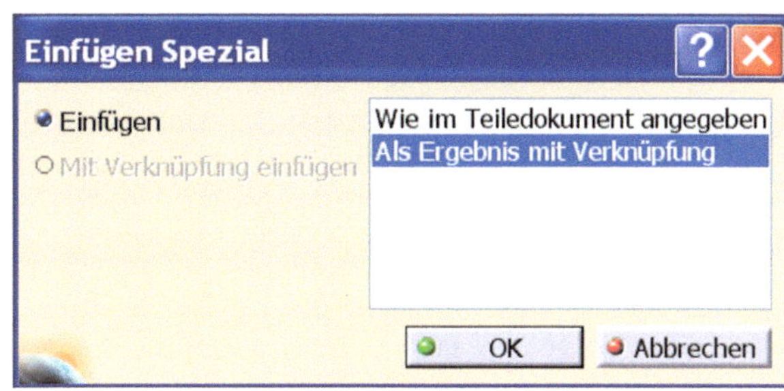

⇨ Die kopierte Skizze zu einem Block um 3 mm ausdehnen. Es entsteht der ringförmige Flansch des Deckels.

Im Strukturbaum des neuen Teiles erscheint unter *Geometrie* lediglich der Skizzeneintrag *Kopieren.1*, der ein Verweis (*link*) auf die Ausgangsskizze ist. Nur die Ausgangsskizze lässt sich also ändern. Die kopierte *Skizze.1* erhält ein kleines Zusatzsymbol ∾.

Die Option *Wie im Teiledokument angegeben* bewirkt dagegen eine echte Kopie der Skizze mit der gesamten Geometrie. Eine auf diese Weise kopierte Skizze ist zur Ausgangsskizze **nicht** assoziativ.

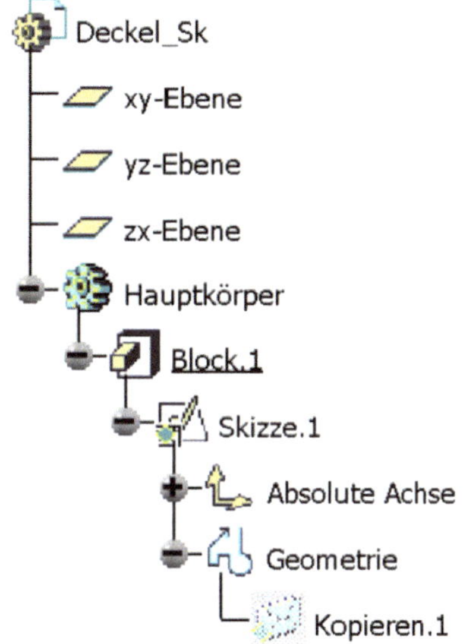

Bezugselement in der kopierten Skizze

⇨ Über das Kontextmenü kann mit *RM* auf *Skizze.1* im Strukturbaum (oder auf *Kopieren.1*) > *Eltern/Kinder* das übergeordnete Konstruktionselement (hier die Ursprungsskizze *Skizze.3* im Dokument *Topf_Sk.CATPart*) ermittelt werden.

Auf der Flanschfläche eine neue Skizze der Außenkontur des Deckels assoziativ zu der Außenkontur des Flansches erstellen (Projektionslinien sind leider dafür meist zu instabil) und als Block mit 8 mm ausdehnen. Ergebnis siehe Bild rechts.

⇨ Baugruppe und Deckel in das Verzeichnis *Topfgehaeuse_Sk* speichern.

⇨ Den Deckel als vorhandene Komponente in die Baugruppe einfügen.

⇨ Das Teil *Deckel* mit Baugruppenbedingungen in der Lage zum Topf positionieren.

⇨ Die Baugruppe abspeichern.

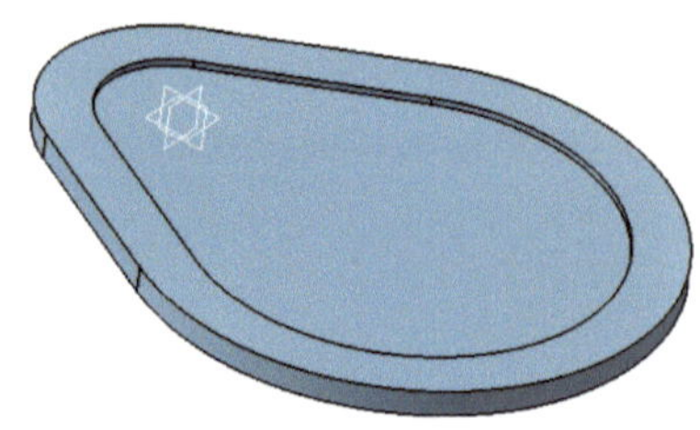

Deckel komplett

Änderungen an der Kontaktfläche

⇨ Flanschbreite in der entsprechenden Topfskizze von 22 auf 30 mm vergrößern. Der Deckel passt sich nach dem Aktualisieren (Teileknoten und Dauermenü!) an.

⇨ Als weitere Änderung den Achsabstand auf 120 mm setzen (Baugruppenbedingungen ebenfalls aktualisieren!).

⇨ Die Deckelskizze öffnen und versuchen diese zu modifizieren (lässt sich nicht öffnen!).

⇨ Alle Änderungen widerrufen.

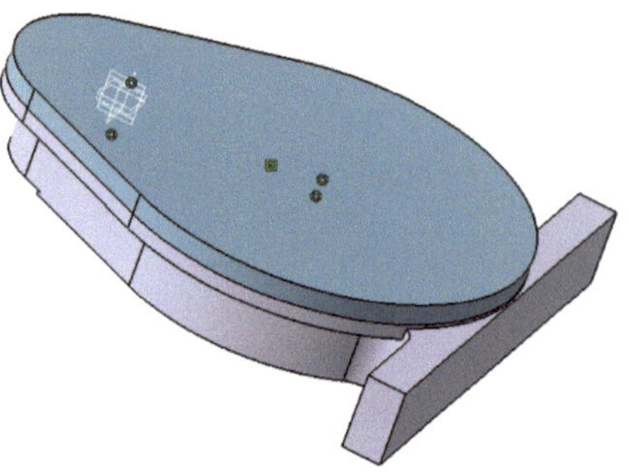

Baugruppe Topfgehäuse

Hinweise: *Die Ausgangsskizze muss sich nicht unbedingt in einem Teil der gleichen Baugruppe befinden, sondern kann auch einem anderen geöffneten Teil entnommen werden. Problematisch ist dabei aber die Dateiverwaltung derartiger Teile, auf die verwiesen wird.*

Werden mit der Funktion „Einfügen Spezial" Verknüpfungen innerhalb der Baugruppe vorgenommen, so arbeitet die Funktion ähnlich wie die „Externen Verweise".

Zusammenfassung

Die Funktion *Einfügen Spezial* mit der Option *Als Ergebnis mit Verknüpfung* erzeugt im neuen Teil eine Abhängigkeit auf der Basis des Ursprungsobjektes im Ausgangsteil. Alle Änderungen im Ursprungsobjekt bewirken vorteilhaft die gleiche Änderung im abhängigen Bauteil. Das abhängige Objekt ist dagegen nicht veränderbar. Die mit dieser Funktion erzielbaren positiven Effekte hängen vom Modellaufbau ab.

Das Erkennen der Abhängigkeit des Teiles im Strukturbaum verlangt genaues Hinsehen ⬳.

Nur in der Skizze (hier des Deckels) wird in der linken unteren Ecke   ein kleines Zusatzsymbole angehangen.

11.3 Konstruieren über *Externe Verweise*

Die Funktionalität *Externe Verweise* ist über *Tools > Optionen* voreinstellbar.

Die Teile werden geometrisch voneinander abhängig, indem Skizzenelemente eines Teiles mit den Körperkanten eines bereits konstruierten über die von der Teilekonstruktion her bekannten geometrischen Regeln verbunden werden z. B. durch Kongruentsetzen. Das ist auch beim Ausdehnen von Skizzen in den Raum möglich z. B. beim Ausdehnen bis zu einer Fläche eines benachbarten Körpers. Es entstehen im neuen Teil Kopien von Geometrieelementen des Bezugsteiles mit Verweisen (*links*) auf das Bezugsteil. Diese werden im Strukturbaum unter dem Eintrag *Externe Verweise* abgelegt.

Die Bindung von Bauteilen über *Externe Verweise* erfolgt über geometrische Bedingungen (*geometric constraints*) also anders als die über Baugruppenbedingungen (*assembly constraints*). Diese geometrische Anbindung sollte aber in der Regel nur angewendet werden, wenn die Gestalt eines Teiles in Form und Abmessung von der des anderen abhängig ist und kein Einbau des abhängigen Teiles in eine andere Baugruppe erfolgen soll.

Eine Mischung von Baugruppenbedingungen und geometrischen Bedingungen (in Form der *Externen Verweisen)* zwischen zwei Bauteilen wird vom System sinnvoller Weise nicht zugelassen (Fehlermeldung *Schleifenrelationen*). Dagegen können Teile einer Baugruppe mit *Externen Verweisen* und wiederum andere Teile der gleichen Baugruppe mit Baugruppenbedingungen aneinander gebunden werden.

Voraussetzung, um *Externe Verweise* zu erstellen sind die im Kapitel 10.1 schon beschriebenen Einstellungen: Mit *Tools > Optionen > Infrastruktur > Teileinfrastruktur > Allgemein* unter *Externe Verweise* die folgenden Schaltflächen aktivieren: *Verknüpfung mit dem ausgewählten Objekt beibehalten*, *Neu erzeugte externe Verweise anzeigen* und *Bestätigen, wenn eine Verknüpfung mit einem ausgewählten Objekt erzeugt wird* sowie *Rootkontext in Baugruppe verwenden*. Mit *Tools > Optionen > Infrastruktur > Teileinfrastruktur > Im Strukturbaum anzeigen* alle erscheinenden Schaltflächen aktivieren.

Beispiel 1

Ein Deckel eines Topfgehäuses wird an der Kontaktstelle mit dem Topf über *Externe Verweise* **geometrisch** an den Topf gebunden. Er muss nicht noch zusätzlich mit Baugruppenbedingungen positioniert werden. Ausgangsteil ist wieder der Gehäusetopf aus Kapitel 10.4.

Erstellen des Deckels (Gestalt über *Externe Verweise* abhängig vom Topf!)

⇨ Neues Verzeichnis *Topfgehaeuse_Ex* anlegen.
⇨ Aus dem Verzeichnis *Topfgetriebe* mit *Datei > Neu aus* das bereits erstellte Bauteil *Topf* laden.
⇨ Das Teil in *Topf_Ex* umbenennen und unter dem gleichen Dateinamen in das Verzeichnis *Topfgehaeuse_Ex* speichern.
⇨ Neue Baugruppe *Topfgehaeuse_Ex* anlegen.
⇨ Das Teil *Topf_Ex* in die Baugruppe laden.
⇨ In der Baugruppe *Topfgehaeuse_Ex* das neue Teil *Deckel_Ex* anlegen.

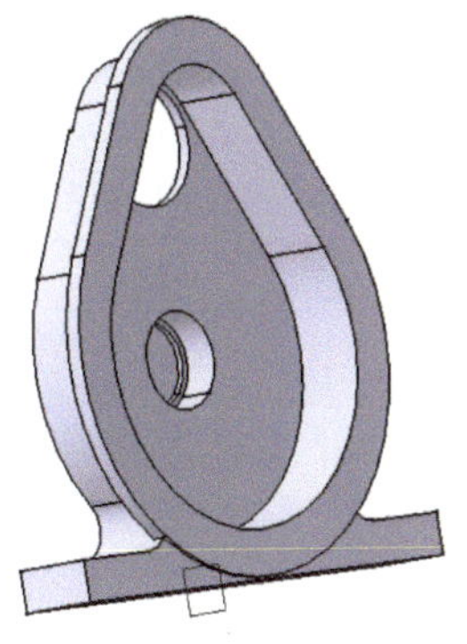

Topf

⇨ Das zunächst leere Teil *Deckel_Ex* durch Doppelklick auf den Teileknoten aktivieren.

⇨ Die Kontaktfläche des Topfflansches als Skizzierebene für den Deckel wählen und das erscheinende Fenster **Auswahl im Kontext** mit **Ja** bestätigen. Es wird eine neue (gelblich erscheinende) Fläche (*Fläche.1*) erstellt. Diese wird unter *Externe Verweise* im Strukturbaum abgelegt.

Hinweis: *Es ist sinnvoll, die neue Fläche (Selektion im Baum) zu verdecken, damit die Außenkontur des Topfes einfacher selektiert werden kann.*

⇨ Die Außen- und Innenkontur des Deckels neu skizzieren und die Skizzierelemente zur Topfkontur kongruent setzen. Wenn in den Skizzenkonturen die Geraden mit den Bögen tangential verbunden sind, genügt es, die Bögen kongruent zu setzen (*Kurve.1* bis *Kurve.4*). Die dabei erscheinenden Kontextfenster mit *Ja* beantworten. Die kopierte Geometrie erscheint im Strukturbaum unter dem Eintrag *Externe Verweise*.

Hinweis: *Das Kopieren der Fläche ist nicht unbedingt erforderlich, das Kopieren der Kanten genügt.*

⇨ Ins *Part Design* wechseln und die *Skizze.1* zum Block um 3 mm ausdehnen. Es entsteht der ringförmige Flansch des Deckels.

⇨ Eine neue Skizze mit der Außenkontur des Deckels auf der Flanschfläche erstellen und als Block mit 8 mm ausdehnen. Zweckmäßig den *Topf* zuvor verdecken.

⇨ Die gesamte Verweisgeometrie kann verdeckt werden: *RM* auf *Externe Verweise* im Strukturbaum > *Verdecken/Anzeigen*.

⇨ Die Baugruppe abspeichern.

Hinweis: *Im Strukturbaum erscheint für das abhängige Teil im Strukturknoten links unten ein Anhängesymbol (hier im Deckel). Das untere Zahnrad im Symbol ist außerdem ⚙ grün gefärbt anstatt gelb wie beim unabhängigen Topf.*

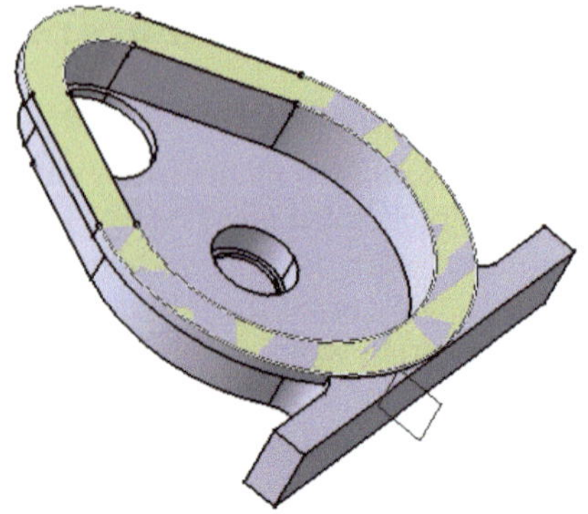

Deckelskizze auf dem Flansch des Topfes

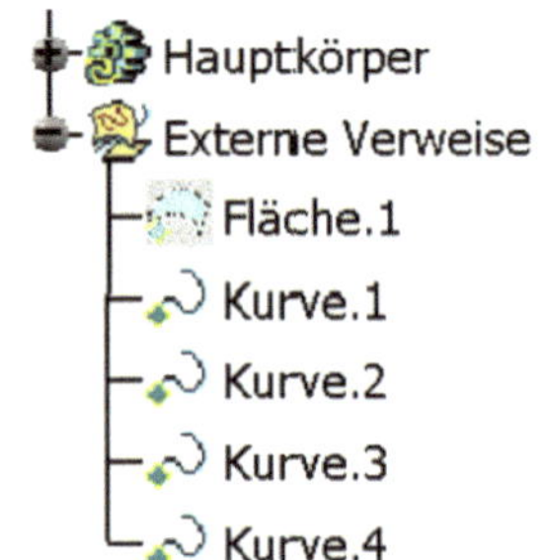

Auszug aus dem Strukturbaum

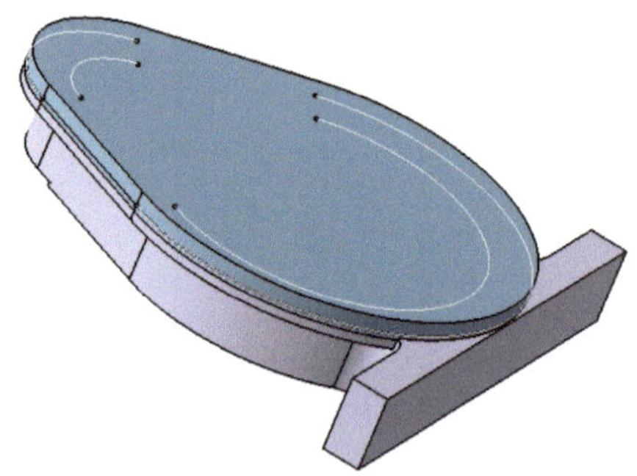

Topf mit Deckel

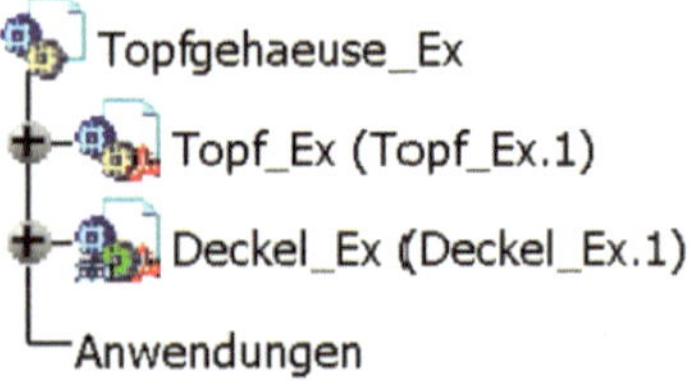

Änderungen an der Kontaktfläche

⇨ Flanschbreite in der entsprechenden Topfskizze von 22 auf 25 mm vergrößern. Der Deckel *errötet* ☺.

⇨ Im Strukturbaum die Baugruppe aktivieren (alternativ den Deckel) und im Dauermenü die Funktion *Aktualisieren* ausführen. Der Deckel passt sich an. Die Fußhöhe muss jetzt noch von 20 auf z. B. 25 mm angepasst werden.

⇨ Als weitere Änderung den Achsabstand von 102 auf 129 mm setzen. Modell Aktualisieren.

⇨ Den Deckel im Raum mit der Funktion *Manipulation* (bei ausgeschalteten Bedingungen!) verschieben.

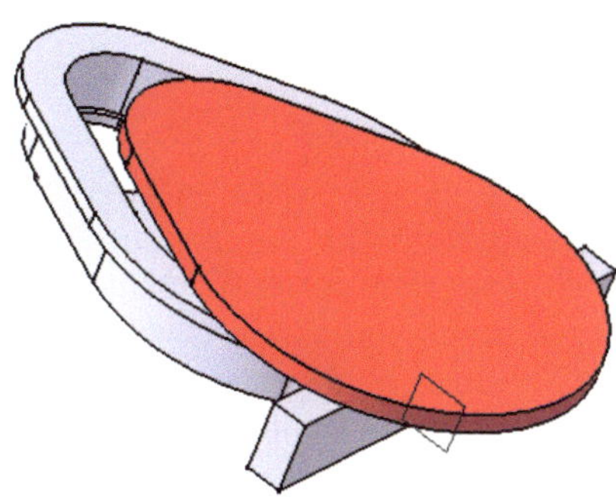

Hinweise: *Da der Deckel mit externen Verweisen an den Topf gebunden ist, erscheint er beim Verschieben Rot. Durch Aktualisieren im Dauermenü nimmt der Deckel wieder seine ursprüngliche Lage ein.*

Der Deckel darf und kann nicht zusätzlich mit Baugruppenbedingungen an den Topf gebunden werden (Fehlermeldung Schleifenrelationen zwischen Geometrie und Bedingungen)!

Deckel verschoben

Die Maßänderungen beibehalten!

⇨ Deckelskizze (*Skizze.1*) aktivieren.

Alle Geometrieelemente dieser Skizze sind auch ohne Maßeintragungen vollständig (grüne Skizzenelemente). Die Deckelskizze ist über *Externe Verweise* geometrisch auf den Topf fixiert und kann deshalb nicht geändert werden!

Bohrungen für Stifte und Deckelverschraubungen in den Flansch einbringen

Eine assoziative Anbindung der Bohrungsmittelpunkte ist in Hinblick auf Änderungen stets einer ausschließlich auf Maßen beruhenden Anbindung vorzuziehen. Wenn Maße gesetzt werden, sollten sie so angebracht werden, dass sich die Bohrungsmittelpunkte bei Änderungen sinnvoll mit verschieben.

Die Bohrungen können auf verschiedene Weise in das Modell eingebracht werden:

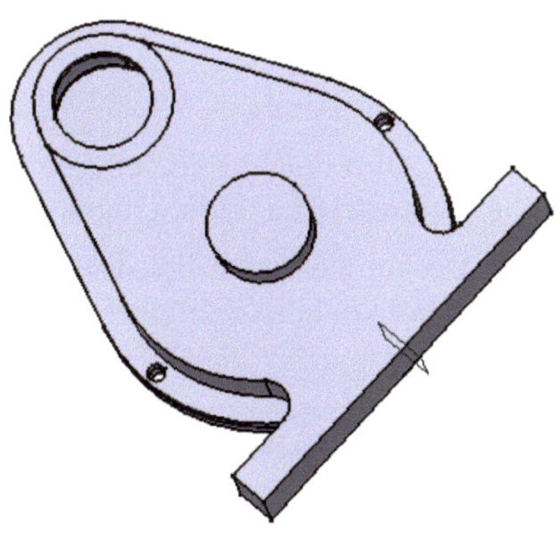

- In Skizzen, die zum Block ausgedehnt werden, kann man nur einfache Durchgangslöcher einbringen.

- Gewindelöcher und angesenkte Bohrungen sollte man über die Funktion *Bohrung* in der Teilekonstruktion erzeugen.

- Die Funktion *Tasche* ist für nicht kreisförmige Aussparungen vorgesehen.

Gehäuse mit Bohrungen im Flansch

Die Einsatzpunkte für die Bohrungen sind zweckmäßig durch Hilfslinien festzulegen. Nicht alle geometrischen Anbindungen lassen sich ohne Maßangaben erfüllen.

Durch Nutzen der Symmetrie der Bauteile lässt sich der Modellierungsaufwand über die Funktionen *Spiegeln* und *Muster* reduzieren.

⇨ Einbringen einer Bohrung (im *Part Design*) d = 9 mm separat (unabhängig) in Topf und Deckel.
Der Einsatzpunkt soll beispielsweise in Höhe der Radwelle liegen.
Der Abstand zum äußeren Flanschrand soll 8 mm betragen.

Hinweise: *Die richtige Lage der Mittellinie durch die beiden Achsen des Getriebegehäuses erreicht man durch Konzentrizität der Linienendpunkte mit den Mantelkreisen. Weitere Hilfslinien definiert man durch Rechtwinkligkeit oder Winkelmaße.*

⇨ Die erzeugte Bohrung um eine Mittelebene spiegeln.
⇨ Die Stabilität der Bohrungsanbindung über eine geeignete Änderung im Topf testen.

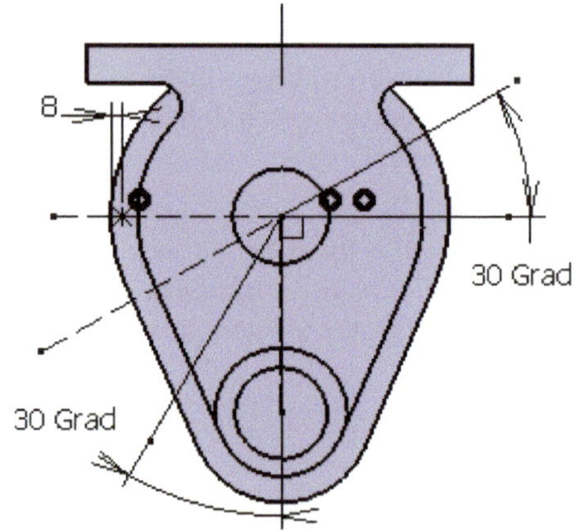

Einsatzpunkte von Bohrungen

In gleicher Weise können weitere Bohrungen eingebracht werden. Leider muss bei unabhängigem Konstruieren der Teile stets der ganze Vorgang im Deckel wiederholt werden.

Im Kapitel 11.4 wird gezeigt, wie man Bohrungen als Baugruppenbohrungen gleichzeitig durch mehrere Teile hindurch erzeugen kann.

Hinweis: *Um den Modellierungsaufwand für das Einbringen von Bohrungen in den Flansch zu verringern, bietet sich hier auch der Einsatz von Benutzermustern an (siehe dazu auf Seite 102).*

Zusammenfassung

Die Lagezuordnung der Teile erfolgt beim Arbeiten mit der Funktionalität *Externe Verweise* über geometrische Bedingungen und nicht über Baugruppenbedingungen.

Der Deckel passt sich bei Änderungen des Topfes über Verweise vorteilhaft an den Topf an. Er ist aber kein unabhängiges Teil mehr.

Die im Deckel unter dem Eintrag *Externe Verweise* abgelegten Kopien von Geometrieelementen dienen zum Aufbau des abhängigen Körpers. Verändert werden kann aber nur die Ursprungsgeometrie im Topf.

Beispiel 2

Ein Deckel eines Schalengehäuses wird an der Kontaktstelle (Flansch) mit dem Unterteil über *Externe Verweise* **geometrisch** an das Unterteil gebunden und muss wiederum nicht noch zusätzlich mit Baugruppenbedingungen positioniert werden.

Der Achsabstand, die Durchmesser der Zahnräder und die Breite des Gehäuses werden nur im Unterteil geändert. Der Deckel soll sich den Änderungen über Abhängigkeiten anpassen.

Das Beispiel ist komplexer und komplizierter als Beispiel 1. Um den Modellierungsaufwand zu senken, wird das Unterteil des bereits modellierten Schalengehäuses aus Kapitel 10.3.3 benutzt.

Das Unterteil des Getriebes soll das unabhängige Bezugsteil bleiben, das bedeutet, dass vom Unterteil keine Referenzen auf den Deckel angebracht werden dürfen!

Verändern des Unterteils

⇨ Neues Verzeichnis *Schalengehaeuse_Ex* anlegen.

⇨ Aus dem Verzeichnis *Schalengehaeuse* mit *Datei > Neu aus* das bereits erstellte Bauteil *Unterteil* (siehe im Kapitel 10.3.2) laden und in *Unterteil_Ex* umbenennen.

⇨ Die Lagerstellen, alle Bohrungen, alle Verrundungen und Fasen aus dem Modell entfernen. Die nebenstehende Abbildung zeigt den Ausgangszustand bereits mit einer nachfolgend erzeugten Hilfsebene.

⇨ In der *Skizze.1* das **Maß 70 mm** für den Achsabstand der beiden Hilfskreise **löschen!** In der Teilekonstruktion eine Hilfsebene in Achsrichtung der (gedachten) Ritzelwelle im Achsabstand von 70 mm zur vertikalen Hauptebene des Unterteils einfügen (oben rechts im Bild). Die Hilfsebene in *Achsabstand* umbenennen. Die Ebene mit *RM > Objekt... > Neu anordnen* direkt **vor** *Block.1* platzieren. Dieser Schritt ist bei einer Hybridkonstruktion für den weiteren Modellaufbau notwendig! In der *Skizze.1* den Kreismittelpunkt des Hilfskreises für das Ritzel mit der neu erstellten Ebene kongruent setzen. Alle Skizzenelemente müssen jetzt vollständig (grün) bestimmt sein.

⇨ Das Teil mit *Datei > Sichern unter* mit dem Dateinamen *Unterteil_Ex* in das Verzeichnis *Schalengehaeuse_Ex* speichern.

⇨ Neue Baugruppe *Schalengehaeuse_Ex* anlegen.

⇨ Das Teil *Unterteil_Ex* in die Baugruppe laden.

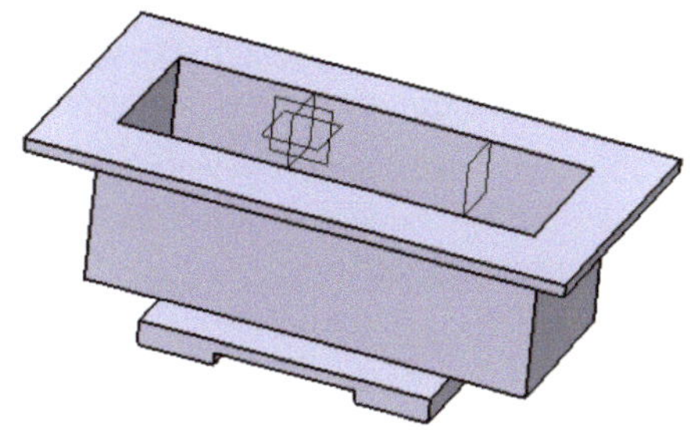

Ausgangszustand des Unterteils

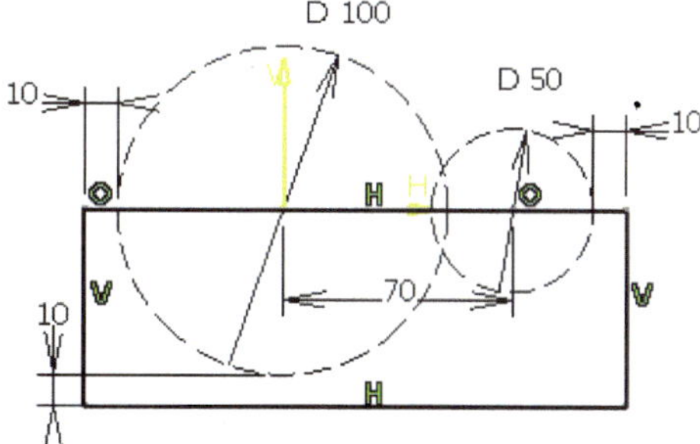

Anordnung der Hilfsebene im Baum

Konstruktion des Deckels

⇨ In der Baugruppe *Schalengehaeuse_Ex* das neue Teil *Deckel_Ex* anlegen (im Ursprungs-
   fenster mit *Nein* antworten). **Die Hauptebenen des Deckels verdecken!** Für die Konstruktion des Oberteiles werden nur die Ebenen des Unterteiles benutzt!

⇨ Die Baugruppe mit *Datei > Sichern unter* abspeichern.

Vorbetrachtung: Wie in der *Skizze.1* des Unterteiles werden auch in der Deckelskizze die Außendurchmesser der Zahnräder als Hilfskreise dargestellt. Die Hilfskreise annähernd in den
richtigen Größenverhältnissen aber ohne Maße und zunächst ohne Anbindungen an die Geometrie des Unterteiles erstellen. Anschließend die Mittelpunkte der Hilfskreise mit den in
Achsrichtung der (gedachten) Wellen liegenden vertikalen Hauptebenen des Unterteils kongruent setzen.

Alternativ lässt sich die Anbindung auch direkt wie im rechten Bild dargestellt erzeugen.

Hinweise: *Die Körperkanten des Unterteils lassen sich beim Arbeiten mit „Externen Verweisen" nicht immer selektieren. Deshalb die „Externen Verweise" im Strukturbaum verdecken.
Alle erzeugten kopierten Geometrieelemente werden dadurch ausgeblendet.*

*Da die Konstruktion des Deckels nahezu vollständig über „Externe Verweise" mit dem Unter-
teil verknüpft werden soll, sind im weiteren Teil der Übung alle erscheinenden Kontextfenster
mit Ja zu bestätigen!*

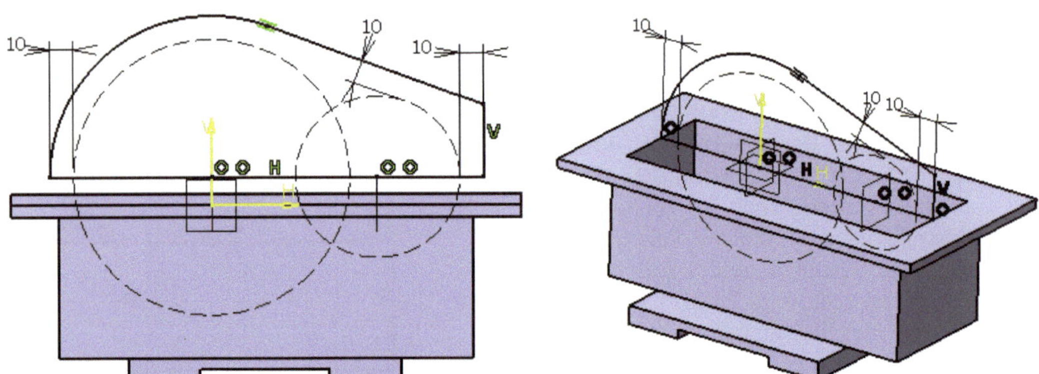

Vorläufige Skizze der Innenkontur des Deckels   Räumliche Darstellung der an das Unterteil ange-
                                                       bundenen Deckelskizze

⇨ Eine Skizze gemäß Abbildung auf der **Hauptebene des Unterteils(!)** erstellen.

⇨ Die Innenkontur des Deckels mit etwas Abstand zum Unterteil skizzieren. Die Mittelpunkte der Hilfskreise mit der horizontalen Volllinie kongruent setzen. Ebenso den Mittelpunkt
   des großen Hilfskreises mit der Hauptebene, den Mittelpunkt des kleinen Kreises mit der
   Ebene *Achsabstand* kongruent setzen.

⇨ Den Abstand der Hilfskreise zur Innenkontur mit 10 mm bemaßen. Die Skizze könnte jetzt
   etwa wie im vorstehenden Bild links aussehen. Nur die Kreismittelpunkte sind in vertikaler
   Richtung bisher an das Unterteil angebunden.

Hinweis: *Ein zusätzliches Konzentrischsetzen des Kreisbogens der Innenkontur des Deckels
mit dem Hilfskreis des Rades stört nicht.*

⇨ Damit sich die Skizze des Deckels bei Änderungen an die Größe des Unterteils anpasst, müssen die Seitenpunkte der horizontalen Linie noch mit den Innenkanten der Seitenflächen des Unterteils kongruent gesetzt werden. Dazu die Skizze vorteilhaft etwas in den Raum drehen (siehe vorstehendes Bild rechts). Nach dem Kongruentsetzen ist die Skizze mit nur drei Maßen vollständig (grün).

⇨ Die Skizze zum Block ausdehnen. Im Dialogfenster *Definition des Blockes* die Schaltfläche *Mehr* anwählen als Begrenzungstyp *Bis Ebene* wählen und als Begrenzung die beiden seitlichen Innenflächen des Unterteiles anwählen. Damit ist die assoziative Anbindung des Körpers für den Deckel an das Unterteil auch in der dritten Dimension erfolgt ☺.

⇨ Das Unterteil verdecken und die Funktion *Schalenelement* aufrufen. Den Block mit einer Wanddicke von 5 mm nach außen aushöhlen.

Erstellen des Deckelflansches

Das Unterteil wieder einblenden sowie den zuvor erstellten Block im Deckel mit *Verdecken/Anzeigen* ausblenden. Die Flanschfläche des Unterteiles(!) als Skizzierebene anwählen.

⇨ Zwei Rechtecke erstellen und alle Linien über Kongruenzbedingung an die Flanschkontur des Unterteiles anbinden (siehe Bild).

⇨ Die Skizze im Hauptkörper als Block mit 5 mm in Richtung der Deckelseite ausdehnen. Den zuvor verdeckten Block wieder einblenden.

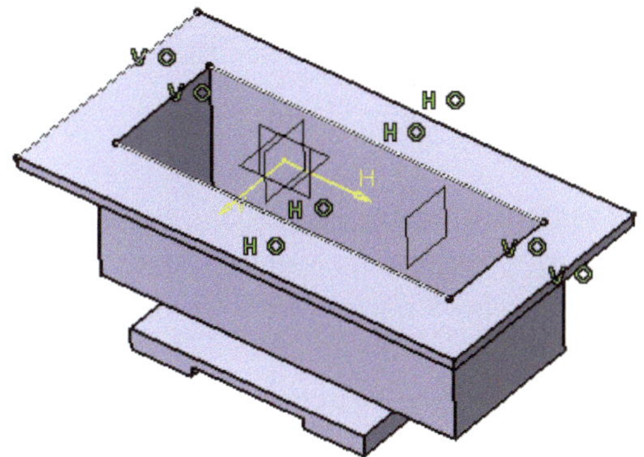

Flanschskizze des Deckels

Hinweis: *Ein Verschieben des Deckels mit der Funktion Manipulation oder mit dem Kompass entlang einer Achse ist möglich. Ein Verdrehen um eine Achse kann oft nicht durch Aktualisieren rückgängig gemacht werden, sondern nur durch Widerrufen!*

Stabilität des Modells prüfen

Das Modell lässt sich in sinnvollen Grenzen ändern.

Beispiele:

⇨ Achsabstandsänderung von 70 auf 60 mm vornehmen. Der in *Achsabstand* umbenannte Parameter befindet sich im Hauptkörper des Unterteils.

⇨ Damit sich der Deckel an die Änderung des Unterteils anpasst, muss der Teileknoten des Deckels durch einen Doppelklick aktiviert werden. Anschließend ist die Aktualisierungsfunktion im Dauermenü zu betätigen.

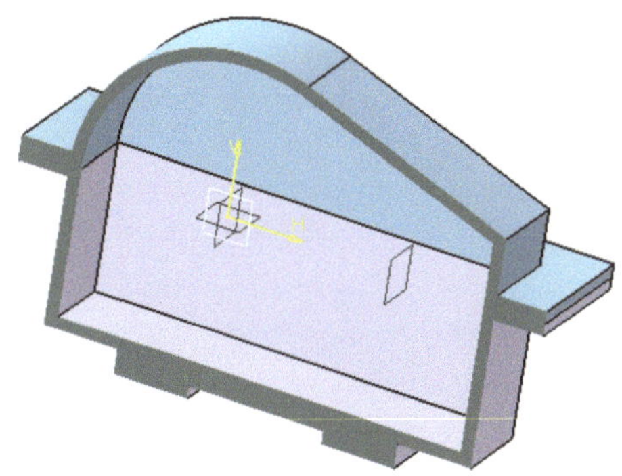

Längsschnitt durch das Gehäuse

⇨ Den Durchmesser des kleinen Zahnrades (*Skizze.1* im *Block.1* des Unterteils) von 50 auf 25 mm ändern. Der Deckel passt sich an. Damit die Zahnräder jetzt miteinander Eingriff haben, müssten noch weitere Parameter geändert werden. Darauf verzichten.

⇨ Die Getriebebreite (Ausdehnung *Block.1* im Unterteil) von 30 auf 60 mm verändern.

⇨ Zum Erzeugen der Schnittdarstellung aktiviert man das Unterteil, wählt beispielsweise eine Hauptebene (des Unterteils) und wechselt in den Skizzierer. Anschließend ruft man im Dauermenü die Funktion *Teil durch die Skizzierer-Ebene schneiden* auf.

⇨ Die Wanddicke in beiden Bauteilen auf 7 mm erhöhen.

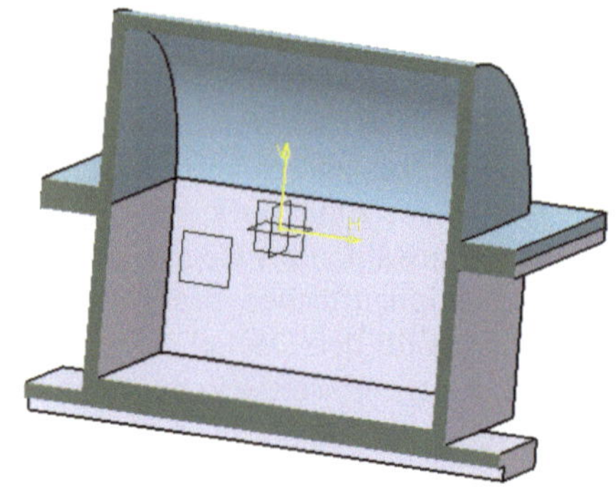

Automatische Anpassung des Deckels an das Unterteil

Zusammenfassung

Bei der gewählten Konstruktion des Deckels passt sich der Deckel in seinen Hautabmessungen über *Externe Verweise* unter Kontrolle des Programms an das Unterteil an. Baugruppenbedingungen wurden bei der Modellierung nicht verwendet!

Nur der Abstand zwischen der Außenkontur der simulierten Zahnräder und der Innenwand des Gehäuses sowie die Wanddicke lassen sich im Deckel noch unabhängig vom Unterteil ändern. Das Letztere ist absichtlich und sinnvoll, weil die Wanddicke der Getriebedeckel infolge der geringeren Beanspruchung häufig dünner ausgeführt wird als im Unterteil. Werden anstelle der simulierten vollständig modellierte Zahnräder verwendet, ergeben sich weitere Abhängigkeiten zwischen den Teilen.

Bei der Arbeit mit externen Referenzen ist es stets zweckmäßig, ein Teil zum Bezugsteil für alle anderen zu erklären, z. B. bei einem Getriebe das Antriebszahnrad. Das Bezugsteil bleibt unabhängig. Querverweise zwischen den weiteren Teilen der Baugruppe sollten möglichst vermieden werden, da sie das Modell unübersichtlich machen oder, wenn das Vererbungsprinzip nicht beachtet wird, einen Modellaufbau nicht zulassen.

Werden weitere Gestaltungselemente wie z. B. die geteilten Naben mit in die Modellierung einbezogen, so werden die Modelle schnell unübersichtlich.

11.4 Konstruieren mit *Baugruppenkomponenten*

Bei der Fertigung von Baugruppen erfolgen verschiedene Bearbeitungen nicht getrennt in den einzelnen Bauteilen sondern im zusammengebauten Zustand. Damit werden identische Maße in allen betroffenen Teilen gewährleistet.

So werden bei geteilten Getriebegehäusen folgende mechanische Bearbeitungen im Zusammenbau der Gehäuseteile vorgenommen (siehe dazu auch unter Kapitel 10.3.1):

– Bohrungen durch die Verbindungsflansche

– Bohrungen für die Lagerstellen

– Einstiche in den Bohrungen der Lagerstellen.

Im CAD-System stehen in analoger Weise Funktionen zur Verfügung, mit denen sich Bearbeitungen gleichzeitig in mehreren Bauteilen erzeugen lassen. Die Bauteile müssen vorher über Baugruppenbedingungen oder über geometrische Bedingungen (*Externe Verweise*) lagerichtig positioniert sein.

Folgende Funktionen sind in der Funktionsgruppe *Baugruppenkomponenten* im Funktionsmenü des Zusammenbaus enthalten:

Trennen   *Bohrung*   *Tasche*   *Hinzufügen*   *Entfernen*

Das sind mehr Funktionen als sie für die mechanische Fertigung (*Bohrung, Tasche*) benötigt werden. Es wird hier noch dem Wunsch der Konstrukteure nach Reduzierung des Modellierungsaufwandes durch die weiteren Funktionen *Hinzufügen, Entfernen* und *Trennen* Rechnung getragen.

Den Vorteilen der schnelleren Modellierung durch Anwenden der Baugruppenkomponenten und der Ausführung der Änderungen in allen betroffenen Teilen unter Kontrolle des Programm stehen die Nachteile der Abhängigkeit der Bauteile und die schlechtere Übersichtlichkeit des Baugruppenmodells gegenüber. Der letztere Gesichtspunkt kann besonders bei Änderungen problematisch werden.

Mit Ausnahme der Funktion *Tasche* (die in analoger Weise zur Funktion *Bohrung* arbeitet) werden alle Funktionen in der folgenden Übung in ihrer Wirkung gezeigt.

Hinweis: *Alle Funktionen dieser Funktionsgruppe sind nur dann anwählbar, wenn die Baugruppe aktiviert ist.*

Beispiel: Schalengehäuse mit Baugruppenkomponenten

Zur Vereinfachung der Aufgabe wird das bereits vorhandene Modell aus Kapitel 10.3.2 genutzt. Unterteil und Deckel sind in diesem Modell mit Baugruppenbedingungen positioniert.

Wenn nur die Funktionen *Baugruppenbohrung* und *Baugruppentasche* verwendet werden, kann auch ein Gehäusemodell verwendet werden, bei dem der Deckel mit *Externen Verweisen* an das Unterteil angebunden wurde (möglicher Weise arbeiten die Funktionen dann änderungsstabiler). Beide Funktionen erzeugen ebenfalls *Externe Verweise*.

Bei den bisherigen Versionen von CATIA gestaltet sich hingegen das Arbeiten mit der Funktion *Hinzufügen* schwierig, wenn die Gehäuseteile über *Externe Verweise* miteinander verbunden werden.

Vorbereitung der Übung

⇨ Ein Verzeichnis *Schalengehaeuse_Kompo* anlegen.

⇨ Die Teile des Schalengehäuses aus Kapitel 10.3.3 mit *Datei > Neu aus* laden, in *Unterteil_Kompo* und *Deckel_Kompo* umbenennen, die für die Übung erforderliche Ausgangsformen durch Löschen von Körperteilen herstellen (siehe nebenstehendes Bild) und die Teile speichern.

⇨ Eine Baugruppe *Schalengehaeuse_Kompo* anlegen, die Teile als vorhandene Komponenten in die Baugruppe laden und mit Baugruppenbedingungen (z. B. durch Kongruenz der drei Hauptebenen) zusammensetzen. Das Unterteil fixieren.

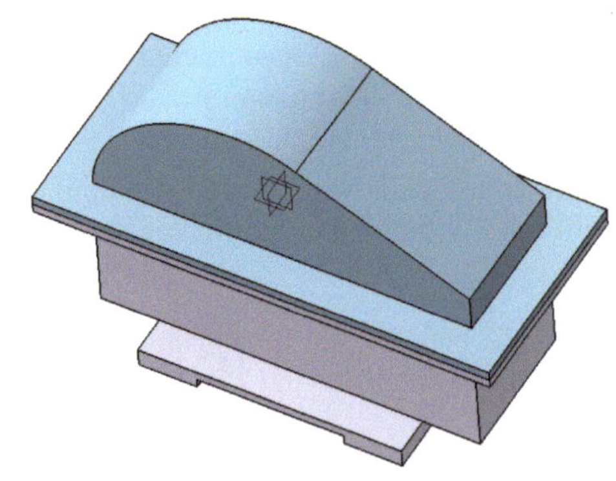

Gehäuseausgangsform

Hinzufügen von Material für eine Lagerstelle

⇨ Ein neues Teil mit dem Namen *Dom* in die Baugruppe einfügen. Dazu einen Zylinder mit einem Durchmesser von 50 mm und einer Höhe von 25 mm erstellen.

⇨ Den Deckel verdecken.

⇨ Den Dom lagerichtig über Baugruppenbedingungen z. B. *Kongruenz* (zu zwei Hauptebenen des Unterteils) und *Kontakt oder Kongruenz* (zur Gehäuse-Außenwand) oder über *Offset* – Bedingungen an das Unterteil anbinden. Der Dom sollte wegen der späteren mechanischen Bearbeitung 5 mm über den Flanschrand ragen.

⇨ Falls die Gehäuse-Innenwand gewählt wird, muss die Höhe 30 mm betragen.

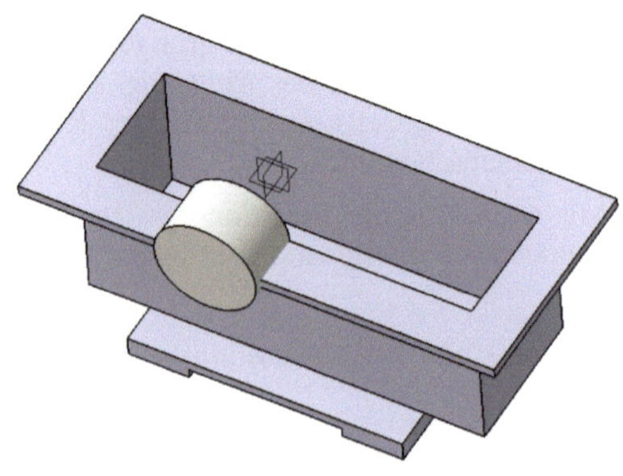

Dom als neues Teil eingefügt

⇨ Mit der Funktion 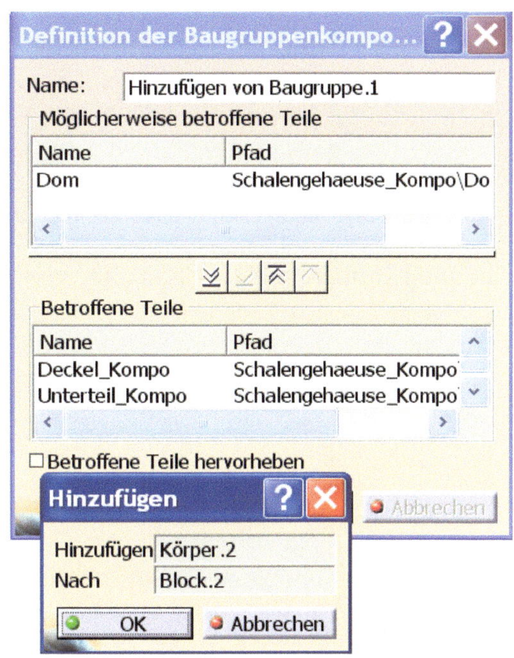 *Hinzufügen* den Hauptkörper des *Domes* im Strukturbaum anwählen. Im erscheinenden Fenster Unterteil und Deckel mit der *Strg*–Taste als betroffene Teile selektieren und mit der Einfachpfeil-Taste vom oberen in den unteren Fensterteil verschieben.
Das Fenster *Hinzufügen* mit *OK* verlassen.

Das Programm hat nun je einen Volumenkörper in Deckel und Unterteil eingefügt, der mit dem Teil *Dom* verknüpft ist (siehe Auszüge aus dem Strukturbaum). Unterteil und Deckel werden zu abhängigen Teilen.

Dialog: Definition der Baugruppenkomponenten

Nebenstehend sind Auszüge aus dem Strukturbaum nach Ausführung der Operation gezeigt.

Änderungen des Domes lassen sich nur in dem Teil *Dom* selbst und nicht im Unterteil oder Deckel durchführen.

Auszug aus dem Baum des Unterteils

Hinweis: *Die Pfeile ↩ links oben am Strukturknotensymbol weisen auf eine mit Baugruppenkomponenten ausgeführte Operation hin.*

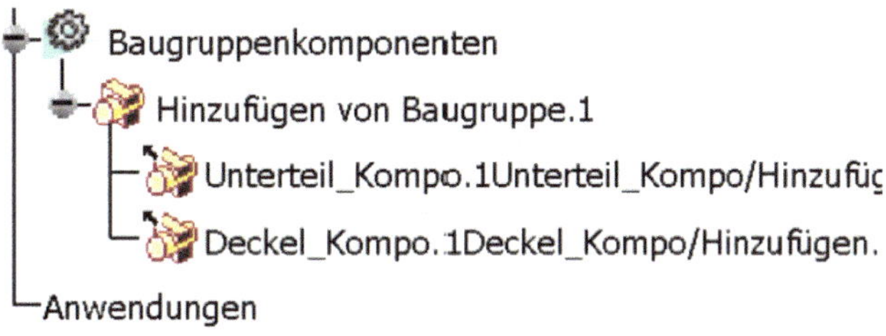

Auszug aus dem Baum der Baugruppe

Trennen des hinzugefügten Materials (im Unterteil und im Deckel)

Der Zylinder (Dom) der Lagerstelle ist durch die vorangegangenen Operationen als Volumenkörper in beiden Bauteilen der Baugruppe hinzugefügt worden. Je eine Zylinderhälfte muss (nacheinander) wieder entfernt werden.

⇨ Den Deckel und den Dom verdecken und mit der Funktion 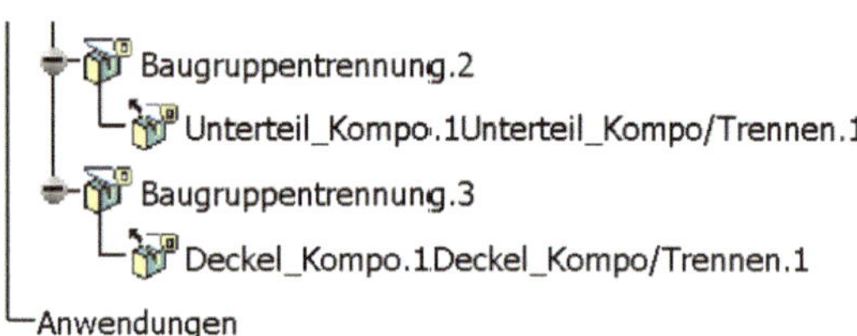 *Trennen* die horizontale Hauptebene des Unterteils als Trennebene selektieren.

⇨ Nur das Unterteil in *Betroffene Teile* verschieben. Das erscheinende Fenster *Definition der Trennung* mit *OK* verlassen.

Wenn die Trennung nicht geglückt ist, dann im Strukturbaum einen Doppelklick auf *Baugruppentrennung* ausführen und die Richtung des roten Trennungspfeils durch Anklicken umkehren. Gegebenfalls die Trennfläche neu selektieren.

⇨ Die gleichen Schritte für den Deckel durchführen.

⇨ Die Baugruppe abspeichern.

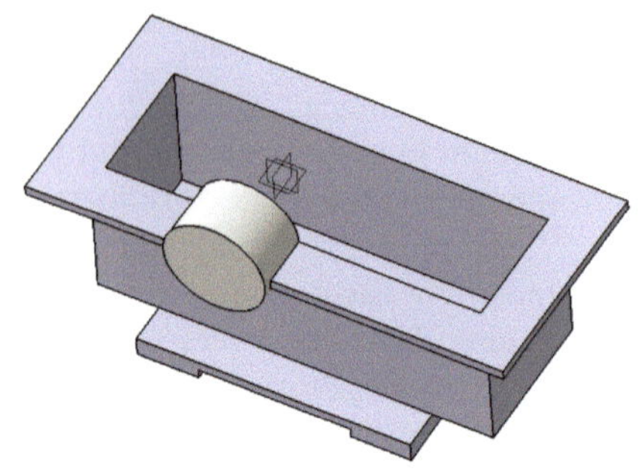

Unterteil mit eingefügtem Dom

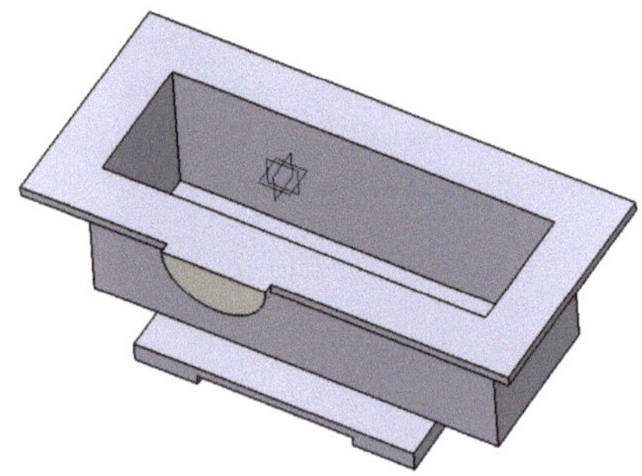

Unterteil nach dem Trennen

Baugruppentrennung.2
  Unterteil_Kompo.1Unterteil_Kompo/Trennen.1
Baugruppentrennung.3
  Deckel_Kompo.1Deckel_Kompo/Trennen.1
Anwendungen

Auszug aus dem Baum der Baugruppe

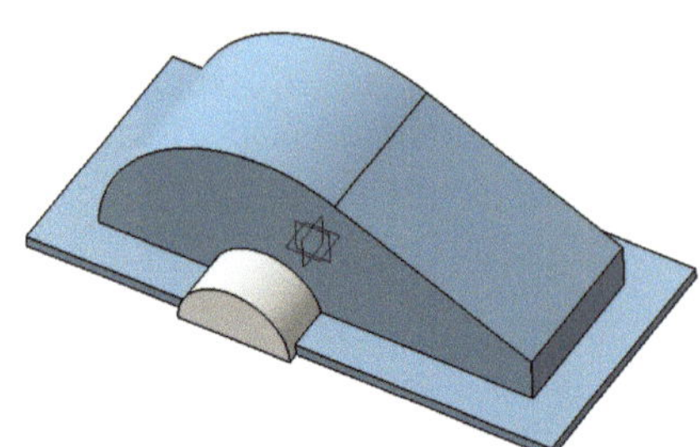

Deckel nach dem Trennen

Testen der Stabilität des Modells

Den Außendurchmesser des Domes von 50 auf 80 mm ändern.

⇨ Die Skizze im Teil *Dom* ändern, anschließend nacheinander die Teileknoten des Domes, des Unterteils und des Deckels durch Doppelklick aktivieren, danach jeweils die Funktion *Aktualisieren* im Dauermenü ausführen.

⇨ Die Änderungen widerrufen.

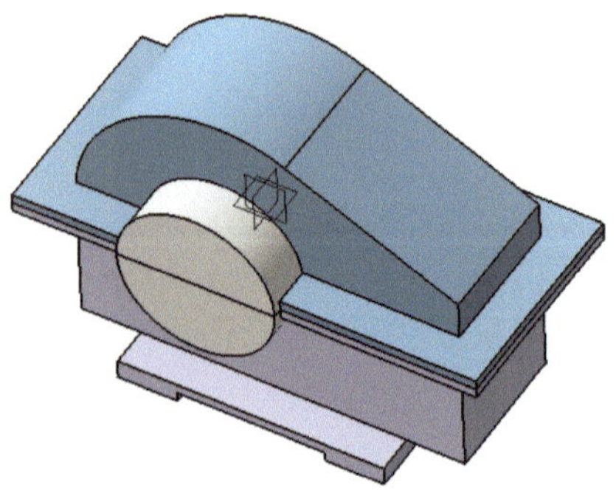

Gehäuse komplett mit vergrößertem Dom

Entfernen von Material aus der Lagerstelle (Innenkontur erstellen)

Es soll ein Abzugskörper erstellt werden, der genau die Innenkontur der Lagerstelle ergibt, sodass sich ein Pendelkugellager 2203 (gesichert mit zwei Bohrungssicherungsringen) einbauen lässt. Der Abzugskörper ist mit einem Kern bei einem Gussteil vergleichbar. Das Wälzlager hat einen Außendurchmesser von 40 mm und eine Lagerbreite von 16 mm. Die Einstiche für die Sicherungsringe haben einen Durchmesser von 42,5 mm bei einer Breite von 1,85 mm.

⇨ Skizze für ein neues Teil *Abzug* erstellen. Damit der Abzugskörper sichtbar wird, sollte er etwas aus der Lagerstelle herausragen (Länge 40 mm) und sich farblich vom Vollkörper unterscheiden.

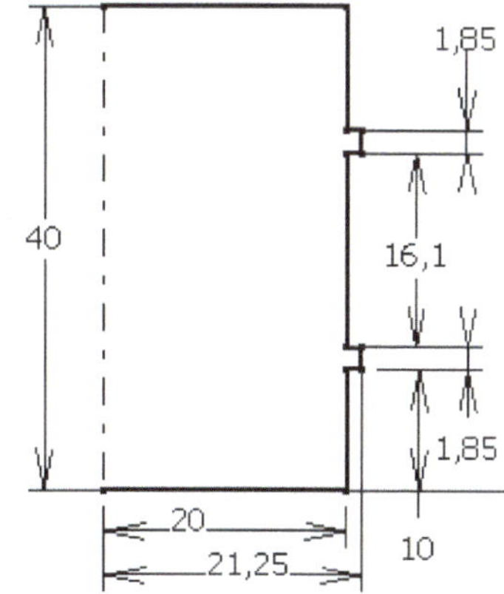

Skizze des Abzugskörpers

⇨ Den Abzugskörper mit Kongruenz- und mit Offsetbedingung (z. B. 5 mm Abstand zur Gehäuse-Innenwand) an die Lagerstelle im Unterteil anbinden (siehe Bild).

⇨ Mit der Funktion *Entfernen* den Hauptkörper des Teiles *Abzug* anwählen. Im erscheinenden Fenster das Unterteil und den Deckel als betroffene Teile mit der *Strg*-Taste selektieren und in das untere Fensterteil verschieben. Stabiler ist vermutlich das getrennte Entfernen im Unterteil und im Deckel.
Das Fenster *Entfernen* mit *OK* bestätigen.

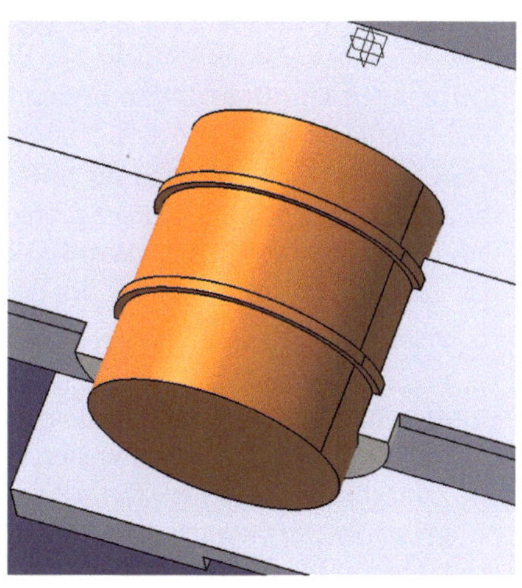

Abzugskörper im Unterteil

Werden der Abzugskörper und der Dom ausgeblendet, so werden die entstandenen Lagerschalen im Unterteil (siehe Bild) und im Deckel sichtbar.

Die Außen- und die Innenkontur der modellierten Lagerstelle lässt sich jetzt im Gehäusegrundmodell über Änderungen in den Teilen *Dom* und *Abzug* den Wünschen des Konstrukteurs anpassen.

Die Körper *Dom* und *Abzug* dürfen nicht gelöscht werden, da sonst den verknüpften Volumenkörpern im Unterteil und im Deckel der Bezug fehlt.

⇨ Das Modell speichern.

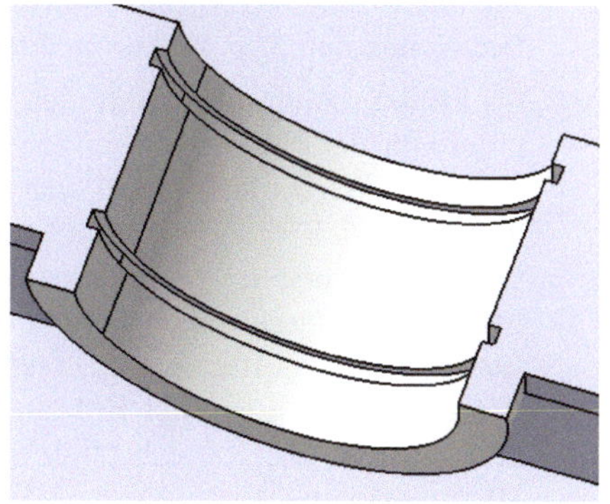

Entfernter Abzugskörper

Nebenstehend ist der Eintrag *Baugruppenkomponenten* im Strukturbaum gezeigt. Alle von der entsprechenden Baugruppenoperation betroffenen Teile werden dort aufgeführt.

Hinweise: *Bei Geometrieänderungen an Unterteil und Deckel nicht vergessen, auch die Baugruppenbedingungen zu aktualisieren!*

Im gesamten Strukturbaum gibt es bis zum aktuellen Entwicklungszustand keinen Eintrag „Externe Verweise". Falls ein solcher vorhanden ist, kann die Ursache in der Wahl einer nicht zum Teil gehörenden Ebene liegen.

Nach dem Laden der Baugruppe muss bei den bisherigen CATIA-Versionen das Modell stets aktualisiert werden.

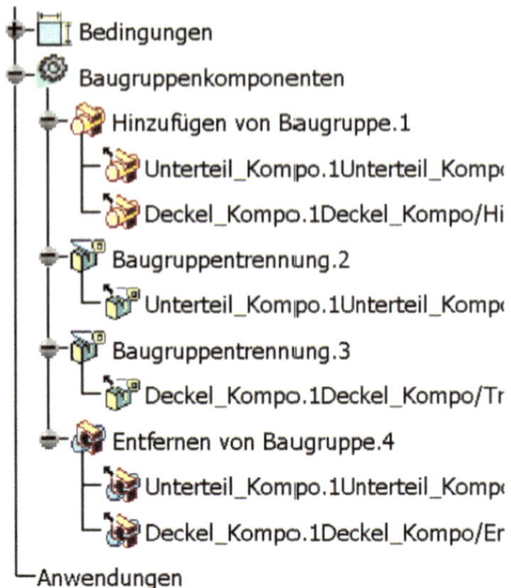

Baugruppenkomponenten einer Lagerstelle

Einbringen von Bohrungen in den Flansch

Zwei Durchgangsbohrungen für Stifte sollen mit der Funktion 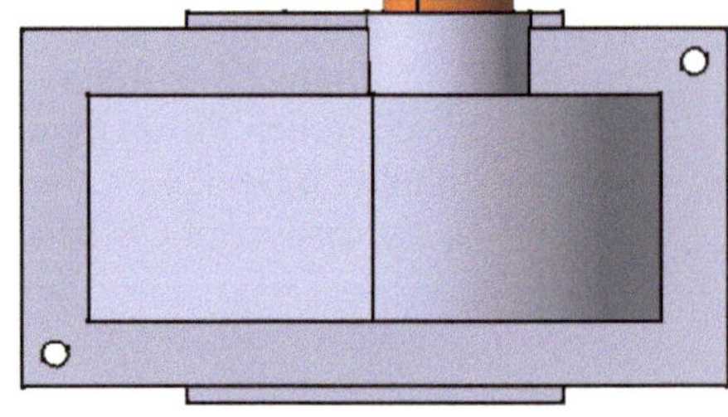 *Baugruppenbohrung* durch die Flansche beider Bauteile eingebracht werden. Da mit dieser Funktion weitere Abhängigkeiten der Teile entstehen, wird sinnvoll in der Reihenfolge der Entstehung der Bauteile vorgegangen, d.h. die Bohrungen werden auf der Unterseite des Flansches vom Unterteil positioniert.

⇨ Die Baugruppe aktivieren. Die untere Flanschfläche des Unterteils selektieren und die Funktion *Baugruppenbohrung* anwählen. Es erscheinen zwei Fenster.

⇨ Zunächst im Fenster *Definition der Baugruppenkomponenten* den Deckel und das Unterteil als *betroffene Teile* markieren. Im Fenster *Bohrungsdefinition* den Durchmesser auf 8 mm setzen, als Bohrtyp *Bis zum letzten* und den Typ *Normal* wählen.

⇨ Im Strukturbaum des Unterteiles erscheinen unterhalb der beiden Bohrungen zwei Eintragungen *Skizze wird positioniert* bei deren Selektion sich die Einsatzpunkte der Baugruppenbohrungen verändern lassen (der Strukturbaum zeigt auch bereits die Skizze für die zweite Stiftbohrung). Nur auf diese Weise kann die Lage der Bohrungen verändert werden! Die Randabstände mit jeweils 10 mm wählen.

Bohrungen für Stifte

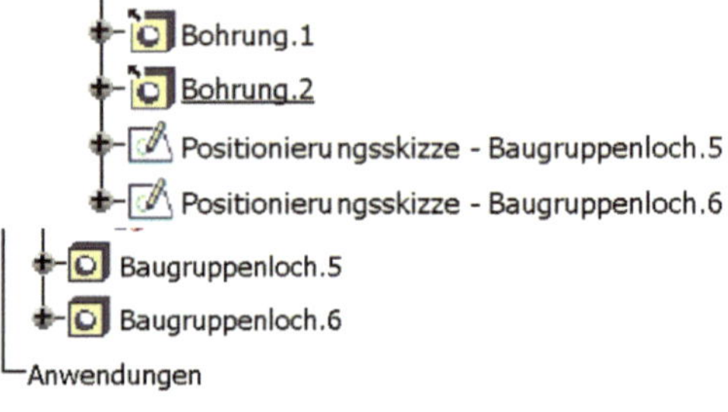

Positionierungsskizze im Unterteil und Bohrungsdefinition unter Baugruppenkomponenten

Unter dem Eintrag *Baugruppenkomponenten* am Ende des Strukturbaums erscheinen zwei Notizen *Baugruppenloch* über die sich die Bohrungsdefinitionen verändern lassen.

Im Strukturbaum des Deckels werden unter dem Eintrag *Externe Verweise* lediglich zwei Links auf die Bohrungsdefinitionen im Gehäuseunterteil abgelegt. Das Zusatzsymbol zeigt die Abhängigkeit der Skizze.

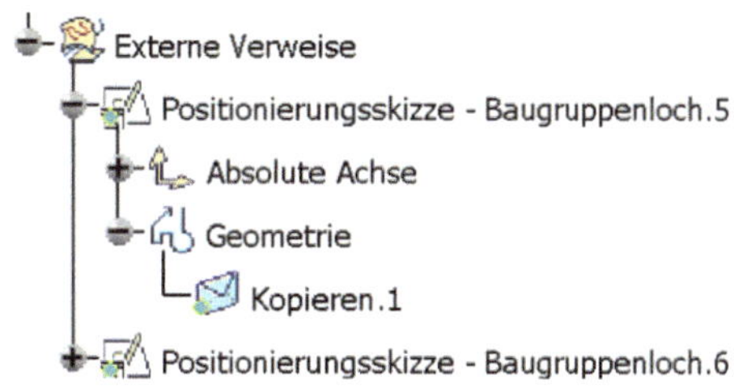

Bezugselemente im Deckel

Stabilität des Modells testen

⇨ Den Randabstand der Bohrungen auf 12 mm verändern. Den Achsabstand nacheinander in den Skizzen von Unterteil und Deckel von 70 auf beispielsweise 90 mm ändern. Die Getriebebreite (Blockausdehnungen) nacheinander im Unterteil und Deckel von 30 auf 40 mm setzen.

Achtung, die Durchführung von Veränderungen erfordert **höchste Aufmerksamkeit!** Nach jeder Geometrieänderung muss das weiter von der Änderung betroffene Teil aktualisiert werden. Das Aktualisieren der Baugruppenbedingungen für den Zusammenbau darf gleichfalls nicht vergessen werden. Beim dritten Änderungsbeispiel ist darauf besonders zu achten, dass die Teile *Dom* und *Abzug* in ihrer Lage ebenfalls angepasst werden müssen. Die Modelle nur im aktualisierten Zustand speichern.

11.5 Auswertung der Arbeitsweisen

Ziel beim Konstruieren mit Abhängigkeiten der Teile ist die Reduzierung von Modellierungsaufwand und die Durchführung von gleichen Änderungen in mehreren Bauteilen unter Kontrolle eines Programms.

Voraussetzung ist ein klarer logischer Aufbau der Baugruppe und systematisches Arbeiten. Das Vererbungsprinzip muss streng eingehalten werden. Kreuz- und Querverweise und das Mischen verschiedener Arbeitsweisen führen zu schwer beherrschbaren Modellen.

Über die Funktionalität *Einfügen Spezial* mit der Option *Als Ergebnis mit Verknüpfungen* können Abhängigkeiten der Bauteile auf der Basis von Verweisen auf Körper, Skizzen, Flächen u.a.m. geschaffen werden. Mit dieser Funktion kann stabil gearbeitet werden.

Die Funktionalität *Externe Verweise* bewirkt Abhängigkeiten auf der Basis von Kopien von Geometrieelemente mit Verweisen. Sie ermöglicht das Erzeugen von Abhängigkeiten beim Skizzieren und beim Ausdehnen in den Raum. Die Anwendung ist für den Ungeübten relativ kompliziert und schwerer nachvollziehbar. Größere Vorteile verspricht diese Arbeitsweise bei der Entwicklung von Baureihen.

Die Funktionalität *Baugruppenkomponenten* ermöglicht gleichzeitige Operationen in mehreren Bauteilen. Dadurch kann Modellierungsaufwand eingespart werden. Die Arbeit mit den Funktionen *Hinzufügen*, *Entfernen* und *Trennen* verläuft über zusätzlich zu erstellende Teile, während die Funktionen *Bohrung* und *Tasche* mit *Externen Verweisen* arbeiten. Die Anwendung ist nur für Geübte zu empfehlen. Bei Modelländerungen kann es leicht zu Fehlern kommen.

Das Auseinanderziehen der Teile sollte bei der Arbeit mit *Baugruppenkomponenten* und *Externen Verweisen* unterbleiben. Es kann durch Arbeiten mit der Funktion *Verdecken/Anzeigen* ersetzt werden.

Anwenderhinweise

Erfahrungen zum Übungsablauf

Für Nutzer der Übungen werden im Folgenden einige Erfahrungswerte mitgeteilt, die mit Studenten des Maschinenbaus (ohne CAD-Vorkenntnisse) in der Grundausbildung des 1. bis 3. Semesters gesammelt wurden. **Voraussetzung:** Das Buch wird als Lehrgangsmaterial ausgegeben und die Übungen werden gemäß Übungsanleitung weitgehend selbständig abgearbeitet.

Die Studierenden werden in der Regel zu Gruppen von maximal 16 Teilnehmern mit einem betreuenden Dozenten zusammengefasst. Nach Erläuterung der Ziele arbeitet jeder Teilnehmer an seinem Computer allein im individuellen Tempo die vom Dozenten vorgegeben Übungen überwiegend selbständig ab. Der Dozent kann sich dadurch den bei einzelnen Teilnehmern auftretenden Problemen intensiv zuwenden. Wird allein ohne Betreuung gearbeitet, dürften sich die angegebenen Zeiten erhöhen!

Spannvorrichtung

Modellierung aller Teile der Spannvorrichtung (Kapitel 5) ca. 16 h

Die Übungszeit lässt sich durch die Bereitstellung vom CAD-Modell des Werkstückes (zu empfehlen) und der Normteile auf ca. 12 h verkürzen. Die Modellierung der Normteile ist aber besonders lehrreich und sollte deshalb nicht entfallen.

Zusammenbau der Spannvorrichtung (Kapitel 6) ca. 4 h

Zeichnungsableitung der ausgewählten Bauteile (Kapitel 7) ohne die Übungen

Einspannung und Wellenlagerung ca. 6 h

Systematische, objektorientierte Bauteilkonstruktion (Kapitel 9)

Modellierung eines Gusshebels und eines Lagerbockes ca. 4 h

Modellierung einer Schweißkonstruktion eines Laufrades ca. 2 h

Modellierung einer Schrauben- und einer Schenkelfeder ca. 4 h

Behälterkonstruktion (mit Erweiterung zusätzlich 4h) ca. 4 h

Kranhakenspitze, Rohrverzweigung, Luftschacht ca. 2 h

Pfeilspitze ca. 4 h

Surfbrett ca. 3 h

Kranhaken ca. 6 h

Abziehvorrichtung (Kapitel 10.2)

Erstellen der Anschlussbaugruppen, Grobgestaltung der Vorrichtung ca. 4 h

Feingestaltung ca. 4 h

Ableitung der Baugruppenzeichnung und aller Einzelteilzeichnungen ca. 4 h

Zahnradgetriebe mit Topfgehäuse (Kapitel 10.4)

Modellierung mit bereitgestellten Bauteilen (zu empfehlen) für den Radsatz ca. 8 h

Konstruieren von Baugruppen mit Abhängigkeiten der Teile (Kapitel 11)

Einfügen mit Verknüpfungen, Konstruieren mit Externen Verweisen und
mit Baugruppenkomponenten   ca. 4 h

Bereitstellung von Bauteilmodellen im Internet zum „Download"

Um den Charakter des Buches als Übungsanleitung zu erhalten, werden in der Regel keine CAD-Modelle zur Verfügung gestellt. Nur das eigene Üben führt zum Erfolg!

Um aber den Übungsaufwand für schon bekannte Modellierungsweisen zu reduzieren, können einige ausgewählte CAD-Modelle unter der Internetadresse www.springer.com auf der Verlagsseite zum Buch unter *Download CAD-Modelle* herunter geladen werden. Es sind:

Kapitel 5 und 6:   Die Dateien *Werkstueck* und *Analyseteil*

Kapitel 7:   Die Dateien für die Baugruppe *Einspannung* und das Baugruppenmodell *Wellenlagerung*

Kapitel 8 und 10.2:   Die Dateien für die Radial-Rillenkugellager 6210 und 6312

Kapitel 9:   Die Dateien für das Grundmodell des Lagerbockes, eine zylindrische Schraubenfeder und eine Schenkelfeder sowie das Modell eines Kranhakens (in Version 5.19)

Kapitel 10.4:   Die Dateien für die Einzelteilmodelle des Radsatzes des Topfgetriebes (Zeichnungen auf den folgenden 3 Seiten)

Kapitel 11:   Die Datei *Topf*

Die Dateien wurden in der Regel mit der Version 5.12 erstellt (*Analyseteil, Wellenlagerung* und Kranhaken mit Version 5.19). Das Einlesen mit älteren Versionen kann zu Problemen führen.

Anhang

Zeichnungen für den Radsatz des Topfgetriebes

Hinweise:

Vor Beginn der Übung *Konstruktion eines Zahnradgetriebes mit einem Topfgehäuse* (im Kapitel 10.4) müssen die folgenden Teile in einem Verzeichnis *Topfgetriebe* bereitgestellt werden. Um Übereinstimmung mit den Anleitungen zu erzielen, ist es notwendig, die Modellierung der Bauteile genau mit den angegebenen Maßen vorzunehmen!

Wenn die Darstellung optischer Details in den Modellen der Normteile nicht erforderlich ist und es mehr auf das Erzeugen normgerechter Zeichnungen ankommt, können die Wälzkörper der Lager und die Sicherungsringe auch vereinfacht als geschlossene Ringe erzeugt werden. Man erspart sich damit Probleme bei der Zeichnungsableitung. Siehe dazu auch im Kapitel 8 (*Verwenden und Konstruieren von Normteilen*).

Es ist sehr zu empfehlen, alle Teile für den Radsatz zur Abkürzung der Übung **aus dem Internet zu laden** (siehe dazu auch oben unter Anwenderhinweise).

Ritzelwelle (Entwurf)

Radwelle (Entwurf)

Rad (Entwurf)

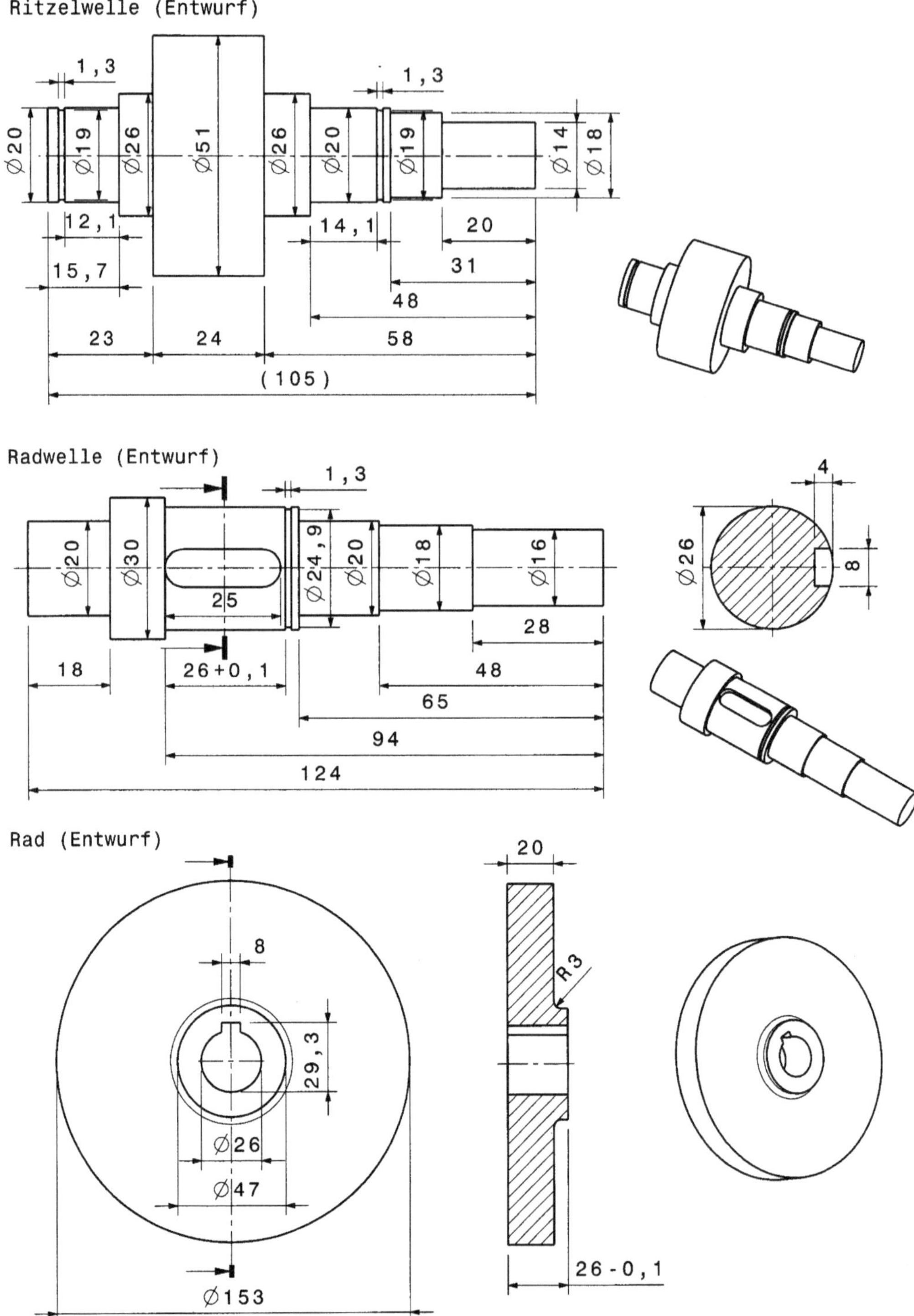

Radial-Rillenkugellager 6004

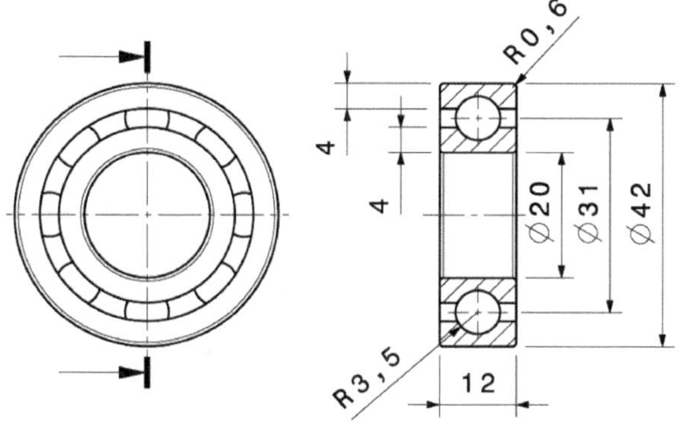

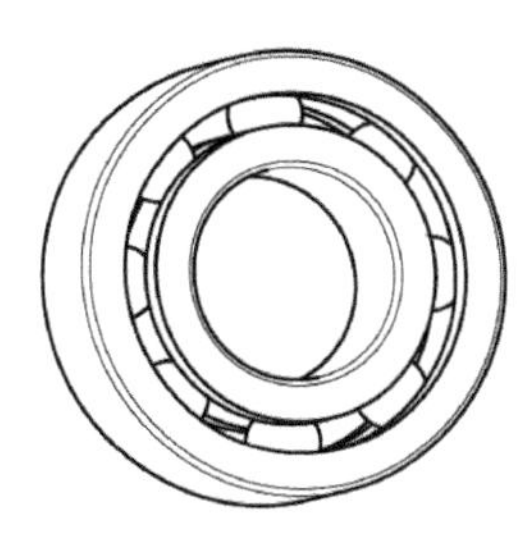

Radial-Rillenkugellager 6204

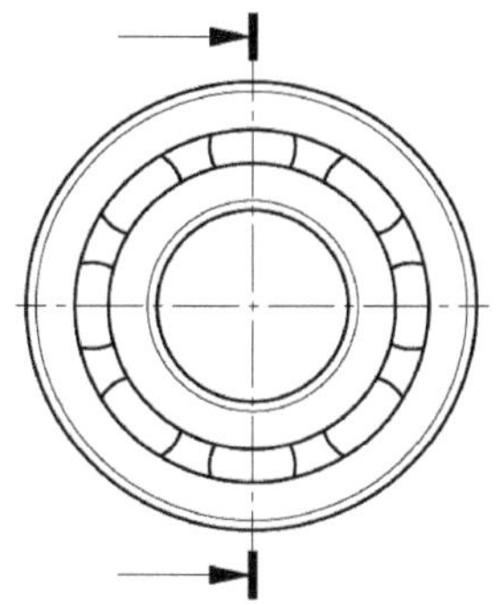

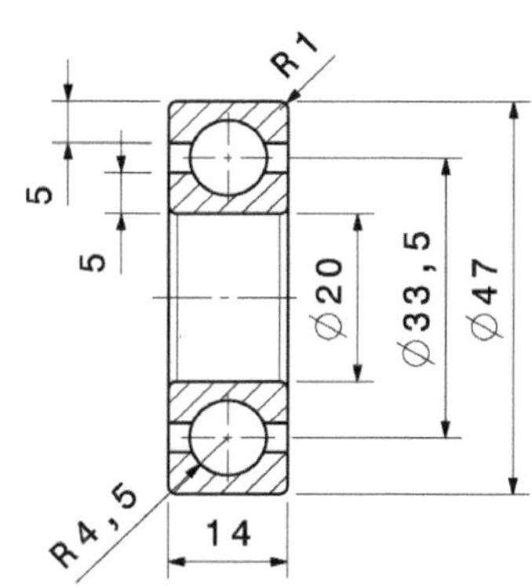

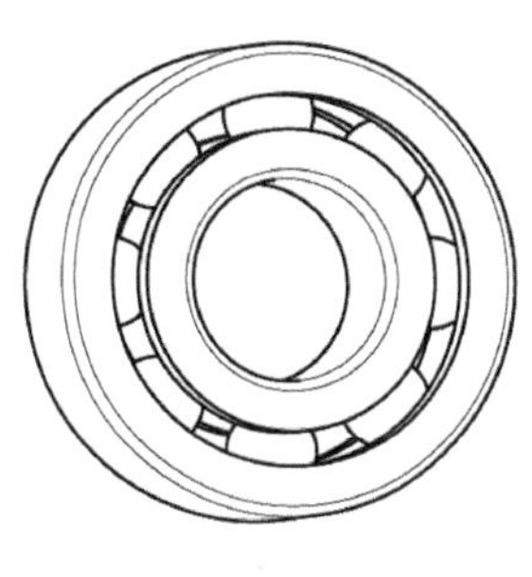

Radial-Wellendichtring A18x44x7

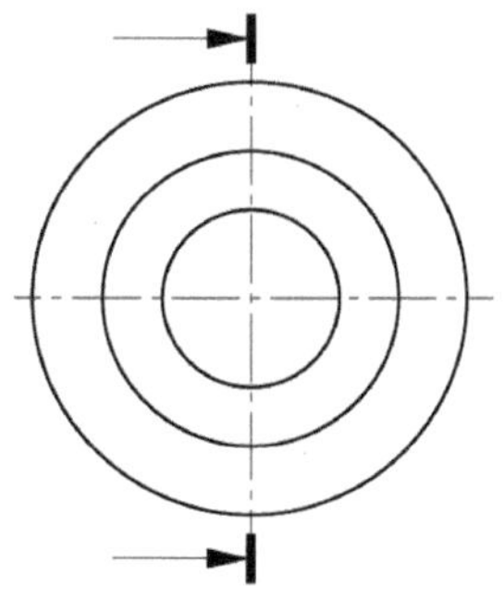

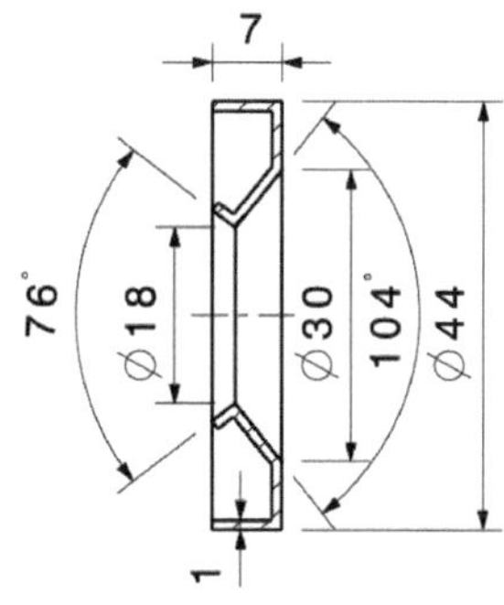

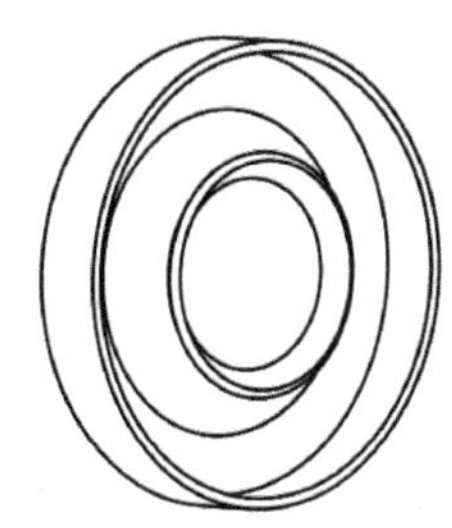

Passfeder DIN 6885 A8x7x25

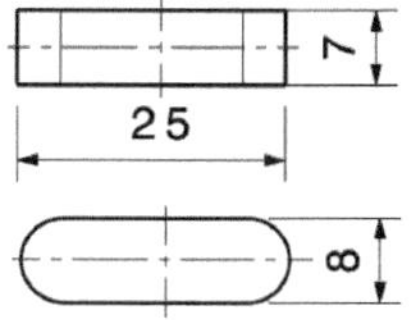

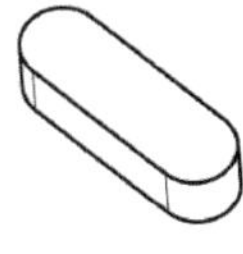

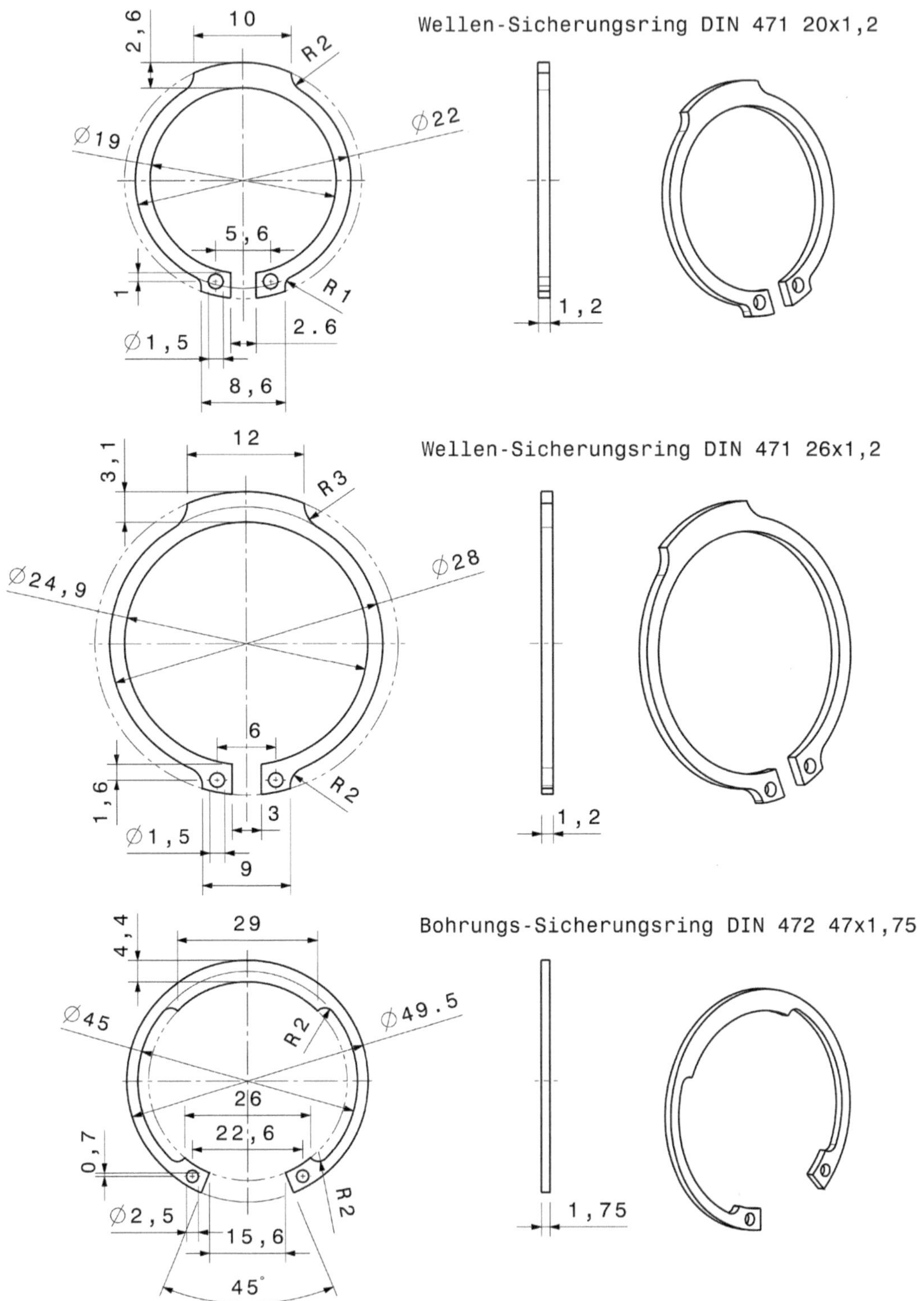
2,6
10
R 2
Ø 19
Ø 22
5,6
R 1
1
Ø 1,5
2.6
8,6
1,2
Wellen-Sicherungsring DIN 471 20x1,2
3,1
12
R 3
Ø 24,9
Ø 28
6
1,6
R 2
3
Ø 1,5
9
1,2
Wellen-Sicherungsring DIN 471 26x1,2
4,4
29
Ø 45
R 2
Ø 49.5
26
22,6
0,7
Ø 2,5
R 2
15,6
45°
1,75
Bohrungs-Sicherungsring DIN 472 47x1,75

Literaturverzeichnis

/1/ Hoischen, F.: Technisches Zeichnen. 35. Aufl. Berlin: Cornelsen Verlag 2016

/2/ Kesselring, F.: Technische Kompositionslehre. 1. Aufl. Berlin/Göttingen/Heidelberg: Springer Verlag 1954

/3/ Naefe, P.: Einführung in das Methodische Konstruieren. 2. Aufl. Springer Vieweg 2012

/4/ Koller, R.: Prinziplösungen zur Konstruktion technischer Produkte. 2. Aufl. Berlin: Springer Verlag 1998

/5/ List, R.: Konstruieren mit Prinzipsymbolen: Vortrag vor der ME10-Usergruppe. Unveröffentlichtes Manuskript 1994

/6/ Feldhusen, J.; Grote, K.H.: Pahl/Beitz Konstruktionslehre. 8. Aufl. Springer Vieweg 2013

/7/ Rembold, R.; Brill, M.; Deeß, R.: Einstieg in CATIA V5. 5 Aufl. München/Wien: Hanser Verlag 2011

/8/ Wittel, H.; Muhs, D.; Jannasch, D.; Voßiek, J.: Roloff/Matek Maschinenelemente. 22. Aufl. Springer Vieweg 2015

/9/ Roth, K.: Konstruieren mit Konstruktionskatalogen Band I-III. 3. Aufl. Berlin: Springer Verlag 2001

/10/ Ziethen, D.; Koehldorfer, W.: CATIA V5 – Konstruktionsmethodik zur Modellierung von Volumenkörpern. 2. Aufl. Hanser Verlag 2010

/11/ Kurz, U.; Hintzen, H.; Laufenberg, H.: Konstruieren Gestalten Entwerfen. 4. Aufl. Springer Vieweg 2009

/12/ Labisch, S.; Weber, C.: Technisches Zeichnen. 4.Aufl. Springer Vieweg 2014

/13/ Braß, E.: Konstruieren mit CATIA V5. Methodik der parametrisch-assoziativen Flächenmodellierung. 4. Aufl. Hanser Verlag 2009

/14/ Gänßler, R.: Technisches Zeichnen mit CATIA V5. 1. Aufl. München: Hanser Verlag 2008

/15/ Naefe, P.; Luderich, J.: Konstruktionsmethodik für die Praxis. 1. Aufl. Springer Vieweg 2016

Sachwortverzeichnis

CATIA-Funktionen in Kursivschreibung

A

Abstandsanalyse 336
Abziehvorrichtung 27, 276
Achse 80
Aktualisieren 38
Analyse
-, Auszugsschräge 116
-, Bauteil 111, 116, 252
-, Baugruppe 331
-, Krümmung 116
-, Gewinde 86, 116
-, Material 111
-, Messen 112
-, Skizze 116, 214, 252
-, Wandstärke 116, 212, 220
Anforderungsliste 5, 7
Ankerpunkte 164
Anpassen Menüs (u. A. Sprache) 40
Ansichten 156, 159
Ansichtenassistent 177
Ansichtsrahmen 156, 159, 175, 179
Assembly Design 125
Aufgabenphase 5
Aufbruch 180
Aufmaß 206, 222
Ausarbeitungsphase 19
Ausblenden von
-, - Bedingungen 148
-,-, Ebenen 148
-,-, Komponenten 140
Ausbruch 178, 179, 180
Auswahl im Kontext 273, 350
Auszugschräge 221, 222, 224, 225

B

Baugruppen 125, 271
-, Analyse 331
-, Bedingungen 125,.127, 337
-, Komponenten 357
-, Konstruktion 125, 271, 275
-, Zeichnung 189, 290, 293
Baum 40, 54, 62, 129, 154

Baureihen 200
Bauteil
-, Analyse 111
-, Erstellung 54
-, Konstruktion 49, 199
-, Überwachung 121
-, verdecken 127, 140, 183
Bedingung
-, *Ändern* 133
-, *Fixieren* 131
-, *Kongruenz* 132
-, *Kontakt* 127, 132
-, *Offset* 135, 138
-, *Schnelle* 135
-, *Umwandeln* 133
-, *Winkel* 138
Befehlszeile 35
*Begrenzungsansicht…*159
Behälter 248
Beleuchtung 107, 148
Bemaßen 160, 161
-, automatisch 68, 163
Bewerten 277, 278
Bemessungsregeln 17
Bezugselement 166, 201
Bezugslinie 170
Bildschirmaufbau 35
Bildschirmfüllend anzeigen 143
Black-Box 5
Block 55, 61
Bohrung 67, 72
Boolesche Operation 56, 90
-, -, entfernen 98, 318
-, -, explizit 90
-, -, hinzufügen 94
-, -, implizit 90
-, -, kombinieren 97
-, -, vereinigen 94
-, -, vereinigen und trimmen 90
-, -, verschneiden 95
-, -, zusammenbauen 57

C
CAD-konformes Gestalten 18
Clipping-Ansicht 159, 179
Cursor 36

D
Darstellung Funktionsgruppe 51, 274
Datei
-, Ablagestruktur 44, 45
-, Funktionen 41, 43
-, Namen 42
Dauermenü 35, 51
Detailansicht 159, 179
Drafting 151
-, *generativ* 151
-, *interaktiv* 151
Drahtgeometrie 201, 218
Drucken 46
-, überlappend 48
Druckfeder 236
Dünne Welle 106
Dünner Block 105
Dynamische Schnitte 116, 334

E
Ebene im Raum 202
Ebenensymbole 148
Ebenenkreuz 63
Einfügen mit Verknüpfung 336
Einfügen Spezial 336
Einzelteilzeichnung 19, 154, 294
Entfernen 98, 361
Entwerfen 15, 271, 277
Entwurfsvarianten 277
Explosionsdarstellungen 319
Externe Verweise 272, 349

F
Fangzonen auswählen 53
Farbzuordnung für
-, -, Bauteile 69
-, -, Skizzenelemente 53
-, -, Linien in Zeichnungen 175
Fase 82, 211
Federn 234
Feinentwurf 15
Feingestaltung 280, 330

Fertigung
-, Arten 4
-, Genauigkeit 19
-, Toleranzen 19
Flanschgestaltung 302
Fliegen 114
Form- und Lagetoleranzen 19, 166
Formel 118
Formgestaltung 24
Freiheitsgrade 125, 337
Führungskurve 100, 244, 249, 250
Funktionsmenüleiste 35
Funktionstastenbelegung 36

G
Gehäuse 295 - 309
Gehen 114
Geometrisches Set 54, 201, 202
Gesamtanzeige 107
Gestalten 17, 280
Gestaltung
-, Regeln 17, 199
-, Reihenfolge 25
-, Varianten 199, 277, 280
Getriebegehäuse 295
Gewinde 74, 84, 86, 180, 255
-, Analyse 74, 116
-, Bohrung 72
-, Linien 184
Grafik zentrieren 142
Grobentwurf 15
Grobgestaltung 280
Guss
-, Hebel 208
-, Konstruktionen 206, 208, 213, 296, 298
-, Modell 206, 213, 226

H
Hakenflasche 30
Handhabung 24
Haupt
-, Ebene 54, 61
-, Körper 54, 90
-, Menüzeile 35
Helix 234, 236
Hilfe 38
Hilfsebene 201, 202

Hinzufügen 359
Hybridkonstruktion 202, 252, 253

I
Intelligentes Verschieben 134

K
Kataloge 194
Kaufteil 193
Kantenverrundung...83, 211, 224, 225
Kinematiksimulation 149
Kollision 150, 335
Kombinierter Volumenkörper 97
Kompass 35, 301
Komponente ersetzen 288
Konstruktion
-, Arten 4
-, Kritik 144, 311
-, Prinzipien 20
-, Prozess 3
-, Symbole 11, 12
-, Tabelle 120
Konzeptphase 8
Konzeptvarianten 14
Koordinatenachsen 63
Koordinatenursprung 59, 200
Kosten 22

L
Lagerbock 213
Lagerstellen 305, 324
Lagetoleranzen 19, 166
Laufrad 228
Linie im Raum 201, 202
Loft 243, 249, 264
Loftkörper 243

M
Manipulation 131, 149
Maßbegrenzungen 162
Masse 20
Maßlinien 162
Maßstabsänderung 159
Maßstab einstellen 39
Maßtoleranzen 75, 163, 165
Materialzuweisung 111
Maustastenbelegung 36
Mehrfachexemplare 286

Mehrfachschnitt 243, 249
Mehrfachselektion 36
Menüleisten 35
-, anpassen 37, 40
Messen 112
Muster
-, Benutzer- 102
-, *Kreis-* 83, 284
-, *Rechteck-* 68, 72
-, *wiederverwenden* 286

N
Navigationsmodus 114
Nebenkörper 56, 90
Normteile 193, 194, 195
Nut 76, 232

O
Oberbaugruppe 133, 151
Oberflächensymbole 169
Oberflächenbeschaffenheit 19
Operationen 49, 55

P
Parameteränderung 69
Part Design 54
Physikalischer Effekt 8
Planetengetriebe 29
Positionsnummer 290
PowerCopy 122
Postfix 168
Präfix 168
Prinzipkonstruktion 11, 13, 276
Prinzipvarianten 13
Prismenkörper 65
Profilsteuerung 204, 237
Projektionselemente 201
Projizierte Ansicht 176
Punkt
-, im Raum 201
-, *definition* 103
-, *durch Koordinaten* 103
-, *veröffentlichen* 104

R
Radsatz 312
Rauheit 169
Raumbedarf 21

Raumelemente 85, 201
Referenzelemente 201
Rille 100, 232
Rippe 100, 101, 204, 237
Rippe 230
Rotationskörper 80, 106

S
Schalen
-, Element 107, 110
-, Bauweise 299
-, Gehäuse 295, 358
Schenkelfeder 240
Schnitt
-, Ansichten 156, 157
-, in Bauteilen 116, 252
-, in Baugruppen 324
-, im Skizzierer 137, 215, 283, 333
-, in Zeichnungen 157
-, Verlauf 173
Schraffur 172
Schraubenfedern 234
Schwachstellenanalyse 280, 288, 328
Schweiß-
-, Fugen 231
-, Konstruktionen 227, 233
-, Symbole 171
-, Teil 187
-, Zeichnung 187, 229, 233
Schwerpunktbestimmung 113, 115, 332
Selektieren 53
Shift-Taste 59, 71, 81, 168, 170, 177
Sicherheit 23
Sicherheitsventil 6, 31
Sicherheitskopien 44
Skelettmodellierung 339
Skelettteil 340
Sketcher 49
Skizzenerstellung 49, 52, 58, 62
Skizzenanalyse 116
Spannvorrichtung 26, 128
Spiegeln 78, 99
Spline im Skizzierer 107, 246
Spline im Wireframe 241, 246, 247
Stand der Technik 5, 6
Standardfunktionen des Dauermenüs 37

Struktur
-, Analyse 321
-, Baum 35, 54, 62, 129, 154
-, Dateiablage 42, 331
-, Modell 252, 339
-, *neu ordnen* 117, 306
Stückliste 291, 332
Symbolik 58
Symbolleisten anpassen 35, 37, 40
Suche 148, 288
Symmetrie 78
Szenen 319

T
Tabelle 168
Tasche 76
Taskzeile 35
Tastenbelegung 36
Technisches Gebilde 4
Technischer Entwurf 15
Technisches Konzept 8, 15
Teileerstellung 54
Teilekonstruktionen für
-, -, Prismen 65
-, -, Profile an Führungskurven 100
-, -, Linien 105
-, -, Rotationskörper 80
-, -, Schalen 108, 110
-, -, Scheiben 65
-, -, Übergangskörper 243
Teileliste 291, 332
Text 168
Text nach 160
Text vor 160
Toleranzen
-, im Skizzierer 75
-, in Zeichnungen 163, 165, 166
Topfgehäuse 310, 311
Trägheit messen 115
Trennen 237, 309
Trimmen 77

U
Übergangskörper 243
Überschneidungen 335
Umlaufrädergetriebe 29

Umschalttaste 36, 59, 71, 81, 168, 177
Unterbaugruppe 125, 138

V

Variantenbewertung 13, 277
Ventilkonstruktion 31
Verbinden 246
Verbindungskurve 247, 263
Verdecken 127, 140,
Vereinigen 91, 93
Vergrößerung 144
Verluste 21
Verrundung 83, 211, 224
Verschneiden 95
Versteifung 216
Volumen
-, Körper 49
-, Modell 49
-, Schnitte 116, 334
Voreinstellungen
-, *Allgemein* 39
-. *Skizziertools* 71
-, Strukturbaum…40
-, Teilekonstruktion 39, 274, 312
-, Zeichnungsableitung 40, 151, 152, 192
-, Zurücksetzen 39

W

Wandstärkenanalyse 116, 212, 220
Welle 80
Wiederholteile 193
Wireframe 201, 234, 236, 247
Wirkprinzip 8

Z

Zahnradgetriebe 28, 310
Zeichnung 19
Zeichnung
-, Ableitung 151
-, Ansicht 156
-, Anpassung 183
-, Aufbereitung 162, 183, 185, 289
-, Blatt 155
-, DIN-Standardeinstellung 192
-, Erstellen 152
-, Filter 175
-, Format 155
-, ISO-Schnitt 190
-, Nummer 291
-, Rahmen 167
-, Satz 269
-, Schnitt 15, 157, 328
Zentralkurve 101
Zerlegen 264
Zusammenbau 125
Zusammenbauzeichnung 19, 293
Zusammenfügen 238, 262
Zuverlässigkeit 22

Ausgewählte Catia-Funktionalitäten in Englisch

A
Add (Hinzufügen Körper) 349
Add Leader (Hinzufügen Bezugslinie) 170
Analysis
-. Curvature (Krümmung) 116
-, Draft (Auszugsschräge) 116
-, Material (Material) 111
-, Measure (Messen) 112
-, Part (Bauteil) 111, 116
-, Product (Baugruppe) 331
-, Sketch (Skizze) 116
-, Tap-Thread (Gewinde) 86, 116
-, Wall Thickness (Wandstärke) 116, 212,
   220
Anchor Points (Ankerpunkte) 164
Assembly Design (Zusammenbau) 125

B
Breakout View (Ausbruch) 179, 178
Broken View (Aufbruch) 180
Boolean Operation (Boolesche Operation)
-, -, Assemble (Zusammenbauen) 57
-, -, Add (Hinzufügen) 94
-, -, Remove (Entfernen) 98
-, -, Intersect (Verschneiden) 95
-, -, Union Trim (Vereinigen und Trimmen) 90

C
Center Curve (Zentralkurve) 101
Center Graph (Grafik zentrieren) 36, 142
Chamfer (Fase) 82, 211
Clipping View (Begrenzungsansicht) 159, 179
Connect (Verbinden) 246
Connect Curve (Verbindungskurve) 242, 247
Constraint (Bedingung)
-, Angle (-, Winkel) 138
-, Change (-, Ändern) 133
-, Coincidence (-, Kongruenz) 132
-, Contact (-, Kontakt) 127, 132
-, Quick (-. Schnelle) 135
-, Offset (Abstand) 135, 138
Customize Language (Anpassen Sprache) 40

D
Datum Feature (Bezugselement) 166, 201
Detail View (Detailansicht) 159, 179
Draft Angle (Auszugsschräge) 221, 224
Drafting
-, Generative (Zeichnungsableitung) 151
-, Interaktive (Zeichnungserstellung) 151

E
Edge Fillet (Kantenverrundung) 211, 224
Explode (Zerlegen) 319
External References (Externe Verweise) 272, 349

F
Fillets (Verrundung) 83, 211, 224
Fix Component (Komponente Fixieren) 139
Fly Through (Fliegen) 114
Formula (Formeln) 118
Full Screen (Gesamtanzeige) 107

G
General (Voreinstellungen Allgemein) 39
Geometrical Set (Geometrische Sets) 54, 252, 253
Groove (Nut) 76, 232

H
Helix (Helix) 234, 236
Help (Hilfe) 38
Hide (Verdecken) 127, 140
Hole (Bohrung) 67, 72
Hybrid Design (Hybridkonstruktion) 202, 252, 253

I
Intersect (Verschneiden) 95

J
Join (Zusammenfügen) 238

L
Line (Linie im Raum) 201, 202

Loft (Volumenkörper mit Mehrfachschnitten) 243, 249, 264

M
Magnifier (Vergrößerung) 144
Manipulation (Manipulation) 131, 149
Measure (Messen) 112
-, inertia (Trägheit messen) 115
Mirror (Spiegeln) 78, 98
Multi-sections Solid (Volumenkörper mit
Mehrfachschnitten, alias Loft)
243, 249, 264

N
Navigation Mode (Navigationsmodus)
114

P
Pad (Block)...55, 61
Part Design (Teilekonstruktion) 54
Paste Special (Einfügen Spezial) 346
Pattern (Muster)
-, Circular (-, Kreis) 83, 284
-, Rectangular (-, Rechteck) 68
-, Reuse (-; Wiederverwenden) 286
-, User (-; Benutzer) 102
Plane (Ebene im Raum) 202
Pocket (Tasche) 76
Point (Punkt) 102, 202
-, by Using Coordinates (-, durch
Koordinaten)...103
-, by Clicking (-, durch Anklicken) 102
-, Propagation (-, Veröffentlichen) 104
PowerCopy (PowerCopy) 122
Projektion View (Projizierte Ansicht) 176

R
Reorder (Struktur neu ordnen) 117, 306
Replace Komponent (Komponente
ersetzen) 288
Rib (Rippe) 100, 101, 204, 237

S
Scenes (Szenen) 319
Search (Suchen) 148, 288
Select (Fangzonen) 53

Selection in Context (Auswahl im Kon-
text)
273, 350
Shaft (Welle) 80
Shift Key (Umschalt-Taste) 59, 71, 81,
168, 170, 177
Sketch Tools (Skizziertools) 71
Sketcher (Skizzierer) 49
Slot (Rille) 100, 232
Smart Move (Intelligentes Verschieben)
134
Solid Combine (Kombinierter Volumen-
körper) 97
Spline Sketcher(Spline Skizzierer) 107,
246
Spline Wireframe (Spline Wireframe)
241, 246, 247
Split (Trennen) 237, 309
Stiffener (Versteifung) 216

T
Table (Tabelle) 168
Text (Text) 168
Text Before (Text vor) 160
Text After (Text nach) 160
Thikness (Aufmaß) 206, 222
Thin Shaft (Dünne Welle) 106
Thin Pad (Dünner Block) 105
Trim (Trimmen) 77

U
Update (Aktualisieren) 38

V
View Creation Wizard (Ansichtenassistent)
177
Visualization (Darstellung) 51, 274

W
Walk Through (Gehen) 114
Wall Thickness Analysis (Analyse der
Wandstärke) 116, 212, 220
Wireframe and Surface Design (Draht-
modell und Flächenkonstruktion)
201, 234, 236, 247